Alexander Beck

Google AdWords

mitp

Bibliografische Information Der Deutschen Nationalbibliothek
Die Deutsche Nationalbibliothek verzeichnet diese Publikation in der Deutschen Nationalbibliografie; detaillierte bibliografische Daten sind im Internet über <http://dnb.d-nb.de> abrufbar.

Bei der Herstellung des Werkes haben wir uns zukunftsbewusst für umweltverträgliche und wiederverwertbare Materialien entschieden. Der Inhalt ist auf elementar chlorfreiem Papier gedruckt.

ISBN 978-3-8266-5890-7
2., aktualisierte Auflage 2009

E-Mail: kundenbetreuung@hjr-verlag.de

Telefon: +49 89/2183-7928
Telefax: +49 89/2183-7620

IT-fachportal.de

Lektorat: Sabine Schulz
Sprachkorrektorat: Petra Heubach-Erdmann
Satz: III-satz, Husby, www.drei-satz.de
Druck: Köppl & Schönfelder, Stadtbergen

Google AdWords

Inhaltsverzeichnis

Teil V Anhang und Übersichten 431

Über den Autor

Alexander Beck ist Partner bei der Firma e-dialog KG in Wien. Als »Qualified Advertising Professional« ist er dort insbesondere verantwortlich für Suchmaschinenmarketing, -optimierung und Webanalyse. Er betreut Unternehmen im gesamten deutschsprachigen Raum. Zuvor arbeitete der studierte Diplom-Volkswirt und Bankkaufmann bei Primus-Online, der Internet-Tochter des Metro-Konzerns. Darüber hinaus hält Alexander Beck Vorträge und Seminare zum Thema Online-Marketing.

Weitere Informationen erhalten Sie unter
`http://www.adwords-buch.info` und `http://www.e-dialog.at`

Vorwort zur 2. Auflage

Warum schreibt man eine Zweitauflage? Zum einen war die Resonanz auf die erfolgreiche Erstauflage sehr gut – das motiviert. Zum anderen hat sich bei AdWords einiges geändert – das verpflichtet.

Mit dem neuen Web-Interface ging Google einen großen Schritt in Richtung Bedienerfreundlichkeit: einfachere Navigation, integrierte Berichte, bessere Auswertungen und schnellere Ladezeiten stehen auf der Haben-Seite. Dem gegenüber klagen gerade Werbende, die nicht den ganzen Tag in ihrem Konto verbringen können, darüber, dass sie von den vielfältigen Möglichkeiten und Funktionen rasch überfordert sind.

An der grundsätzlichen Funktionsweise der AdWords hat sich natürlich nichts geändert. Doch bietet die neue Benutzeroberfläche zwischen all den Registerkarten und Layern neue, großartige Möglichkeiten zur einfacheren Kampagnenverwaltung, zu gezielten Optimierungen und zu schnelleren Auswertungen. Diese sollten Sie kennen. Auch wenn sie fast täglich weiterentwickelt werden.

Was erfahren Sie also in diesem Buch? Sie erlangen umfassendes Wissen zu allen Bereichen, die für eine erfolgreiche AdWords-Schaltung entscheidend sind. Sie lernen das neue Interface so einzusetzen, dass Sie Ihre Kampagnen eigenständig verwalten und beurteilen können. Und Sie erfahren, wie Sie Ihre Erfolge selbstständig und zielgerichtet optimieren.

Im Gegensatz zur ersten Auflage ist dem Content-Netzwerk nun ein eigenes Kapitel gewidmet. So wird ihm auch innerhalb des Buches die Bedeutung zuteil, die es aufgrund der zwischenzeitlich erfolgten Änderungen und Erweiterungen haben sollte.

Gleich geblieben sind hingegen die Danksagungen.

Ich wünsche Ihnen viel Spaß mit dem Buch und noch mehr Erfolg mit Ihren AdWords-Kampagnen!

Vorwort zur 1. Auflage

Warum schreibt man ein Buch? Und dann auch noch eins über Google AdWords? Tatsächlich kommt einem diese Frage beim Schreiben. Nicht im ersten Monat, auch nicht im zweiten. Aber ab dem dritten Monat schleicht sich die Frage nach dem »Warum« doch irgendwann ein. Gleichzeitig wächst das Buch Seite um Seite, zahlreiche Ergänzungen und Hinweise fließen ein, und man muss sich eingestehen, dass die Motivation, das Thema umfassend niederzuschreiben, doch enorm ist. Und tatsächlich: Google AdWords begeistert mich immer noch – gerade weil die Materie hoch aktuell, das Umfeld dynamisch und die Möglichkeiten für erfolgreiches Marketing riesig sind. Und weil ich jeden Tag AdWords-Konten sehe, die diese Potentiale noch viel besser nutzen könnten.

Zwei Dinge sind mir besonders wichtig: Ich möchte Ihnen umfassendes Wissen vermitteln – ausführlich, verständlich, direkt beim Thema. Ich sehe keinen Sinn darin, Ihnen zu Beginn Informationen vorzuenthalten, um Sie wenige Kapitel später als tolle Optimierungstipps zu verkaufen. Lesen Sie beispielsweise das Thema Keywords, so sind Sie am Ende des Kapitels fit.

Ich diskutiere mit Ihnen die Vorteile und Chancen wie auch die Nachteile und Grenzen – noch wichtiger ist es jedoch, dass Sie nach der Lektüre eigenständig mit AdWords arbeiten können. Sie sollen die Zusammenhänge verstehen. Entwickeln sich Ihre AdWords dann anders als in den zahlreichen Praxisbeispielen dargestellt – und Sie wären der Erste, dessen Kampagnen keinen individuellen Verlauf nehmen –, so wissen Sie trotzdem, was zu tun ist.

Die Danksagungen gehen an meine Lektorin Sabine Schulz für eine unkomplizierte und ermutigende Zusammenarbeit, an Herrn Siegfried Stepke für unermüdliches Gegenlesen und vollste Unterstützung (trotz all der ToDos) sowie an Frau Vanessa Voss für Alles.

Ich wünsche Ihnen viel Spaß mit dem Buch und noch mehr Erfolg mit Ihren AdWords-Kampagnen!

Einleitung

In der weltweit ersten Studie zum Thema Online-Suchanfragen hat das amerikanische Marktforschungsinstitut comScore herausgefunden, dass Internetnutzer 61 Milliarden Mal pro Monat auf Suchmaschinen zurückgreifen. Mehr als die Hälfte dieser Anfragen – ganze 31 Milliarden – entfallen dabei auf die Search Engine von Google, der unangefochtenen Nummer eins.

Und von diesen 31 Milliarden reden wir in diesem Buch.

Denn bei jeder dieser Suchanfragen haben Sie die Möglichkeit, sich und Ihre Website zu präsentieren, neue Kunden zu gewinnen und mehr Umsatz zu machen. Der Schlüssel dazu heißt AdWords, die Werbeanzeigen auf den Ergebnisseiten von Google. Zahlen müssen Sie dafür nichts! Richtig gelesen – die Schaltung ist kostenlos. Klassische Medien wie Zeitung, Radio, Fernsehen können Ihnen das nicht bieten.

Doch bleiben wir bei der Zeitung: Wird Ihre Anzeige dort von jedem Leser beachtet? Oder ist jeder Leser ein potentieller Kunde? Ganz sicher nicht.

Bei AdWords machen Sie es anders: Sie suchen nicht, Sie lassen sich finden. Denn der User, der auf die Webseite von Google geht, sucht bereits. Und Sie haben alle Möglichkeiten, tatsächlich nur dann aufzutauchen, wenn er nach Ihnen und Ihren Produkten verlangt.

Gezahlt wird nur bei Erfolg – wenn ein User also auch wirklich auf Ihre Website kommt. Was kostet Sie dieser potentielle Kunde? Das legen Sie selbst fest. Ab 0,01 Euro geht es los. Mit welchem Budget müssen Sie starten? Auch das geben Sie selbst an. Und wenn Sie Ihre Meinung ändern, können Sie den Betrag von jetzt auf gleich erhöhen, senken oder Ihre Kampagne stoppen.

Noch nie war Marketing so flexibel. Noch nie war es auch kleinen und mittleren Unternehmen möglich, im Konzert der ganz Großen mitzuspielen – und diese sogar zu übertrumpfen. Mit Google-Anzeigen ist dies möglich – und noch vieles mehr.

Denn AdWords sagt Ihnen zu jeder Zeit, wie erfolgreich Sie gerade sind. Sie können mehrere Anzeigen gleichzeitig schalten, diese jederzeit ändern und verbessern. Sie erfahren heute, wie erfolgreich Sie gestern waren. Und gewinnen dadurch morgen weitere Kunden.

Für alle, die Ihre Marketinggelder so erfolgreich wie nie zuvor einsetzen wollen: Hier kommt AdWords!

Aufbau des Buches

Mithilfe dieses Buches lernen Sie, AdWords zu beherrschen und den größten Erfolg aus Ihren Kampagnen herauszuholen. Dabei ist es egal, ob Sie als Selbstständiger in einer Ich-AG, als Verantwortlicher in einem kleinen oder mittelständischen Unternehmen (KMU) oder als Marketingleiter in einem großen Konzern tätig sind.

Das Buch gliedert sich in vier Teile. Die Kapitel bauen inhaltlich aufeinander auf, können jedoch auch schwerpunktmäßig gelesen werden.

Teil Eins: Grundlagen und die ersten Schritte

Bevor wir uns ansehen, wie wir erfolgreich mit AdWords werben, erhalten wir einige grundlegende Informationen zum Thema, die für unsere weiteren Aktivitäten unumgänglich sind:

- Kapitel 1: Wir lernen die Funktionsweise sowie die typischen Fachbegriffe kennen und erfahren die Vorteile, aber auch die Grenzen von AdWords.
- Kapitel 2: Wir eröffnen ein AdWords-Konto und legen damit gleich unsere erste AdWords-Kampagne an. Damit uns keine unnötigen Kosten entstehen, bevor wir tatsächlich ausreichend für den Ernstfall gewappnet sind, pausieren wir die Kampagne umgehend wieder.
- Kapitel 3: Wir betreten unser eben eröffnetes Konto und sehen uns an, wie einfach wir durch die einzelnen Seiten navigieren können, wo wir welche Informationen erhalten und warum wir welche Daten abfragen sollten.
- Kapitel 4: Danach gehen wir auf den Qualitätsfaktor ein. Haben wir diesen Mechanismus und das dahinter stehende Prinzip verstanden, wissen wir, wie der Hase grundsätzlich läuft. Wir können auch künftige Änderungen und Neuerungen bei AdWords umgehend einordnen, selbstständig bewerten und in unserem Sinne einsetzen.

Teil Zwei: Struktur und Inhalt erfolgreicher Kampagnen

Im zweiten Teil lernen wir, wie wir unsere AdWords-Kampagnen professionell aufsetzen und wie wir tatsächlich erfolgreich werben können. Dieser Teil ist somit nicht nur für Neulinge, sondern auch für Advertiser interessant, die bereits AdWords betreiben und diese verbessern wollen. Wir erfahren detailliert, wie wir die einzelnen Erfolgshebel optimal einsetzen. Nicht von ungefähr spielen diese Faktoren alle auch in den Qualitätsfaktor mit ein:

- Kapitel 5: Kampagnenaufbau, um eine erfolgreiche Struktur zu erstellen und grundlegende Einstellungen sowie unsere Zielgruppe zu definieren.

- Kapitel 6: Keywords, aufgrund derer unsere Anzeigen überhaupt erst geschaltet werden.
- Kapitel 7: Anzeigentexte, auf die User klicken, damit sie auf unsere Website kommen.
- Kapitel 8: Landing Page, damit unsere Besucher auch zu unseren Kunden werden.

Teil Drei: Auswertung und Optimierung Ihrer Kampagnen

Bei AdWords haben wir zahlreiche Möglichkeiten, die Leistungen unserer Kampagnen zu prüfen und zu verbessern. Manche Hilfsmittel stehen uns dabei automatisch im Konto zur Verfügung, andere müssen wir erweiternd hinzunehmen.

- Kapitel 9 und 10: Wir beginnen mit den Abfragemöglichkeiten, die uns gegeben sind: Statistiken im Konto und Berichtsabfragen. Wir lernen, diese Zahlen richtig zu lesen und auszuwerten. Und wir lernen, wie wir unsere Kampagnen damit optimieren können.
- Kapitel 11: Im nächsten Schritt machen wir unser AdWords-Konto noch besser und erweitern es um einen Zusatz, auf den wir danach nicht mehr verzichten möchten und können: das Conversion-Tracking.
- Kapitel 12: Zum Schluss treten wir sogar aus AdWords heraus und sehen uns den spannenden Bereich der Webanalyse an. Wir lernen zusätzliche Optimierungsmöglichkeiten kennen, die uns zu noch besseren Ergebnissen führen. Wir sehen uns Auswertungen an, die weit über unser AdWords-Konto hinaus gehen. Und wir erfahren auch, welche Potentiale außerhalb des von Google angebotenen Analytics-Tools liegen.

Teil Vier: Ziele und Möglichkeiten abseits der Suche

Beschäftigen wir uns in Teil Eins bis Drei insbesondere mit dem Such-Netzwerk, so wenden wir uns in Teil Vier dem Content-Netzwerk zu. Denn AdWords-Anzeigen gibt es nicht nur auf den Google- und Partner-Suchseiten, sondern auch auf allen Sites, die am sogenannten AdSense-Programm teilnehmen.

Wir besprechen die Unterschiede der Netzwerke und die daraus abzuleitenden Ziele und Anforderungen für unsere Content-Kampagnen. Wie auch im Such-Netzwerk lernen wir nicht nur, was möglich ist – wir erfahren insbesondere, wie wir unsere Anzeigenschaltungen erfolgreich platzieren und weiter optimieren.

Teil Fünf: Anhang und Übersichten

Der Anhang startet mit »Die 10 häufigsten Fragen«. Hier erhalten wir Antworten auf typische Fragen, die regelmäßig von Agentur-Kunden und Seminarteilnehmern gestellt werden. Wenn auch Sie mit den gleichen Problemen kämpfen, erhalten Sie hier eine schnelle Lösung.

Neben Übersichtsseiten, die Ihnen beim Nachschlagen und Nachlesen helfen, erhalten Sie zudem einige Tipps im Umgang mit dem AdWords Editor sowie Hilfestellungen für Sonderfälle, wenn es mit dem Einbau von Google Analytics nicht gleich klappen sollte.

Webseite zum Buch

Weiterführende Informationen und neueste Entwicklungen finden Sie auf der Webseite zum Buch unter *www.adwords-buch.info*.

Teil I

Grundlagen und die ersten Schritte

In diesem Teil:

Kapitel 1

Werben mit AdWords: Worum es eigentlich geht

1.1 Wie wir vorgehen...

Google AdWords begegnen Ihnen bei fast jedem Internetbesuch – vielleicht sogar, ohne dass Sie es wissen. Und vielleicht ohne dass Sie Google als Suchmaschine nutzen. Wie kommt das?

Wir unterscheiden drei Gruppen:

1. Suchmaschinen, auf denen AdWords geschaltet werden können – das so genannte »Such-Netzwerk«. In diesem Netzwerk nimmt Google selbst aufgrund seines Marktanteils die herausragende Stellung ein.
2. Sonstige Websites, auf denen AdWords geschaltet werden können – das so genannte »Content-Netzwerk«. Dazu gehören große Portale, einzelne Privatseiten, kommerzielle und nicht-kommerzielle Webauftritte. Voraussetzung ist, dass diese Sites die Werbeeinblendungen von Google im Rahmen ihres Webauftritts zulassen. Dafür nehmen sie am so genannten »AdSense-Programm« teil.
3. Suchmaschinen und sonstige Websites, auf denen AdWords nicht geschaltet werden können. Naturgemäß ist diese Gruppe für uns in diesem Buch nicht interessant.

Umgangssprachlich ist mit AdWords oftmals nur die Anzeigenschaltung auf Google gemeint. Und zumeist ist dies auch die erste Motivation, sich überhaupt mit dieser Werbeform zu beschäftigen: »Ich will auf Google gefunden werden.« Entsprechend tauchen auch wir über das Such-Netzwerk (und die Google-Suche im Speziellen) in die Materie ein. Das Content-Netzwerk besprechen wir im Anschluss.

1.2 Werden Sie gefunden!

Sie kennen sicherlich die Situation: Sie benötigen auf die Schnelle ein gutes Kochrezept, Sie wollen Angebote für Ihren nächsten Traumurlaub einholen oder Ihren neuen PC bequem von zu Hause aus bestellen. Dafür gehen Sie auf Google, tippen Ihre Anfrage in das Suchfeld und erhalten eine Vielzahl an Ergebnissen geliefert. Für »computer kaufen« beispielsweise diese:

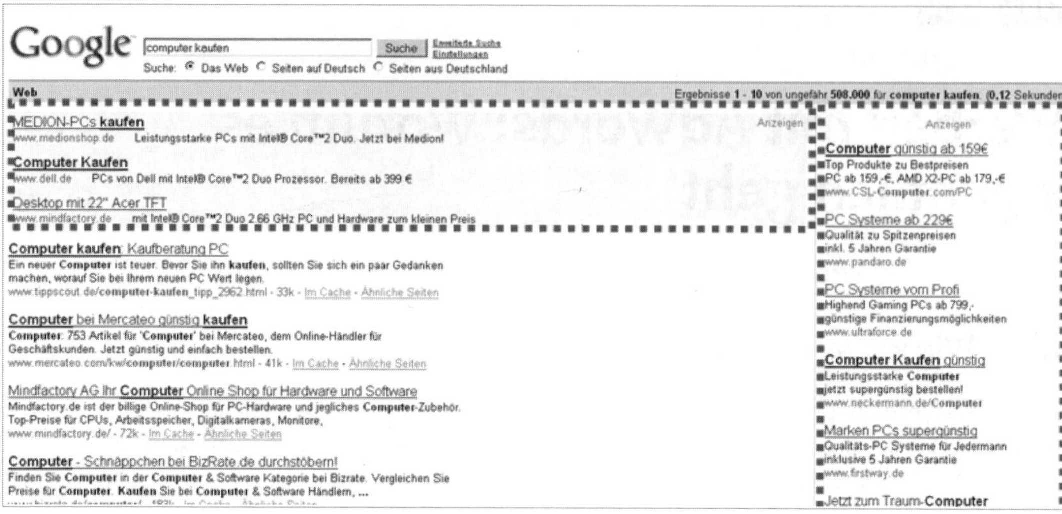

Abb. 1.1: Google Suchergebnisseite

Google liefert Ihnen zwei Arten von Treffern: bezahlte Anzeigen sowie nicht bezahlte (organische) Suchtreffer. Uns interessierten die bezahlten – denn das sind die AdWords.

Bezahlte Anzeigen: AdWords

Die bezahlten Anzeigen befinden sich auf der Google-Suchergebnisseite in der rechten Spalte, bei besonders hoher Relevanz sogar im farblich unterlegten Bereich oberhalb der organischen Treffer. Hier spricht man von den Top-Positionen, die jedoch nicht bei jeder Suchanfrage belegt sein müssen.

Im rechten Bereich finden Sie bis zu acht Anzeigen. Schlechtere Platzierungen sind nur über einen Link am unteren Ende der rechten Anzeigenliste zu erreichen.

Kenntlich gemacht sind die Bereiche der bezahlten Werbung mit dem Wort »Anzeige«. Trotzdem zeigen Untersuchungen, dass nur jeder fünfte User diese so genannten »sponsored links« auch tatsächlich als Werbung erkennt. Vielmehr ist feststellbar, dass ein hoher Anteil an Besuchern über diese Kampagnen auf Webseiten kommt. Und genau diese Visitors haben, verglichen mit anderen Quellen, hohe Conversion-Raten.

Die bezahlten Treffer sind die Auswirkungen Ihres Suchmaschinenmarketings, bei Google Ihrer AdWords-Anzeigen. Auf diesen Werbeplätzen erscheinen Sie nur, wenn Sie bereit sind, im Erfolgsfall auch zu zahlen. Der Erfolgsfall ist ein Klick des Nutzers auf Ihre Anzeige.

Mit dem so genannten »Qualitätsfaktor« verfolgt Google den Ansatz der Relevanz: Relevante Anzeigen zahlen einen geringeren Preis und/oder werden besser platziert. Im Umkehrschluss werden weniger relevante Werbungen mit einem höheren Preis belegt und/oder schlechter platziert.

Damit Ihre Kampagnen möglichst relevant sind, damit Sie möglichst wenig zahlen und möglichst gut platziert sind – dafür lesen Sie dieses Buch.

Organische Suchtreffer

Alle restlichen Suchtreffer sind unbezahlte, organische Ergebnisse. Im Beispiel wurden mehr als 500.000 Suchergebnisse gefunden. Betrachten Sie den Screenshot in Abbildung 1.1, so sehen Sie, dass Ihnen von dieser halben Million gerade mal vier vollständig auf der ersten Bildschirmseite angezeigt werden. Sie merken, wie schwierig eine relevante Positionierung in diesem stark umkämpften Markt ist.

Trotzdem bleibt es natürlich machbar. Das Stichwort hierfür heißt Suchmaschinenoptimierung (SEO – Search Engine Optimization). Als wichtigste Punkte seien nur kurz genannt

- Eine saubere Umsetzung der Website in Design und Technik
- Reichlich gut gewichteter Inhalt mit laufender Aktualisierung
- Viele qualitativ hochwertige externe und interne Links

Alle drei Punkte brauchen vor allem zwei Dinge: viel Know-how und viel Zeit. Und zwar sowohl Arbeitszeit als auch Zeit bis zur Wirkung der Maßnahmen. SEO ist ein mittel- bis langfristiger Prozess.

AdWords hingegen kann Ihnen bereits kurzfristig helfen!

Hinweis

Zur Einführung in den Bereich der Suchmaschinenoptimierung hat Google Ende 2008 einen »SEO Starter Guide« veröffentlicht. Diesen können Sie über den offiziellen Blog-Eintrag abrufen: `http://googlewebmastercentral-de.blogspot.com/2008/11/googles-einfuehrung-in.html`.

1.3 Wie funktionieren AdWords?

Der Ablauf von AdWords ist denkbar einfach und vollzieht sich in vier Schritten:

1. Ein Nutzer gibt auf Google eine Suchanfrage ein.
2. In der Suchergebnisliste erscheint Ihre Anzeige über oder neben den organischen Suchergebnissen.

3. Der User klickt auf diese Anzeige und wird dadurch auf Ihre Webseite geführt.
4. Dort führt der User diejenige Handlung aus, für die Sie ihn auf Ihre Seite geholt haben.

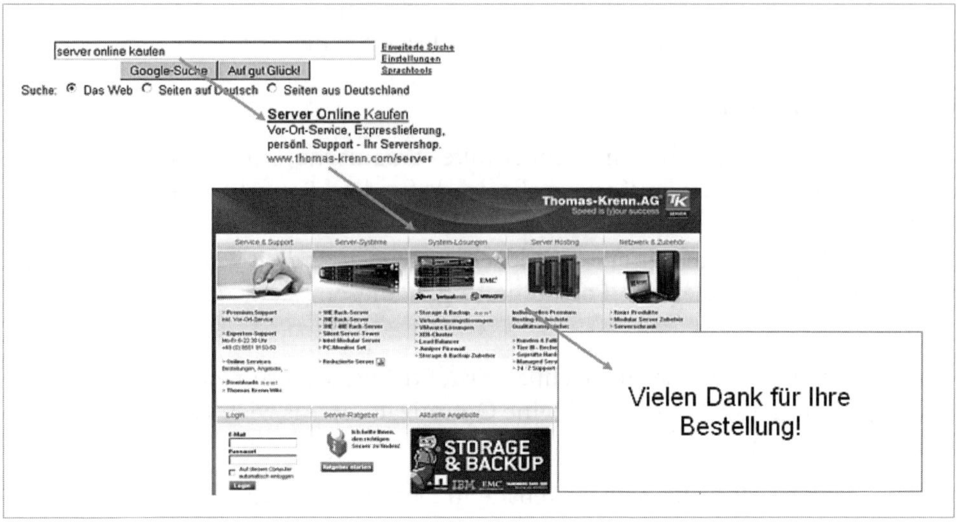

Abb. 1.2: Der Ablauf von AdWords

Lassen Sie uns diesen Ablauf nun näher betrachten und gleichzeitig die wichtigsten Begrifflichkeiten klären.

1.3.1 Ein Nutzer sucht

Keywords

Nutzer, die auf Google suchen, können dies aus zahlreichen Gründen tun – Sie suchen Produkte, Dienstleistungen, Informationen oder auch Lösungen für ein Problem. Für Sie als Anbieter eines bestimmten Services sind deshalb nicht alle Suchanfragen von gleicher Relevanz.

Betreiben Sie beispielsweise einen Lieferdienst für Pizzen, so sind für Sie insbesondere User interessant, die nach »Pizza-Taxi« oder »Pizza liefern« suchen. Schon weniger passend zu Ihrem Service sind Suchanfragen wie »Essen nach Hause liefern«. Zwar können damit Pizzen gemeint sein, aber auch alle anderen Arten von Speisen. Völlig unpassend erscheint Ihre Anzeige, wenn User ganz gezielt nach der »Pizzeria Pavarotti«, nach »Diät halten« oder auch nach etwas komplett anderem wie dem »TV Programm« suchen.

Von ungeheurem Vorteil ist es daher, dass Sie in Ihren AdWords-Kampagnen selbst bestimmen können, bei welchen Suchanfragen Ihre Anzeigen geschaltet werden sollen. Diese Festlegung erfolgt über so genannte »Keywords«. Haben Sie beispielsweise das Keyword »Pizza-Taxi« hinterlegt und ein User sucht danach, so erscheint Ihre Anzeige. Sucht er hingegen nach »Diät halten«, so erscheint Ihre Werbung nicht.

Wichtig

Keywords sind also diejenigen Worte und Wortkombinationen, mit denen Ihr Produkt oder Ihr Service gefunden werden soll. Genauer: Mit denen User vermutlich nach Ihrem Produkt oder Ihrem Service suchen.

Warum ist diese Klarstellung wichtig? Liefern Sie Pizzen aus, so lautet eines Ihrer Keywords beispielsweise »Pizza-Taxi«. Dass Sie Ihre Pizzen für eine besondere Delikatesse halten und sich deshalb lieber »Gourmet-Taxi« nennen, wird keinen Pizza-Hungrigen nach einem solchen suchen lassen. Wird hingegen tatsächlich nach »Gourmet-Taxi« gesucht, so dachte der User wahrscheinlich nicht an eine Pizza. Ihre Anzeige wird zwar geschaltet, im besten Fall bleibt sie aber unbeachtet.

Eine Ihrer wichtigsten Aufgaben bei AdWords wird es sein, die für Sie richtigen Keywords zu bestimmen und bei den Suchanfragen Ihrer Zielgruppe präsent zu sein. Im Idealfall erfüllt Ihre Anzeige genau die Ergebniserwartung des Suchenden und wird nicht als störende Werbung, sondern als hilfreicher Service empfunden.

1.3.2 Ihre Anzeige erscheint

Anzeige

Auf der Google-Ergebnisseite können Sie ausschließlich mit Textanzeigen werben – keine Videos, keine Bilder, keine anderen Formate. Jede Anzeige ist nach dem gleichen Muster aufgebaut:

- Eine Überschrift mit maximal 25 Zeichen
- Zwei Textzeilen mit jeweils maximal 35 Zeichen
- Eine Anzeigen-URL mit maximal 35 Zeichen
- Unsichtbar für den Leser ist die tatsächliche Ziel-URL, mit der Sie festlegen, wohin der User nach seinem Klick verlinkt wird.

Sie haben also nicht viel Platz, um einen User von sich zu überzeugen. Hinzu kommen noch zahlreiche »redaktionelle Richtlinien« von Google, die festlegen, was im Text erlaubt ist und was nicht. Trotzdem müssen Sie Ihre Botschaft so gestalten, dass sich ein User angesprochen fühlt, Ihr Angebot sehen möchte und deshalb klickt.

Dabei sollten Sie eins beherzigen – und dies betrifft alle Ihre AdWords-Bemühungen: Versprechen Sie nur das, was Sie auf der Webseite tatsächlich einlösen können. Es bringt Ihnen nichts, mit den besten Spaghetti der Stadt zu werben, wenn Sie doch nur Pizzen im Angebot haben. Es bringt Ihnen nicht nur nichts, es schadet Ihnen sogar – denn Sie zahlen für Klicks, die niemals zu Bestellungen führen werden.

Sie erhalten in diesem Buch zahlreiche Tipps und Tricks zur erfolgreichen Gestaltung Ihrer Anzeigen, so dass Sie erst gar keine falschen oder überschwänglichen Versprechungen machen müssen. Und da vielen Erstanwendern und Neulingen insbesondere das Texten Kopfschmerzen bereitet, hier bereits ein kleiner Trost: Sie müssen nicht die perfekte Anzeige schreiben. Sie müssen nur besser formulieren als Ihre Konkurrenten.

Anzeigenposition

Die Anzeigenposition gibt an, an welcher Stelle Sie auf den AdWords-Anzeigenplätzen erscheinen. Wie Sie bereits erfahren haben, ist eine möglichst gute Positionierung Ihrer Anzeige von entscheidender Bedeutung, um überhaupt wahrgenommen zu werden und erfolgreich sein zu können.

Impressions

Impressions sind Werbeeinblendungen bzw. Sichtkontakte. Erreicht Ihre Kampagne 1000 Impressions, so wurden Ihre Anzeigen also 1000 Mal auf Google geschaltet. Anders ausgedrückt: 1000 Google-User suchten in einem bestimmten Zeitraum nach einem von Ihnen hinterlegten Keyword und bekamen deshalb Ihre Anzeige zu sehen.

Und etwas gemeiner formuliert, um bei Ihnen einen gewissen Leistungsdruck aufzubauen: Sie bekamen 1000 User präsentiert, die an Ihrem Produkt oder Ihrer Dienstleistung höchst interessiert sind. Wie viele Sie davon tatsächlich mit Ihrer Anzeige überzeugen konnten, erkennen Sie an der Reaktion der User – nämlich daran, wie oft Ihre Anzeige geklickt wurde.

1.3.3 Der User klickt auf Ihre Anzeige

Klicks

Bei AdWords im Such-Netzwerk werden Ihnen lediglich dann Kosten verrechnet, wenn ein User auf Ihre Anzeige klickt und somit als Besucher auf Ihre Webseite kommt.

Dieses Verrechnungsmodell nennt sich Cost-per-Click oder CPC. Der Vorteil liegt auf der Hand: Sie müssen nur dann zahlen, wenn ein User erfolgreich von Google an Sie vermittelt wurde – nicht jedoch für die Werbeeinblendungen bzw. Impressions.

Dieses Modell ist deutlich erfolgsorientierter als Werbung, die nach Sichtkontakten (Tausender-Kontakt-Preis, TKP oder CPM) abgerechnet wird. Denn dabei haben Sie keine Garantie, dass für Ihr Geld auch tatsächlich jemand auf Ihre Seite geführt wird.

Ziele für TKP-Modelle sind insbesondere Branding und Reichweite. Wir gehen darauf in Kapitel 13, *Das Content-Werbenetzwerk: Nicht gesucht und doch gefunden*, ein, denn dort stehen uns beide Optionen zur Auswahl.

Klickrate

Aus Impressions und Klicks lässt sich die Klickrate (Click-Through-Rate, CTR) errechnen. Klicken von den 1000 Usern 100 auf Ihre Anzeige, so haben Sie eine Klickrate von 10%.

CTR = (Anzahl der Klicks/Anzahl der Impressions) * 100

Je höher die Klickrate, desto besser. Diese Erkenntnis ist allerdings nicht so platt, wie sie zunächst scheint. Denn schließlich zahlen Sie bei AdWords pro Klick, nicht pro Impression. Insofern könnte es Ihnen tatsächlich egal sein, wie oft Ihre Anzeige geschaltet wird. Vielleicht denken Sie sich gar »je häufiger, desto besser« – denn so können mehr User Ihre Werbung sehen.

Tatsächlich ist die Klickrate für Google jedoch ein Qualitätsmerkmal – und sogar ein sehr wichtiges. Die dahinter stehende Denkweise ist einfach: Je mehr Nutzer Ihre Anzeige anklicken, desto besser und desto relevanter muss sie sein. Wie wir vom eingangs erläuterten Qualitätsmodell her wissen, belohnt Google Relevanz. Ihre Belohnung wäre in diesem Fall eine bessere Anzeigenposition und/oder ein niedrigerer tatsächlich zu zahlender Klickpreis.

Klickpreis

Den Preis pro Klick nennt man Cost-per-Click, CPC oder einfach Klickpreis. Was Sie solch ein Klick maximal kosten soll, legen Sie selbst mit dem »maximalen Klickpreis« (maximaler CPC oder auch Bietpreis) fest. Sie geben Google für jedes einzelne Keyword vor, was Sie höchstens zu zahlen bereit sind. Diesen Betrag übersteigt Google in keinem Fall.

Da Sie in AdWords einen maximalen Klickpreis bestimmen, haben Sie sicherlich schon damit gerechnet, dass der tatsächliche Preis, den Ihnen Google verrechnet, niedriger sein wird.

Grundlage der Berechnung ist der so genannte »AdWords Discounter«. Lassen Sie uns dies an einem einfachen Beispiel ansehen:

Nehmen wir an, Sie wählen für Ihr Keyword »Pizza-Taxi« einen maximalen Klickpreis von 0,20 Euro, Ihr Konkurrent hingegen 0,15 Euro. Damit sind Sie vor diesem Konkurrenten gelistet.

Um diese Position einzunehmen, hätten aber auch 0,16 Euro als maximaler Klickpreis gereicht. Und genau diese 0,16 Euro zahlen Sie auch nur.

Erhöht Ihr Konkurrent seinen maximalen CPC auf 0,19 Euro, so zahlen Sie nunmehr 0,20 Euro – also immer genau den Betrag, der zum Halten Ihrer Position erforderlich ist.

Ist Ihr Konkurrent nun allerdings bereit, 0,24 Euro zu bezahlen, so »überholt« er Sie in der Anzeigenplatzierung. Er rutscht um eine Position nach oben und verdrängt Sie dadurch um einen Platz nach unten. Ihr neuer Klickpreis wird wiederum so berechnet, dass Sie genau diese neue, einen Platz schlechtere Positionierung halten – somit einen Cent höher als der einst zwei unter Ihnen Platzierte.

Würde Google seine Anzeigenplätze nur nach diesem Prinzip vergeben, so hätten wir eine reine Auktion, in der die Zahlungswilligsten regelmäßig ganz oben positioniert sind – durchaus auch mit Anzeigen, die nicht gut zur Suchanfrage des Users passen.

Doch wir erinnern uns, dass Google im eigenen Interesse sehr wohl daran gelegen ist, seinen Nutzern möglichst relevante Ergebnisse zu liefern. Deshalb setzt sich die Errechnung sowohl der Anzeigenplatzierung als auch des tatsächlichen Klickpreises aus zwei Komponenten zusammen: dem Bietpreis und dem Qualitätsfaktor, der die Relevanz berücksichtigt. Durch diesen Qualitätsfaktor wird es möglich, dass Sie auch mit geringeren Kosten vor Ihren Konkurrenten gereiht sind.

Landingpage

Die Seite, auf die Ihre Anzeige den User führt, nennt man Landingpage oder Zielseite. Es ist die erste Seite, die der User nach dem Anklicken Ihrer Werbung bei Google von Ihnen zu Gesicht bekommt. Es ist nicht verwunderlich, dass dieser erste Eindruck von ganz entscheidender Bedeutung ist.

Wohin Sie Ihren neuen Besucher linken, bestimmen Sie beim Erstellen Ihrer Anzeige. Für jede einzelne Anzeige können Sie eine andere Landingpage festlegen.

Sie haben grundsätzlich zwei Möglichkeiten: Entweder führen Sie den User auf eine bereits bestehende Seite Ihres Webauftritts oder Sie erstellen eine neue, extra für diesen Zweck konzipierte Landingpage.

In Kapitel 8, *Landingpages: Halten und zur Conversion führen*, werden wir sowohl auf die richtige Wahl als auch auf die richtige Gestaltung einer Landingpage eingehen, da diese nicht nur auf Qualitätsfaktor einwirkt, sondern auch ganz erheblich über Erfolg und Misserfolg Ihrer Werbeaktionen entscheidet.

1.3.4 Der User landet auf Ihrer Webseite

Conversions

Warum tun Sie sich das Ganze eigentlich an?

Ich hoffe, die Frage kommt einigermaßen unvermittelt und begleitet Sie nicht schon die ganze Zeit.

Trotzdem ist dies eine berechtigte Frage. Und zwar in dem Sinne, dass Sie nicht nur möglichst viele neue Besucher auf Ihrer Webseite begrüßen möchten. Vielmehr wollen Sie, dass diese Besucher auch eine bestimmte Handlung ausführen: ein Produkt kaufen, eine Preisliste downloaden, ein Anfrageformular ausfüllen, sich für einen Newsletter anmelden und vieles mehr. Diese Handlung nennt man »Conversion«.

Die Conversion ist Ihr eigentliches Ziel (weshalb Conversion in Google Analytics auch »Ziel« oder »Ziel-Conversion« genannt wird). Viel Traffic auf Ihrer Webseite kann durchaus erfreulich sein. Damit haben Sie, um im Beispiel zu bleiben, aber noch nicht eine zusätzliche Pizza verkauft. Denn 1000 neue Besucher bedeuten noch lange nicht, dass bei Ihnen der Ofen raucht.

Es ist für Sie daher ganz entscheidend zu wissen, wie viele Conversions Sie mit den neuen Besuchern und damit mit Ihren AdWords-Ausgaben erzielen.

Die Conversions, die aufgrund Ihrer AdWords-Kampagnen entstehen, können Sie sich direkt in Ihrem AdWords-Konto anzeigen lassen. Hierfür ist der Einbau eines Tracking Codes auf Ihrer Seite erforderlich, den Ihnen Google zur Verfügung stellt. Es ist dringend ratsam, keine Kampagne ohne konkret messbare Conversion-Zahlen zu erstellen. Wie dies geht, sehen wir uns ausführlich in Kapitel 11, *Conversion-Tracking: Das Ziel im Visier*, an.

Conversion-Rate

Die Conversion-Rate ist der Anteil Ihrer Besucher über AdWords, die die von Ihnen bestimmte Handlung tatsächlich ausgeübt haben. Basis der Berechnung ist also die Anzahl der Klicks:

Conv-Rate = (Anzahl der Conversions / Anzahl der Klicks) * 100

Die Conversion-Rate gibt Ihnen insbesondere Auskunft über die »Qualität« Ihrer Besucher sowie über Ihre Landingpage.

In einem Monat brachten Ihnen Ihre AdWords-Anzeigen 10.000 neue Besucher auf Ihre Webseite. Daraus ergaben sich 1.000 Pizza-Bestellungen über Ihren Webauftritt. Ihre Conversion-Rate lag somit bei 10%.

Im nächsten Monat konnten Sie wiederum 10.000 neue Besucher gewinnen, die Bestellungen lagen jedoch nur noch bei 500 Stück. Ihre Conversion-Rate halbierte sich also, nicht mehr jeder 10., sondern nur noch jeder 20. Besucher orderte eine Pizza – die »Qualität« Ihrer Kunden sank.

Die Gründe dafür können vielfältig sein und ergeben sich aus den Änderungen, die Sie im betrachteten Zeitraum vorgenommen haben. Vielleicht haben Sie eine neue Landingpage online gestellt, die anstatt einer Verbesserung eine Verschlechterung brachte. Vielleicht haben Sie neue Keywords hinzugefügt, die zwar Besucher, nicht aber Kunden brachten.

Sie sehen, wie wichtig es ist, auch die Conversions mitzutracken. Allein an der Anzahl der Klicks hätten Sie keine Veränderung festgestellt, da diese gleich geblieben ist. Tatsächlich verschlechterte sich Ihr Ergebnis jedoch um die Hälfte.

Kosten pro Conversion

Die »Kosten pro Conversion« ergeben sich aus der Anzahl der Conversions in Relation zu den Kosten bzw. Ihrem Kampagnenbudget:

Kosten = Klicks * durchschnittlicher CPC

Kosten pro Conversion = Kosten / Anzahl der Conversions

In obigem Beispiel soll Sie ein Klick durchschnittlich 0,25 Euro gekostet haben. Für die 10.000 neuen Besucher, die Ihnen AdWords gebracht hat, zahlten Sie somit 2.500 Euro.

Im ersten Monat konnten Sie darüber 1.000 Pizzen verkaufen. Pro Pizza-Bestellung zahlten Sie also 2,50 Euro an Google. Bei nur 500 Pizzen im nächsten Monat verdoppelten sich die Kosten pro Bestellung, lagen also bereits bei 5 Euro.

Je nach durchschnittlichem Bestellwert kann diese Entwicklung darüber entscheiden, ob sich für Sie die AdWords-Schaltung lohnt oder nicht. Wird pro Bestellung gerade mal eine Pizza im Wert von 7 Euro geordert, so hatten Sie mit Zutaten, Fahrtkosten usw. im ersten Monat vielleicht noch einen Gewinn. Im zweiten Monat wurde es zumindest sehr knapp.

Welchen Bestellwert Sie pro Conversion erzielen, können Sie sich nach Einbau des Conversion-Trackings aus Ihrem Shopsystem ausspielen lassen. Diese Werte erscheinen zwar nicht in den AdWords-Konto-Statistiken, können jedoch über Berichte abgerufen werden. Auch dies lernen wir in Kapitel 11, *Conversion-Tracking: Das Ziel im Visier*, kennen.

1.3.5 Wo erfahren Sie das alles?

All diese Zahlen sind kein Selbstzweck. Sie können daran Schwachstellen und Stärken in Ihren Kampagnen entdecken, Verbesserungen und Verschlechterungen feststellen. Sie bilden somit die Grundlage für Ihre Optimierungen.

Google unterstützt Sie dabei, indem alle beschriebenen Werte automatisch in Ihrem AdWords-Konto angezeigt werden. Lediglich für das Tracken der vorgestellten Conversion-Werte benötigen Sie eine Erweiterung.

Die Erhebung der Zahlen erfolgt sowohl für jedes Keyword als auch für jede Anzeige. Dadurch können Sie Ihre Anstrengungen sehr detailliert und zielgerichtet einsetzen.

Sobald wir unser AdWords-Konto eröffnet haben, werden wir uns ansehen, wo die verschiedenen Werte zu finden sind.

1.4 Ihre Ziele mit AdWords

Wie alle Aktivitäten in Ihrem Unternehmen sollte auch das Marketing darauf ausgerichtet sein, Ihren Unternehmensgewinn zu maximieren. Online-Marketing und speziell AdWords bieten Ihnen die Möglichkeit, Ihre Ausgaben ganz genau den daraus resultierenden Einkünften gegenüberzustellen.

Hinweis

Starten Sie AdWords nicht, weil »man es halt auch braucht« oder weil es alle machen. Pflegen Sie damit nicht Ihr Ego, indem Sie mit den teuersten Keywords an erster Stelle gelistet werden wollen.

Die Zeiten, in denen eine Marketing-Kampagne erfolgreich ist, wenn das zugehörige Plakat im Gang zum Geschäftsführer hängt, sollten vorbei sein. Dazu gibt Ihnen Google zu viele Daten und Auswertungen, als dass Sie nicht gewinnbezogen arbeiten könnten und sollten.

Ganz schlicht ausgedrückt: Ihr Ziel ist es, Geld zu verdienen. Alles, was Sie in AdWords anstellen, sollte genau diesem Ziel folgen. Änderungen und Optimierungsmaßnahmen im Suchmaschinenmarketing sind weder Spielereien noch Selbstzweck. Eine bessere Positionierung zahlt sich für Sie erst dann aus, wenn dadurch beispielsweise auch Ihre Verkäufe steigen. Können Sie den Klickpreis eines Keywords verringern, so macht dies erst Sinn, wenn das Mehr an Besuchern auch zu einem Mehr an gewünschten Handlungen führt.

Sehen wir uns also Ihre Ziele an.

1.4.1 Mehr Klicks

Sie schalten AdWords-Anzeigen, weil Sie mehr Besucher für Ihre Webseite gewinnen wollen. Führt dies im ersten Monat oftmals zu einem merkbaren Anstieg, so pendeln sich in den Folgemonaten die Zahlen meist auf dem Anfangsniveau ein. Nun liegt es an Ihnen, durch Optimierungen mehr Klicks und damit mehr Besucher zu generieren.

Bei einem festgelegten Budget können Sie mehr Klicks natürlich nur über die Senkung Ihres tatsächlichen Klickpreises erreichen. Schöpfen Sie Ihr Budget von 10 Euro pro Tag voll aus und zahlen Sie durchschnittlich pro Klick 0,50 Euro, so ergibt dies eben 20 Klicks. Senkt sich Ihr durchschnittlicher Klickpreis auf 0,40 Euro, so kommen Sie bereits auf 25 Klicks.

Eine Erhöhung der Klicks können Sie natürlich auch einfach durch eine Erhöhung Ihres AdWords-Budgets erreichen. Wissen Sie beispielsweise, dass Ihnen jeder eingesetzte Euro bei AdWords einen Gewinn von zwei Euro bringt, so wäre eine Budgetlimitierung geradezu unverständlich. Es erscheint dann sinnvoller, die Marketinggelder als Investition zu sehen, die nach Ihren Rückflüssen beurteilt werden.

1.4.2 Mehr Conversions

Jede Webseite verfolgt ein Ziel: User sollen etwas kaufen, etwas downloaden, sich für einen Newsletter anmelden und vieles mehr. Dieses Ziel haben wir Conversion genannt – eine Handlung, die der User auf Ihrer Webseite ausführen soll.

User sind für uns dann wertvoll, wenn sie tatsächlich die erwünschte Conversion tätigen. Erst dadurch rechtfertigen sich die Kosten, die in Form des Klickpreises für ihre Gewinnung angefallen sind. Wir müssen also sicherstellen, dass wir nicht irgendwelche, sondern für uns qualitativ hochwertige Besucher gewinnen.

Von 100 neu über AdWords gewonnenen Besuchern soll einer einen Kauf tätigen. Anders formuliert: 99 kaufen nichts. Ist unser Ziel der sofortige Verkauf eines Produktes, so haben diese 99 auf unserer Webseite eigentlich nichts verloren. Vielmehr verursachen sie lediglich unnötige Kosten.

Wir müssen diese User also bereits aussortieren, bevor sie überhaupt auf unsere Anzeige klicken. Schlüsselfaktoren sind hier Keywords und Anzeigen. Aus diesen muss bereits eindeutig hervorgehen, was unser Angebot zu leisten vermag – und damit auch, was wir von unseren Besuchern erwarten. Wie dies geht, erfahren Sie in den entsprechenden Kapiteln 6, *Keywords: Sich gezielt finden lassen*, und 7, *Anzeigen: Die Kunst der Überzeugung*.

Nunmehr sollen zwei von 100 neuen Besuchern Käufe tätigen. Dies erscheint durchaus machbar. Tatsächlich bedeutet es aber eine Steigerung unserer Conversion-Rate um 100%, eine Halbierung der Kosten pro Conversion und damit – bei Beibehaltung der anderen Werte – eine Verdopplung unseres Umsatzes.

Wichtig

Die Erhöhung der Conversions ist eines unserer wichtigsten Ziele und der Grund, warum wir Besucher über AdWords auf unsere Seite holen.

So gesehen ist es mehr als erstaunlich, dass noch immer so wenige Unternehmen an einer Messung interessiert sind. Und wie wenige Sites entsprechende Anstrengungen unternehmen, einmal gewonnene Besucher in Käufer oder sonstige Conversion-Handelnde umzuwandeln. Stichworte sind hier insbesondere Landingpages (Kapitel 8) und Google Analytics (Kapitel 12).

1.4.3 Return on Investment (ROI)

Gehen wir noch einen Schritt weiter: Investieren wir 1.000 Euro pro Monat, es fließen aber nur Einnahmen in Höhe von 500 Euro zurück, so haben wir ein Problem. Dann bringt es uns auch nichts, wenn wir bei den schönsten Suchanfragen an Position eins gelistet sind, wenn wir die qualitativ hochwertigsten Besucher gewonnen, wenn wir die erstaunlichste Steigerung in Bezug auf Conversions hingelegt haben. Verlust bleibt Verlust. Unser Ziel muss es ein, mehr aus AdWords rauszuholen, als wir reingesteckt haben.

Sie sollen an dieser Stelle keine Einführung in Renditerechnungen erhalten. Sie sollen jedoch dafür sensibilisiert werden, AdWords-Budget nicht als Ausgaben mit unbestimmtem Ausgang abzuschreiben. Vielmehr drückt bereits der Begriff »Return on Investment« aus, Marketinggelder eben nicht als Ausgaben, sondern als Investitionen zu sehen, aus denen – am besten höhere – Rückflüsse generiert werden.

Eine gängige Formel zur Beurteilung bei Einzelinvestitionen – wie sie auch von Google in AdWords verwendet wird – lautet wie folgt:

ROI = (Gewinnanteil / durchschnittlicher Kapitaleinsatz) * 100

Andere Webanalyse-Tools bezeichnen diesen Wert korrekterweise als ROAS – Return on Ad Spending.

Ein Beispiel: Ihre Ausgaben für eine AdWords-Kampagne liegen bei 1.000 Euro. Resultierend aus dieser Kampagne werden 100 Artikel zum Preis von je 18,50 Euro verkauft. Dies ergibt einen Umsatz von 100 * 18,50 Euro = 1.850 Euro. Abzüglich Ihres Einkaufspreises bleiben Ihnen 1.250 Euro übrig.

ROI
= ((1.250 – 1.000) / 1.000) * 100
= 25%.

Der Return on Investment beträgt somit 25%.

Dies ist selbstverständlich ein vereinfachendes Beispiel. Tatsächlich ist eine exakte Bestimmung dieses Wertes nur sehr schwer möglich. Doch die Erkenntnis ist klar: Beim Return on Investment werden die Kosten einer Marketingkampagne in Bezug zu den Gewinnen gesetzt, die daraus resultieren.

Hinweis

Für die Optimierung Ihrer Kampagnen bedeutet dies, dass Sie eine neue – sehr wertvolle – Kennzahl eingeführt haben. Statt nur die Kosten zu reduzieren (Klickpreis), können Sie nun auf die Gewinnmaximierung (ROI) hin optimieren. Dies ergibt einen deutlichen Unterschied, etwa dann, wenn ein besonders teures Keyword auch sehr viele Conversions generiert. Im ersten Fall hätten Sie es streichen müssen – durch die ROI-Auswertung erkennen Sie dessen tatsächlichen Wert.

Wir gehen in Kapitel 11, *Conversion-Tracking: Das Ziel im Visier*, ausführlich darauf ein.

1.5 Vorteile und Grenzen von AdWords?

Google AdWords hat zahlreiche Vorteile. Es ist durchaus sinnvoll, sich diese zu vergegenwärtigen, um die Potenziale bewusst ausschöpfen zu können. Ebenso sollten Sie sich aber auch der Grenzen von AdWords bewusst sein.

1.5.1 Das Besondere an AdWords

Nur potenzielle Kunden!

Mit AdWords können Sie Ihre Zielgruppe gezielt ansprechen. Sie generieren und zahlen nur für potenzielle Kunden, die tatsächlich Interesse an Ihrem Produkt oder Ihrer Dienstleistung haben. Alle anderen User bekommen Ihre Anzeige erst gar nicht zu Gesicht.

Über geeignete Keywords können Sie vorgeben, wonach User suchen müssen, damit Ihre Anzeigen überhaupt geschaltet werden. Sie segmentieren zudem auf geografischen, sprachlichen oder auch zeitlichen Ebenen. Und dies alles mit der riesigen »Google-Gemeinde« als potenziellen Ansprechpartner.

Genau dort liegt allerdings auch die Gefahr: Denn natürlich können Sie AdWords auch so aufsetzen, dass die falschen User angesprochen und unnötige Kosten verursacht werden. Es hängt ganz allein von Ihnen ab, ob und wie gut Sie Streuverluste vermeiden und »qualitativ hochwertige« Besucher generieren – also solche Besucher, die auch tatsächlich eine Conversion tätigen.

Nur Hot Leads!

Mit AdWords suchen nicht Sie Ihre Kunden – Ihre Kunden suchen Sie! Denn mit seiner Suchanfrage zeigt der User bereits, dass er an Ihrem Angebot interessiert ist. Keine Kalt-Akquise, sondern Hot Leads!

Stellen Sie sich vor, ein User sucht auf Google nach Pizza. Diese Suche stellt für Sie eine hervorragende Gelegenheit dar, ihn über Ihre Webseite auf Ihre Pizzen aufmerksam zu machen:

- Sie gewinnen einen potenziellen Kunden, der Sie vorher nicht kannte.
- Sie gewinnen einen potenziellen Kunden, den Sie vorher nicht kannten.

Noch mehr: Sie begegnen dem User genau in dem Augenblick, in dem er so hungrig nach Pizza ist, dass er sich dafür schon auf die Suche durch das Internet gemacht hat. Einen günstigeren Zeitpunkt gibt es nicht.

Schießt Ihnen der Gedanke von »Kunden auf dem silbernen Tablett« durch den Kopf? Vielleicht. Hat die Sache einen Haken? Sicher. Denn auch all Ihre Konkurrenten haben Keywords hinterlegt und versuchen nun, diesen einen Surfer über eine optimale Positionierung und mit besten Anzeigen auf ihre Webseite zu locken und letztendlich zu einer Bestellung zu bewegen. Aus diesem Kampf immer häufiger als Sieger hervorzugehen, ist eines Ihrer größten Ziele beim Optimieren Ihrer AdWords-Kampagnen.

Volle Kosten-Kontrolle

Bei Google AdWords haben Sie tatsächlich volle Kontrolle über Ihre Kosten. Diese regeln Sie über Ihr Tagesbudget, also den Betrag, den Sie pro Tag maximal ausgeben möchten. Eine Mindestgebühr fällt nicht an.

Stellen Sie beispielsweise ein Tagesbudget von 10 Euro ein, so sorgt Google eigenständig dafür, dass Sie am Monatsende auch wirklich nur ein durchschnittliches Tagesbudget von 10 Euro verbraucht haben. Besteht am heutigen Tag besonders viel Nachfrage oder haben Sie gestern beispielsweise nur 8 Euro verbraucht, so überschreitet Google das Budget bis maximal 20%. Am Monatsende sind Sie durchschnittlich jedoch wieder beim eingestellten Tagesmaximum.

Was macht Google, wenn Ihr Tagesbudget erreicht ist? Es stellt die Schaltung Ihrer Anzeigen ein, so dass keine kostenpflichtigen Klicks mehr anfallen können. Selbst der Mieter direkt über Ihrem Pizzaladen kann nun nach »Pizza-Taxi« suchen: Ihre Anzeige wird nicht mehr geschaltet. Damit Ihnen dies nicht gerade zur Hauptgeschäftszeit passiert, stellt Google verschiedene Optionen zur Verfügung, mit denen Sie die Auslieferung Ihrer Anzeigen steuern können.

Flexibilität

AdWords zeichnet sich durch eine sehr flexible Handhabung aus. Sie können Ihre Vorgaben kostenlos, unbegrenzt oft und praktisch von jetzt auf gleich ändern. Sie können Ihren maximalen Klickpreis oder Ihr Tagesbudget beliebig erhöhen oder verringern, Sie können Ihre geografischen und sprachlichen Zielausrichtungen ändern, Sie können neue Anzeigen schalten und alte löschen. Auch und gerade während laufender Kampagnen.

Sollten Sie Ihr Pizza-Angebot nun doch um Spaghettis erweitern, so sind Sie mit entsprechend neuen Keywords schneller online, als Ihre Nudeln gekocht sind. Sie können jederzeit Änderungen vornehmen, die sofort online sind. Lediglich einige grundsätzliche Kontoeinstellungen sind im Nachhinein nicht mehr änderbar. Was Ihre Kampagnen selbst angeht, so haben Sie alle Möglichkeiten, unmittelbar auf aktuelle Entwicklungen zu reagieren und jede Änderung sofort online zu stellen.

Dies ist allerdings auch nötig, denn AdWords ist dynamisch. Ihre Konkurrenten werden besser, neue kommen hinzu, was gestern funktionierte, läuft heute ins Leere. Stellen Sie sich auf permanentes Testen, Auswerten und Optimieren ein.

Nur relevante Werbung kommt ganz rauf

Bei AdWords ist es möglich, mit geringen Mitteln große Budgets und hohe Bietpreise auszustechen. Über den Qualitätsfaktor sorgt Google dafür, dass gute und relevante Kampagnen belohnt werden – mit geringeren Klickpreisen und/oder besseren Position.

Dieser sehr demokratische Ansatz ermöglicht es auch kleinen Betrieben und Unternehmen, im Kampf mit den Riesen der Branche zu konkurrieren. Gerade in Nischen oder kleinen Regionen können kleine Budgets große Erfolge erzielen.

Kein Medienbruch

Stellen Sie Ihr Produkt oder Ihre Dienstleistung auf Ihrer Webseite aus, so können Sie mit AdWords einen potenziellen Kunden nur einen Klick vor Ihrem Angebot abholen. Kein Fax, kein Papier, kein Anruf ist nötig. Ohne Medienbruch führen Sie den Interessierten genau dorthin, wo Sie sein Interesse befriedigen. Aus dieser Konstellation heraus sowie mit einer gut gestalteten Landingpage lassen sich Conversion-Raten im zweistelligen Bereich erzielen.

100%-ige Messbarkeit und Optimierung

Alle wichtigen Daten für Ihre AdWords-Kampagnen werden Ihnen in Ihrem Konto automatisch zur Verfügung gestellt. Mit diesen detaillierten Analysen nach Zeit, Kosten und Relevanz können Sie die Entwicklungen und Erfolge Ihrer Kampagnen, Anzeigengruppen, Keywords und Anzeigen jederzeit überprüfen und optimieren.

Das Conversion-Tracking bietet Ihnen die Möglichkeit, eine Handlung auf Ihrer Webseite als Ziel zu definieren. Alle Ihre Kampagnen, Anzeigengruppen, Keywords und Anzeigen werden dann auch auf Basis dieser Conversion auswertet und innerhalb Ihres AdWords-Kontos abgebildet.

Mit dem Einsatz geeigneter Webanalyse-Tools lassen sich zudem weitere wichtige Daten wie ROI (Return on Investment) oder CpV (Cost per Visitor) auf Kampagnen-, Keyword- und sonstigen Ebenen erheben. Wir werden darauf am Beispiel des kostenlosen Analytics-Tools von Google eingehen (Kapitel 12, *Google Analytics: Von AdWords zur Webanalyse*).

Branding

Es gibt viele Stimmen, die durch die Anzeigenschaltung mit AdWords Branding-Effekte sehen. Auch Google hat mittlerweile eine Studie mit dem Namen »Markenbildung von AdWords« vorgelegt (`http://www.full-value-of-search.de/studies`). Die wichtigsten Ergebnisse:

- Mit Kontakt zu AdWords steigt die ungestützte Markenbekanntheit um 21%.
- Dabei haben alle Anzeigenpositionen eine positive Auswirkung auf die Markenbekanntheit – je höher die Anzeige steht, umso größer ist dieser Effekt.
- Ebenso sorgen mehr Kontakte mit AdWords für einen größeren Effekt – was für das Hinterlegen von mehr Keywords spricht.

Auf den ersten Blick scheint tatsächlich einiges für diese Branding-Wirkung zu sprechen: Man denke nur an die zahlreichen Anzeigen, die pro Tag geschaltet werden. Tausendfach erscheint die Werbebotschaft eines Unternehmens an prominenter Stelle. Und das Beste: Diesen Branding-Effekt gibt es gratis, da erst beim Klick Kosten entstehen.

Allerdings bleibt einschränkend immer festzuhalten: Positive Wirkungen kann es nur in der Kernzielgruppe geben. Denn nur, wenn ein User tatsächlich bereits nach dem Produkt oder der Dienstleistung sucht, wird die Anzeige geschaltet und damit ein möglicher Branding-Effekt ausgelöst.

Erinnern wir uns nun an den sichtbaren Teil einer Textanzeige: Überschrift, zwei Textzeilen sowie die Anzeigen-URL. Die Mehrheit der Werbetreibenden hat dabei Webadresse bzw. Firmennamen nur in der Anzeigen-URL stehen (und dies aus guten Gründen). Obwohl die Anzeigen-URL nach der Überschrift die meiste Aufmerksamkeit in Ihrer Anzeige erfährt, ist es sicherlich sinnvoll, zwei Fälle zu unterscheiden:

1. Bekannte Marken, wie es die in der Google-Studie untersuchten Werbetreibenden sind, können bei AdWords auf zwei Effekte zählen – zum einen auf einen positiven Effekt bei der Klickentscheidung: »Hab ich schon mal gehört – schaue ich mir jetzt an.« Zum anderen aber auch auf den Wiedererkennungs-

wert: »Stimmt – die bieten das ja auch an.« Hierbei rückt die Marke des Anbieters ganz bestimmt deutlicher ins Bewusstsein des Users.

2. Bei Marken und Firmen, die der User nach der Suchanfrage zum ersten Mal sieht, fallen die erwähnten Effekte hingegen weg. Eine unbekannte Marke kann keinen positiven externen Effekt auf das Klickverhalten des Users ausüben. Und auch in Bezug auf Markenbildung prasseln in zu kurzer Zeit zu viele Informationen auf ihn ein: Er wird mit einer kompletten Seite voller Suchergebnisse konfrontiert, die zumeist alle neu für ihn sind. Relativ schnell entscheidet er sich, welche Webseite er besuchen möchte – und weg ist er. Da bleibt nicht auch noch Zeit, sich die Angebote zu merken, die er für nicht attraktiv genug erachtet hat. Branding-Effekte sind dabei höchstens zu erwarten, wenn ein User häufig im gleichen Segment sucht und die Anzeige sowie die Marke wiederholt angezeigt bekommt.

Ein wenig anders sieht es hingegen aus, wenn eine unbekannte Marke etwa sowohl in der organischen Suche als auch auf den Werbeplätzen zu finden ist. Hier erscheint sie schon zweimal auf dem Bildschirm des Users. Dies kann unter anderem ein Grund sein, auch Keywords bei AdWords zu hinterlegen, mit denen man bereits in der organischen Suche ganz vorne dabei ist.

Unternehmen Sie Ihre Branding-Anstrengungen insbesondere im Content-Netzwerk von Google (Kapitel 13). Dieses umfasst Tausende von Websites, angefangen bei großen Webportalen bis zu kleinen, privaten Webauftritten. Dort erreichen Sie zum einen User außerhalb Ihrer Kernzielgruppe. Zum anderen stehen Ihnen neben Textanzeigen auch weitere, für Branding-Aktivitäten geeignete Anzeigenformate wie Image- oder Video-Anzeigen zur Verfügung. Diese finden Sie auf der Suchergebnisseite von Google nicht.

1.5.2 Grenzen von AdWords

Man sollte meinen, dass es nichts gibt, was User nicht über das Internet und speziell über Google suchen oder als Produkt bzw. Dienstleistung nachfragen. Tatsächlich gibt es aber auch Grenzen.

Ein klassisches Beispiel ist der Verkauf von Toilettenpapier. Obwohl es hierfür sicherlich genug Verwendung und somit auch Nachfrage gibt, wird der Begriff nur selten über Google gesucht. Es handelt sich scheinbar um ein Produkt, das sich online eher schlecht verkaufen lässt.

Unterschiedliche Quellen

In der Praxis ist festzustellen, dass AdWords nicht in allen Fällen und in allen Branchen ein typisches Instrument ist, um Erstkunden direkt zu Conversions zu führen. Denken Sie beispielsweise an ein Urlaubswochenende für die ganze Familie. Zunächst wurde ein passendes Angebot ausfindig gemacht, wobei der User über eine AdWords-Schaltung auf die Seite kam. Diese speicherte er als Bookmark oder Favorit ab, damit auch die anderen Familienmitglieder das Ausflugsziel ansehen können.

Erfolgt auch die Buchung über den Bookmark, so müsste dieser Erfolg korrekterweise Ihrer AdWords-Kampagne zugerechnet werden:

- Google Conversion Tracking kann dies jedoch nur, wenn die Conversion innerhalb von 30 Tagen erfolgt.
- Das kostenlose Webanalyse-Tool Google Analytics kann es nicht.

High-End-Webanalyse-Tools hingegen können Ihnen für solch einen Fall je Buchung die Erst- und die Letzt-Quelle ausweisen.

Unbekannte Produkte

Ein Produkt, das noch nicht bekannt ist, kann auf Google nicht gesucht werden. Denken Sie an einen Spielfilm, der neu in die Kinos kommt. Erst wenn Sie von dessen Existenz wissen, können Sie nach entsprechenden Informationen suchen.

Als zeitliche Abfolge wird deshalb häufig und zu Recht vorgeschlagen, erst Werbemittel für das Branding zu investieren und dann Kampagnen wie AdWords zu starten. Wir wollen uns in Kapitel 6, *Keywords: Sich gezielt finden lassen*, ansehen, wie wir mit einem unbekannten Produkt trotzdem gefunden werden können.

Erfolglose Kampagnen

Natürlich sind Sie auch mit AdWords nicht davor gefeit, eine erfolglose Kampagne zu schalten. Vielmehr ist die Gefahr sogar recht groß: Die grundsätzliche Vorgehensweise ist sehr einfach, mit wenigen Schritten ist Ihre erste Anzeige online.

Der Schritt von einer beliebigen Kampagne zu einer erfolgreichen Kampagne kann mühsam und langwierig sein. Es gibt viel zu beachten, viel auszuwerten und viel zu optimieren. Damit dies bei Ihnen schneller und besser klappt, dafür lesen Sie dieses Buch.

Klickbetrug

Ein großes Thema bei jeder Werbeform, die nach Klicks abgerechnet wird, ist der Klickbetrug (*click fraud*). Dabei geht es insbesondere um diejenigen Klicks, die in großer Anzahl vorsätzlich getätigt werden, um Konkurrenten vermehrte Kosten zu verursachen oder um die eigene Position zu verbessern.

Ihre eigenen Möglichkeiten gegen Klickbetrug sind begrenzt. Google verweist darauf, dass das Problem nicht nur ernst genommen wird, sondern dass bereits gezielte und wirksame Gegenmaßnahmen zum Einsatz kommen.

Wir wenden uns diesem Thema nochmals ausführlich in Kapitel 10, *Berichte: Alles auf einen Blick* (Berichte) zu.

Competition-Klicks

Hinterlegt einer Ihrer Mitbewerber Ihren Firmennamen oder eine von Ihnen geschützte Marke als Keyword, so kann er mit Ihrer Bekanntheit Besucher gewinnen und in Ihrem Kundenkreis werben.

Zu Beginn des Jahres 2009 traf der Bundesgerichtshof (BGH) einige Entscheidungen zu dieser Problematik. Diese gewähren mehr Spielraum beim Einbuchen von Keywords als das Gesetz gegen unlauteren Wettbewerb (UWG), auf das sich davor berufen werden konnte:

- So ist es nunmehr erlaubt, fremde Firmennamen als Keywords zu hinterlegen, solange diese nicht in der Anzeige erscheinen. Gemäß Urteilsbegründung fehlt die Verwechslungsgefahr, die für eine Verletzung der Unternehmensbezeichnung erforderlich ist (BGH-Urteil vom 22. Januar 2009 – I ZR 139/07).
- Der beschreibende Teil einer Marke allein kann als Keyword eingebucht werden. Dies kann vom Markeninhaber auch dann nicht untersagt werden, wenn die beschreibende Angabe markenrechtlich benutzt wird und dadurch mit der geschützten Marke verwechselt werden kann (BGH-Urteil vom 22. Januar 2009 – I ZR 30/07). Im konkreten Fall war die Marke »PCB-Pool« geschützt, was die Verwendung des Keywords »pcb« durch andere Anbieter nicht verhindert.

Die wichtigste Frage, ob auch geschützte Marken als Keywords verwendet werden dürfen, wurde bislang nicht geklärt. Da die Bestimmungen des deutschen Rechts auf harmonisiertem europäischen Recht beruhen, hat der Bundesgerichtshof diese Entscheidung an den Europäischen Gerichtshof (EuGH) in Luxemburg weitergeleitet (BGH-Beschluss vom 22.01.2009 – I ZR 125/07). Diese steht derzeit noch aus. Aktuelle Entscheidungen erfahren Sie selbstverständlich im Blog zu diesem Buch unter `http://www.adwords-buch.info`.

Trotz obiger Urteile, in denen der Bundesgerichtshof eine Rechtsverletzung und damit die Möglichkeit einer Abmahnung zumindest in Teilbereichen verneint, bleibt das Verwenden von geschützten Marken als Keyword bis zum endgültigen Urteil ein gewagtes Spiel. Denn Rechteinhaber können sich bei Rechtsverletzungen den Gerichtsstand in Deutschland bundesweit aussuchen (so genannter »fliegender Gerichtsstand«) – und somit bei jenen Gerichten Klagen einreichen, die aufgrund vergangener Urteile sehr wahrscheinlich darin eine Markenrechtsverletzung sehen.

Kapitel 2

Das erste Mal: Konto und Kampagne eröffnen

In diesem Kapitel haben wir drei Schritte vor uns:

- Wir legen ein AdWords-Konto an.
- Wir eröffnen unsere erste Kampagne.
- Wir geben unsere Zahldaten an.

Im Gegensatz zu früher ist es im Rahmen der Konto-Eröffnung nicht mehr erforderlich, auch gleich eine Kampagne anzulegen. Sinnvoll bleibt es trotzdem. Was sind die Vorteile?

- Mit der ersten Kampagne ändern sich einige Seiten im Konto. Es macht daher kaum Sinn, dass wir sie uns in dieser »Einmal-und-nie-wieder«-Ansicht detailliert ansehen. Besser ist es, dass wir unser Konto gleich so kennen lernen, wie wir nachher mit ihm arbeiten müssen.
- Sehen wir uns im folgenden Kapitel die Navigation durch das Konto an, so wäre dies ohne Kampagnen ein sehr theoretischer Gang. Mehr Spaß macht es da, wenn wir das, was wir besprechen, auch gleich in unserem eigenen Konto wiederfinden.
- Alle Theorie ist grau: Haben wir erst einmal Kampagnen, Keywords und Anzeigen angelegt, so können wir uns bei den Erklärungen gleich viel mehr darunter vorstellen und diese auf unser eigenes Konto anwenden.

Nicht zuletzt: Als Leser des Kapitels »Konto und Kampagne eröffnen« sind wir zumeist Neukunden und hinken daher den bereits AdWords-Erprobten noch ein paar Schritte hinterher. Diese wollen wir möglichst schnell einholen. Eine erste Kampagne verkürzt unseren Rückstand da schon deutlich, holt ihn bei schlechten Konten gar schon auf.

Hinweis

Keine Sorge – Ihre erste Kampagne muss nicht perfekt sein. Wir werden diese direkt nach Abschluss des Eröffnungsprozesses pausieren, so dass Sie keine Bedenken bezüglich entstehender Kosten haben müssen.

2.1 Der Weg ins AdWords-Konto

Geben Sie in Ihren Browser die URL `http://adwords.google.com` ein, so erscheint die Login-Seite zu AdWords. Hier melden Sie sich später auch mit Ihrer E-Mail-Adresse und Ihrem Passwort an, um auf Ihr Konto zugreifen zu können.

Rechts oben sehen Sie den Button JETZT STARTEN. Klicken Sie diesen an, um mit dem Anmeldeprozess zu beginnen.

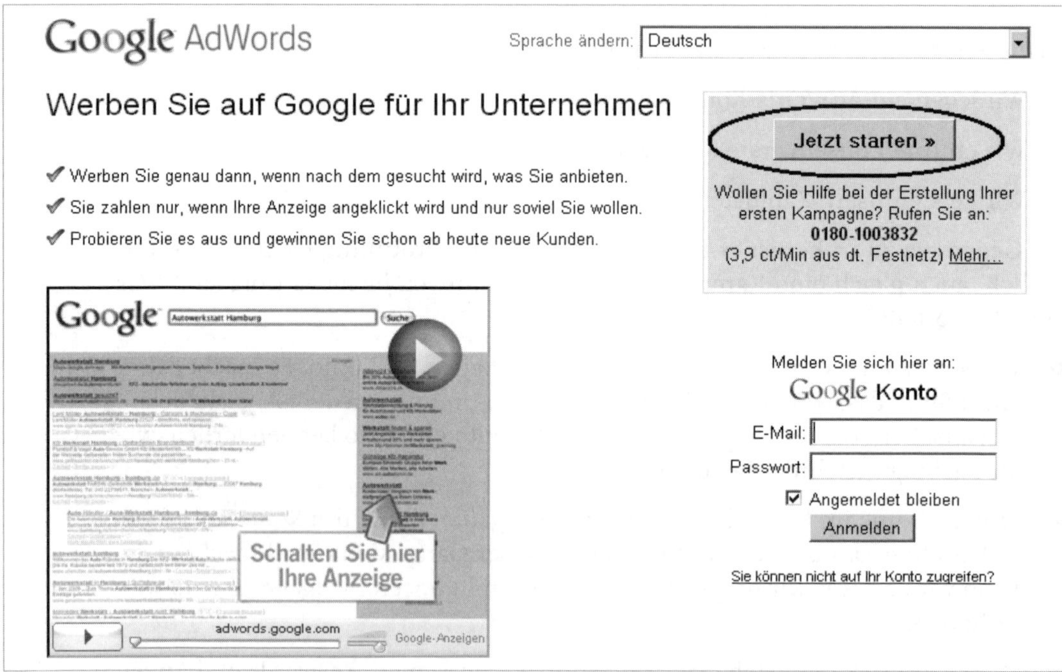

Abb. 2.1: Login-Seite AdWords

2.1.1 Google-(Benutzer-)Konto einrichten

In erstem Schritt legen Sie E-Mail-Adresse und Passwort fest, mit denen Sie später in Ihr AdWords-Konto einsteigen können. Je nachdem, ob Sie bereits einen der angeführten Google-Dienste nutzen oder nicht, wählen Sie die entsprechende Option.

Wollen Sie bereits bestehende Zugangsdaten auch für Ihr AdWords-Konto verwenden, so geben Sie diese einfach in die entsprechenden Felder ein:

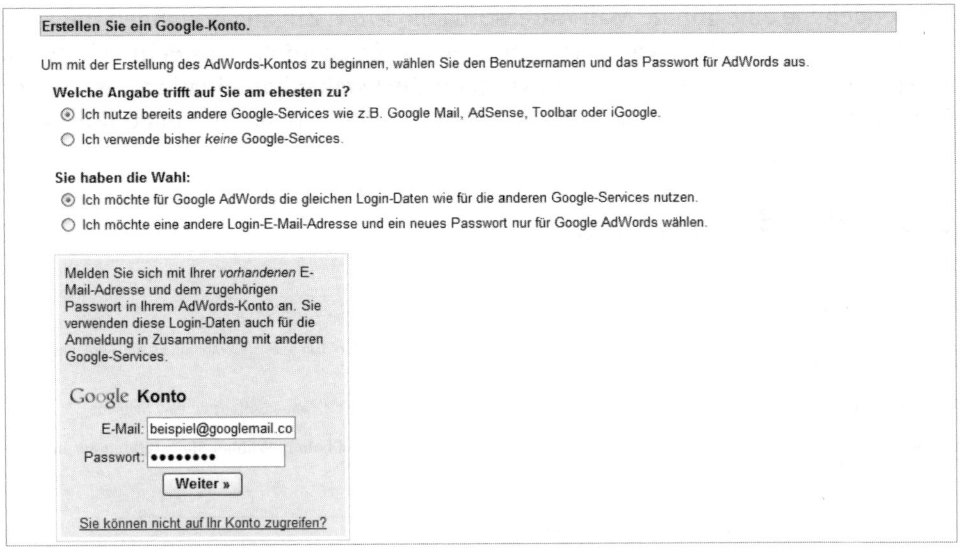

Abb. 2.2: Konto einrichten mit vorhandenen Login-Daten

Möchten Sie andere Login-Daten benutzen oder besitzen Sie noch keine, so gelangen Sie zu der Maske, die Sie in Abbildung 2.3 sehen und in der Sie Ihre Zugangsdaten festlegen können.

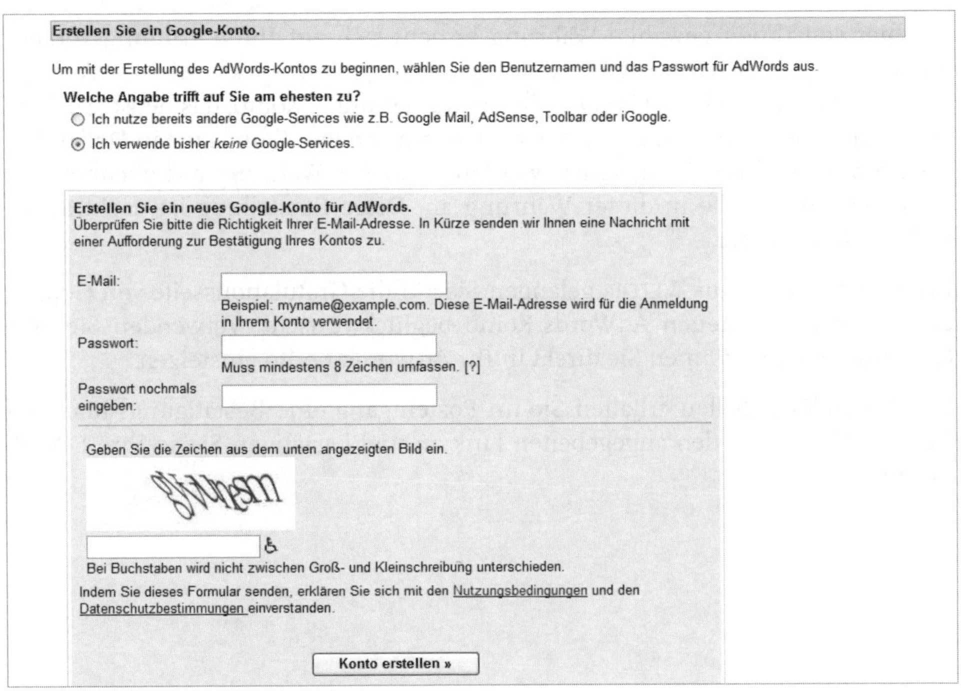

Abb. 2.3: Login-Daten erstellen

Verwenden Sie eine gültige Mail-Adresse, da Sie Ihren Zugang bestätigen müssen. Wählen Sie nun ein Passwort und geben Sie die Zeichenfolge aus dem »Captcha« – der Sicherheitsabfrage mit der verwischten Buchstabenkombination – ein. Über KONTO ERSTELLEN gelangen Sie auf die nächste Seite, wo Sie Ihre erste Kontoeinstellung treffen.

2.1.2 AdWords-Konto anlegen

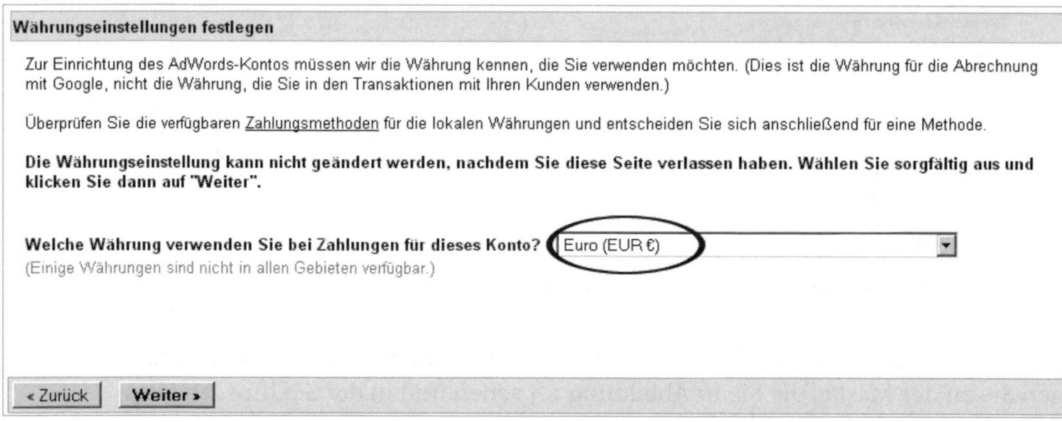

Abb. 2.4: Währung festlegen

Die hier von Ihnen gewählte Währung bezieht sich auf Ihren Zahlungsverkehr mit Google – also wie Sie die von Google generierten Klicks auf Ihre Anzeige bezahlen möchten. Diese Eingabe gilt für Ihr gesamtes Konto; das heißt, Sie können nicht eine Kampagne in Euro bezahlen, eine andere Kampagne in Dollar. Die Kosten aus all Ihren Kampagnen werden in dieser Währung abgerechnet, alle Klickpreise geben Sie in dieser Währung an. Diese Einstellung ist nachträglich nicht mehr änderbar.

Nach dem Klicken auf WEITER gelangen Sie auf die Gratulationsseite von Google, die Sie zu Ihrem neuen AdWords-Konto beglückwünscht. Verwenden Sie eine GMail-Adresse, so können Sie direkt in Ihr AdWords-Konto einsteigen.

In allen anderen Fällen erhalten Sie im Posteingang eine Bestätigungs-Mail von Google. Klicken Sie den angegebenen Link an und bestätigen Sie so Ihre E-Mail-Adresse.

Sie erhalten auf der Folgeseite derzeit die Meldung »Ihr Konto ist aktiviert«. Dies ist nicht ganz richtig: Bislang haben Sie es angelegt und können darauf zugreifen. Die Aktivierung erfolgt, wenn Sie Ihre Zahldaten hinterlegen (Abschnitt 2.3, *AdWords-Konto aktivieren*). Erst dann können Sie auch wirklich Anzeigen schalten.

2.2 Die erste Kampagne

Es gibt mehrere Wege, wie Sie Ihre erste Kampagne eröffnen können. Sie können dies direkt von der Seite aus tun, auf der Sie nach der Bestätigung Ihrer Mail-Adresse gelandet sind. Haben Sie sich neugierig bereits ein wenig im Konto umgesehen, so gelangen Sie über den Reiter STARTSEITE jederzeit darauf zurück.

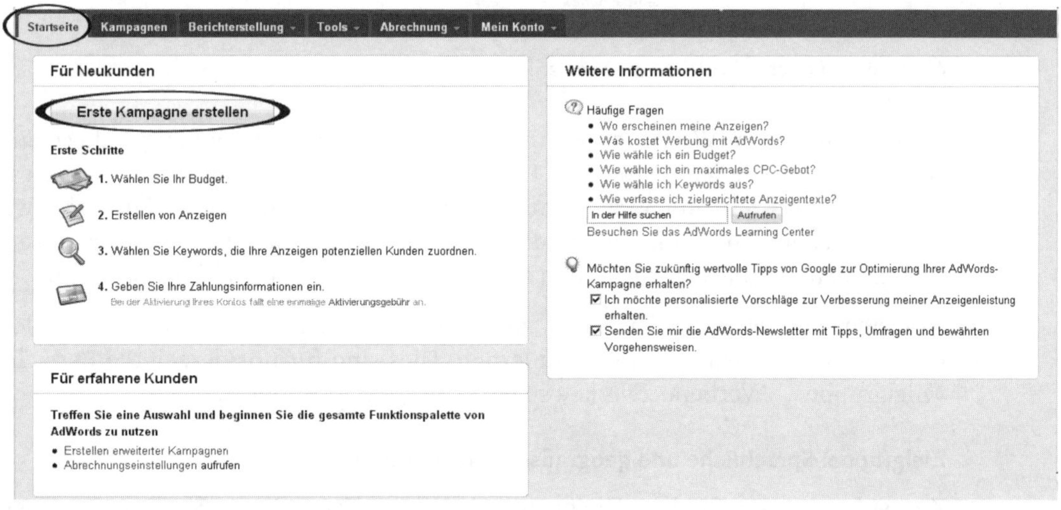

Abb. 2.5: STARTSEITE – Die erste Kampagne

Hier betätigen Sie nun den kaum zu übersehenden Button ERSTE KAMPAGNE ERSTELLEN.

2.2.1 Angaben zur Kampagne

Nachdem Sie den Button ERSTE KAMPAGNE ERSTELLEN angeklickt haben, landen Sie auf der Seite EINSTELLUNGEN. Diese wird für uns noch von zentraler Bedeutung sein:

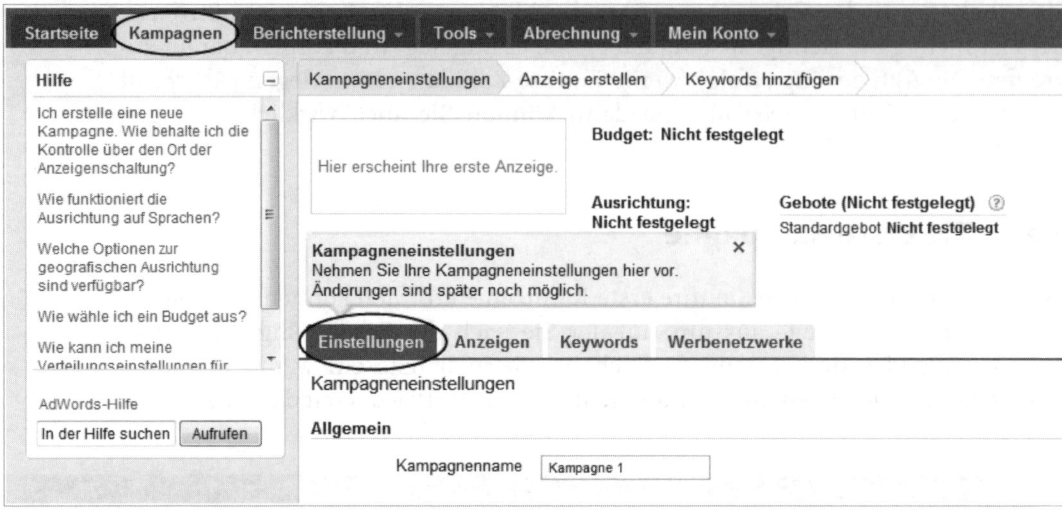

Abb. 2.6: Erster Schritt – Kampagne anlegen

Je mehr wir über AdWords wissen, umso genauer und besser können wir diese Einstellungen treffen. Wir werden im Laufe des Buches also immer wieder auf diese Seite zurückkehren und Verfeinerungen einstellen – zum ersten Mal, wenn wir uns angesehen haben, wie unser AdWords-Konto aufgebaut ist und wie wir unsere Kampagnen optimal strukturieren (Kapitel 5, *Kampagnen: Die richtige Struktur*).

Nun aber soll es unser Ziel sein, die benötigten Einstellungen beim Erstellen unserer Erst-Kampagne kennen zu lernen. Dies sind für uns derzeit die Bereiche »Zielgruppe«, »Werbenetzwerke« sowie »Gebote und Budget«.

Zielgruppe: Sprachliche und geografische Ausrichtung

Zuerst bestimmen Sie Ihre Zielgruppe – also die User, für die Sie Ihre Anzeigen überhaupt schalten. Dies erfolgt im Bereich ZIELGRUPPE über STANDORTE und SPRACHEN.

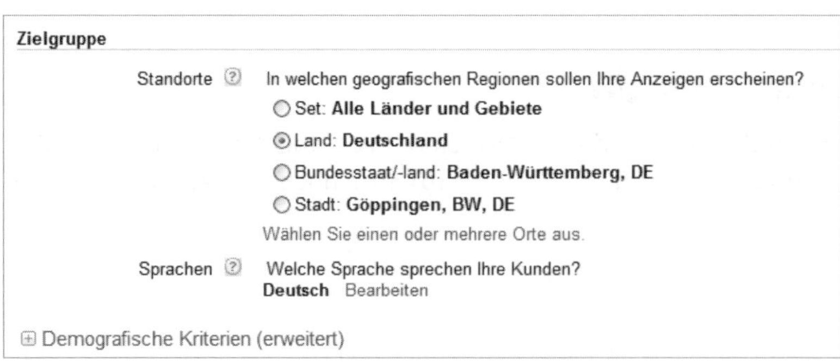

Abb. 2.7: Festlegen von Zielsprache und Zielregion

Standorte

Die Festlegung Ihrer Zielregion, also der »Standorte«, ist eine Ihrer entscheidenden Segmentierungsmöglichkeiten. Sie bestimmen damit, wo überall Ihre Anzeigen erscheinen – und damit natürlich auch, wo sie nicht geschaltet werden. Wie in Abbildung 2.7 ersichtlich, werden Ihnen direkt unterschiedliche Zielgebiete angeboten, die Sie einfach durch Anklicken des Radiobuttons auswählen.

Ein Versandhandel, der nur innerhalb Deutschlands liefert, kann mit obiger Wahl sicherstellen, dass seine Anzeigen auch tatsächlich nur in Deutschland geschaltet werden. Er verhindert damit, dass beispielsweise Google-User aus Österreich seine Anzeigen sehen, klicken und damit Kosten verursachen – unnötige Kosten, da er diese Kunden gar nicht beliefern kann.

Sie können Ihr Zielgebiet sehr fein steuern. AdWords bietet Ihnen dafür komfortable Optionen, die wir in Abschnitt 5.4.3, *Zielgruppe*, untersuchen werden.

Legen wir beispielsweise eine Kampagne zu diesem Buch an, so ist für uns der gesamte deutschsprachige Raum interessant. Wir klicken unter STANDORTE also den Link WÄHLEN SIE EINEN ODER MEHRERE ORTE AUS an, es öffnet sich der Layer, den Sie in Abbildung 2.8 sehen.

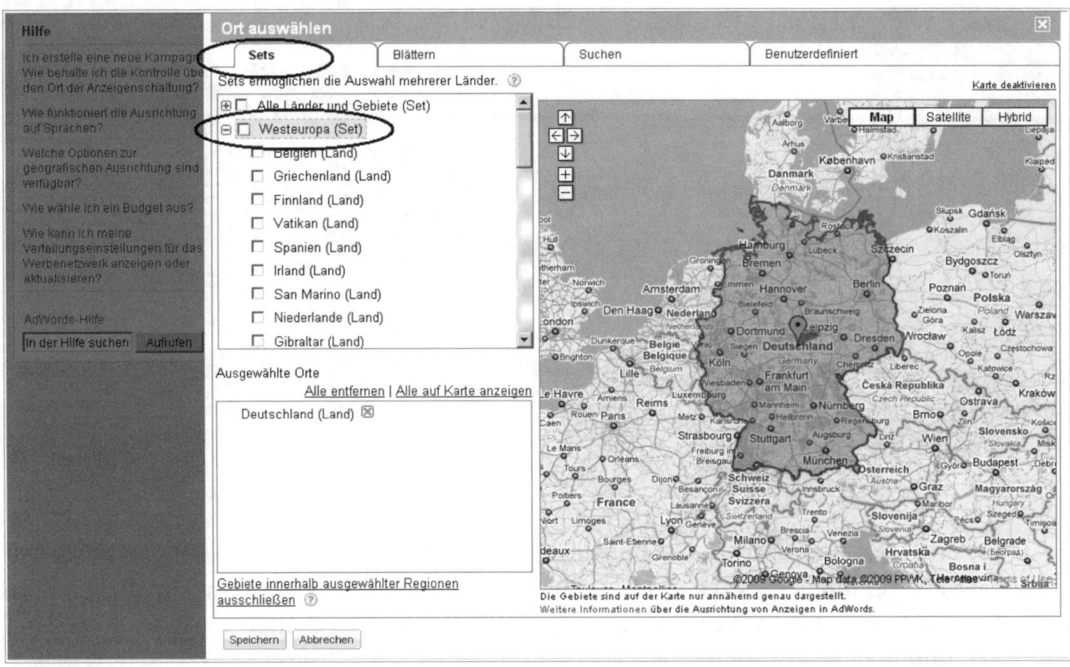

Abb. 2.8: Reiter SETS

Im linken Teil erreichen Sie über vier Reiter die verschiedenen Auswahl- und Selektionsmöglichkeiten, weiter unten werden Ihnen die bereits ausgewählten

Zielregionen angezeigt. Im rechten Bereich erhalten Sie die visuellen Darstellungen in einer Karte. Bislang erkennen wir die Voreinstellung Deutschland als ausgewählte Zielregion.

Bleiben wir auf der ersten Registerkarte SETS, so können wir für unser Beispiel einfach das Set »Westeuropa« über das Kästchen + öffnen und die beiden Länder Schweiz und Österreich durch Anhaken der entsprechenden Checkboxen hinzufügen.

Entspricht die vorgegebene Auswahl unter SETS nicht unseren Wünschen, so können wir manuelle Eingaben beispielsweise über die Registerkarte SUCHEN tätigen. Dort geben wir die gewünschte Region einfach im Suchfeld ein – in unserem Beispiel machen wir dies exemplarisch für die Schweiz. Wir erhalten folgende Anzeige, die wir bestätigen müssen:

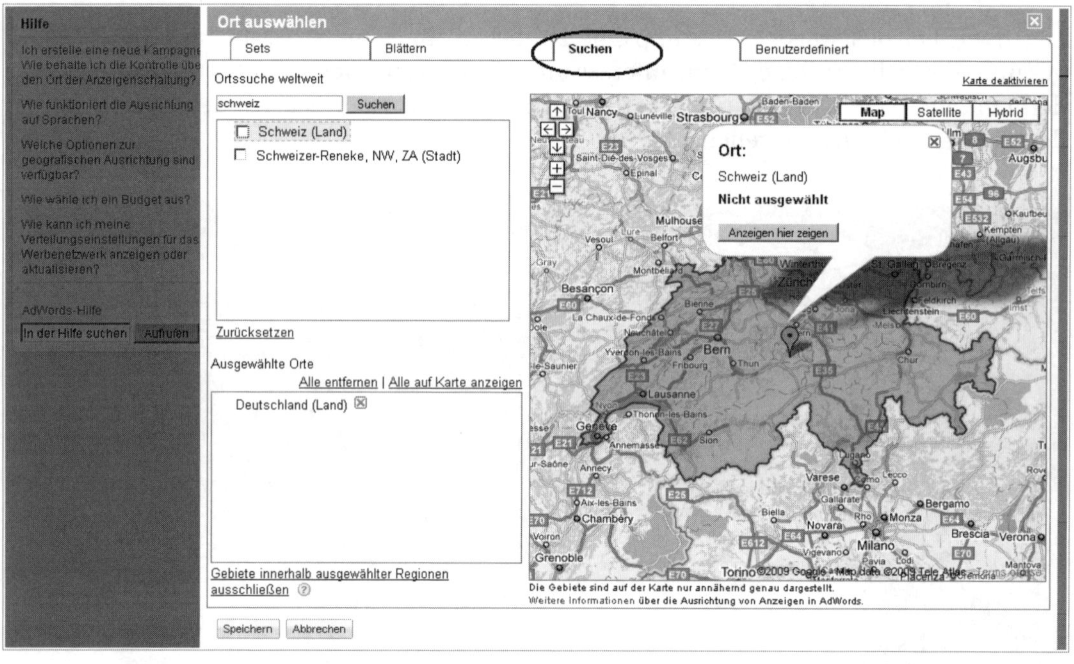

Abb. 2.9: Reiter SUCHEN

Klicken wir wahlweise in der linken Spalte die Checkbox oder rechts in der Karte den Button ANZEIGEN HIER ZEIGEN an, wird die Schweiz nun als ausgewählte Region zu Deutschland hinzugefügt. Beide Länder erhalten Sie nun aufgelistet und in der Karte angezeigt.

Dasselbe können wir natürlich auch noch mit Österreich oder beliebig vielen Ländern oder Regionen machen. Über den Button SPEICHERN nehmen wir unsere ausgewählten Gebiete als Zielregionen in die Kampagne auf.

Sprachen

Als Zielsprache können wir eine oder mehrere Sprachen angeben. Aufgrund Ihrer eingegebenen Standorte erhalten Sie umgehend Vorschläge angezeigt, die Sie mit VORGESCHLAGENE ZIELSPRACHEN direkt übernehmen können.

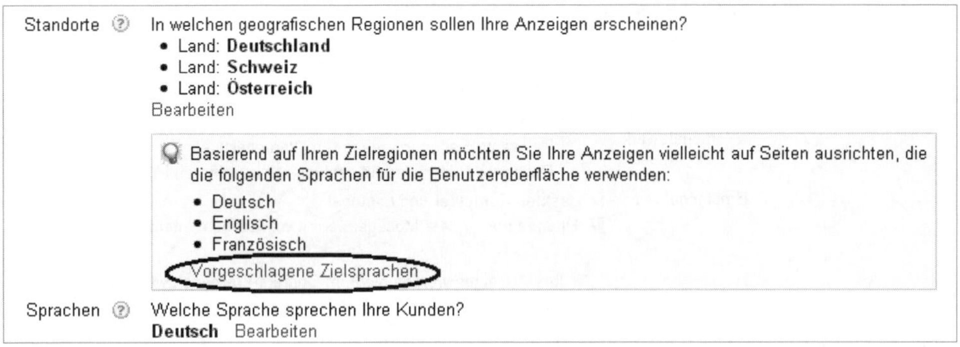

Abb. 2.10: Vorgeschlagene Zielsprachen

Über BEARBEITEN hinter SPRACHEN erhalten wir die gesamte verfügbare Auswahl angezeigt. Durch einfaches Anhaken der Checkboxen nehmen wir neue Sprachen hinzu.

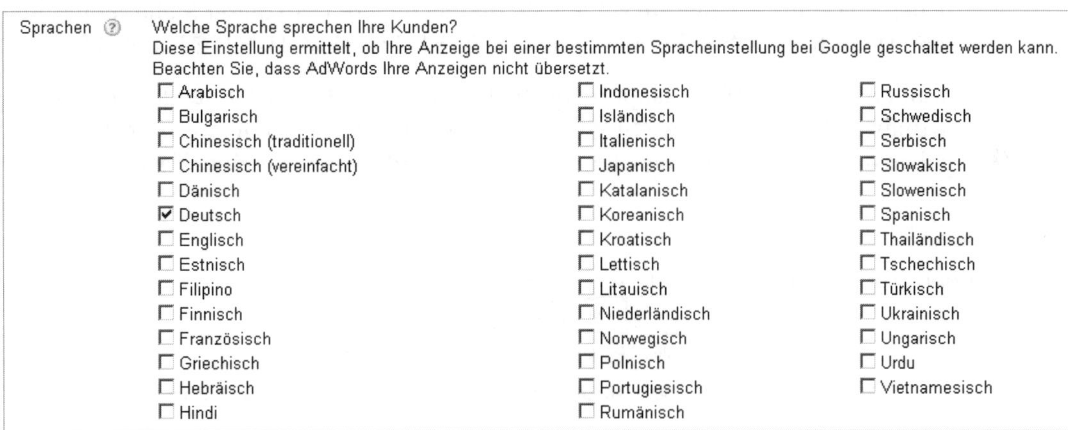

Abb. 2.11: Zielsprachen wählen

Diese Liste bleibt offen und wird erst am Ende der Seite abgespeichert.

Werbenetzwerke

Trotz des Hinweises »Für Neukunden empfohlen«: Berücksichtigen Sie gleich bei der Kampagneneröffnung, dass Sie Ihre Anzeigen nur in einem Netzwerk – Suche oder Content – schalten. Wir besprechen derzeit das Such-Netzwerk, klicken daher den Radiobutton vor ICH MÖCHTE AUSWÄHLEN... an und entfernen den Haken bei CONTENT-WERBENETZWERK.

Abb. 2.12: Schaltungen nur im Such-Werbenetzwerk

Gebote und Budget

Bereits der Zusatz ...UM DIE KLICKANZAHL FÜR IHR BUDGET ZU MAXIMIEREN sollte Sie vor der voreingestellten Option CPC-GEBOTE AUTOMATISCH EINSTELLEN warnen: Aus Kapitel 1 wissen Sie, dass nicht die Klicks, sondern die Conversions Ihr eigentliches Ziel sind. Von diesem sollten Sie sich nicht bereits an dieser Stelle verabschieden. Denn beide Werte können, müssen aber keineswegs Hand in Hand gehen.

Wählen Sie bei der Gebotsoption deshalb CPC-GEBOTE MANUELL EINSTELLEN. Es ist grundsätzlich ratsam, wichtige Einstellmöglichkeiten nicht aus der Hand zu geben – und der Klickpreis, den Sie pro Keyword zahlen, ist einer davon.

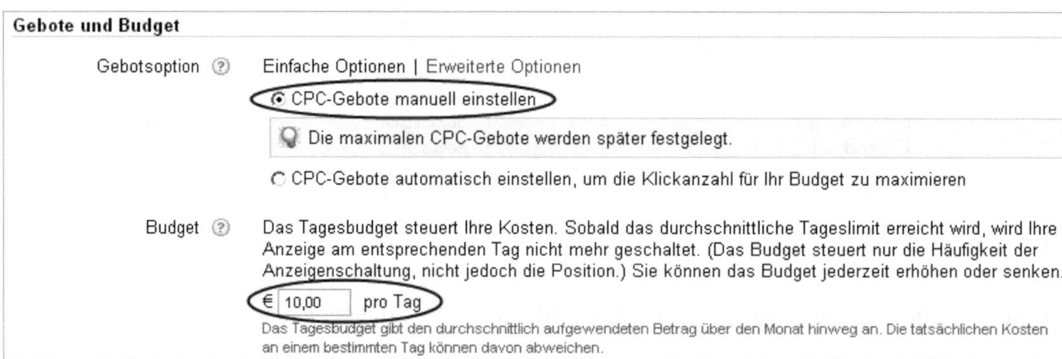

Abb. 2.13: Gebotsoption und Höhe des Tagesbudgets festlegen

Das Tagesbudget gilt für die gesamte Kampagne, die Sie gerade anlegen. Ein Tagesbudget von 10 Euro garantiert Ihnen, dass Sie am Ende eines Monats mit 30

Tagen für diese Kampagne niemals mehr als 300 Euro zahlen müssen. Bei 31 Tagen werden es entsprechend nie mehr als 310 Euro.

Sollten bei Ihnen am Monatsende tatsächlich einmal mehr Kosten angefallen sein, als Ihr Tagesbudget vorgibt, so erhalten Sie den überzogenen Betrag von Google als Gutschrift zurückerstattet. Hätte Ihnen ein 31-Tage-Monat Klicks von insgesamt 315 Euro gebracht, so schreibt Ihnen Google 5 Euro gut. Sie zahlen also garantiert maximal 310 Euro.

Wie alle Einstellungen kann auch das Tagesbudget jederzeit geändert werden. Sie legen sich an dieser Stelle also nicht verbindlich und für alle Zeiten fest.

Mit SPEICHERN UND FORTFAHREN übernehmen Sie schließlich die getroffenen Einstellungen und schreiten zur nächsten Eingabemaske weiter.

Hinweis

Bei den »Erweiterten Einstellungen« können wir unter WERBEZEITPLAN: STARTDATUM, ENDDATUM, ANZEIGENPLANUNG das Datum festlegen, ab dem unsere Anzeigen geschaltet werden sollen. Wir tun dies nicht, sondern verhindern in unserem Beispiel eine ungewollte Auslieferung durch das Pausieren der Kampagne (Abschnitt 2.2.5, *Damit nichts passiert: Kampagne pausieren*) – so können wir jederzeit selbst bestimmen, ab wann unsere Kampagne aktiviert werden soll.

2.2.2 Standardgebot

Das Standardgebot ist der maximale Bietpreis, der für alle Keywords gilt, die Sie gleich eingegeben werden. Da wir das Content-Netzwerk deaktiviert haben, geben wir nur unseren Klickpreis für die Suche ein.

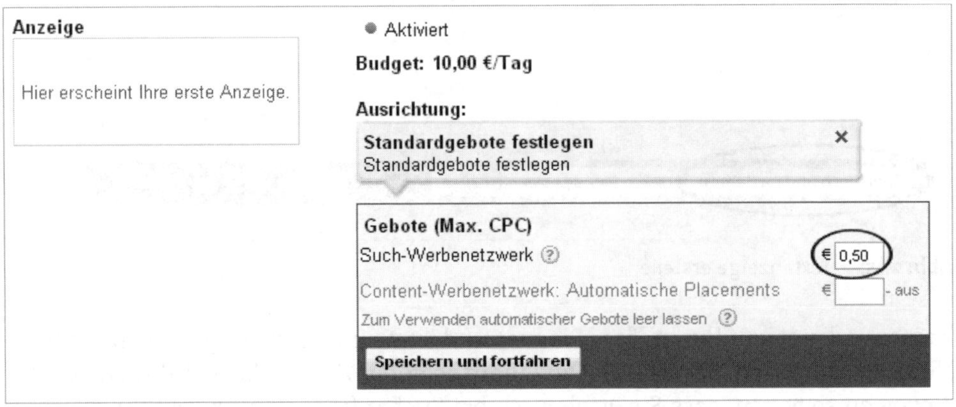

Abb. 2.14: Eingabe des maximalen Klickpreises

In Beispiel zahlen Sie pro Klick also nie mehr als 0,50 Euro. Auch den Bietpreis können Sie jederzeit variieren und sogar für jedes Keyword individuell festlegen.

Über SPEICHERN UND FORTFAHREN geht es weiter.

2.2.3 Anzeigen

Nun geben Sie den Text ein, mit dem Sie auf Google erscheinen wollen (siehe Abbildung 2.15).

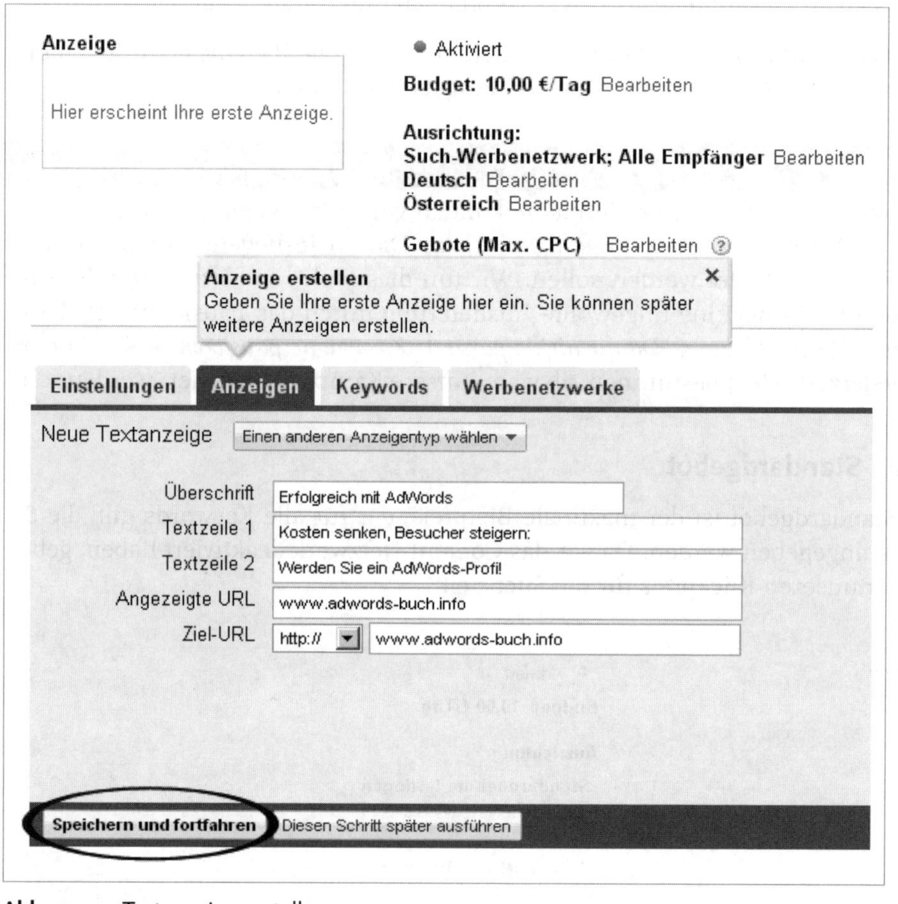

Abb. 2.15: Textanzeige erstellen

Keiner verlangt von Ihnen, dass Sie hier und jetzt einen Pulitzerpreis-verdächtigen Vierzeiler hinlegen. Sie erfahren zu einem späteren Zeitpunkt ausführlich, wie Sie Anzeigen so texten, dass Sie erfolgreich bei Suchanfragen zu Klicks führen.

Trotzdem sollten Sie wichtige Punkte bereits jetzt beachten:

- Die Überschrift (Anzeigentitel) darf inklusive Leerzeichen maximal 25 Zeichen lang sein. Bei so genannten »breiten« Zeichen wie manchen Großbuchstaben oder Interpunktionszeichen verringert sich die Anzahl. Formulieren Sie in der Überschrift das Problem oder bereits dessen Lösung.
- Die beiden Textzeilen sowie die Anzeige-URL haben ein Limit von jeweils 35 Zeichen. Nennen Sie in der ersten Zeile den Nutzen, den Ihr Service dem User bringt. Beschreiben Sie in der zweiten Textzeile Ihr Produkt bzw. Ihre Dienstleistung oder nennen Sie den Nutzen, der dem User daraus erwächst.
- Die Anzeige-URL ist die vierte Zeile in Ihrer AdWords-Anzeige und zeigt dem User, auf welcher Seite er nach einem Klick landen wird. Die hierfür eingetragene Adresse muss nicht die exakte URL der Landingpage, jedoch Teil der Domain sein. Wir könnten in der obigen Beispielanzeige also nicht so tun, als würden wir zu einer Domain wie `http://www.google.de/adwords` linken, den User aber dann doch auf `http://www.adwords-buch.info` führen.
- Die Landingpage, also die Seite, auf die der User tatsächlich geführt wird, tragen Sie im Feld Ziel-URL ein. Dieser Eintrag wird nicht in Ihrer Anzeige angezeigt.
- Google gibt Richtlinien bei der Erstellung der Texte vor. Verstoßen Sie gegen diese, so deaktiviert Google die betroffene Anzeige – was bedeutet, dass sie nicht mehr geschaltet wird. An dieser Stelle einige der häufigsten Verstöße, die zumeist aus übermotivierten Formulierungen resultieren:
  - Verwenden Sie keine Superlative, solange diese Behauptung nicht auf Ihrer Webseite von einem Dritten bestätigt wird. Ihre Kunden fallen hierbei nicht unter »Dritte«.
  - Verwenden Sie in der Überschrift kein, in den Textzeilen insgesamt nur ein Ausrufezeichen.
  - Wiederholen Sie Wörter nicht mehrmals hintereinander.
  - Leiten Sie von der zweiten Textzeile nicht zur Anzeigen-URL über.
  - Verwenden Sie korrekte Grammatik und Rechtschreibung.

Sobald Sie auf den Button SPEICHERN UND FORTFAHREN klicken, prüft Google Ihren Text und Ihre Webseite. Sollte dabei etwas beanstandet werden, so bekommen Sie eine ausführliche Erläuterung und können es dann bequem ausbessern.

2.2.4 Eingabe Ihrer Keywords

Nunmehr ist es an der Zeit, Ihre Keywords einzugeben – also diejenigen Begriffe, mit denen Sie auf Google gefunden werden wollen. Sucht ein User nach einem dieser Keywords, so wird Ihre zuvor eingegebene Anzeige geschaltet.

Auch hier gilt – haben Sie keine Scheu, Wörter als Keywords zu verwenden, die Ihnen auf Anhieb einfallen. Sie wissen, dass Ihre Keywords den Suchanfragen der

User entsprechen sollen. In Kapitel 6, *Keywords: Sich gezielt finden lassen*, erfahren Sie alles Weitere zur richtigen Wahl und Behandlung von Keywords.

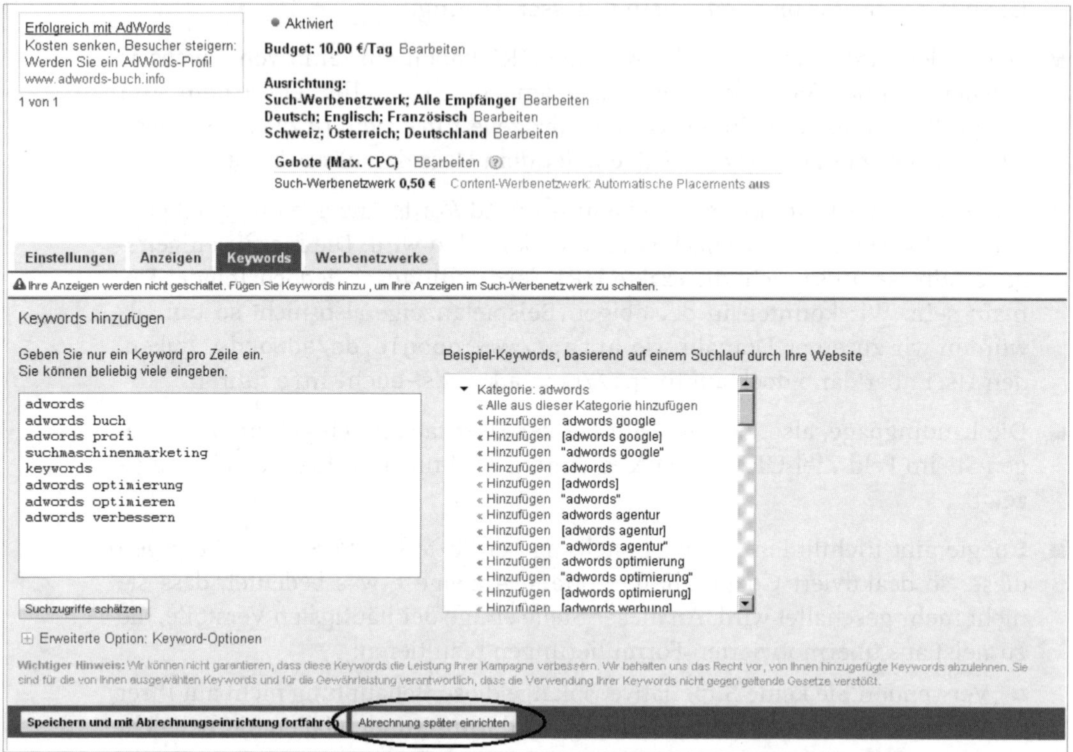

Abb. 2.16: Keywords hinterlegen

Sogar Google selbst bietet Ihnen wertvolle Tools und Hilfen, wie Sie Ihre Keywordliste später optimieren können. So erhalten Sie bereits auf dieser Seite weitere Beispiel-Keywords, die Ihnen Google nach Prüfung Ihrer in der Anzeige angegebenen Webseite vorschlägt. Mit HINZUFÜGEN können Sie diese einfach in Ihre Keywordliste aufnehmen.

Übernehmen Sie nicht alle aufgelisteten Keywords, nur weil sie vermeintliche Vorschläge von Google sind. Sie werden beim Überfliegen rasch merken, dass vieles gar nicht zu Ihren Produkten oder Dienstleistungen passt.

Wir werden auf diesen Google-Service noch zurückgreifen – allerdings erst, wenn wir sowohl um eine sinnvolle Kampagnenstruktur als auch um die Optionen von Keywords wissen. Dann können wir das volle Potenzial der Vorschläge ausnutzen.

Sie erkennen noch eine weitere, sehr nützliche Funktion: Über SUCHZUGRIFFE SCHÄTZEN rufen Sie den so genannten »Traffic Estimator« auf. Dieses Tool zeigt Schätzungen darüber an, welche Position, wie viele Klicks und welche Kosten Ihre Keywords mit den gewählten Einstellungen vermutlich erreichen werden.

Bei der Planung von Kampagnen und Anzeigengruppen kann Ihnen dieses Tool noch nützliche Dienste erweisen. Wir besprechen es im nächsten Kapitel (Abschnitt 3.5, *Tools*) und wollen es deshalb jetzt einfach ignorieren.

Sind Sie von Ihrer Kampagne bereits überzeugt, so klicken Sie auf SPEICHERN UND MIT ABRECHNUNGSEINRICHTUNG FORTFAHREN und gehen gleich zu Abschnitt 2.3, *AdWords-Konto aktivieren*, über.

Haben Sie noch Zweifel, so wählen Sie ABRECHNUNG SPÄTER EINRICHTEN – und erfahren nun, was Sie tun müssen, damit die aktuelle Kampagne nicht früher als gewünscht geschaltet wird und somit auch keine ungewollten Kosten verursacht.

2.2.5 Damit nichts passiert: Kampagne pausieren

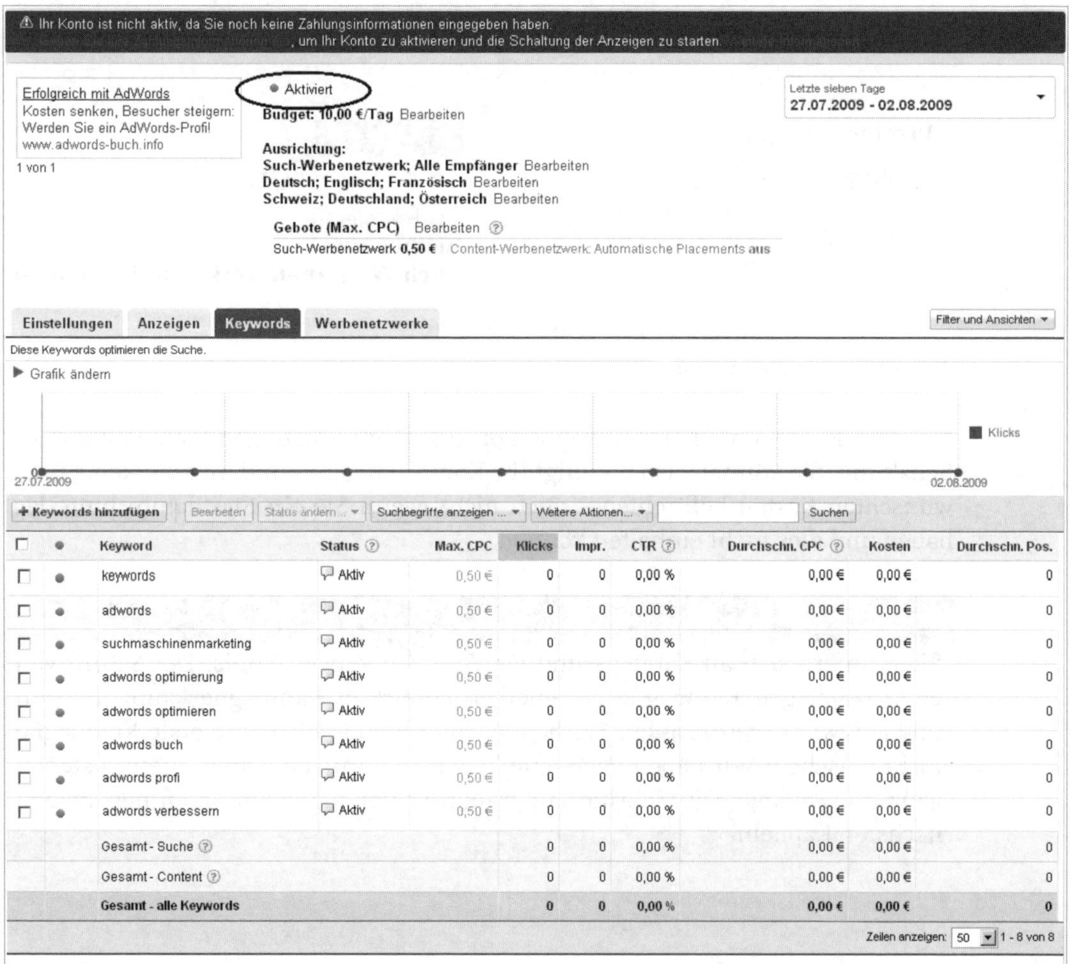

Abb. 2.17: Übersicht über die erste Kampagne

Mit ABRECHNUNG SPÄTER EINRICHTEN landen Sie auf der KEYWORDS-Seite im Bereich KAMPAGNEN – Sie erkennen dies an den geöffneten Reitern in den beiden Navigationsleisten.

Hier finden Sie alles, was Sie eben im Eröffnungsprozess festgelegt haben: die Anzeige, Ihr Budget, die Ausrichtung, Ihre Gebote und unterhalb der Grafik dann die hinterlegten Keywords. Haben Sie beim Anlegen der Kampagne ein künftiges Startdatum angegeben, so steht in der Status-Spalte anstelle von »aktiv« die Meldung »Kampagne ausstehend«. Unser weiteres Vorgehen ändert sich dadurch nicht.

Oberhalb des Budgets sehen Sie die Angabe AKTIVIERT. Fahren Sie mit dem Mauszeiger darüber und öffnen Sie das Drop-down. Hier können Sie nun bequem von AKTIVIERT auf PAUSIEREN wechseln:

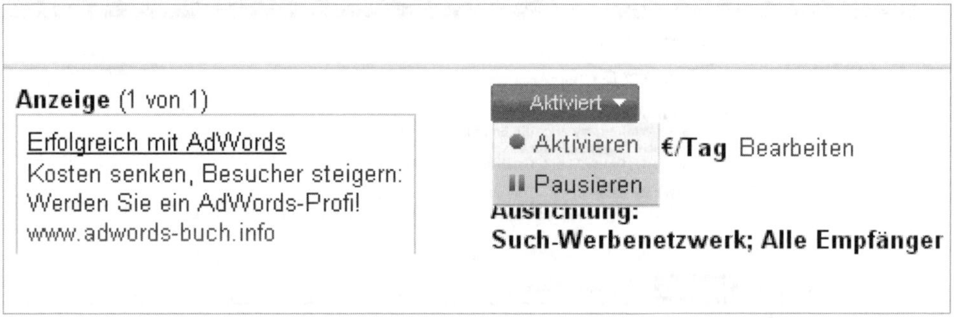

Abb. 2.18: Kampagne pausieren

Mit dem Pausieren einer Kampagne kommen keine Anzeigen hieraus mehr zur Schaltung. Sie können also beruhigt Ihr Konto aktivieren und müssen keine unerwünschten Kosten befürchten – auch nicht, wenn Sie ein Startdatum hinterlegt haben und dies nicht einhalten können.

Vorsicht

Sie erinnern sich an Kapitel 1 und die Grenzen von AdWords: Der Schritt von einer beliebigen Kampagne zu einer erfolgreichen Kampagne kann mühsam und langwierig sein. Lassen Sie sich bei aller Freude über Ihre erste Kampagne nicht täuschen: Wir haben eben eine beliebige Kampagne angelegt und stehen ganz am Anfang. Die Schritte zur erfolgreichen Kampagne kommen in den nächsten Kapiteln.

2.3 AdWords-Konto aktivieren

Damit Google Ihr Konto aktiviert, müssen Sie Ihre Zahlungsdaten übermitteln.

Mit dem Link SPEICHERN UND MIT ABRECHNUNGSEINRICHTUNG FORTFAHREN sind Sie bereits auf der richtigen Seite. Haben Sie den Zwischenschritt zum Pausieren Ihrer Kampagne eingelegt, so klicken Sie den Link GEBEN SIE IHRE ZAHLUNGSINFORMATIONEN EIN im roten Balken an oder rufen die ABRECHNUNGSEINSTELLUNGEN unter dem Reiter ABRECHNUNG auf.

Abb. 2.19: Konto aktivieren – Abrechnungseinstellungen

Nun geben Sie das Land an, in dem Ihre Rechnungsadresse liegt, und stellen die entsprechende Zeitzone ein. Diese Angabe ist nachträglich nicht mehr änderbar.

Über WEITER kommen Sie zu den Zahlungsmethoden.

2.3.1 Zahlungsoption wählen

Vorsicht bei der Wahl Ihrer Zahlungsmethode: Sie können nachträglich nicht beliebig wechseln. Google unterscheidet zwischen Voraus- und Nachzahlungsabrechnung. Eine Änderung ist nur innerhalb der jeweiligen Gruppe möglich:

einmal Nachzahlung, immer Nachzahlung, einmal Vorauszahlung, immer Vorauszahlung! Sollte diese Umstellung tatsächlich zwingend vonnöten sein, so müssen Sie ein komplett neues Konto eröffnen.

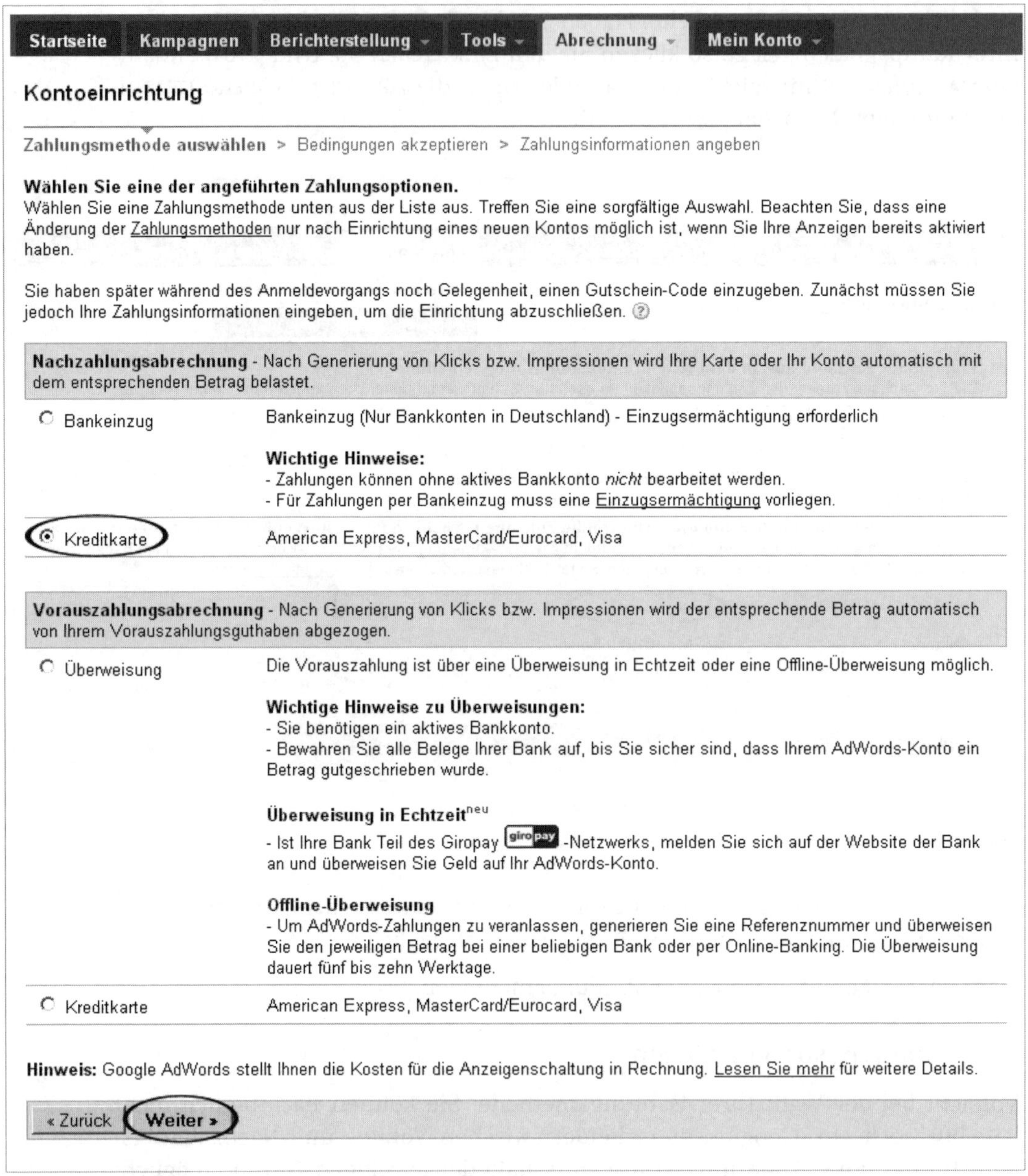

Abb. 2.20: Zahlungsmethode wählen

Nachzahlungsabrechnung

Als Nachzahlungsoptionen stehen Ihnen in Deutschland und Österreich Bankeinzug (von einem Bankkonto im entsprechenden Land) und Kreditkarte zur Verfügung. Schweizer hingegen können nur mit Kreditkarte zahlen.

Bei Nachzahlung wird Ihr Konto zunächst mit der einmaligen Aktivierungsgebühr belastet. Diese beträgt 5,00 Euro in Deutschland und Österreich, 7,50 Franken in der Schweiz.

Bei Zahlungen mit Kreditkarte erfolgen sowohl Einzug als auch Schaltung Ihrer Anzeigen zumeist umgehend. Bei Bankeinzug kann es deutlich länger dauern, da Sie vorher noch eine Einzugsermächtigung an Google senden müssen, die dort erst bearbeitet wird.

Wie der Name schon sagt, zahlen Sie bei der Nachzahlung erst, nachdem Kosten entstanden sind. Diese resultieren aus den Klicks bzw. den Impressions bei CPM-Modellen. Google zieht spätestens nach 30 Tagen den bis dahin aufgelaufenen Betrag ein. Sollten Sie vorher Ihr Kreditlimit erreicht haben, so erfolgt die Abbuchung automatisch, wenn Sie den genehmigten Höchstbetrag erreicht haben. Dieser fängt klein an und steigert sich dann:

Sie starten mit einem Kreditlimit von 50 Euro. Ist dieses vor Ablauf der 30 Tage erreicht, zieht Google die 50 Euro ein und erhöht Ihr Kreditlimit auf 200 Euro. Sie haben also beispielsweise ein maximales Tagesbudget von 10 Euro eingestellt und können mit Ihren Anzeigen tatsächlich Nachfrage in voller Höhe generieren, so zieht Google 50 Euro – Ihr erstes Kreditlimit – zum ersten Mal nach fünf Tagen ein. Der nächste Einzug erfolgt nach 20 Tagen, da dann Ihr neues Kreditlimit von 200 Euro aufgebraucht ist.

Nach dem gleichen Prinzip erhöht Google die Ausgabengrenze anschließend auf 350 Euro. Da Sie mit einem Tagesbudget von 10 Euro diesen Betrag innerhalb der 30 Tage nicht erreichen, zieht Google nach 30 Tagen den fälligen Betrag ein. Würden Sie Ihr Tagesbudget auf 20 Euro aufstocken, so würde Ihnen in einer letzten Erhöhung das maximale Kreditlimit von 500 Euro eingeräumt werden.

Tatsächlich sind die Abbuchungsbeträge in der Regel keine runden Summen. Sollten Ihre Kosten sehr schnell steigen (sollten Sie also sehr schnell sehr viele Klicks generieren), so können die Einzugsbeträge über dem eingeräumten Kreditlimit liegen. Es wird aber natürlich nie mehr als der zum Zeitpunkt der Abrechnung fällige Betrag abgebucht.

Sie erkennen alle Zahlungsflüsse in der »Abrechnungszusammenfassung«, die wir uns in Abschnitt 3.6, *Abrechnung*, noch anschauen werden.

Vorauszahlungsabrechnung

Bei der Vorauszahlungsmethode füllen Sie erst Ihr AdWords-Konto mit einem von Ihnen gewählten Betrag auf. Erst nach dessen Eingang startet die Anzeigenschaltung. Dabei werden die Kosten fortlaufend von Ihrem Guthaben abgezogen. Sobald der Betrag aufgebraucht ist, stoppt Google die Auslieferung Ihrer Anzeigen wieder.

Als Optionen stehen Ihnen die Überweisung eines Betrages oder die Genehmigung zur Voraus-Abbuchung von Ihrer Kreditkarte zur Auswahl. Je nach Bankweg und Überweisungsart (»in Echtzeit« oder »Offline-Überweisung«) kann dieser Vorgang unterschiedlich lange dauern.

In beiden Fällen müssen Sie Ihren Guthabenstand bei Google im Auge behalten, damit Sie rechtzeitig eine neue Vorauszahlung leisten und nicht unfreiwillig plötzlich inaktive Kampagnen haben. Allerdings werden Sie von Google sowohl bei geringem Restbetrag als auch dann, wenn Ihr Guthaben endgültig aufgebraucht ist, informiert.

Zudem erhalten Sie Ihr Restguthaben unter ABRECHNUNGSZUSAMMENFASSUNG angezeigt. Von dort aus können Sie über ZAHLUNG AUSFÜHREN auch gleich eine weitere Vorauszahlung vornehmen – ebenso wie über den gleichlautenden Link unter dem Reiter »Abrechnung«, der Ihnen nach der Wahl einer Vorauszahlungsmethode zusätzlich eingeblendet wird.

Der Mindestbetrag, den Sie einzahlen müssen, liegt für Deutschland und Österreich bei 10 Euro, für die Schweiz bei 15 Franken.

Tipp

Ersparen Sie sich den Aufwand mit der Vorauszahlung. Erfahrungsgemäß verläuft die Nachzahlung immer korrekt. Durchaus findet man jedoch AdWords-Kampagnen, die aufgrund vergessener Zahlungen gerade nicht online sind – und deren Inhaber den Besucherrückgang auf ihrer Webseite unmittelbar zu spüren bekommen.

2.3.2 Zahlungsdaten eingeben

Nachdem Sie die für Sie passende Zahlart gewählt und auf der nächsten Seite die Allgemeinen Geschäftsbedingungen von Google akzeptiert haben, gelangen Sie zur Eingabemaske Ihrer Zahldaten. Je nach ausgewählter Zahlart hinterlegen Sie zunächst die jeweils erforderlichen Angaben. Anschließend geben Sie Ihre Rechnungsadresse an:

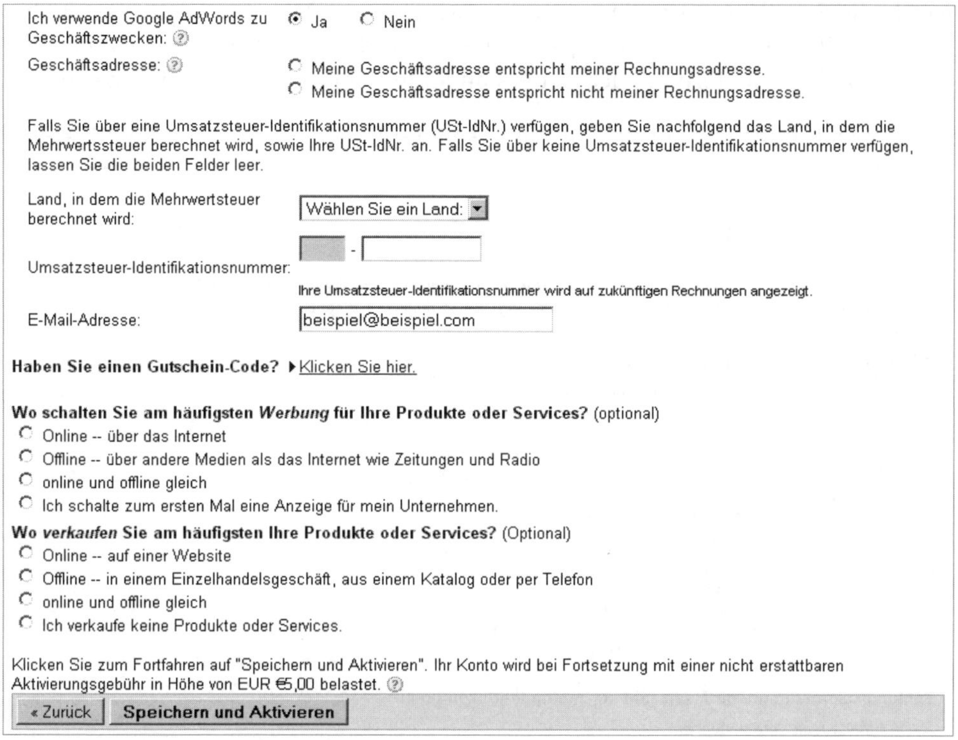

Abb. 2.21: Angabe Geschäftszweck

Verwenden Sie AdWords zu Geschäftszwecken, erhalten Sie Ihre Rechnungen von Google ohne Umsatzsteuer ausgestellt. Geben Sie Ihre Umsatzsteuer-Identifikationsnummer (UID-Nummer) ein, wenn Sie die Mehrwertsteuer zum gültigen Satz selbst veranlagen wollen. Sollten Sie die UID beim Einrichten Ihres Kontos nicht parat haben, so können Sie diese jederzeit nachtragen.

Nutzen Sie AdWords nicht zu Geschäftszwecken, so werden Ihre Rechnungen mit dem Mehrwertsteuersatz von Irland ausgewiesen, da sich die europäische Zentrale von Google in Dublin befindet.

Verfügen Sie über einen Gutschein-Code, so sollten Sie ihn hier eingeben.

Sobald Sie alle Angaben gemacht haben, klicken Sie auf SPEICHERN UND AKTIVIEREN. Sie gelangen erneut auf die Seite ABRECHNUNGSEINSTELLUNGEN, von der wir eben gestartet sind.

2.3.3 Aktivierung abschließen

Haben Sie die Zahlart NACHZAHLUNG MIT KREDITKARTE gewählt, müssen Sie keine weiteren Schritte unternehmen. Hätten Sie Ihre Kampagne nicht pausiert, würde die Schaltung Ihrer Anzeigen in etwa 10 bis 15 Minuten beginnen. Sollten Ihre Kreditkartendaten aus irgendeinem Grund nicht stimmen, so beendet AdWords die Auslieferung nach der ersten fehlgeschlagenen Zahl-Transaktion.

Ihre Abrechnungseinstellungen gestalten sich nun in etwa wie in Abbildung 2.22 gezeigt.

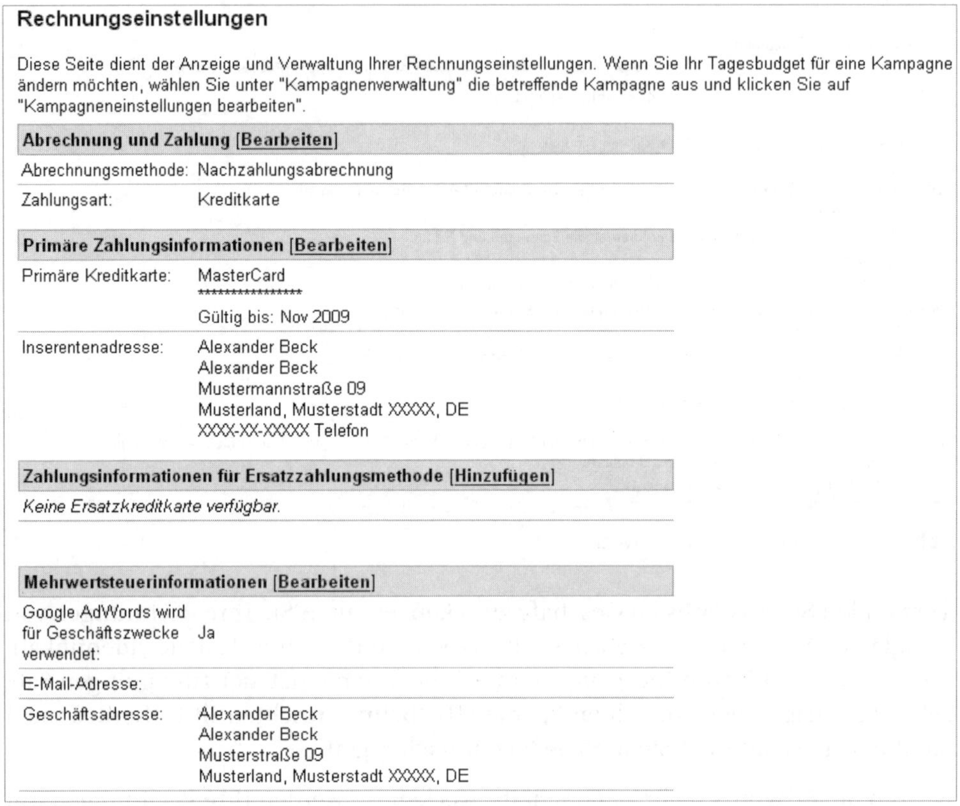

Abb. 2.22: Konto aktiviert – Abrechnungseinstellungen

Alle anderen Zahlarten erhalten hingegen die nächsten erforderlichen Schritte angezeigt: Für die Zahlart Bankeinzug erhalten Sie den Link zur Einzugsermächtigung, die Sie ausgedruckt und ausgefüllt an Google faxen müssen. Bei Wahl einer der beiden Vorauszahlungsarten werden Sie zur Zahlung eines Betrages aufgefordert, den Sie frei wählen können, der jedoch mindestens 10 Euro betragen muss. Achten Sie bei der Zahlart Überweisung insbesondere auf die korrekte Angabe der Referenznummer, die Sie beim Avisieren erhalten.

Entsprechend der jeweiligen Bearbeitungszeit bzw. des Bankenweges verzögert sich der Beginn Ihrer ersten Anzeigenschaltungen natürlich trotzdem im Vergleich zur Nachzahlung per Kreditkarte.

Im AdWords-Konto: Von Anfang an professionell unterwegs

Ziel dieses Kapitels ist es, den grundlegenden Aufbau eines AdWords-Kontos zu verstehen. Wir lernen die wichtigsten Bereiche kennen, in denen wir künftig arbeiten, und sehen, wie einfach wir durch das Konto navigieren können.

3.1 Aufbau eines AdWords-Kontos

Ein Google-Account gliedert sich in drei Ebenen. Von oben nach unten sind dies die Kontoebene, die Kampagnenebene sowie die Anzeigengruppenebene.

3.1.1 Kontoebene

Die Kontoebene ist die oberste Ebene. Hier geben Sie Daten an, die Ihr gesamtes AdWords-Konto betreffen – beispielsweise Ihre Kontakt- und Rechnungsdaten. Zudem können Sie hier Ihren Zahlungsverkehr mit Google, also geleistete oder offene Zahlungen, verfolgen. Einige dieser Angaben sind nachträglich nicht mehr änderbar, beispielsweise die von Ihnen gewählte Zahlart oder die Währung, in der abgerechnet wird. Die festgelegten Einstellungen gelten für Ihr gesamtes Konto.

3.1.2 Kampagnenebene

Mit Kampagnen und Anzeigengruppen steuern Sie Ihre AdWords-Werbeaktivitäten. Die Kampagne ist die übergeordnete Ebene und umfasst mindestens eine Anzeigengruppe. Pro Konto sind bis zu 25 Kampagnen möglich.

Auf der Kampagnenebene nehmen Sie die grundsätzlichen Einstellungen für die jeweilige Kampagne vor: die Höhe des Tagesbudgets, Start- und Enddatum der Kampagne, die Ausrichtung nach Zielregion und Zielsprache und einiges mehr. Diese Vorgaben gelten für alle darunterliegenden Anzeigengruppen. Erreicht also beispielsweise eine Kampagne Ihr Enddatum, so werden alle Anzeigengruppen dieser Kampagne nicht mehr geschaltet (und erhalten den Status KAMPAGNE BEENDET). Stellen Sie etwa Deutschland als Zielregion für diese Kampagne ein, dann gilt dies für alle entsprechenden Anzeigengruppen.

Das Tagesbudget teilen sich alle Anzeigengruppen einer Kampagne, denn Sie geben den Maximalbetrag für die gesamte Kampagne vor. Zu welchen Anteilen sich dieser Betrag letztendlich auf die Gruppen verteilt, bestimmen die Klicks der User. Welche Gruppe wie viel bekommt, kann daher von Tag zu Tag verschieden sein. Sie können darauf auch keinen direkten Einfluss nehmen. Indirekt können Sie es natürlich über die Höhe des maximalen CPCs steuern.

Ab Kampagnenebene sind Sie sehr flexibel: Sie können Ihre Kampagnen und Einstellungen jederzeit löschen, ändern, pausieren, fortsetzen oder eröffnen. Dies ist auch nötig, denn nur so können Sie auf Erfolge und Misserfolge Ihrer Anzeigen, auf Veränderungen des Marktes oder auf Veränderungen in Ihrem Angebot reagieren.

3.1.3 Anzeigengruppenebene

In einer Anzeigengruppe legen Sie die Keywords fest, über die Sie gefunden werden wollen. Zudem bestimmen Sie den maximalen Klickpreis, den Sie für diese Keywords zu zahlen bereit sind, und geben die Anzeigen ein, die bei Suchanfragen zu diesen Keywords geschaltet werden sollen. Sowohl Keywords, Klickpreise als auch Anzeigen können laufend erweitert, verworfen, geändert und vor allem verbessert werden.

Um mit den Keywords flexibler hantieren zu können, haben Sie zusätzlich die Möglichkeit, Bietpreis und Landingpage für einzelne Keywords individuell zu vergeben. Machen Sie davon Gebrauch, so überschreiben diese Werte die kollektiven Einstellungen:

- Haben Sie eine Anzeigengruppe mit einem maximalen Klickpreis von 0,30 Euro versehen, übersteigt der tatsächliche CPC bei allen Keywords nie diesen Betrag. Legen Sie nun für ein Keyword den individuellen Bietpreis von 0,50 Euro fest, ist dieses Keyword das einzige aus dieser Gruppe, das bis zu 0,50 Euro teuer werden kann.
- Haben Sie für dieses Keyword nun auch noch eine individuelle Ziel-URL eingegeben, liefern weiterhin alle Keywords die gleiche Anzeige aus. Das »individualisierte« Keyword linkt jedoch auf die neu vergebene Zielseite, während alle anderen Keywords weiterhin auf die Landingpage führen, die im Rahmen der Anzeige angelegt wurde.

Zudem ist die Vergabe von Positionsgeboten auf Keyword-Ebene möglich. Wir lernen alle drei individuellen Einstellungen noch kennen.

Hinweis

Eine Anzeigengruppe benötigt zwingend eine übergeordnete Kampagne. Pro Kampagne sind maximal 100 Anzeigengruppen erlaubt, pro Anzeigengruppe maximal 2.000 Keywords.

3.1.4 Tabellarische Übersicht

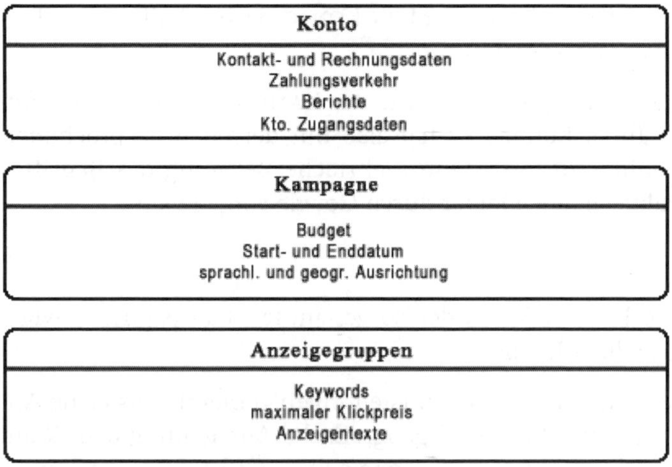

Abb. 3.1: Struktur eines AdWords-Kontos

3.1.5 Ebenen und Elemente im Konto

Nun fragen Sie sich zu Recht, wo diese verschiedenen Ebenen eigentlich herkommen. Weder sind sie Ihnen beim Eröffnen Ihrer ersten Kampagne begegnet, noch lässt ein Blick ins Konto auf ihre Existenz schließen. Schauen wir dafür in unser Konto und klicken wir den Reiter KAMPAGNEN in der oberen Navigationsleiste:

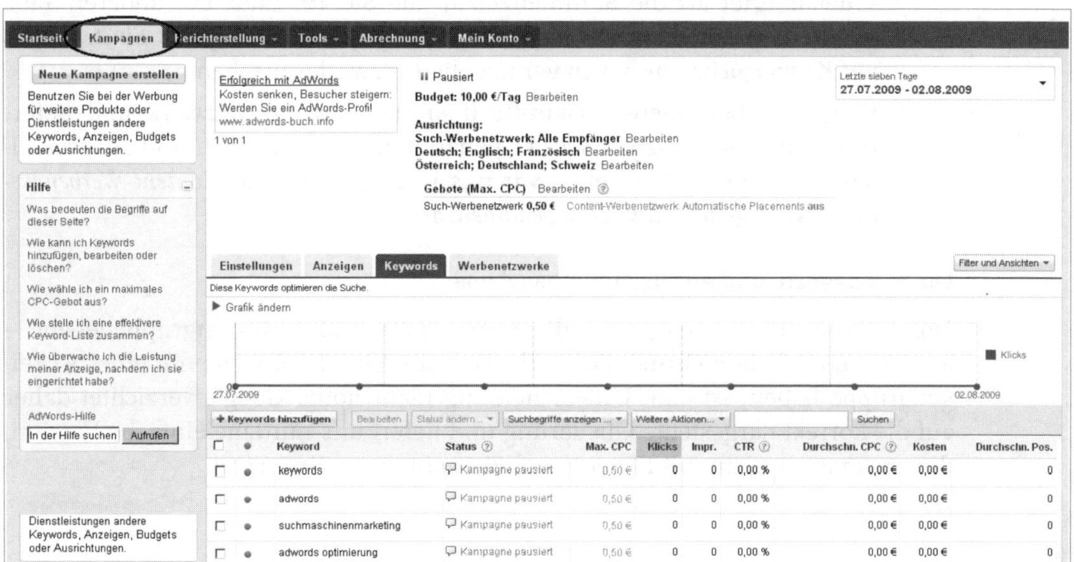

Abb. 3.2: Derzeitige Ansicht des Kampagnen-Bereichs

Die Kontoebene

Die Kontoebene sowie alle zugehörigen Elemente werden in der obersten Reiter-Navigation abgebildet – von STARTSEITE bis MEIN KONTO. Daher heißt diese Tab-Leiste auch Haupt- oder Konto-Navigation.

Schon hier, also auf Kontoebene, gibt es einen Reiter KAMPAGNEN. Hierunter finden Sie alle Kampagnen Ihres Kontos. Er hat also mit der eben besprochenen Kampagnenebene nur bedingt zu tun. Diese mehrfache Belegung des Begriffes Kampagnen ist wenig praktisch, doch leider durch Google vorgegeben.

Die Elemente

Im Bereich KAMPAGNEN erkennen Sie in der so genannten Kampagnen-Navigation sofort die eben vorgestellten Elemente:

- Mit EINSTELLUNGEN sind die Kampagneneinstellungen gemeint – also jene Angaben wie Tagesbudget, sprachliche und geografische Ausrichtung oder Wahl des Netzwerkes, die für die gesamte Kampagne gelten. Öffnen Sie den Tab, so finden Sie ziemlich genau jene Seite, auf der Sie die entsprechenden Angaben bereits beim Eröffnen Ihrer Kampagne getätigt haben.
- Unter ANZEIGEN finden Sie den Text, unter KEYWORDS die Begriffe, die Sie bei der Kampagneneröffnung hinterlegt haben. Beide Elemente sind auf Anzeigengruppenebene angesiedelt.
- Der Reiter WERBENETZWERK erfüllt zwei Funktionen:
  - Er zeigt die Leistungsdaten für alle Werbenetzwerke, in denen Sie schalten – detaillierter als die Summenzeilen, die Sie am Ende der anderen Tabs erhalten. Wir besprechen dies in Abschnitt 5.4, *Grundlegende Einstellungen auf Kampagnenebene*, wenn wir uns die Netzwerke ansehen.
  - Er gibt insbesondere Auskünfte über das Content-Netzwerk und liefert Ihnen die Leistungsdaten zu so genannten automatischen und ausgewählten Placements. Dies sehen wir uns in Kapitel 13, *Das Content-Werbenetzwerk: Nicht gesucht und doch gefunden*, an.

Die Kampagnen- und Anzeigengruppenebene

Noch immer fehlen uns jedoch die Kampagnen- und Anzeigengruppenebene – aus einem einfachen Grund. Da wir bislang nur eine Kampagne mit einer Anzeigengruppe haben, ist eine Unterscheidung nicht nötig. Google verzichtet daher auf die korrekt dargestellte Gliederung und liefert uns nur eine einfache Version, die uns erst gar nicht mit Ebenen und Elementen verwirren soll.

Für uns gibt es jedoch keinen wirklichen Grund, in dieser Schrumpfversion zu arbeiten. Sicherlich mag es zu Beginn und bei nur einer Kampagne mit nur einer Anzeigengruppe übersichtlicher sein. Doch lernen wir bald, dass wir damit nicht auskommen und vor allem nicht erfolgreich werben werden. Entgegen der Mitteilung von Google ist eine neue Kampagnen nicht erst sinnvoll, wenn wir »weitere Produkte oder Dienstleistungen« anbieten (siehe Abbildung 3.3).

Machen Sie sich also von Anfang an mit den unterschiedlichen Ebenen und Elementen vertraut – auch wenn in Ihrem derzeitigen Konto alle Ebenen die gleichen Ergebnisse anzeigen. Es wird nicht lange so bleiben – und dann müssen Sie sowieso auf die »ausgewachsene« Version wechseln.

Ebenen einblenden

Was können wir tun? Entweder erfordern wir das Anzeigen der kompletten Navigation, indem wir tatsächlich eine neue Kampagne oder Anzeigengruppe anlegen. Dies macht bislang kaum Sinn, da wir um die erfolgreiche Struktur eines AdWords-Kontos noch nicht wissen (Kapitel 5, *Kampagnen: Die richtige Struktur*). Deshalb können wir das Eröffnen einer weiteren Kampagne oder Anzeigengruppe nur vortäuschen:

- Im linken Bereich klicken wir auf den Link NEUE KAMPAGNE ERSTELLEN.

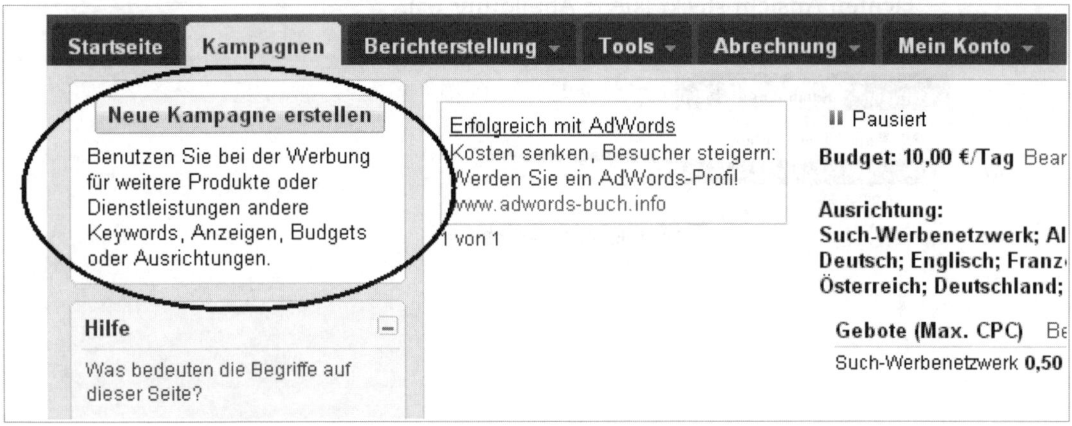

Abb. 3.3: Neue Kampagne erstellen

- Wir erhalten die Möglichkeit, entweder eine neue Kampagne oder eine neue Anzeigengruppe zu eröffnen, und klicken beispielsweise + NEUE ANZEIGENGRUPPE an.

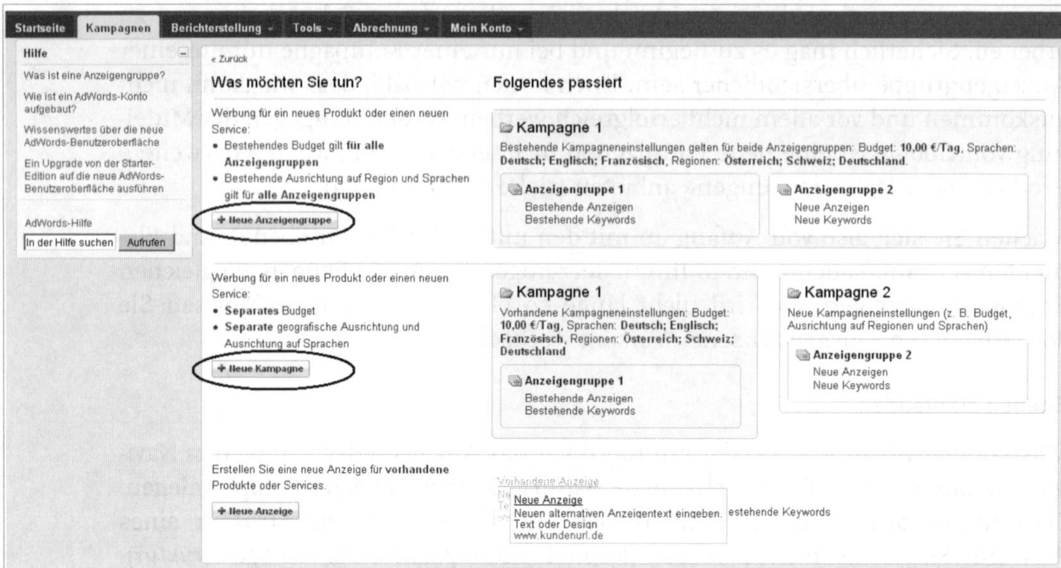

Abb. 3.4: Neue Anzeigengruppe erstellen

- Ohne diese in weiterer Folge tatsächlich eröffnen zu müssen, zeigt uns Google im linken Bereich bereits jetzt die Struktur an, die hinter der bislang vereinfachten Ansicht steckt (siehe Abbildung 3.5).

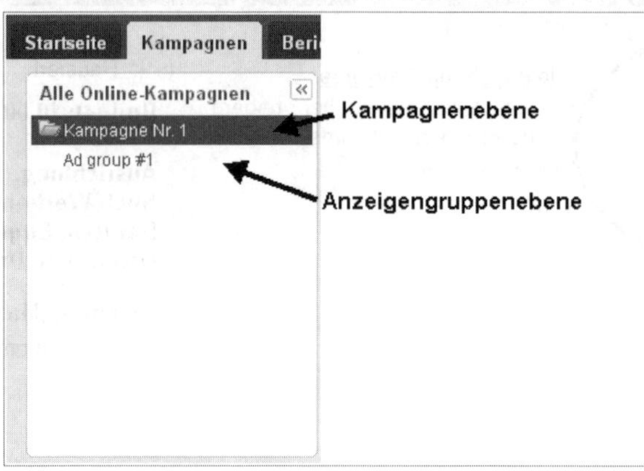

Abb. 3.5: Baum-Navigation – Anzeige der Ebenen

Baum-Navigation

Für ein besseres Verständnis sehen wir uns im Folgenden ein Konto an, in dem sich zwei Kampagnen mit mehreren Anzeigengruppen befinden. Der gesamte Aufbau eines AdWords-Kontos findet sich hier wieder – inklusive der Baum-Navigation im linken Bereich, die die Ebenen abbildet (siehe Abbildung 3.6).

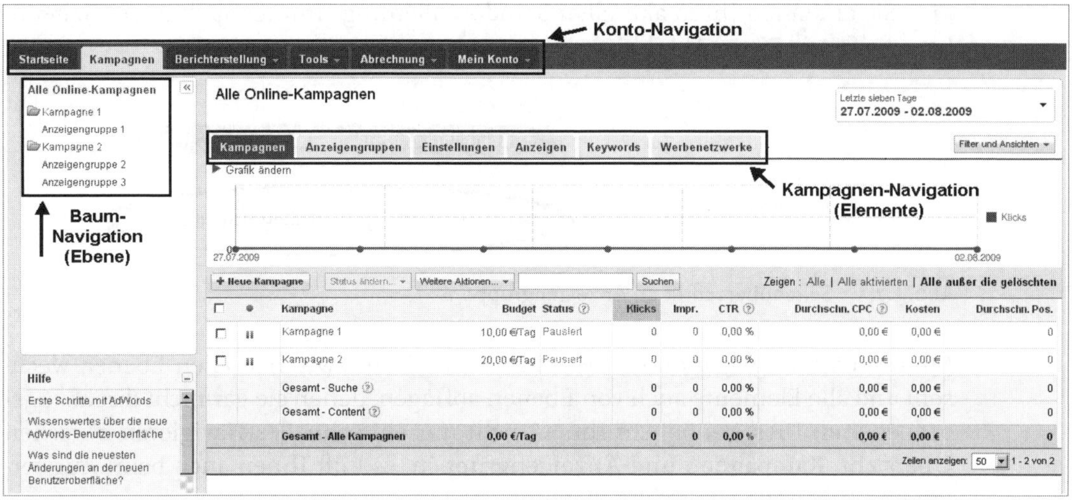

Abb. 3.6: Gesamte Konto-Struktur

Zunächst sehen wir in Blau den Link ALLE ONLINE-KAMPAGNEN. Diese Ebene kann als Kampagnenzusammenfassung gelten – von hier aus können wir Daten und Einstellungen über alle Kampagnen unseres Kontos hinweg aufrufen. Öffnen wir in unserem Beispiel auf dieser Ebene also das Element KEYWORDS, so bekommen wir alle Keywords beider Kampagnen (und damit der hierunter angelegten Anzeigengruppen 1 bis 3) aufgelistet. Zusätzlich zu den Elementen wird die Kampagnen-Navigation sinnvollerweise um die Reiter KAMPAGNEN und ANZEIGENGRUPPEN ergänzt, so dass wir auch hierzu eine Komplett-Übersicht aufrufen können.

Das Ordner-Symbol zeigt eine Kampagnenebene an – im Beispiel die beiden Kampagnen Nr. 1 und Nr. 2. Analog zu unseren vorherigen Überlegungen fragen wir hier nur diejenigen Elemente ab, die sich unter der ausgewählten Kampagne befinden – also beispielsweise nur die Keywords der gesamten Kampagne Nr. 1. Da wir uns auf diese Ebene bereits für eine Kampagne entschieden haben, wird die Kampagnen-Navigation nur um den Reiter ANZEIGENGRUPPEN ergänzt.

Durch Auf- und Zuklappen des Ordner-Symbols können die darunter liegenden Anzeigengruppen ein- oder ausgeblendet werden: Anzeigengruppe 1 zur Kampagne Nr. 1, Anzeigengruppen 2 und 3 zur Kampagne Nr. 2. Auch hierbei gilt selbstverständlich: Wählen Sie Anzeigengruppe 1, so erhalten Sie nur Daten für diese Anzeigengruppe – und damit das, was Ihnen vor dem Einblenden der Ebenen angezeigt wurde.

Wo Sie sich gerade befinden, wird durch eine grüne Hintergrundfarbe angezeigt. Sehen Sie nichts grün unterlegt, so haben Sie entweder alle Online-Kampagnen aufgerufen oder befinden sich in der Anzeigengruppe einer zugeklappten Kampagne. Sie erkennen Ihren aktuellen Standort allerdings immer auch in der Seitenüberschrift, wie Sie in Abbildung 3.7 sehen können.

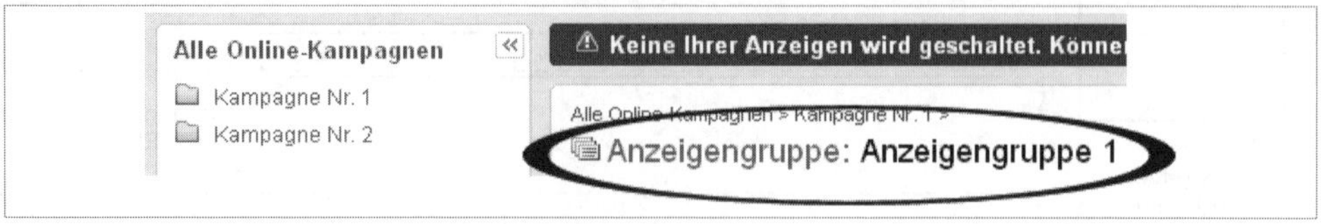

Abb. 3.7: Seitenüberschrift zu Anzeigengruppe 1

Mit der Baum-Navigation können Sie also bequem zwischen allen Ebenen wechseln und alle Elemente auch von Ebenen abfragen, denen sie gar nicht direkt zugeordnet sind. Dies ermöglicht Ihnen nicht nur ein schnelles Navigieren zwischen Übersicht, Kampagnen und Anzeigengruppen, es hilft Ihnen auch beim Auswerten und Erkennen von Schwachstellen.

Trotzdem oder gerade deshalb ist es wichtig, dass wir nochmals betonen:

- Auf der Kampagnenebene sind die Elemente der (Kampagnen-)Einstellungen angesiedelt.
- Auf der Ebene der Anzeigengruppe finden wir die Elemente Keywords, Anzeigen und maximaler CPC.

Egal wie flexibel Abfrage- und Ansichtsmöglichkeiten mittlerweile sind – diese Zusammenhänge bleiben immer bestehen und sind ganz entscheidend, wenn wir unsere Kampagnen anlegen und optimieren wollen.

Deswegen werden uns die Zugehörigkeiten auch immer angezeigt: Schlagen wir beispielsweise die Keywords aller Kampagnen auf, so erhalten wir neben jedem Keyword die Auskunft, in welcher Kampagne und in welcher Anzeigengruppe es sich genau befindet. Sehen wir uns die Anzeigen einer Kampagne an, so steht neben jeder einzelnen, zu welcher Anzeigengruppe sie gehört.

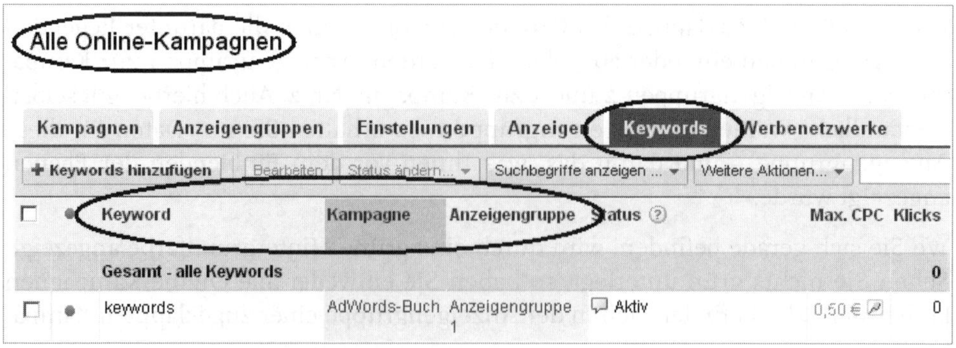

Abb. 3.8: eindeutige Zuordnuung der Elemente

Die Einteilung unseres Kontos ist also keine Nebensächlichkeit. Vielmehr ist sie einer der Hauptschlüssel zum Erfolg unserer Kampagnen und wird daher durch alle kommenden Kapitel und Themen beachtet.

3.2 Erste Schritte im Konto

Lassen Sie uns zunächst einen ersten Überblick gewinnen, wie Sie in Ihrem Konto navigieren können. Dabei geht es uns nicht darum, jede einzelne Funktion auf jeder einzelnen Seite kennen zu lernen. Dies macht viel mehr Sinn, wenn wir uns mit dem jeweiligen Thema beschäftigen.

An dieser Stelle wollen wir uns ansehen, wo wir was im Konto finden und wie wir dorthin gelangen können. Dafür orientieren wir uns an der obersten Navigationsleiste, der Haupt- oder Konto-Navigation.

Abb. 3.9: Konto-Navigation

Diese teilt unseren Account in die grundsätzlichen Bereiche STARTSEITE, KAMPAGNEN, BERICHTERSTELLUNG, TOOLS, ABRECHNUNG und MEIN KONTO ein. Für Ihre tägliche Arbeit sind diese unterschiedlich wichtig.

Nach einem kurzen Überblick gehen wir ausführlich auf alle Bereiche ein. Lediglich die Berichterstellung lernen wir später in eigenen Kapiteln kennen.

Startseite

Den ersten Bereich haben Sie bereits als Landingpage nach Ihrer Anmeldung kennen gelernt: die Startseite. Sie führt Informationen zusammen, die sonst über das gesamte Konto verteilt sind. Wir schauen uns diese Seite gleich im Anschluss an.

Kampagnen

Unter KAMPAGNEN finden Sie Ihre Kampagnen und Anzeigengruppen sowie alle zugehörigen Elemente und Leistungsdaten. Hier findet Ihr operatives Arbeiten statt, hier erhalten Sie die Ergebnisse Ihrer Bemühungen angezeigt. Zahlreiche Themen in diesem Buch beziehen sich auf das, was hinter diesem Reiter verborgen liegt: Kampagnenaufteilung und -einstellungen, Anzeigengruppen, Keywords, Optimierungen sowie aussagekräftige Auswertungsdaten.

Mit der neuen Benutzeroberfläche erfuhr dieser Bereich einige Änderungen, insbesondere bei den Auswertungsmöglichkeiten und bei der Navigation. Letztere schauen wir uns noch in diesem Kapitel an.

Berichterstellung

Google stellt Ihnen zahlreiche Werkzeuge zur Verfügung, die Ihnen helfen sollen, erfolgreicher zu werden – mit Ihren AdWords-Kampagnen, mit Ihren Landingpages und gar mit Ihrem gesamten Webauftritt. Diese Tools sind allesamt kostenlos und von Ihrem AdWords-Konto aus erreichbar, benötigen teilweise jedoch zusätzliche Accounts und weitere Codes auf Ihrer Website.

Die thematische Vielfalt der Tools macht eine inhaltliche Einteilung recht schwierig. Sie scheint insbesondere historisch begründet zu sein, doch finden sich unter dem Tab BERICHTERSTELLUNG tendenziell eher diejenigen Werkzeuge, die Ihnen zusätzliche Auswertungsdaten liefern:

- BERICHTE, mit denen Sie die unterschiedlichsten Auswertungen zu Ihrem Konto anfordern. Sie können sich Verläufe ansehen, automatische Reports zusenden lassen und Leistungen prüfen, die Sie ansonsten nirgendwo im Konto finden. Wir werden uns in Kapitel 10, *Berichte: Alles auf einen Blick*, ausführlich damit beschäftigen.
- GOOGLE ANALYTICS, um aussagekräftige Daten zu Ihrer Website zu gewinnen. Noch gelangen Sie über diesen Link lediglich in den entsprechenden Anmeldeprozess. Wir gehen in Kapitel 12, *Google Analytics: Von AdWords zur Webanalyse*, ausführlich darauf ein und besprechen Ihre Auswertungs- und Optimierungsmöglichkeiten nicht nur mit diesem Webanalysetool.
- das WEBSITE-OPTIMIERUNGSTOOL, das Ihnen hilft, Ihre Webseiten zu testen und zu optimieren. Wie Google Analytics ist auch der Optimizer kein AdWords-spezifisches Tool – Sie können es auch ohne und getrennt von AdWords nutzen. In Kapitel 11, *Conversion-Tracking: Das Ziel im Visier*, erfahren wir mehr zur Optimierung von Landingpages.

Tools

Unter dem Tab TOOLS erhalten Sie alle anderen Hilfswerkzeuge – was deren Bedeutung keineswegs schmälern soll. Immerhin erkennen Sie im aufgeklappten Reiter bereits den Link zum »Conversion-Tracking«. Über WEITERE TOOLS ganz am Ende gelangen Sie auf die Gesamtübersicht.

Wir lernen jedes der aufgeführten Tools ausführlich kennen – sinnvollerweise dann, wenn wir es auch tatsächlich hilfreich einsetzen können. Einige themenunabhängige Werkzeuge wollen wir allerdings auch schon in diesem Kapitel ansprechen.

Hinweis

Im Anhang des Buches finden Sie eine Übersicht der Tools mit Kapitel-Verweisen, damit Sie im Bedarfsfall jederzeit sofort an der richtigen Stelle nachschlagen können (Anhang C).

Abrechnung

Im Bereich ABRECHNUNG haben wir bereits unser AdWords-Konto aktiviert. Hier können Sie Ihren Zahlungsverkehr mit Google prüfen, Rechnungen ausdrucken sowie Ihre Rechnungseinstellungen anzeigen und bearbeiten. Haben Sie die Zahlart Vorkasse gewählt, so nehmen Sie hier Ihre Zahlungen vor.

Mein Konto

Unter MEIN KONTO gelangen Sie zu den grundsätzlichen Einstellungen Ihres Kontos, die Sie im Rahmen der Konto-Eröffnung angegeben haben. Zudem können Sie unter diesem Tab Zugriffsrechte vergeben. Wir sehen uns beide Reiter am Schluss dieses Kapitels an.

3.3 Startseite

Entsprechend ihres Namens wird die »Startseite« standardmäßig als erste Seite angezeigt, wenn Sie Ihr Konto betreten. Unterhalb der Navigation sehen Sie noch den Namen KONTOZUSAMMENFASSUNG, den diese Seite im alten Interface hatte. Dieser beschrieb ziemlich gut den Inhalt: Denn hier erhalten Sie einen ersten Überblick über Ihr Konto.

In Ihrer neu angelegten Kampagne stehen alle Zahlen selbstverständlich noch bei null. Wir besprechen diese Seite daher an einem bereits aktiven Konto (siehe Abbildung 3.10).

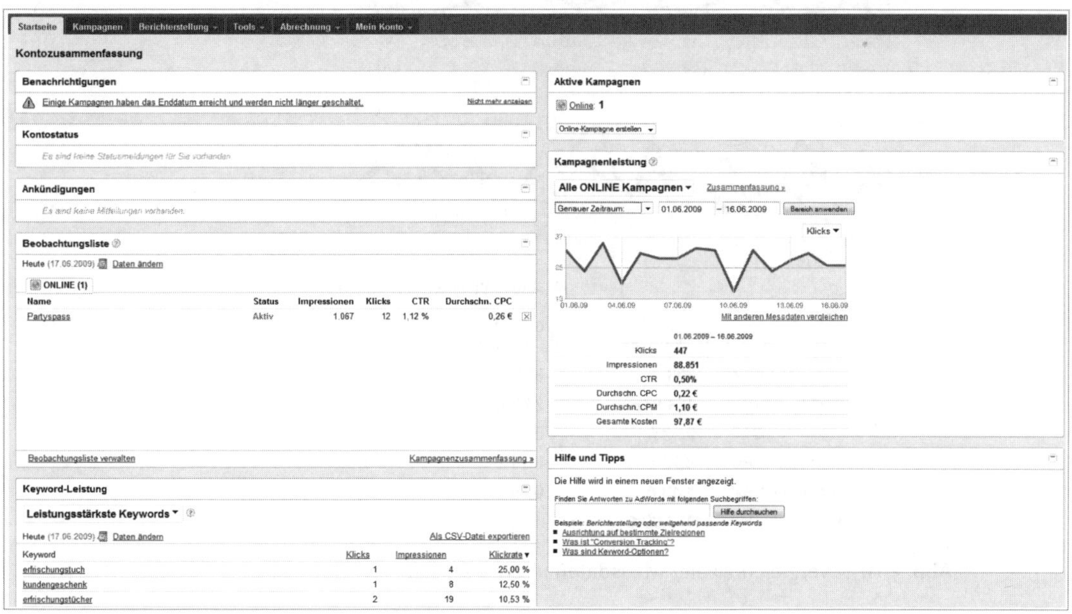

Abb. 3.10: STARTSEITE

Wie Sie sehen, gibt es auf der linken Hälfte zunächst vor allem Informationen, die Google Ihnen mitteilen möchte: neue Benachrichtigungen, Kontostatus (von akzeptierten Zahlungen über Guthaben bis zum Hinweis, das Tagesbudget zu erhöhen) und Ankündigungen (insbesondere von neuen Google-Features).

Die Bereiche darunter geben Ihnen Auskünfte über Leistungsdaten, die Sie im Bereich KAMPAGNEN zumeist ebenso schnell, dazu noch ausführlicher erkennen:

- Mit der BEOBACHTUNGSLISTE wählen Sie Ihre wichtigsten Kampagnen aus und erhalten so einen ersten Überblick.
- Die LEISTUNGSSTÄRKSTEN KEYWORDS werden Ihnen über all Ihre Kampagnen hinweg angezeigt.

Im rechten Bereich der Startseite erhalten Sie Angaben über die unterschiedlichen Status Ihrer Kampagnen und können direkt in den Prozess wechseln, um eine neue Kampagne anzulegen.

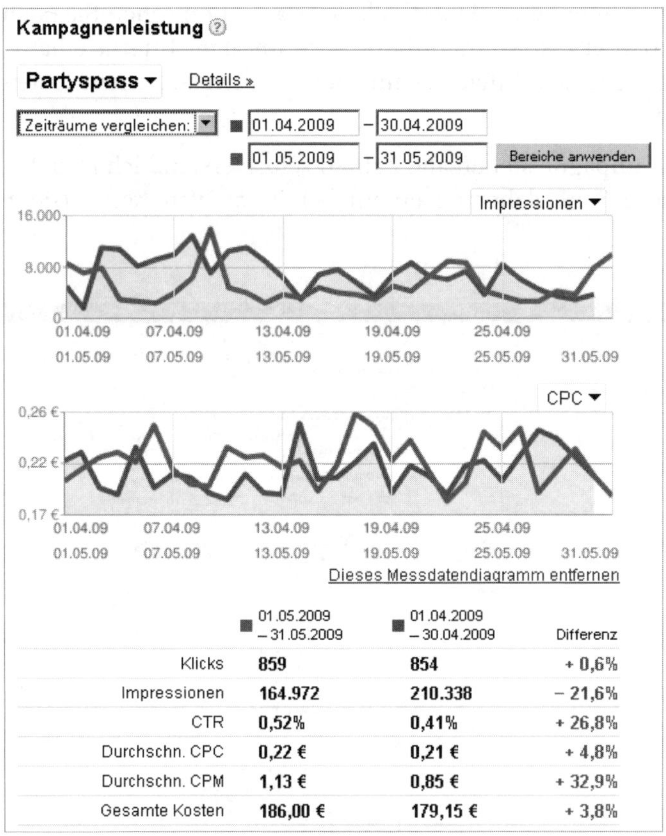

Abb. 3.11: Vergleich zweier Messdaten in zwei Zeiträumen

Darunter können Sie diverse Messdaten für einzelne oder alle Kampagnen abfragen und vergleichen. Durch die Integration der Grafik im KAMPAGNEN-Bereich hat diese Funktion ein wenig an Attraktivität eingebüßt. Trotzdem gibt es eine Abfragemöglichkeit, die Sie so nur hier erhalten – den zeitlichen Vergleich.

Öffnen Sie das Drop-down unterhalb der Kampagnen-Auswahl und wählen Sie ZEITRÄUME VERGLEICHEN. Geben Sie nun die Zeiträume an, die Sie gegenüberstellen möchten.

Im Beispiel vergleichen wir März und April 2009 für die Kampagne »Partyspaß«. Sie erkennen in Abbildung 3.11 die Daten nicht nur in der grafischen Darstellung, sondern auch tabellarisch als Leistungsdaten.

Wie Sie diese Verläufe und Zahlen interpretieren, lernen Sie in diesem Buch noch genau kennen.

Tipp

Ob Sie diese Seite tatsächlich als Startseite in Ihrem Konto beibehalten möchten, bleibt Ihnen überlassen. Zumeist wird die Darstellung auf der Seite KAMPAGNEN als übersichtlicher und leichter bedienbar, auf jeden Fall aber als umfassender empfunden. Mit einem Klick auf den Link KAMPAGNENZUSAMMENFASSUNG ALS STARTSEITE EINRICHTEN (am unteren Ende der Startseite) können Sie daher den Kampagnen-Bereich als Eröffnungsseite wählen und nur bei Bedarf, beispielsweise für den zeitlichen Vergleich, auf die STARTSEITE navigieren.

3.4 Kampagnen

Jetzt wird es interessant, denn wir befinden uns im wichtigsten Arbeitsbereich Ihres AdWords-Kontos: dem Reiter KAMPAGNEN. Diesen kennen Sie bereits von unserer Suche nach den versteckten Kampagnen- und Anzeigengruppenebenen.

Abb. 3.12: Haupt-Navigation KAMPAGNEN

Wir wissen, dass wir alle Elemente von allen Ebenen aus angezeigt bekommen. Dies wird für unsere Auswertungen und Optimierungen (Kapitel 9, *Kampagnen-Statistik: Leistungsdaten & Optimierungen*) noch von großem Vorteil sein. Im jetzigen Kapitel wollen wir jedoch so navigieren, dass wir die Zugehörigkeiten der Elemente zu den Ebenen beachten.

Ebenfalls vernachlässigen wollen wir auch die Grafik. Diese ist insbesondere geeignet, um Entwicklungen und Trends aufzuzeigen – und wird daher ebenfalls in Kapitel 9, *Kampagnen-Statistik: Leistungsdaten & Optimierungen*, ausführlich vorgestellt.

Bei der Navigation durch unser Konto hilft sie jedoch nicht weiter. Wir blenden sie daher zunächst einfach aus.

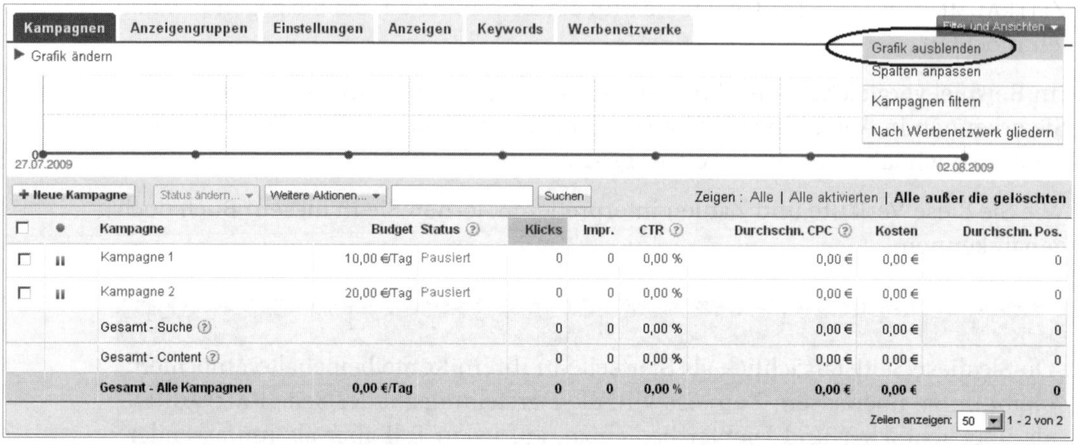

Abb. 3.13: Grafik ausblenden

Wir öffnen, wie im Screenshot in Abbildung 3.13 gekennzeichnet, das Drop-down FILTER UND ANSICHTEN und klicken auf GRAFIK AUSBLENDEN.

3.4.1 Alle Online-Kampagnen

Die Einstiegsseite ALLE ONLINE-KAMPAGNEN erreichen wir nur, wenn wir den Kampagnen-Bereich betreten oder im Baum ALLE ONLINE-KAMPAGNEN in Kombination mit dem Tab KAMPAGNEN in der Kampagnen-Navigation aufrufen.

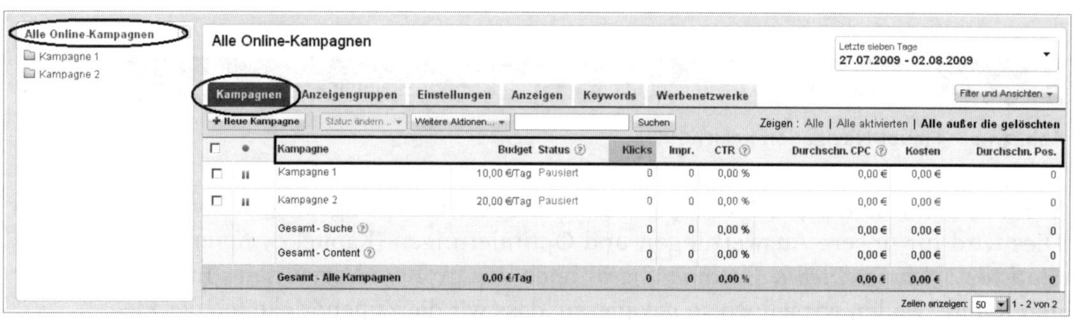

Abb. 3.14: Alle Online-Kampagnen

Hier werden alle in unserem Konto befindlichen Kampagnen aufgelistet – bei Ihnen derzeit nur die im vorherigen Kapitel eröffnete Kampagne Nr. 1, im Beispiel auch noch Kampagne Nr. 2.

Kampagnenzeile lesen

Lassen Sie uns an diesem Beispiel den grundsätzlichen Aufbau einer Kampagnenzeile besprechen. Dadurch können wir gut erkennen, welche Schritte als Nächstes unbedingt unternommen werden sollten.

Kampagne

Zunächst sehen Sie den Kampagnennamen – standardmäßig durchnummeriert ab »Kampagne Nr. 1«. Benennen Sie Ihre Kampagne eindeutig, um sich auf dieser Seite jederzeit einen schnellen Überblick verschaffen zu können.

Das Umbenennen ist mit dem so genannten »Inline-Editing« (oder der »Direktbearbeitung«) denkbar einfach: Fahren Sie mit dem Mauszeiger auf die entsprechende Kampagnenzeile und klicken Sie das dann erscheinende Bleistift-Symbol hinter dem Kampagnennamen an. Im sich öffnenden Pop-up können Sie nun den aktuellen Namen überschreiben – in diesem Fall eben mit »AdWords-Buch«. Sobald Sie auf SPEICHERN geklickt haben, wird der neue Name übernommen.

Abb. 3.15: Kampagnenname ändern

Der Kampagnenname ist verständlicherweise ein Element, das auf Kampagnenebene festgelegt wird. Wir werden ihm also nochmals begegnen, wenn wir die Seite mit den »Einstellungen« (Abschnitt 5.4, *Grundlegende Einstellungen auf Kampagnenebene*) besprechen. Dass das Ändern auch hier, auf der Kampagnen-Übersichtsseite, möglich ist, erleichtert uns lediglich die Eingabe. Wie auch bei den nächsten beiden Spalten.

Budget

In der nächsten Spalte wird das derzeitige maximale Tagesbudget angezeigt. Wir können es mit dem Inline-Editing ebenso bequem und auf die gleiche Art und Weise ändern wie den Kampagnennamen.

Status

Hier erkennen wir den jeweils aktuellen Status unserer Kampagne. Google hat aus dieser Angabe mittlerweile eine halbe Wissenschaft gemacht, auf die wir noch eingehen werden. Wir selbst können Kampagnen pausieren, löschen oder reaktivieren.

Um den Status zu ändern, fahren wir mit der Maus wiederum über die Kampagnenzeile, öffnen das vor dem Kampagnennamen befindliche Menü und wählen den gewünschten Status.

Abb. 3.16: Kampagnenstatus ändern

Was passiert bei welchem Status:

- Ist Ihre Kampagne aktiviert, so können Ihre Anzeigen ausgeliefert und geklickt werden, um Besucher auf Ihre Seite zu bringen.
- Anzeigen pausierter oder gelöschter Kampagnen werden nicht geschaltet. In beiden Status bleiben die entsprechenden Kampagnen mit allen Werten im Konto gelistet und können auf die eben beschriebene Vorgangsweise wieder aktiviert werden. Der Unterschied besteht darin, dass die Daten pausierter Kampagnen weiterhin in die Berechnung Ihres Qualitätsfaktors einfließen, diejenigen gelöschter Kampagnen hingegen nicht bzw. erst wieder, wenn sie reaktiviert wurden. Wir beschäftigen uns in Kapitel 4 noch detailliert mit dem Qualitätsfaktor.

Leistungsdaten

Die restlichen Spalten zeigen die Performance Ihrer Kampagnen: die Anzahl der Klicks, der Impressions (Impr.), die daraus resultierende Klickrate (CTR), den durchschnittlichen tatsächlichen Klickpreis (Cost-per-Click, CPC), die insgesamt aufgelaufenen Kosten sowie die durchschnittliche Anzeigenposition. Viele der Werte, die wir in Kapitel 1, *Werben mit AdWords*, noch manuell ausrechnen mussten, präsentiert uns Google also hier auf einen Blick:

- getrennt für alle Kampagnen
- als Summe für jeweils das Such- und das Content-Netzwerk (Zeile GESAMT-SUCHE bzw. GESAMT-CONTENT)
- sowie als Summe für alle Kampagnen ungeachtet der Netzwerke (GESAMT – ALLE KAMPAGNEN).

Kampagnendaten anzeigen

Sie können sich sicherlich vorstellen, dass bei mehreren Kampagnen die derzeitige Übersichtlichkeit schnell verloren gehen kann. Deshalb gibt es einige Möglichkeiten, sich nur die Daten anzeigen zu lassen, die im Augenblick interessant sind. Diese finden Sie auf allen Ebenen in ähnlicher Form an ähnlicher Stelle.

Welche Kampagnen?

Im hellgrauen Balken oberhalb der Tabelle können Sie ganz rechts auswählen, welche Kampagnen Ihnen angezeigt werden sollen: ALLE, ALLE AKTIVIERTEN oder ALLE AUSSER DIE GELÖSCHTEN (also alle aktivierten und pausierten).

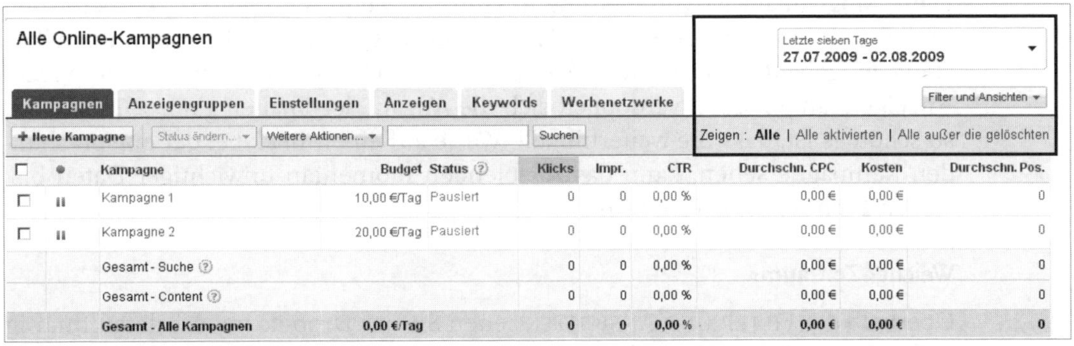

Abb. 3.17: Auswahl der Kampagnen

Dies ist insbesondere dann sehr sinnvoll, wenn Sie schon länger in Ihrem Konto gearbeitet haben und zwischen aktuellen, abgelaufenen oder derzeit inaktiven Kampagnen um einen Überblick kämpfen.

Welche Leistungsdaten?

Direkt darüber finden Sie die Funktion FILTER UND ANSICHTEN. Hier haben wir bereits die Grafik ausgeblendet, doch gibt es noch weitere, sehr sinnvolle Selektionsmöglichkeiten. Wir wollen an dieser Stelle lediglich auf die Funktion SPALTEN ANPASSEN eingehen. Klicken Sie diese an, so öffnet sich ein Layer, wie Sie in Abbildung 3.18 sehen können.

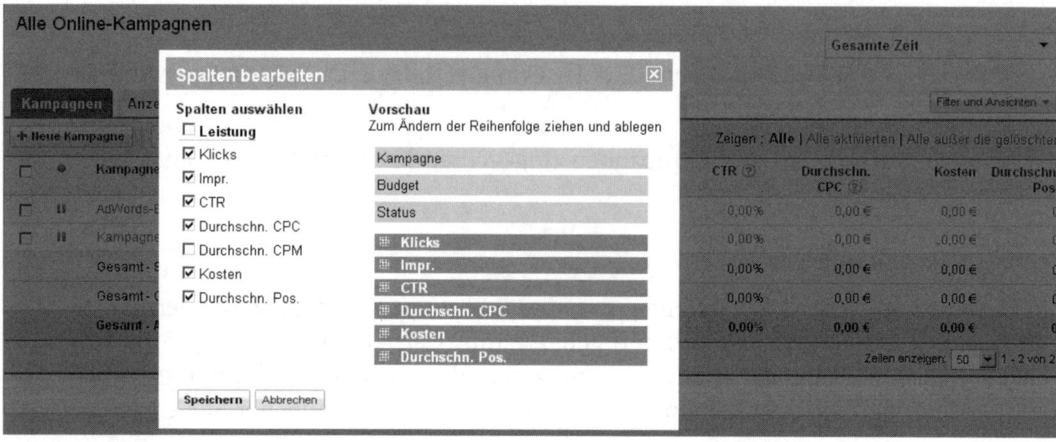

Abb. 3.18: Spalten anpassen

Hier können Sie nun Spalten aus- und einblenden sowie deren Reihenfolge festlegen. Damit können Sie sich ganz auf die Leistungsdaten konzentrieren, die Sie für die aktuelle Auswertung benötigen.

Diese Möglichkeit ist vor allem dann sinnvoll, wenn Sie mehrere Werbeformen und Erweiterungen vornehmen. Haben Sie beispielsweise das Conversion-Tracking eingebaut, eine Content-Kampagne mit CPM-Abrechnung sowie Video-Anzeigen laufen, dann verdoppelt sich die Anzahl der Spalten ganz schnell. Und so schön es ist, dass Sie weiterhin alle Werte auf einen Blick bei der entsprechenden Kampagne sehen, kann das Ausblenden momentan unwichtiger Daten bisweilen auch sehr hilfreich sein.

Welcher Zeitraum?

Oberhalb der FILTER UND ANSICHTEN sehen Sie das Drop-down, das defaultmäßig auf GESAMTE ZEIT eingestellt ist. Hiermit können Sie den Zeitraum festlegen, den Sie betrachten möchten. Dabei können Sie zwischen vorgegebenen Zeitrahmen im Drop-down oder individueller Eingabe (BENUTZERDEFINIERTER ZEITRAUM) wählen.

Beachten Sie, dass Sie damit nur die Zeitspanne der Leistungsdaten steuern. Kampagnenname, Status und Tagesbudget werden weiterhin nach aktuellem Stand angezeigt.

Abb. 3.19: Zeitraum einstellen

Eine neue Kampagne

Eine neue Kampagne legen Sie über den Button NEUE KAMPAGNE an. Sie finden ihn ganz links oberhalb der Tabelle.

Im Gegensatz zur Ersteröffnung werden Sie nun mit dem Begriff »Anzeigengruppe« konfrontiert und können diese selbst benennen. Es gilt das Gleiche wie für die Kampagnen: Wählen Sie einen eindeutigen Namen.

Aufgrund unserer Überlegungen zu Beginn dieses Kapitels sind die weiteren erforderlichen Eingaben auf Anzeigengruppenebene keine Überraschung: maximaler Klickpreis (Standardgebot), Textanzeigen und Keywords. Dabei durchlaufen Sie den bereits vertrauten Prozess und die bekannten Eingabemasken (Abschnitt 2.2, *Die erste Kampagne*).

3.4.2 Kampagnenebene

Wie wir bereits gesehen haben, umfasst eine Kampagne immer mindestens eine Anzeigengruppe. Möchten Sie zu dieser gelangen, so haben Sie zwei Möglichkeiten:

- Sie hangeln sich entlang der Baum-Navigation.
- Sie klicken in der Tabelle auf den Namen der Kampagne, die Sie öffnen möchten.

So oder so: Sie gelangen auf die Kampagnenebene und erhalten eine Übersicht aller Anzeigengruppen, die unterhalb der jeweiligen Kampagne liegen.

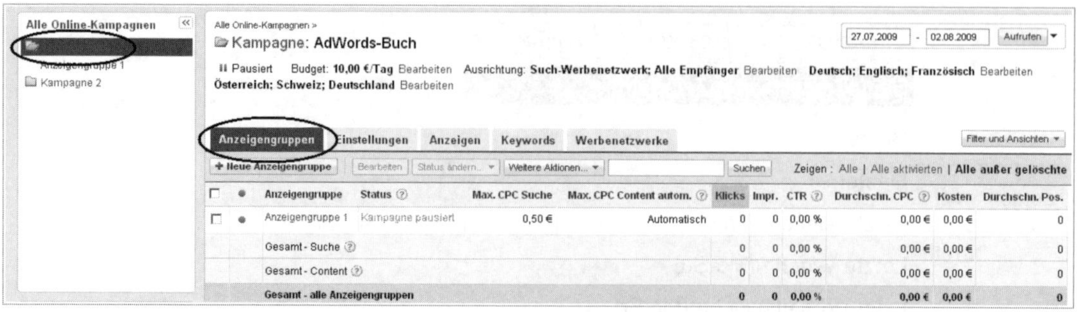

Abb. 3.20: Kampagnenebene mit allen Anzeigengruppen

Wie Sie in Abbildung 3.20 sehen, wird unterhalb der Breadcrumb (oder der Brotkrumennavigation) zunächst nochmals mitgeteilt, in welcher Kampagne wir uns befinden – in ADWORDS-BUCH, wie die Kampagne mittlerweile bei uns heißt. Direkt darunter bekommen wir die wichtigsten Kampagneneinstellungen angezeigt, für die uns gleichzeitig die Möglichkeit zur Bearbeitung geboten wird: Status, (Tages-)Budget und Ausrichtung (Zielsprache und Zielregion).

Können wir Kampagnennamen und Status direkt per Inline-Editing ändern, so führen alle BEARBEITEN-Links auf die Seite mit den Kampagneneinstellungen, die Sie auch über den Reiter EINSTELLUNGEN erreichen würden. Einziger Vorteil: Sie bekommen die jeweils gewünschte Einstellung sofort prominenter dargestellt. Über BEARBEITEN neben der Zielsprache werden beispielsweise direkt alle Sprachen aufgeführt, die Sie noch hinzunehmen können.

Anzeigengruppenzeile lesen

Die Zeilen für die Anzeigengruppen gestalten sich ähnlich wie auf der Seite ALLE ONLINE-KAMPAGNEN für die einzelnen Kampagnen. Hier sehen Sie allerdings die Leistung jeder einzelnen Anzeigengruppe. Die unterste Zeile GESAMT zeigt folglich die Werte aller Anzeigengruppen und damit der Kampagne an – also Werte, die Ihnen bereits auf der Zusammenfassungsseite angezeigt wurden.

Nicht mehr als Spalte angezeigt bekommen Sie selbstverständlich die Kampagneneinstellung TAGESBUDGET. Ersetzt wird diese Angabe durch den »maximalen Klickpreis« (MAX. CPC), der für jede einzelne Anzeigengruppe festgelegt wird. Dabei kann eine weitere Unterscheidung zwischen dem Bietpreis für das Such- und für das Content-Netzwerk getroffen werden. Der CPC für die Suche ist zwingend und gilt auch für den Content, wenn nichts anderes hinterlegt ist (Sie bekommen dann die Meldung »automatisch« angezeigt).

Änderungen können Sie wie auf der Seite ALLE ONLINE-KAMPAGNEN vornehmen: Sie fahren mit dem Mauszeiger über die Zeile der betreffenden Anzeigengruppe und öffnen per Inline-Editing das jeweilige Bearbeitungsfeld. Alternativ können

Sie die zu ändernden Anzeigengruppen anhaken und den Button BEARBEITEN aktivieren. Nun erscheint eine andere Ansicht, die die gleichen Änderungsmöglichkeiten bietet (siehe Abbildung 3.21).

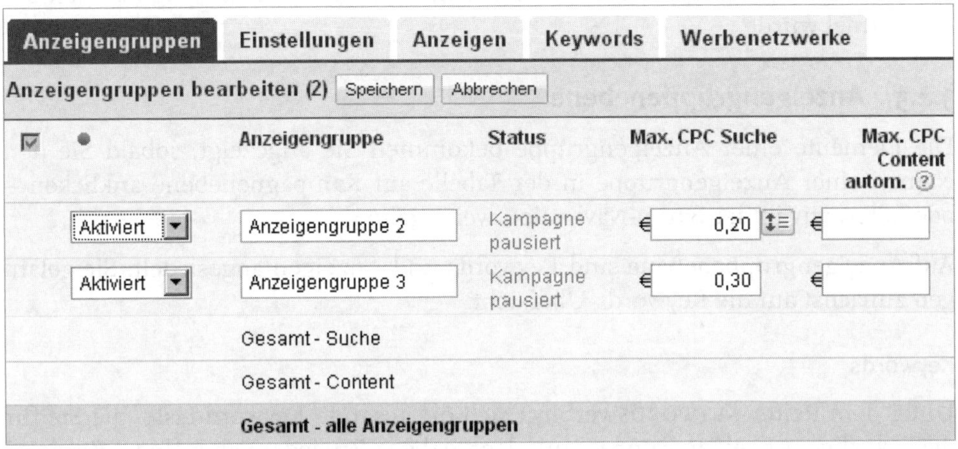

Abb. 3.21: Anzeigengruppen bearbeiten

Dieser Umweg ist nur dann von Vorteil, wenn Sie mehrere Anzeigengruppen bearbeiten. So entfällt das Öffnen und Abspeichern jeder einzelnen Änderung. Sie können alles »in einem Rutsch« bearbeiten und gesammelt mit SPEICHERN übernehmen. Mit dem kleinen grauen Button neben dem maximalen CPC können Sie zudem eine einmal eingegebene Einstellung direkt auf alle anderen Anzeigengruppen übertragen. Diese Funktion steht auch für die Status-Spalte zur Verfügung.

Anzeigengruppendaten anzeigen

Selbstverständlich haben Sie wiederum die Möglichkeit, Ihre Werte nach zeitlichen Kriterien abzufragen. Auch stehen Ihnen die bereits bekannten Selektionsoptionen bezüglich Spalten und Anzeigengruppen-Status zur Verfügung. Sie finden alle Optionen an der vertrauten Stelle, wie wir sie bei den Kampagnen bereits besprochen haben.

Neue Anzeigengruppe

Eine neue Anzeigengruppe erstellen Sie über den entsprechenden Link, den Sie wiederum links oberhalb der Tabelle finden. Sie durchlaufen dabei selbstverständlich nur den Teil des uns bereits bekannten Erstellungsprozesses, der für Anzeigengruppen tatsächlich notwendig ist: Eingabe eines Namens, Festlegung des maximalen Klickpreises, Anlegen der Anzeigen, Eingabe der Keywords sowie Bestätigen der Eingaben.

Fehlt eine der Angaben, so kann die Anzeigengruppe gegebenenfalls als »unvollständige Anzeigengruppe« abgespeichert werden. Bis zum Hinterlegen aller benötigten Daten bleibt sie natürlich inaktiv.

Die neue Anzeigengruppe übernimmt die Einstellungen der Kampagne, unter der sie eröffnet wurde.

3.4.3 Anzeigengruppenebene

Die Elemente einer Anzeigengruppe bekommen Sie angezeigt, sobald Sie den Namen einer Anzeigengruppe in der Tabelle auf Kampagnenebene anklicken – oder alternativ in der Baum-Navigation weitergehen.

Auf Anzeigengruppenebene sind Keywords und Anzeigen angesiedelt. Sie gelangen zunächst auf die Keywords-Übersicht.

Keywords

Unter dem Reiter KEYWORDS verbirgt sich die gesamte Keyword-Liste, die Sie für die jeweilige Anzeigengruppe hinterlegt haben. Zu jedem einzelnen Keyword bekommen Sie alle Leistungsdaten einzeln angezeigt – Sie befinden sich somit auf der untersten Ebene Ihres Kontos.

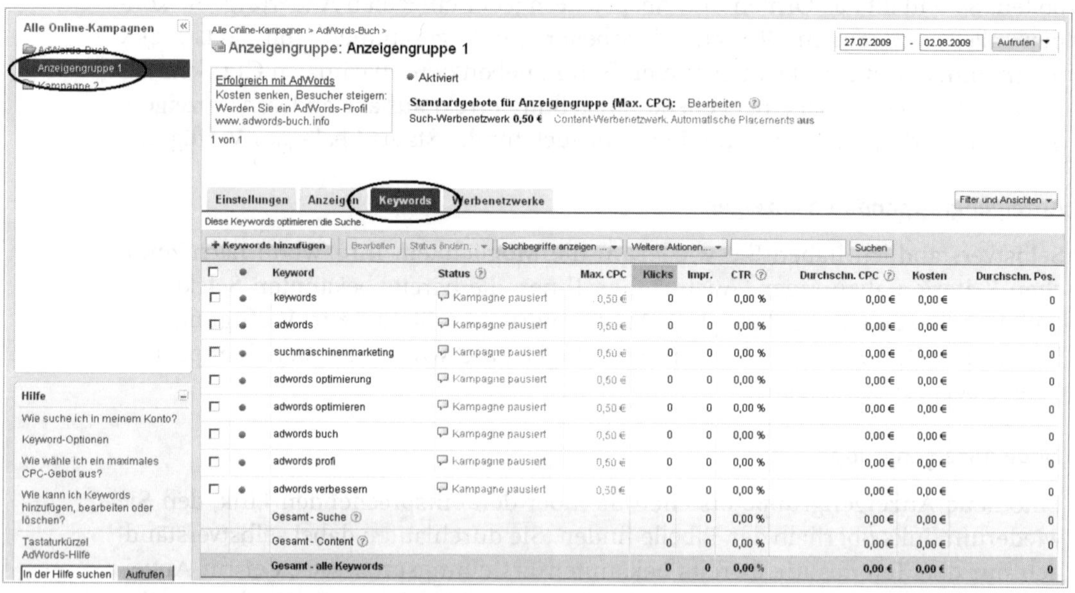

Abb. 3.22: Anzeigengruppe: Keywords

Google bietet Ihnen zahlreiche Funktionen an, die Ihnen die Handhabung Ihrer Keywords erleichtern – von der Möglichkeit, Keywords hinzuzufügen, zu bearbeiten, zu filtern oder zu suchen, bis hin zur Integration des so genannten »Keyword-Tools« und des »Suchanfragen-Berichts«. Wir gehen darauf ein, wenn wir uns in Kapitel 6, *Keywords: Sich gezielt finden lassen*, mit dem Generieren, Verwalten und Optimieren von Keywords bzw. in Kapitel 10, *Berichte: Alles auf einen Blick*, mit dem Erstellen von Berichten beschäftigen.

Anzeigen

Unter der Registerkarte ANZEIGEN bekommen Sie alle von Ihnen in dieser Anzeigengruppe angelegten Anzeigen gelistet. Dass Sie in Ihrem Konto nur einen Text sehen, sollte die einmalige Ausnahme bleiben: Legen Sie immer mehrere Anzeigen an. Nur so können Sie die Leistungen Ihrer Texte vergleichen und Änderungsbedarf erkennen.

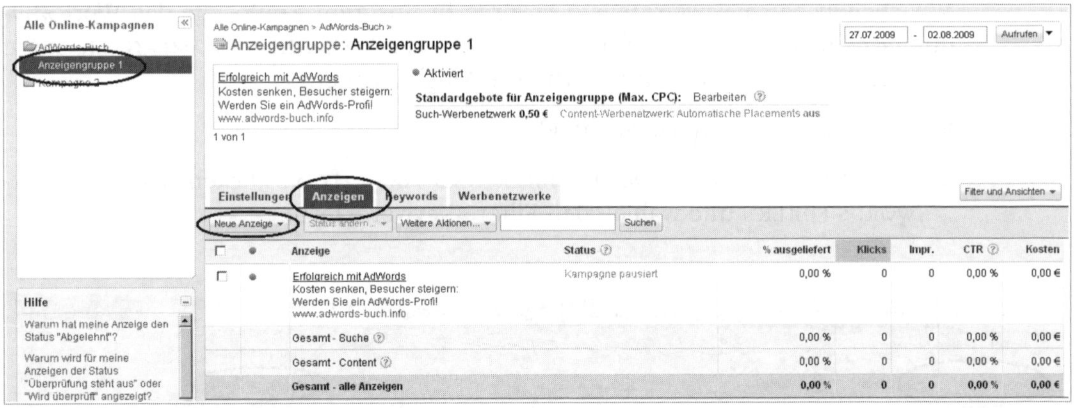

Abb. 3.23: Anzeigengruppe: Anzeigen

Eine neue Anzeige geben Sie einfach über das Drop-down NEUE ANZEIGE zwischen der Kampagnen-Navigation und den bereits bestehenden Anzeigen hinzu. Wählen Sie nun den Link TEXTANZEIGE. Sie erhalten die bekannten fünf Zeilen eingeblendet, vorausgefüllt mit der bereits angelegten Anzeige. So können Sie beizubehaltende Elemente, beispielsweise die Ziel-URL, einfach stehen lassen und nur diejenigen Teile überschreiben, die Sie auch wirklich ändern möchten. Gefällt Ihnen die Version, die Sie zeitgleich in der Anzeigenvorschau rechts angezeigt bekommen, so übernehmen Sie diese mit SPEICHERN.

Hinweis

Um zu testen, ob Sie hier tatsächlich die richtige Landingpage angegeben haben, klicken Sie auf die Überschrift. Danach sollte sich die von Ihnen gewünschte Seite öffnen.

Die anderen Anzeigenformate sind für uns zunächst uninteressant. Wir beschäftigen uns derzeit nur mit den Formaten, die auch auf der Google-Suchergebnisseite angezeigt werden. Und das sind nun mal nur Textanzeigen.

3.4.4 Such- und Filtermöglichkeiten

Bereits jetzt wollen wir uns eine Funktion ansehen, die uns das Navigieren und Suchen nach bestimmten Elementen deutlich erleichtern kann: die Filtermöglichkeiten unter FILTER UND ANSICHTEN.

Suchfunktion

Die Suchfunktion ist einer von zahlreichen Filtern, wurde aufgrund ihrer Wichtigkeit mittlerweile aber auch wieder als Textfeld oberhalb der Tabelle platziert.

Wir suchen beispielsweise alle Keywords in unserem Konto, die das Wort »bildung« beinhalten. Dafür öffnen wir die Ebene ALLE ONLINE-KAMPAGNEN sowie den Tab KEYWORDS. Nun haben wir zwei Möglichkeiten:

- Wir nutzen einfach das Suchfeld.
- Wir öffnen das Drop-Down FILTER UND ANSICHTEN, klicken den Link KEYWORDS FILTERN und wählen den Filter »Keyword-Text«.

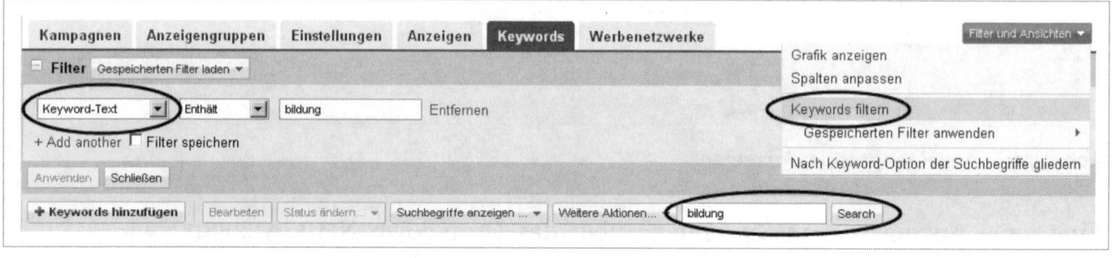

Abb. 3.24: Suchfunktion

Beide Optionen führen natürlich zu den gleichen Ergebnissen, die Sie dann in Grafik und Tabelle angezeigt bekommen. Den Umweg über die Filterfunktion müssen Sie immer dann gehen, wenn Sie mehrstufige Filter einsetzen und abspeichern wollen.

Filter

Filter sind auf allen Ebenen und für alle Elemente (außer für die Einstellungen) verfügbar. Je nach Element gestalten sich die Kriterien anders – und gehen dabei deutlich über das Suchen nach bestimmten Keywords hinaus. So können Sie nach Leistungsdaten, Status, Qualitätsfaktoren, Ziel-URLs und vielem mehr filtern.

Über den Link WEITERE HINZUFÜGEN (ADD ANOTHER) sind auch mehrstufige Abfragen möglich. So möchten wir zum Beispiel alle Keywords aufrufen, die eine Klickrate von weniger als einem Prozent bei mindestens 10.000 Impressions aufweisen. Wir klicken also im Drop-down FILTER UND ANSICHTEN auf die Funktion KEYWORDS FILTERN, legen die beiden Filter fest und rufen über ANWENDEN diejenigen Keywords auf, die den Vorgaben entsprechen.

Ist der Filter für uns von besonderer Wichtigkeit, so können wir ihn über die Checkbox vor FILTER SPEICHERN als Vorlage ablegen und jederzeit bequem aufrufen. Über GESPEICHERTE FILTER LADEN kann er zudem wieder gelöscht werden.

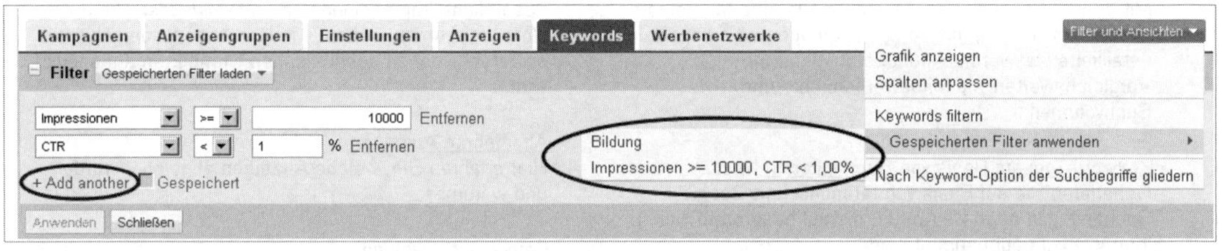

Abb. 3.25: Mehrstufiger Filter und gespeicherte Filter

Die Filter eröffnen uns viele Möglichkeiten im Bereich der Abfragen, Auswertungen und Optimierungen. Wir werden sie an den entsprechenden Stellen noch ausführlich einsetzen (Kapitel 9, *Kampagnen-Statistik*).

3.5 Tools

Gehen wir zum nächsten Reiter in der Haupt-Navigation – den TOOLS. Google stellt Ihnen zahlreiche Hilfsmittel zur Verfügung, die Ihnen Ihre Arbeit im AdWords-Konto erleichtern sollen. Diese sind hier zusammengefasst.

Öffnen Sie die Registerkarte, so werden Ihnen bereits die vermeintlichen Highlights angeboten. Wir gehen über den untersten Link WEITERE TOOLS auf die Übersichtsseite.

Wir werden jedes der aufgeführten Tools ausführlich kennen lernen – sinnvollerweise bei dem Thema, bei dem wir es tatsächlich auch als Hilfsmittel einsetzen können.

Einige Tools wollen wir jedoch jetzt schon ansprechen.

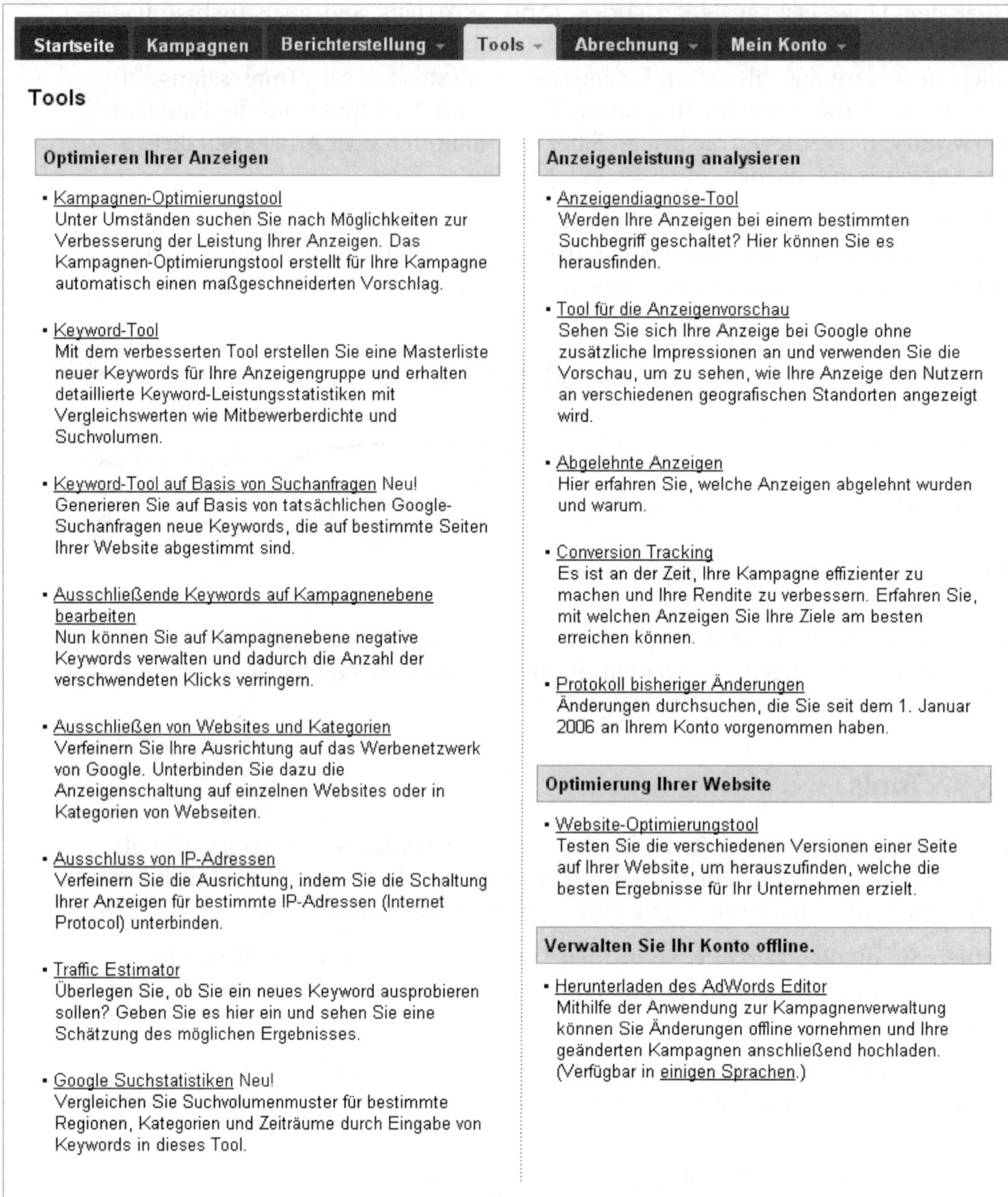

Abb. 3.26: Übersichtsseite »Tools«

Traffic Estimator

Mit dem TRAFFIC ESTIMATOR können Sie Schätzungen zu Suchvolumen, Klickpreis, Anzeigenposition, Klicks und damit Kosten abrufen. Dieses Tool wird Ihnen immer angeboten, wenn Sie eine Kampagne oder Anzeigengruppe neu eröffnen. Zudem erreichen Sie es über obige Übersichtsseite TOOLS.

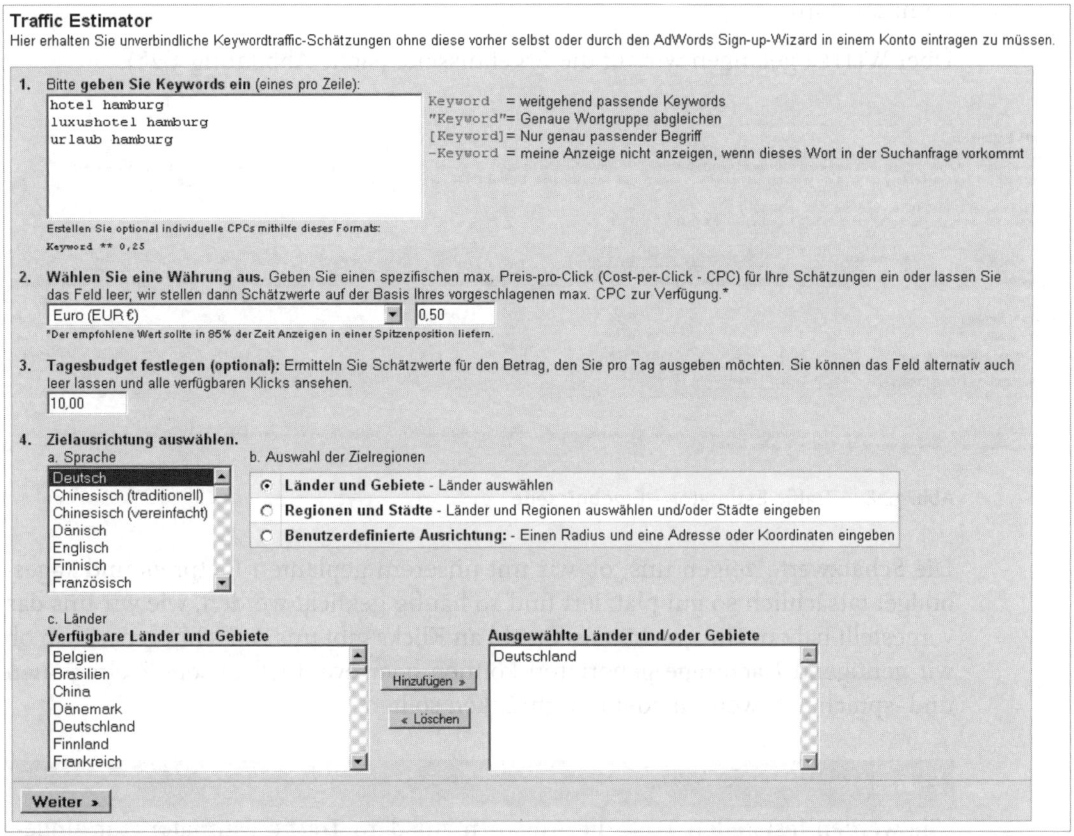

Abb. 3.27: Traffic Estimator – Eingabeformular

Sie geben zunächst das oder die Keywords ein, zu denen Sie geschätzte Leistungsdaten erhalten möchten. Danach spezifizieren Sie Ihre Angaben durch maximalen Klickpreis und Tagesbudget (beides optional) sowie durch Zielsprache und Zielregion (Pflichteingaben).

Diese Angaben müssen Sie im Rahmen einer Kampagnen- oder Anzeigengruppeneröffnung an dieser Stelle selbstverständlich nicht nochmals tätigen.

Die Auswahl der Zielregion funktioniert noch so, wie sie bis vor einiger Zeit generell üblich war: Markieren Sie links ein Gebiet und bestätigen Sie es mit HINZUFÜGEN für Ihre Auswahl, die Sie im rechten Textfeld angezeigt bekommen. Das Selektieren ist auf drei Ebenen möglich: Länder, Regionen (in Deutschland etwa Bundesländer) und Städte sowie benutzerdefinierte Ausrichtung.

Wir besprechen in Abschnitt 5.4, *Grundlegende Einstellungen auf Kampagnenebene*, die neue Art und Weise, wie wir geografische Ausrichtungen vornehmen können. Es ist zu vermuten, dass diese irgendwann auch für den Traffic Estimator übernommen wird.

Über WEITER gelangen wir auf die Ergebnisseite (siehe Abbildung 3.28).

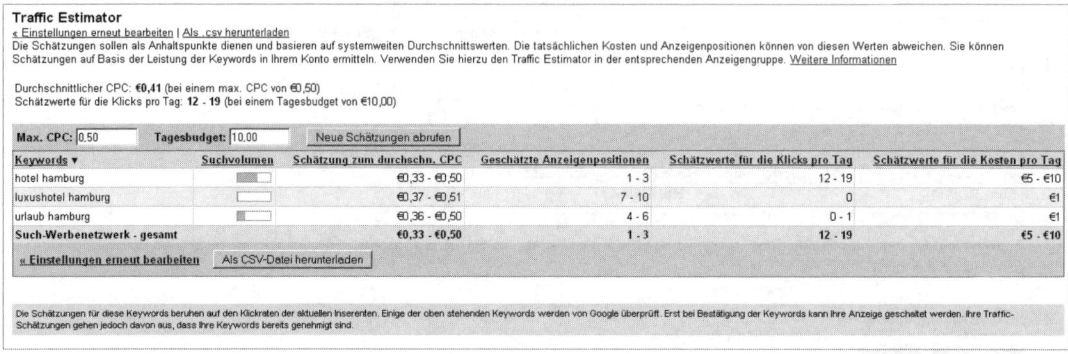

Keywords ▾	Suchvolumen	Schätzung zum durchschn. CPC	Geschätzte Anzeigenpositionen	Schätzwerte für die Klicks pro Tag	Schätzwerte für die Kosten pro Tag
hotel hamburg		€0,33 - €0,50	1 - 3	12 - 19	€5 - €10
luxushotel hamburg		€0,37 - €0,51	7 - 10	0	€1
urlaub hamburg		€0,36 - €0,50	4 - 6	0 - 1	€1
Such-Werbenetzwerk - gesamt		**€0,33 - €0,50**	**1 - 3**	**12 - 19**	**€5 - €10**

Abb. 3.28: Traffic Estimator – Ergebnisseite

Die Schätzwerte zeigen uns, ob wir mit unserem geplanten Bietpreis und Tagesbudget tatsächlich so gut platziert und so häufig geklickt werden, wie wir uns das vorgestellt haben. Die geschätzte Anzahl an Klicks gibt uns Aufschluss darüber, ob wir genügend Nachfrage generieren können oder eventuell unsere Zielregionen und -sprachen erweitern oder einschränken sollten.

> **Hinweis**
>
> Sie werden feststellen, dass die Angaben aus dem Traffic Estimator nur eingeschränkt zutreffen. Wundern Sie sich also nicht, wenn Ihre tatsächlichen Leistungsdaten von der eingeholten Schätzung mehr oder wenig deutlich abweichen – und orientieren Sie sich natürlich besser an den Werten, die Sie im Live-Betrieb erhalten.

Protokoll bisheriger Änderungen

Über den Link PROTOKOLL BISHERIGER ÄNDERUNGEN gelangen Sie auf eine Seite, auf der Sie die Eingriffe in Ihrem Konto ab 2006 nachverfolgen können.

Die Ergebnisse können Sie vor der Abfrage filtern durch Auswahl eines bestimmten Zeitraums, bestimmter Kampagnen und Anzeigengruppen sowie einzelner oder mehrerer Statusänderungen. Sind mehrere Nutzer im Konto tätig, so können Sie diese ebenfalls einzeln auswählen.

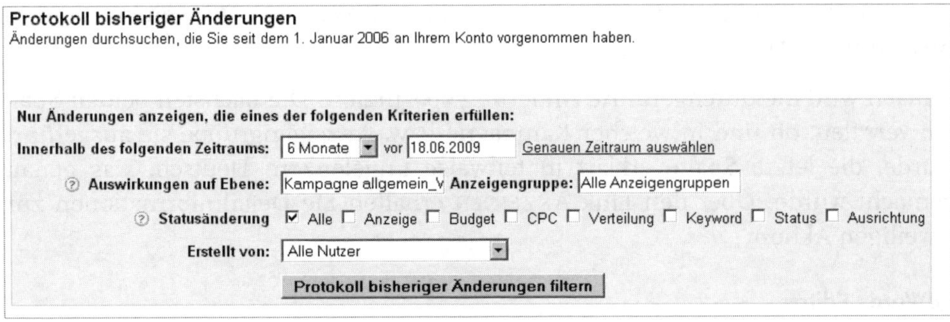

Abb. 3.29: Filtermöglichkeiten für das Änderungsprotokoll

Das Protokoll erhalten Sie als Diagramm und als Tabelle. In Abbildung 3.30 sehen Sie ein Beispiel.

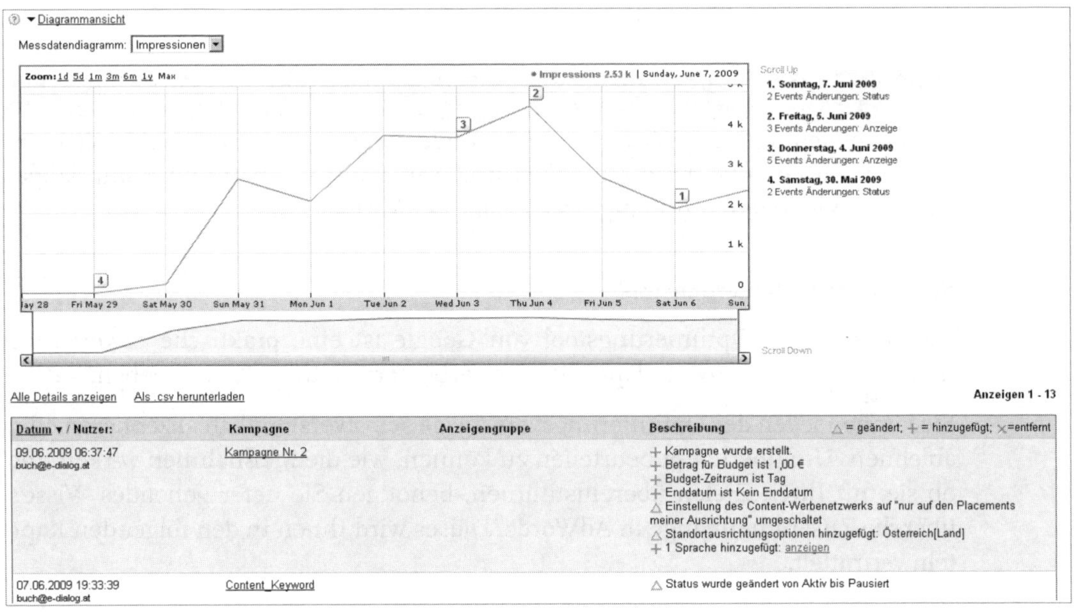

Abb. 3.30: Protokoll bisheriger Änderungen

In der Diagrammansicht lassen sich Impressions, Klicks, Klickrate, Kosten sowie Conversions, wenn diese mitgetrackt werden, als Messdaten auswählen. Ebenfalls angezeigt werden die durchgeführten Änderungen im gewählten Zeitraum – so ist auf einen Blick erkennbar, ob ein Eingriff tatsächlich positive Auswirkungen gebracht hat.

In der Tabelle erkennen Sie unter dem Datum den Nutzer Ihres Kontos, der die jeweiligen Änderungen durchgeführt hat. Die Rechte, wer in Ihrem Konto welche

Handlungen ausüben darf, legen Sie unter MEIN KONTO fest. Wir gehen darauf in Abschnitt 3.7, *Mein Konto* ein.

Danach wird die durchgeführte Änderung spezifiziert: Die nächsten beiden Spalten verraten, ob und in welcher Kampagne bzw. Anzeigengruppe sie ausgeführt wurde, die letzte Spalte erklärt in teilweise ungelenkem Deutsch, was genau gemacht wurde. Über den Link ANZEIGEN erhalten Sie Detailinformationen zur jeweiligen Aktion.

AdWords Editor

Mit dem AdWords Editor können Sie Ihre Kampagnen und alle Einstellungen offline bearbeiten. Sie arbeiten dabei auf Ihrem Desktop:

- Zunächst laden Sie alle Daten aus Ihrem AdWords-Konto herunter.
- Sobald Sie alle gewünschten Daten geändert haben, laden Sie die Änderungen wieder in Ihr AdWords-Konto.

> **Tipp**
>
> Das Arbeiten mit dem Wizard ist insbesondere dann von Vorteil, wenn Sie eine langsame Internetverbindung haben und Seitenaufrufe in Ihrem Konto lange dauern. Wir gehen in Anhang B auf einige der Vorteile ein.

Kampagnen-Optimierungstool

Das Kampagnen-Optimierungstool von Google ist eine praktische Erweiterung und kann Ihnen sinnvolle Tipps bei der Verbesserung Ihres Kontos geben.

Sie können jeden der Optimierungsvorschläge selbstverständlich akzeptieren oder ablehnen. Um überhaupt beurteilen zu können, wie die Maßnahmen wirken und ob sie mit Ihren Zielen übereinstimmen, benötigen Sie tiefer gehendes Wissen über die Zusammenhänge in AdWords. Dieses wird Ihnen in den folgenden Kapiteln vermittelt.

3.6 Abrechnung

Mit dem Reiter ABRECHNUNG prüfen und regeln Sie Ihren Zahlungsverkehr mit Google. Er unterteilt sich in die Bereiche ABRECHNUNGSZUSAMMENFASSUNG und ABRECHNUNGSEINSTELLUNGEN. Haben Sie eine Vorauszahlungsart gewählt, bekommen Sie zudem den Link ZAHLUNG AUSFÜHREN angezeigt.

Abb. 3.31: Reiter ABRECHNUNG

Abrechnungszusammenfassung

Unter ABRECHNUNGSZUSAMMENFASSUNG erhalten Sie eine Übersicht über alle Rechnungen, die Sie von Google für Ihre AdWords-Aktivitäten erhalten haben. In Abbildung 3.32 sehen Sie einen Kontoauszug für die Zahlart »Kreditkarte auf Nachzahlung«:

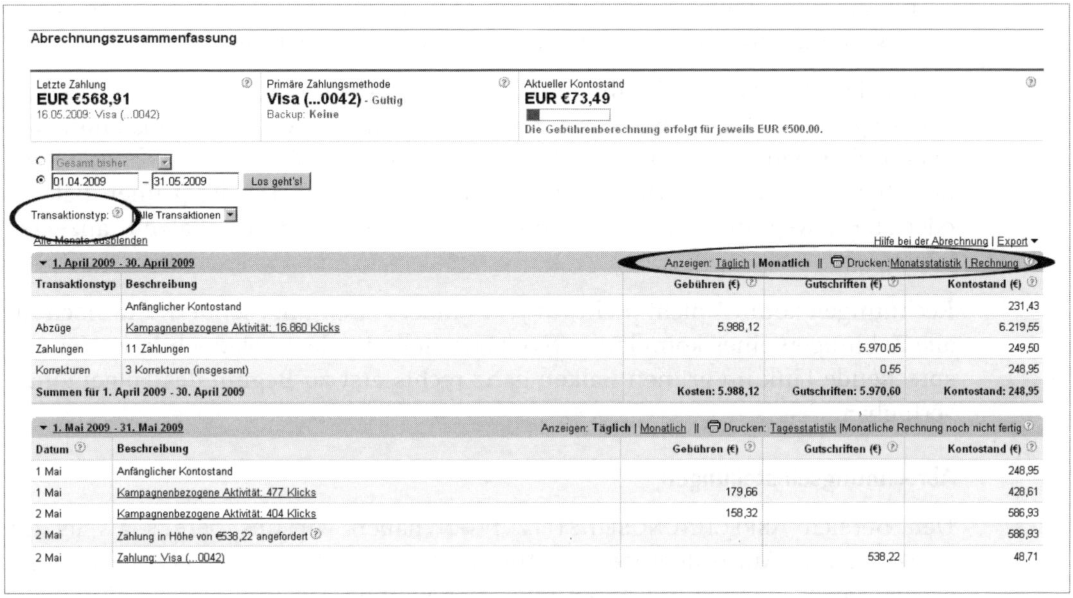

Abb. 3.32: ABRECHNUNGSZUSAMMENFASSUNG – Kontoauszug

Zunächst erhalten Sie eine Kurzübersicht: Wann und in welcher Höhe erfolgte der letzte Einzug, welche Zahlungsinformationen mit welchem Status sind hinterlegt, wie hoch sind der Kreditrahmen und der aktuelle Kontostand. Dieser weist in diesem Fall natürlich Ihre Verbindlichkeiten gegenüber Google aus, bei Vorauszahlungsarten hingegen Ihr Guthaben.

Danach können Sie den gewünschten Zeitraum auswählen – noch in der Form, wie sie in der alten Benutzeroberfläche üblich war: Per Radiobutton entscheiden Sie, ob Sie einen vor- oder benutzerdefinierten Zeitraum eingeben möchten. Die Auswahl ist die gleiche wie die, die Sie im Kampagnen-Bereich bereits kennen gelernt haben.

Google unterscheidet drei Transaktionstypen:

- Abzüge sind die Verbindlichkeiten, die Ihnen aufgrund der Klicks gegenüber Google entstehen – also das, was Sie zahlen müssen.

- Zahlungen sind dann das, was Sie an Google entsprechend der von Ihnen gewählten Zahlungsart leisten. Bei »Vorauszahlung« veranlassen Sie vorab eine Gutschrift, bei »Nachzahlung« erfolgt der Einzug von Kreditkarte oder Bankkonto, sobald Ihr Kreditlimit erreicht ist.
- Korrekturen sind die Beträge, die Ihnen für den angeführten Monat gutgeschrieben wurden – sei es wegen überhöhter Anzeigenschaltung, aufgrund derer Ihr eingestelltes Tagesbudget am Monatsende überschritten wurde, sei es wegen ungültiger Klicks oder sonstiger Service-Korrekturen.

In der Tabelle erhalten Sie die exakten Zahlungsbewegungen auf Ihrem Konto angezeigt. Je nachdem, was Sie interessiert, können Sie sich Kontostand sowie Soll- und Haben-Bewegungen als Summen (Link ALLE MONATE AUSBLENDEN), die Summen der einzelnen Transaktionstypen (Link MONATLICH im grünen Balken) oder alle Bewegungen für alle Tage (Link TÄGLICH im grünen Balken) anzeigen lassen.

Rechnungen können nicht mehr für jede einzelne Zahlung, sondern nur noch für alle Zahlungen eines kompletten Monats erstellt werden. Folgerichtig ist der entsprechende Link im grünen Balken ganz rechts erst zu Beginn des Folgemonats verfügbar.

Abrechnungseinstellungen

Den Bereich ABRECHNUNGSEINSTELLUNGEN haben wir uns bereits als letzten Punkt unseres Anmeldeprozesses (Abschnitt 2.3, *AdWords-Konto aktivieren*) angesehen. Deshalb nur zur Erinnerung: Hier können Sie Ihre aktuell hinterlegte Abrechnungsart, Zahlart, Zahlungs- und Mehrwertsteuerinformation prüfen und – mit den vorgestellten Einschränkungen – bearbeiten.

Zahlungen ausführen

Haben Sie eine der beiden Vorauszahlungsarten gewählt, so müssen Sie selbst dafür sorgen, dass Ihr Guthaben nicht versehentlich aufgebraucht und somit Ihre Anzeigenschaltung eingestellt wird.

Unter dem Reiter ABRECHNUNG erhalten Sie in diesem Fall noch einen weiteren Link, der wenig zweideutig ZAHLUNG AUSFÜHREN lautet. Diese Funktion erreichen Sie ebenso über die »Abrechnungszusammenfassung«, auf der zuoberst Ihr Saldo sowie die Aufforderung zu einer weiteren Vorauszahlung angeführt sind. Und letztlich finden Sie auch bei den ABRECHNUNGSEINSTELLUNGEN einen entsprechenden Link.

In allen Fällen gelangen Sie zu der Seite, die in Abbildung 3.33 gezeigt wird.

Abb. 3.33: Zahlungen ausführen

Geben Sie im Textfeld den Betrag ein, den Sie vorauszahlen möchten. Schließen Sie bei »Kreditkarte« den Zahlvorgang durch eine Autorisierung ab, so müssen Sie diesen bei der Zahlart »Überweisung« selbst vornehmen. Sie erhalten eine Referenznummer, die Sie bei der Überweisung angeben müssen. Trotzdem sollten Sie darauf achten, dass Sie diesen Vorgang entsprechend des Bankweges früh genug anstoßen, um eine Unterbrechung Ihrer Anzeigenauslieferung zu verhindern.

Tipp

Sollten Sie doch einmal merken, dass Sie mit Ihrer Überweisung zu spät sind, so verringern Sie Ihr Tagesbudget, um über die Durststrecke zu kommen. Das ist besser, als wenn Sie für einige Tage gar nicht mehr werben.

3.7 Mein Konto

Der letzte Reiter in der Haupt-Navigation ist MEIN KONTO. Hier verwalten wir unsere Kontoeinstellungen sowie Zugriffsrechte auf unser Konto.

Abb. 3.34: Registerkarte MEIN KONTO

Kontoeinstellungen

Unter KONTOEINSTELLUNGEN sehen Sie nochmals die Angaben, die Sie im Rahmen der Kontoeröffnung eingegeben haben. Wie im Anmeldeprozess bereits erwähnt, lässt sich die Eingabe der Zeitzone nicht mehr nachträglich ändern. Immerhin können Sie die Sprachoberfläche Ihres Kontos modifizieren, nochmals die AGBs lesen, Benachrichtigungen von Google aktivieren oder stoppen, den

Benutzernamen und das Passwort für den Login ändern – oder das AdWords-Konto löschen.

Kontozugriff

Als Administrator können Sie im Bereich Zugriffsrechte anderen Nutzern erlauben, auf das AdWords-Konto zuzugreifen. Klicken Sie dazu einfach auf den Link WEITERE NUTZER EINLADEN und geben Sie die E-Mail-Adresse sowie das Zugriffsrecht ein.

Es gibt drei Arten von Zugriffsrechten:

- Mit den Standardrechten können Nutzer das Konto verwalten, Rechnungs- und Kontoeinstellungen bearbeiten sowie Berichte erstellen (mehr dazu in Kapitel 10).
- Administratoren können außerdem Zugriffsrechte vergeben und entziehen.
- User mit Berichtszugriff können lediglich Berichte anfordern, sonst nichts.

Hinweis

Für Zugriffe auf das Webanalysetool »Google Analytics« sowie für das »Website-Optimierungstool« reichen die Zugriffsrechte für AdWords nicht aus. Diese müssen separat vergeben werden.

Qualitätsfaktor: Relevanz als oberstes Ziel

4.1 (Miss-)Erfolgsfaktoren für Kampagnen

Nicht oder nur mäßig erfolgreiche AdWords-Kampagnen weisen zumeist die gleichen Fehler auf. Lassen Sie uns an einem typischen Beispiel besprechen, wie man es nicht macht und warum.

4.1.1 So nicht!

Ein Fachhandel für Haushaltsgeräte bietet einen Teil seines Sortiments auch über seine Webseite an. Unterstützt werden die Online-Verkäufe unter anderem durch Werbung mit AdWords. Hier der Blick in das ursprüngliche Konto:

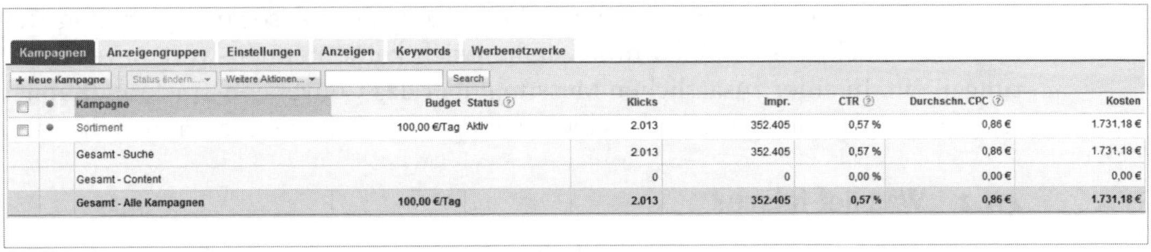

Kampagnen | Anzeigengruppen | Einstellungen | Anzeigen | Keywords | Werbenetzwerke

+ Neue Kampagne | Status ändern... | Weitere Aktionen... | Search

Kampagne	Budget	Status	Klicks	Impr.	CTR	Durchschn. CPC	Kosten
Sortiment	100,00 €/Tag	Aktiv	2.013	352.405	0,57 %	0,86 €	1.731,18 €
Gesamt - Suche			2.013	352.405	0,57 %	0,86 €	1.731,18 €
Gesamt - Content			0	0	0,00 %	0,00 €	0,00 €
Gesamt - Alle Kampagnen	100,00 €/Tag		2.013	352.405	0,57 %	0,86 €	1.731,18 €

Abb. 4.1: Misslungene Kampagne

Angelegt war eine Kampagne. Diese enthielt genau eine Anzeigengruppe, in der sich die Anzeige sowie alle Keywords befanden. Die Keywords deckten das gesamte Online-Angebot von über 350 Artikeln mit insgesamt 70 Keywords ab. Hier ein Auszug:

+ Keywords hinzufügen | Bearbeiten | Status ändern ... | Suchbegriffe anzeigen ... | Weitere Aktionen ... | Suchen

		Keyword	Status	Max. CPC	Klicks	Impr.	CTR	Durchschn. CPC	Kosten	Durchschn. Pos.
☐	●	kaffeemaschine	Aktiv	1,30 €	472	134.257	0,35%	1,09 €	514,48 €	5,7
☐	●	staubsauger	Aktiv	1,30 €	157	35.507	0,44%	0,91 €	142,87 €	3,3
☐	●	töpfe	Aktiv	1,30 €	115	29.376	0,39%	0,98 €	112,70 €	5,4
☐	●	kaffemaschine	Aktiv	1,30 €	223	27.976	0,80%	0,93 €	207,39 €	3,5
☐	●	mixer	Aktiv	1,30 €	162	22.960	0,71%	1,00 €	161,98 €	4,0
☐	●	geschirr	Aktiv	1,30 €	45	10.367	0,43%	1,12 €	50,40 €	6,2
☐	●	tupperware	Aktiv	1,10 €	61	7.237	0,84%	0,74 €	45,14 €	2,7

Abb. 4.2: Misslungene Keywordliste

Zur Schaltung war die Anzeige hinterlegt, die Sie in Abbildung 4.3 sehen können und die den Google-User auf die Homepage des Unternehmens führte:

Angebote und Schnäppchen.
Haushaltswaren hier.
www. .de

Abb. 4.3: Misslungene Textanzeige

Die Kampagne verlief weitgehend erfolglos: Es kamen nicht mal genügend Besucher, um das Tagesbudget aufzubrauchen. Und obwohl sogar regelmäßig der maximale Klickpreis erhöht wurde, stellten sich keine nennenswerten Verbesserungen ein. In einer zusätzlichen Messung über das Conversion-Tracking (Kapitel 11) wurde zudem festgestellt, dass diese wenigen Besucher keine Käufe tätigten.

4.1.2 Was lief falsch?

Warum musste obige Kampagne scheitern? Hier die größten Fehler:

- Es wurden zu viele Keywords in ein und derselben Anzeigengruppe angelegt. Fassen Sie nur thematisch passende Keywords zusammen und legen Sie zu jedem Thema eine eigene Anzeigengruppe an.
- Die Gruppe »Haushaltsgeräte« umfasste im Beispiel alles von Kaffeemaschinen über Staubsauger bis hin zu Tupperware. Viel sinnvoller wäre es gewesen, zu jedem dieser Oberbegriffe eine eigene Anzeigengruppe mit nur dazu passenden Keywords anzulegen: eine für Kaffeemaschinen, eine für Staubsauger und eine für Tupperware.
- Legen Sie Keywords für Ihre Anzeigengruppe Staubsauger an, so verwenden Sie nicht nur sehr allgemeine Suchbegriffe wie beispielsweise »staubsauger« oder »sauger«. Denn diese haben insbesondere zwei Nachteile:

- Sie haben sehr viel Konkurrenz und sind dadurch tendenziell teuer.
- Sie matchen eine große Anzahl von Suchanfragen, die großteils nicht passen: So erscheint Ihre Anzeige auch, wenn jemand nach »garantie staubsauger« oder »gebrauchte staubsauger« sucht – keine Anfragen, die Sie bedienen können und möchten.

- Wählen Sie vielmehr Keyword-Kombinationen wie zum Beispiel »staubsauger kaufen«. Dadurch verringern Sie nicht nur den Mitbewerb, Sie verringern auch die Anzahl Ihrer Werbeeinblendungen bei unpassenden Suchanfragen wie »garantie staubsauger«.
- Eine Anzeige, die viele verschiedene Keywords und Themen bedient, muss scheitern. Sie kann aufgrund der Vielfalt, die sie abdecken muss, nur möglichst allgemein gehalten sein – und geht damit regelmäßig an den konkreten Wünschen des Users vorbei.
- Nichts gegen das schaltende Unternehmen – doch die wenigsten werden es kennen. Ansonsten hätten sie direkt die Firmenseite aufgerufen oder mit dem Unternehmensnamen gesucht.
- So bleibt Ihnen von vier Anzeigenzeilen genau das, was auch Sie nach Ausschwärzen des Firmennamens erkennen können: Zwei Zeilen, die zudem noch den Eindruck erwecken, es würde sich um eine Restrampe mit Billigartikeln handeln.
- Die markantesten Stellen der Anzeige, Überschrift und Anzeigen-URL, senden keine Botschaft, die den User zum Klicken motiviert.
- Der Text der Anzeige handelt vom Unternehmen. Der User sucht in der Regel aber nach einem Produkt oder dem Nutzen davon. Somit wird in der Anzeige auf seine eigentliche Suchanfrage an keiner Stelle eingegangen. Teilen Sie ihm mit, dass Sie die Lösung für sein Problem oder seine Anfrage haben. Machen Sie ihm den Nutzen klar, den Sie ihm bieten können.
- Die Startseite als Landingpage ist höchstens die zweitbeste Lösung. Besser ist es, dem User direkt relevante Informationen zu seiner Suchanfrage zu liefern.
- Sucht er nach Staubsauger, so führen Sie ihn direkt auf die (Kategorie-) Übersichtsseite Ihres Angebotes an Staubsaugern. Denn nur für diesen Teil Ihres Gesamtangebotes interessiert er sich. Er hat kein Interesse an Ihrem gesamten Sortiment, wie es die Startseite präsentiert. Noch viel weniger will er von dort aus erst nach der entsprechenden Kategorie suchen müssen.
- Bieten Sie ihm deshalb schon auf der Zielseite möglichst passende Ergebnisse zu seiner Suche. Dadurch machen Sie ihm das Finden und den weiteren Gang bis zur Conversion so einfach wie möglich.

4.1.3 So geht's richtig!

Das Anlegen einer Kampagne ist grundsätzlich sehr einfach. Die wenigen Schritte, die wir im Anmeldeprozess kennen gelernt haben, sind vom Ablauf her immer gleich. Kompliziert wird es erst, wenn Ihre Kampagne erfolgreich werden soll. Denn man kann, wie wir gesehen haben, bei diesen wenigen, einfachen Schritten einiges falsch machen. Damit uns dies nicht passiert, haben wir nach der Eröffnung unserer ersten Kampagne umgehend die gesamte Kontostruktur aufgerufen (Abschnitt 3.1, *Aufbau eines AdWords-Kontos*).

Wir wollen in diesem Kapitel zunächst auf den grundlegenden Gedanken eingehen, der sich durch das gesamte AdWords-System zieht: die Relevanz. Wir werden sehen, was wir darunter genau zu verstehen haben, warum alle Beteiligten von ihr profitieren, und welchen Einfluss sie auf den Erfolg unserer Kampagnen hat. Wir erkennen aber auch, wie wir sie für unsere Zwecke nutzen können, und warum sie bei all unseren Überlegungen und Handlungen eine wichtige Rolle spielen sollte.

4.2 Qualität = Relevanz

Bei Google dreht sich alles um Qualität, die in diesem Zusammenhang auch als Relevanz bezeichnet wird. Die relevantesten Websites werden in der organischen Suche ganz vorne platziert, die relevantesten Anzeigen auf den Werbeplätzen ganz oben. Zumindest wird dies versucht. Warum?

Stellen wir uns zunächst eine andere Frage: Warum gehen Sie auf Google? Zum einen mag Ihnen die leichte Bedienung der Seite gefallen. Zum anderen erwarten Sie hier aber auch passende Ergebnisse auf Ihre Suchanfrage. Würde Sie eine andere Suchmaschine mehr überzeugen, so würden Sie schon bald wechseln. Das Liefern von relevanten Suchergebnissen ist also im ureigensten Interesse von Google, um die User weiterhin auf den eigenen Seiten zu halten. Denn nur mit zahlreichen Nutzern können Werbeflächen verkauft und Werbegelder eingenommen werden.

4.2.1 Warum funktioniert die Relevanz?

Damit der Ansatz der Relevanz (oder das so genannte »Qualitätskonzept«) überhaupt funktioniert, muss die Verwendung von AdWords für alle Beteiligten von Vorteil sein – für User, Publisher und Advertiser.

Der **User**, der auf Google nach einem Produkt, einer Dienstleistung oder einer Information sucht, verspricht sich einen Nutzen oder die Lösung seines Problems. Je relevanter die Ergebnisse, desto zufriedener ist er mit dem Service von Google.

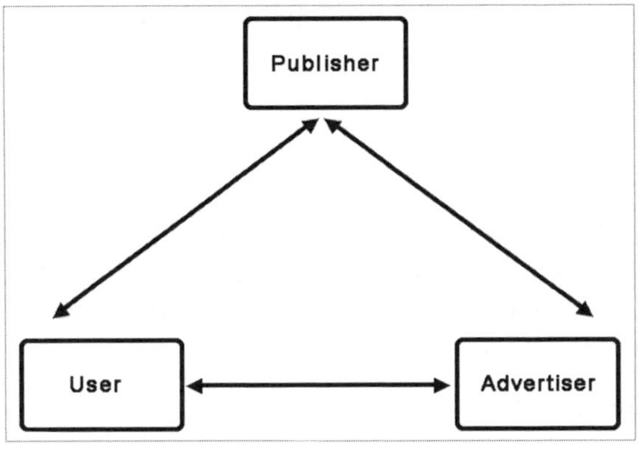

Abb. 4.4: Abhängigkeiten der Beteiligten

Google als **Publisher** möchte seine Einnahmen maximieren. Dies wird erreicht durch hohe Nutzerzahlen, die für Werbekunden interessant sind. Hohe Nutzerzahlen erreicht Google genau dann, wenn die User mit dem Service, sprich den Ergebnissen, zufrieden sind. Das sind sie, wenn sie relevante Ergebnisse geliefert bekommen.

Der **Advertiser** hat Interesse an möglichst relevanten Anzeigen, da er über sie die für ihn qualitativ hochwertigsten Besucher gewinnt. Je genauer er auf die Suchanfragen der User reagieren kann, desto mehr relevanten Traffic erlangt er, desto höher fallen seine Conversions aus, desto höher ist sein Return on Investment (ROI).

Dieses Gleichgewicht funktioniert so lange, wie alle Parteien ihre Aufgaben erfüllen. Während es Inserenten und Usern allerdings grundsätzlich egal ist, über welche Suchmaschine sie zusammengeführt werden, so liegt Google selbstverständlich viel daran, dass dies auf den eigenen Seiten geschieht. Google wird also auch weiterhin die treibende Kraft bleiben, um die Qualität und damit Vorteile und Nutzen für Advertiser und User voranzutreiben.

4.2.2 Die »Messung« der Relevanz

Zur Bestimmung der Relevanz setzt Google an zwei Punkten an:

Zum einen trackt Google die Leistung der Werbeaktivitäten. Dabei werden Daten für die Anzeigen, für die Keywords sowie für das gesamte Konto erhoben.

Zum anderen versucht Google, die Zufriedenheit des Users nach dem Klick abzubilden. Dazu zählen sowohl die Ladezeit der Zielseite als auch das Angebot, das dem User dort unterbreitet wird. Für die Beurteilung setzt Google einen Spider namens »AdsBot« ein, der die Landingpage auf deren Qualität prüft.

Die so ermittelte Relevanz findet ihren Ausdruck im »Qualitätsfaktor«. Diesen wollen wir uns im nächsten Abschnitt ansehen.

4.3 Der Qualitätsfaktor

Der Qualitätsfaktor drückt die Relevanz aus, die Google Ihren Keywords in Bezug auf Ihre Anzeigengruppe und in Bezug auf die Suchanfragen von Usern beimisst. Er nimmt direkten Einfluss auf Ihren tatsächlich zu zahlenden Klickpreis und auf die Position, an der Ihre Anzeige geschaltet wird.

Was bedeutet das etwas einfacher ausgedrückt?

Nicht jedes Ihrer ausgewählten Keywords weist die gleiche Qualität auf – es gibt bessere und schlechtere, mehr oder weniger relevante. Dies liegt nicht nur in Ihrem Keyword begründet, sondern auch in der Suchanfrage des Users – mal stimmen sie sehr genau, mal passen sie weniger genau überein.

Um dem gerecht zu werden, wird

- jedem Ihrer Keywords eine eigene Qualität zugewiesen
- diese bei jeder Suchanfrage, die eine Anzeigenschaltung auslösen könnte, neu bewertet

Dieser Wert wird dann im so genannten Qualitätsfaktor ausgedrückt.

Der Qualitätsfaktor ist eine Blackbox ähnlich dem Ranking-Algorithmus bei den organischen Treffern bzw. der Suchmaschinenoptimierung – man steckt einiges rein, man bekommt einiges raus. Was dazwischen passiert, wissen vielleicht eine Handvoll Leute bei Google. Dieser Algorithmus wird natürlich genauso wenig bekannt gegeben wie beispielsweise die Formel zur Herstellung von Coca-Cola. Denn schließlich beruhen gerade darauf die Erfolge der Unternehmen.

Mehrere Qualitätsfaktoren

Als wäre das Ganze nicht schon undurchsichtig genug, so haben wir es nicht nur mit einem Qualitätsfaktor zu tun, sondern gleich mit mehreren. Dies liegt daran, dass Qualitätsfaktoren mittlerweile sowohl für Schaltungen im Such- als auch im Content-Netzwerk gebildet werden, für Handy-Anzeigen, für lokale Anzeigen oder auch für unterschiedliche Leistungen, die Keywords erfüllen müssen.

Mag die Vielzahl der Qualitätsfaktoren auch dadurch erklärbar sein, dass für die unterschiedlichen Verwendungen andere Zusammensetzungen und Schwerpunkte sinnvoll sind – einfacher wird die Sache dadurch nicht.

Für uns sind an dieser Stelle zwei Qualitätsfaktoren von Bedeutung:

- der Qualitätsfaktor für die Berechnung der Position Ihrer Anzeige
- der Qualitätsfaktor für die Berechnung des »Gebots für die erste Seite« (First Page Bid)

Da alle Qualitätsfaktoren eng zusammenhängen (immerhin!), sehen wir uns gleich an, welche Faktoren in die Bestimmung einfließen.

Anzeige des Qualitätsfaktors

Der Qualitätsfaktor wird Ihnen in Ihrem AdWords-Konto angezeigt. Gehen Sie dafür in Ihr Konto und öffnen Sie in der Kampagnen-Navigation den Tab KEYWORDS. Da die Anzeige nicht standardmäßig erfolgt, müssen Sie das Drop-down FILTER UND ANSICHTEN öffnen, den Link SPALTEN ANPASSEN anklicken und den QUALITÄTSFAKTOR durch Anhaken der Checkbox aktivieren.

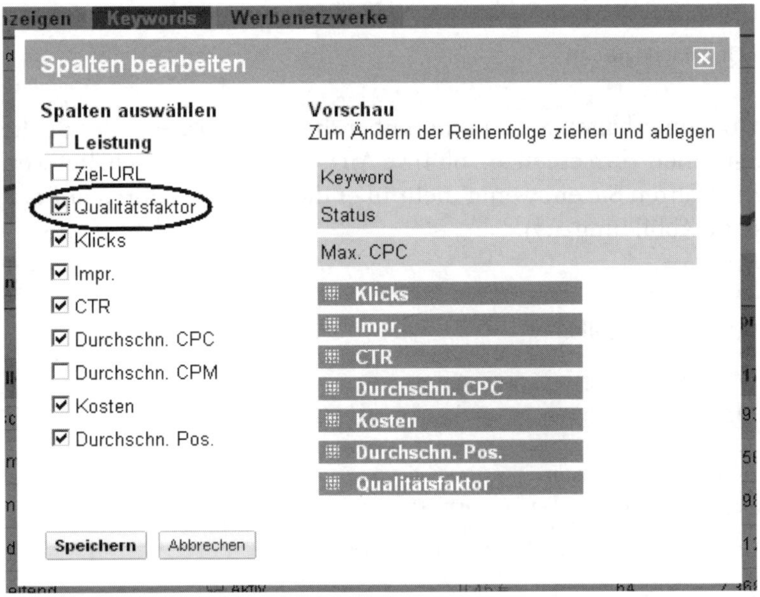

Abb. 4.5: Qualitätsfaktor einblenden

Legen Sie fest, an welcher Stelle die neue Spalte eingefügt werden soll, und schließen Sie den Vorgang mit SPEICHERN ab. Da der Qualitätsfaktor Keyword-spezifisch ist, wird er in Ihrem Konto nun individuell für jedes Ihrer Keywords angegeben.

Verglichen mit seiner Bedeutung für Ihre Kampagnen ist das, was Sie in Ihrem Konto über Ihren Qualitätsfaktor erfahren, allerdings herzlich wenig. Er wird lediglich in Form einer Skala von 1 bis 10 angegeben: je höher, desto besser. Übersetzt in die frühere, noch rudimentärere Einteilung, bedeutet 1 bis 4 »gering«, 5 bis 7 »ok« und 8 bis 10 »hoch«.

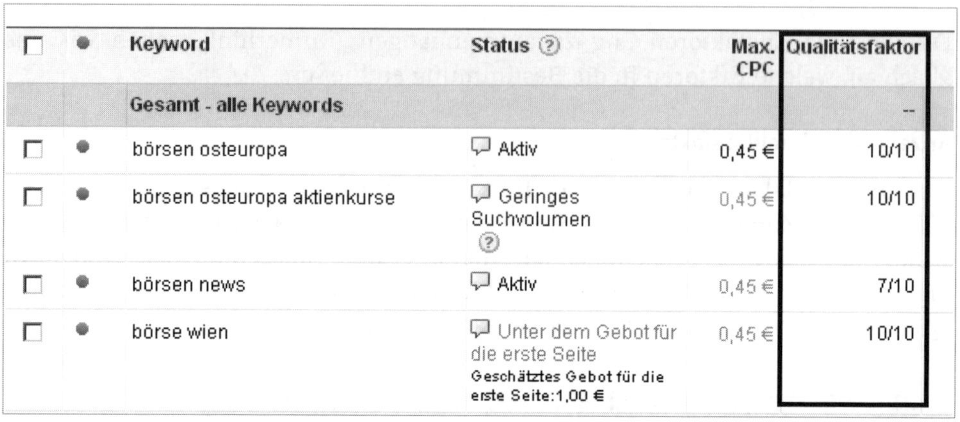

Abb. 4.6: Anzeige Qualitätsfaktor (1)

Etwas mehr Information erhalten Sie da schon über die Sprechblase in der Spalte STATUS. Diese zeigt Ihnen zum einen an, ob Ihre Anzeigen derzeit geschaltet werden. Zum anderen erfahren Sie ein wenig mehr über die Einflussfaktoren auf den Qualitätsfaktor (siehe Abbildung 4.7).

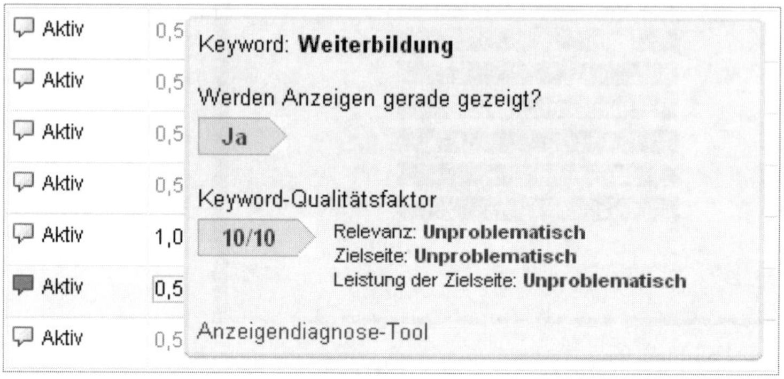

Abb. 4.7: Anzeige Qualitätsfaktor (2)

Eine weniger erfreuliche Meldung sehen Sie in Abbildung 4.8.

Beachten Sie, dass die Angabe zum Qualitätsfaktor in Ihrem AdWords-Konto natürlich nur eine Momentaufnahme und ein vager Anhaltspunkt ist – auch wenn Sie feststellen, dass sich diese mehrmals am Tag ändert. Google selbst rechnet mit einem viel genaueren internen Wert, der für jede Suchanfrage neu ermittelt wird und den wir niemals zu sehen bekommen.

Für uns ist an dieser Stelle entscheidend: Die drei Punkte Relevanz, Zielseite und Leistung der Zielseite sind die entscheidenden Punkte bei der Bestimmung des Qualitätsfaktors. Wir schauen uns diese Komponenten im Folgenden näher an.

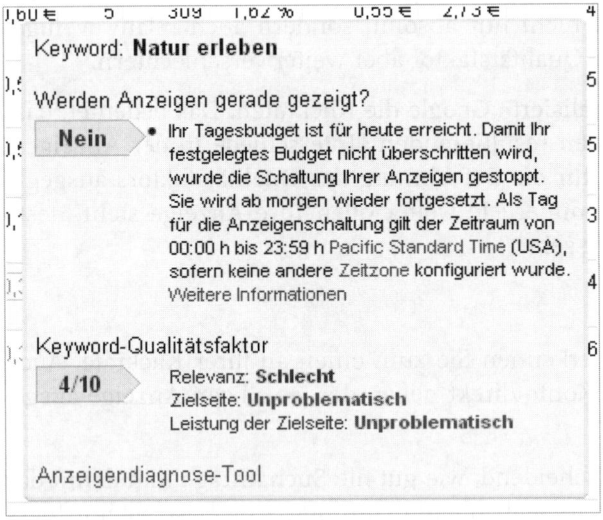

Abb. 4.8: Anzeige Qualitätsfaktor (3)

4.3.1 Die Komponenten der Qualitätsfaktoren

Die wichtigsten Komponenten, die uns Google nennt, sind die Relevanz des Keywords, die Relevanz der Anzeige sowie die Qualität und die Ladezeit der Zielseite. Hinzu kommen der Qualitätsfaktor für das gesamte Konto sowie »andere Relevanzfaktoren«, die ein weites Feld für Vermutungen und Spekulationen eröffnen.

Relevanz des Keywords

Bereits vor Einführung des Qualitätsfaktors war die Klickrate eine entscheidende Komponente zur Bestimmung des Anzeigenplatzes. Es ist davon auszugehen, dass sie noch immer die wichtigste Variable bei der Leistungsbeurteilung von Keywords ist.

Wie der Qualitätsfaktor für jedes Keyword einzeln ermittelt wird, so wird auch für jedes einzelne Keyword dessen Klickrate errechnet und automatisch in Ihrem AdWords-Konto ausgewiesen. Die Klickrate ergibt sich als

Klickrate = (Klicks/Impressions) * 100

Werden Ihre Anzeigen bei Suchanfragen zu »Pizza-Taxi« 1.000 Mal geschaltet und 100 User klicken auf Ihre Anzeigen, so beträgt die Klickrate 10%. Werden von Ihrem Konkurrenten ebenfalls 1.000 Anzeigen geschaltet, es klicken aber nur 50

User, so beträgt dessen Klickrate für das Keyword »Pizza-Taxi« 5% – es fließt eine schlechtere Klickrate in seinen Qualitätsfaktor.

Nun wäre es unfair, alle Klickraten gleich zu behandeln. Steht Ihre Anzeige an Position 5, so wird sie normalerweise seltener geklickt als die Anzeige auf der Top-Position. Sie erhalten zumeist nicht nur absolut, sondern auch relativ weniger Klicks. Dadurch würde sich Ihr Qualitätsfaktor aber weiter verschlechtern.

Um dies zu vermeiden, »normalisiert« Google die Klickraten. Das bedeutet, dass die aus verschiedenen Positionen resultierenden Unterschiede in der Anzeigenleistung, hier in der Klickrate, für die Berechnung des Qualitätsfaktors ausgeglichen werden. Oder salopp formuliert: Je weiter oben Ihre Anzeige steht, desto besser muss auch Ihre Klickrate sein.

Relevanz der Anzeige

Wie relevant Ihre Anzeige ist, erkennen Sie zum einen an ihrer Klickrate. Auch diese wird in Ihrem AdWords-Konto direkt neben der jeweiligen Anzeige ausgeführt.

Zum anderen ist es jedoch entscheidend, wie gut die Suchanfrage und damit das Keyword mit der ausgelieferten Anzeige übereinstimmen. Es ist also wichtig, dass das Keyword tatsächlich in der Anzeige vorkommt (und wenn nicht das Keyword selbst, so zumindest ein thematisch stark verwandter Begriff).

Zwei weitere Beobachtungen sollten Sie in diesem Zusammenhang ebenfalls beachten:

- Je häufiger das Keyword im Text vorkommt, desto relevanter wird die Anzeige bewertet.
- Je wichtiger das Keyword platziert wird, beispielsweise als erstes Wort in der Überschrift, desto höher wird die Qualität eingeschätzt.

Diese Vorgehensweise hat nicht nur Einfluss auf die Relevanz Ihrer Anzeige, sie hat auch ganz entscheidenden Einfluss auf Ihre Klickrate. Denn ein User, der seine Suchanfrage in Ihrer Anzeige wiederfindet, wird viel persönlicher angesprochen und reagiert eher darauf.

Im Rahmen des Qualitätsfaktors wird zudem gesondert auf die Klickrate der Anzeigen-URLs innerhalb einer Anzeigengruppe hingewiesen. Wir besprechen dies in Kapitel 7, *Anzeigen: Die Kunst der Überzeugung*.

Qualität der Zielseite

Die Qualität der Landingpage in die Bestimmung des Qualitätsfaktors aufzunehmen, macht durchaus Sinn: Denn die relevanteste Anzeige nützt dem User nichts, wenn er nach seinem Klick auf einer Webseite landet, die ihm völlig uninteressante Inhalte bietet.

Der Einfluss, den Google dadurch auf das Internet sowie die Gestaltung von Seiten nimmt, ist kaum zu unterschätzen. Um beim Suchmaschinen-Marktführer möglichst weit vorne gelistet zu sein, orientieren sich Online-Auftritte immer mehr an dessen Vorgaben. Damit bestimmt aber letztendlich ein einziges Unternehmen, was gut und was schlecht ist im Netz.

Für uns bleibt ungeachtet dessen an dieser Stelle festzuhalten: Die Landingpage ist eine Komponente des Qualitätsfaktors, die bereits mehrere Aufwertungen erfahren hat und auch künftig sicherlich eher an Bedeutung gewinnen wird. Berücksichtigt werden dabei Inhalt, Navigation, Verlinkung und auch Ladezeit.

Wir tragen dieser Entwicklung Rechnung, indem wir die Landingpage gesondert in Kapitel 8 untersuchen.

Qualität des Kontos

In die Berechnung Ihrer einzelnen Keyword-Qualitätsfaktoren fließen auch die Leistungen Ihres gesamten Kontos ein. Im Kontoprotokoll werden beispielsweise die vergangenen Leistungen Ihrer Keywords und Anzeigen abgebildet.

Diese historischen Leistungen werden erst dann nicht mehr berücksichtigt, wenn Sie ein Keyword oder eine Anzeige löschen und nicht wieder verwenden. Die Historie bleibt hingegen erhalten und fließt in die Berechnung des Qualitätsfaktors mit ein, wenn Sie

- ein Keyword/eine Anzeige pausieren
- ein Keyword/eine Anzeige löschen und an gleicher oder anderer Stelle im gleichen Konto später wieder einstellen und aktivieren.

Diese historischen Werte sind nicht gleichbedeutend mit den in Ihrem Konto ersichtlichen Daten. Die Performance Ihrer Keywords wird bei Google abgespeichert und wieder abgerufen, sobald Sie das Keyword wieder aktivieren.

Es nützt Ihnen also nichts, ein Keyword mit schlechter Historie einfach für einige Tage zu löschen und dann wieder hinzuzufügen. Zwar sind die vergangenen Werte in Ihrem Konto nicht mehr ersichtlich, das Keyword trägt den bei Google gespeicherten »Rucksack« allerdings weiterhin mit sich herum. Dies gilt auch, wenn Sie ein Keyword von einer Anzeigengruppe in eine andere oder von einer Kampagne in eine andere verschieben. Spätestens nach einer kleinen zeitlichen Verzögerung finden die historischen Werte wieder Berücksichtigung.

Auf weiteren Ebenen werden übrigens keine Protokolle gebildet – weder auf Kampagnen- noch auf Anzeigengruppenebene.

Wichtig für Ihre Kampagnenplanung ist, dass die Kontoleistung auf regionaler Ebene bestimmt wird. Performt Ihr Konto im Süden Deutschlands besonders gut, so kann Ihr Qualitätsfaktor bei Suchanfragen aus Bayern höher sein als beispielsweise bei Suchanfragen aus Schleswig-Holstein.

Andere Faktoren

Die restlichen Einflüsse auf den Qualitätsfaktor werden von Google wenig aussagekräftig als »andere Relevanzfaktoren« bezeichnet. Damit bleibt unklar, welche Komponenten dies sind, wann sie zur Berechnung herangezogen und wie stark sie gewichtet werden.

Dies öffnet Vermutungen und Spekulationen natürlich Tür und Tor. Häufig wird in diesem Zusammenhang das durchschnittliche Monatsbudget oder das bisherige Gesamtbudget genannt.

Keine Rolle spielt hingegen das Suchvolumen. Auch Daten aus Analytics fließen nicht in die Berechnung ein.

Sobald Sie einige Zeit mit AdWords gearbeitet haben, werden Sie Ihre ganz persönlichen Erfahrungen gemacht haben. Und wie jeder andere werden auch Sie zu untrüglichen Anhaltspunkten für weitere Einflussfaktoren gelangen. Da Google Gerüchte und Vermutungen eher nährt als eindeutig beantwortet, wollen wir an dieser Stelle keine weiteren Spekulationen anstellen.

4.3.2 Qualitätsfaktor für den Anzeigenrang

Obwohl Anzeigenrang und Anzeigenposition umgangssprachlich gerne synonym verwendet werden, besteht streng genommen ein Unterschied: Der Anzeigenrang ist das Produkt aus Qualitätsfaktor und maximalem CPC, die Anzeigenposition der Platz, auf dem eine Anzeige auf der Google-Suchergebnisseite steht, wenn man von oben nach unten durchzählt.

Lassen Sie uns im Folgenden, um Irritationen zu vermeiden, nur den Anzeigenrang (engl. *AdRank*) auch als solchen bezeichnen. Alles andere meint die Position: Anzeigenposition, Platzierung, Anzeigenplatzierung, Platz usw. sind die Stelle, an der Ihre Anzeige auf der Suchergebnisseite geschaltet wird.

Die Komponenten für den Anzeigenrang

Auf den Qualitätsfaktor für den Anzeigenrang nehmen die Relevanz des Keywords und der Anzeige, die Relevanz zur Suchanfrage sowie die Leistung des Kontos Einfluss. Zur Bestimmung des tatsächlichen Anzeigenrangs kommt dann natürlich noch Ihr maximaler Klickpreis für das jeweilige Keyword hinzu.

Für eine Schaltung auf den Top-Positionen oberhalb der organischen Suchergebnisse müssen Sie zudem einen bestimmten Mindestwert aus Qualitätsfaktor und

Bietpreis erreichen. Wird dieser von keiner Anzeige erreicht, so bleiben die Plätze leer. Überbieten ihn mehr als drei Anzeigen, so rutschen alle ab dem Viertbesten natürlich trotzdem rechts neben die Suchergebnisse.

Anzeigenrang und Position

Ihr Anzeigenrang je Keyword ergibt sich wie folgt:

Anzeigenrang =
Qualitätsfaktor des Keywords * maximaler Klickpreis des Keywords

Der Inserent mit dem höchsten Anzeigenrang steht an Anzeigenposition Eins, die restlichen Advertiser reihen sich mit absteigenden Anzeigenrängen auf den folgenden Positionen.

Ein Beispiel: Acht Inserenten kämpfen um die besten Anzeigenplätze. Sie haben ihren maximalen Klickpreis (Max. CPC) angegeben, Google hat den Qualitätsfaktor (QF) bestimmt.

Inserent	Max. CPC	QF	Anzeigenrang	Position
A	0,90	1,7	1,53	1
B	0,55	2,1	1,16	2
C	0,60	1,9	1,14	3
D	0,80	1,3	1,04	4
E	0,70	1,3	0,91	5
F	0,50	1,5	0,75	6
G	0,35	1,8	0,63	7
H	0,40	1,2	0,48	8

Abb. 4.9: Anzeigenrang und Position

Durch Multiplikation von maximalem Klickpreis und Qualitätsfaktor errechnet sich der Anzeigenrang, woraus sich die jeweilige Anzeigenposition und damit die Reihenfolge der Anzeigen ergibt.

Sehen wir uns Inserent B an: Trotz eines relativ geringen Bietpreises wird er an Position Zwei gelistet. Durch seinen hohen Qualitätsfaktor konnte er sich an den drei Konkurrenten C, D und E vorbeischieben, obwohl diese alle einen höheren maximalen CPC angegeben haben.

Möchte Inserent D beispielsweise bis auf Position 2 gelangen, so müsste er den Anzeigenrang von B übertreffen:

$\text{Anzeigenrang}_B = QF_D * \text{max. } CPC_D$

$\text{Anzeigenrang}_B / QF_D = \text{max. } CPC_D$

1,16 / 1,3 = 0,89 Euro.

D müsste also mit einem maximalen CPC von 0,90 Euro an den Start gehen, um die zweite Position zu erreichen. Dies wären 65% mehr als der Bietpreis von B.

Anzeigenrang und tatsächlicher CPC

Lassen Sie uns das Beispiel um den tatsächlich zu zahlenden Klickpreis ergänzen. Hierbei erkennen wir, wie sich der Qualitätsfaktor ganz konkret auf Ihre Kosten auswirkt.

Inserent	Max. CPC	QF	Anzeigenrang	Position	Tatsächl. CPC
A	0,90	1,7	1,53	1	€ 0,69
B	0,55	2,1	1,16	2	€ 0,55
C	0,60	1,9	1,14	3	€ 0,56
D	0,80	1,3	1,04	4	€ 0,71
E	0,70	1,3	0,91	5	€ 0,59
F	0,50	1,5	0,75	6	€ 0,43
G	0,35	1,8	0,63	7	€ 0,28
H	0,40	1,2	0,48	8	€ 0,08

Abb. 4.10: Auswirkungen des Qualitätsfaktors auf den tatsächlichen Klickpreis

Wie errechnen sich die tatsächlichen Klickpreise, die von den Inserenten gezahlt werden müssen?

Inserent H hat den niedrigsten Anzeigenrang und zahlt für die niedrigste Position das von Google festgelegte Gebot, das für eine Anzeigenschaltung notwendig ist. Im Beispiel sind das 0,08 Euro.

Für die anderen Inserenten denken wir an den »AdWords Discounter« aus Abschnitt 1.3.3, *Der User klickt auf Ihre Anzeige*: Jeder Inserent zahlt nur so viel, dass er seine aktuelle Position gerade noch halten kann – also so viel, dass er den Anzeigenrang des unter ihm Positionierten erlangt, plus einen Cent.

Damit Inserent G vor H gelistet bleibt, muss er den Anzeigenrang von H auf Grundlage seines eigenen Qualitätsfaktors erreichen:

$$\text{Anzeigenrang}_H = QF_G * \text{tatsächl. } CPC_G$$
$$\text{Anzeigenrang}_H \,/\, QF_G = \text{tatsächl. } CPC_G$$
$$0{,}48 \,/\, 1{,}8 = 0{,}27 \text{ Euro.}$$

Um seine Position vor H zu behaupten, zahlt G also 0,27 Euro plus 0,01 Euro = 0,28 Euro. Die Ergebnisse aller Beteiligten sehen Sie in obiger Tabelle.

Sehr interessant ist auch die Analyse der obersten Positionen: Vier Inserenten zahlen einen höheren Preis als der an Position Zwei stehende Advertiser B – der Top-Platzierte – aber auch alle drei direkt unter B Positionierten. Inserent D auf Platz Vier werden gar 0,16 Euro pro Klick mehr verrechnet. Auch der Erstplatzierte A muss 0,14 Euro mehr als Advertiser B zahlen, um seine Spitzenposition halten zu können.

Sie sehen, dass der Qualitätsfaktor von entscheidender Bedeutung ist. Ein guter Qualitätsfaktor spart Ihnen viel Geld und bringt Sie auf bessere Positionen in der Anzeigenschaltung. Würde es nur nach dem Bietpreis gehen, käme Inserent B gerade mal auf Platz 5 – und nicht auf Platz 2.

Tatsächlich können Sie sich auf diese Weise auch gegen Konkurrenten durchsetzen, die ein größeres Budget zur Verfügung haben. Um 1.000 Klicks zu generieren, benötigt beispielsweise Inserent D 150 Euro mehr Budget als der vor ihm platzierte C. Oder andersrum: Mit einem Budget von 560 Euro generiert Inserent C 1.000 Klicks, Inserent D nur 788 Klicks. Inserent C kann also 222 Besucher mehr auf seiner Webseite begrüßen.

Wie sich ein gestiegener Qualitätsfaktor auswirkt

Sehen wir uns noch an, was passiert, wenn der Qualitätsfaktor steigt. Nehmen wir dafür den viel gescholtenen Advertiser D und unterstellen wir, dass sich bei seinen Mitstreitern nichts ändert.

Zunächst soll sein Qualitätsfaktor von 1,3 auf 1,5 steigen. Es ergibt sich folgendes Bild:

Inserent	Max. CPC	QF	Anzeigenrang	Position	Tatsächl. CPC
A	0,90	1,7	1,53	1	€ 0,72
D	0,80	1,5	1,20	2	€ 0,78
B	0,55	2,1	1,16	3	€ 0,55
C	0,60	1,9	1,14	4	€ 0,49
E	0,70	1,3	0,91	5	€ 0,59
F	0,50	1,5	0,75	6	€ 0,43
G	0,35	1,8	0,63	7	€ 0,28
H	0,40	1,2	0,48	8	€ 0,08

Abb. 4.11: Gestiegener Qualitätsfaktor

Inserent D rutscht hoch auf Position 2, da er nunmehr den zweithöchsten Anzeigenrang hat. Die Inserenten B und C, ehemals vor ihm platziert, fallen entsprechend um eine Position zurück.

Was Ihnen möglicherweise erstaunlich vorkommt, ist die Steigerung des Klickpreises von Inserent D. Denn anstelle von 0,71 Euro zahlt er nunmehr 0,78 Euro. Und das trotz besseren Qualitätsfaktors?

Bedenken Sie, dass der Anzeigenrang auf Grundlage des maximalen Klickpreises gebildet wird. Und das aus gutem Grund: Inserent D ist bereit, bis zu 0,80 Euro pro Klick zu zahlen. Und hierfür möchte er die bestmögliche Platzierung erhalten. War ihm aufgrund des ursprünglichen Qualitätsfaktors nur ein vierter Platz möglich, so brachte ihm die Steigerung des Qualitätsfaktors eine um zwei Plätze prominentere Positionierung – natürlich im Rahmen seines maximal bewilligten Klickpreises.

Hätte D das Ziel, seinen Klickpreis zu reduzieren und beispielsweise bei gleich bleibendem Budget mehr Besucher zu generieren, so könnte er versuchen, seinen ursprünglichen Anzeigenrang von 1,04 (und damit seine Position 4) beizubehalten. Aufgrund seines gestiegenen Qualitätsfaktors könnte er seinen Bietpreis von 0,80 Euro also um 0,11 Euro senken:

$\text{Anzeigenrang}_D = \text{max. } CPC_D * QF_D$

$\text{Anzeigenrang}_D / QF_D = \text{max. } CPC_D$

1,04 / 1,5 = 0,69 Euro.

Der tatsächliche Klickpreis würde im Vergleich zu den 0,71 Euro, die er in der Ursprungskonstellation zahlen musste, um 0,09 Euro sinken:

$(\text{Anzeigenrang}_E / QF_D) + 0{,}01€ = \text{tatsächl. } CPC_D$

(0,91 / 1,5) + 0,01 Euro = 0,62 Euro.

Sie erkennen, wie wichtig der Qualitätsfaktor zur Verbesserung der Anzeigenposition und/oder zur Senkung des Klickpreises ist – und die Auswirkungen der Qualitätsfaktoren von Kontrahenten. So kann plötzlich Ihr Klickpreis steigen, obwohl (oder vielleicht auch weil) Sie gar nichts getan haben. Oder betrachten Sie beispielsweise Inserent B in obiger Tabelle: Dieser zahlt noch immer den gleichen Klickpreis, ist jetzt aber eine Position schlechter gelistet.

Bei einer entsprechend hohen Verbesserung des Qualitätsfaktors kann es sogar zu einer höheren Position mit gleichzeitiger Senkung des Klickpreises kommen. Erhöht Inserent D seinen Qualitätsfaktor um insgesamt 0,4 auf 1,7 Punkte, so rückt er nicht nur auf Position 2 vor, sondern verringert dabei noch seinen tatsächlichen Klickpreis um 0,02 Euro.

Inserent	Max. CPC	QF	Anzeigenrang	Position	Tatsächl. CPC
A	0,90	1,7	1,53	1	€ 0,81
D	0,80	1,7	1,36	2	€ 0,69
B	0,55	2,1	1,16	3	€ 0,55
C	0,60	1,9	1,14	4	€ 0,49
E	0,70	1,3	0,91	5	€ 0,59
F	0,50	1,5	0,75	6	€ 0,43
G	0,35	1,8	0,63	7	€ 0,28
H	0,40	1,2	0,48	8	€ 0,08

Abb. 4.12: Nochmals gestiegener Qualitätsfaktor

4.3.3 Qualitätsfaktor für das »Gebot für die erste Seite« (First Page Bid)

Das »Gebot für die erste Seite« ist eine Schätzung für den maximalen Klickpreis (Bietpreis), den Sie mindestens bieten müssen, um Ihre Anzeige auf der ersten Suchergebnisseite platzieren zu können. Sie basiert auf dem Qualitätsfaktor sowie dem aktuellen Mitbewerb. Dabei wird zugrunde gelegt, dass die Suchanfrage genau mit dem Keyword übereinstimmt.

Die Komponenten für das »Gebot für die erste Seite«

Auf den Qualitätsfaktor für das »Gebot für die erste Seite« wirken die Relevanz des Keywords und der Anzeige, die Qualität des Kontos sowie die Qualität der Zielseite.

Was bedeutet das »Gebot für die erste Seite«?

Damit Ihre Anzeige bei einer Suchanfrage überhaupt gegen die Mitbewerber antreten darf, müssen Sie einen bestimmten Bietpreis angeben. Wenig überraschend ist dieser vom Qualitätsfaktor abhängig:

Google bestimmt die Relevanz für jedes einzelne Keyword und weist ihm einen Qualitätsfaktor zu. Relevante Keywords werden belohnt, indem ihnen ein höherer Qualitätsfaktor zugeordnet wird. Dadurch kann das Keyword bereits mit einem niedrigeren Bietpreis an der Anzeigenauktion teilnehmen und in Folge eine höhere Anzeigenposition erreichen – wir hatten uns dies eben angesehen. Weniger relevante Keywords erhalten mithin einen schlechteren Qualitätsfaktor, benötigen dadurch einen höheren Bietpreis.

Früher wurde das Kind beim Namen genannt: Für jedes Keyword gab es ein so genanntes »Mindestgebot«. War Ihr Bietpreis zu niedrig, so erhielt Ihr Keyword den Status »inaktiv« und konnte keine Anzeigenschaltung auslösen. Die Angabe eines Mindestgebotes im Konto war möglich, da der Qualitätsfaktor statisch war und nicht – wie jetzt – bei jeder Suchanfrage neu berechnet wurde.

Anstelle des Mindestgebotes erhalten Sie nun die Schätzung zum »Gebot für die erste Seite«. Was bedeutet das?

Natürlich müssen Sie noch immer einen Mindest-Bietpreis erfüllen, um überhaupt geschaltet werden zu können. Dieser Betrag wird für jede Suchanfrage neu berechnet und im Konto nicht mehr angezeigt.

Stattdessen erhalten Sie eine Schätzung, wie hoch Ihr Bietpreis sein muss, um auf der letzten Position in der rechten Spalte der ersten Suchergebnisseite zu erscheinen. Dies schafft einerseits die Bevormundung durch das Mindestgebot und den Status »inaktiv« ab – denn wir können anhand unserer Leistungsdaten sehr wohl erkennen, ob wir Maßnahmen bezüglich unserer Keywords ergreifen müssen. Es löst andererseits aber auch den Anreiz aus, es unbedingt auf die erste Seite schaffen zu wollen – was zu einer Verschärfung des Wettbewerbs und zu höheren tatsächlichen Klickpreisen führen kann.

Beachten Sie, dass das »Gebot für die erste Seite« nicht die Schaltung auf der ersten Seite garantiert. Je nach aktuellem Mitbewerb kann es durchaus sein, dass Ihr Bietpreis das geforderte Gebot erfüllt, Ihre Anzeige aber trotzdem auf der zweiten Seite ausgeliefert wird. Die tatsächliche Positionierung hängt von den Faktoren ab, die wir gleich kennen lernen werden.

Verwenden Sie und Ihr Konkurrent das gleiche Keyword, so können Ihnen beiden unterschiedliche »Gebote für die erste Seite« zugeordnet werden – je nachdem, wie hoch die Relevanz des Keywords für jeden von Ihnen eingestuft wird.

Auch Ihre eigenen »Gebote für die erste Seite« können jederzeit fallen oder steigen, wenn sich die zugewiesene Relevanz und damit der Qualitätsfaktor verändert hat. Dadurch kann es also vorkommen, dass Sie beim morgendlichen Blick in Ihr AdWords-Konto plötzlich eine entsprechende Meldung erhalten.

Was tun bei hohen Geboten?

Grundsätzlich kann Sie natürlich keiner zum Handeln zwingen. Genügen Ihnen hintere Positionen und dadurch weniger Impressions und Klicks, so bleiben Sie bei Ihrem eingegebenen Bietpreis.

Zumeist haben Sie jedoch ein großes Interesse daran, dass die Anzeigen für all Ihre sorgfältig ausgedachten und recherchierten Keywords auch dort zur Schaltung kommen, wo sie die User sehen – mithin auf der ersten Seite.

Was also tun, wenn für eines oder mehrere Ihrer Keywords die Meldung angezeigt wird, dass das »Gebot für die erste Seite« höher geschätzt wird als Ihr derzeitiger maximaler Klickpreis?

Die einfachste Lösung bleibt natürlich, den Bietpreis zu erhöhen. Inwieweit dies für Sie ein – zumindest kurzfristig – vernünftiger Weg ist, hängt von Ihrer jeweiligen Situation ab:

- Wenn Sie Ihre Anzeigen tatsächlich umgehend ans Laufen bringen und direkt danach mit Ihren Optimierungen starten wollen
- Wenn das »Gebot für die erste Seite« nur knapp über Ihrem maximalen CPC liegt
- Wenn sich das Keyword auch bei hohem »Gebot für die erste Seite« noch lohnt (ROI)
- Wenn Sie davon ausgehen, dass dies ein von Google völlig überzogenes »Gebot für die erste Seite« ist und der tatsächliche Klickpreis deutlich darunter liegen wird.

Langfristig ist es natürlich immer sinnvoller, an der zweiten Schraube zu drehen, die Ihnen zur Verfügung steht: am Qualitätsfaktor. Wenn Sie die Relevanz Ihres Keywords entsprechend steigern, so sinkt der Preis für Ihre gewünschte Position und erreicht womöglich das Niveau, das Sie zu zahlen bereit sind.

Hinweis

Sie können die Bietpreise Ihrer Keywords per Knopfdruck auf das »Gebot für die erste Seite« erhöhen. Wir besprechen dies in Abschnitt 6.4, *Keywords in Ihrem AdWords-Konto*, wenn wir mehr zu Keywordlisten und (individuellen) Bietpreisen wissen.

Wo wird das »Gebot für die erste Seite« angezeigt?

In Ihrem Konto erhalten Sie Mitteilungen zum »Gebot für die erste Seite« in der Spalte STATUS direkt neben Ihren Keywords angezeigt. Es gibt drei Möglichkeiten:

Keyword	Status	Max. CPC
Gesamt - alle Keywords		
conversion	Unter dem Gebot für die erste Seite Selten geschaltet, da Qualitätsfaktor zu niedrig	0,80 €
conversions	Unter dem Gebot für die erste Seite Geschätztes Gebot für die erste Seite:0,80 €	0,30 €
"conversion rate"	Aktiv	0,80 €

Abb. 4.13: Meldungen zum »Gebot für die erste Seite«

- Das »Gebot für die erste Seite« liegt höher als Ihr aktueller Bietpreis und der Qualitätsfaktor ist niedrig. Sie erhalten nur die Meldung »Selten geschaltet, da Qualitätsfaktor zu niedrig«. Die Nicht-Nennung des erforderlichen Gebots soll laut Google dazu führen, dass Sie nicht einfach den Bietpreis erhöhen, sondern an der Qualität des Keywords arbeiten.
- Das »Gebot für die erste Seite« liegt höher als Ihr aktueller Bietpreis und der Qualitätsfaktor ist hoch. Sie erhalten die Schätzung als Betrag genannt.
- Ihr aktueller Bietpreis erfüllt das »Gebot für die erste Seite«. Ihnen wird lediglich der Status »aktiv« angezeigt.

Zu allen Keywords erhalten Sie das »Gebot für die erste Seite«, wenn Sie auf Anzeigengruppenebene den Reiter KEYWORDS aufschlagen, das Drop-Down WEITERE AKTIONEN öffnen und den Link TABELLE BEARBEITEN klicken.

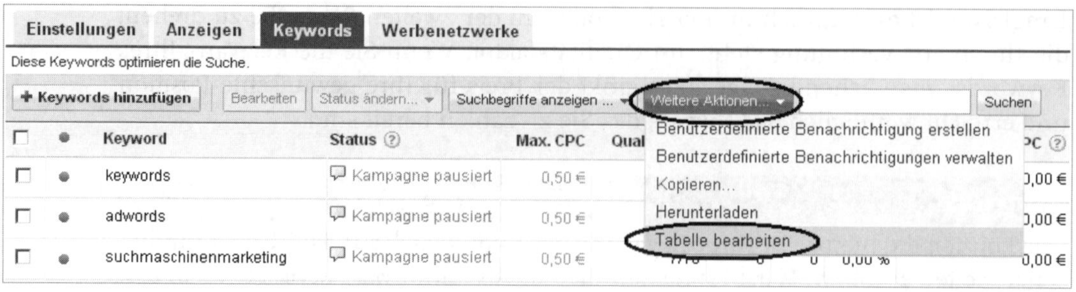

Abb. 4.14: Spreadsheet einblenden

Anstelle der bekannten Tabelle werden Ihre Keywords samt Leistungsdaten in einem Spreadsheet angezeigt, auf das wir in Abschnitt 6.4.5, *Weitere Aktionen*, noch genauer eingehen.

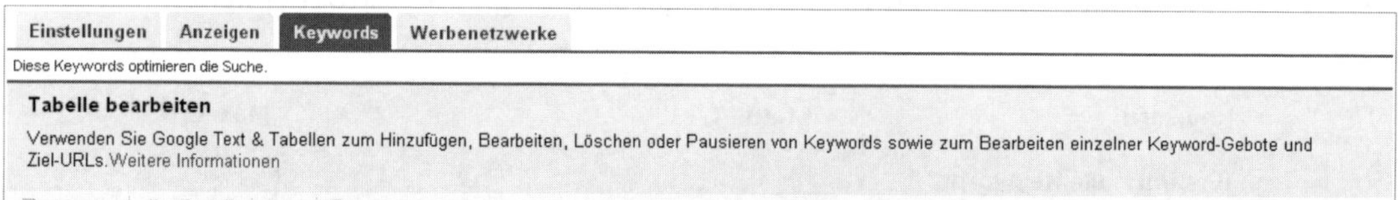

	A	B	C	D	E	F	G	H
1	Keyword	Status	Max. CPC	Ziel-URL	CPC-Gebot für erste Seite	Qualitätsfaktor	Klicks	Impressionen
2	keywords	aktiviert	0,50 €		0,04 €	7	0	
3	adwords	aktiviert	0,50 €		0,04 €	7	0	
4	suchmaschinenmarl	aktiviert	0,50 €		0,04 €	7	0	
5	adwords optimierung	aktiviert	0,50 €		0,04 €	7	0	
6	adwords optimieren	aktiviert	0,50 €		0,01 €	10	0	
7	adwords buch	aktiviert	0,50 €		0,04 €	7	0	
8	adwords profi	aktiviert	0,50 €		0,04 €	7	0	
9	adwords verbessern	aktiviert	0,50 €		0,04 €	7	0	

Abb. 4.15: Anzeige aller »Gebote für die erste Seite«

Hier sehen wir den First Page Bid nun auch für diejenigen Keywords, deren maximaler Klickpreis höher liegt. Die Anzeige des Qualitätsfaktors erhalten Sie nur, wenn Sie die entsprechende Spalte vorher aktiviert haben (Abschnitt 4.3, *Der Qualitätsfaktor*).

Hinweis

Auch im Placement-/Keyword-Bericht (Kapitel 10, *Berichte: Alles auf einen Blick*) sowie im AdWords Editor (Anhang B) bekommen Sie die »Gebote für die erste Seite« für all Ihre Keywords angezeigt.

Aus der Praxis

Eine Autovermietung wirbt in Deutschland und Österreich für die Niederlassung in Salzburg. Sehen wir uns aus dieser Kampagne ein Keyword an, dessen Bietpreis unter dem »Gebot für die erste Seite« liegt.

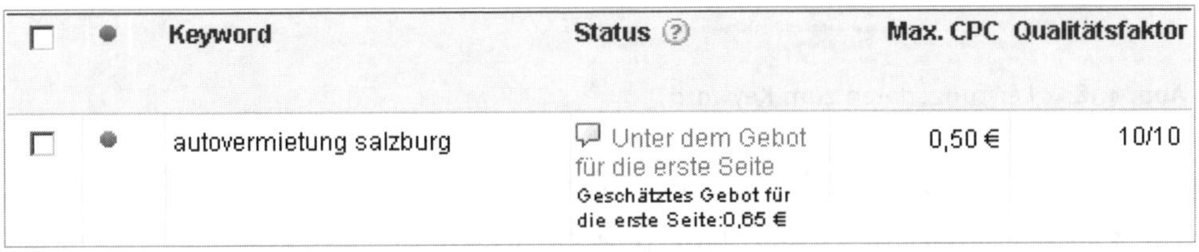

Abb. 4.16: Geschätztes Gebot höher als tatsächliches Gebot

Wir erkennen im Screenshot in Abbildung 4.16 ein Keyword mit höchstem Qualitätsfaktor und eingestelltem Bietpreis von 0,50 Euro. Das geschätzte Gebot liegt höher und wird daher direkt im Konto angegeben – hier 0,65 Euro.

Wir öffnen die Sprechblase in der STATUS-Spalte und erfahren von Google, dass die Anzeige nicht auf der ersten Seite geschaltet wird.

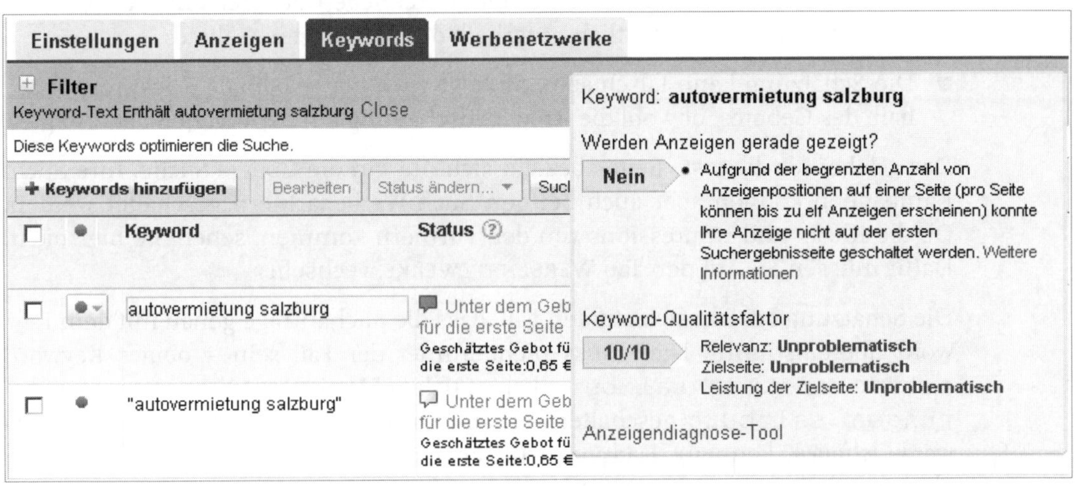

Abb. 4.17: Angaben zu Anzeigenschaltung und Qualitätsfaktor

Lesen wir die weiteren Leistungsdaten, so erkennen wir, dass das Keyword trotzdem für Anzeigenauslieferungen und sogar für Klicks sorgte:

- an einer Durchschnittsposition von 4,1 (also auf der ersten Seite)
- mit einem durchschnittlichen Klickpreis von 0,44 Euro (also unterhalb des angegebenen Gebots)

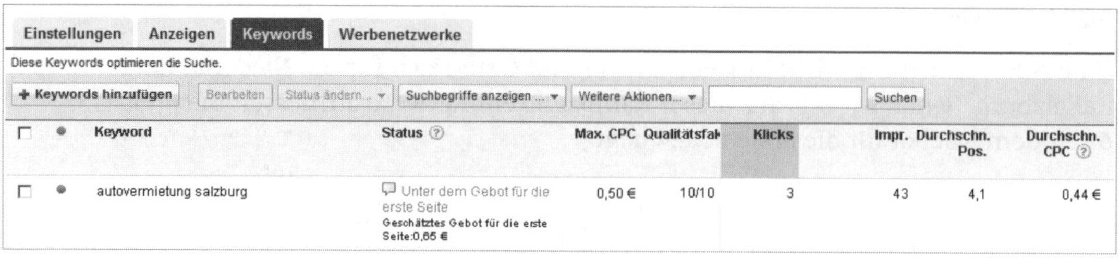

Abb. 4.18: Leistungsdaten zum Keyword

Alles Quatsch, was Sie bisher gelesen haben? Natürlich nicht:

Die Kampagne ist auf Deutschland und Österreich ausgerichtet. Die Schätzung beruht immer auf dem Land mit dem größeren Suchvolumen, hier also Deutschland. Weist die Kampagne nun aber in Österreich bessere Werte auf, so erhält sie bei Suchanfragen aus Österreich einen höheren Qualitätsfaktor – und damit ein niedrigeres Gebot, das die Anzeigenschaltung erlaubt. So detailliert gibt Ihnen die im Konto ersichtliche Qualitätsfaktor-Skala natürlich keine Auskunft.

Sehen Sie das »Gebot für die erste Seite« als das, was es ist: eine Schätzung bezogen auf den Bietpreis. Dies heißt:

- Der maximale Klickpreis ist nicht der tatsächliche Klickpreis. Im Beispiel liegt dieser mit 0,44 Euro deutlich unterhalb des geforderten Gebotes.
- Die Schätzung kann falsch sein. So liegt auch der maximale Klickpreis unterhalb des Gebotes, obwohl die Anzeigenschaltung auf der ersten Seite erfolgte.

Das »Gebot für die erste Seite« bezieht sich nur auf die Google-Suche. Ihre Such-Kampagnen können aber auch bei den Such-Werbepartnern geschaltet werden. Ob die Klicks und Impressions von den Partnern kommen, sehen Sie hier nicht. Dafür müssen Sie auf den Tab WERBENETZWERKE wechseln.

Die Schätzung bezieht sich auf den Fall, dass die Suchanfrage genau mit dem Keyword übereinstimmt. Dies muss nicht immer der Fall sein – obiges Keyword `autovermietung salzburg` kann auch bei Varianten wie `autovermietungen salzburg` geschaltet werden (wir lernen dies in Abschnitt 6.2, *Keyword-Optionen*, kennen). Dadurch trifft aber die Schätzung nicht mehr zu – in obigem Fall zu unseren Gunsten.

Hinweis

Lesen Sie das »Gebot für die erste Seite« als Anhaltspunkt für Ihre Gebote sowie als Hinweis zur Relevanz Ihres Keywords und zum aktuellen Mitbewerb. Tatsächliche Beurteilungen und Entscheidungen treffen Sie aufgrund von Leistungsdaten und Statistiken zu Impressions, Klicks und Conversions – nicht aufgrund von Schätzungen.

4.4 Qualitätsfaktoren und Optimierungen

Mit den Komponenten, die die Qualitätsfaktoren beeinflussen, gibt Google Hinweise, welche Elemente wir optimieren müssen, um unsere AdWords-Kampagnen erfolgreicher zu machen: die Keywords, die Anzeigen und die Landingpage.

Damit dies aber überhaupt möglich ist, müssen wir weiter vorn ansetzen: und zwar bei der Struktur unseres Kontos.

Eine fehlende Struktur führt zu unübersichtlichen Keyword-Listen, wodurch nur allgemein gehaltene Anzeigen möglich sind. Dies nimmt nicht nur direkten Einfluss auf den Qualitätsfaktor, sondern bringt uns auch vermehrt User, die wir mit unserem Angebot auf der Webseite nicht erreichen können, da sie eigentlich etwas anderes gesucht haben. Eine Verschlechterung der Klickrate führt zudem zu einer Verschlechterung unseres Qualitätsfaktors, was sich ganz konkret in schlechterer Positionierung und höherem Klickpreis niederschlagen kann.

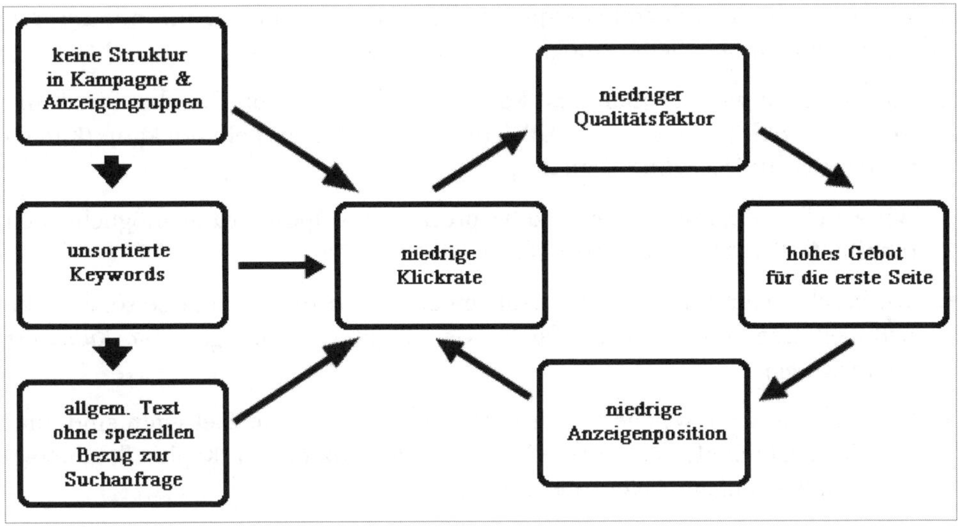

Abb. 4.19: Folgen fehlender Kontostruktur

Was sind hingegen die Vorteile einer guten Struktur? Sie erlaubt uns das Führen sortierter Keyword-Listen, wodurch wir Anzeigen erstellen können, die genau zu den Suchbegriffen passen. Dadurch generieren wir zum einen qualitativ hochwertige Klicks, die uns Besucher auf die Webseite führen, die dann tatsächlich auch Conversions tätigen. Zum anderen erhöht sich unsere Klickrate, was zu einem höheren Qualitätsfaktor führt. Dieser wirkt sich dann positiv auf das Gebot für die erste Seite, die Anzeigenposition und den Klickpreis aus.

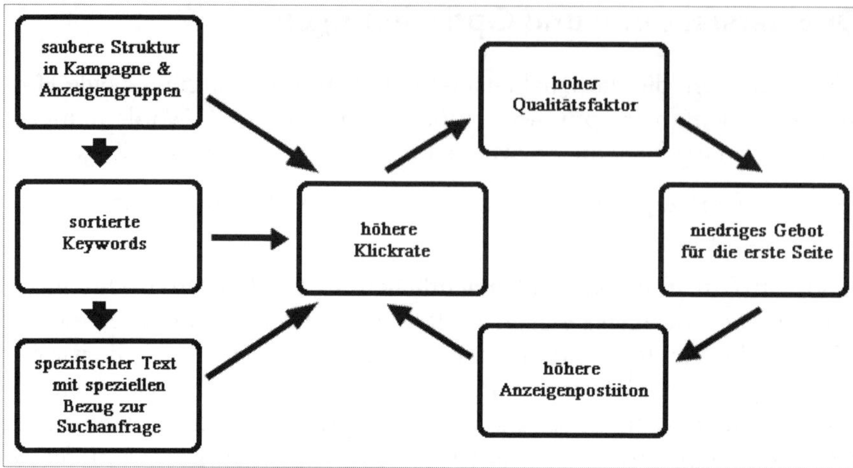

Abb. 4.20: Folgen einer guten Kontostruktur

Daher werden in den folgenden Kapiteln alle Punkte untersucht, um mit unseren AdWords-Kampagnen die bestmöglichen Resultate zu erzielen:

- Zuerst lernen wir, wie man eine Kampagne Erfolg versprechend aufsetzt und welche Einstellungen man im AdWords-Konto dafür vornehmen kann (Kapitel 5, *Kampagnen: Die richtige Struktur*).
- Wir erstellen Keyword-Listen und besprechen die Optimierungsmöglichkeiten (Kapitel 6, *Keywords: Sich gezielt finden lassen*).
- Wir beschäftigen uns mit den Textanzeigen und formulieren diese so, dass die richtigen User möglichst häufig klicken (Kapitel 7, *Anzeigen: Die Kunst der Überzeugung*).
- Wir sehen uns an, welche Seiten Ihres Webauftritts gute Zielseiten sind, und wie Sie gegebenenfalls eine gute Landingpage konzipieren (Kapitel 8, *Landingpages: Halten und zur Conversion führen*).
- Wir werten unsere Kampagnen aus und nutzen AdWords-eigene und -fremde Tools, um noch bessere Ergebnisse zu erzielen (Kapitel 9, *Kampagnen-Statistik: Leistungsdaten & Optimierungen* und Kapitel 10, *Berichte: Alles auf einen Blick*).
- Wir sehen uns an, ob die gewonnenen Besucher tatsächlich auch zu Kunden werden und wie wir die Umwandlungsrate von Besuchern in Kunden steigern können (Kapitel 11, *Conversion-Tracking: Das Ziel im Visier*).
- Und wir gehen sogar noch einen Schritt weiter und besprechen, wie uns Webanalyse-Tools bei weitergehenden Auswertungen so unterstützen können, dass Sie gar nicht mehr darauf verzichten wollen (Kapitel 12, *Google Analytics: Von AdWords zur Webanalyse*).

Teil II

Struktur und Inhalt erfolgreicher Kampagnen

In diesem Teil:

Kapitel 5

Kampagnen: Die richtige Struktur

5.1 Struktur Ihrer Kampagne

Wie wir festgestellt haben, ist ein durchdachter Aufbau Ihrer AdWords-Accounts von enormer Wichtigkeit. Sie vermeiden nicht nur Misserfolge. Sie legen auch den Grundstein, um Ihre Kampagnen in Zukunft vernünftig managen und Ihre Erfolge weiter steigern zu können. Wir wollen uns deshalb als Erstes ansehen, wie eine optimale Gliederung Ihrer Kampagnen aussieht.

5.1.1 Kampagne oder Anzeigengruppe

Ist die Kontoebene als »administrativer Überbau« leicht nachzuvollziehen, so mag die Aufteilung der »operativen Ebene« in Kampagnen und Anzeigengruppen auf den ersten Blick ein wenig verwirrend sein. Sie macht jedoch durchaus Sinn und bietet Ihnen zahlreiche Vorteile.

Struktur der Anzeigengruppen

In einer perfekten AdWords-Kampagne könnte jede Suchanfrage mit einer individuell passenden Anzeige bedient werden. Sie führen beispielsweise einen Internetshop, der CDs verkauft. Sucht ein User nun nach Elvis Presley, so würde er folgende Anzeige erhalten:

Abb. 5.1: Produktspezifische Anzeige (1)

Würde der User hingegen nach Dean Martin Ausschau halten, so könnte der Text lauten:

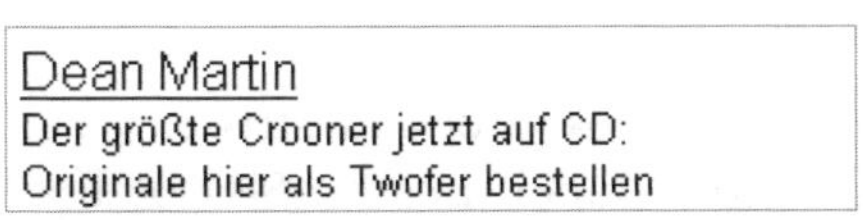

Abb. 5.2: Produktspezifische Anzeige (2)

In so einer perfekten AdWords-Kampagne müssten Sie für alle Keywords, in diesem Fall für alle Künstler und Bands, eine eigene Anzeige schreiben. Ebenso müssten Sie für jedes Keyword Einstellungen wie beispielsweise den Klickpreis einzeln vornehmen. Dies wäre aufgrund der Fülle an Veröffentlichungen ein fast nicht zu schaffender Aufwand.

Die Anzeigengruppe erspart Ihnen da viel Zeit: Sie legen sowohl Anzeigen als auch Einstellungen für alle in dieser Gruppe befindlichen Keywords einmalig fest. Wären also alle Oldie-Sänger in einer eigenen Anzeigengruppe, so könnte der Text zu obigen Suchanfragen wie folgt lauten:

Abb. 5.3: Anzeigengruppen-spezifische Anzeige (1)

Sie erkennen jedoch auch den Nachteil dieser Zeitersparnis: Die Anzeige wäre bei Suchanfragen nach obigen Alben weit weniger spezifisch. Er kann auch gar nicht spezieller sein, da er als Suchergebnis sowohl zur ersten als auch zur zweiten Suchanfrage passen muss.

Je mehr verschiedene Themen Sie in einer Anzeigengruppe unterbringen, desto genereller wird Ihre Anzeige. Enthielte diese Anzeigengruppe gar alle Interpreten bis zum heutigen Datum, so müssten Sie einen noch viel allgemeineren Text hinterlegen:

Abb. 5.4: Anzeigengruppen-spezifische Anzeige (2)

Für den User, der nach Elvis Presley suchte, ist dieser Text weit weniger attraktiv als die erste Anzeige. Auf seine spezielle Suchanfrage wird ihm eine allgemein formulierte Anzeige ausgeliefert. Seine Schlüsselwörter erscheinen nirgendwo im Text, vielmehr entsteht der Eindruck, dass die Webseite hinter der Anzeige seinen Wunsch nicht adäquat oder nur vage befriedigen kann. Die Folge: Der User klickt eine Konkurrenzanzeige, von der er sich eine bessere Lösung verspricht, weil sie eine genauere Antwort auf seine Suche bietet.

Für Sie als Advertiser gilt also herauszufinden, wie Sie Ihre Produkte strukturieren und in Anzeigengruppen zusammenfassen können. Dabei müssen Sie so allgemein bleiben, dass Sie einen vertretbaren Zeit- und Kostenaufwand bei der Betreuung Ihrer Keywords haben. Sie müssen aber insbesondere so genau werden, dass Sie in der Lage sind, individuelle und damit erfolgreiche Anzeigen auszuliefern.

Kampagnenstruktur

Die Kampagne wiederum fasst die ihr zugeordneten Anzeigengruppen zusammen. Einstellungen, die Sie auf Kampagnenebene vornehmen, ersparen Ihnen den Aufwand, diese für jede Anzeigengruppe einzeln eingeben zu müssen:

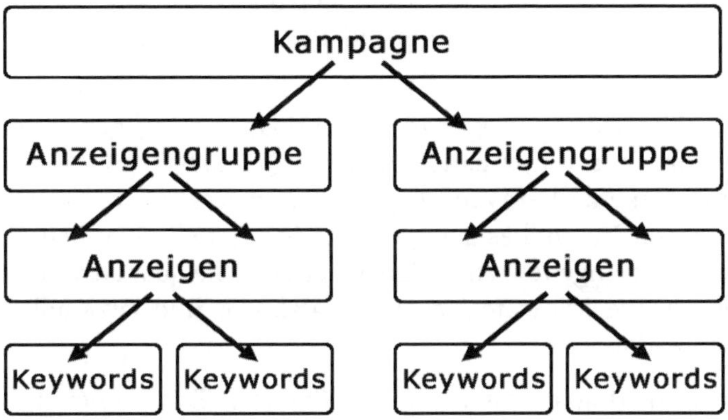

Abb. 5.5: Kampagne oder Anzeigengruppe?

Sie können diese zweistufige Struktur sehr sinnvoll nutzen. Definieren Sie das Oberthema, das Sie bewerben möchten, als Kampagne. Gliedert sich dieses Oberthema in weitere Unterthemen, so legen Sie diese als Anzeigengruppe an.

Vorteile einer Struktur

Als Vorteile einer sauberen Struktur Ihres AdWords-Kontos können wir festhalten:

- Ihre Themen sind übersichtlich gegliedert, so dass sich die Verwaltung des AdWords-Kontos leichter gestaltet.
- Mit spezifischen Anzeigen können die Suchanfragen der User individuell beantwortet werden.
- Sie erhalten separate Daten zu den einzelnen Themen und können diese getrennt auswerten und optimieren.
- Bei Trennung auf Kampagnenebene können Sie für jedes Thema ein einzelnes Budget verwalten.
- Zumeist schlägt sich eine gute Struktur in einer höheren Klickrate sowie einem höheren ROI nieder.

Auf Kampagnenebene gibt es für Sie kein wirkliches Falsch oder Richtig. Sie können jederzeit alle Themen bewerben – unbefristete Kampagnen, befristete Aktionen, Ihr gesamtes Angebot oder spezielle Sortimentsschwerpunkte. In Ihrem eigenen Interesse sollten Sie allerdings eine übersichtliche Struktur beibehalten, so dass Sie es sich beim Verwalten des Kontos sowie bei Auswertungen leichter tun.

Auf der Ebene der Anzeigengruppen hingegen sind Folgen einer falschen Struktur fatal. Belegen Sie Keywords mit zu allgemeinen oder gar falschen Texten, so klicken User nicht auf Ihre Anzeige. Oder es klicken diejenigen User, die Sie aufgrund der Zielsetzung Ihrer Website oder aufgrund Ihres Angebotes gar nicht wollen.

Eine gute Struktur auf der Ebene der Anzeigengruppen bringt Sie hingegen in den Prozess, den wir bereits im Zusammenhang mit dem Qualitätsfaktor kennen gelernt haben: Sie beschreiben ein Thema mit Keywords und versehen dieses mit passenden Anzeigen. Je besser Ihnen dies gelingt, desto individueller können Sie auf die Suchanfragen der User eingehen. Als Folge generieren Sie qualitativ hochwertigere Klicks, verbessern die Klickrate, den Qualitätsfaktor und letztendlich Klickpreis und Anzeigenposition.

Sehen wir uns deshalb nun Möglichkeiten an, wie Sie Ihre Kampagnen und Anzeigengruppen sinnvoll strukturieren können.

5.1.2 Mögliche Strukturen Ihrer Kampagnen

Mit einer möglichen Struktur arbeiten Sie jeden Tag: der Ihres Webauftritts. Hier haben Sie Ihr Angebot bereits übersichtlich aufbereitet, in Ober- und Unterkategorien gegliedert und in der Haupt- und Subnavigation abgebildet. Übernehmen Sie diesen Aufbau für Ihre Kampagnen und Anzeigengruppen. Bereiche wie Impressum, Team oder News, die Sie nicht bewerben wollen, lassen Sie natürlich weg.

Website als Struktur

Sie betreiben beispielsweise einen Internetshop für Bekleidung. Ihr Sortiment gliedert sich wie folgt:

Abb. 5.6: Struktur Ihrer Website

Um Ihren Kunden das Navigieren auf Ihrer Site so angenehm und einfach wie möglich zu machen, haben Sie Ihre Produktgruppen im Beispiel als Kategorien dargestellt, die Produktlinien passend als Subkategorien. In obigem Beispiel haben Sie erst eine Unterteilung nach Herren- und Damenbekleidung vorgenommen, das Herren-Sortiment dann in Hemden, Anzüge und Sakkos unterteilt.

Machen Sie es sich in Ihrem AdWords-Konto genauso einfach: Unterteilen Sie Herren und Damen auf Kampagnenebene, Hemden, Anzüge und Sakkos dann auf Anzeigengruppenebene.

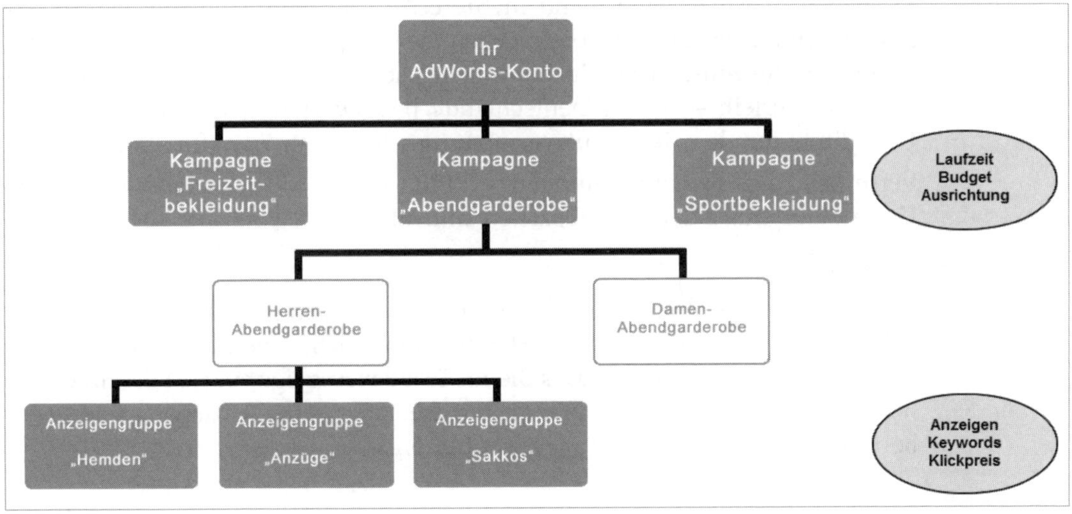

Abb. 5.7: Struktur Ihres AdWords-Kontos

Sie haben so nicht nur einen schnelleren Überblick bei der Kampagnenverwaltung. Sie können auch Auswertungen leichter erstellen, sofort feststellen, welche Sortimentsbereiche gut oder schlecht performen, und den User mit punktgenauen Zielseiten in Ihrem Shop verwöhnen. Zudem platzieren Sie mit dieser Einteilung problemlos Sortimentserweiterungen auch im AdWords-Konto an der richtigen Stelle.

Übliche Strukturen

Wie wir beim Aufbau eines AdWords-Kontos besprochen haben (Abschnitt 3.1, *Aufbau eines AdWords-Kontos*), lassen sich manche Einstellungen nur auf Kampagnenebene vornehmen. Beim Anlegen Ihrer ersten Kampagne haben Sie bereits einige davon kurz kennen gelernt – das Tagesbudget, die Werbenetzwerke oder auch die sprachliche und geografische Ausrichtung. Wollen Sie Ihre Werbung also nach diesen Kriterien selektieren, bleibt Ihnen nichts anderes übrig, als eine neue Kampagne anzulegen.

Doch auch wenn dies nicht der Fall ist, haben sich einige Einteilungen bewährt. Hier die wichtigsten:

- Produktkategorien

  Diese Einteilung ist für jeden E-Commerce-Shop äußerst vorteilhaft. Legen Sie hierbei beispielsweise Produktgruppen als Kampagnen, Produktlinien als Anzeigengruppen an. So können Sie bereits bestehende Strukturen einfach in Ihr AdWords-Konto übernehmen.

- Standorte

  Sie haben in ganz Deutschland mehrere Autovermietungen und wollen das gesamte Bundesgebiet bewerben. Legen Sie für jeden Standort eine Anzeigengruppe an. So müssen Sie Suchanfragen nach »auto mieten frankfurt« nicht mit »Autoverleih – 10x in Deutschland« beantworten, sondern können den User direkt mit dem Text »Autovermietung – Mitten in Frankfurt« ansprechen.

  Vermitteln Sie Ferienwohnungen in Europa, so wäre beispielsweise eine Unterteilung nach den Urlaubszielen sinnvoll.

- Marken

  In manchen Bereichen wird sehr gerne nach Marken gesucht – zum Beispiel bei Elektrogeräten, Computern, Handys, Gebrauchtwagen, Ersatzteilen. Fangen Sie Suchende damit ab, dass Sie im Text der Anzeige speziell darauf eingehen. Stellen Sie gleichzeitig aber auch sicher, dass keine Anzeigenschaltungen bei Marken erfolgen, die Sie gar nicht führen.

- Kaufzyklus

  Nicht alle Kunden, die Sie über AdWords gewinnen, wollen bereits etwas kaufen. Manche suchen noch nach Informationen, andere stellen erst mal Preisvergleiche an. Ihre Aufgabe ist es, dem User die Antworten zu geben, die er im Moment seiner Suchanfrage hören will. Es macht keinen Sinn, einen kaufunwilligen User drängen zu wollen. Ebenso wenig Sinn macht es, einem kaufbereiten User den Abschluss unnötig schwer zu machen.

  Der User durchläuft bis zum endgültigen Kauf mehrere Kaufphasen, innerhalb derer ihm andere Botschaften wichtig sind. Wie Sie diese anhand der Suchanfragen erkennen, erfahren Sie in Abschnitt 6.1.3, *Suchanfragen im Kaufzyklus*.

Die fehlende dritte Ebene

Was machen Sie, wenn Sie eine Sub-Sub-Kategorie haben? Im Beispiel lautet eine Ihrer Kampagnen »Herrenbekleidung«, eine Anzeigengruppe »Hemden«. Nun haben Sie allerdings kurz- und langärmlige Hemden im Sortiment, die Sie mit jeweils eigenen Anzeigen bedienen wollen. Eine noch tiefere Ebene als die Anzeigengruppe gibt es jedoch nicht.

Legen Sie für solch einen Fall drei Anzeigengruppen an. Die Anzeigengruppe »Hemden« bedient alle Suchanfragen, aus denen die Armlänge nicht eindeutig hervorgeht – einfach »hemden« zum Beispiel. Kurzärmlige Hemden erhalten eine eigene Anzeigengruppe mit Keywords, mit denen nur Suchanfragen gematcht werden, die explizit Kurzarm beinhalten: »hemden kurzarm« und Varianten. Langarm-Hemden erhalten ebenfalls eine solche Anzeigengruppe.

Sie sehen – Sie könnten dieses Spiel unendlich treiben. Und bis zu einem gewissen Grad sollten Sie es auch.

Praktisches Vorgehen: Einfach beginnen, laufend verfeinern

Bevor Sie vor Ihrem geistigen Auge und in Ihrem Konto nun Feinst-Gliederungen erblühen lassen – fangen Sie gemäßigt an. Nehmen Sie sich eine realistische Aufteilung wie eine der oben beschriebenen vor. Sie können nicht nur nachträglich jederzeit neue Anzeigengruppen anlegen und befüllen – Sie sollten auch keine Zeit in Bereiche stecken, die sich nachher nicht lohnen.

Vielleicht sagen Ihnen die ersten Ergebnisse nämlich, dass User gar nicht nach kurz- oder langärmlig suchen. Möglicherweise ist Ihr meistgesuchter Begriff »hemden bügelfrei«. Dann lohnt es sich viel mehr, diesen Begriff durch eine separate Anzeigengruppe mit speziellen Anzeigen zu unterstützen.

Sie sehen, dass die Struktur Ihres Kontos ein dynamischer Prozess ist. Hier gilt es, nicht nur Veränderungen Ihres eigenen Angebots zu berücksichtigen, sondern insbesondere auch Änderungen und Besonderheiten im Suchverhalten Ihrer Kunden.

Keinen Plan, aber eine Strategie

Sollten Sie beim ersten Anlegen einer Kampagne partout keine Ahnung haben, wie eine Unterteilung Ihres Angebots aussehen könnte, so beginnen Sie eben mit allen Keywords in nur einer Anzeigengruppe. Beobachten Sie die ersten Ergebnisse dann sehr genau – zumeist zeigt sich anhand der Impressions und Klicks sehr schnell, welches Ihre leistungsstärksten Keywords sind. Separieren Sie diese in eigene Anzeigengruppen, bilden Sie Variationen und schreiben Sie passende Anzeigen.

Vorsicht

Diese Vorgehensweise verlangt unbedingt ständige Überwachung und rasche Reaktion. Doch auch so erhalten Sie zügig eine Struktur, die Ihr anfänglich »unteilbares« Werbethema schnell in seine Einzelteile zerlegt.

5.2 Eine eindeutige Botschaft

Zahlreiche AdWords-Kampagnen haben das Problem, dass es im Ablauf zu unnötigen Brüchen kommt: Die Botschaft auf der Landingpage stimmt nicht mit der in der Anzeige überein. Die Anzeige zielt nicht auf die Suchanfrage des Users. Das Angebot passt weder zum Wunsch des Users noch zum Text der Anzeige.

Ausgangspunkt Ihrer Aktivitäten ist immer Ihr Angebot, das Sie bewerben wollen. Daraus leiten sich Ihre Werbebotschaften ab. Diese führen wieder zu Ihrem Angebot, das Sie entsprechend aufbereiten müssen.

Auch AdWords funktioniert nur, wenn Sie diese Durchgängigkeit berücksichtigen und beibehalten. Sie präsentieren dem User so einen möglichst einfachen und leichten Weg, Lösungen und Antworten auf seine Suchanfrage zu erhalten. Jede Irritation und Komplikation birgt die Gefahr, dass er abspringt und einen Ihrer Konkurrenten aufsucht.

Vermitteln Sie eine Botschaft!

Werden Sie von einem User gesucht, der Pizza möchte, so bieten Sie ihm diese an – versuchen Sie nicht, auch noch Ihr reichhaltiges Angebot an Nudeln anzupreisen. Der User weiß bereits, was er will. Geht ein anderer Anbieter spezieller auf seine Wünsche ein, so klickt er dessen Anzeige – trotz Ihrer Spaghetti. Bringen Sie Ihre Up- und Cross-Selling-Aktivitäten an anderer Stelle unter!

Sucht ein User nach einem Auto, das ihm höchste Sicherheit bietet, so bringen Sie nicht noch den niedrigen Verbrauch oder den großen Kofferraum im Text der Anzeige unter. Vermitteln Sie die Botschaft, die der User erfragt, klar und eindeutig. Diese ist sein derzeit wichtigstes Entscheidungskriterium.

Verfolgen Sie ein Ziel!

User, die ein bestimmtes Produkt kaufen wollen, suchen nicht nur anders als User, die sich Informationen beschaffen wollen. Sie wollen auch anders angesprochen und auf eine andere Seite Ihres Webauftritts geführt werden. Machen Sie sich deshalb von vornherein klar, welche Aktion Sie sich von den Usern wünschen, die Sie durch Ihre Anzeige gewinnen.

Sie können mit mehreren Anzeigengruppen oder Kampagnen mehrere Ziele verfolgen. Doch ordnen Sie den Keyword-Gruppen vorher eindeutige Ziele zu.

Versuchen Sie als Zeitungsherausgeber nicht, einer Suchanfrage sowohl das Unterzeichnen eines Gratis-Abos als auch die Anmeldung zu einem Newsletter zuzuordnen. Die Gefahr, dass Sie den User damit »überfordern«, ist höher als die Aussicht auf zwei Abschlüsse. Haben Sie erst eine Conversion unter Dach und Fach gebracht, so können Sie ihm noch immer die Möglichkeit geben, auch weitere Aktionen auszuführen.

Machen Sie nur Versprechen, die Sie einlösen können

Werben Sie in der Anzeige mit »sofort lieferbar«, so erwartet ein User dies auch. Locken Sie einen User mit Spaghetti auf Ihre Seite, so müssen Sie diese auch auf der Karte haben. Die Botschaft »doch nicht« führt auf Landingpages zur immer gleichen Reaktion: Der User schaut sich gar nicht erst weiter um, sondern ist sofort wieder weg.

Filtern Sie alle User aus, die nicht Ihre Zielgruppe sind

Ausschlusskriterien müssen mit der Auswahl Ihrer Keywords oder mit dem Texten Ihrer Anzeige definiert sein. Formulieren Sie diese nicht erst auf der Zielseite oder gar später, sondern noch vor dem Klick. Denn bereits dieser verursacht Kosten.

Betreiben Sie ein Wellness-Hotel in Kärnten und werben Sie im gesamten deutschsprachigen Raum, so muss die Botschaft »Kärnten« entweder bereits beim Keyword, spätestens aber in der Anzeige fallen. Wer nach Tirol will, kommt nicht zu Ihnen. Und soll deshalb erst gar nicht klicken.

Bringen Sie Ihre Zielseite in Einklang mit Ihrer Botschaft

Wählen Sie die Seite Ihres Webauftritts als Zielseite aus, die so gut wie möglich zur Suchanfrage des Users passt, oder erstellen Sie eine geeignete.

Zum einen prüft der Google-Robot Ihre Zielseite auf Durchgängigkeit Ihrer Kampagne und straft diese bei Nichterfüllung mit einem schlechten Qualitätsfaktor ab. Zum anderen verprellen Sie Ihre User, wenn diese nach Wellness-Angeboten suchen und auf Golf-Angeboten landen. Oder wenn sich diese von Ihrer Startseite aus erst die Wellness-Angebote zusammensuchen müssen. Achten Sie deshalb darauf, dass Sie die Fragen der Suchenden möglichst umfassend und möglichst eindeutig auf der Zielseite beantworten.

5.3 Einstellungen auf den Ebenen

Die Strukturierung in Kampagnen und Anzeigengruppen hat einen großen Vorteil: den der Zeitersparnis. Wie wir bereits festgestellt haben, ersparen uns die Ebenen-Einstellungen, dass wir beispielsweise für jedes einzelne Keyword eine oder mehrere Anzeigen verfassen oder für jede Anzeigengruppe die Zielausrichtungen Sprache und Region einstellen müssen.

Durch diese Einstellungen ergeben sich jedoch auch Beschränkungen. Denn haben wir sie erst einmal getroffen, so gelten sie für alle darunter liegenden Elemente: die Kampagneneinstellungen für alle Anzeigengruppen dieser Kampagnen, die Einstellungen auf Anzeigengruppenebene für alle darin befindlichen Keywords.

Lassen Sie uns daher jetzt ansehen, wie die Ebenen-Einstellungen die Struktur Ihrer Kampagnen und Anzeigengruppen beeinflussen.

5.3.1 Anzeigengruppenebene

In einer Anzeigengruppe legen Sie Keywords und Anzeigen fest. Sobald eines der Keywords auf Google gesucht wird, wird eine dieser Anzeigen ausgeliefert. Dabei können alle Keywords die Schaltung einer jeden Anzeige in dieser Anzeigengruppe auslösen.

Möchten Sie also, dass für eines der Keywords nur eine bestimmte Anzeige ausgeliefert wird, so können Sie dies nicht mehr innerhalb der Anzeigengruppe vorgeben. Sie müssen eine Stufe höher gehen: 99 Keywords sollen mit Text A ausgeliefert werden, ein Keyword mit Text B. Es bleibt Ihnen nichts anderes übrig, als zwei Anzeigengruppen anzulegen: Eine Anzeigengruppe mit den 99 Keywords und Anzeige A, eine andere für den Einzelgänger mit Anzeige B.

Hinweis

Die Ausnahmen bilden maximaler CPC und Ziel-URL, wie wir sie in Abschnitt 6.4.1, *Keywords individualisieren*, ausführlich kennen lernen werden: Diese beiden Einstellungen können Sie individuell für jedes Keyword vornehmen. Sie überschreiben für die ausgewählten Keywords damit die Vorgaben, die grundsätzlich für die gesamte Gruppe und weiterhin für die restlichen Keywords gelten.

Neben Bietpreis und Ziel-URL gibt es nur noch eine weitere Einstellung, die direkt auf Keywordebene vergeben wird: die Positionsgebote. In Abschnitt 12.5.1, *Zugriffsquelle AdWords*, erfahren wir, welche Positionen die tatsächlich für uns besten sind und welche wir deshalb anstreben sollten.

5.3.2 Kampagnenebene

Auch die Kampagneneinstellungen können eine freie Wahl zwischen dem Anlegen einer Kampagne oder dem einer Anzeigengruppe verhindern. Bieten Sie einen Service nur innerhalb von Deutschland, den Download eines Do-it-yourself-Handbuchs jedoch weltweit an, so können Sie dies nicht mit zwei Anzeigengruppen innerhalb der gleichen Kampagne machen. Die geografische Ausrichtung ist auf Kampagnenebene angesiedelt: Sie benötigen also eine Kampagne mit Zielregion Deutschland für Ihren Service, eine zweite Kampagne mit Zielregion weltweit für das Handbuch.

Dies mag manche Einschränkungen mit sich bringen. Sie können diese allerdings auch ganz bewusst einsetzen, um neue Erkenntnisse zu gewinnen. Lassen Sie uns dies an der Kampagneneinstellung für das Tagesbudget verdeutlichen.

Eine Kampagne mit zwei Anzeigengruppen

Stellen Sie sich vor, Sie betreiben eine Segelschule an der Ostsee und bieten sowohl Segel- als auch Surfkurse an.

Wie wir bereits wissen, wäre das Bewerben von Segeln und Surfen in einer gemeinsamen Anzeigengruppe ein ganz schlechter Einfall. Sucht ein User explizit nach einem Angebot für Segler, so sollten Sie ihm in der Anzeige präsentieren, dass Sie genau dafür die passenden Boote haben. Das Anpreisen Ihrer Surfkurse auf den modernsten Brettern wäre bei dieser Suchanfrage von keinerlei Interesse.

Bleibt die Frage, ob Sie die Bereiche besser auf Kampagnen- oder auf Anzeigengruppe trennen.

Da die Sommer an der Ostsee recht kurz sind, haben Sie im Frühjahr ein Tagesbudget von 100 Euro für AdWords veranschlagt. Wie sollen Sie dieses verwenden? Sie könnten sich beispielsweise sagen, dass Sie den gesamten Betrag für Segeln und Surfen ausgeben – welche Aktivität wie viel Budget dabei benötigt, ist Ihnen egal. Die Verteilung überlassen Sie mithin dem Markt.

Dies bedeutet: User suchen nach Segeln oder Surfen, bekommen entsprechend die Segel- oder Surfanzeige geliefert und klicken, bis das Gesamtbudget verbraucht ist. Wird an einem Tag vermehrt nach Segeln gesucht, so verteilt sich Ihr Budget eben zu 80% auf Segeln, nur zu 20% auf Surfen. Suchen am nächsten Tag verstärkt Surfer, so verteilt es sich beispielsweise 50:50.

Solange Ihnen diese Aufteilung und Verwendung egal ist, können Sie eine Kampagne mit zwei Anzeigengruppen für Segeln und Surfen anlegen. Auf Kampagnenebene setzen Sie Ihr Budget von 100 Euro fest, in den jeweiligen Anzeigengruppen geben Sie die passenden Keywords und Anzeigen an.

Diese Vorgehensweise kommt nicht selten zu Beginn einer AdWords-Kampagne zum Einsatz, wenn möglicherweise noch nicht bekannt ist, wie hoch das Suchvolumen für die unterschiedlichen Bereiche ist. Eine geschätzte Aufteilung des Budgets könnte dann völlig am Markt vorbeigehen.

Auch erhalten Sie auf diesem Weg Hinweise, welche Interessengruppe die größere ist. Kommen regelmäßig doppelt so viele Segler wie Surfer auf Ihre Webseite, dann ist die Nachfrage nach Segelkursen eindeutig größer.

Zwei Kampagnen mit jeweils einer Anzeigengruppe

Es gibt natürlich auch genügend gute Gründe, eine Budgetverteilung genau festzulegen:

- So stellen Sie sicher, dass beiden Bereichen eine bestimmte Anzahl neuer Besucher zugeführt werden. Müssen Sie beispielsweise die Auslastung beider Angebote sicherstellen, so bringt es Ihnen nichts, wenn Sie sich vor Anfragen nach Segelkursen nicht mehr retten können. Diese können Sie aufgrund der Kapazitäten womöglich gar nicht alle erfüllen, während die Surfbretter ungenutzt in der Ecke stehen bleiben.

- Eventuell ist Ihnen eine Interessentengruppe gar lieber als die andere. Warum dies? Beispielsweise dann, wenn Sie an Segeltörns mehr verdienen als an Surfstunden. Dann sollten Sie sicherstellen, dass der Großteil Ihres Marketingbudgets auch tatsächlich für die lukrativere Segelwerbung ausgegeben wird.
- Sind Segler nun beispielsweise Frühaufsteher und suchen bereits bis zum Mittag Ihr ganzes Budget »weg«, so bekommen Surf-Langschläfer Ihre Anzeigen möglicherweise erst gar nicht mehr zu sehen. Dies können Sie vermeiden, indem Sie bei den Kampagneneinstellungen eine über den gesamten Tag verteilte Anzeigenschaltung einstellen. Wir lernen dies im nächsten Abschnitt kennen. Sie können dem aber auch einfach dadurch begegnen, dass Sie beiden Gruppen getrennte Budgets zuweisen.
- Zudem können Sie durch die zahlreichen Auswertungsmöglichkeiten in AdWords das tatsächliche Suchvolumen bereits nach wenigen Tagen ziemlich genau vorhersagen. Eine entsprechende Neuverteilung oder genaue Justierung ist somit sehr schnell und vor allem jederzeit möglich.

Wollen Sie eine genaue Verteilung festlegen, müssen Sie eine Trennung auf Kampagnenebene vornehmen und für jeden Bereich das vorgesehene Budget verteilen. So legen Sie beispielsweise eine Kampagne »Segeln« mit einem Budget von 60 Euro, eine andere Kampagne »Surfen« mit dem verbleibenden Budget von 40 Euro fest. Unter diesen Kampagnen befinden sich dann die Anzeigengruppen zum jeweiligen Thema.

5.4 Grundlegende Einstellungen auf Kampagnenebene

Wir wollen uns nun genauer mit den grundlegenden Kampagneneinstellungen beschäftigen. Diesen sind wir teilweise bereits beim Anlegen unserer ersten Kampagne begegnet (Abschnitt 2.2, *Die erste Kampagne*). Mit dem Wissen um den Qualitätsfaktor und den Vorteilen einer guten Kampagnen-Struktur verdienen sie nun eine eingehende Beschäftigung, da sie wichtige Instrumente zur Steigerung Ihrer Kampagnenqualität und damit Ihres Erfolges sind.

Diese Einstellungen sollten Sie vor der Online-Schaltung einer Kampagne bereits passend einstellen. Die so genannten »Advanced Settings« sind oftmals erst auf Grundlagen von Leistungsauswertungen sinnvoll und möglich. Wir besprechen diese, sobald wir wissen, wo und wie wir diese Zahlen erhalten.

Hinweis

In Anhang D finden Sie eine Komplettübersicht der Seite EINSTELLUNGEN mit Angaben, in welchem Kapitel wir welche Option kennen lernen.

5.4.1 Der Reiter Einstellungen

Wir öffnen also den Reiter KAMPAGNEN in der Konto-Navigation und klicken in der Kampagnen-Navigation auf EINSTELLUNGEN. Diese sind, Sie wissen es, auf der Kampagnenebene angesiedelt. Trotzdem lassen sie sich auch von anderen Ebenen aus aufrufen.

Auf der Ebene **alle Online-Kampagnen** werden alle Kampagnen mit den jeweiligen Einstellungen in Zeilenform dargestellt, wie Sie in Abbildung 5.8 sehen können.

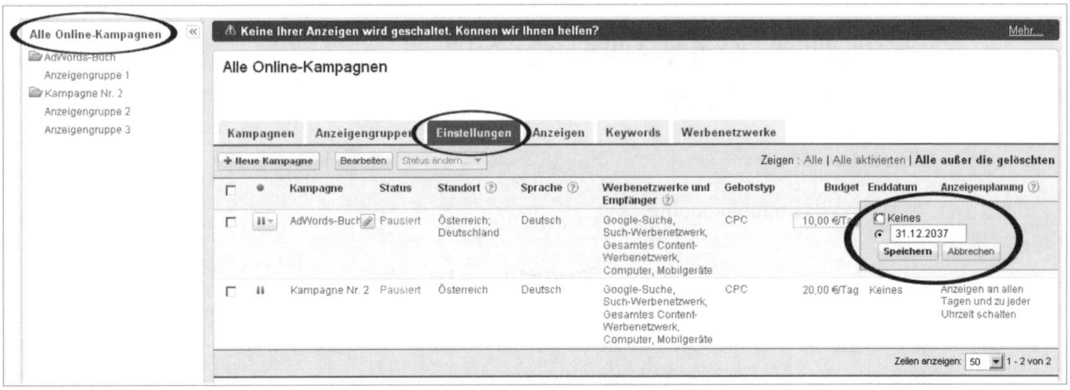

Abb. 5.8: Ansicht EINSTELLUNGEN über alle Kampagnen hinweg

Kampagnenname, Status, Budget und Enddatum lassen sich per Inline-Editing auf die bereits bekannte Art und Weise direkt in der Zeile ändern. Die restlichen Spalten führen nach dem Anklicken zur jeweiligen Seite EINSTELLUNGEN auf Kampagnenebene, da ihre Bearbeitung zumeist etwas umfangreicher ist.

Die Auflistung der Einstellungen über alle Kampagnen hinweg hat durchaus seine Vorteile. Möchten Sie das Enddatum aller Kampagnen verlängern, möchten Sie die Budgets neu verteilen oder einige Kampagnen pausieren, andere wieder aktivieren, so können Sie dies hier deutlich schneller durchführen, als wenn Sie eine Kampagne nach der anderen aufrufen müssten. Beachten Sie lediglich, dass Sie im Eifer des Gefechts die Bearbeitungen nicht in der falschen Zeile, also in der falschen Kampagne vornehmen.

Navigieren wir auf eine **Kampagnenebene**, beispielsweise ADWORDS-BUCH, so sind wir dort, wo die Einstellungen tatsächlich angesiedelt sind – und wo wir entsprechend auch die Übersichtsseite finden.

Letztendlich können wir die Kampagneneinstellungen auch von einer **Anzeigengruppenebene** aus aufrufen. Der Link KAMPAGNENEINSTELLUNGEN ÄNDERN führt uns direkt auf die Seite mit den Kampagneneinstellungen, die genau für diese Anzeigengruppe gelten – mithin auf die darüberliegende Kampagne.

5.4.2 Allgemein / Kampagnenname

Das Unwichtigste zuerst: Denn nur selten werden Sie die Übersichtsseite öffnen, um lediglich den Kampagnennamen zu ändern. Sie haben mit dem Inline-Editing bereits Möglichkeiten kennen gelernt, dies von anderen Stellen in unserem Konto aus schneller zu erledigen.

Hier also klicken Sie den Link BEARBEITEN neben dem aktuellen Kampagnennamen an, vergeben eine eindeutige Bezeichnung und speichern diese ab.

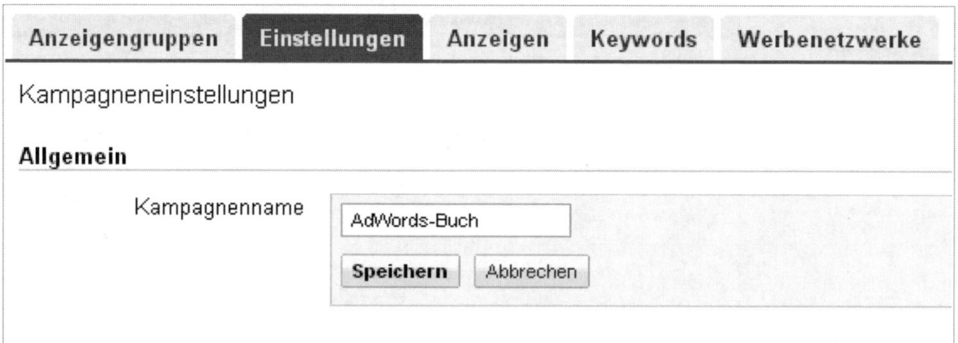

Abb. 5.9: Kampagneneinstellung – Kampagnenname

Dies ändert jedoch nichts an der grundsätzlichen Warnung: Tun Sie sich den Gefallen und vergeben Sie eindeutige Namen für Ihre Kampagnen.

Denn nicht immer bleibt Ihr Konto so übersichtlich wie derzeit. Sie kommen an den Punkt, wo Sie sich einer ganzen Liste an aktiven, abgelaufenen, pausierten und gelöschten Kampagnen gegenübersehen – und plötzlich nicht mehr wissen, ob Sie jetzt die richtige Kampagne pausiert haben, ob Sie die falsche seit einer Woche mit erhöhtem Budget laufen lassen oder wo sich dieses Keyword oder jene Anzeige verbirgt. Sie können natürlich alles suchen und wiederfinden. Doch ersparen Sie sich kurzzeitige Schockzustände oder tatsächliche Irrtümer, wenn es so einfach wie mit einer unverwechselbaren Bezeichnung geht. Durch das Ändern des Kampagnennamens gehen Ihnen keine Werte in der Statistik verloren.

5.4.3 Zielgruppe

Die beiden Einstellungen STANDORTE und SPRACHEN kennen Sie bereits vom Anlegen Ihrer ersten Kampagne. Die DEMOGRAFISCHEN KRITERIEN (ERWEITERT) gelten nur für das Content-Netzwerk und werden im entsprechenden Kapitel Abschnitt 13.5.3, *Demografische Daten*, vorgestellt.

Abb. 5.10: Sprachliche und geografische Ausrichtung

Standorte

Die Benennung »Standorte« ist leicht irreführend. Nicht gemeint ist Ihr Standort, sondern der Ihrer Zielgruppe.

Mit der Ausrichtung auf bestimmte Zielregionen, so der frühere Begriff, steht Ihnen ein wichtiges Segmentierungsinstrument zur Verfügung. Hiermit steuern Sie, in welchen Ländern und Gebieten sich die User befinden müssen, um Ihre Anzeigen zu sehen. Und damit auch, in welchen Ländern und Gebieten Ihre Anzeigen nicht geschaltet werden. So können Sie nur Ihre Zielgruppe ansprechen und unnötige Kosten vermeiden.

Die geografische Bestimmung des Users erfolgt über seine IP-Adresse. Dies funktioniert nicht 100-prozentig, aber doch sehr genau.

Mit dem Link BEARBEITEN öffnen Sie einen Layer, der Ihnen zwei grundsätzliche Möglichkeiten der Bestimmung Ihrer geografischen Ausrichtung gibt: Sie wählen und kombinieren die von AdWords definierten Gebiete (Kontinente, Länder, Bundesländer, Regionen etc.) oder legen diese selbst fest. Letzteres machen Sie über die Registerkarte BENUTZERDEFINIERT, die vordefinierten Zielregionen finden Sie unter SETS, BLÄTTERN und SUCHEN.

Reiter »Sets«

Mit dem Reiter SETS hatten wir bereits beim Anlegen unserer ersten AdWords-Kampagne zu tun. Hier werden vordefinierte Ländergruppen zusammengefasst, die Sie so als Ganzes bequem auswählen können. Die Einteilung, wiederum über das Pluszeichen zu öffnen, umfasst hierbei lediglich die Länderebenen.

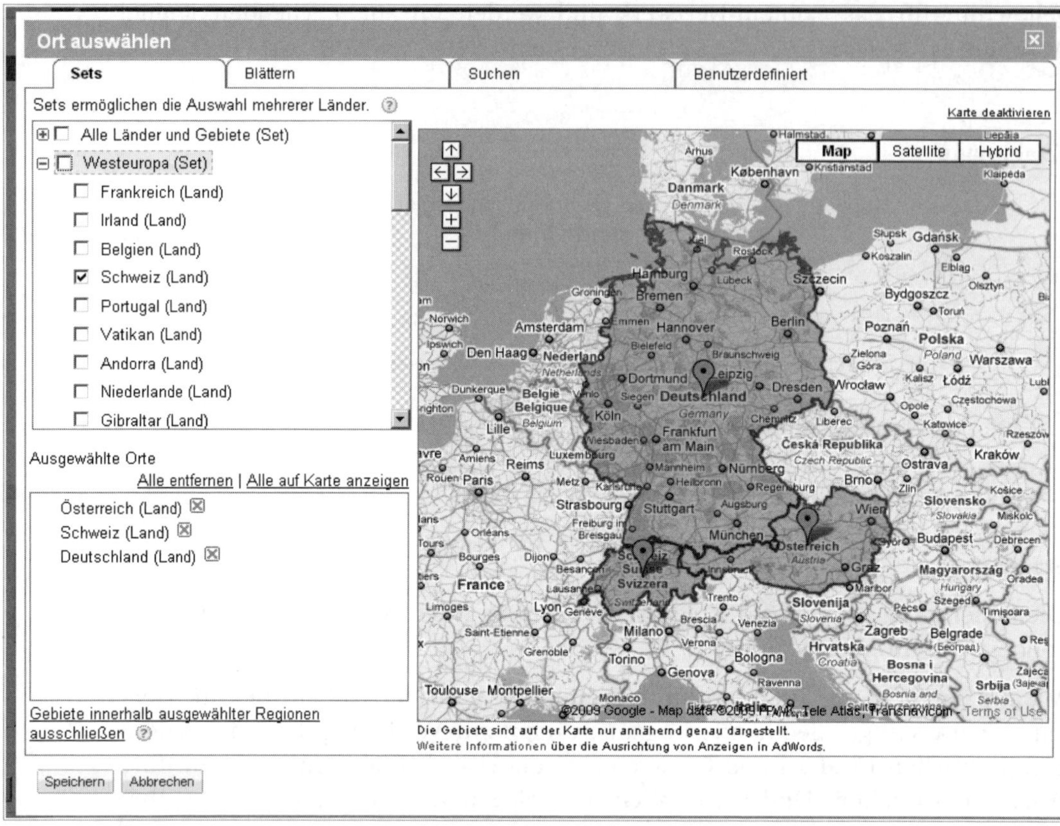

Abb. 5.11: Geografische Ausrichtung über SETS

Reiter »Blättern«

Diese Funktion ist sehr geschickt, wenn Sie Ihren Service nicht in einem ganzen Land, sondern nur in bestimmten Regionen anbieten. Sucht eine Brauerei ihre Kunden für Weizenbier nur im südlichen Deutschland, so können über das Pluszeichen alle Bundesländer aufgelistet und Baden-Württemberg und Bayern angehakt werden. Erfolgen die Bierlieferungen noch in die nördlichen Bundesländer Österreichs, so können Sie mit der Karte sicherstellen, dass Sie weder eines vergessen noch ein südliches versehentlich hinzugefügt haben.

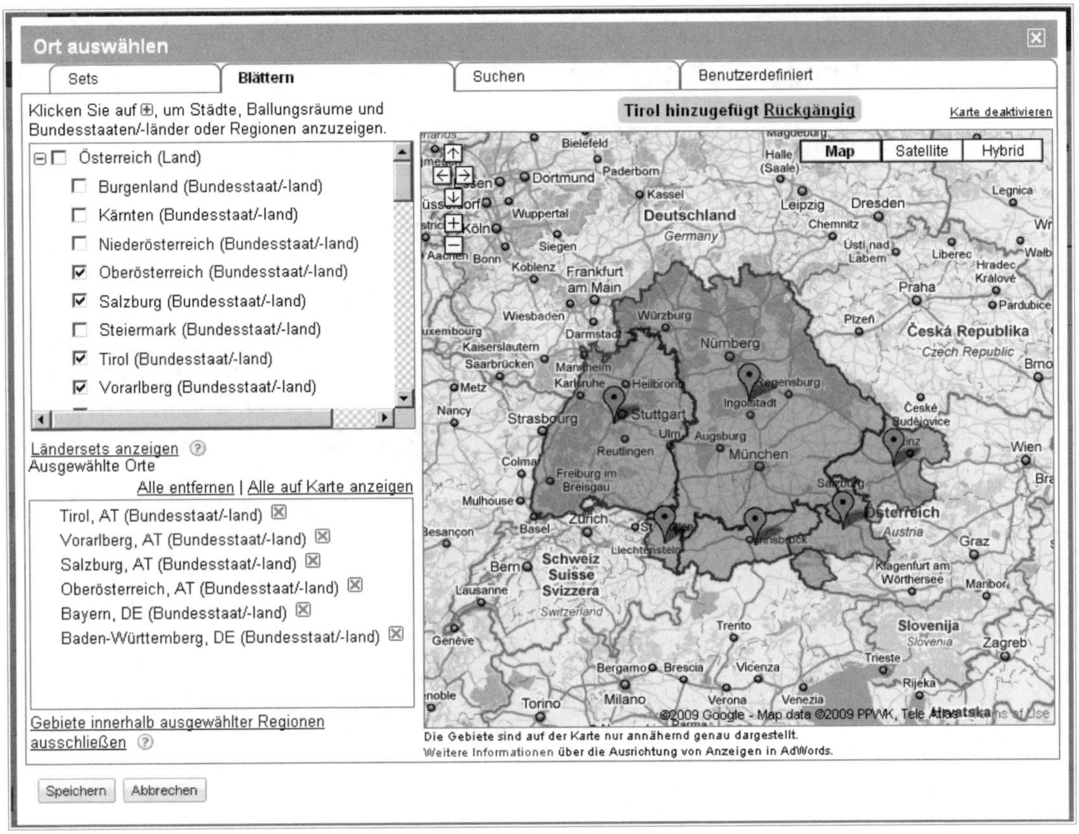

Abb. 5.12: Geografische Ausrichtung über BLÄTTERN

Für Deutschland haben Sie die Möglichkeit, über Bundesländer bis auf einzelne Städte zu gelangen. In Österreich und in der Schweiz können Sie nur Bundesländer bzw. Kantone anwählen. Das Hinzufügen von Städten ist hier noch nicht möglich. Hierfür müssen Sie bei diesen Ländern über die benutzerdefinierte Ausrichtung gehen, da auch der Reiter SUCHEN keine Ergebnisse liefert.

Reiter »Suchen«

Die Registerkarte SUCHEN haben wir ebenfalls bereits kurz angesprochen: Im Suchfeld geben Sie eine Stadt, eine Region, ein Land oder auch eine Postleitzahl an. Nach dem Betätigen des Buttons SUCHEN werden Ihnen im Feld darunter mehrere Auswahlmöglichkeiten präsentiert. Die passenden übernehmen Sie durch Anklicken der Checkbox. Visuelle Unterstützung erfahren Sie in der Karte rechts.

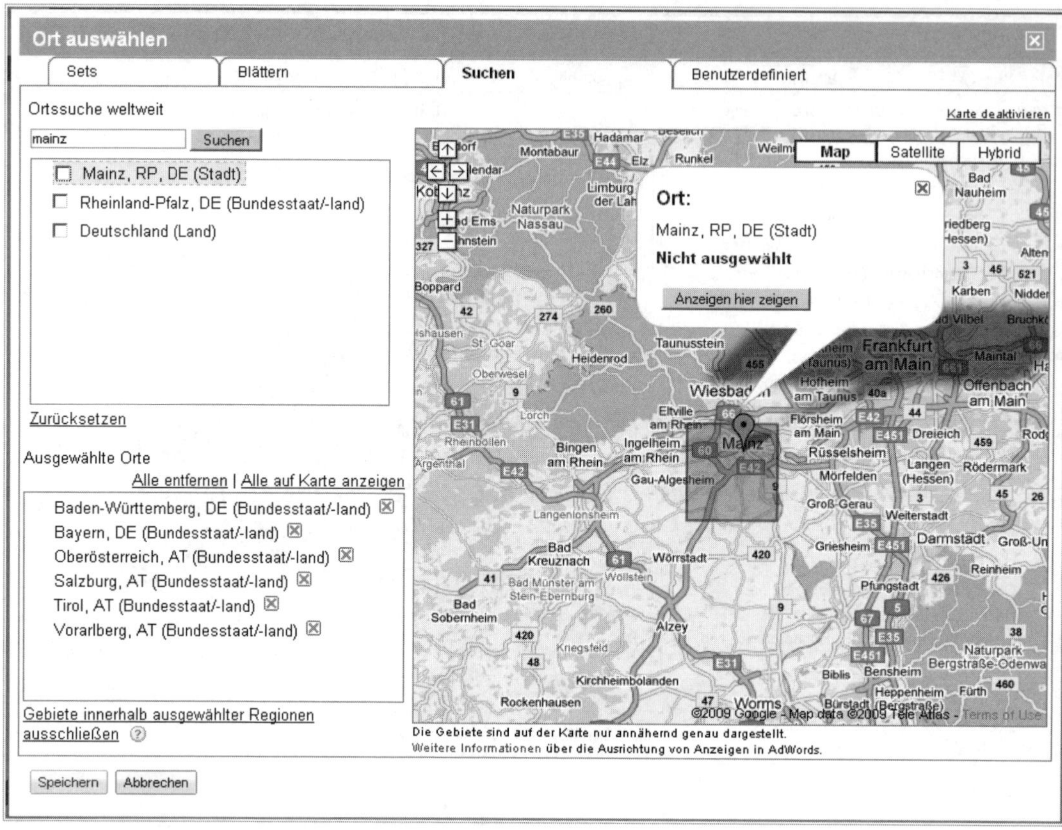

Abb. 5.13: Geografische Ausrichtung über SUCHEN

Kann eine bestimmte Eingabe nicht eindeutig zugeordnet werden, oder ist diese Region nicht über Standards verfügbar, so werden Ihnen Alternativen angezeigt: Für die Region Ostalbkreis wird beispielsweise auf Baden-Württemberg verwiesen.

Tipp

Bedenken Sie, dass es manchmal durchaus sinnvoll sein kann, unterschiedliche Zielregionen als einzelne Kampagnen anzulegen. Denn Sie erhalten getrennte Daten und damit separate Ergebnisse für jede dieser Zielregionen. Dies hilft Ihnen nicht nur bei der gezielten Beurteilung und Optimierung Ihrer Bemühungen, Sie können die Budgets auch ganz bewusst verteilen und verschieben.

Reiter »Benutzerdefiniert«

Die ersten drei Reiter führen auf die von AdWords vordefinierten und zur Auswahl gestellten Zielregionen. Je nach Ihrer geografischen Ausrichtung ist die eine Vorgehensweise mal geschickter als die andere, erspart diese Ihnen mehr Zeit als jene. Mit der Registerkarte BENUTZERDEFINIERT wählen Sie nunmehr Ihr Zielgebiet selbst. Sie können

- unter KARTENPUNKT den Radius um eine bestimmte Adresse festlegen
- unter BENUTZERDEFINIERTES FORMAT ein beliebiges Gebiet bestimmen
- unter BULK-VERARBEITUNG mehrere Zielregionen gleichzeitig bewerben

Kartenpunkt

Die Option KARTENPUNKT ist dann sehr sinnvoll, wenn Sie beispielsweise für Ihr Unternehmen ein bestimmtes Einzugsgebiet haben – ein Handwerksbetrieb, für den sich Aufträge nur im Umkreis von 200 km lohnen, oder ein Möbelhaus, dessen Kunden nicht weiter als 50km anfahren.

Legen Sie zuerst den Mittelpunkt Ihres Zielgebietes fest. Dies können Sie auf zweierlei Arten machen:

- Sie geben einfach Ihre Adresse ein.
- Sie setzen den Tropfen auf der Karte an die geografische Stelle, an der sich Ihr Unternehmen befindet. Mit den Pfeilen können Sie die Karte in alle vier Richtungen navigieren, mit + und – vergrößern oder verkleinern Sie den Kartenausschnitt.

Hinter SCHALTUNG MEINER ANZEIGEN IM UMKREIS VON geben Sie den Radius an, in dem die Anzeigen um Ihren definierten Mittelpunkt angezeigt werden sollen. Mit dem Button AUF KARTE ANZEIGEN können Sie Ihre Eingaben auf der Karte prüfen, mit HINZUFÜGEN in die Liste der Standorte übernehmen.

> **Hinweis**
>
> Je kleiner Sie das Gebiet wählen, desto weniger Google-Suchenden werden Ihre Anzeigen natürlich gezeigt. Sprechen Sie trotzdem nur User an, für deren Klick Sie tatsächlich zahlen wollen. Liegt Ihr Einzugsgebiet 50 km um Ihr Möbelhaus, so erhalten Sie bei einem Werbe-Radius von 200 km vielleicht mehr Besucher auf Ihrer Website, allerdings nicht mehr Besucher in Ihren Ausstellungsräumen.

Die Zielregion lässt sich sehr fein bis auf 1 km definieren. Bemühen wir ein bekanntes Beispiel aus Kapitel 1, *Werben mit AdWords: Worum es eigentlich geht*: Sollten Sie Ihr Pizza-Taxi zum Kundendienst gebracht haben und derzeit nur noch mit einem Fahrrad unterwegs sein, so sieht das Gebiet, das Sie beliefern wollen, beispielsweise so aus:

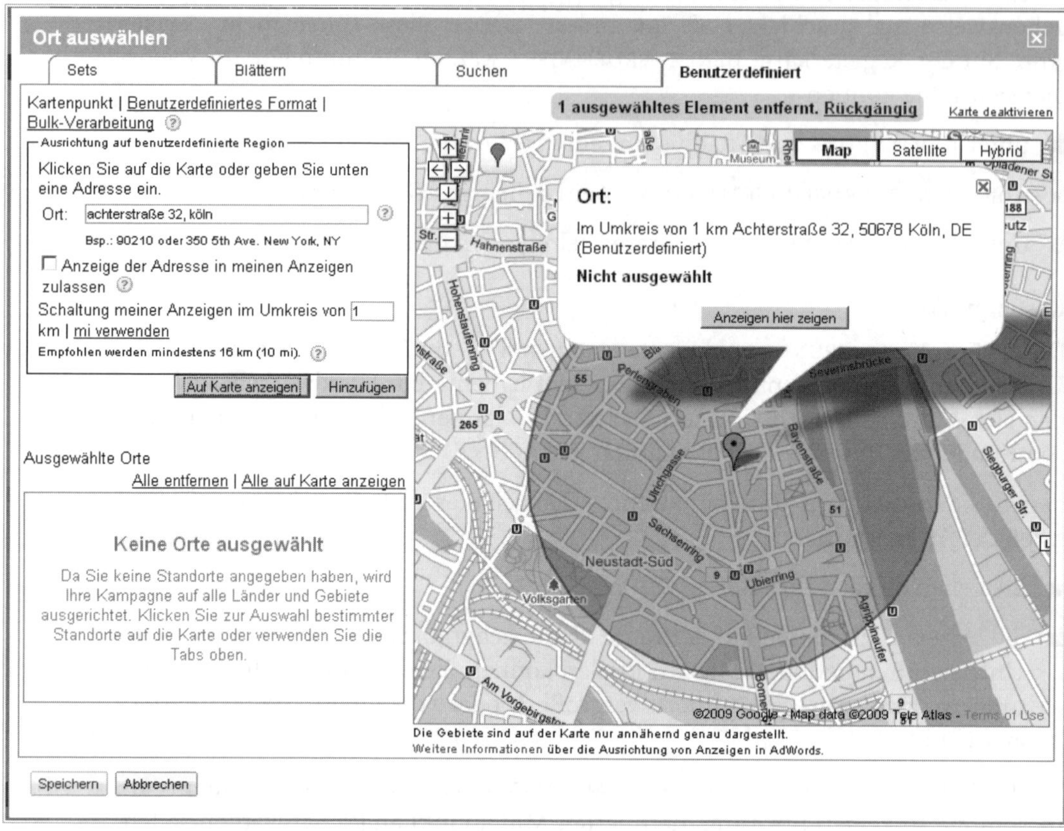

Abb. 5.14: Geografische Ausrichtung über KARTENPUNKT

Benutzerdefiniertes Format

Möchten Sie keinen Umkreis, sondern ein beliebiges Gebiet selbst definieren, so können Sie dies über BENUTZERDEFINIERTES FORMAT tun.

Stellen Sie sich den Fall vor, Ihr Unternehmen liefert nur im Inland, hat seinen Sitz aber direkt an einer ausländischen Grenze. Oder denken Sie an ein Möbelhaus, dessen Konkurrent im 20 km entfernten Ort ansässig ist. Dann kann es durchaus sinnvoll sein, die Werbeanstrengungen in die entgegengesetzte Richtung zu konzentrieren.

Das Polygon (Vieleck) können Sie durch Eingabe der konkreten Koordinaten eingeben. Da die wenigsten diese zur Hand haben dürften, können Sie die einzelnen Punkte durch einen Klick auch direkt in der Karte markieren.

Die Begrenzung kann wiederum bis auf sehr genaue Gebiete vorgenommen werden. Wurde Ihnen nun auch noch Ihr Pizza-Fahrrad geklaut, sind Sie vielleicht nur noch bereit, zu Fuß innerhalb eines Blocks auszuliefern. Dies sieht beispielsweise aus wie in Abbildung 5.15.

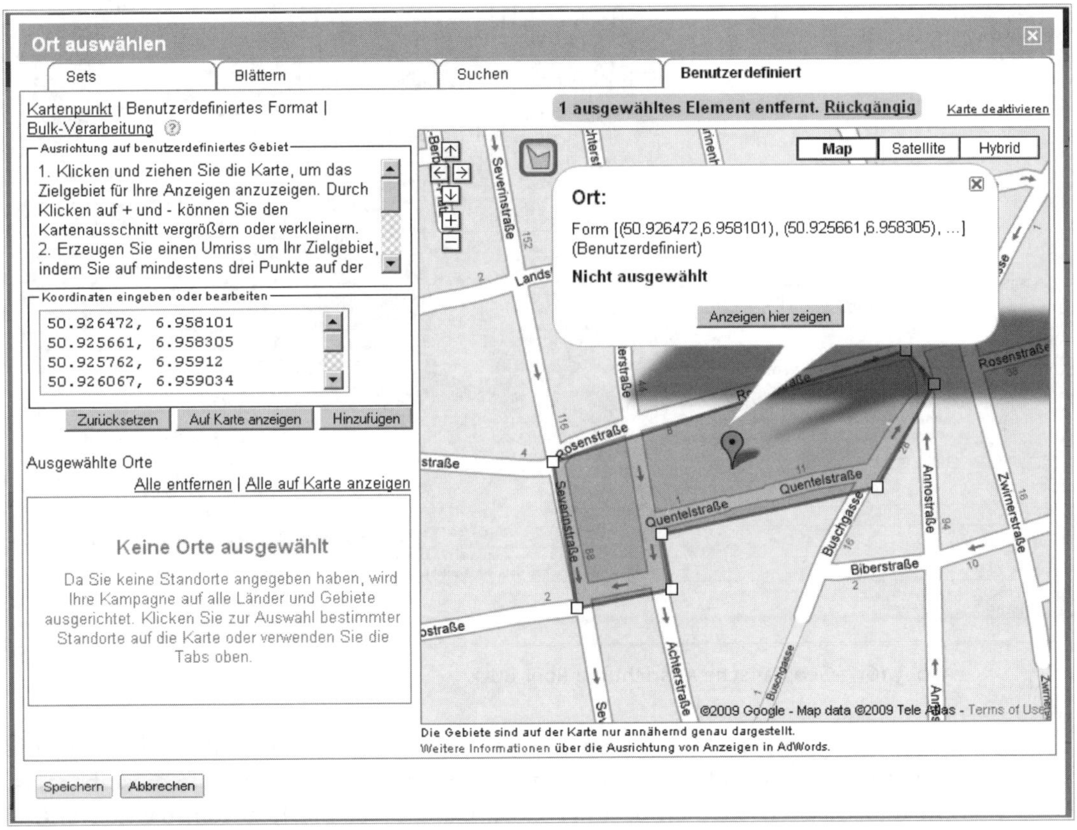

Abb. 5.15: Geografische Ausrichtung über BENUTZERDEFINIERTES FORMAT

Bulk-Verarbeitung

Mehrere Zielregionen können Sie über die BULK-Verarbeitung festlegen. Haben Sie für Ihren Pizza-Service Filialen in anderen Städten eröffnet, so können Sie all diese Standorte aus einer einzigen AdWords-Kampagne heraus bewerben – sogar regionen- und länderübergreifend.

Hierfür geben Sie Ihre Zielgebiete im Textfeld links ein. Rechts in der Karte erkennen Sie wiederum die Gebiete, in denen nun Ihre Anzeigen geschaltet werden: in Zürich, in Wien, in ganz Bayern sowie für Ihre Stammfiliale in Köln.

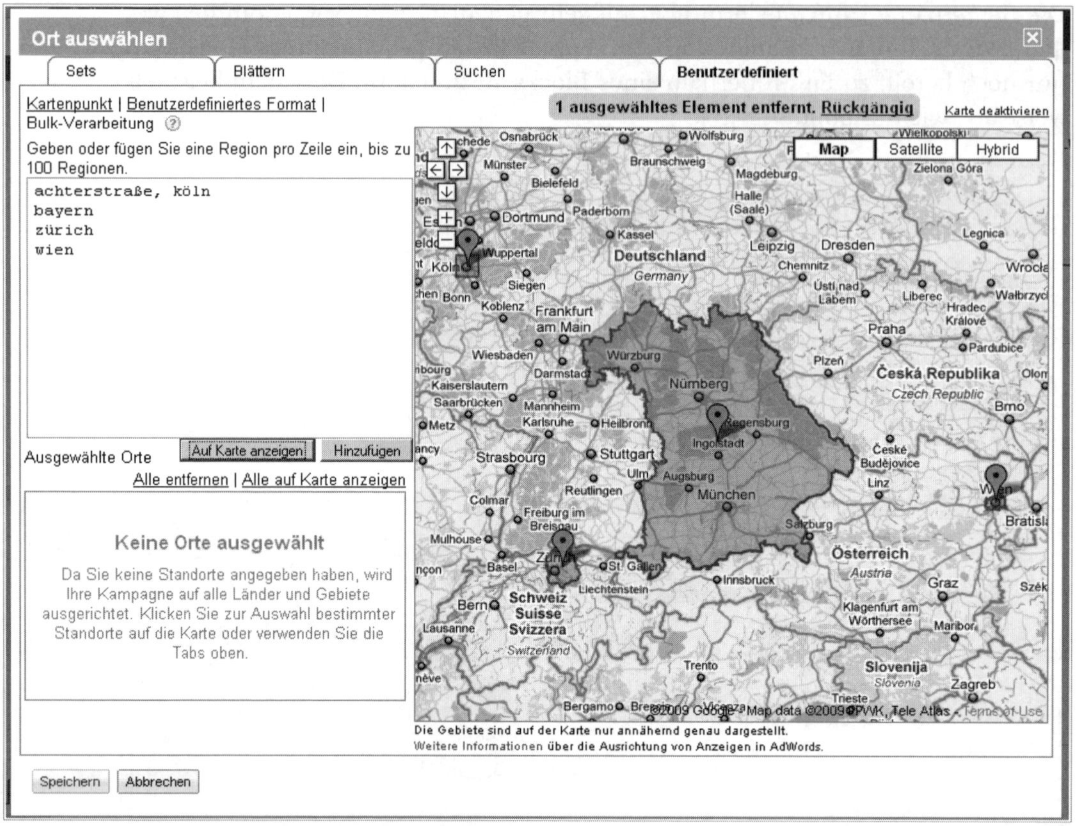

Abb. 5.16: Geografische Ausrichtung über BULK

Diese eben vorgestellten Einstellungen eröffnen Ihnen die Möglichkeiten, die Ihnen die meisten Marketinginstrumente nicht bieten. Setzen Sie diese bewusst ein und machen Sie sich darüber Gedanken, bevor Sie Ihre Kampagnen online schalten. Denn Sie haben hier die Chance, Ihre Zielgruppe sehr gezielt anzusprechen und Ihre Marketinggelder ohne Streuverluste einzusetzen.

Gewählte Zielregionen

Alle ausgewählten Zielregionen erscheinen nach Anklicken des Buttons HINZUFÜGEN im unteren Feld der linken Spalte. Durch Anklicken des roten X können diese jederzeit wieder gelöscht werden.

Möchten Sie hingegen einzelne Gebiete innerhalb einer gewählten Region nicht bewerben, so können Sie dies über den ziemlich eindeutig formulierten Link GEBIETE INNERHALB AUSGEWÄHLTER REGIONEN AUSSCHLIESSEN tun.

Klicken Sie auf den Link, so erhalten Sie eine Auflistung derjenigen gewählten Regionen, innerhalb derer eine weitere Einteilung standardmäßig möglich ist – mithin diejenigen Wahlmöglichkeiten, die Ihnen unter dem Reiter BLÄTTERN vorgegeben sind.

Schließen wir unser Pizza-Beispiel nun endgültig ab: Noch immer wollen Sie Bayern beliefern, in München ist Ihnen allerdings die Konkurrenz zu groß. Öffnen Sie also die Auswahl durch das Anklicken des Pluszeichens vor Bayern und haken Sie nun diejenigen Städte an, die ausgeschlossen werden sollen. In unserem Fall ist dies nur München, das wir mit dem Button AUSSCHLUSS ABGESCHLOSSEN dann als ausgeschlossenes Gebiet innerhalb einer Zielregion übernehmen.

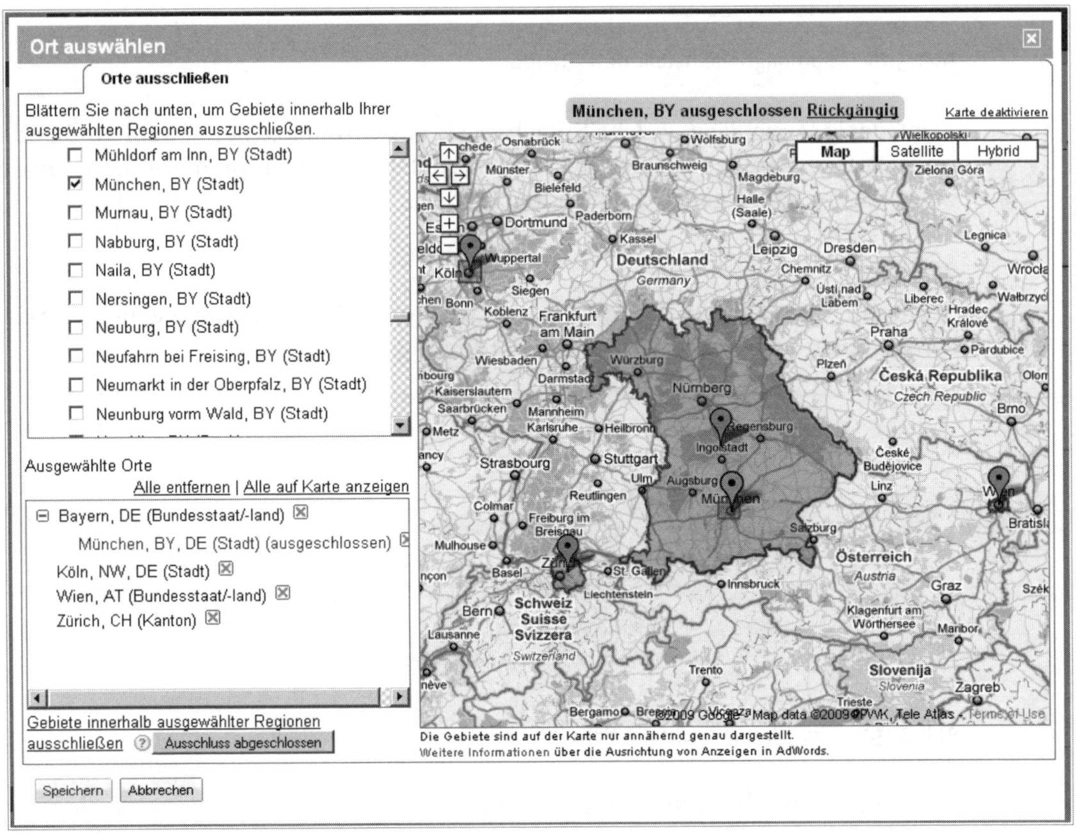

Abb. 5.17: Gebiete ausschließen

Sie speichern Ihre gewählten Zielregionen (oder Standorte) über den Button SPEICHERN und kehren mit aktualisierter geografischer Ausrichtung auf die Seite EINSTELLUNGEN zurück:

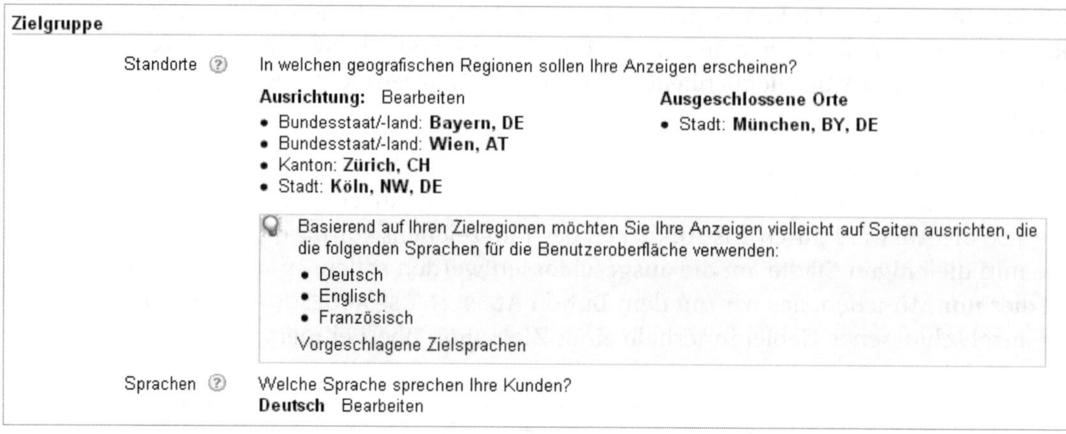

Abb. 5.18: Kampagneneinstellung – Standorte

Hat Google Vorschläge, welche Sprachen Sie auf Grundlage der gewählten Standorte für Ihre Kampagne noch auswählen sollten, so bekommen Sie diese angezeigt. Was es damit genau auf sich hat, erfahren Sie nun.

Sprache

Sucht ein User auf `www.google.de`, so wird ihm eine deutschsprachige Benutzeroberfläche angezeigt. Dies ist standardmäßig so eingestellt.

Abb. 5.19: Einstellungen Google-Benutzeroberfläche

Je nach Länderendung sind andere Standardsprachen vorgegeben: für google.com beispielsweise englisch, für google.fr französisch. Befindet sich der deutsche User in Frankreich, so kann er nun die voreingestellte französische Benutzeroberfläche beibehalten oder mit der Spracheinstellung auf seine Muttersprache wechseln. Hierfür klickt er auf den Link EINSTELLUNGEN rechts neben dem Suchfeld und wählt auf der Folgeseite »deutsch« aus. In der Schweiz wird zum Beispiel vornehmlich auf google.ch gesucht, aufgrund der Sprachvielfalt jedoch oft von der Sprach-Standardeinstellung DEUTSCH abgewichen.

In Ihrem AdWords-Konto legen Sie mit der sprachlichen Ausrichtung fest, welche Sprache ein User auf der Google-Benutzeroberfläche eingestellt haben muss, um Ihre Anzeigen zu sehen zu bekommen.

Mit der Zielsprache Englisch erreichen Sie also alle User, die

- entweder auf google.com suchen und die Sprach-Standardeinstellung unverändert gelassen haben
- oder auf egal welcher nationalen Google-Site suchen und dort die Spracheinstellung ENGLISCH eingestellt haben

Um eine größere Reichweite zu erreichen, ist es Ihnen auch möglich, für Ihre AdWords-Kampagnen mehrere Sprachen einzustellen.

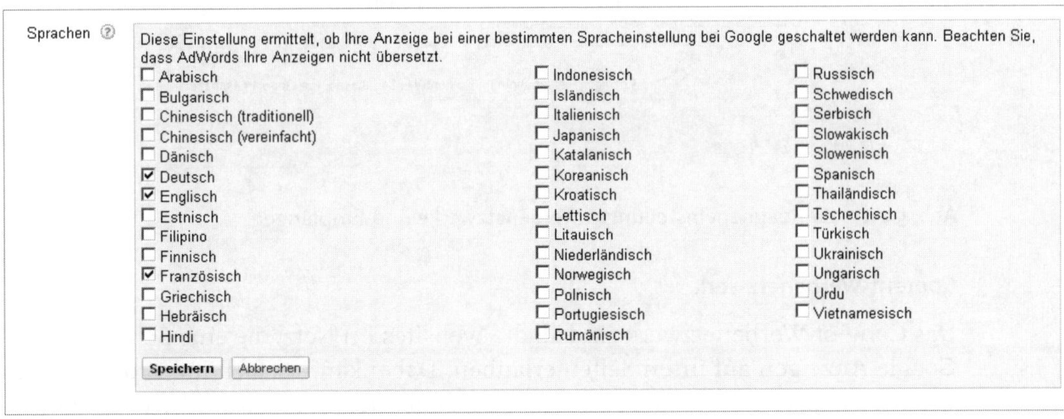

Abb. 5.20: Kampagneneinstellung – Sprache

Tatsächlich können Sie sogar alle Sprachen auswählen. Dies ist auch durchaus empfehlenswert, solange Sie mit der Wahl Ihrer Keywords eine zusätzliche indirekte »sprachliche Ausrichtung« vorgeben. Lautet Ihr Keyword »kostenlose gebrauchsanleitung«, so wird danach nur ein Deutschsprachiger suchen – egal in welchem Land und mit welcher Google-Spracheinstellung. Insofern erhöhen Sie so Ihre Reichweite, schalten aber trotzdem nur für User, die Ihre Anzeigen auch verstehen.

5.4.4 Werbenetzwerke, Geräte und Erweiterungen

Unter diesem Punkt steuern Sie, wo Ihre Anzeigen geschaltet werden: auf den Suchseiten von Google, im Suchnetzwerk der Werbepartner oder im Content-Netzwerk. Neuerdings ist es zudem möglich, zwischen verschiedenen Endgeräten zu wählen.

Eröffnen Sie eine neue Kampagne, so ist die Schaltung für ALLE VERFÜGBAREN WEBSITES UND EMPFÄNGER voreingestellt. Obwohl sie für Neukunden empfohlen wird, wollten wir sie schon bei unserer allerersten Kampagne nicht beibehalten – mit unserem mittlerweile erworbenen Wissen schon gar nicht.

Wir klicken also den Radiobutton ICH MÖCHTE AUSWÄHLEN und öffnen die Auswahl (siehe Abbildung 5.21).

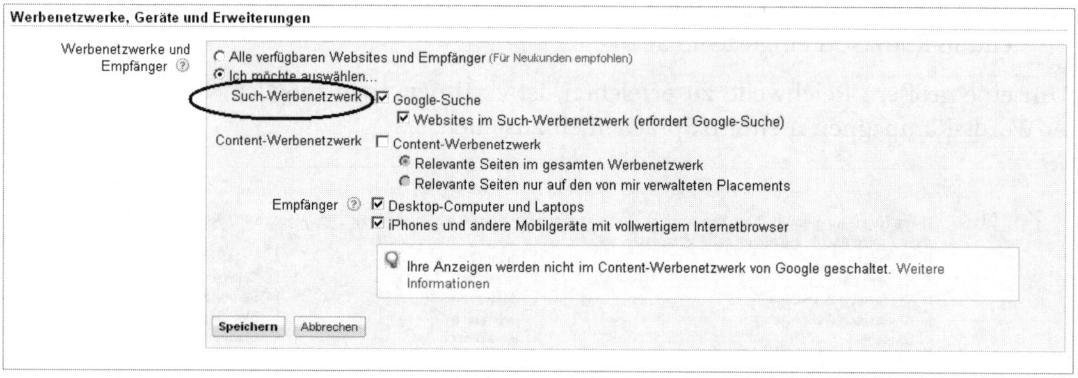

Abb. 5.21: Kampagneneinstellung – Werbenetzwerke und Empfänger

Content-Werbenetzwerk

Das Content-Werbenetzwerk sind all die Websites im Netz, die eine Schaltung von Google-Anzeigen auf ihren Seiten erlauben. Dabei kann es sich um große Portale wie sueddeutsche.de, FTD.de oder Sat1.de, aber auch um kleine oder private Webauftritte handeln. Ihre Anzeigen werden dabei nur auf Seiten platziert, die inhaltlich zu Ihren Keywords passen (oder die Sie selbst ausgewählt haben).

Von einer gemeinsamen Kampagne für das Such- und das Content-Netzwerk ist abzuraten, da Sie es in diesen Netzwerken mit unterschiedlichen Anforderungen zu tun haben. Für gute Erfolge in beiden Bereichen sollten Sie sowohl mit unterschiedlichen Keyword-Listen als auch unterschiedlichen Anzeigen arbeiten. Wie Sie im Content-Netzwerk vorgehen, erfahren Sie in Kapitel 13, *Das Content-Werbenetzwerk: Nicht gesucht und doch gefunden.*

Schalten Sie das Content-Netzwerk also ab, indem Sie die Checkbox vor dem Content-Netzwerk frei klicken.

Such-Werbenetzwerk

Das Such-Werbenetzwerk umfasst die Google-Suchergebnisseiten (in den Kampagneneinstellungen separiert als GOOGLE-SUCHE), die Google-Produktsuche, Google Groups sowie zahlreiche Such-Werbepartner (WEBSITES IM SUCH-WERBENETZWERK), zu denen beispielsweise auch AOL oder Bild.de gehören.

Wie wir in Kapitel 13, *Das Content-Werbenetzwerk: Nicht gesucht und doch gefunden,* noch sehen werden, haben Sie im Content die Möglichkeit, einzelne Webseiten auszuschließen. Dies ist bei den Such-Werbepartnern nicht möglich: Entweder wählen Sie alle oder keinen.

Erfahrungsmäßig bringen die Werbepartner schlechtere User als die Suchseiten von Google selbst. Dies wird oftmals daran festgemacht, dass im Werbenetzwerk zahlreiche Preisvergleichsmaschinen enthalten sind. Diese generieren vermehrt Besucher, die nur auf der Suche nach Informationen und noch nicht bereit für einen Kauf sind. Die Folge sind hohe Absprungraten: Die User verlassen Ihre Seite, ohne weitergeklickt oder gar eine Conversion getätigt zu haben. Die Kosten für die Klicks auf Ihre Anzeige fallen natürlich trotzdem an.

Ob dies bei Ihnen auch so ist, erfahren Sie unter dem Tab WERBENETZWERKE. Hier erhalten Sie Ihre Leistungsdaten für alle Netzwerke getrennt aufgeführt. Wir hatten dies bereits in Abschnitt 3.1.5, *Ebenen und Elemente im Konto,* kurz angerissen.

Sehen wir uns die Zahlen einer Kampagne an, die bereits einige Werte aufzuweisen hat (siehe Abbildung 5.22).

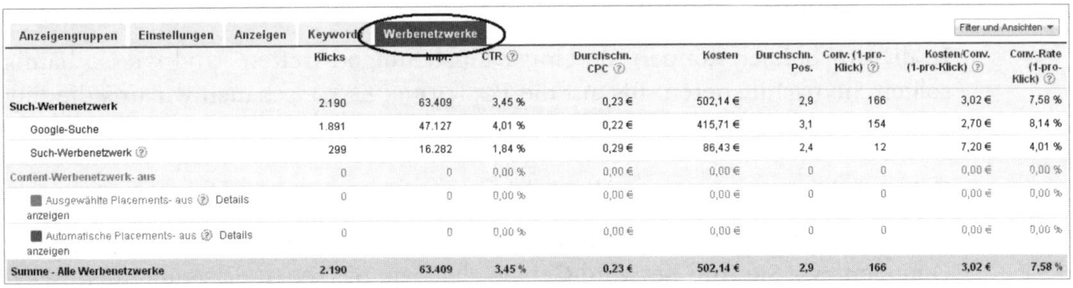

	Klicks	Impr.	CTR	Durchschn. CPC	Kosten	Durchschn. Pos.	Conv. (1-pro-Klick)	Kosten/Conv. (1-pro-Klick)	Conv.-Rate (1-pro-Klick)
Such-Werbenetzwerk	2.190	63.409	3,45 %	0,23 €	502,14 €	2,9	166	3,02 €	7,58 %
Google-Suche	1.891	47.127	4,01 %	0,22 €	415,71 €	3,1	154	2,70 €	8,14 %
Such-Werbenetzwerk	299	16.282	1,84 %	0,29 €	86,43 €	2,4	12	7,20 €	4,01 %
Content-Werbenetzwerk- aus	0	0	0,00 %	0,00 €	0,00 €	0	0	0,00 €	0,00 %
Ausgewählte Placements- aus Details anzeigen	0	0	0,00 %	0,00 €	0,00 €	0	0	0,00 €	0,00 %
Automatische Placements- aus Details anzeigen	0	0	0,00 %	0,00 €	0,00 €	0	0	0,00 €	0,00 %
Summe - Alle Werbenetzwerke	2.190	63.409	3,45 %	0,23 €	502,14 €	2,9	166	3,02 €	7,58 %

Abb. 5.22: Tab WERBENETZWERKE

Wie bei jeder guten Kampagne im Such-Netzwerk ist der Content abgeschaltet. In den ersten drei Zeilen erkennen Sie zum einen die Daten für das gesamte Such-Netzwerk, dann die Werte für Google-Suche und Such-Werbenetzwerk getrennt. Auch hier erkennen Sie deutlich schlechtere Leistungen bei den Werbepartnern: Der Klickpreis liegt höher, die Klickrate niedriger, auch der Gesamtstrom an neuen Besuchern ist deutlich geringer.

Noch deutlicher wird der Unterschied bei den Conversion-Daten, die hier als Conversions (1-pro-Klick) mit aufgeführt sind. Mitgezählt wurden Käufe:

- Über die Google-Suche wurden also nur 2,70 Euro AdWords-Kosten benötigt, um ein Produkt zu verkaufen.
- Bei den Werbepartnern waren es 7,20 Euro – mithin mehr als das 2,5-Fache.

Was bleibt? Entscheiden Sie auf Grundlage Ihrer Leistungsdaten, ob Sie auch bei den Werbepartnern oder nur auf Google selbst werben wollen. Sollten Sie überraschenderweise genau umgekehrte Erfahrungen machen, so können Sie allerdings nicht viel tun: Sie können Ihre Anzeigen nicht nur bei den Werbepartnern schalten. Google muss immer dabei sein.

Endgeräte

Diese Einstellung trägt dem Surfen mit iPhone und anderen mobilen Geräten Rechnung. Bislang wurden Anzeigen standardmäßig auf allen Geräten geschaltet.

Nunmehr ist es möglich, zwischen den Ausrichtungsoptionen DESKTOP UND LAPTOP und/oder IPHONES UND ANDERE MOBILGERÄTE MIT VOLLWERTIGEM INTERNETBROWSER zu wählen. Vollwertige Browser müssen laut Google HTML-Webseiten anzeigen können, Einkäufe zulassen sowie Protokollierungs- oder Google-Analytics-Funktionen auf E-Commerce-Seiten unterstützen. WAP-Browser gehören demnach nicht dazu (`http://adwords.google.de/support/aw/bin/answer.py?answer=107264`).

Beachten Sie, dass hiermit nicht »Handy-Anzeigen« gemeint sind.

5.4.5 Gebote und Budget

In diesem Bereich können Sie einige Einstellungen treffen. Und wie so häufig sollten Sie nachjustieren. Bis auf die POSITIONSGEBOTE schauen wir uns die Einstellungen jetzt schon im Einzelnen an.

Gebotsoptionen

AdWords bietet Ihnen zwei, unter bestimmten Umständen drei verschiedene Optionen, wie Sie Ihre Keyword-Gebote abgeben. Sie sehen diese über den BEARBEITEN-Link (siehe Abbildung 5.23).

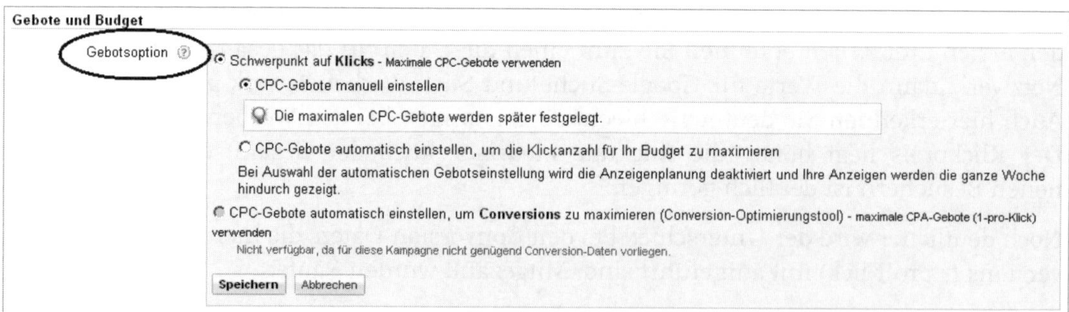

Abb. 5.23: Kampagneneinstellung – Gebotsoptionen

CPC-Gebote manuell einstellen

Dies ist die Option, um die es die ganze Zeit schon geht: Sie geben einen maximalen Klickpreis, einen Bietpreis, vor. Dieser wird nicht überschritten.

Bietpreise vergeben Sie entweder für alle Keywords einer Anzeigengruppe oder individuell für einzelne Keywords (Abschnitt 6.4.1, *Keywords individualisieren*). Deshalb ist auch die Meldung »Die maximalen CPC-Gebote werden später festgelegt« leicht zu verstehen: Bietpreise werden auf der Anzeigengruppenebene bestimmt – wir befinden uns aber gerade bei den Kampagneneinstellungen.

CPC-Gebote automatisch einstellen, um Klicks zu maximieren

Hier legen nicht Sie den Bietpreis fest, sondern überlassen das Gebot dem Google-System. Dieses ermittelt den optimalen Klickpreis, um möglichst viele Klicks zu generieren.

Diese Gebotsoption entspricht damit dem früheren »Budget Optimizer« mit zwei Änderungen:

- Sie können ein Gebotslimit festlegen, das das Google-System beim Bieten nicht überschreiten darf.
- Die Optimierung der Anzeigenauslieferung basiert auf dem Tagesbudget. Beim Budget Optimizer musste ein Monatsbudget festgelegt werden.

Der Vorteil dieser Option ist für Sie der geringere Aufwand. Die Nachteile dieser Option wiegen jedoch schwerer:

- Sie geben den Klickpreis als Steuerungselement aus der Hand, mit dem Sie Einfluss auf Ihre Anzeigenposition nehmen können (vgl. hierzu auch Abschnitt 12.5, *Ihre AdWords in Analytics*).
- Die Option ANZEIGENPLANUNG, mit der Sie die zeitliche Auslieferung von Anzeigen steuern können (siehe Abschnitt 10.3, *Vom Kampagnenbericht zur Anzeigenplanung*), ist hier nicht möglich.
- Sie können keinen individuellen CPC auf Keyword-Ebene vergeben (Abschnitt 6.4.1, *Keywords individualisieren*).
- Die Optimierung bezüglich Klicks sollte nicht Ihr Hauptziel sein. Wir wissen schon lange, dass wir vielmehr auf Conversions optimieren sollten.

Hinweis

Die beiden eben vorgestellten Optionen firmen unter der Ober-Bezeichnung »Schwerpunkt auf Klicks«. Lassen Sie sich dadurch nicht verwirren: Natürlich können Sie manuell eingestellte CPCs auch nach Conversions optimieren.

Genau das ist das Ziel, das wir in Kapitel 11, *Conversion-Tracking: Das Ziel im Visier*, erreichen wollen. Nur die automatische Variante richtet sich streng nach der Klick-Maximierung.

CPC-Gebote automatisch einstellen, um Conversions zu maximieren

Diese Option, auch »Cost-per-Acquisition« (CPA) genannt, bekommen Sie nur unter zwei Voraussetzungen angeboten:

- Sie haben das Conversion-Tracking installiert.
- Sie haben in den letzten 30 Tagen mehr als 30 Conversions erreicht.

Hierbei geben Sie einen Betrag vor, den Sie pro Conversion maximal ausgeben möchten. Eine Garantie, dass Ihre Conversion-Kosten tatsächlich unter dieser Obergrenze bleiben, gibt es nicht. Die Abrechnung erfolgt weiterhin über Klicks.

Wir besprechen die Themen Conversion und Conversion-Tracking ausführlich in Kapitel 11, *Conversion-Tracking: Das Ziel im Visier*.

Gebote automatisch einstellen, um Impressionen zu maximieren (CPM-Gebote)

Hier nun geht es um ein gänzlich anderes Abrechnungsmodell: die Abrechnung nach 1000 Impressions (TKP, CPM). Bei dieser Option geben Sie einen maximalen Betrag an, den Sie pro 1000 Anzeigenschaltungen zu zahlen bereit sind.

Diese Abrechnungsart gibt es nicht im Such-Netzwerk. Im Content-Netzwerk steht sie hingegen neben der Klickabrechnung zur Verfügung. Entsprechend Ihrer Wahl bei den Werbe-Netzwerken wird sie Ihnen daher gegebenenfalls erst gar nicht angezeigt.

Wichtig

Es ist grundsätzlich ratsam, die Option CPC-GEBOTE MANUELL EINSTELLEN beizubehalten. Verwalten Sie wichtige Hebel wie den Klickpreis selbst und lagern Sie sie nicht an das AdWords-System aus. Mag der geringere Aufwand auch verlockend klingen, so erzielen Sie die besten Ergebnisse nur, wenn Sie Ihr Konto individuell verwalten und nicht auf »Autopilot« schalten.

Budget

Unter dem Punkt BUDGET können Sie nachträglich und jederzeit Ihr Tagesbudget ändern. Haben Sie also 300 Euro pro Monat veranschlagt und merken am 30. Januar, dass dieser ja 31 Tage hat, so können Sie für die letzten beiden Tage das Tagesbudget auf 5 Euro ändern, um es am 1. Februar wieder anzupassen. Überrascht Sie auch der Februar mit nur 28 statt 30 Tagen, so können Sie gegen Ende nochmals kräftig Gas geben.

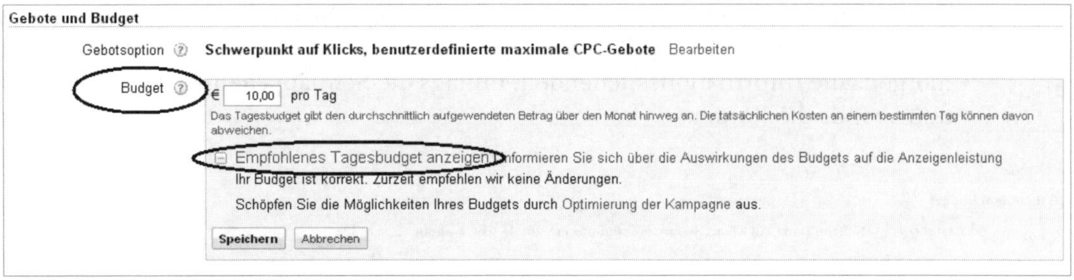

Abb. 5.24: Kampagneneinstellung – Budget

Das Budget können wir von zahlreichen Stellen im Konto aus direkt ändern. Wir haben uns dies bereits angesehen. Interessanter ist deshalb die Funktion EMPFOHLENES BUDGET ANZEIGEN. Hier gibt Ihnen Google eine Budgetempfehlung zur jeweiligen Kampagne.

Die Auswirkung des Budgets auf die Anzeigenleistung beschränkt sich darauf, dass mit mehr Tagesbudget auch mehr Impressions und mehr Klicks möglich sind. In die gleiche Richtung ist die Budgetempfehlung von AdWords zu lesen: Es geht um die Maximierung Ihrer Klicks. Dies ist sicher im Sinne von Google, jedoch nicht immer in Ihrem Sinne.

Es lässt sich feststellen, dass die Budgetempfehlung umso höher ausfällt, je allgemeiner die Keywords sind und je mehr Suchanfragen bei einem Keyword als passend zugelassen sind (Abschnitt 6.1.4, *Allgemeine vs. spezifische Keywords*). Dies erlaubt eine häufige Schaltung Ihrer Anzeigen und resultiert zumeist auch in mehr Klicks. Ist Ihr Ziel jedoch nicht die Erhöhung Ihrer Besucherzahlen auf der Webseite, sondern die Erhöhung Ihrer Conversions wie Sales oder Leads, so sind Sie nicht an allen möglichen, sondern nur an den qualitativ hochwertigen Klicks interessiert. Dies garantiert Ihnen eine blinde Aufstockung Ihres Budgets natürlich nicht.

Eine Budgeterhöhung macht erst dann Sinn, wenn Sie über Ihre Keywords und Anzeigen eine gewisse Qualität der Klicks sichergestellt haben. Wie Sie dies machen, erfahren Sie in den folgenden Kapiteln.

Schaltungsmethode

Die wenigsten Webauftritte haben eine gleichbleibende Besucherqualität. Betreiben Sie einen E-Commerce-Shop, so sind Sie insbesondere an Käufern interessiert. Diese Besucher besitzen für Sie also den höchsten Wert.

Über AdWords gewinnen Sie jedoch auch User, die aus anderen Gründen auf Ihre Seite kommen – die einen wollen sich gezielt informieren, die anderen wollen einfach nur stöbern, die nächsten wollen Sie mit Ihrem Mitbewerb vergleichen. Für alle zahlen Sie gleich viel wie für den Käufer.

Zumeist gibt es eine zeitliche Verteilung an Userschichten, die Sie anhand von Webanalyse-Tools und Logfiles erkennen können – eventuell kommen bei Ihnen morgens die Informationssuchenden, mittags die Schnäppchenjäger, nachmittags und abends die Käufer.

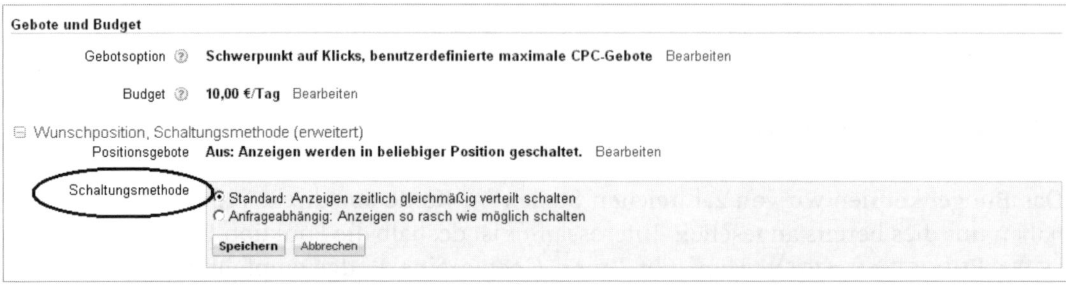

Abb. 5.25: Kampagneneinstellung – Schaltungsmethode

Bei der SCHALTUNGSMETHODE ANFRAGEABHÄNGIG werden Ihre Anzeigen für jede mögliche Suchanfrage geschaltet, bis Ihr Budget aufgebraucht ist. Dies kann bereits früh am Tag sein – in Ihrem Fall eventuell, bevor die tatsächlichen Käufer nach Ihnen suchen. Entscheiden Sie sich in unserem Beispiel also nur für diese Option, wenn Sie Gelder zur Verfügung haben, die Ihnen eine Präsenz über den ganzen Tag garantieren. Die Schaltung Ihrer Anzeigen bei jeder entsprechenden Suchanfrage generiert Ihnen zudem die Nachfrage, die Sie für Ihr höheres Budget benötigen.

Belassen Sie hingegen die voreingestellte SCHALTUNGSMETHODE STANDARD, wenn Sie über ein begrenztes Budget verfügen. So können Sie zum einen zu entsprechenden Auswertungen gelangen, da Ihre Anzeigen den ganzen Tag geschaltet werden. Zum anderen können Sie so sicherstellen, dass die für Sie interessanten User auch tatsächlich zumindest mit einem Teil Ihres Budgets bedient werden.

Haben Sie ein Tagesbudget von 24 Euro und einen Klickpreis von 0,50 Euro, so erhalten Sie bei dieser Option im Idealfall pro Stunde zwei Klicks. Sobald diese beiden erfolgt sind, werden Ihre Anzeigen erst wieder in der nächsten Stunde geschaltet – bis sie auch dann zweimal geklickt wurden. Die Anzahl Ihrer Impressions erhöht sich natürlich gegen Tagesende, sollten Ihre Anzeigen beispielsweise pro Stunde nur einmal Zuspruch gefunden haben. So versucht Google, durch vermehrtes Einblenden die im Rahmen des Budgets möglichen Klicks noch zu generieren.

Hinweis

In Abschnitt 10.3, *Vom Kampagnenbericht zur Anzeigenplanung*, erfahren wir, wie wir unsere Anzeigen nur zu bestimmten Tageszeiten schalten können.

5.4.6 Erweiterte Einstellungen

Der Bereich ERWEITERTE EINSTELLUNGEN heißt nicht umsonst so: Für fast alle Einstellungen benötigen wir weiteres Wissen, das wir derzeit noch nicht haben. Daher sehen wir uns nur kurz die Laufzeit unserer Kampagne an. Wie wir alle anderen Möglichkeiten sinnvoll nutzen, lernen wir später.

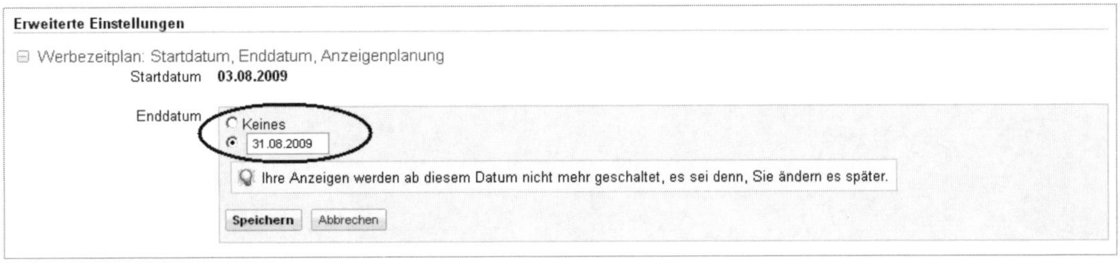

Abb. 5.26: Kampagneneinstellung – Start- und Enddatum

Start- und Enddatum

Mit dem Startdatum legen Sie fest, wann Ihre Anzeigenschaltung losgehen soll. Hinterlegen Sie kein künftiges Datum, so ist die Kampagne aktiv, sobald Sie sie angelegt haben. Die Auslieferung Ihrer Anzeigen können Sie dann beispielsweise durch Pausieren der Kampagne verhindern. Wir hatten dies in Abschnitt 2.2.5, *Damit nichts passiert: Kampagne pausieren*, genau so getan.

Mit dem Enddatum können Sie zeitlich befristete Kampagnen einstellen – sei es nun, weil die Kampagne für eine Aktion nur eine bestimmte Zeit lang laufen soll, sei es, weil sie aus Budgetbeschränkungen nach einer bestimmten Anzahl von Tagen wieder abgeschaltet werden muss. Google beendet dann am eingestellten Tag automatisch die Kampagne und damit die Anzeigenschaltung.

Falls Sie tatsächlich mal rechnen müssen, an welchem Tag Ihr Budget in Abhängigkeit vom Tagesbudget aufgebraucht sein wird: Der eingestellte Tag ist der letzte, an dem noch geschaltet wird. Die Anzeigenschaltung erfolgt also einschließlich des von Ihnen angegebenen Datums.

Kein oder ein in weiter Ferne eingestelltes Enddatum bedeutet natürlich nicht, dass die Kampagne nun auf ewig laufen muss. Selbstverständlich können Sie sie jederzeit löschen oder pausieren. Nur müssen Sie es eben manuell machen.

Kapitel 6

Keywords: Sich gezielt finden lassen

Die Keywords sind das Rückgrat Ihrer AdWords-Kampagne. Hier entscheidet sich, ob Ihre Anzeige geschaltet wird oder nicht. Hier können Sie Ihre Anzeige den richtigen Nutzern präsentieren oder den falschen. Und hier können Sie ganz wesentlich die Qualität und den Erfolg Ihrer Kampagnen steuern.

Deshalb haben wir in diesem Kapitel einiges vor: Wir wollen zunächst grundsätzlich verstehen, welche Keywords warum für uns von Interesse sind. Wir lernen die Optionen kennen, mit denen wir die Suchbegriffe bei AdWords hinterlegen können, und welche Folgen daraus entstehen.

Danach schauen wir uns an, wie wir die für uns relevanten Keywords finden und spezifizieren. Letztendlich hinterlegen wir die Keyword-Liste in unserem AdWords-Konto und lernen die Möglichkeiten kennen, eingegebene Keywords zu bearbeiten.

6.1 Welche Keywords wollen wir?

6.1.1 Suchen Sie wie Ihre Kunden!

Bei Google AdWords haben wir eine komfortable Situation: Der Kunde sucht uns bereits. Wir müssen uns also nur noch finden lassen und ihm mitteilen, dass es uns gibt, und dass wir die Richtigen für ihn sind.

Letzteres muss uns über die Anzeige und in Folge über die Landingpage gelingen. Wir bieten dem Suchenden eine Lösung für sein Problem oder seinen Wunsch an. Wir präsentieren und positionieren unser Angebot und machen es so attraktiv, dass es sich von der Konkurrenz absetzt und gekauft wird.

Die Keywords hingegen haben eine andere Aufgabe: Sie müssen sicherstellen, dass wir die richtigen Suchanfragen der User matchen. Für Keywords ist es daher egal, wie wir selbst unser Produkt sehen oder wie wir wollen, dass es gesehen wird. Der User gibt vor, wie er sein Interesse formuliert – und damit auch unsere Keywords.

Formulieren Sie aus Sicht des Users!

Sehen wir uns hierzu eine AdWords-Kampagne aus der Praxis an, die einen häufigen Fehler verdeutlicht. Beworben werden sollte ein Excel-Tool, das Selbstständigen beim Erstellen ihrer Steuererklärung helfen soll. Dies waren die zugehörigen Keywords:

•	Keyword	Status ?
•	excel-tool	Aktiv
•	"excel-tool"	Aktiv
•	[excel-tool]	Aktiv
•	excel tool	Aktiv
•	excel tol	Aktiv
•	selbständige	Aktiv

Abb. 6.1: Keywords zu Excel-Tool: kein Vorbild!

Ein User, der beruflich selbstständig ist, vor seiner Steuererklärung sitzt und dabei Hilfe benötigt, sucht entsprechend seiner Situation: beispielsweise mit »selbständiger steuererklärung hilfe«. Ihn interessiert, wer oder was ihm weiterhelfen kann. Es ist ihm zunächst egal, ob dies ein Excel-Tool, eine Auflistung in PDF oder was auch immer ist. Diese Angaben werden für ihn erst interessant, wenn er mehrere Lösungsmöglichkeiten vorfindet und zwischen ihnen wählen kann. Der Begriff »Excel-Tool« ist, in welchen Varianten auch immer, als alleiniges Keyword somit denkbar ungeeignet und eignet sich höchstens in Kombination mit einem eindeutigen Schlüsselwort.

Was müssen wir also tun, wenn wir unsere Keywords generieren? Wir müssen die Sicht des Suchenden einnehmen: Welches Problem muss dieser haben, damit er unser Produkt oder unsere Dienstleistung benötigt? Wie könnte er diesem Wunsch in einer Suchanfrage Ausdruck verleihen?

Je genauer wir das Interesse der Suchenden mit unseren Keywords treffen, desto häufiger werden wir gefunden und desto erfolgreicher wird unsere Kampagne.

Formulieren Sie in der Sprache Ihrer Kunden

Bevor wir mit der Erstellung einer Keyword-Liste beginnen, müssen wir uns Gedanken über die User machen, die wir ansprechen wollen: unsere Zielgruppe. Damit wir deren Suchanfragen abfangen können, müssen wir »ihre Sprache sprechen«. Einige Beispiele:

In Ihrer Kommunikation zum Kunden sollte bereits sprachlich berücksichtigt sein, wen Sie vor sich haben. Betreiben Sie einen B2B-Handel, so würden sich Ihre Kunden sicherlich wundern, wenn Sie sich nicht in Fachbegriffen ausdrücken. Im B2C-Bereich sollten Sie hingegen allgemeinverständlich kommunizieren – und deshalb auch mit entsprechend »laienhaften« Suchanfragen nach Ihren

Produkten rechnen. Unterscheiden Sie somit, wer nach »leuchtmitteln« und wer eher nach »glühbirnen« sucht. Oder wer »kortison«, wer »cortison« schreibt.

Beachten Sie lokale Begrifflichkeiten und Dialekte. »Brötchen« heißen in Berlin »Schrippen«, in Baden-Württemberg »Wecken«, in Österreich »Semmeln« – und diese Begrifflichkeiten suchen Ihre Kunden in diesen Zielregionen nicht nur, diese wollen Sie auch im Anzeigentext wiederfinden.

6.1.2 Suchanfragen der User

Wie suchen User eigentlich?

Zwei interessante Informationen:

- Bei einer im Jahr 2007 weltweit durchgeführten Studie von OneStat (`www.onestat.com`) wurde sichtbar, dass User mit immer mehr Begriffen suchen: Lagen die Ein-Wort-Suchanfragen 2003 noch bei etwa einem Viertel, so machten sie 2007 nur noch 15% aller Anfragen aus. Die häufigsten Suchen bestanden demnach aus zwei Worten (31,91% aller Suchanfragen), gefolgt von 3-Wort-Kombinationen (27,02%). Der Trend ist klar: Die Suchanfragen von Usern werden aufgrund der Fülle von Suchergebnissen immer umfangreicher und dadurch spezifischer.
- Laut Udi Manber, Googles VP of Engineering, wurden 20-25% aller Suchanfragen, die heute bei Google eingegeben werden, vorher noch niemals gemacht (`http://www.readwriteweb.com/archives/udi_manber_search_is_a_hard_problem.php`).

Es macht also durchaus Sinn, sich intensiv mit dem Thema »Keywords« und dem Erstellen guter Keyword-Listen zu beschäftigen.

Was wollen User eigentlich?

Wer Suchmaschinen nutzt, tut dies aus unterschiedlichen Gründen: Einige User suchen Foren oder Blogs, um Beiträge zu schreiben und sich mit anderen Usern auszutauschen. Andere möchten zu einem Thema Informationen sammeln und Vergleiche anstellen. Und noch andere wollen ein ganzes bestimmtes Produkt online bestellen und kaufen.

Welche User für Sie von Interesse sind, hängt von dem Ziel ab, das Sie mit Ihrer Webseite verfolgen. Somit sind für Sie User nicht gleich User, Klicks nicht gleich Klicks und Suchanfragen nicht gleich Suchanfragen.

Die Praxis zeigt, dass bereits geringe Unterschiede im Suchbegriff ein völlig anderes Interesse beinhalten können. Sehen Sie sich die Suchanfragen »suchmaschinenoptimierung« und »suchmaschinenoptimierungen« an. Bei Eingabe der Pluralform möchten User einen Überblick bzw. grundsätzliche Informationen zum Thema haben, Glossare und Best Practices lesen oder Ideen erhalten. Bei Eingabe des Singulars hingegen suchen Nutzer zumeist einen Service, der ihnen konkret bei einer geplanten Optimierung weiterhilft oder ihnen diese abnimmt.

Aufgrund einer minimalen Unterscheidung haben Sie zwei unterschiedliche User vor sich, die verschiedene Interessen und Erwartungen haben – und für Sie dadurch auch unterschiedlich wertvoll sind.

6.1.3 Suchanfragen im Kaufzyklus

Lassen Sie uns deshalb ansehen, welche Unterschiede bei Suchanfragen auftreten können, und was diese uns sagen.

In einem vereinfachten Kaufzyklus durchläuft ein Nutzer die folgenden vier Phasen:

- Wahrnehmung
- Informationssuche und Alternativenabwägung
- Entscheidung und Kaufabsicht
- Kauf

Für weiterführende Informationen können Sie sich beispielsweise das bekannte AIDA-Modell oder auch das Consumer Decision Process Model (CDP) ansehen.

Wahrnehmung

In der ersten Phase nimmt der Nutzer ein Bedürfnis oder einen Mangel wahr. Dies können Sie als Advertiser beispielsweise durch die Präsentation und Bekanntmachung eines neuen Produktes auslösen.

Hierbei hilft Ihnen das Such-Netzwerk nur wenig. Solange ein User das Produkt nicht kennt, kann er auch nicht danach suchen. AdWords hilft Ihnen dabei, Nachfrage abzuschöpfen – Nachfrage schaffen hingegen können Sie so gut wie gar nicht.

In diesem Stadium sollten Sie Branding betreiben und für die Bekanntheit Ihres Produktes sorgen. Bei Google können Sie dies beispielsweise durch Placement- oder Keyword-bezogene Kampagnen oder im Content-Netzwerk (Kapitel 13) erreichen. Natürlich haben Sie auch außerhalb von Google zahlreiche Möglichkeiten, Branding-Effekte zu erzielen.

Informationssuche

Wurde beim Nutzer nun ein Verlangen ausgelöst, so sucht er nach Informationen. Er will die auf dem Markt befindlichen Angebote kennen lernen und Alternativen abwägen können. Als Werbeformen bieten sich hierbei sowohl das Content- als auch bereits das Such-Netzwerk an.

Nehmen wir an, ein User zieht den Kauf eines neuen Autos in Erwägung. Typische Suchanfragen wären zum Beispiel »autos«, »auto typen«, »neue autos« oder »auto angebote« – mithin sehr allgemeine Suchbegriffe, die große Themenbereiche abdecken.

Kaufabsicht

Sobald der User aus den vorliegenden Informationen eine Entscheidung getroffen hat, trägt er sich mit einer Kaufabsicht: Er weiß um seine grundsätzlichen Wünsche bezüglich des Produktes und sucht, womit er diese am besten befriedigen kann. Seine Suche wird spezifischer und umfasst bereits einen kleineren Themenkreis. Innerhalb dessen stellt er jedoch noch allgemeine Suchanfragen: »kleinwagen«, »vergleich kleinwagen«, »kleinwagen diesel« oder »kleinwagen test«.

Kauf

In der tatsächlichen Kaufphase wird die Suchanfrage des Nutzers sehr spezifisch. Je genauer ein User sucht, desto länger werden die Wortkombinationen, mit denen er auf die Suche geht: Er weiß bereits, was er kaufen möchte, und will daher nur Ergebnisse erhalten, in denen seine Anforderungen bereits alle berücksichtigt sind. Oftmals sucht er also direkt nach dem Produktnamen und ergänzt diesen vielleicht um eine ihm wichtige Spezifizierung: »peugeot 207 rc kaufen«, »polo gti spoiler« oder »opel corsa gsi sofort lieferbar«.

Dies bedeutet für uns...

User in unterschiedlichen Stadien des Kaufzyklus haben unterschiedliche Interessen und drücken diese auch in unterschiedlichen Suchanfragen aus. Entsprechend unterschiedlich sind auch die Erwartungshaltungen, die an das Suchergebnis gestellt werden.

Unsere Herausforderung liegt darin, die jeweilige Situation des Users mit den Informationen, die er in der Suchanfrage preisgegeben hat, zu erkennen. Dadurch können wir ihn nicht nur gezielt mit Anzeigentexten ansprechen, wir können ihn auch gezielt auf eine jeweils passende Seite unseres Internetauftritts führen: im Vergleichsstadium beispielsweise auf unsere Produktübersichtsseite, im Stadium der konkreten Kaufabsicht auf die entsprechende Produktdetailseite.

6.1.4 Allgemeine vs. spezifische Keywords

Je mehr ein User sich dem eigentlichen Kauf nähert, umso spezifischer werden seine Suchbegriffe. Damit wären für einen Kauf als Conversion-Ziel nur hochspezifische Keywords relevant. Warum also überhaupt allgemeinere Keywords verwenden, wenn bei diesen ein geringeres Kaufinteresse besteht?

Ziele und Folgen allgemeiner Keywords

In der Praxis werden mit allgemeinen Keywords insbesondere zwei Ziele verfolgt: Der User soll schon vor der tatsächlichen Kaufphase an ein Unternehmen gebunden werden. Je vertrauter ihm der jeweilige Shop ist, je besseren Service er zum Beispiel in Form von Informationen bereits erhalten hat, desto eher ist er bereit, bei diesem Anbieter auch tatsächlich zu bestellen. Nicht nur bei hochpreisigen Produkten und Services gehen Conversions selten von Erstbesuchern, sondern hauptsächlich von wiederkehrenden Besuchern aus. Wir werden dieses Thema noch in Abschnitt 12.5.2, *Neue und wiederkehrende Besucher*, besprechen.

Das zweite wichtige Ziel von allgemeinen Keywords besteht darin, eine größere Nachfrage zu schaffen. Würden Sie nur mit Keyword-Kombinationen wie »selbständiger steuererklärung hilfe excel tool« arbeiten, so würden Ihnen diese sicherlich qualitativ extrem hochwertige und relevante User bringen. Gleichwohl würden diese langen Wortkombinationen auch nur sehr selten gesucht und von Google eventuell über den Status »geringes Suchvolumen« inaktiv gesetzt werden (Abschnitt 9.2.3, *3. Gruppe: Die restlichen Keywords*).

Ein allgemeines Keyword wie »steuererklärung« schaltet Ihre Anzeigen bei ungleich mehr Anfragen. Auch unter diesen können sich einige befinden, die auf Ihr Excel-Tool abzielen. Diese hätten Sie mit wortreichen spezifischen Keywords nicht erreicht. Sie dürfen von Suchanfragen nicht erwarten, dass sie immer exakt und ausführlich formuliert werden. Manche User suchen in diesem Sinne einfach »falsch« oder wissen es nicht besser.

Allerdings werden Ihre Anzeigen dadurch auch Usern gezeigt, die etwas ganz anderes mit dem Suchbegriff »steuererklärung« finden wollten: Abgabefristen, Download der Formulare, Onlinehilfen, Steuerberater oder einfach nur eine Definition. Was wären die Folgen:

- Sie haben mehr Keyword-Konkurrenz, denn jeder, der irgendetwas rund um Steuererklärungen anzubieten hat, hat diesen Begriff hinterlegt. Bei größerem Mitbewerb steigt der Preis und/oder die Anzeigenposition verschlechtert sich.
- Ihre Anzeige wird bei zahlreichen Suchanfragen eingeblendet, die Ihren Service gar nicht suchen. Die Anzahl Ihrer Impressions steigt, die Klickrate sinkt. Dies führt zu den damit verbundenen Folgen eines sinkenden Qualitätsfaktors.
- Sie zeigen Ihre Anzeige mehr »qualitativ schlechten« Besuchern und führen deshalb auch tendenziell mehr davon auf Ihre Webseite. Da Sie trotzdem für jeden Klick zahlen, erhöhen sich Ihre Kosten pro Conversion.

Es liegt an Ihnen herauszufinden, wie allgemein und damit wie weit entfernt Sie von der Idealanfrage bleiben können. Je genauer Sie Ihre Begriffe definieren, desto niedriger sind Ihre Kosten pro Conversion – umso kleiner allerdings auch der Kreis der User, der Sie sucht und besucht. Wollen Sie Ihre Nachfrage und damit die Anzahl Ihrer Besucher mit allgemeineren Begriffen erhöhen, so erweitern Sie die Anzahl der Suchenden, denen Sie sich präsentieren. Sie verschlechtern damit allerdings auch die Qualität der Klicks und erhöhen Ihre Kosten.

Wie allgemein dürfen Sie werden?

Ob sich Keywords für Sie lohnen, entscheiden Visitor Value und Kosten pro Conversion. Der Visitor Value lässt sich dabei leicht dem Klickpreis gegenüberstellen: Ist Ihnen ein neuer Besucher maximal 0,50 Euro wert, so darf der durchschnittliche Klickpreis diesen Betrag nicht überschreiten.

Zu den Kosten pro Conversion ebenfalls ein einfaches Beispiel: Sie verdienen an jedem Download Ihres Excel-Tools 120 Euro. Liegen Ihre Kosten pro Conversion in diesem vereinfachten Beispiel darunter, so machen Sie mit jedem Download einen Gewinn. Liegen sie höher, so machen Sie einen Verlust.

- Ihr Keyword »selbstständiger steuererklärung hilfe« kostet Sie durchschnittlich 0,30 Euro. Jeder 100. Besucher lädt sich Ihr Tool herunter, so dass Sie pro Download 30 Euro Kosten haben. Ein lohnendes Geschäft.
- Schalten Sie Ihre Anzeigen auch bei dem Suchbegriff »selbstständiger steuererklärung«, so kostet Sie hier ein Klick aufgrund der höheren Konkurrenz beispielsweise 0,40 Euro. Da Ihre Besucher nicht explizit nach einer »Hilfe« gesucht haben, haben sie breiter gefächerte Interessen. Somit spricht Ihr Angebot nicht mehr jeden 100., sondern nur noch jeden 200. Besucher an. Die Kosten pro Download belaufen sich für Sie also auf 80 Euro. Statt 90 Euro verdienen Sie nur noch 40 Euro an jedem Download, was sich aber natürlich noch immer lohnt.
- Mit »steuererklärung« haben Sie nun ein Keyword gewählt, das Ihnen den meisten Mitbewerb beschert. Sie haben nicht nur auf den Zusatz »Hilfe« verzichtet – Sie sprechen nun auch alle Berufsgruppen an, nicht nur Selbstständige. Entsprechend dürftig sind Ihre Leistungsdaten: die Klickrate ist gering, der Qualitätsfaktor schlecht und die Position Ihrer Anzeige niedrig.

  Um in den sichtbaren Bereich auf der ersten Suchergebnisseite zu gelangen, haben Sie den Klickpreis sogar deutlich anheben müssen – mittlerweile liegt er bei 1,20 Euro. Es müsste also jeder 100. Besucher tatsächlich Ihr Tool downloaden, damit Sie dieses Keyword zumindest nicht ohne Verluste weiterhin schalten können – was aufgrund der Conversion-Raten der beiden anderen Keywords sicher nicht zu erwarten ist. Bei diesem Keyword sind Ihre Kosten pro Conversion somit viel zu hoch. Es ist deutlich zu allgemein und sollte von Ihnen schnellstens gelöscht oder wieder auf eine spezifischere Formulierung geändert werden.

In der Praxis werden diese Werte häufig nicht für einzelne Keywords betrachtet, sondern über alle Keywords hinweg. So ist es möglich, eine Mischung aus lohnenden und nicht lohnenden, für das Unternehmen jedoch aus anderen Gründen wichtigen Keywords zu erreichen. In Ihrem AdWords-Konto finden Sie die Ergebnisse für jedes einzelne Keyword wie auch für die gesamte Kampagne. Eine Erfolgskontrolle dieser Werte ist unabdingbar.

6.2 Keyword-Optionen

Mit den Keyword-Optionen können Sie steuern, wie genau eine Suchanfrage mit Ihrem hinterlegten Keyword übereinstimmen muss, um tatsächlich eine Anzeigenschaltung auszulösen. Es gibt insgesamt vier Optionen inklusive der Variante, dass Sie eine Anzeigenschaltung für bestimmte Keywords unterbinden können:

1. Broad Match: weitgehend passende Keywords
2. Phrase Match: passende Keywords
3. Exact Match: genau passende Keywords
4. Negative Match: ausschließende Keywords

Mit der Wahl einer Option verbunden sind zahlreiche Auswirkungen. Je größere Abweichungen Sie bei Ihren hinterlegten Keywords noch gelten lassen, desto häufiger kommt es zu einer Anzeigenschaltung. Dies kann weitere Folgen auf die Qualität der Klicks, Klickrate, Anzeigenposition, Klickpreis bis hin zur Conversion-Rate haben.

Lassen Sie uns deshalb nun die Optionen kennen lernen sowie die Auswirkungen untersuchen.

> **Hinweis**
>
> Für kurze Zeit wurde in einigen Konten zusätzlich die Option AUTOMATIC MATCH angeboten. Es kann damit gerechnet werden, dass diese irgendwann wieder zur Verfügung steht. Informationen dazu erhalten Sie unter `http://www.adwords-buch.info/blog/neue-kampagneneinstellung-automatische-uebereinstimmung`.

6.2.1 Broad Match: weitgehend passende Keywords

Geben Sie Keywords ohne irgendwelche Zusätze ein, so haben Sie automatisch die Option BROAD MATCH bzw. »weitgehend passend« gewählt. Dies bedeutet, dass Google sehr flexibel mit Ihren Keywords umgeht. Eine Schaltung erfolgt nicht nur bei exakter Eingabe des von Ihnen hinterlegten Begriffes, sondern auch bei einer Vielzahl von Abweichungen.

Abb. 6.2: Weitgehend passende Keywords

Die erlaubten Abweichungen nennt man auch »Expanded Match«:

- Singular-/Pluralformen
- Synonyme
- relevante Variationen
- Ergänzungen jeglicher Art und an jeglicher Stelle.

Das Keyword »blaue wildlederschuhe« kann also zu Schaltungen bei recht unterschiedlichen Suchanfragen führen: »blaue wildlederschuhe kaufen«, »wildlederschuhe blau«, »blauer wildlederschuh«, »wildlederschu«, aber auch »weiße wildlederschuhe« oder »lederschuh«.

Einige Vorteile dieser Option sind leicht ersichtlich:

- Varianten und Synonyme, an die Sie selbst nicht gedacht haben, können abgedeckt werden.
- Sie können sich Zeit und Arbeit bei der Erstellung und Eingabe von Keywords sparen.
- Ihre Anzeigen werden häufiger geschaltet und generieren so wahrscheinlich mehr Klicks, auf jeden Fall aber mehr Impressions.

Es gibt natürlich auch Nachteile:

- Sie können sich nicht darauf verlassen, dass Ihre Anzeigen auch tatsächlich bei allen Varianten geschaltet werden. Stehen genügend Advertiser mit genau oder besser passenden Keywords zur Auswahl, so werden deren Anzeigen geschaltet.
- Sie erhalten weit weniger genaue Auswertungsdaten, als wenn Sie jede Variation als eigenes Keyword mit eigenen Zahlen zu Impressions, Klicks usw. angelegt hätten. Und wie wichtig schon geringe Unterschiede in der Wortwahl sein können, haben Sie an unserem Autokauf-Beispiel (Abschnitt 6.1.3, *Suchanfragen im Kaufzyklus*) bereits erfahren.
- Da weitgehend passende Keywords auch bei weit weniger zielgerichteten Suchanfragen zu Anzeigenschaltungen führen, bringen Sie auch weniger zielgerichtete Besucher auf Ihre Seite. Es fallen für Sie also in erhöhtem Maße auch Kosten für unnötige Klicks an.
- Die Übereinstimmung von Suchanfrage des Users mit Ihren hinterlegten Anzeigen wird geringer. Dies hat, wie wir im nächsten Kapitel sehen werden, erhebliche Auswirkungen auf die Klickrate.

Zudem sollten Sie es möglichst vermeiden, diese Option für Keywords zu verwenden, die nur aus einem einzelnen Wort bestehen. Hierzu ein Beispiel, das sicherlich nicht die Regel ist, die Gefahr aber überdeutlich veranschaulicht:

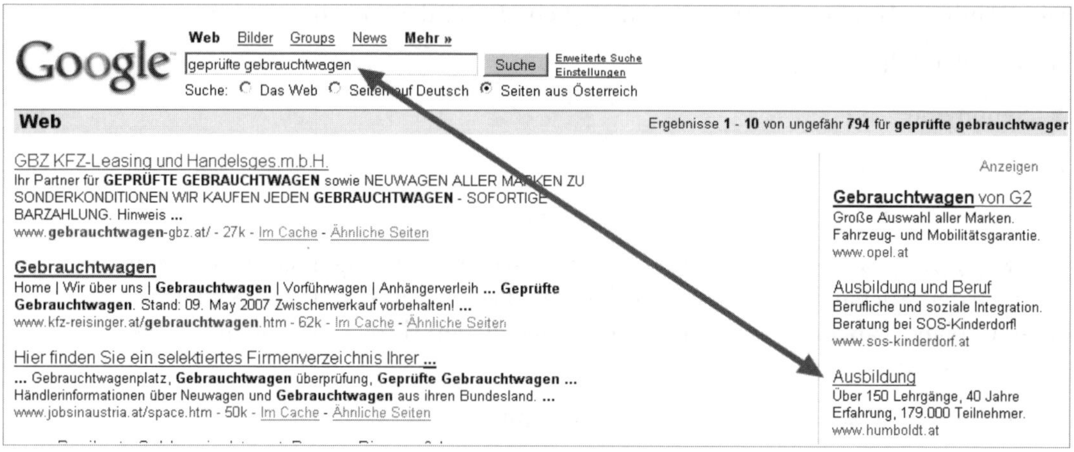

Abb. 6.3: Ein extrem weitgehend passendes Keyword

Über das Expanded Match wurde scheinbar die Verbindung von »Ausbildung« auf »Prüfung« oder »geprüfte Ausbildung« hergestellt, was unmittelbar in »geprüfte gebrauchtwagen« mündete. Für ein Fortbildungsinstitut wie in diesem Fall sicherlich keine Suchanfrage, hinter der man die nächste Anmeldung vermutet.

Google verweist darauf, dass bei der Schaltung zu den Keyword-Varianten globale Suchtrends einbezogen werden, die nur die leistungsstärksten Keywords berücksichtigen. Vermeintliche Variationen und Synonyme, die zu keinen Klicks führten, werden über kurz oder lang wieder als irrelevant verworfen, wodurch sich die unterstellten Zusammenhänge kontinuierlich verbessern. Dieses Bestreben ist durchaus glaubhaft, da Google ja auch daran interessiert ist, dass Ihre Anzeigen geklickt werden.

Hinweis

Mit dem so genannten »Suchanfragenbericht« bekommen Sie eine Vorstellung, über welche Suchbegriffe User auf Ihre Seite kommen. Wir sehen uns in Kapitel 10, *Berichte: Alles auf einen Blick* an, wie Sie diesen Bericht sowohl im Berichtcenter als auch direkt in Ihrem Konto erstellen und nutzen können (Abschnitt 10.4, *Vom Suchanfragenbericht zur Keywordliste*).

6.2.2 Phrase Match: passende Keywords

Die Option der passenden Keywords, an manchen Stellen im Konto auch »Wortgruppe« genannt, wählen Sie, indem Sie das Keyword beim Eingeben in hochgestellte Anführungsstriche setzen: »"blaue wildlederschuhe"«.

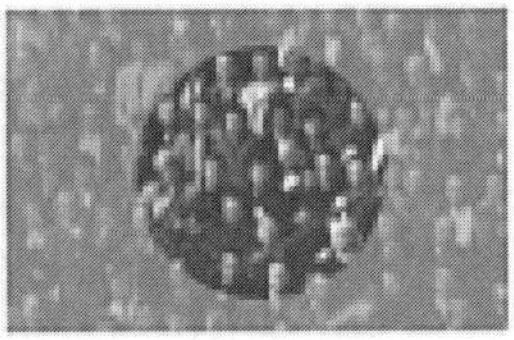

Abb. 6.4: Passende Keywords

Was bewirkt diese Option? Ihre Anzeige wird nur geschaltet, wenn das hinterlegte Keyword in genau dieser Reihenfolge gesucht wird. Ob davor oder danach noch weitere Begriffe in der Suchanfrage eingegeben wurden, ist dabei egal. Nicht zur Anwendung kommt das Expanded Match: Es werden also keine Varianten oder Synonyme zugelassen.

»"blaue wildlederschuhe"« löst also eine Anzeige aus, wenn nach »billige blaue wildlederschuhe« gesucht wird. Oder nach »blaue wildlederschuhe pflegen«.

Zu keiner Schaltung kommt es, wenn nach »wildlederschuhe blau«, »wildlederschuhe«, »blaue wildlederschue« oder »blaue billige wildlederschuhe« gesucht wird. Eine Schaltung von »geprüfte Gebrauchtwagen« hätte mit dieser Option bei dem Keyword »ausbildung« also nicht passieren können.

Phrase Match schränkt die Häufigkeit der Anzeigenschaltung zu einem Keyword bereits deutlich ein. Damit Ihnen keine Suchanfragen entgehen, an denen Sie sehr wohl interessiert wären, müssen Sie selbst alle gewollten Variationen als eigenes Keyword hinterlegen – Pluralformen, Synonyme oder Falschschreibungen.

Dafür ist gewährleistet, dass die Suchanfragen auf jeden Fall Ihr hinterlegtes Keyword beinhalten – und somit auch eine Qualität bei der Anzeigenauslieferung sichergestellt wird, die Ihnen die Option Broad Match nicht garantieren kann.

6.2.3 Exact Match: genau passende Keywords

Richtig vermutet: Mit dieser Option stellen Sie sicher, dass nur genau passende Suchanfragen zu Anzeigenschaltungen führen. Die Suche muss buchstabengenau mit Ihrem Keyword übereinstimmen und darf keinerlei weitere Begriffe enthalten. Sie gewährleisten dies, indem Sie Ihre Keywords mit eckigen Klammern eingeben: »[blaue wildlederschuhe]«.

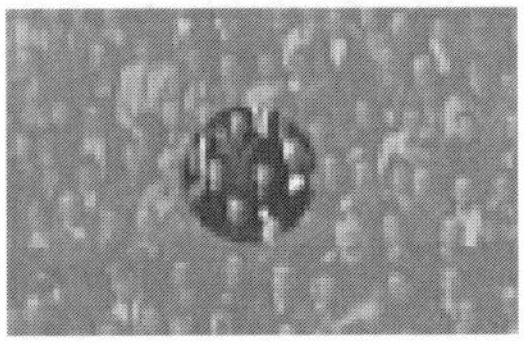

Abb. 6.5: Genau passende Keywords

Ihre Anzeige wird tatsächlich nur geschaltet, wenn der Nutzer »blaue wildlederschuhe« eingibt – kein Tippfehler, kein Weglassen und keine Ergänzung von Buchstaben und Wörtern.

Diese Option sollte Ihnen die qualitativ hochwertigsten Suchenden liefern. Zwar erhalten Sie die wenigsten Impressions von allen Optionen, doch haben Sie die Möglichkeit, deutlich besser zum Keyword passende Anzeigentexte zu verfassen und dadurch höhere Klickraten zu erzielen.

6.2.4 Positive Optionen und Qualitätsfaktor

Welche Option Sie wählen, hat keinen Einfluss auf den Qualitätsfaktor des Keywords. Haben Sie ein Keyword als Broad Match, Phrase Match und Exact Match hinterlegt, so haben alle drei Optionen den gleichen Qualitätsfaktor. Dieser wird ausschließlich aufgrund von Suchanfragen ermittelt, die mit dem hinterlegten Keyword genau übereinstimmen.

Ein Beispiel: Haben Sie »blaue wildlederschuhe« als Broad Match hinterlegt, dann muss ein User genau nach »blaue wildlederschuhe« suchen, damit Ihr Qualitätsfaktor vom Erfolg oder Nicht-Erfolg beeinflusst wird. Sucht der User nach »weiße wildlederschuhe«, so kann es aufgrund des Expanded Match zu einer Anzeigenschaltung und gar zu einem Klick kommen. Auf den Qualitätsfaktor nimmt dies jedoch keinen Einfluss.

Dies lässt uns nun die Klickrate als Einflussfaktor auf den Qualitätsfaktor noch genauer definieren – nämlich als die Klickrate bei »genau passenden« Suchanfragen. Es klärt auch den vermeintlichen Widerspruch, den Sie gelegentlich in Ihrem Konto feststellen werden: ein Keyword weist eine hohe Klickrate und trotzdem einen niedrigen Qualitätsfaktor auf.

In obigem Beispiel wäre dies der Fall, wenn Ihre Anzeigen nach Suchanfragen, die genau »blaue wildlederschuhe« lauten, kaum geklickt werden: Dies führt zum niedrigen Qualitätsfaktor. Suchanfragen nach »weiße wildlederschuhe«, die erst durch die Option Broad Match bedient wurden, werden jedoch überproportional häufig geklickt und führen zu der hohen Klickrate.

Tipp

Geben Sie in Ihre Keyword-Liste alle drei Optionen ein. Kontrollieren Sie, wie diese unterschiedlich performen. Achten Sie bei weitgehend passenden Keywords jedoch insbesondere auf Klickraten und tatsächliche Suchanfragen, die zur Schaltung führen. Wir erfahren in Abschnitt 9.2.4, *Individuelle Maßnahmen*, wie wir die unterschiedlichen Leistungsdaten für alle Optionen abfragen und optimieren.

6.2.5 Negative Match: ausschließende Keywords

Mit dieser Option können Sie verhindern, dass Ihre Anzeigen bei bestimmten Suchbegriffen geschaltet werden. Setzen Sie hierfür ein Minuszeichen vor das Keyword: »-rote wildlederschuhe« oder auch einfach nur »-rot«.

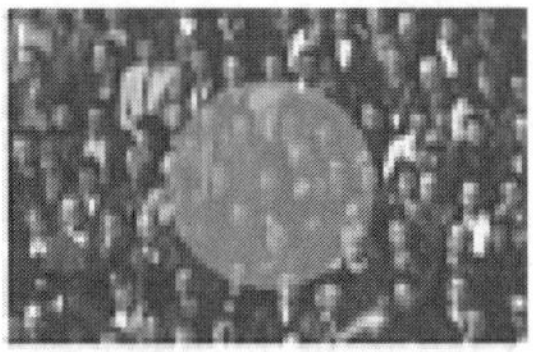

Abb. 6.6: Ausschließende Keywords

Haben Sie beispielsweise »blaue wildlederschuhe« als Broad Match hinterlegt, so kann noch immer eine Schaltung bei »weiße wildlederschuhe« erfolgen, nicht mehr bei »rote wildlederschuhe«.

Auch beim Phrase Match zeigen ausschließende Keywords Wirkung: Bieten Sie keine Pflegemittel an, so können Sie beispielsweise den Begriff »pflegen« ausschließen. Das passende Keyword »"blaue wildlederschuhe"« liefert Ihre Anzeigen also weiterhin bei Suchanfragen wie »blaue wildlederschuhe kaufen« aus, nicht mehr jedoch bei »blaue wildlederschuhe pflegen«.

Nicht zum Tragen kommen ausschließende Keywords selbstverständlich beim Exact Match, da diese keine unerwünschten Zusätze erlauben.

Ausschließende Keywords können ihrerseits als Broad Match, Phrase Match und Exact Match hinterlegt werden.

Machen Sie von ausschließenden Keywords reichlich Gebrauch. Sie können die Qualität Ihrer Kampagne damit enorm steigern:

- Sie vermeiden unnötige Anzeigenschaltungen. Bedenken Sie, dass ein Senken Ihrer Impressions um 20% einen Anstieg der Klickrate um 25% bedeutet.
- Sie ersparen sich zudem unnötige Klicks und damit Kosten für User, deren Anfrage Sie sowieso nicht bedienen können.

Typische ausschließende Keywords sind beispielsweise

- billig, günstig, Angebot oder Schnäppchen – um Schnäppchenjäger auszuschließen
- mieten, hosten, leihen, Verleih – um nur Käufer anzuziehen
- Marken und Produkte – um nur User zu gewinnen, die auch an Ihrem Angebot interessiert sind.

Sehen Sie ausschließende Keywords daher nicht nur als »Ausschuss« beim Generieren Ihrer positiven Keyword-Liste an. Suchen Sie aktiv nach Begriffen, bei denen Sie nicht gefunden werden wollen. Wir werden uns mit dem Keyword-Tool (Abschnitt 6.3.3, *Keyword-Tool*) sowie mit dem Suchergebnis-Bericht (Abschnitt 10.4, *Vom Suchanfragenbericht zur Keywordliste*) zudem noch zwei Hilfswerkzeuge ansehen, die Sie bei dieser Suche unterstützen können.

6.3 Keywordliste

Wo bekommen Sie aber nun die ganzen Keywords her, mit denen Sie neue Besucher und Kunden auf Ihre Webseite holen können? Sicherlich sind Ihnen beim Lesen des vorangegangenen Kapitels bereits einige Suchbegriffe zu Ihrem Produkt oder zu Ihrer Dienstleistung eingefallen. Oder Sie haben einige Einfälle nach obigen Ausführungen bereits wieder gestrichen.

Lassen Sie uns deshalb als Erstes ansehen, wie und mit welchen Hilfsmitteln Sie Keywords professionell generieren können.

6.3.1 Struktur der Liste

Beim Generieren von Keywords ist es sinnvoll, sich an der geplanten Kampagnenstruktur zu orientieren. Verkaufen Sie Bekleidung, so überlegen Sie sich Ihre Keywords für Ihre jeweiligen Anzeigengruppen: Keywords für Anzüge, Keywords für Hemden und Keywords für Socken – oder was auch immer Ihre Einteilung vorsieht.

Legen Sie zudem innerhalb dieser Gruppen einzelne Listen an, die Sie nachher sinnvoll miteinander kombinieren können. Dadurch erhalten Sie zahlreiche Wortgruppen-Keywords, die zahlreiche Suchanfragen genau treffen und von Ihren Konkurrenten eventuell nicht berücksichtigt wurden.

Ein einfaches Beispiel: Für Ihre Anzeigengruppe Socken haben Sie die Keywords »socken«, »kniestrümpfe« und »füßlinge« gefunden. Eine zweite Liste umfasst dann beispielsweise die Farben, in denen diese Socken angeboten werden: »schwarz«, »dunkelblau« und »weiss«. Zusätzlich berücksichtigen Sie, dass User nach »kaufen«, »bestellen« oder »shop« suchen können.

Typische Bereiche, die sich kombinieren lassen, sind beispielsweise

- Ihr Geschäftszweck: kaufen, mieten, leasen, hosten ...
- besondere Leistungen: kostenlos, versandkostenfrei, vor-Ort-Service ...
- geografische Zusätze: Hotel Bad Bleiberg, Urlaub Südtirol ...
- Firmen- oder Markennamen: Handy Nokia, Laufschuhe Nike ...

Ein entsprechendes Tool zum automatischen Kombinieren finden Sie beispielsweise unter `www.adwords-buch.info` oder auch im AdWords Editor (Anhang B).

6.3.2 Keywords sammeln

Ihre Ideen

Für den Beginn notieren sie sich am besten, welche Keywords Ihnen in den Sinn kommen. Sie kennen Ihr Angebot und wissen, was es für Ihre Kunden leistet, und warum Sie es überhaupt auf dem Markt platziert haben. Betreiben Sie Brainstorming und denken Sie immer daran, die Sicht des Kunden einzunehmen. Ihre Keywords matchen seine Suchanfragen, nicht Ihre Vorstellungen von Ihrem Produkt oder Ihrem Service.

Schauen Sie sich Ihren Webauftritt, die Suchfunktion auf Ihrer Website, Ihre Produktbeschreibungen oder Ihr Werbematerial an. Sie wären nicht der Erste, der die wichtigsten Schlagwörter vergisst, weil sie ihm selbst so geläufig sind. Ihr Internetauftritt hat noch einen weiteren Vorteil: User, die Sie über diese Begriffe auf Ihre Webseite leiten, finden Ihre eigenen Suchbegriffe dort wieder. Dies trägt zur Durchgängigkeit Ihrer Kampagne und damit zum Wiedererkennungseffekt in jedem AdWords-Schritt bei.

Denken Sie zudem an diejenigen Keywords, die Sie bereits in den Metatags Ihres Webauftritts definiert haben. Rufen Sie hierfür einfach den Quelltext Ihrer Website über die rechte Maustaste (Internet Explorer: Quelltext anzeigen; Firefox: Seitenquelltext anzeigen) auf:

```
<!DOCTYPE html PUBLIC "-//W3C//DTD XHTML 1.0 Transitional//EN" "http://www.w3.org/TR/xhtml1/DTD/xhtml1-transitional.dtd">
<!--START 100//--><!--END 100//-->
<html xmlns="http://www.w3.org/1999/xhtml">
<head>
<title>Home, e-dialog - Online-Marketing, Webanalyse, Suchmaschinen-Optimierung und -Marketing</title>
<!--START head//-->
<meta name="generator" content="Sefrengo / www.sefrengo.org"  />
<base href="http://www.e-dialog.at/" />
<meta name="author" content="CMS Sefrengo" />
<meta name="description" content="e-dialog: Ihr Partner für Suchmaschinenoptimierung, Online-Marketing, Webanalyse und Conv
<meta name="keywords" content="e-dialog, suchmaschinen optimierung, online marketing, web analyse, conversion optimierung,
<meta name="robots" content="index, follow" />
<meta http-equiv="content-type" content="text/html; charset=utf-8" />
<script type="text/javascript">
```

Abb. 6.7: Quelltext

Zwar sollten Ihre Suchmaschinenoptimierungen dafür sorgen, dass Sie mit diesen Schlagwörtern auf den vorderen Plätzen in der organischen Suche vertreten sind – doch solange dies nicht der Fall ist, können Sie mit AdWords unterstützend helfen.

Weitere Anregungen

Selbstverständlich sollten Sie sich auch Ihre Konkurrenten anschauen. Sehen Sie deren Anzeigentexte nach gelungenen Begrifflichkeiten durch. Lesen Sie den Content der Websites und gehen Sie auch in den Quelltext. Prüfen Sie dort insbesondere im »Titel« und in den Metatags »Keywords« und »Description«, ob es Keywords gibt, an die Sie bisher noch nicht gedacht haben.

Des Weiteren besuchen Sie andere Websites, die sich ebenfalls mit dem für Sie relevanten Thema befassen – seien es Foren, Blogs, Social Bookmark-Portale oder Lexika wie beispielsweise Wikipedia. Diese Beiträge enthalten oftmals eine Fülle an relevanten Begriffen, Synonymen und Umschreibungen.

Auch Ihre Korrespondenz mit Ihren Kunden kann Sie auf weitere relevante Keywords bringen. Gefangen im eigenen Fachjargon vergisst man gerne, wie Leistungen, Services oder auch Produkte vom Kunden selbst bezeichnet werden. Dies zu berücksichtigen ist umso wichtiger, als genau diese Begrifflichkeiten häufig als Suchanfragen verwendet werden. Durchaus empfehlenswert ist es deshalb, Kunden zu befragen, welchen Service sie »in eigenen Worten« erwarten und wie Sie die angebotene Leistung beschreiben und benennen würden: ob als »Leuchtmittel« oder »Glühbirne«, als »Ferien« oder »Urlaub«, als »Darlehen« oder »Kredit«.

Indirekte Keywords

Denken Sie bei der Suche nach Keywords auch ein wenig »um die Ecke«. So genannte »indirekte Keywords« zielen im Gegensatz zu den »direkten Keywords« nicht auf die unmittelbare Suche nach Ihrem Produkt oder Ihrem Service, sondern auf themenverwandte oder begleitende Angebote.

So kann ein Institut für Online-Seminare neben dem Hauptangebot auch Gratis-Basiskurse, Foren oder Glossare anbieten. Das Keyword »adwords glossar« führt dabei wahrscheinlich nicht direkt dazu, eine unmittelbare Anfrage nach einem AdWords-Seminar zu generieren. Es ermöglicht jedoch, abseits der stark umkämpften Keywords billiger an interessierte Besucher zu gelangen, das Angebot bekannt zu machen und eine Bindung zum User aufzubauen.

Auch das Verwenden von benachbarten oder vor- und nachgelagerten Keywords ist möglich. Für den Verkauf von Online-Seminaren kann es beispielsweise durchaus sinnvoll sein, auch Anzeigen für User zu schalten, die sich gerade auf Jobsuche befinden:

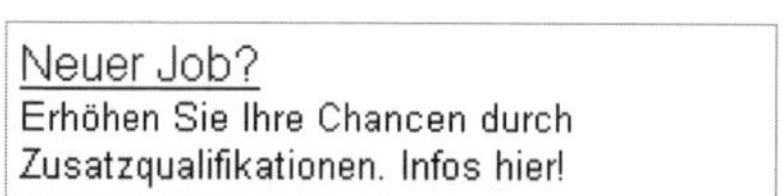

Abb. 6.8: Anzeigentext zu indirekten Keywords

Sie werden hier nicht die allerbesten Klickraten erzielen und sollten die Qualität Ihrer Kampagne unbedingt im Auge behalten. Sie können jedoch zusätzlich wertvolle Besucher gewinnen.

Ausschließende Keywords

Machen Sie sich auch Gedanken über Suchanfragen, bei denen Sie nicht gefunden werden wollen. Die ausschließenden Keywords sind zu wichtig, als dass sie nur ein Abfallprodukt Ihrer positiven Keyword-Listen sein sollten.

Geben Sie beispielsweise eines Ihrer Keywords in die Google-Suche ein und schauen Sie, welche Anzeigen erscheinen. Alle Produkte und Dienstleistungen, die nun erscheinen, aber nicht zu Ihren Konkurrenten gehören, nehmen Sie als ausschließende Keywords hinzu. Hierdurch ersparen Sie sich von Anfang an sinnlose Schaltungen, schlechte Klickraten und ungewollte Klicks.

6.3.3 Keyword-Tool

Google bietet ein Tool, das Ihnen beim Generieren von neuen Keywords hilft: das Keyword-Tool. Sie erreichen es über mehrere Wege.

Einer führt über den Tab KEYWORDS und den Button KEYWORDS HINZUFÜGEN (siehe Abbildung 6.9).

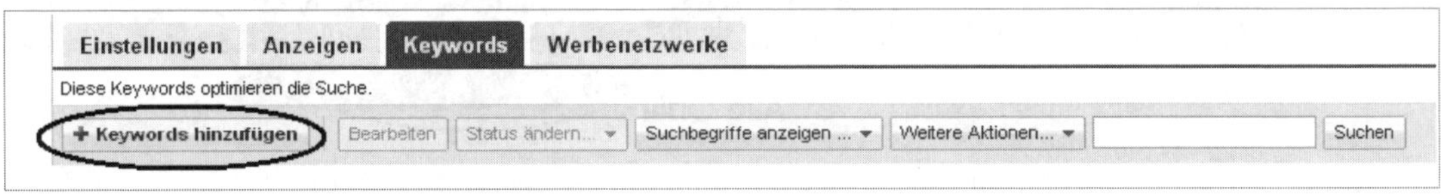

Abb. 6.9: Zum Keyword-Tool – Schritt 1

Wir gelangen zu einer uns bereits bekannten Maske:

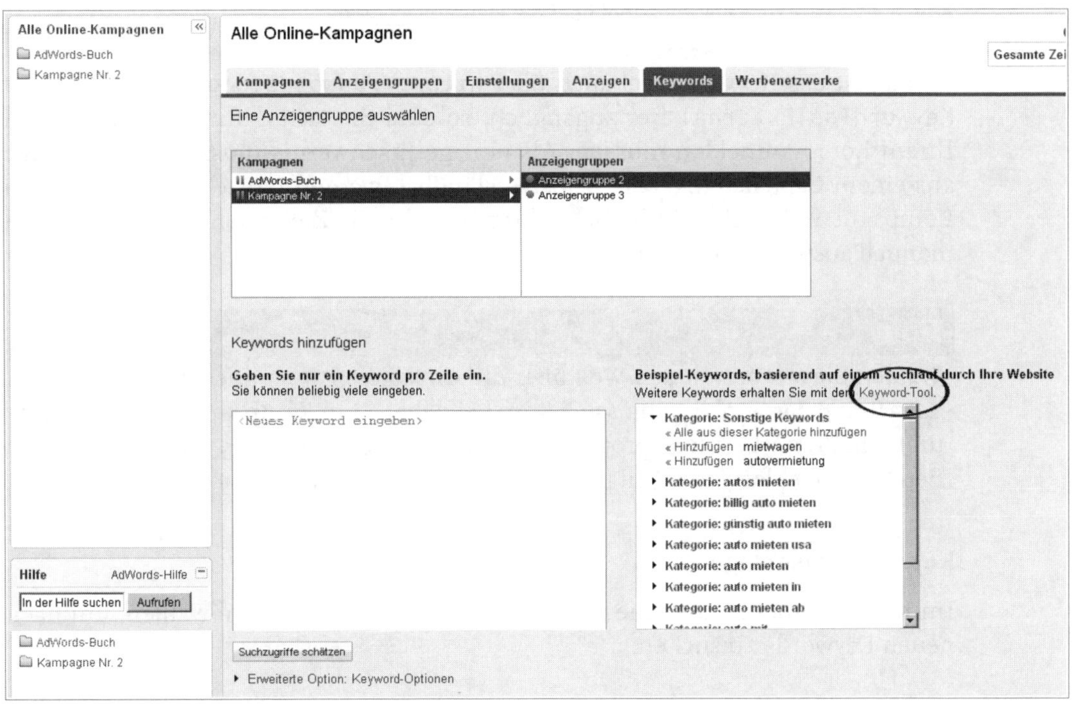

Abb. 6.10: Zum Keyword-Tool – Schritt 2

Die Keywords sind auf Anzeigengruppenebene angesiedelt, so dass Sie am besten bereits die betreffende Anzeigengruppe geöffnet haben (Baum-Navigation). Befinden Sie sich auf einer anderen Ebene, so müssen Sie vorher angeben, für welche Anzeigengruppe die neuen Keywords bestimmt sind. Den längsten Weg haben Sie von ALLE ONLINE-KAMPAGNEN aus, da Sie hierbei erst die Kampagne, dann die Anzeigengruppe angeben müssen (siehe Abbildung 6.10). In jedem Fall erkennen Sie oberhalb der Keyword-Vorschläge den Link KEYWORD-TOOL.

Als zweite Möglichkeit erreichen Sie das Tool auch über den Reiter TOOLS in der Hauptnavigation. Sie klicken entweder direkt auf den angebotenen Link KEYWORD-TOOL im Drop-down oder nehmen mit WEITERE TOOLS den Umweg über die Übersichtsseite (Abschnitt 3.5, *Tools*).

Abb. 6.11: Link zum Keyword-Tool über die Hauptnavigation

Zuletzt ist das Keyword-Tool auch über `https://adwords.google.de/select/KeywordToolExternal` frei zugänglich, so dass Sie sich dafür erst gar nicht in Ihrem Konto anmelden müssen. Als einzige Erschwernis müssen Sie den Code aus einem Captcha eingeben. Selbstverständlich werden Einstellungen aus Ihren Kampagnen hierbei nicht berücksichtigt, so dass Sie Zielregionen und -sprachen manuell auswählen müssen.

Tipp

Wählen Sie am besten den Weg über die Anzeigengruppe. Dies hat den Vorteil, dass Ihnen das Tool Ergebnisse liefert, bei denen Ihre Kampagneneinstellungen und Ihr Konto-Leistungsprotokoll bereits berücksichtigt werden. Zudem können Sie Vorschläge zu bereits hinterlegten Keywords anfordern.

Keyword-Vorschläge

Im Keyword-Tool können Sie zwischen maximal drei Optionen wählen, um nach neuen Keywords zu suchen.

Beschreibende Wörter und Wortgruppen

Unter der standardmäßig eingestellten Option BESCHREIBENDE WÖRTER UND WORTGRUPPEN geben Sie Keywords oder Keyword-Kombinationen in das Textfeld ein. Über den Button KEYWORD-TOOL ganz unten werden Ihnen dann relevante Varianten oder Synonyme angezeigt.

Deaktivieren Sie SYNONYME VERWENDEN, so erhalten Sie nur Varianten der von Ihnen vorgegebenen Keywords. Über den Link ERGEBNISSE FILTERN gelangen Sie zu einem zweiten Textfeld, in dem Sie festlegen können, welche Begriffe nicht in den Vorschlägen des Tools vorkommen sollen.

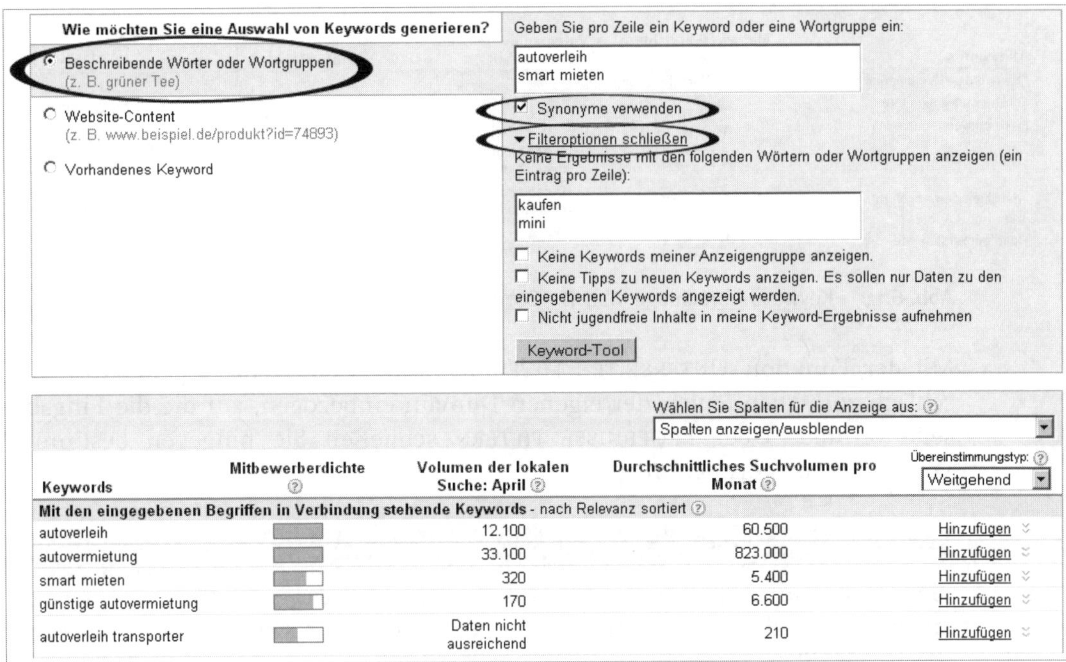

Abb. 6.12: Keyword-Vorschläge BESCHREIBENDE WÖRTER UND WORTGRUPPEN

Website-Content

Über den Radiobutton WEBSITE-CONTENT erhalten Sie die Möglichkeit, die URL Ihrer Webseite einzugeben und die daraus abgeleiteten Keywords angezeigt zu bekommen. Im Zuge der Optimierung Ihrer AdWords-Kampagnen ist es hier durchaus sinnvoll, nicht nur die Startseite, sondern auch die spezielle Zielseite der Anzeigengruppe abzuprüfen.

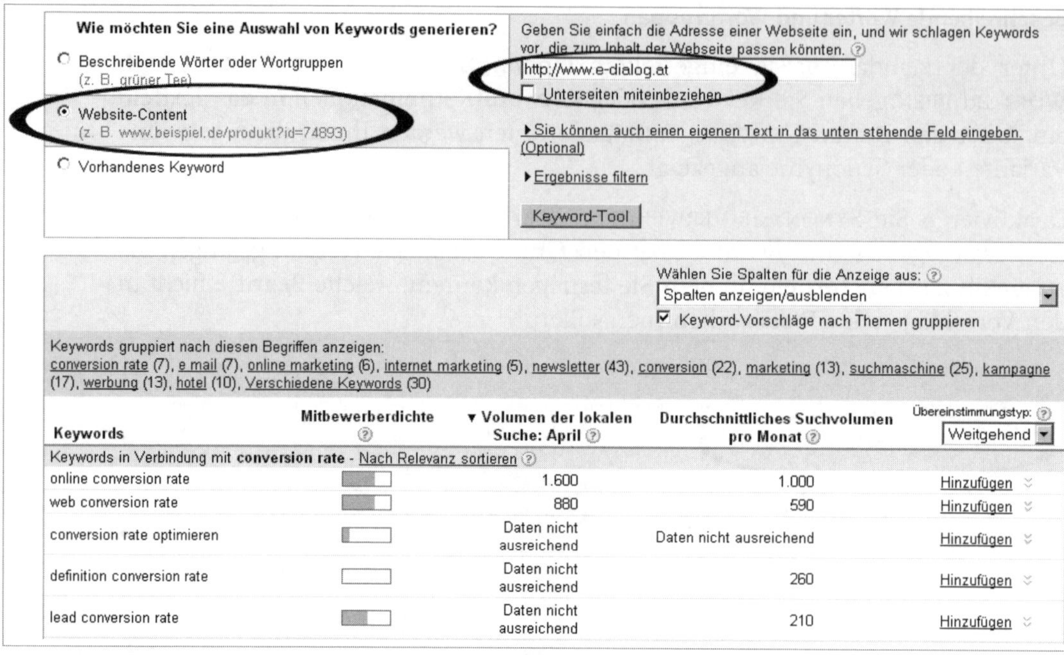

Abb. 6.13: Keyword-Vorschläge WEBSITE-CONTENT

Mit der Funktion UNTERSEITEN MITEINBEZIEHEN werden für die Keyword-Vorschläge zusätzlich Seiten der eigenen Domain einbezogen, auf die die Eingabeseite verlinkt. Über ERGEBNISSE FILTERN schließen Sie hingegen bestimmte Vorschläge von vornherein aus.

> **Tipp**
>
> Selbstverständlich funktioniert dies nicht nur mit Ihrer eigenen URL, sondern auch mit der Ihrer Konkurrenten. So gelangen Sie möglicherweise an weitere Keywords. Ebenso sollten Sie nicht nur auf der jeweiligen Startseite suchen lassen, sondern auch auf vielleicht themenrelevanteren Unterseiten.

Die Option SIE KÖNNEN AUCH EINEN EIGENEN TEXT IN DAS UNTEN STEHENDE FELD EINGEBEN gibt Ihnen nach einem Klick genau diese Möglichkeit. Diese ist beispielsweise sinnvoll, wenn Sie nur Teile Ihres Contents, Texte von noch nicht online geschalteten Seiten oder Offline-Werbematerialien durchsuchen lassen möchten.

Vorhandenes Keyword

VORHANDENE KEYWORDS können Sie selbstverständlich nur aufrufen, wenn Sie das Keyword-Tool über eine Anzeigengruppe erreicht haben.

Wählen Sie diese Option, werden die Keywords mit der besten Klickrate aus dieser Anzeigengruppe angezeigt. Klicken Sie eines an, erhalten Sie Variationen dazu angezeigt.

Statistik zu den Vorschlägen

Zu jedem Keyword-Vorschlag erhalten Sie standardmäßig drei Auskünfte: die Mitbewerberdichte, das Suchvolumen des Vormonats sowie das durchschnittliche Suchvolumen.

Die Mitbewerberdichte erhalten Sie als Balkendiagramm angezeigt – je grüner, je mehr Konkurrenz, je mehr umkämpft.

Die beiden Suchvolumina werden Ihnen mittlerweile in absoluten (ungefähren) Zahlen angegeben und beziehen sich auf die Google-Suche und das Such-Werbenetzwerk. So können Sie abwägen, ob das Suchaufkommen den Kampf mit dem Mitbewerb tatsächlich lohnt. DATEN NICHT AUSREICHEND bedeutet, dass für dieses Keyword nicht genügend Daten vorliegen und keine Angabe zum Suchvolumen gemacht werden kann.

Beachten Sie:

- Das VOLUMEN DER LOKALEN SUCHE nennt das Suchaufkommen des jeweils letzten Monats in Abhängigkeit der von Ihnen gewählten Anzeigenausrichtung. Möchten Sie hier eine andere Ausrichtung abfragen, müssen Sie diese in den Kampagneneinstellungen unter STANDORTE und SPRACHE ändern. Um hierbei eine aktive Kampagnenschaltung nicht zu beeinflussen, macht es häufig Sinn, das externe Keyword-Tool zu bemühen.
- Das DURCHSCHNITTLICHE SUCHVOLUMEN PRO MONAT bezieht sich hingegen auf das Suchaufkommen in allen Ländern und Sprachen der letzten zwölf Monate.
- Beide Werte sind abhängig von der Keyword-Option. Diese können Sie einfach mit dem Drop-down ÜBEREINSTIMMUNGSTYP ändern.
- Je restriktiver die Option und je kleiner die Zielgruppe, umso geringer wird in der Regel natürlich das Suchvolumen.

Über die Option SPALTEN ANZEIGEN/AUSBLENDEN können Sie sich weitere Einschätzungen und Werte zu den einzelnen Keyword-Vorschlägen geben lassen. Hier ein Überblick über alle möglichen Spalten (siehe Abbildung 6.14).

Sie erkennen zusätzlich den TREND ZUM SUCHVOLUMEN über den Zeitraum von einem Jahr sowie den MONAT MIT GRÖSSTEM VOLUMEN dieser letzten zwölf Monate. Beide Werte beziehen sich auf die von Ihrer Kampagne vorgegebene Zielregion und -sprache sowie auf die ausgewählte Keyword-Option am Ende der

Zeile. Mit diesen Informationen lässt sich Ihr Budget besser planen oder etwa eine anti-zyklische Strategie ableiten.

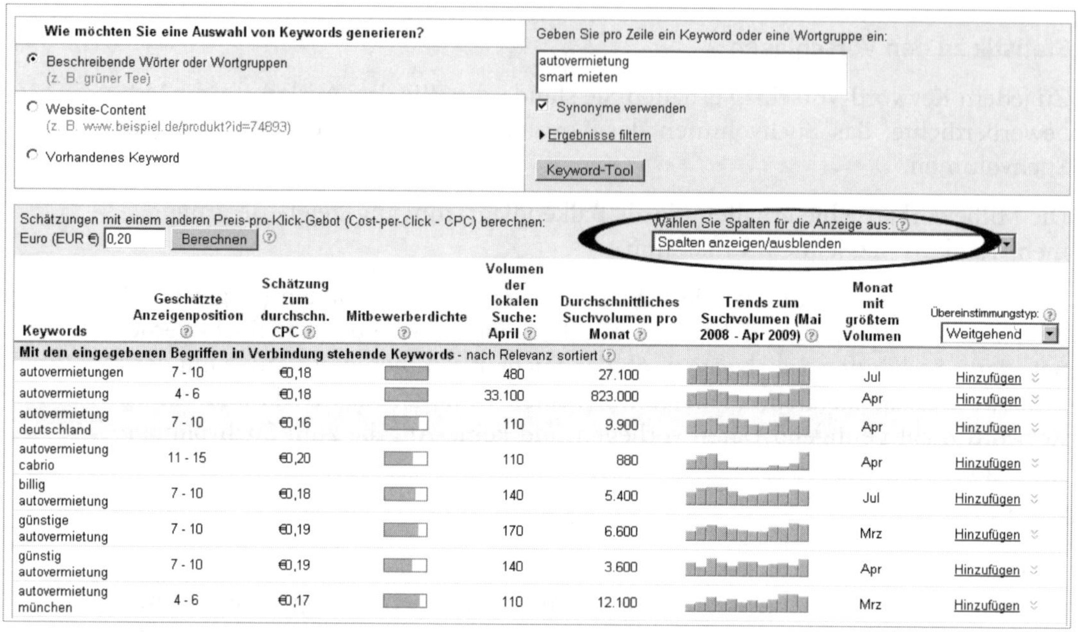

Abb. 6.14: Alle Spalten zu Keyword-Vorschlägen im Keyword-Tool

Zudem können Sie sich Schätzungen zu Anzeigenposition und durchschnittlichem Klickpreis geben lassen. Für diese müssen Sie selbstverständlich vorher Ihren geplanten Bietpreis festlegen, anhand dessen die Werte dann geschätzt werden können.

Hinweis

Denken Sie dabei auch an den »Traffic Estimator«, den wir uns in Abschnitt 3.5, *Tools*, bereits angesehen haben. Auch damit lassen sich Anzeigenposition und durchschnittlicher CPC sowie weitere hilfreiche Daten wie die geschätzte Klickzahl abfragen.

Hinzufügen und Exportieren

Sehr hilfreich ist es, die Keyword-Vorschläge direkt weiterverarbeiten zu können. Sie selektieren die für Sie relevanten Vorschläge mit dem Link HINZUFÜGEN am Ende einer jeden Keyword-Zeile und bekommen Ihre Auswahl im rechten Bereich aufgelistet.

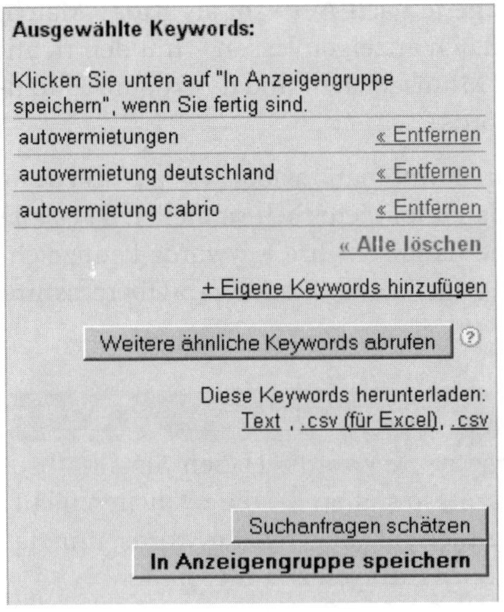

Abb. 6.15: Ausgewählte Keywordliste

Nun können Sie die ausgewählten Keywords als Text- oder csv-Datei herunterladen, für weitere Bearbeitungen oder Archivierungen abspeichern oder direkt der Anzeigengruppe hinzufügen (Button IN ANZEIGENGRUPPE SPEICHERN). Haben Sie den Weg ins Keyword-Tool über die Hauptnavigation gewählt, so müssen Sie hierfür über Drop-downs erst die Kampagne, dann die gewünschte Anzeigengruppe angeben.

Keyword-Optionen im Keyword-Tool

Kurz erwähnt haben wir bereits die Funktion ÜBEREINSTIMMUNGSTYP. Diese finden Sie sowohl für jedes einzelne Keyword als Drop-down neben dem HINZUFÜGEN-Link als auch für alle Keywords oberhalb der letzten Spalte aufgelistet.

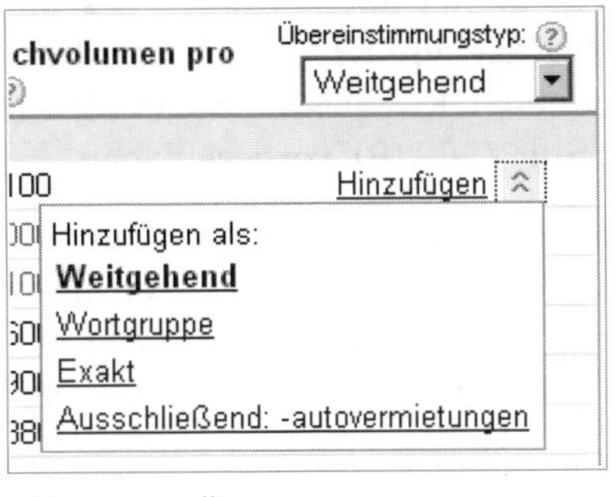

Abb. 6.16: Übereinstimmungstyp

Hiermit können Sie sich Keyword-Vorschläge je nach Auswahl als Broad Match, Phrase Match, Exact Match oder Negative Match anzeigen lassen – mit den richtigen Hochkommas, eckigen Klammern und Minuszeichen und direkt zum Hinzufügen in die Liste der »Ausgewählten Keywords«.

Für die positiven Keyword-Optionen ist ein Kombinationstool wie auf `http://www.adwords-buch.info` oder im AdWords Editor sicherlich schneller, da es alle drei Optionen integriert hat. Doch bevor Sie händisch Ihre Keywords kennzeichnen, verwenden Sie besser die im Tool angebotene Funktion »Übereinstimmungstyp«.

> **Tipp**
>
> Sehr zeitsparend ist dieser Service für Negative Keywords. Haben Sie alle Ihre passenden Keywords aus der Liste ausgewählt, so sollten Sie die restlichen nicht einfach verwerfen. Verwenden Sie diese vielmehr als negative Keywords, um die Schaltung Ihrer Anzeige bei unpassenden Suchanfragen zu unterbinden.

Diese ausschließenden Keywords lassen sich über die Übereinstimmungs-Funktion mit dem richtigen Vorzeichen sehr einfach zur Liste der ausgewählten Keywords hinzufügen und weiterverarbeiten.

6.3.4 Keyword-Tool auf Basis von Suchanfragen

Neben dem klassischen »Keyword-Tool« gibt es ein deutlich jüngeres Tool: das »Keyword-Tool auf Basis von Suchanfragen«. Was ist der Unterschied?

Im »Keyword-Tool« sind die Vorschläge allgemein gehalten und beziehen sich insbesondere auf die Keywords, die von Ihnen eingegeben oder die vom Tool auf Ihrer Website gefunden wurden. Grundlage sind historische Daten zu Suchanfragen.

Das »Keyword-Tool auf Basis von Suchanfragen« hingegen erstellt anhand Ihrer URLs eine Liste tatsächlich auf den Google-Sites getätigter Suchanfragen des vergangenen Jahres. Dies liefert Ihnen zum einen spezifischere Keyword-Vorschläge, die sehr gut zum Inhalt der von Ihnen beworbenen URLs passen sollen. Zum anderen wird Ihnen für jedes Keyword eine relevante Ziel-URL vorgeschlagen.

Sie finden das »Keyword-Tool auf Basis von Suchanfragen« auf der Übersichtsseite der Tools. Es lässt sich über `http://www.google.com/sktool` zwar auch extern aufrufen – für eine Abfrage müssen Sie sich jedoch mit Ihrem AdWords-Login anmelden. Die abgefragte Website muss zwingend mit dem Konto verknüpft sein.

Neben weiteren Features wie diversen Filtern bieten die Ergebnisse insbesondere eine bequeme Verbindung zu »Insights for Search« (Abschnitt 6.3.5, *Weitere Hilfs-*

mittel), wodurch Sie gleich die Relevanz der Suchbegriffe prüfen können. Beachten Sie, dass das »Keyword-Tool auf Basis von Suchanfragen« noch nicht in allen Ländern und Regionen uneingeschränkt zur Verfügung steht.

6.3.5 Weitere Hilfsmittel

Lassen Sie uns noch einige Hilfsmittel ansprechen, die Ihnen beim Thema Keywords gute Dienste leisten können.

Thesaurus

Ein einfaches Mittel für das Finden von Synonymen sind Thesaurus-Funktionen, beispielsweise in MS Word oder auf `http://www.openthesaurus.de`. Sie erhalten dabei nicht nur Vorschläge, die Sie tatsächlich als Keyword verwenden können, sondern werden auch auf Assoziationen aufmerksam gemacht, die Sie gegebenenfalls ausschließen möchten.

Google Trends

Unter `http://www.google.com/trends` erhalten Sie Auskunft, wie sich das Suchvolumen von Anfragen der letzten Jahre gestaltet hat. So können Sie den Informationsbedarf und das Interesse der User einschätzen oder erkennen, wie sich die Nachfrage nach Ihren Produkten entwickelt. Für uns ist es natürlich wichtig, den Verlauf unserer hinterlegten sowie unserer potenziellen Keywords zu erfahren, um gegebenenfalls Maßnahmen daraus ableiten zu können.

Geben Sie auf der Startseite die Schlüsselworte ein, die Sie abfragen möchten. Mehrere Begriffe trennen Sie durch Komma. So erhalten Sie deren Verläufe im direkten Vergleich. Auf der Folgeseite können Sie dann nach Land, Region und Zeitspanne selektieren.

Dies ist insbesondere interessant, wenn Sie Kampagnen in mehreren Ländern schalten. Werben Sie als Hotel im ganzen deutschsprachigen Raum, so erfahren Sie beispielsweise, dass in Deutschland und Österreich häufiger nach Urlaub als nach Ferien gesucht wird, während es in der Schweiz genau umgekehrt ist. Entsprechend können Sie Ihre länderspezifischen Keyword-Listen aufbauen.

Gleiches gilt für Regionen und Städte innerhalb Ihres abgefragten Zielgebietes sowie für Sprachen. Auch dies wird Ihnen in Form von Balkendiagrammen angezeigt. So erkennen Sie, ob es sich vielleicht lohnt, einzelne Gebiete Ihrer bisherigen Zielregion in einer eigenen Kampagne mit anderen Keyword-Schwerpunkten zu bewerben. Dies macht insbesondere vor dem Hintergrund Sinn, dass regional unterschiedliche Kontoleistungen in den Qualitätsfaktor einfließen können (Kapitel 4, *Qualitätsfaktor: Relevanz als oberstes Ziel*).

Wir schauen uns in Abbildung 6.17 den Vergleich der Begriffe SEO (Suchmaschinenoptimierung) und SEM (Suchmaschinenmarketing) in Deutschland an.

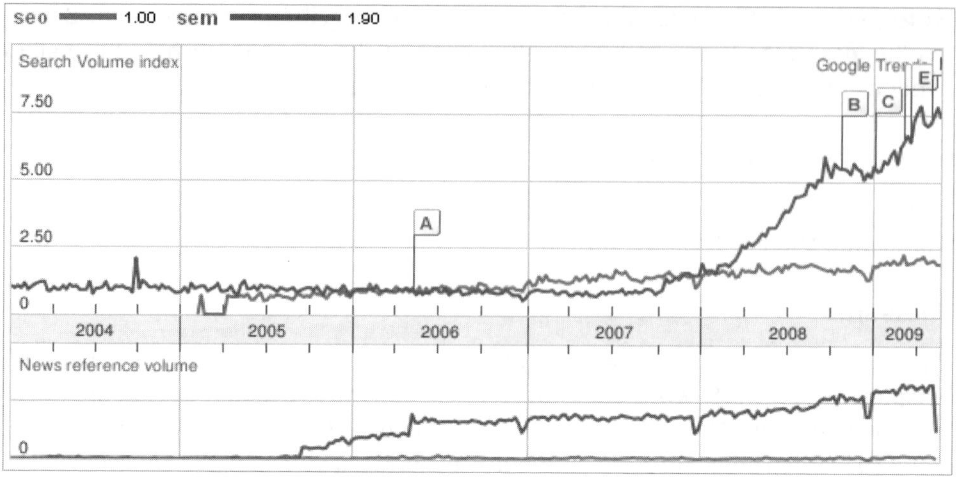

Abb. 6.17: Google Trends

Beachten Sie, dass Sie hier keine absoluten Zahlen zum Suchvolumen angezeigt bekommen. Abhängig vom abgefragten Zeitraum wird das durchschnittliche Suchvolumen des zuerst eingegebenen Suchbegriffs auf 1,0 skaliert. Der grafische Verlauf aller Schlüsselwörter ergibt sich dann in Relation zu diesem Wert. Somit erfahren Sie nicht, wie relevant ein Begriff auf dem Suchmarkt wirklich ist. Auch unterschiedliche Bedeutungen eines Wortes werden vom System nicht erkannt.

Tipp

Unter `http://www.romso.de` finden Sie eine Nachrichten-Suchmaschine, die die Medienpräsenz Ihrer Begriffe aus mehreren hundert Onlinemedien auswertet. Derzeit bei der Analyse noch auf die Ressorts Politik und Wirtschaft beschränkt, bietet die Seite eine interessante Alternative, die Sie sich durchaus ansehen sollten.

Google Insights for Search

Google Insights for Search (`http://www.google.com/insights/search`) kann praktisch als Weiterentwicklung von Google Trends angesehen werden und ist jetzt sogar bequem über die »Tools«-Übersichtsseite erreichbar (»Google Suchstatistiken«). Hier sind einige Funktionen möglich, die Trends nicht bietet:

Die erwähnte Gleichbehandlung von Wörtern mit unterschiedlicher Bedeutung kann verhindert werden. So kann über den zusätzlichen Filter ALL CATEGORIES beispielsweise angegeben werden, ob mit »Golf« das Auto oder der Sport gemeint ist.

Ist bei Google Trends nur der Vergleich von Schlüsselwörtern möglich, so können bei Insights for Search auch Zeiträume und Länder bzw. Regionen miteinander verglichen werden. In Abbildung 6.18 haben wir den Vergleich der Suchanfrage »schnitzel« in Deutschland und Österreich:

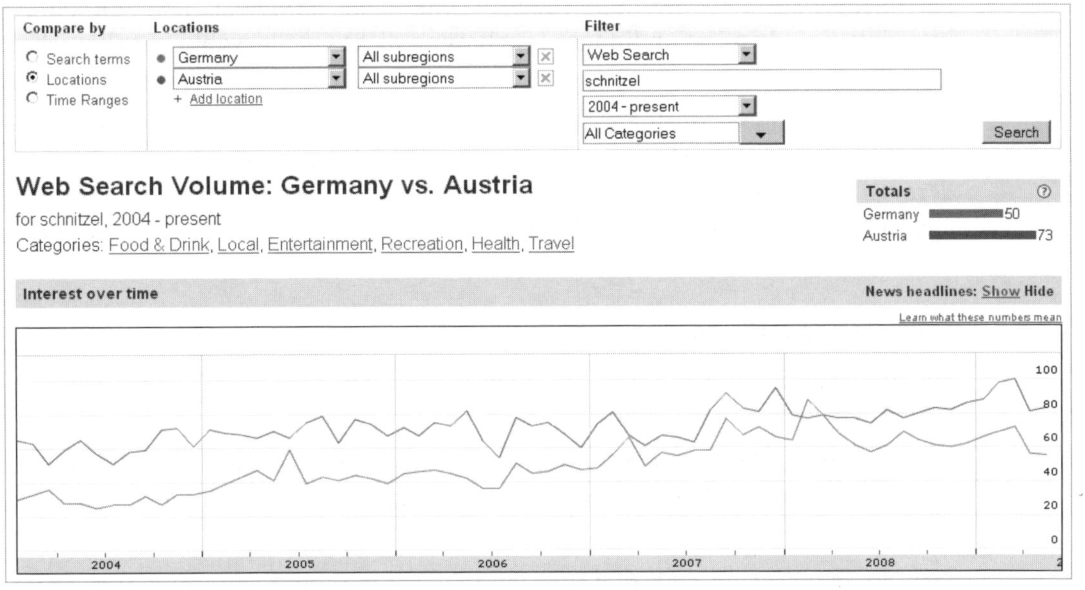

Abb. 6.18: Google Insights for Search

Auch hier gilt es zu berücksichtigen, dass keine absoluten Trafficzahlen genannt werden. Die Daten werden in Bezug auf das jeweilige gesamte Suchvolumen normalisiert und auf der y-Achse zwischen 0 und 100 angezeigt. Die Grafik in Abbildung 6.18 zeigt also nur, dass User in Österreich entsprechend wahrscheinlicher nach »schnitzel« suchen als die Deutschen. Dass die Anzahl der Suchanfragen aus Deutschland – mit etwa 10-mal so vielen Einwohnern – höher liegt, geht aus diesem Ergebnis nicht hervor.

Tipp

Hier können Sie eine elegante Verbindung zum Keyword-Tool herstellen, denn dort bekommen Sie ja die absoluten Zahlen genannt. Ergibt die Abfrage für Deutschland 165.000 und für Österreich 18.100 Suchanfragen (April 09), so erkennen Sie nicht nur die tatsächlichen Größenverhältnisse – Sie können grob auch den Verlauf der beiden Kurven in absoluten Werten abschätzen.

Auch bei Insights for Search gibt es zusätzliche interessante Informationen: Das regionale Interesse innerhalb Ihrer abgefragten Zielregion wird ähnlich wie bei Google Trends angegeben und in einer Karte visualisiert.

Zudem erhalten Sie verwandte Begriffe zu Ihrem eingegebenen Schlüsselwort angezeigt. Diese können Sie umgehend in Ihre Keywordliste aufnehmen – um darüber gefunden oder nicht gefunden zu werden (negative match). Da Sie mit einem Klick auf den verwandten Begriff eine neue Abfrage starten, können Sie hier einiges an Inspiration finden – auch wenn diese Quelle wohl von zahlreichen Advertisern angezapft wird.

Letztlich erhalten Sie noch Angaben über diejenigen Suchanfragen, die einen starken Zuwachs zu verzeichnen haben. Auch diese sind natürlich nicht absolut, sondern entweder in Prozent oder, bei mehr als 5000% Anstieg, als »Breakout« angegeben. Wiederum die Verbindung zum Keyword-Tool zu schlagen, steht Ihnen natürlich auch hierbei offen.

Sonstige Keyword-Tools

Für das Generieren von Keywords stehen Ihnen zahlreiche Tools zur Auswahl – kostenfreie und kostenpflichtige.

Sehr zu empfehlen ist `http://www.ranking-check.de/keyword-datenbank`. Neben einer Keyword-Datenbank finden Sie Tools zum Suchmaschinen-Ranking und vielem mehr.

Mehrere interessante Tools gibt es insbesondere für englischsprachige Keywordrecherchen: `http://www.keyworddiscovery.com`, `http://www.wordtracker.com` und `http://www.spyfu.com` bieten hierzu beispielsweise Free-Trial-Versionen.

6.3.6 Keywords variieren

Lassen Sie uns nun ansehen, wie sich die gefundenen Keywords verwenden lassen. Wir erzielen den maximalen Effekt mit unseren Keyword-Listen, wenn wir sowohl mit einigen Best Practices arbeiten als auch mit den »Eigenarten« des Google-Systems umgehen. Diese wollen wir deshalb jetzt kennen lernen.

Groß- und Kleinschreibung

Groß- und Kleinschreibung wird von Google nicht unterschieden. Die Eingaben »Server« und »server« oder »ARD und »ard« werden also als gleiche Keywords angesehen. Generelle Kleinschreibung ist somit vollkommen in Ordnung und ausreichend. Entscheiden Sie sich nur für eine Variante, damit Sie keine doppelten Keywords hinterlegen.

Satzzeichen

Satzzeichen werden vom System ebenfalls nicht gelesen. »hifi-anlage« oder »hifi anlage« sind das gleiche Keyword. Es genügt also, eine der beiden Varianten einzugeben.

Umlaute, Akzente

Umlaute werden vom Google-System als eigene Zeichen gewertet. Ein »ö« wird als »ö« gelesen, ein »oe« als »oe« – woraus sich jeweils eigenständige Keywords ergeben. Zu »österreich« sollten Sie also auch »oesterreich« ergänzen, wenn Sie diese Schreibweise berücksichtigt haben wollen. Gleiches gilt selbstverständlich auch für »ä« oder »ü«, ebenso für »ß«.

Nehmen Sie zudem Falschschreibungen wie »osterreich« hinzu, da User gerne komplett auf Umlaute verzichten. Für Google sind alle drei Schreibweisen unterschiedliche Keywords.

Gleiches gilt für Akzente. Bieten Sie Essen »à la carte« an, so sollten Sie in Ihren Keywords auch »a la carte« anbieten, denn dies ist für Google nicht das gleiche. Setzen Sie bei solchen Begriffen gleich noch alle Arten von Akzenten auf alle Vokale, die Ihnen für Falschschreibungen verdächtig erscheinen. Dies hat nicht nur den Vorteil, dass Sie die falsch geschriebenen Suchanfragen von Usern genau matchen – zumeist ist die Konkurrenz bei Falschschreibungen geringer, da viele Ihrer Kontrahenten nur die korrekte Schreibweise eingeben.

Letztlich können Sie sowohl das ausgeschriebene »und« als auch das kaufmännische »&« eingeben. »essen und trinken« und »essen & trinken« werden als unterschiedliche Keywords gewertet.

Singular- und Pluralformen

Singular- und Pluralformen, also Einzahl und Mehrzahl, sind Pflicht – selbst wenn Sie mit weitgehend passenden Keywords arbeiten, bei denen durch das Expanded Match die jeweils andere Form berücksichtigt werden kann.

Erinnern Sie sich, was Ihnen eine Suche nach »suchmaschinenoptimierung« oder »suchmaschinenoptimierungen« sagen kann (Abschnitt 6.1.2, *Suchanfragen der User*). Sammeln Sie deshalb für beide Keywords getrennt Daten und arbeiten Sie mit diesen Informationen.

Such-Besonderheiten

Bedenken Sie, dass User ihre Suchanfragen oftmals auf das Wesentliche reduzieren. So wird nicht immer nach »blaue Socken« gesucht, sondern nach »socken blau«. »Wie reinige ich Töpfe« wird zu »töpfe reinigen«, »ich hätte gerne eine Taschenlampe« zu »taschenlampe kaufen«. Formulieren Sie Ihre Keywords (auch) umgangssprachlich und verkürzt.

Nur sehr selten werden so genannte Stopp- und Füllwörter bei der Suche benutzt. Sie können daher wie folgt vorgehen:

- Hinterlegen Sie Keywords ohne Pronomen (ich, du, er, sie, es, ...), Artikel (der, die, das, ein, eine, ...) oder Adverbien (oft, gern, hier, da, damals, vielleicht, ...), um die Reichweite zu erhöhen.
- Geben Sie die Keywords auch mit den geläufigsten Füllwörtern ein. So können Sie günstigere Klickpreise erhalten, sollte eine Suchanfrage doch ausformuliert sein.

Berücksichtigen Sie zudem die zahlreichen Möglichkeiten der Zusammen- und Getrenntschreibung: »webhosting« und »web hosting«, »autoreifen« und »auto reifen«.

Geben Sie für die Optionen PHRASE- und EXACT-MATCH Keyword-Wortgruppen in unterschiedlicher Reihenfolge ein. Hinterlegen Sie bei beidem nicht nur »"autovermietung frankfurt"« bzw. »[autovermietung frankfurt]«, sondern auch »"frankfurt autovermietung"« bzw. »[frankfurt autovermietung]«. Je genauer Ihr Keyword übereinstimmt, umso besser ist es für Sie im Sinne des Qualitätsfaktors, des Klickpreises und/oder der Positionierung.

Falschschreibungen

Mehr als 7% der Suchanfragen sind nicht korrekt geschrieben. Berücksichtigen Sie deshalb mögliche Falschschreibungen, geänderte Schreibweisen im Zuge der Rechtschreibreform sowie geläufige Tippfehler oder Buchstabendreher. Setzen Sie einen Zwei-Finger-Tipper an Ihren Computer und lassen Sie ihn Ihre Keywords abschreiben – beinahe jeder, der mit dieser Technik vor der Tastatur sitzt, macht die gleichen Dreher und Fehler.

Sehen Sie sich unter `http://www.google.com/jobs/britney.html` beispielsweise an, welche Anfragen innerhalb von nur drei Monaten zu »Britney Spears« getätigt wurden. Oder beachten Sie die Klickraten, die hier mit »Singel« anstelle von »Single« erreicht wurden:

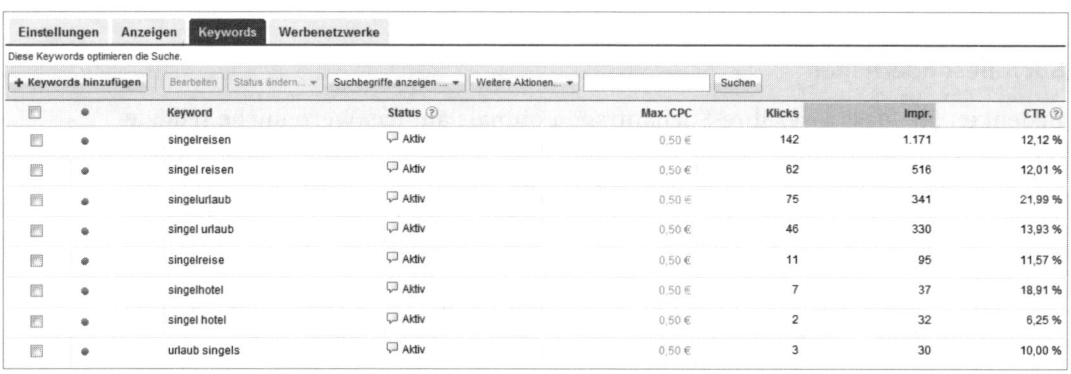

Keyword	Status	Max. CPC	Klicks	Impr.	CTR
singelreisen	Aktiv	0,50 €	142	1.171	12,12 %
singel reisen	Aktiv	0,50 €	62	516	12,01 %
singelurlaub	Aktiv	0,50 €	75	341	21,99 %
singel urlaub	Aktiv	0,50 €	46	330	13,93 %
singelreise	Aktiv	0,50 €	11	95	11,57 %
singelhotel	Aktiv	0,50 €	7	37	18,91 %
singel hotel	Aktiv	0,50 €	2	32	6,25 %
urlaub singels	Aktiv	0,50 €	3	30	10,00 %

Abb. 6.19: Keywords mit »Singel«

Sicherlich erhalten Sie über solche Keywords nicht Ihren Haupttraffic. Sehr wohl können Sie mit typischen Verschreibern aber User zu einem günstigen CPC gewinnen, so dass Ihre Durchschnittskosten pro Klick sinken werden.

Wichtig

Eine umfassende Keywordliste ist Grundlage Ihres Erfolges. Lassen Sie relevante Keywords aus, so bekommen große Teile Ihrer Zielgruppe Ihre Anzeigen erst gar nicht zu Gesicht – und können Sie somit auch nicht finden. Beachten Sie aber auch: Trotz aller Kombinations- und Variationsmöglichkeiten muss Ihr Aufwand immer in einem vernünftigen Verhältnis zum Ertrag stehen. Die phantasievollsten Keywords bringen Ihnen nichts, wenn kein User danach sucht – zumal Google diese Begriffe temporär inaktiv setzen kann (Status »geringes Suchvolumen«). Achten Sie also darauf, Ihre Zeit und Kosten in Anstrengungen investieren, die sich für Sie auszahlen. Wir gehen darauf in Kapitel 9, speziell in Abschnitt 9.2.3, *3. Gruppe: Die restlichen Keywords*, ein.

6.4 Keywords in Ihrem AdWords-Konto

Keywords sind Bestandteile der Anzeigengruppen und werden entsprechend auch auf dieser Ebene eingegeben, bearbeitet und gelöscht.

Befinden Sie sich auf einer höheren Ebene, so sind manche Shortcuts bereits von dort aus möglich – wie beispielsweise beim Ändern des maximalen Klickpreises, des Status oder des Keywords selbst. Es muss jedoch bereits eine eindeutige Beziehung zu einer Anzeigengruppe bestehen. Ist diese Verbindung noch nicht gegeben, müssen Sie sie erst eindeutig vorgeben. Wir hatten dies im Zusammenhang mit dem Keyword-Tool bereits kennen gelernt.

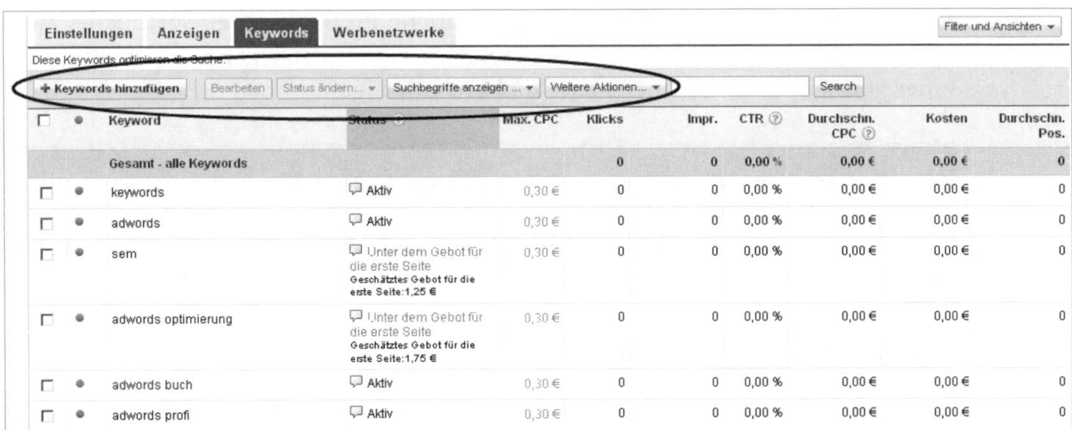

Abb. 6.20: Reiter KEYWORDS in der Kampagnen-Navigation

Lassen Sie uns jetzt jedoch auf einer Anzeigengruppenebene bleiben (Baum-Navigation) und den Tab KEYWORDS aufschlagen.

Im Folgenden besprechen wir zunächst, warum es sinnvoll sein kann, einzelne Keywords mit eigenem Bietpreis und eigener Ziel-URL zu individualisieren. Danach schauen wir uns die Möglichkeiten zur Bearbeitung unserer Keywordliste an – mithin die in Abbildung 6.20 markierte Buttonreihe. Die Suchfunktion lassen wir außen vor, da sie bereits in Abschnitt 3.4.4, *Such- und Filtermöglichkeiten*, vorgestellt wurde.

6.4.1 Keywords individualisieren

Wie Sie im Verlaufe dieses Kapitels bereits gesehen haben, verbirgt sich hinter jedem einzelnen Keyword ein eigener Markt. Daher ist es unabdingbar, jedes Keyword auch individuell zu behandeln.

Wir können daher die beiden wichtigsten Standard-Einstellungen, die wir für alle Keywords auf Anzeigengruppenebene getroffen haben, weiter verfeinern: die Ziel-URL sowie den maximalen CPC.

Individuelle Ziel-URL

Ziel-URLs werden standardmäßig mit der Eingabe des Anzeigentextes festgelegt. Egal, welches Keyword aus der Anzeigengruppe die Schaltung herbeiführt – alle User werden beim Klick auf die Anzeigen-Headline zur gleichen Landingpage geführt.

Dies können Sie für einzelne Keywords ändern. Sobald diese für eine Anzeigenschaltung sorgen, linkt die Anzeigen-Headline nicht auf die standardmäßig hinterlegte Zielseite, sondern auf diejenige, die bei diesem Keyword individuell festgelegt wurde.

Diese Funktion ist recht sinnvoll, wenn manche Produkte Ihres Sortiments zwar spezielle Detailseiten auf Ihrer Website haben, eigene Anzeigengruppen aufgrund eines geringen Suchvolumens aber nicht rechtfertigen.

Tipp

Überlegen Sie trotzdem, ob Sie anstelle einer individuellen Ziel-URL nicht besser eine eigene Anzeigengruppe für das entsprechende Keyword eröffnen. So können Sie bereits im Anzeigentext speziell auf diesen Suchbegriff eingehen.

Individueller maximaler CPC

Auch der maximale CPC ist eine Einstellung auf Anzeigengruppenebene und gilt somit für alle Keywords innerhalb dieser Anzeigengruppe. Änderungen nehmen

Sie bekannterweise im Kopfbereich der Seite zwischen Konto- und Kampagnen-Navigation über den Link BEARBEITEN vor.

Mit der individuellen Vergabe erhöhen oder senken Sie nun die Bietpreise einzelner Keywords. Gründe für eine Anhebung könnten beispielsweise sein:

- Ein für Sie wichtiges Keyword wird an einer nur unbefriedigenden Position ausgespielt.
- Ein Schlüssel-Keyword liegt unterhalb des »Gebotes für die erste Seite« (Abschnitt 4.3.3, *Qualitätsfaktor für das »Gebot für die erste Seite« (First Page Bid)*.
- Sie möchten durch individuelle Bietpreise einzelne Keywords gezielt in der Anzeigengruppe stärker gewichten.

Dies gibt Ihnen natürlich auch die Möglichkeit, den individuellen Wert eines jeden Keywords zu berücksichtigen. Bringt Ihnen ein Keyword doppelt so viele Conversions wie ein anderes, so können Sie die Klickpreise entsprechend des jeweiligen Wertes pro Klick (vgl. Abschnitt 11.3.3, *Keywords behalten oder löschen*) anpassen.

6.4.2 Keywords bearbeiten

Der klassische Weg zum Bearbeiten von Keywords findet über den gleichnamigen Button statt. Für einzelne Änderungen ist das Inline-Editing allerdings die angenehmere Lösung.

Inline-Editing von Keywords

Die grundsätzliche Vorgehensweise für die Direktbearbeitung haben wir bereits im Rahmen der Navigation für Kampagne und Anzeigengruppen (Abschnitt 3.4, *Kampagnen*) kennen gelernt: Für einzelne Keywords fahren wir mit dem Mauszeiger in die betreffende Zeile, klicken das gewünschte Element an und führen die erforderliche Änderung durch.

Und doch gibt es einige Unterschiede zu beachten.

Ändern von Keywords und Keyword-Optionen

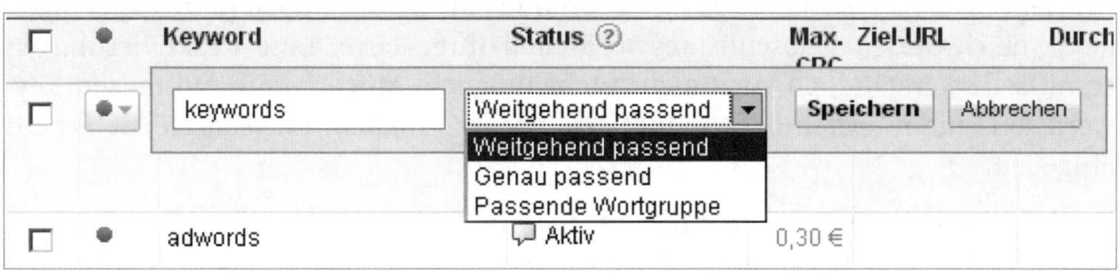

Abb. 6.21: Keyword und Keyword-Option ändern

Das Ändern von Keywords und Keyword-Optionen per Inline-Editing erfolgt vom Ablauf her analog zum Ändern von Kampagnen- und Anzeigengruppennamen. Doch Vorsicht:

- Ändern Sie den Namen eines Keywords, so ersetzen Sie das alte Keyword durch ein neues. Das alte wird also mitsamt all seiner Leistungsdaten gelöscht, das neue hinzugefügt.
- Gleiches gilt, wenn Sie eine neue Keyword-Option wählen: Das bisherige Keyword wird gelöscht und durch ein neues ersetzt. Auch wenn der eigentliche Begriff unverändert bleibt.

Es handelt sich also nicht nur um eine bloße Umbenennung wie bei den Kampagnen und Anzeigengruppen, bei denen Sie einfach eine neue, AdWords-interne Bezeichnung vergeben. Ändern Sie ein Keyword bzw. eine Keyword-Option, so werden Ihre Anzeigen bei anderen Suchanfragen der User ausgeliefert.

Keywords individualisieren

Ebenfalls per Inline-Editing ist das Individualisieren des Bietpreises und der Ziel-URL möglich.

Den maximalen CPC geben Sie einfach in der gleichnamigen Spalte an. Um eine individuelle Ziel-URL hinterlegen zu können, müssen Sie zuerst die entsprechende Spalte aktivieren, da diese nicht per Default angezeigt wird: Wie gewohnt öffnen Sie das Drop-down FILTER UND ANSICHTEN, klicken den Link SPALTEN ANPASSEN an und markieren die Zeile ZIEL-URL.

Keywords pausieren, reaktivieren und löschen

Den Status einzelner Keywords ändern Sie am einfachsten über das Drop-down zu Beginn der jeweiligen Zeile. Sie können hiermit aktivieren und pausieren, nicht löschen.

Dies geht nur über eine Vorgehensweise, die auch beim Pausieren und Reaktivieren mehrerer Keywords gleichzeitig deutlich praktischer ist: Sie markieren die gewünschten Keywords durch Anhaken der Checkboxen am Anfang jeder Zeile, öffnen das Drop-down STATUS ÄNDERN und wählen die gewünschte Option.

Im Gegensatz zu gelöschten Kampagnen und Anzeigengruppen (und auch Anzeigen) verschwinden gelöschte Keywords aus Ihrer Liste. Eine Reaktivierung ist somit selbstverständlich auch nicht mehr möglich. Möchten Sie mit diesen Keywords zu einem späteren Zeitpunkt also wieder arbeiten, müssen Sie sie erneut eingeben.

Denken Sie bei der Entscheidung, ob Sie ein Keyword löschen oder pausieren, auch an die bereits bekannten Auswirkungen auf den Qualitätsfaktor: Die historischen Daten von pausierten Keywords fließen weiterhin in die Bestimmung des Qualitätsfaktors ein, diejenigen von gelöschten Keywords nicht.

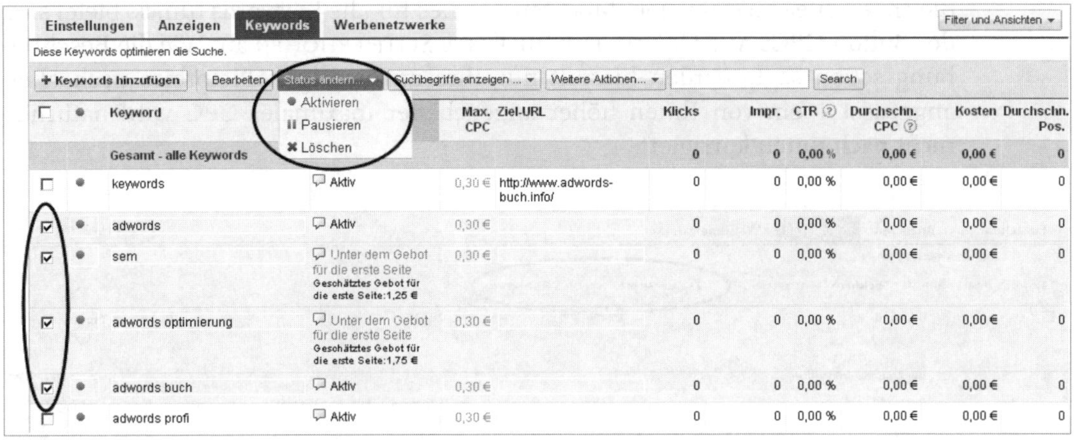

Abb. 6.22: Keyword-Status ändern

Der Button »Bearbeiten«

Auch über den Button BEARBEITEN oberhalb der Keywordliste können Sie alle Bearbeitungen für ein Keyword vornehmen. Hierfür müssen Sie vorher die zu ändernden Keywords über die Checkbox markieren (siehe Abbildung 6.23).

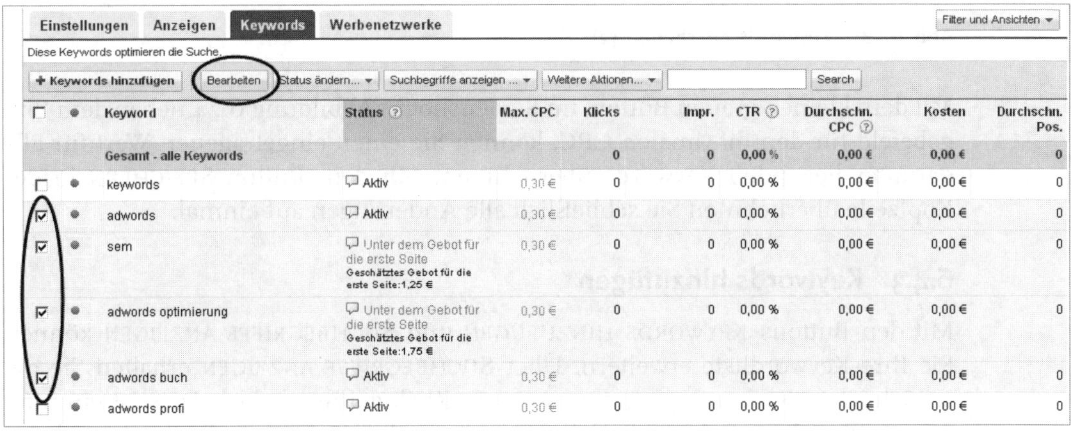

Abb. 6.23: Keywords bearbeiten (1)

Sie gelangen auf die Seite, die Ihnen alle Einstellungen der ausgewählten Keywords präsentiert (siehe Abbildung 6.24).

Insbesondere für mehrere Änderungen gleichzeitig lohnt sich dieser Umweg. Im Beispiel in Abbildung 6.24 vergeben wir eine weitere individuelle Ziel-URL. Zudem erhöhen wir für ein Keyword den Bietpreis, um das geforderte »Gebot für die erste Seite« zu erreichen. Möchten wir dies für alle Keywords tun, so bietet sich der Button CPCs auf Gebote für die erste Seite erhöhen an. Wie die Beschreibung schon sagt, werden hiermit nur Ihre zu niedrigen Bietpreise nach oben angepasst – ein von Ihnen höher angegebener maximaler CPC wird natürlich nicht nach unten korrigiert.

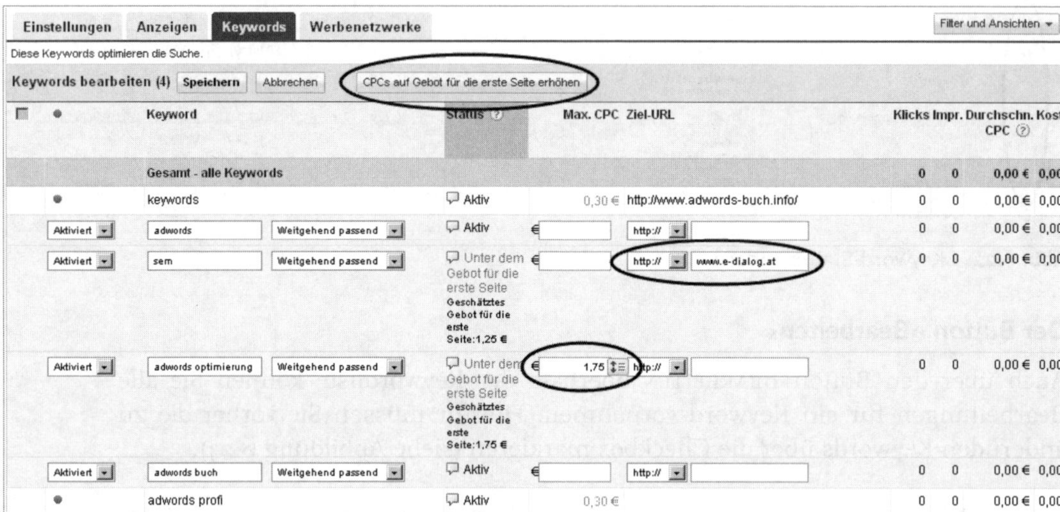

Abb. 6.24: Keywords bearbeiten (2)

Mit dem kleinen grauen Button, im Screenshot in Abbildung 6.24 neben dem Eingabefeld für den maximalen CPC, können Sie einen eingetragenen Wert für alle darunter liegenden Keywords übernehmen. Mit dem Button Speichern in der Kopfzeile übernehmen Sie schließlich alle Änderungen auf einmal.

6.4.3 Keywords hinzufügen

Mit den Buttons Keywords hinzufügen und Suchbegriffe anzeigen können Sie Ihre Keywordliste erweitern. Über Suchbegriffe anzeigen erhalten Sie die tatsächlichen Suchanfragen, die zu einem Klick geführt haben. Dies ist ein integrierter Bericht aus dem »Berichtscenter«, weshalb wir diese Funktion auch im entsprechenden Kapitel besprechen, Abschnitt 10.4, *Vom Suchanfragenbericht zur Keywordliste*.

Jetzt wenden wir uns dem bereits bekannten Button Keywords Hinzufügen zu. Über ihn gelangten wir zum Keyword-Tool, nun wollen wir die anderen Bereiche der folgenden Seite ansehen:

Es öffnet sich ein Textfeld, in das Sie Ihre neuen Einträge – wie immer eine Zeile pro Keyword – eingeben können.

Rechts neben Ihrer manuellen Eingabe erhalten Sie weitere Beispiel-Keywords, die Sie direkt mit vorgeschlagenen Keyword-Optionen in das Textfeld übernehmen (oder erst übernehmen, dann ändern) können. Man mag sich bei manchen Ergebnissen wundern, doch durchsucht das Tool angeblich Ihre Website nach Schlüsselwörtern und generiert daraus die Vorschläge. Auf jeden Fall erhalten Sie weitere Anregungen.

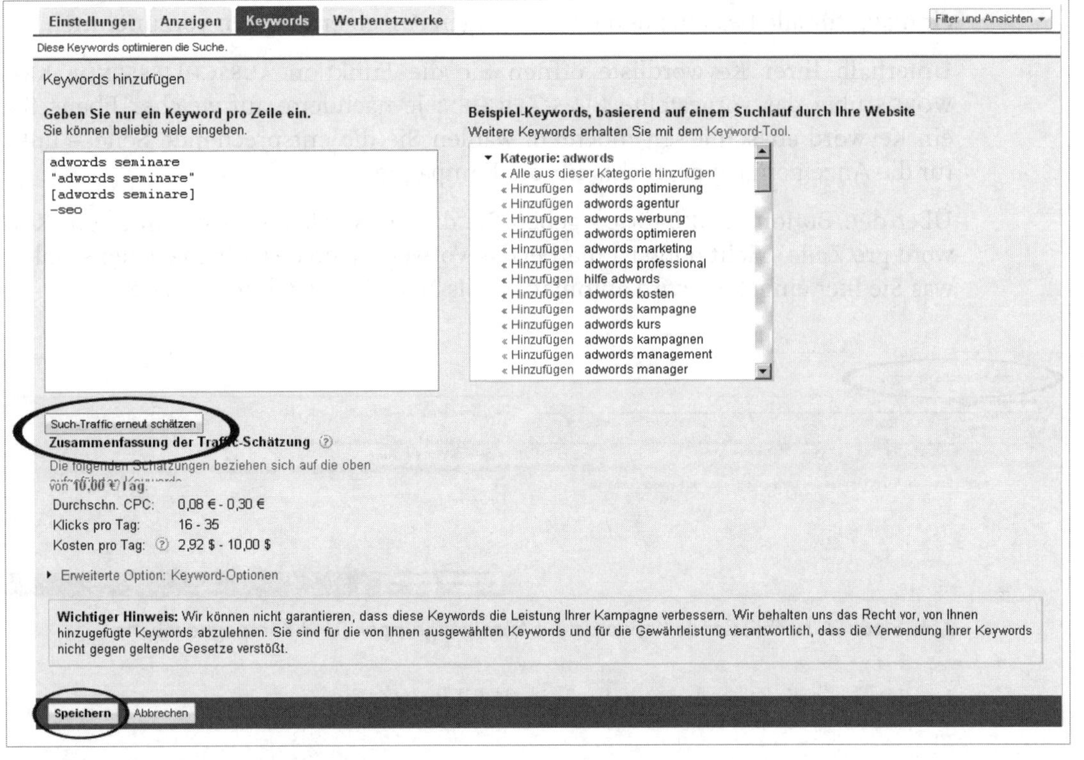

Abb. 6.25: Hinzufügen von Keywords

Mit SUCH-TRAFFIC ERNEUT SCHÄTZEN rufen Sie Daten aus dem Traffic Estimator auf (Abschnitt 3.5, *Tools*), mit SPEICHERN übernehmen Sie schließlich die Keywordliste.

Auf diese Weise hinzugefügte Keywords gelten genau für die Anzeigengruppe, in der Sie sich gerade aufhalten (oder die Sie ausgewählt haben, wenn Sie sich auf einer anderen Ebene befinden). Wie wir bereits wissen, sollte jedes Keyword nur einmal in Ihrem Konto hinterlegt sein. Dafür ist eine eindeutige Zuordnung zu einer Anzeigengruppe zwingend notwendig.

6.4.4 Ausschließende Keywords auf Kampagnenebene

Es gibt nur eine Ausnahme von der Regel, Keywords nicht in mehreren Anzeigengruppen zu verwenden: negative Keywords. Hierfür wird Ihnen sogar die Möglichkeit geboten, diese direkt für ganze Kampagnen auszuschließen.

Sie betreiben eine Hotelkette und haben für alle Städte, in denen Sie mit einem Hotel vertreten sind, eine eigene Anzeigengruppe angelegt. Da Sie nur teure Suiten und höchsten Luxus bieten, sind Sie an Suchanfragen wie »billige übernachtung« oder »hotel günstig« nicht interessiert. Da dies für jedes Ihrer Hotels gilt, ist es für Sie sehr zeitsparend, den Ausschluss der Keywords »billig« und »günstig« einmalig für alle bestehenden und künftigen Anzeigengruppen vorzunehmen.

Unterhalb Ihrer Keywordliste öffnen Sie die Funktion AUSSCHLIESSENDE KEYWORDS über das vorgestellte PLUS-ZEICHEN: Je nachdem, auf welcher Ebene Sie ein Keyword ausschließen möchten, wählen Sie die entsprechende Seite – links für die Anzeigengruppe, rechts für die Kampagne.

Über den Button HINZUFÜGEN geben Sie die Keywords ein: wie immer ein Keyword pro Zeile. Nicht nötig ist hierbei das Vorwegsetzen des Minuszeichens. Alles, was Sie hier eingeben, wird automatisch als Negative Match interpretiert.

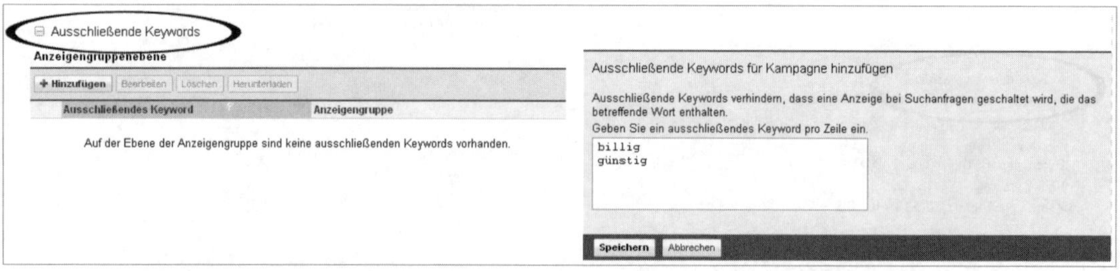

Abb. 6.26: Ausschließende Keywords auf Anzeigengruppen- und Kampagnenebene

Im Ergebnis sieht es dann aus wie in Abbildung 6.27.

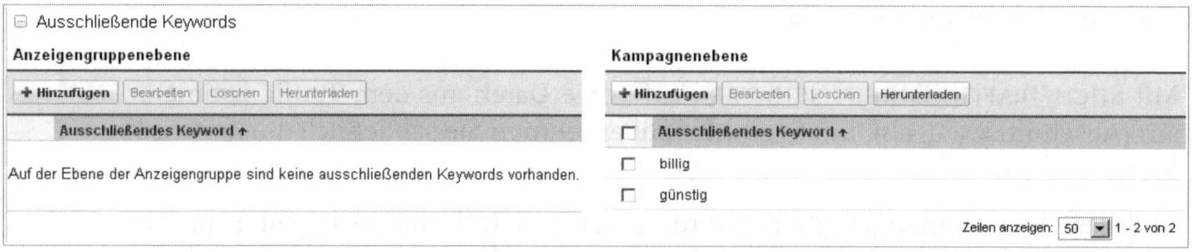

Abb. 6.27: Ausschließende Keywords auf Kampagnenebene

Tipp

Negative Keywords auf Kampagnenebene können Sie auch mit der Funktion AUSSCHLIESSENDE KEYWORDS AUF KAMPAGNENEBENE BEARBEITEN auf der »Tools«-Übersichtsseite eingeben. Hierbei wählen Sie zunächst die gewünschte Kampagne aus und geben Ihre Keywords dann auf die gleiche Art und Weise wie eben vorgestellt ein.

Als Zusatzfeature können Sie zudem innerhalb der Kampagne suchen, ob Sie ein Keyword bereits ausschließend auf Anzeigengruppenebene verwenden. Dieses können Sie dann auf Kampagnenebene »hieven«.

6.4.5 Weitere Aktionen

Für dieses Kapitel fehlt uns noch ein letzter Button: WEITERE AKTIONEN. Die Bezeichnung lässt vermuten, dass wir hierunter künftig noch einige Funktionen erhalten werden. Seit Einführung des neuen Interfaces tat sich hier bereits eine ganze Menge:

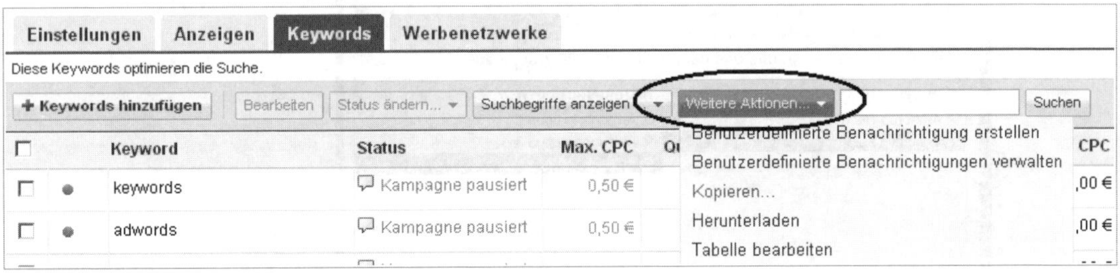

Abb. 6.28: Button WEITERE AKTIONEN

- Zunächst standen nur KOPIEREN und HERUNTERLADEN zur Verfügung. Beide Links halten, was ihre Namen versprechen.
- Mit TABELLE BEARBEITEN kam zum Inline-Editing und Bearbeiten-Button eine dritte Möglichkeit hinzu, Keywords zu pflegen und zu optimieren. Insbesondere bei Bulk-Bearbeitungen können sich hier viele Erleichterungen ergeben. Einen kurzen Blick haben wir auf die Tabelle bereits im Zusammenhang mit dem »First Page Bid« geworfen (Abschnitt 4.3.3, *Qualitätsfaktor für das »Gebot für die erste Seite« (First Page Bid)*).
- Die »benutzerdefinierten Benachrichtigungen« sind die neueste Erweiterung. Diese besprechen wir in Abschnitt 9.1.1, *Abfrage der Leistungsdaten*.

Kopieren

Sie können nur Keywords kopieren, die Sie vorher markiert haben: einzeln über die Checkbox in der jeweiligen Zeile eines Keywords, gesamt über die Checkbox in der Zeile mit den Spaltenüberschriften.

Diese Funktion ist sehr praktisch, wenn Sie mit gleichen oder ähnlichen Keywords in mehreren Kampagnen arbeiten – also beispielsweise das gleiche Produkt für Deutschland und Österreich in getrennten Kampagnen bewerben (»Standort« ist eine Kampagneneinstellung). Sollten Sie sich wundern und zur Klarstellung: Aufgrund der unterschiedlichen Zielregionen fällt dies natürlich nicht unter unsere Regel »keine doppelten Keywords«!

Im Rahmen des Kopiervorgangs geben Sie die Ziel-Anzeigengruppen an. Existiert diese bislang nicht, so müssen Sie sie vorher noch eröffnen.

Wir markieren also unsere gewünschten Keywords, klicken KOPIEREN im Dropdown WEITERE AKTIONEN an und wählen Kampagne und Anzeigengruppe aus (siehe Abbildung 6.29).

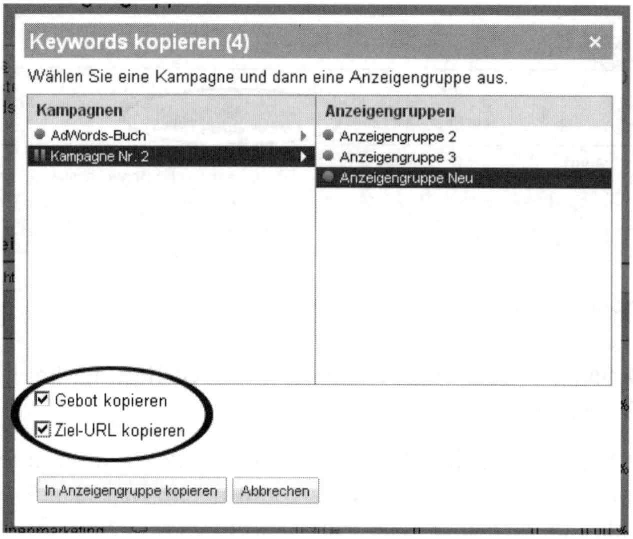

Abb. 6.29: Ausschließende Keywords auf Kampagnenebene

Legen Sie fest, ob der individuelle maximale CPC und die individuelle Ziel-URL der Keywords ebenfalls übernommen werden soll, und kopieren Sie alles mit dem Button IN ANZEIGENGRUPPE KOPIEREN.

Beachten Sie, dass die Keywords der Ziel-Anzeigengruppe hinzugefügt werden – die bereits dort hinterlegten Begriffe bleiben erhalten und werden nicht ersetzt.

Herunterladen

Auch der Download ist nur bei denjenigen Keywords möglich, die vorher markiert wurden. Je nach Verwendungszweck wählen Sie das passende Format: CSV FÜR EXCEL, CSV, TSC, XML oder GZIP-CSV. Je nach angeforderter Liste dauert der Download natürlich unterschiedlich lang.

Das Herunterladen einer Keywordliste kann durchaus sinnvoll sein: Sie möchten die Keywords beispielsweise in Excel weiterbearbeiten. Zu statistischen Zwecken speichern Sie den jeweils aktuellen Stand in regelmäßigen Abständen ab. Oder Sie gewähren jemandem Einblick, der keinen Zugriff auf das AdWords-Konto hat, haben will oder haben soll.

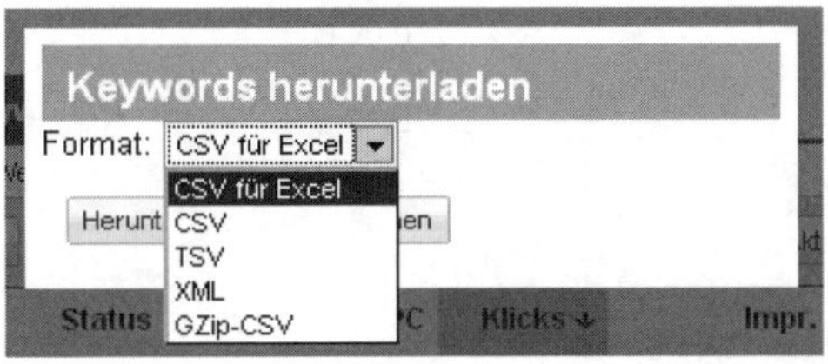

Abb. 6.30: Ausschließende Keywords auf Kampagnenebene

Tabelle bearbeiten

Eine großartige Möglichkeit, Ihre Keywords zu verwalten, bietet der Link TABELLE BEARBEITEN. Diese Funktion ist nur auf Anzeigengruppenebene verfügbar.

Mithilfe des Spreadsheets können Sie nicht nur Keywords hinzufügen, löschen oder pausieren. Es stehen Ihnen zahlreiche Funktionen zur Verfügung, die Sie von Excel her kennen – beispielsweise das Arbeiten mit Formeln. Im Beispiel erhöhen wir unseren maximalen Klickpreis auf 0,60 Euro, wenn das CPC-Gebot für die erste Seite höher als 0,20 Euro liegt (Abbildung 6.31).

Mit Copy & Paste können Sie die Tabelle direkt nach und von Excel kopieren. Beachten Sie, dass die Leistungsdaten, der Qualitätsfaktor oder das Gebot für die erste Seite von Ihnen natürlich nicht geändert werden können.

> **Hinweis**
>
> Eine Auflistung der verfügbaren Shortcuts und Formeln finden Sie unter `https://adwords.google.com/support/aw/bin/answer.py?answer=144415&hl=de` (derzeit nur englischsprachig).

A	B	C	D	E
Keyword	Status	Max. CPC	Ziel-URL	CPC-Gebot für erste Seite
euro kurs	aktiviert	0.6 €		0,01 €
tageszeitungen	aktiviert	=IF((E3 > 0,20); 0,60; 0,15)		0,04 €
dollar kurs	aktiviert	0,15 €		0,01 €
inflation	aktiviert	0,15 €		0,10 €
immofinanz	aktiviert	0,15 €		0,15 €
aww	aktiviert	0,15 €		0,04 €
anleihen	aktiviert	0,15 €		0,20 €
erste bank	aktiviert	0,40 €		0,10 €
kv-lohn	aktiviert	0,15 €		0,01 €
mel	aktiviert	0,15 €		0,15 €
hypo	aktiviert	0,15 €		4,00 €
palfinger	aktiviert	0,30 €		0,30 €
dollarkurs	aktiviert	0,15 €		0,01 €
amis	aktiviert	0,15 €		0,04 €
voestalpine	aktiviert	0,15 €		0,23 €
conwert	aktiviert	0,15 €		0,15 €

Abb. 6.31: Tabelle bearbeiten

Kapitel 7

Anzeigen: Die Kunst der Überzeugung

Über die Anzeigen, im Such-Netzwerk die Textanzeigen, treten wir zum ersten Mal direkt mit dem User in Kontakt. In nur vier Zeilen und 130 Zeichen müssen wir ihn überzeugen, dass wir die Lösung zu seinem Problem haben und seine Wünsche am besten erfüllen können. Wir stellen uns dabei in einem höchst umkämpften Umfeld dar: Unsere Anzeige muss unter all den gleich aufgebauten Texten auffallen und sich gegen die organischen Treffer durchsetzen. Eine echte Herausforderung!

7.1 Eine unwiderstehliche Anzeige

Gemäß einer Studie von CheckIt (`www.checkit.nl`) schaut sich ein User nach seiner Suchanfrage im Schnitt 9,2 Suchergebnisse an. Um ein einzelnes Suchergebnis zu lesen, nimmt er sich rund eine Sekunde Zeit. Es sind in Summe also nicht mehr als zehn Sekunden, die der User auf der Suchergebnisseite verbringt.

Ist die Eingabe der Suchanfrage noch ein rationaler Vorgang, so ist es der Klick auf ein Suchergebnis schon nicht mehr. Vielmehr reagiert der User emotional und spontan – und immer mit dem Wissen, dass er mit einem Klick auf den ZURÜCK-Button im Browser seine Entscheidung rückgängig machen kann.

Was bedeutet das für uns? Eigentlich nichts Gutes. Denn wir haben nur eine Sekunde Zeit, dem User das Gefühl zu geben, dass er mit uns die richtige Wahl trifft: dass wir sein Anliegen verstehen, dass wir eine Lösung bieten. Und ist uns das gelungen, müssen wir ihn auf eine Seite führen, die ihm seine Entscheidung als richtig bestätigt – sonst ist er wieder weg.

Schauen wir uns also an, wie wir eine möglichst gute Anzeige texten.

7.1.1 Aufbau

Eine AdWords-Textanzeige besteht, wie Sie bereits wissen, aus vier Zeilen:

- der Überschrift mit maximal 25 Zeichen
- zwei Anzeigenzeilen mit jeweils maximal 35 Zeichen
- sowie einer Anzeigen-URL mit ebenfalls maximal 35 Zeichen.

Die Zeichenzahl wird inklusive der Leerzeichen berechnet.

Hinzu kommt eine Ziel-URL, mit der Sie die tatsächliche URL angeben, auf die der User nach seinem Klick geführt wird. Diese darf eine maximale Länge von 1024 Zeichen haben und wird auf der Suchergebnisseite nicht angezeigt.

Stimmt die Suchanfrage des Users mit dem hinterlegten Keyword, das zur Anzeigenschaltung geführt hat, überein, wird dieser Teil der Anzeige in Fettschrift angezeigt. Sie selbst können keine Formatierung vornehmen.

7.1.2 Überschrift

Die Überschrift (Headline) wird in blauer Schrift hervorgehoben und unterstrichen – wie ein Link. Und tatsächlich ist sie der einzige Teil Ihrer Anzeige, den der User anklicken kann. Dies ist insofern erstaunlich, als es auch eine URL-Zeile gibt, die sich vom Verständnis und von der Gewohnheit im Netz auch als Link-Möglichkeit anbieten würde.

Somit ist die Überschrift der prominenteste Teil Ihrer Anzeige. Mit ihr müssen wir umgehend Aufmerksamkeit erwecken, mit ihr müssen wir den Blick des Users und damit den User selbst fangen. Wie gelingt uns das?

Keywords in der Überschrift

Ein User, der nach einem bestimmten Thema sucht, möchte sein Problem oder seine Frage verstanden wissen. Findet ein User seinen Suchbegriff in der Anzeige wieder, so hat er eher das Gefühl, dass Sie sein Anliegen verstanden haben und eine Lösung bieten können.

Deshalb empfiehlt es sich, die Suchanfrage des Users in der Überschrift vorkommen zu lassen – am allerbesten als erstes Wort.

Dies hat noch einen weiteren Vorteil: Ihr Keyword erscheint bei einer entsprechenden Suchanfrage in Fettschrift. Und eine fett geschriebene Überschrift ist ein zusätzlicher Blickfang.

Sehen wir uns die Textanzeigen eines Shopping-Portals an, das Anzüge in der Kategorie »Mode & Accessoires« verkauft. Diese wurde im AdWords-Konto als Kampagne übernommen, für die Sub-Kategorie »Maßanzüge« wurde eine eigene Anzeigengruppe angelegt. Die Keywords umfassen den Begriff Maßanzüge in allen möglichen Varianten und Schreibweisen, so dass die Anzeige nur bei entsprechenden Suchanfragen angezeigt wird.

Parallel werden zwei Anzeigen geschaltet, die bereits stark auf die hinterlegten Keywords abgestimmt sind: Der Begriff »Maßanzug« kommt in unterschiedlichen Schreibweisen in der zweiten Textzeile sowie in der Ziel-URL vor, zusätzlich tauchte das Wort »maßgeschneidert« noch in der ersten Textzeile auf.

Abb. 7.1: Textanzeigen mit unterschiedlichen Headlines

Dieser sehr gute und für die Keywords extrem relevante Text erreicht bereits mit der Headline »Mode & Accessoires« eine Klickrate von 3,79%. Trotz dieses guten Wertes entfaltet die keyword-bezogene Überschrift eine zusätzliche Wirkung und erreichte eine nochmals höhere Klickrate von 4,23%.

Wie sehr es User schätzen, wenn auf ihre Suchanfrage direkt in der Überschrift eingegangen wird, erkennen Sie unschwer an der höheren Klickrate. Doch auch Google erkennt hierin Relevanz und belohnt dieses Verhalten. So erhalten Sie einen positiven Einfluss auf den Qualitätsfaktor, wenn auf Suchanfragen bereits im Text der Anzeige, insbesondere in der Überschrift, eingegangen wird.

Weitere Möglichkeiten für die Überschrift

Selbstverständlich gibt es noch weitere Möglichkeiten, eine Überschrift erfolgreich zu texten und die Aufmerksamkeit des Users auf sich zu ziehen. Einige davon wollen wir uns im Überblick kurz ansehen. Diese schließen sich weder zwingend gegenseitig aus, noch müssen sie alle für Sie tatsächlich eine Option darstellen. Je nach Branche und Zielgruppe wirken manche Botschaften besser, manche sind völlig fehl am Platz. Sehen Sie die Beispiele als Anregung, wenn Sie selbst kreativ die Feder bzw. den Cursor schwingen:

- Destillat der Anzeige – sagen Sie einfach, was Sache ist:
  - Büromaterial in 2 Tagen
  - Fahrräder kaufen
- Provokante Frage – provozieren Sie den User zum Klick:
  - Noch immer Pickel?
  - Geschenk vergessen?

- Kuriosität – machen Sie den Leser neugierig:
  - Schweinespeck ohne Fett
  - Nachwuchs ohne Sex
- Warnung – benennen Sie Ängste:
  - Kredit-Skandal
  - Gift in Leberwurst
- Großes Versprechen – formulieren Sie Ihre Leistungen:
  - Schlank in 4 Wochen
  - Jetzt zum Nichtraucher
- Wunsch ausdrücken – erfüllen Sie Träume:
  - Musik-CD aufnehmen
  - Karriere leicht gemacht
- Unparteiische Infos – schaffen Sie Vertrauen:
  - 16 Shampoos im Test
  - Laptops im Vergleich

7.1.3 Textzeilen

Haben Sie den User mit der Überschrift neugierig auf Ihre Anzeige gemacht, müssen Sie ihm jetzt ein wenig Substanz bieten. Dass in der Kürze die Würze liegt, gibt Ihnen Google bereits mit der beschränkten Zeichenzahl vor. Diese sollten Sie jedoch ausnützen. Lassen Sie uns deshalb ansehen, was Sie mit Ihren 70 Zeichen anstellen sollten.

Keywords in Textzeilen

Konnten Sie den Suchbegriff des Users nicht in der Überschrift unterbringen, so ist die Positionierung als erstes Wort der Textzeilen fast Pflicht. Auch kann festgestellt werden, dass sich ein mehrmaliges Nennen der Suchanfrage oder einer sinngemäßen Abwandlung davon durchweg positiv auf die Klickrate der Anzeige auswirkt.

Nutzen vor Produkt

Als besonders erfolgreich haben sich Anzeigen erwiesen, die in der ersten Textzeile Nutzen und Vorteil formulieren, in der zweiten Zeile dann das Produkt oder seine Eigenschaften nennen. Sehen Sie sich folgende, wiederum parallel geschaltete Anzeigenvarianten an:

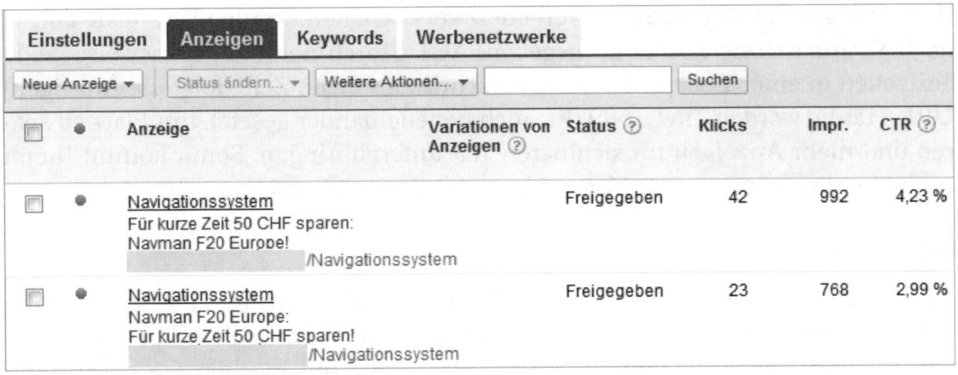

Abb. 7.2: Textanzeigen: Nutzen vor Produkt

Beide Anzeigen vermitteln die gleichen Botschaften in gleichem Wortlaut: zum einen das zeitlich befristete Sparangebot, zum anderen den Produktnamen. Der Text, der zuerst den Vorteil für den User, dann das Produkt selbst benennt, erreicht eine zu 40% höhere Klickrate.

Ganze Sätze und Satzzeichen

Verwenden Sie trotz des Platzmangels flüssige Formulierungen und ganze Sätze. Zum einen wird dies in den Richtlinien von Google gefordert und kann bei Nichterfüllung zur Ablehnung Ihrer Anzeige führen. Bedenken Sie zum anderen aber auch, dass die Anzeige Ihr erster Eindruck auf den Nutzer ist. Und somit entsprechend seriös und professionell erscheinen soll.

Formulieren Sie Ihre Textenzeilen so, dass sie auch der geänderten Darstellungsweise oberhalb der organischen Suche, in den Top-Positionen, gerecht werden. Dort werden keine vier Zeilen ausgeliefert, sondern nur zwei: die Überschrift als erste Zeile, darunter die Anzeige-URL, dahinter beide Textzeilen unmittelbar hintereinander:

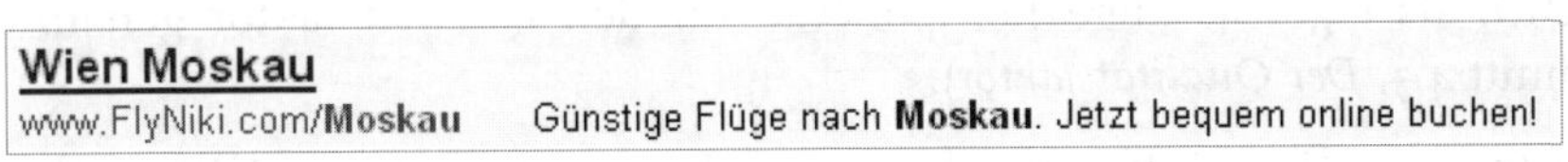

Abb. 7.3: Darstellung Top-Position

Bedenken Sie dies, wenn Sie einen Satz über mehrere Zeilen hinweg texten: Schreiben Sie nicht über Überschrift und Textzeile hinweg – dieser Satz wird in den Top-Positionen »zerrissen«.

Die beiden Textzeilen dürfen hingegen gerne aus einem einzigen Satz bestehen. Tun sie dies nicht, so trennen sie Ihre Sätze durch Satzzeichen, da sie ansonsten direkt hintereinander (und eventuell unverständlich) dargestellt werden.

Wenn Sie gleichzeitig im Such-Werbenetzwerk schalten, werden Ihre Texte dort je nach Suchmaschine anders ausgegeben. AOL Search nennt beispielsweise beide Textzeilen in einer Zeile unter der Überschrift; als dritte Zeile folgt die Anzeigen-URL. Häufig werden Titel und URL auch nebeneinander gesetzt, um Platz zu sparen und mehr Anzeigen im sichtbaren Teil unterzubringen. Somit kommt Ihnen auch hier eine konsequente Verwendung der Satzzeichensetzung zugute.

Call-to-action

Nutzen Sie die letzte Zeile für eine Handlungsaufforderung, eine so genannte Call-to-action. Bestärken Sie so den User in seinem unterschwelligen Wunsch, den er durch seine Suchanfrage ausgedrückt hat. Und machen Sie gleichzeitig klar, was Sie von ihm wünschen bzw. was ihn auf der Website erwartet: »Fordern Sie Ihr Prospekt jetzt an« lässt den User mit einer anderen Landingpage rechnen als »Kaufen Sie gleich hier«, »Informieren Sie sich kostenlos« mit einer anderen als »30-Tage-Testversion«.

Verknappung

Machen Sie Ihr Produkt oder Ihr Angebot zu etwas Besonderem, indem Sie es als nicht unendlich verfügbar darstellen. Weisen Sie darauf hin, dass eine Aktion »Nur noch bis 31.12.« läuft oder ein Produkt nur »in limitierter Stückzahl« vorhanden ist.

Geben Sie dem User so das Gefühl, dass er genau jetzt zuschlagen muss. Denken Sie an Werbung in Shoppingkanälen – dort wird Ihnen fortlaufend eingeblendet, dass die verfügbare Menge ständig abnimmt. Diese Verknappung löst bei potenziellen Käufern einen starken Handlungsanreiz aus. So auch in Anzeigen.

7.1.4 Anzeigen-URL

Die Möglichkeiten und die Bedeutung der Anzeigen-URL werden häufig vernachlässigt. Dabei sollte es schon mehr als ein Hinweis sein, dass die Klickrate der Anzeigen-URL als eigenständige Komponente für den Qualitätsfaktor genannt wird (Abschnitt 4.3, *Der Qualitätsfaktor*).

Machen Sie Ihre Anzeigen-URL unbedingt »attraktiv«. Die Anzeigen-URL ist das Zweite, was dem User nach der Überschrift ins Auge sticht. Ziel sollte es sein, dass sie die Botschaft der Anzeige unterstreicht und hervorhebt. Der User soll das Gefühl haben, dass er gleich auf der »richtigen« Seite landet.

Anforderungen

An uneingeschränkter Attraktivität hindern Sie allerdings die Anforderungen, die Google an eine Anzeigen-URL stellt:

Wie Sie bereits wissen, dürfen Sie nicht irgendeine beliebige URL als Anzeigen-URL eintragen. Auch dürfen Sie diese Zeile nicht einfach als Werbetext verwenden.

Angezeigt werden muss eine URL, die auch tatsächlich wie eine aussieht und Teil Ihres Webauftritts ist. Lautet die tatsächliche Ziel-URL `http://www.adwords-buch.info/infos.aspx?s_guid=9ed0d7b-6920-4661-a44a-0dfa3a21a70`, so darf diese auf `http://www.adwords-buch.info/glossar` gekürzt werden. Dabei muss nicht zwingend ins Glossar gelinkt werden.

Nicht geändert (und auch nicht weggelassen) werden darf die Top-Level-Domain. Es darf also nicht einfach `http://www.adwords-buch.de` angegeben werden.

Multiple Domains und so genannte Vanity-URLs sind nicht erlaubt.

Innerhalb einer Anzeigengruppe müssen alle Anzeigen-URLs dieselbe Domain verwenden. Unterschiedliche Subdomains sowie Tracking-URLs sind weiterhin gestattet.

Hinweis

Aufgrund der vorgenannten Bedingungen können aus einer Anzeigengruppe heraus also nur eine, nicht mehrere Domains beworben werden.

Attraktive Gestaltung

Trotzdem bleiben Ihnen einige Gestaltungsmöglichkeiten: Machen Sie Ihre URL gut lesbar und leichter merkbar durch Großbuchstaben an Wortanfängen. Vergleichen Sie einfach in Abbildung 7.4 selbst, welche URL Sie schneller entziffern können:

meinebeispielseite.com

MeineBeispielSeite.com

Abb. 7.4: Großschreibung in der Anzeigen-URL

Wenn Ihre Domain eine Weiterleitung auch ohne www erlaubt, so müssen Sie dies nicht angeben. Testen Sie, welche Variante bei Ihnen besser funktioniert – und sparen Sie so vielleicht einige Zeichen, die Sie sinnvoller nutzen können. Auf die Top-Level-Domain hingegen dürfen Sie aufgrund der Richtlinien nicht verzichten.

Nutzen Sie den Gestaltungsfreiraum nach der Domainendung für weitere Botschaften. Geben Sie beispielsweise nochmals das Keyword ein. Oder verwenden Sie den Platz, um weitere Zusätze wie beispielsweise Ihre Region anzufügen.

Unterschätzen Sie diese Wirkung nicht. Schauen Sie sich hierfür folgendes Beispiel an. Drei Textanzeigen wurden lediglich mit den URL-Erweiterungen »angebote« und »hot-offer« variiert. In allen Fällen performte die Anzeige mit »hot-offer« besser.

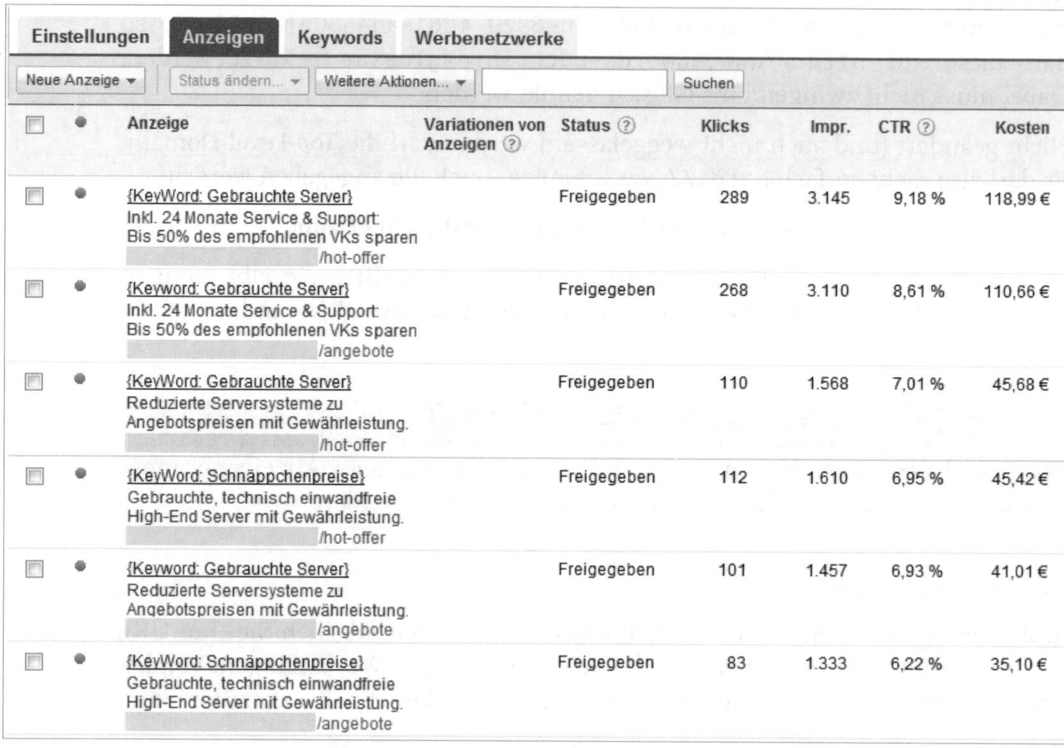

Einstellungen | Anzeigen | Keywords | Werbenetzwerke

Neue Anzeige ▾ | Status ändern... ▾ | Weitere Aktionen... ▾ | Suchen

Anzeige	Variationen von Anzeigen	Status	Klicks	Impr.	CTR	Kosten
{KeyWord: Gebrauchte Server} Inkl. 24 Monate Service & Support: Bis 50% des empfohlenen VKs sparen /hot-offer		Freigegeben	289	3.145	9,18 %	118,99 €
{Keyword: Gebrauchte Server} Inkl. 24 Monate Service & Support: Bis 50% des empfohlenen VKs sparen /angebote		Freigegeben	268	3.110	8,61 %	110,66 €
{KeyWord: Gebrauchte Server} Reduzierte Serversysteme zu Angebotspreisen mit Gewährleistung. /hot-offer		Freigegeben	110	1.568	7,01 %	45,68 €
{KeyWord: Schnäppchenpreise} Gebrauchte, technisch einwandfreie High-End Server mit Gewährleistung. /hot-offer		Freigegeben	112	1.610	6,95 %	45,42 €
{Keyword: Gebrauchte Server} Reduzierte Serversysteme zu Angebotspreisen mit Gewährleistung. /angebote		Freigegeben	101	1.457	6,93 %	41,01 €
{KeyWord: Schnäppchenpreise} Gebrauchte, technisch einwandfreie High-End Server mit Gewährleistung. /angebote		Freigegeben	83	1.333	6,22 %	35,10 €

Abb. 7.5: Erweiterung der Anzeigen-URL

Dieses Ergebnis können Sie nicht nur für weitere AdWords-Optimierungen nutzen, sondern beispielsweise auch für die Bezeichnung dieser Kategorie im Shop.

> **Tipp**
>
> Testen Sie auch den Namen vor der Domain, beispielsweise `mode.EinBeispiel.de/Pullover`.

7.1.5 Ziel-URL

Egal, wie gut Ihre Anzeige formuliert ist – sie verkauft nichts. Eine Anzeige generiert einen Klick und damit einen Besucher. Der Verkauf geschieht erst auf Ihrer Website.

Deshalb ist es von höchster Wichtigkeit, den User nicht nur auf irgendeine, sondern auf die bestmögliche Seite zu führen. Diese muss zum einen seine Suchanfrage möglichst treffend beantworten, zum anderen die Versprechungen einlösen, die sie in der Anzeige gemacht haben.

Anforderungen erfüllen

Gemäß den Vorschriften von Google muss die Ziel-URL auf eine funktionierende Seite führen, die die »Zurück«-Funktion im Browser erlaubt. Sie darf nicht mit einer Mail-Adresse verknüpft sein und nicht auf PDFs, Audio-, Video- oder sonstige Dateien leiten, die nur mit einem zusätzlichen Programm ausgeführt werden können. Zudem darf die Zielseite keine Pop-ups beinhalten.

Zielseite wählen

Es gibt unzählige Kampagnen, bei denen wochenlang an den optimalen Keywords und Anzeigen gearbeitet wird, um die User nachher einfach nur auf der Startseite des Unternehmens landen zu lassen. Von dort aus darf der Besucher dann selbst erkunden, wo sich seine Produktanfrage »Server 1HE Intel Dual-CPU SuperMicro SC811« versteckt.

So soll es natürlich nicht sein. Der User muss umgehend das wiederfinden, was er gesucht hat und was ihm in der Anzeige versprochen wurde. Jeder Augenblick, den sich der User orientierungslos über Ihre Seite bewegt, vergrößert die Wahrscheinlichkeit, dass er zurück zur Suchergebnisliste geht und eine andere Anzeige austestet.

Nutzen Sie die Informationen, die Ihnen der User mit seiner Suchanfrage gibt – und bieten Sie ihm eine Zielseite, die möglichst genau darauf eingeht. Sucht er also beispielsweise nach »Server 1HE Intel Dual-CPU SuperMicro SC811«, so führen Sie ihn am besten direkt auf die Produktdetailseite. Sucht er allgemeiner nach »server 1HE«, so führen Sie ihn auf die Produktergebnisliste, die ihm einen Überblick über alle 1HE-Server gibt. Lassen Sie ihn nicht unnötig auf Ihrer Seite suchen: Gesucht hat er bereits auf Google, jetzt will er Ergebnisse.

Werben Sie in der Anzeige mit einem speziellen Feature oder einem Angebot, so wiederholen Sie dies direkt auf der Landingpage. Bestätigen Sie dem User umgehend, dass er nicht mit falschen Versprechen angelockt wurde. Lösen Sie deshalb auf der Zielseite die Versprechen ein, die Sie ihm in der Anzeige gemacht haben. Und bedenken Sie, dass er Ihr Unternehmen bisher nicht kennt. Eine überkorrekte und überdeutliche Darstellung nimmt ihm die Unsicherheit, die er bei seinem ersten Besuch auf Ihrer Seite hat.

Was Sie für eine erfolgreiche Zielseite zu beachten haben, erfahren Sie detailliert in Kapitel 8, *Landingpages: Halten und zur Conversion führen*.

Hinweis

Ändert sich am grundsätzlichen Aufbau einer AdWords-Anzeige nichts, so testet Google doch immer wieder leichte Veränderungen und Erweiterungen. So laufen derzeit, also im August 2009, Versuche, die AdWords- näher bei den organischen Treffern zu positionieren. Ebenso wurden schon Anzeigen mit Favicons ausgeliefert. Im Beta-Stadium befindet sich die Verknüpfung von Google Base und AdWords.

Alle neuen Entwicklungen erfahren Sie unter `http://www.adwords-buch.info`.

7.2 Qualitativ hochwertige Besucher

Wie selbstverständlich sind wir bisher davon ausgegangen, dass es unser einziges Problem wäre, User auf unsere Website zu führen. Tatsächlich geht es uns jedoch darum, die richtigen User zum Klicken zu bewegen – was die zweite Herausforderung impliziert: die für uns unpassenden User am Klicken zu hindern.

Jeder Klick kostet uns Geld. Und dieses sollten wir besser nicht für Besucher ausgeben, deren Anliegen wir nicht befriedigen können. Die beste Landingpage und der beste Onlineauftritt bringen nichts, wenn der Nutzer gar nicht an dem interessiert ist, was wir ihm bieten können.

Lassen Sie uns deshalb anschauen, wie wir zum einen unnötige Kosten vermeiden, zum anderen qualitativ hochwertige Besucher über die Anzeige generieren können.

7.2.1 Unnötige Klicks ausschließen

Wir haben bereits zahlreiche Möglichkeiten kennen gelernt, wie wir umfassende Keyword-Liste generieren können. Wir haben bei der Erstellung aber gleichzeitig auch berücksichtigt, dass uns unerwünschte User erst gar nicht finden sollen – mit dem Vorteil, dass unsere Anzeigen tatsächlich nur Nutzern angezeigt werden, die an unserem Angebot interessiert sind. Ohne wertvolle Klicks zu verlieren, führt dies zu weniger Impressions und damit zu einer höheren Klickrate mit allen positiven Auswirkungen auf unser AdWords-Konto.

Doch nur in den seltesten Fällen gelingt eine solch »wasserdichte« Keyword-Liste. Selbst für eine lange Liste an negativen Keywords gibt es zu viele Suchmöglichkeiten, so dass unsere Anzeigen auch Usern geschaltet werden, die wir eigentlich gar nicht wollen. Teilweise fassen wir unsere Keywords auch ganz bewusst allgemeiner, als es unser Angebot abdecken kann – beispielsweise dann, wenn wir die Nachfrage erweitern wollen, wie wir es im Abschnitt 6.1.4, *Allgemeine vs. spezifische Keywords*, besprochen hatten.

Unnötige Klicks gilt es deshalb in der Anzeige auszufiltern. Kommunizieren Sie eindeutige Ausschlusskriterien, bevor der User klickt. Und machen Sie damit klar, welche Erwartungen Ihr Angebot erfüllen kann und welche nicht.

Wie Ihnen dies gelingen kann, erfahren Sie nun anhand einiger Beispiele:

Geografische Zusätze

Betreiben Sie ein Hotel in Bayern, so ist der Zusatz »Bayern« bei all Ihren Keywords zwar sehr konsequent und in Bezug auf wirkliche Bayern-Suchende auch zielführend. Unentschlossene, die einfach nur für ein »langes wochenende urlaub« machen wollen, erreichen Sie aber schon nicht mehr.

Es kann also durchaus sinnvoll sein, unsere Keywords auch ohne geografische Spezifizierung zu hinterlegen. Dann müssen wir jedoch in der Anzeige eindeutig auf unseren Standort hinweisen. Denn so schließen wir noch vor dem Klick all diejenige aus, die partout nicht nach Bayern wollen.

Analog verfahren wir, wenn wir beispielsweise in Österreich werben und nicht nur Suchanfragen wie »wochenendurlaub bayern«, sondern auch wie »wochenendurlaub deutschland« bedienen wollen. Dann gilt es, die österreichischen Deutschland-Urlauber ebenfalls wieder in der Anzeige mit der tatsächlichen Region zu konfrontieren. So schließen wir beispielsweise alle User aus, die eigentlich an die Küste wollen.

Einschränkungen

Gleiches gilt für Ihr Sortimentsangebot: Bieten Sie T-Shirts nur in Schwarz und Weiß an, so sagen Sie dies in der Anzeige. Wer rote T-Shirts sucht, wird und soll auch nicht zu Ihnen kommen.

Betreiben Sie ein großes Shopping-Portal, dessen Kategorie »Auto & Zubehör« derzeit nur Navigationssysteme umfasst, so werben Sie nicht mit Autozubehör, sondern mit Navigationssystemen. Alle User, die nach »autozubehör« suchen, aber Radios, Heckflügel oder Fuchsschwänze meinen, haben bei Ihnen derzeit noch nichts verloren.

Zielgruppe

Haben Sie eine ganz bestimmte, gut beschreibbare Zielgruppe im Blick, so benennen Sie diese in Ihrer Anzeige. Verkaufen Sie Lernmaterialien nur an Studenten, schreiben Sie einfach »für Studenten«. Verkaufen Sie Parfüms für Frauen, geben Sie beispielsweise »Die Welt der Frauendüfte« an und schließen all diejenigen aus, die auf der Suche nach Herrendüften sind.

Preise

Schauen Sie sich Konkurrenzanzeigen an und vergleichen Sie, ob Sie ein preislich hervorstechendes Angebot machen können. Wenn ja, kommunizieren Sie es direkt in der Anzeige. Beachten Sie lediglich die redaktionellen Richtlinien, nach denen Preise innerhalb von zwei Klicks auf Ihrer Website bestätigt werden müssen.

Auch im Hochpreissegment können Sie Ihre Preise ganz bewusst nennen. So positionieren Sie sich zum einen als Anbieter von Luxusgütern und vermeiden zum anderen Klicks von Schnäppchenjägern.

Termine

Nennen Sie auch zeitliche Befristungen – beispielsweise für Angebote oder terminlich gebundene Leistungen. So vermitteln Sie beim User die Dringlichkeit zum Handeln und geben Ihrem Angebot eine Exklusivität durch zeitliche Verknappung.

7.2.2 Gute Klicks gewinnen

Nachdem wir nun festgestellt haben, welche User wir nicht wollen, sollten wir uns um diejenigen kümmern, die auch tatsächlich zu uns kommen sollen. Durch Trennen der Spreu vom Weizen haben wir nämlich noch nicht einen neuen Besucher gewonnen – und auch noch nicht einen unserer Konkurrenten abgeschüttelt.

Mitbewerber studieren

Tatsächlich sollte unser erster Blick der Konkurrenz gelten. Und da uns diese nicht in Ihr AdWords-Konto blicken lässt, müssen wir dort suchen, wo sie etwas preisgeben – auf den Seiten der Suchmaschinen.

Geben Sie dort also Ihre wichtigsten Keywords ein und schauen Sie sich die Anzeigen Ihrer Konkurrenten an. Sie können daraus Einiges lernen:

- Wie versuchen sich Ihre Mitstreiter bei den Produkten und Dienstleistungen zu positionieren, die Sie auch anbieten? Nehmen Sie dabei besondere Merkmale oder gar USPs (Unique Selling Propositions; Alleinstellungsmerkmale) für sich in Anspruch?
- Wie können Sie sich im Mitbewerb darstellen, damit Ihre Anzeige heraussticht? Welche wichtigen Botschaften werden noch nirgendwo vermittelt? Wo können Sie ein besseres Angebot bewerben als die Konkurrenz? Und wovon lassen Sie zumindest zwischenzeitlich besser die Finger?
- Verwenden Ihre Konkurrenten gar Begriffe, die Sie als Keywords noch nicht berücksichtigt haben? Oder besetzen Sie Themenbereiche, die sich für Sie auch als eigene Anzeigengruppe eignen?
- Wie sind die Anzeigen getextet, die über Ihrer eigenen erscheinen? Sind diese so formuliert, dass sie auf einen besseren Qualitätsfaktor schließen lassen?

Um ein umfassendes Bild zu erhalten, suchen Sie auch mehrmals mit den gleichen Suchanfragen. So werden Ihnen die unterschiedlichen Textanzeigen Ihrer Mitbewerber angezeigt. Zudem erscheinen auch diejenigen Konkurrenten, deren Anzeigen aufgrund eines niedrigeren Tagesbudgets seltener ausgeliefert werden.

Verteilen Sie Ihre Recherchearbeiten über den gesamten Tag. Manche Advertiser schalten ihre Anzeigen nur zu bestimmten Zeiten (wir lernen dies kennen in Abschnitt 10.3, *Vom Kampagnenbericht zur Anzeigenplanung*). Beachten Sie zudem, dass in den späteren Stunden bereits manches Tagesbudget abgelaufen sein kann. Da es dann zu keiner Anzeigenschaltung mehr kommt, kann Ihre Konkurrenz viel größer sein, als es zu dieser Uhrzeit den Anschein hat.

Hinweis

Unter `http://www.google.de/sponsoredlinks` bietet Google ein Tool, mit dem Sie per Keywords AdWords-Anzeigen aufrufen und den Mitbewerb studieren können. Dies ist insofern eine faire Lösung, als dass ein Klick den Werbekunden nicht abgebucht wird. Zudem steht Ihnen das »Anzeigenvorschau-Tool« zur Verfügung (Abschnitt 7.4.2, *Anzeigendiagnose und -vorschau*).

Den USP herausarbeiten

Der USP (Unique Selling Point) ist Ihr Alleinstellungsmerkmal gegenüber dem Mitbewerb – also das Merkmal Ihrer Produkte oder Dienstleistungen, mit dem Sie sich von Ihren Konkurrenten abheben.

Haben Sie sich darüber noch nie Gedanken gemacht, so müssen Sie den USP erst herausarbeiten. Dies kann der Preis, ein spezieller Service, eine technische Neuerung oder auch ein besonderes Design sein.

Sobald Sie Ihren USP gefunden haben, müssen Sie diesen knapp und präzise formulieren – in einem Satz. Bedenken Sie: Sie können es nicht jedem recht machen. Ebenso wenig können Sie mit einem Satz – oder einem AdWords-Text – die Wünsche aller User erfüllen, die Ihre Anzeigen zu sehen bekommen.

Hinweis

Regelmäßig kann die Erfahrung gemacht werden, dass unpräzise und zu allgemein formulierte Botschaften schlechtere Ergebnisse bringen als fokussierte, die einen Vorteil klar und eindeutig zum Ausdruck bringen.

Einen präzisen und sachlichen Text formulieren

Natürlich ist es schwierig, auf so wenig Platz all das unterzubringen, was man eigentlich zu sagen hätte. Und alles scheint auf einmal gleich wichtig. Was soll man nur weglassen?

Stellen Sie sich folgenden gern verwendeten, aber passenden Vergleich vor: Im Aufzug werden Sie gefragt, was Ihr Unternehmen eigentlich macht. Bis Sie zwei Etagen später aussteigen, müssen Sie alles Wesentliche erzählt haben.

Was bei der so genannten »elevator speech« das Zeitlimit ist, ist bei Textanzeigen das Zeichenlimit. Versuchen Sie deshalb, sich auch in den Texten Ihrer Anzeigen klar und präzise auszudrücken. Vermitteln Sie eine einfache und einheitliche Botschaft, die den User anspricht und überzeugt. Für mehr haben Sie auch gar keinen Platz. Interesse wecken, das für den Suchenden Wesentliche formulieren und einen positiven Eindruck vermitteln – das sind die Ziele, die Sie in den vier (ohne Anzeige-URL sogar nur drei) Zeilen erfüllen müssen. Verlieren Sie sich daher nicht in Floskeln und Ausschweifungen, sondern schreiben Sie kurz und prägnant.

Achten Sie darauf, Ihr Angebot nicht in Superlativen darzustellen. Dies wird nicht nur von Google abgelehnt – auch der User möchte nicht noch einen Anbieter kennen lernen, der sich selbst als den Besten, Schnellsten und Billigsten darstellt. Quantifizieren Sie deshalb Ihre Leistungen: »24/7-Service«, »über 1.000 Artikel«, »Lieferzeit im Inland zwei Tage«. So können Sie überzeugen.

Ihre Botschaft muss knapp und eindeutig, professionell und sachlich sein. So erzielen Sie die beste Wirkung.

Mit dem User kommunizieren

Versuchen Sie, den Text der Anzeige so persönlich wie möglich zu gestalten. Dies ist natürlich einfacher gesagt als getan, denn schließlich kennen Sie den einzelnen User nicht. Aber Sie kennen Ihre Zielgruppe.

Sprechen Sie deshalb »deren Sprache«. Schreiben Sie auch und gerade in der Anzeige so, als würde Ihnen ein Vertreter aus Ihrer Zielgruppe direkt gegenüberstehen. Formulieren Sie dabei aus Kundensicht, nicht aus Unternehmens- oder Produktsicht. Stellen Sie den Nutzen für den Suchenden heraus und präsentieren Sie Lösungen. Der User möchte das Gefühl haben, dass es genau um ihn und um sein Problem geht. Und dass er persönlich angesprochen wird.

Suchanfrage befriedigen

Gibt ein User den Suchbegriff »hemden« ein, so sucht er einen Anbieter, der ihm Hemden verkauft. Und genau das muss die Botschaft Ihrer Anzeige sein: Hier gibt es Hemden! Und zwar genau Ihr Hemd!

Versuchen Sie ihm beispielsweise nicht gleich noch eine Hose schmackhaft zu machen. Er sucht ein Hemd – von Ihrem sonstigen Angebot will er in diesem Augenblick nichts wissen. Auch im stationären Handel erfüllt ein Verkäufer zunächst Ihren Hemdenwunsch und versucht erst dann, Ihnen auch noch eine Hose anzudrehen.

Gehen auch Sie deshalb in Ihrer Anzeige direkt auf die Suchanfrage ein. Der User möchte, dass Sie sich genau um sein formuliertes Anliegen kümmern. Lassen Sie alles andere weg, was zu Irritationen und Missverständnissen führen kann.

Keywords einbauen

Wollen Sie die Aufmerksamkeit eines Suchenden gewinnen und gleichzeitig das Gefühl erwecken, dass Sie ihn und sein Problem verstehen, dann gibt es einen einfachen Trick: Verwenden Sie beim Verfassen Ihrer Textanzeigen die Keywords der jeweiligen Anzeigengruppe – und damit die Suchanfrage des Users. So stellen Sie sicher, dass Sie ihm nicht irgendeine Anzeige, sondern eine Anzeige passend zu seiner eingegebenen Frage bieten.

Für den Hemden-Suchenden nennen Sie den Begriff »Hemden« in der Anzeige. Es besteht kein Grund für Sie, von Oberbekleidung zu sprechen. Von Ihrem großen Wortschatz oder Einfallsreichtum fühlt sich der User in der Schnelle der Entscheidungsfindung zumeist nicht beeindruckt. Er hat sich seine Suchanfrage durchaus überlegt und bringt damit seine Erwartungshaltung an den Anzeigentext zum Ausdruck. Erfüllen Sie genau diese.

Dabei hilft Ihnen – und Sie haben es am Beispiel bereits erkannt – eine gute Kampagnenstruktur. Denn hätten Sie nur eine Anzeigengruppe, in der neben den Keywords zu den Hemden auch diejenigen zu Sakkos und Jacken hinterlegt wären, so könnten Sie auf die Suchanfrage des Users in der Anzeige gar nicht so konkret eingehen. Sie müssten von Oberbekleidung sprechen, da diese Anzeige sowohl für User passen muss, die Sakkos suchen, als auch für diejenigen, die Hemden wollen.

Keine falschen Versprechen

Versprechen Sie in der Anzeige nichts, was Sie nicht einlösen können. Bieten Sie einen Service gratis an, so muss er auch gratis sein. Bieten Sie nur eine »Testversion für 30 Tage kostenlos« an, so schreiben Sie dies auch.

Fangen Sie keine User mit falschen Versprechen ein. Formulieren Sie dabei lieber überdeutlich, so dass es zu keinen Missverständnissen kommt. Nur Besucher, deren Erwartungen auf der Website erfüllt werden, werden zu Kunden. Werden diese, ob nun zu Recht oder zu Unrecht, enttäuscht, führt dies regelmäßig zu Abbrüchen und Exits.

Zusätze

Verwenden Sie Einschränkungen nicht nur zum Ausschließen ungewollter Klicks. Setzen Sie diese auch ein, um sich aus der Masse der allgemeingehaltenen Anzeigen abzuheben.

Betrachten wir die »geografischen Zusätze« am Beispiel von Mietwagen. Diese werden vorzugsweise zusammen mit der Stadt gesucht, in der das Auto benötigt wird. Eine Anzeige, die auf die zentrale Lage der Mietstation in genau dieser Stadt verweist, gewinnt mehr Klicks als die Hinweise »bundesweites Filialnetz«, »100 Filialen im deutschsprachigen Raum« oder »bestimmt auch in Ihrer Stadt«.

7.3 Richtlinien und Status

Google hat für das Verfassen von Textanzeigen redaktionelle Richtlinien sowie Richtlinien zu Inhalt und Verlinkung aufgestellt. Jede von Ihnen erstellte Anzeige wird diesbezüglich überprüft.

Im Folgenden besprechen wir die wichtigsten Vorschriften und häufigsten Verstöße. Trotzdem ist es ratsam, sich zumindest einmalig einen Gesamtüberblick auf den Google-Hilfeseiten zu verschaffen (`http://adwords.google.com/support/bin/static.py?page=guidelines.cs&topic=9271&view=all`). Auf die speziellen Richtlinien für Landingpages gehen wir in Kapitel 8, *Landingpages: Halten und zur Conversion führen,* ein.

7.3.1 Anzeigenstatus

Aufgrund der Prüfung Ihrer Texte ergeben sich mehrere Status, die Sie in der entsprechenden Spalte neben Ihrer Anzeige angezeigt bekommen.

- Freigegeben: Ihre Textanzeige wurde geprüft, akzeptiert und wird bei entsprechenden Suchanfragen in all den Netzwerken geschaltet, die Sie in den Kampagneneinstellungen vorgegeben haben. Verstoßen Sie gegen einzelne Vorschriften, so kann eine beschränkte Freigabe erfolgen.
- Ausstehend: Ihr Text ist noch nicht abschließend freigegeben. Der Status WIRD GEPRÜFT zeigt an, dass noch keine Schaltung erfolgt. ÜBERPRÜFUNG STEHT AUS besagt, dass Ihre Anzeigen bereits in der Google-Suche gezeigt werden, im Content- oder Such-Werbenetzwerk jedoch noch nicht.
- Abgelehnt: Die Anzeige wurde aus irgendeinem Grund nicht genehmigt. Da dies wohl der unangenehmste Status ist, besprechen wir ihn im Anschluss an die Richtlinien ausführlich.

Für diese Status steht Ihnen – analog zu den Keywords – eine entsprechende Filtermöglichkeit zur Verfügung: Öffnen Sie unter dem Reiter ANZEIGEN das Dropdown FILTER UND ANSICHTEN, klicken Sie auf ANZEIGEN FILTERN und wählen Sie als Filter FREIGABESTATUS.

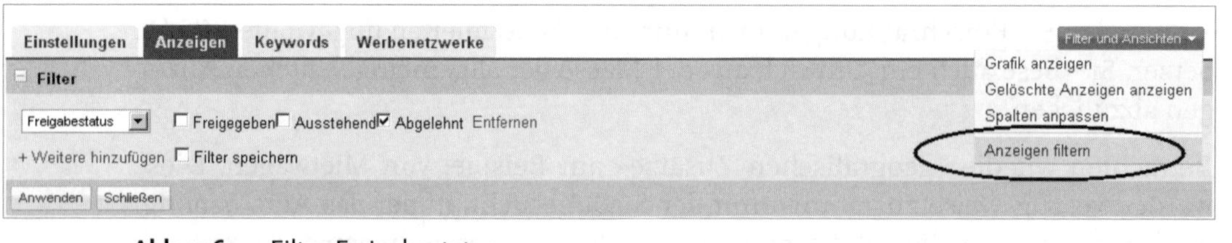

Abb. 7.6: Filter Freigabestatus

7.3.2 Redaktionelle Richtlinien

Die redaktionellen Richtlinien von Google AdWords sind eine Mischung aus Verboten und Tipps zur Kampagnenführung. Hier die wichtigsten:

- Halten Sie sich an Markenrichtlinien und implizieren Sie keine falschen Partnerschaften. Unterlassen Sie auch die Verwendung markenrechtlich geschützter Begriffe als Keywords, wie wir sie in Abschnitt 1.5.2, *Grenzen von AdWords*, untersucht haben.
- Verwenden Sie in der gesamten Anzeige nicht mehr als ein Ausrufezeichen und dieses nur in den Textzeilen. Unnötige bzw. mehrfache Satzzeichen hintereinander wie beispielweise »Umsonst!!!« oder »Neugierig geworden???« sind nicht erlaubt.
- Schreiben Sie ganze Worte nicht in Großbuchstaben: »GRATIS« oder »JETZT« werden abgelehnt. Erlaubt hingegen sind Eigennamen wie ARD, GEZ oder USA. Sie können ebenfalls die Anfangsbuchstaben aller Worte großschreiben: »Hier Und Heute Gratis«.
- Unnötige Wiederholungen wie »Hier! Hier! Hier!« sind ebenfalls untersagt.
- Achten Sie auf richtige Rechtschreibung, Zeichensetzung und Grammatik sowie auf den richtigen Gebrauch von Abkürzungen.
- Superlative oder Vergleiche von Produkten oder Unternehmen müssen auf der Zielseite begründet werden. »Die Nummer eins im Netz« ist also nur erlaubt, wenn dies durch eine Bestätigung unabhängiger Dritter auf der Landingpage belegt werden kann – beispielsweise durch Stiftung Warentest. Testimonials oder sonstige Kundenmeinungen reichen nicht aus.
- In der Anzeige erwähnte Preise, Angebote oder Rabatte müssen auf Ihrer Website innerhalb von ein oder zwei Klicks angezeigt werden – mithin auf der Landingpage oder auf einer direkt von dort erreichbaren Seite.
- Schimpfworte, Beleidigungen oder sonstige anstößige Ausdrücke sind verboten.
- Leiten Sie von den Textzeilen nicht auf die Anzeigen-URL über. »Bestellen Sie gleich hier:« ist aufgrund der Einbindung der Anzeigen-URL in die Werbebotschaft nicht gestattet. »Bestellen Sie gleich hier!« wird hingegen geschaltet.

7.3.3 Richtlinien zum Anzeigeninhalt

Inhaltlich verboten sind Anzeigen, die anzüglich, gewaltverherrlichend oder pornografischen Inhalts sind, zu Tabak- und Drogenkonsum verführen, zu illegalen Handlungen auffordern oder für Glücksspiele, Prostitution und Waffen werben.

Für Alkohol hat Google mittlerweile ein verzweigtes Konstrukt gefunden, das moralischen Anspruch und Aussicht auf Werbegelder unter einen Hut bringen soll. Widerspricht dies nicht der Gesetzgebung der jeweiligen Zielregion (also dem Standort, wie es in den Einstellungen heißt), so sind nunmehr Anzeigen für Bier, Wein und Sekt erlaubt. Auch hochprozentiger Alkohol und Spirituosen dürfen mit dem Zweck des Brandings in den jeweiligen Ländern beworben werden. Alle Anzeigen rund um Alkohol werden mit dem Status NICHT JUGENDFREI nur eingeschränkt freigegeben.

Es gibt noch einige Verbote mehr. Ebenso müssen für manche Werbeinhalte spezielle Anforderungen erfüllt sein. Lesen Sie dazu die Ausführungen unter `http://adwords.google.com/support/bin/static.py?page=guidelines.cs&topic=9271&subtopic=9279&hl=de`.

7.3.4 Richtlinienverstöße

Bei einem Richtlinienverstoß weist Google Ihrer Anzeige den Status ABGELEHNT zu und schaltet sie nicht mehr. Geschieht dies, so erhalten Sie eine Meldung – je nach Kontoeinstellung in Ihrem Konto und/oder per Mail.

Über die Tools-Übersichtsseite (Abschnitt 3.5, *Tools*) gelangen Sie auf eine Seite, die Ihnen alle abgelehnten Anzeigen auflistet. Zudem wird Ihnen der Ablehnungsgrund in der Sprechblase direkt neben der Statusmeldung angezeigt. Klicken Sie auf das Bleistift-Symbol und ändern Sie mit dem Inline-Editing Ihre Anzeige entsprechend.

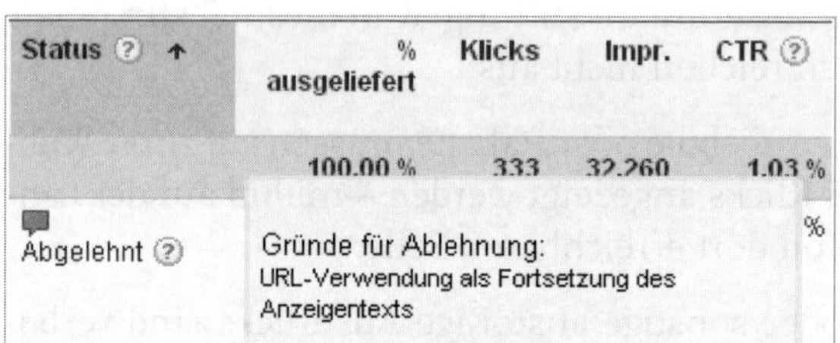

Abb. 7.7: Beispiel für Ablehnungsgrund

Tatsächlich lässt sich nicht immer eindeutig feststellen, warum oder warum gerade jetzt Google kleine oder größere Verstöße ahndet. Noch immer werden Anzeigen erst nach monatelanger Laufzeit aus dem Verkehr gezogen, manchmal bleiben Anzeigen, die man selbst als riskanter einstufen würde als andere, gänzlich unbehelligt.

Auch aus diesem Grund sollten Sie deshalb auf jeden Fall mehrere unterschiedliche Anzeigen pro Anzeigengruppe hinterlegen. Denn würde Ihre einzige Anzeige inaktiv gesetzt, so würde es für diese gesamte Anzeigengruppe zu keinerlei Schaltung mehr kommen.

Im besten Fall wird Ihnen deshalb der Ablehnungsgrund direkt beim Erstellen der Anzeige genannt. So können Sie umgehend die gewünschten Änderungen vornehmen.

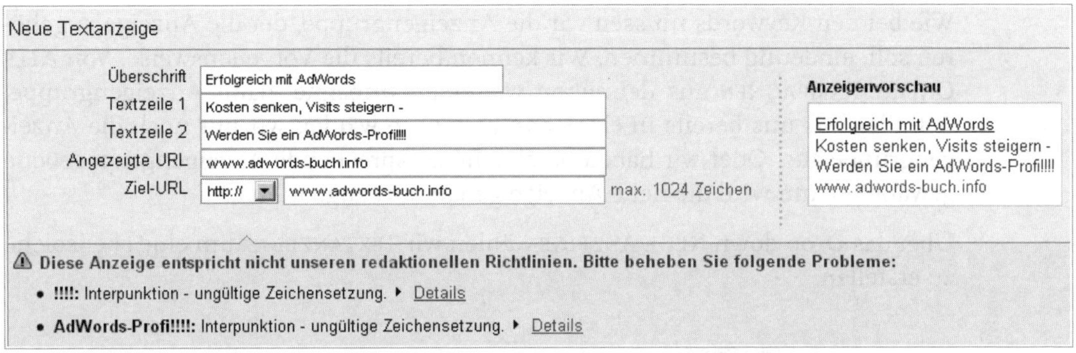

Abb. 7.8: Verstoß gegen die redaktionellen Richtlinien

Haben Sie Zweifel an der Entscheidung, so setzen Sie sich mit dem Support in Verbindung. Sie erreichen diesen über KONTAKT am Ende einer jeden Seite in Ihrem Konto.

7.4 Anzeigen in Ihrem AdWords-Konto

7.4.1 Der Tab »Anzeigen«

In Abschnitt 3.4.3, *Anzeigengruppenebene,* haben wir bereits kennen gelernt, wo wir die Anzeigen in unserem AdWords-Konto finden. Dort sind sie noch immer: unter der Registerkarte ANZEIGEN in der Kampagnen-Navigation.

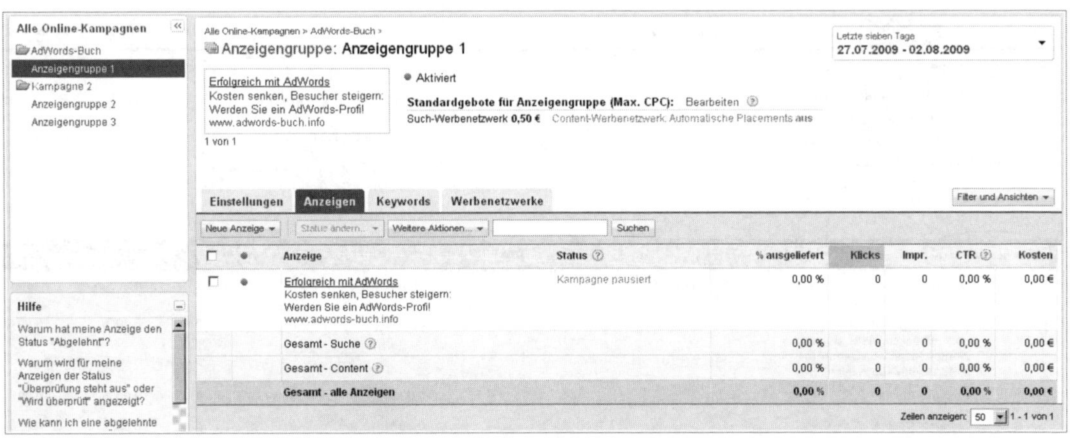

Abb. 7.9: Reiter ANZEIGEN in der Kampagnen-Navigation

Anzeigen werden auf der Anzeigengruppenebene erstellt, lassen sich aber – analog zu den Keywords – von allen Ebenen aus anzeigen.

Anzeigen erstellen und bearbeiten

Wie bei den Keywords müssen wir die Anzeigengruppe, der die Anzeige zugehören soll, eindeutig bestimmen. Wir kennen bereits die Vorgehensweise: Von ALLE ONLINE-KAMPAGNEN aus definieren wir erst Kampagne, dann Anzeigengruppe. Befinden wir uns bereits in einer Kampagne, so wählen wir nur noch die Anzeigengruppe aus. Oder wir haben bereits die entsprechende Anzeigengruppeebene gewählt – dann wird die neue Anzeige genau dort zugeordnet.

Über das Drop-down NEUE ANZEIGE wählen wir TEXTANZEIGE, um eine ebensolche zu erstellen.

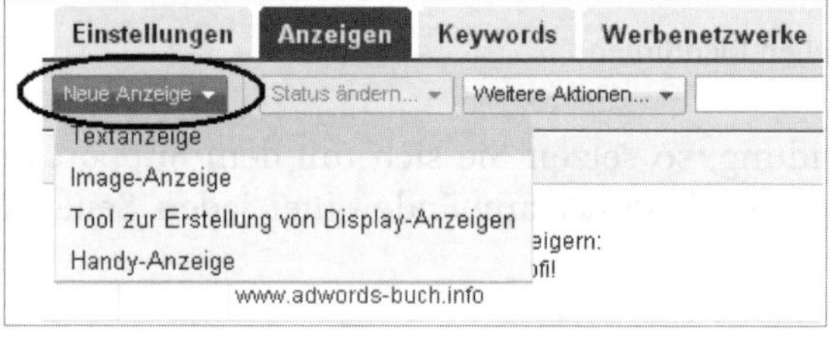

Abb. 7.10: Neue Anzeige anlegen (1)

Es öffnet sich ein Bereich, in dem wir die bekannten fünf Zeilen vorausgefüllt mit einer bereits bestehenden Anzeige erkennen. So können wir bequem nur diejenigen Teile bearbeiten, die wir tatsächlich ändern wollen – die Anzeigen- oder Ziel-URL beispielsweise also stehen lassen. Im rechten Bereich erhalten wir eine Vorschau, mit ANZEIGE SPEICHERN tun wir genau dies.

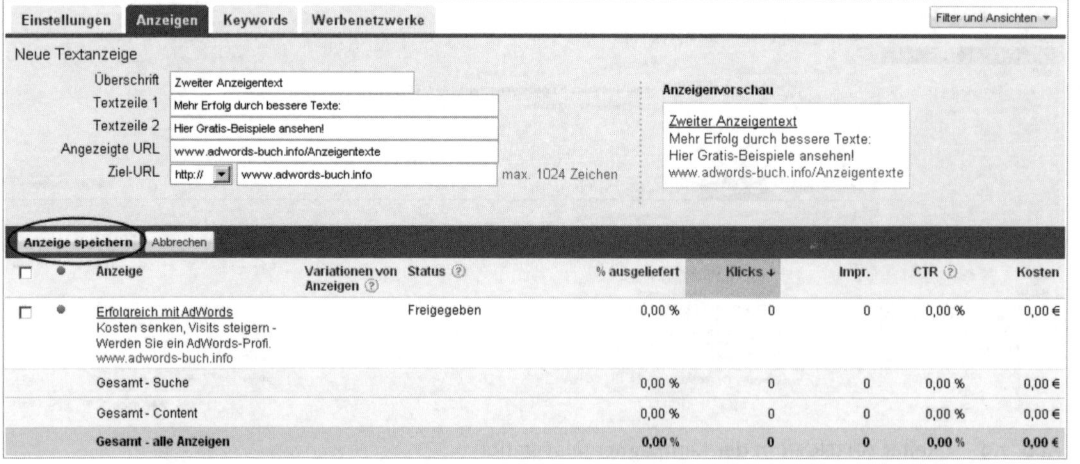

	Anzeige	Variationen von Anzeigen	Status	% ausgeliefert	Klicks ↓	Impr.	CTR	Kosten
☐	Erfolgreich mit AdWords Kosten senken, Visits steigern - Werden Sie ein AdWords-Profi. www.adwords-buch.info		Freigegeben	0,00 %	0	0	0,00 %	0,00 €
	Gesamt - Suche			0,00 %	0	0	0,00 %	0,00 €
	Gesamt - Content			0,00 %	0	0	0,00 %	0,00 €
	Gesamt - alle Anzeigen			**0,00 %**	**0**	**0**	**0,00 %**	**0,00 €**

Abb. 7.11: Neue Anzeige anlegen (2)

Bestehende Anzeigen ändern wir mit dem mittlerweile bekannten Inline-Editing. Beachten Sie bei den Anzeigen, dass eine Änderung die gleichen Folgen wie bei den Keywords hat: Sie löschen den alten Text und ersetzen ihn durch einen neuen.

Ebenfalls per Inline-Editing können wir Anzeigen pausieren oder wieder starten. Den Status mehrerer Anzeigen ändern wir praktischerweise wieder über das Drop-down STATUS ÄNDERN. Nur hier ist es möglich, Anzeigen auch zu löschen. Wir erinnern uns, dass die Historie von pausierten Anzeigen weiterhin in den Qualitätsfaktor einfließt, die von gelöschten hingegen nicht.

Gelöschte Anzeigen können über das Drop-down FILTER UND ANSICHTEN aufgerufen, jedoch nicht wieder reaktiviert werden.

Die Meldungen in der Statusspalte sind so mannigfaltig wie bei den Keywords auch. Analog erhalten wir Nachricht, wie es um den Prüfungsstatus der Anzeige bestellt ist (siehe Abschnitt 7.3.1, *Anzeigenstatus*), ob die zugehörige Anzeigengruppe oder Kampagne pausiert, ausstehend oder gelöscht ist oder ob wir selbst die Anzeige gelöscht oder pausiert haben. Der Status ABGELEHNT hat allerdings vor allen anderen Meldungen Vorrang.

Mit einem Klick auf die Headline prüfen wir, ob die Ziel-URL tatsächlich auf die von uns gewünschte Seite führt. Individualisierte Zielseiten, die Sie einzelnen Keywords über die Keyword-Einstellungen (Abschnitt 6.4.1, *Keywords individualisieren*) zugeordnet haben, lassen sich so natürlich nicht testen. Hierfür müssen Sie zum Reiter KEYWORDS wechseln, über FILTER UND ANSICHTEN den Link SPALTEN ANPASSEN anklicken und im bekannten Layer die Spalte ZIEL-URL markieren.

Leistungsdaten

Sehen wir uns die Leistungsdaten zu den Anzeigen an. Je nachdem, auf welcher Ebene Sie sich befinden, erhalten Sie zusätzlich noch die Information, in welcher Anzeigengruppe bzw. welcher Kampagne sich die Anzeige befindet.

Sie erkennen an den Klicks, wie viele User der jeweilige Text auf Ihre Zielseite geführt hat, und an den Impressions, wie oft jede Anzeige geschaltet wurde. Die aus beiden Werten resultierende Klickrate ist somit der derzeitige Wert, mit dem Sie über Erfolg oder Misserfolg einer Anzeige entscheiden. Sobald wir in Kapitel 11, *Conversion-Tracking: Das Ziel im Visier*, besprochen haben, orientieren wir uns an der Conversion-Rate.

Die Kosten für jede Anzeige sagen uns relativ wenig, da sie in Abhängigkeit zum Keyword anfallen. Sie ergeben sich aus den Klickpreisen derjenigen Keywords, bei denen diese Anzeige geschaltet und geklickt wurde. Dadurch stimmen die Gesamtkosten aller Anzeigen mit denen Ihrer Keyword-Liste überein. Welche Keywords jedoch welche Kosten bei welcher Anzeige verursacht haben, erkennen wir hier nicht.

Pausierte Anzeigen bleiben mit allen Werten im Konto stehen. Die Daten von bearbeiteten oder gelöschten Anzeigen (was, wie Sie wissen, aufs Gleiche hinausläuft), erfahren Sie nur, wenn Sie sie wieder einblenden.

Google selbst führt die Aufzeichnungen natürlich ebenfalls weiter, so dass Sie in der untersten Statistikzeile immer die richtigen »Gesamtzahlen« des abgefragten Zeitraums angezeigt bekommen.

Tipp

Beachten Sie, dass Sie eine Anzeige auch bei der Änderung der Ziel-URL löschen. Gegebenenfalls ist es deshalb ratsamer, die individuellen Ziel-URLs der Keywords zu ändern, nicht die Ziel-URL der Anzeige. So bleibt Ihnen eine gute Klickrate erhalten.

7.4.2 Anzeigendiagnose und -vorschau

Das »Anzeigendiagnose-Tool« erreichen Sie über den Reiter TOOLS in der Hauptnavigation oder über die Lupe direkt bei jedem Keyword. Hiermit können Sie feststellen, welche Anzeigen bei welchen Keywords ausgeliefert werden – und warum es gegebenenfalls zu keiner Schaltung kommt.

Möchten Sie eine Vorschau Ihrer Anzeigen aufrufen oder die Position prüfen, so tun Sie dies über das »Anzeigenvorschau-Tool«. Dies finden Sie ebenfalls auf der »Tools«-Übersichtsseite oder unter `http://www.google.de/adpreview`. Testen Sie Ihre Anzeigen auf der normalen Google-Seite, fallen Impressions an, die zu einer niedrigeren Klickrate führen. Auf der AdPreview-Seite vermeiden Sie dies.

7.4.3 Anzeigenschaltung

Wie wir bereits wissen, können wir für jedes Keyword eine individuelle Ziel-URL bestimmen. Bei einer Anzeigenschaltung wird der User dann nicht auf die Standard-Landingpage der Anzeige, sondern auf diese speziell angegebene Zielseite geführt.

Nicht möglich ist es, eine Anzeige einem bestimmten Keyword zuzuordnen. Wir können also nicht vorgeben, dass Keyword A nur mit Anzeige Y, nicht aber mit Anzeige Z ausgeliefert wird: Jedes Keyword kann zur Schaltung einer jeden Anzeige innerhalb der gleichen Anzeigengruppe führen. Dies ist der Grund, warum wir unserem Konto eine Struktur geben und thematisch passende Keywords in einer Anzeigengruppe zusammenfassen.

Eine Steuerungsmöglichkeit jedoch haben wir: Wir können zwischen zwei Optionen wählen, die die Art und damit auch die Häufigkeit der Anzeigenauslieferung bestimmen. Wo und warum Sie welche Einstellung treffen, schauen wir uns nun an.

Einstellung »Anzeigenschaltung«

Die Einstellung ANZEIGENSCHALTUNG ist eine Kampagneneinstellung, somit abrufbar unter dem Tab EINSTELLUNGEN in der Kampagnen-Navigation. Wir hatten uns in Abschnitt 5.4, *Grundlegende Einstellungen auf Kampagnenebene*, bereits angesehen, wie und warum diese von allen Ebenen aus erreichbar ist.

Wir finden die gesuchte Option im Block ERWEITERTE EINSTELLUNGEN (siehe Abbildung 7.12.

Abb. 7.12: Einstellung ANZEIGENSCHALTUNG

Beachten Sie, dass die Anzeigenschaltung als Einstellung auf Kampagnenebene für alle Anzeigengruppen in dieser Kampagne gilt.

Google hat standardmäßig die LEISTUNGSABHÄNGIGE ANZEIGENSCHALTUNG vorgegeben. Wir hatten dies bei unserem ausführlichen Besuch der Seite EINSTELLUNGEN (Abschnitt 5.4, *Grundlegende Einstellungen auf Kampagnenebene*) unverändert gelassen. Nun wollen wir uns mit dem soeben gewonnenen Wissen über Anzeigen eingehender damit beschäftigen.

Leistungsabhängige Anzeigenschaltung

LEISTUNGSABHÄNGIGE ANZEIGENSCHALTUNG bedeutet, dass Google bei der Auslieferung Ihrer Anzeigen Klickrate und Qualitätsfaktor berücksichtigt. Je besser diese Werte bei einer Anzeige sind, desto häufiger wird sie im Vergleich zu den restlichen Anzeigen bei entsprechenden Suchanfragen geschaltet. Verglichen werden dabei selbstverständlich nur aktive Anzeigen sowie Anzeigen innerhalb der gleichen Anzeigengruppe.

Sinn dieser Einstellung ist, dass Ihre häufiger geklickten und besser platzierten Anzeigen öfters zum Zug kommen. Das System von Google ermöglicht Ihnen damit eine automatische Optimierung bezüglich Klickrate innerhalb bestehender Anzeigen. In welchem Verhältnis diese tatsächlich ausgeliefert wurden, erkennen Sie in Ihrer Konto-Statistik unter der Spalte % AUSGELIEFERT (siehe Abbildung 7.13).

Neue Anzeige ▾ | Status ändern... ▾ | Weitere Aktionen... ▾ | Suchen

☐		Anzeige	Status	% ausgeliefert	Klicks	Impr.	CTR
☐	●	{KeyWord:Decken entdecken} Decken aus flauschig-weicher Wolle: Hier online auswählen und bestellen /Decken	Freigegeben	56,69 %	235	5.291	4,44 %
☐	●	{KeyWord:Decken entdecken} Ob Lamm, Lama oder Kaschmirziege: Wolldecken auswählen & bestellen! /Decken	Freigegeben	25,61 %	94	2.390	3,93 %
☐	●	Die Welt der Wolldecken {KeyWord:Decken entdecken} Hier online auswählen & bestellen! /Decken	Freigegeben	13,39 %	42	1.250	3,36 %
☐	●	Suchen Sie etwas Wärme? Decken aus 100% Naturfasern: Hier online auswählen & bestellen. /Decken	Freigegeben	4,31 %	10	403	2,48 %
		Gesamt - alle gelöschten Anzeigen		0,00 %	0	0	0,00 %
		Gesamt - Suche		100,00 %	381	9.334	4,08 %
		Gesamt - Content		0,00 %	0	0	0,00 %
		Gesamt - alle Anzeigen		**100,00 %**	**381**	**9.334**	**4,08 %**

Abb. 7.13: Übereinstimmung Schaltung und Klickrate

Im Beispiel werden die vier Anzeigen entsprechend Ihrer Klickrate geschaltet: Die oberste Anzeige mit der höchsten Klickrate von fast 4,5% kam auf über 56% aller Schaltungen aus dieser Anzeigengruppe; die unterste Anzeige wurde bei einer Klickrate von knapp 2,5% nur zu knapp über 4% ausgeliefert.

Dieser Gleichschritt von Klickrate und prozentualer Schaltung muss sich nicht für jeden betrachteten Zeitraum so darstellen, da Google noch weitere Daten berücksichtigt – beispielsweise historische Werte. Wurden oben die Werte über zwei Wochen abgefragt, so gelang Anzeige 3 in der letzten Woche eine bessere Klickrate als Anzeige 2. Trotzdem wurde Anzeige 2 weiterhin häufiger geschaltet (siehe Abbildung 7.14).

Neue Anzeige ▾ | Status ändern... ▾ | Weitere Aktionen... ▾ | Suchen

☐		Anzeige	Status	% ausgeliefert	Klicks	Impr.	CTR
☐	●	{KeyWord:Decken entdecken} Decken aus flauschig-weicher Wolle: Hier online auswählen und bestellen /Decken	Freigegeben	60,39 %	122	2.782	4,38 %
☐	●	Die Welt der Wolldecken {KeyWord:Decken entdecken} Hier online auswählen & bestellen! /Decken	Freigegeben	10,94 %	21	504	4,16 %
☐	●	{KeyWord:Decken entdecken} Ob Lamm, Lama oder Kaschmirziege: Wolldecken auswählen & bestellen! /Decken	Freigegeben	25,35 %	48	1.168	4,10 %
☐	●	Suchen Sie etwas Wärme? Decken aus 100% Naturfasern: Hier online auswählen & bestellen. /Decken	Freigegeben	3,32 %	4	153	2,61 %
		Gesamt - alle gelöschten Anzeigen		0,00 %	0	0	0,00 %
		Gesamt - Suche		100,00 %	195	4.607	4,23 %
		Gesamt - Content		0,00 %	0	0	0,00 %
		Gesamt - alle Anzeigen		**100,00 %**	**195**	**4.607**	**4,23 %**

Abb. 7.14: Keine Übereinstimmung Schaltung und Klickrate

Leistungsunabhängige Anzeigenschaltung

Die LEISTUNGSUNABHÄNGIGE ANZEIGENSCHALTUNG sorgt dafür, dass Ihre aktiven Anzeigen gleichmäßig und unabhängig vom jeweiligen Erfolg geschaltet werden. In der Praxis bedeutet »gleichmäßig« dabei allerdings nicht immer eine Verteilung von 50:50. Haben Sie zwei Anzeigen hinterlegt, kann es langfristig durchaus auch zu einem Verhältnis von bis zu 60:40 kommen.

Anzeige	Status	% ausgeliefert	Klicks	Impr.	CTR
UML Enterprise Architect Mit UML und XMI 2.1 Unterstützung: Gratis-Demo-Version hier downloaden	Freigegeben	58,02 %	20	141	14,18 %
UML Modellierungswerkzeug Preiswertes Modellierungswerkzeug mit UML und XMI 2.1 Unterstützung	Freigegeben	41,98 %	10	102	9,80 %
Gesamt - alle gelöschten Anzeigen		0,00 %	0	0	0,00 %
Gesamt - Suche		100,00 %	30	243	12,34 %
Gesamt - Content		0,00 %	0	0	0,00 %
Gesamt - alle Anzeigen		**100,00 %**	**30**	**243**	**12,34 %**

Abb. 7.15: Leistungsunabhängige Anzeigenschaltung

Automatische Optimierung?

Es hört sich zunächst sehr in unserem Sinne an, dass uns Google die Optimierungsarbeit bezüglich der Anzeigen mit der Funktion LEISTUNGSABHÄNGIGE ANZEIGENSCHALTUNG abnimmt. Die erfolgreichsten Anzeigen werden am häufigsten geschaltet: prima. Und ist es tatsächlich Ihr Ziel, einfach nur irgendwelche Besucher auf Ihre Seite zu bringen, so können Sie die standardmäßige Option gerne weiterlaufen lassen.

Die meisten von uns wollen jedoch nicht alle möglichen User, sondern nur die qualitativ hochwertigen. Wir haben dies weiter vorn bereits ausführlich besprochen. Und deshalb gibt es zur LEISTUNGSABHÄNGIGEN ANZEIGENSCHALTUNG einige Punkte, die Sie wissen und beachten müssen.

Das Interesse von Google ist klar – Sie sollen möglichst viele Klicks generieren. Insofern ist die höhere Schaltung derjenigen Anzeigen, die häufiger geklickt werden, sehr verständlich.

Für Sie ergeben sich bei den einzelnen Besuchern jedoch Unterschiede. Wir werden dies ausführlich in Kapitel 11, *Conversion-Tracking: Das Ziel im Visier*, besprechen – doch bereits jetzt können wir es erahnen. Lesen Sie dazu einfach nochmals die Texte der Anzeigen in Abbildung 7.15.

Der erfolgreichere Text verspricht eine Gratis-Demo-Version, der weniger erfolgreiche zielt auf die Kaufversion ab. Unterstellen wir vereinfachend nur die Klickrate als Kriterium für das Verhältnis der Anzeigenauslieferung, so hätten Sie bei der leistungsabhängigen Variante bald nur noch Besucher auf Ihrer Website, die

die Demo-Version wollen. Dies kann nicht in Ihrem Interesse sein, da Sie sicherlich eher an Käufern interessiert sind.

Zwar sollten zwei Anzeigen mit solch unterschiedlichen Angeboten nicht unbedingt in der gleichen Anzeigengruppe gegeneinander laufen, doch Sie erkennen die Botschaft: Die automatische Optimierung durch Google muss nicht zu Ihrem Vorteil sein. Ihr Ziel ist es nicht, die Anzeige mit der höchsten Klickrate zu verfassen, sondern die Anzeige, die Ihnen die meisten qualitativ hochwertigen Besucher bringt.

Schalten Sie deshalb besser auf LEISTUNGSUNABHÄNGIGE ANZEIGENSCHALTUNG, beobachten Sie die Entwicklungen und optimieren Sie selbst. Sie lernen auf diese Weise nicht nur, wie Ihre tatsächlich erfolgreichen Botschaften lauten. Sie erhalten auch viel schneller valide Ergebnisse und können die nächste Optimierungsrunde starten, als wenn Sie Google unbeaufsichtigt vor sich hinwerkeln lassen.

Wie Sie Ihre Anzeigen selbst optimieren, sehen wir uns in Kapitel 9, *Kampagnen-Statistik: Leistungsdaten & Optimierungen*, an.

7.5 Dynamic Keyword Insertion

Eine sehr hilfreiche Funktion wird von Google nur sehr zurückhaltend kommuniziert: Dynamic Keyword Insertion. Mit diesem Trick können Sie in Ihren Textanzeigen variable Teile (oder Platzhalter) bestimmen, die mit dem Keyword gefüllt werden, das die Anzeigenschaltung ausgelöst hat.

7.5.1 Wie und wo es funktioniert

Schlüpfen wir zur Veranschaulichung für ein Beispiel wieder in die Rolle des CD-Verkäufers. In unserer Anzeigengruppe zum Genre Country haben wir als Keywords alle entsprechenden Interpreten hinterlegt. Die Anzeige ist als relativ allgemeiner Text verfasst, der zu allen möglichen Suchanfragen und somit zu allen als Keyword eingegebenen Interpreten passen muss. Er nimmt somit lediglich Bezug auf die Musikrichtung und das derzeitige Angebot.

Sucht ein User nach dem Countrysänger »Red Foley«, so erhält er also die Anzeige, die Sie in Abbildung 7.16 sehen können.

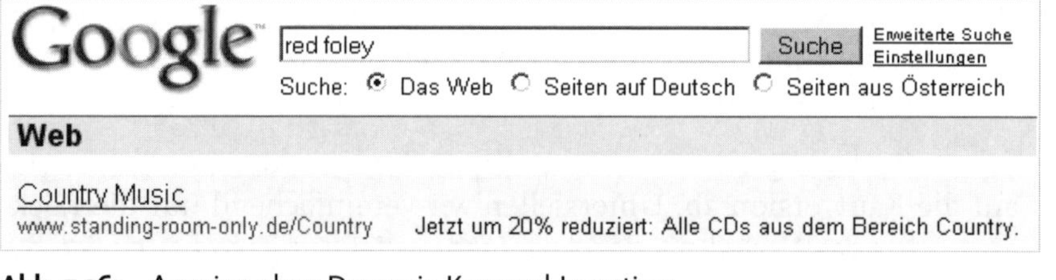

Abb. 7.16: Anzeige ohne Dynamic Keyword Insertion

Nun wissen wir mittlerweile, dass Anzeigen, die den Suchbegriff des Users beinhalten, zumeist höhere Klickraten erzeugen. Für jeden einzelnen Countrysänger der letzten 80 Jahre lässt sich allerdings nur schwerlich eine einzelne Anzeigengruppe mit individuellen Texten anlegen – zumal die Anzahl der Suchanfragen zu all den vergessenen Helden der Prärie kaum den Aufwand lohnen würde.

Wir greifen deshalb zum Dynamic Keyword Insertion – und schon können wir mit der gleichen Anzeigen bei Suchanfragen nach Red Foley die Anzeige schalten, die Sie in Abbildung 7.17 sehen.

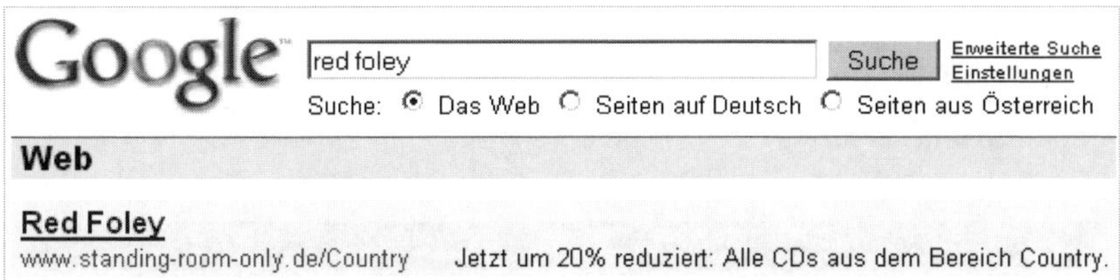

Abb. 7.17: Dynamic Keyword Insertion

Eine falsch geschriebene Suchanfrage, beispielsweise »Red Foly«, löst über das Expanded Match ebenfalls eine Anzeigenschaltung aus. Der Text erscheint wie in Abbildung 7.18 gezeigt.

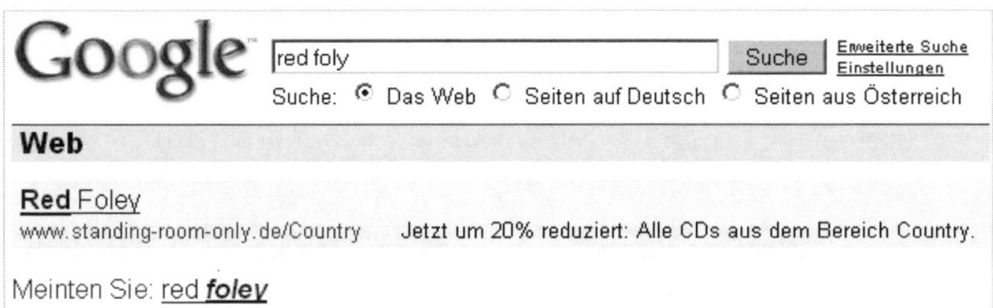

Abb. 7.18: Dynamic Keyword Insertion – Falsch geschriebene Suchanfrage

Der Platzhalter wird also nicht mit der Suchanfrage des Users gefüllt, sondern mit dem Keyword, das diese Suchanfrage matcht und zur Anzeigenschaltung führt. In Fettschrift wird lediglich der Teil des Keywords ausgegeben, der tatsächlich mit der Suchanfrage übereinstimmt.

7.5.2 Alternativtext und Varianten

Um das Dynamic Keyword Insertion zu verwenden, müssen wir die Stelle in der Textanzeige, die Art der Ausgabe sowie den Alternativtext definieren.

Platzhalter definieren

Sie bestimmen einen Bereich als Platzhalter, indem Sie ihn mit geschwungener Klammer eröffnen. Ohne Leerzeichen folgen unmittelbar die Funktion »Keyword«, ein Doppelpunkt sowie der Alternativtext. Obiges Beispiel müssten wir in unserem Konto also so eingeben, wie es in Abbildung 7.19 gezeigt wird.

Abb. 7.19: Dynamic Keyword Insertion in der Headline

Sie müssen dabei nicht komplette Zeilen als Platzhalter definieren. Durchaus möglich wäre beispielsweise auch eine Eingabe wie in Abbildung 7.20.

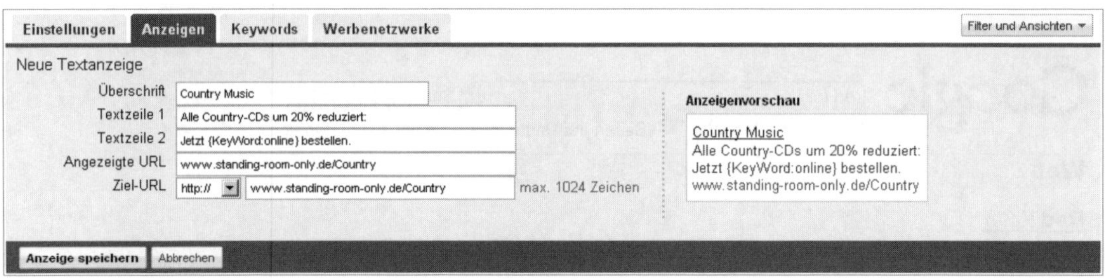

Abb. 7.20: Dynamic Keyword Insertion im Text

Die zweite Textzeile würde somit »Jetzt Red Foley bestellen.« lauten.

Diese Funktion der Dynamic Keyword Insertion können wir an beliebigen Stellen und auch mehrmals in unserer Anzeige einsetzen: Headline, Textzeilen, aber auch Anzeigen- und Ziel-URL.

Ausgabe des Keywords

Wie Sie Ihr Keyword ausgeben möchten, bestimmen Sie über die Funktion KEYWORD. Dies sind die wichtigsten Möglichkeiten für die Praxis:

- Die Schreibweise {KeyWord:Alternativtext} (großes K, großes W) gibt an, dass alle Wörter Ihres Keywords mit Großbuchstaben beginnen. Das Keyword »red foley« würde also als »Red Foley« ausgegeben werden. Hätten Sie ein Keyword wie »country platten billig kaufen« stände es in der Anzeige als »Country Platten Billig Kaufen«.

- {Keyword:Alternativtext} (großes K, kleines w) weist an, dass der erste Buchstabe des Keywords großgeschrieben wird: »red foley« wird ausgegeben als »Red foley«.
- Alles in Kleinbuchstaben erreichen Sie durch die Eingabe von {keyword:Alternativtext} (kleines k, kleines w).
- Alles in Großbuchstaben wird durch die Eingabe von {KEYWORD:Alternativtext} ausgelöst. Mit dieser Variante stehen Sie jedoch in Widerspruch zu den redaktionellen Richtlinien, nach denen ganze Wörter nicht in Großbuchstaben ausgegeben werden dürfen.

Alternativtext

Der Alternativtext wird immer dann eingeblendet, wenn Ihr hinterlegtes Keyword nicht geschaltet werden kann – beispielsweise, wenn es zu einer größeren Zeichenzahl führt, als es die jeweilige Zeile erlaubt.

Lautet eines Ihrer Keywords also »johnny tyler and his riders of the rio grande«, so würde im ersten Beispiel als Überschrift Ihrer Anzeige der definierte Alternativtext »Country Music« ausgegeben werden, da das Keyword die erlaubten 25 Zeichen überschreitet.

Im zweiten Beispiel haben Sie bereits 17 Zeichen durch den Text um den Platzhalter herum belegt. Das Keyword darf also maximal noch 18 Zeichen umfassen. Ansonsten wird die Textzeile »Jetzt online bestellen.« angezeigt.

7.5.3 Sinn und Unsinn des Dynamic Keyword Insertions

Dynamic Keyword Insertion ist eine praktische Funktion, um große Mengen allgemeiner und thematisch weitgefächerter Keywords zu handhaben und mit spezifischen Textanzeigen zu versehen. Sicherlich kann dies beim Erstaufsetzen Ihrer Kampagne sehr nützlich sein. Gerade wenn Sie noch nicht wissen, wie sich das Suchvolumen auf die hinterlegten Keywords verteilt.

Ihr Ziel sollte es dennoch sein, auf Platzhalter verzichten zu können. Dies ist erreicht, wenn Ihre Anzeigen ohne Dynamic Keyword Insertion bessere Erfolge erzielen als mit. Werten Sie dies als Anhaltspunkt dafür, dass die Anzeigengruppe in Bezug auf Keyword-Liste und Zusammenspiel von Keywords und Anzeigen gut optimiert und, in unserer AdWords-Sprache ausgedrückt, relevant ist. Dies führt zu den bekannten positiven Folgen beim Gebot für die erste Seite, beim Klickpreis und bei der Anzeigenposition.

Sollten Sie auf der Google-Suchergebnisseite den Eindruck gewinnen, dass große Websites an obersten Positionen zu finden sind, obwohl diese leicht erkennbar mit Dynamic Keyword Insertion arbeiten und nur mäßig relevante Texte liefern – nehmen Sie sich diese trotzdem nicht als Vorbild. Das muss bei Ihnen nicht funktionieren.

Sehen wir uns lieber zwei Fallen des Dynamic Keyword Insertion an, in denen sich Advertiser immer wieder gerne verfangen.

Gegenteilige Keywords

Damit Sie und ein User zusammenkommen, muss auf der einen Seite ein Problem oder ein Wunsch stehen, auf der anderen Seite eine Lösung. Suchen kann der User entweder über die Beschreibung seines Wunsches oder bereits über die Lösung, die ihm vorschwebt. Entsprechend können Sie sich finden lassen. Ein Beispiel:

Bieten Sie das ultimative Hautwasser gegen Pickel an, so können Ihre potenziellen Kunden einfach ihr Problem als Suchanfrage beschreiben – etwa Pickel, Akne oder Mitesser. Mit Dynamic Keyword Insertion sieht dies aus wie in Abbildung 7.21.

Abb. 7.21: Beispiel gelungenes Dynamic Keyword Insertion

Die Verzweifelten könnten aber auch nach dem Idealzustand, nämlich reiner Haut suchen. Haben Sie dies bei Ihren Keywords, nicht jedoch in der Textanzeige berücksichtigt, so versprechen Sie dem User eher Unangenehmes wie in Abbildung 7.22.

Abb. 7.22: Beispiel nicht gelungenes Dynamic Keyword Insertion

In diesem Fall müssen Sie also mindestens zwei Anzeigengruppen mit entsprechend unterschiedlichen Texten anlegen: eine für positiv besetzte, eine für negativ besetzte Suchanfragen. Schließen Sie zudem die wichtigsten Keywords der jeweils anderen Gruppe aus, damit Ihre Texte über das Expanded Match nicht doch versehentlich falsch ausgespielt werden.

Falschgeschriebene Keywords

Beim Erstellen Ihrer Keywordliste haben Sie vielleicht auch bedacht, einige Begriffe mit Falschschreibung aufzunehmen. Matchen diese mit einer Suchanfrage des Users, so werden sie dann beim Dynamic Keyword Insertion auch falsch geschrieben ausgegeben (ganz genau: in Ihrer Falschschreibung, nicht in der des Users).

Handelt es sich dabei nur um einen Tippfehler des Users, den er selbst gar nicht gemerkt hat, so fällt ihm Ihre Falschschreibweise in der Anzeige sicherlich unangenehm auf. Tipp- und Rechtschreibfehler sind auf Websites und in Textanzeigen noch immer eine der besten Möglichkeiten, neue potenzielle Kunden abzuschrecken und das eigene Angebot als unseriös und wenig vertrauenserweckend erscheinen zu lassen. Dieser schlechte Eindruck zeigt sich bei Anzeigen nicht selten darin, dass der User nicht klickt.

Behelfen Sie sich für solche Fälle daher damit, dass der Begriff mindestens einmal im Text richtig geschrieben erscheint. Wenden Sie Dynamic Keyword Insertion beispielsweise in der Überschrift an, so sollte in den Textzeilen die korrekte Schreibweise auftauchen.

Kapitel 8

Landingpages: Halten und zur Conversion führen

Unsere Keywords brachten uns mit neuen Usern zusammen, unsere Anzeigen konnten diese zum Besuch unserer Webseite überreden. Nun liegt es an unserer Landingpage, dass die User das tun, weswegen wir sie auf unsere Seite geholt haben. Nur so lohnen sich die Kosten, die uns durch die Klicks entstanden sind.

Wir sehen uns deshalb in diesem Kapitel an, was wir bei der Auswahl und Erstellung einer erfolgreichen Landingpage beachten müssen. Dabei lernen wir kennen, wie wir

- den User auf der Landingpage halten. Dabei helfen uns insbesondere die Überschrift sowie die Durchgängigkeit der Kampagne.
- dem User das Angebot optimal präsentieren und so genannte Stimulatoren setzen.
- den User zur Conversion überreden. Hier gehen wir insbesondere auf die Struktur der Zielseite sowie die Call-to-action ein.
- die Gefahr von Abbrüchen verringern, indem wir die Zweifel des Users abbauen und sein Vertrauen in unser Unternehmen und unser Angebot stärken.

Zunächst wollen wir jedoch besprechen, warum Google die Landingpage in den Qualitätsfaktor einfließen lässt, und welche Anforderungen gestellt werden.

8.1 Die Landingpage als Teil von AdWords

Die Erweiterung des Qualitätsanspruchs über Keyword und Anzeigen hinaus ist ein grundsätzlich nachvollziehbarer Schritt. Zum einen ist die Verlinkung auf die Landingpage Teil der Anzeige. Zum anderen beurteilt ein User die Güte der Google-Ergebnisse auch anhand des ihm unterbreiteten Angebotes, das er auf der Zielseite und im Rahmen des gesamten Webauftritts des Advertisers erhält. Kann die Anzeige als Versprechen angesehen werden, so urteilt der User nach dem Klick, ob und wie dieses eingelöst wird.

8.1.1 Landingpage und Qualitätsfaktor

Forderungen an die Landingpage

Googles Interesse an der Schaltung relevanter Anzeigen drückt sich in Formulierungen wie »Mehrwert für den User« oder »positive Nutzererfahrung« aus – sowie in den Forderungen, die an eine Landingpage gestellt werden.

Die Zielseite muss nach Google eine aktive Webseite sein (also z.B. kein PDF oder noch im Aufbau) und über die »Zurück«-Funktion des Browsers wieder zu verlassen sein. Ebenso soll sie

- einen klaren Bezug zu Keyword und Anzeige haben
- eigene, relevante, originelle und wesentliche Inhalte bieten
- transparent sein. Dazu gehört insbesondere:
  - klare Informationen zu Unternehmen, Produkten, Services und Angeboten
  - keine automatische Installation von Programmen und keine Manipulation der Browserfunktionen ohne Genehmigung des Users (beispielsweise Größe des Browserfensters, Funktion des Zurück-Buttons)
  - kein Einfordern von persönlichen Daten, wenn diese nicht zwingend benötigt werden.
- eine einfache Nutzung und Navigation aufweisen und störende Elemente wie Pop-ups oder Pop-unders vermeiden. Beworbene Produkte sollen für den User schnell und einfach zu finden sein.

Als wichtiger Faktor fließt zudem die Ladezeit in die Qualitätsbeurteilung der Zielseite mit ein. Als Grenzwert wird der regionale Durchschnitt des Server-Standorts plus drei Sekunden zugrunde gelegt. Die Zielregionen, auf die Ihre AdWords-Kampagnen ausgerichtet sind, spielen somit keine Rolle.

Landingpage und Gebot für die erste Seite

Wie in Abschnitt 4.3.3, *Qualitätsfaktor für das »Gebot für die erste Seite« (First Page Bid)*, erläutert, nimmt die Landingpage Einfluss auf die Schätzungen des »Gebots für die erste Seite« (First Page Bid). Sie wird nicht für die Berechnung des Anzeigenrangs herangezogen.

Google ermittelt für alle Zielseiten in Ihrem AdWords-Konto, die dieselbe Domain haben, einen Durchschnittswert. Dieser fließt dann in den Qualitätsfaktor für all die Keywords ein, die diese Domain verwenden.

Abb. 8.1: Beurteilung der Zielseite

Eine hohe Qualität senkt das aus den anderen Faktoren berechnete Gebot für die erste Seite nur in manchen Fällen, lässt es zumeist jedoch unverändert. Eine niedrige Qualität hingegen erhöht es.

Unbedingt zu beachten ist, dass Google sein Engagement nicht nur auf die Zielseite beschränkt, sondern zumindest in Teilen auf den gesamten Webauftritt ausweitet.

Abwertungen durch Google

Als Google ab Mitte 2006 die Qualität der Landingpage in den Qualitätsfaktor für das damals noch geltende Mindestgebot mit einfließen ließ, ging ein Aufschrei durch die Advertiser-Gemeinde. Zahlreiche Mindestgebote hatten sich über Nacht drastisch erhöht, so dass in manchen Konten mehr als 90% aller Keywords den Status inaktiv bekamen und keine Anzeigen mehr auslieferten. In vielen Fällen führte der Anstieg dazu, dass sich die Schaltung einzelner Keywords oder ganzer Kampagnen nicht mehr lohnte.

Insbesondere betroffen waren und sind

- Malware-Seiten, also Seiten, nach deren Aufruf Software installiert wird
- Websites, die der reinen Sammlung von Informationen und Daten dienen
- Arbitrage-Seiten wie beispielsweise MFA- (Made for Adsense; Seiten, die ausschließlich zum Platzieren von AdSense-Anzeigen erstellt wurden) oder Affiliate-Seiten.

Da genau diesen Seiten die Werbung mit AdWords erschwert werden sollte, sind Abwertungen zumeist unvermeidbar und unabänderbar. Google nennt noch weitere Website-Arten, die mit einer niedrig bewerteten Landingpage rechnen müssen. Zur Verbesserung des Qualitätsfaktors sind hier erfahrungsgemäß große Optimierungsanstrengungen vonnöten: Websites zur schnellen Gewinnsteigerung, Angebots- und Preisvergleichsseiten, Reisebüros, Zweigunternehmen sowie E-Books mit häufiger Anzeigenschaltung.

Vertreiben Sie eigene Produkte oder Dienstleistungen, so fallen Sie also zumeist nicht in die gefährdeten Gruppen. Stellen Sie über niedrige Qualitätsfaktoren und hohe »Gebote für die erste Seite« (als Nachfolger des Mindestgebots) trotzdem fest, dass Google mit der Wahl Ihrer Landingpage nicht zufrieden ist, so zeigen in der Praxis insbesondere folgende Verbesserungen positive Wirkung:

- Richten Sie Ihre Zielseite thematisch noch passender auf Suchanfrage und Anzeige aus. Denken Sie an das Einbinden von Keywords. Wir gehen darauf noch ausführlich ein.
- Schreiben Sie eigene Texte, insbesondere, wenn Sie auf Ihrer Seite ansonsten hauptsächlich fremde Inhalte anbieten. Man geht von etwa 1000 Zeichen so genannten Unique Contents aus, der eine Abwertung verhindert.
- Seiten mit Werbe- und Affiliate-Links werden häufig abgestraft. Reduzieren oder vermeiden Sie diese daher. Beachten Sie, dass dies auch für AdSense-Werbung gilt.

Sollte es bei Ihnen tatsächlich zu einer Abwertung kommen, so können Sie eine manuelle Nachprüfung beim Google-Support beantragen. Bevor Sie dies tun, ist es natürlich ratsam, oben genannte Verbesserungsvorschläge umzusetzen.

Kritik

Sicherlich macht es Sinn, die Relevanz einer Anzeige nicht nur auf Grundlage des Werbetextes, sondern auch auf Grundlage des dahinter stehenden tatsächlichen Angebotes zu bewerten – erst dort bekommt der suchende User seine Anfrage tatsächlich beantwortet. Die Einbeziehung der Landingpage in den Qualitätsfaktor lässt sich so plausibel erklären.

Deutlich umstrittener ist da beispielsweise schon die Bestrafung von Arbitrage-Seiten. So argumentieren die Befürworter, dass durch die zu zahlenden Provisionen die Preise der Anbieter hochgehen, das Suchmaschinen-Marketing durch unnötige und irrelevante Zwischenseiten ohne eigene Leistungen in Verruf geraten, und zudem die Klickpreise durch erhöhte Konkurrenz steigen. Die Betreiber von Arbitrage-Seiten verweisen hingegen auf den eigenen Content, der sehr wohl einen Mehrwert darstellt, auf das weit unabhängigere Präsentieren der Angebote, als es die Anbieter selbst tun, und nicht zuletzt auf die großen Online-Shops und Versteigerungsplattformen, die regelmäßig mit kaum relevanteren Seiten auf den vorderen AdWords-Plätzen erscheinen.

Wie man dies im Einzelfall auch immer sehen mag – bedenklich bleibt, dass Google allein über die Relevanz von Seiten entscheidet und damit massiv Einfluss auf die Gestaltung von Seiten im Web nimmt und in die Autonomie der Webmaster und Sitebetreiber eingreift. Gerade bei einem Medium wie dem Internet regelt der Markt selbst, wo er einen Mehrwert sieht und wo nicht. Mit einem Klick kann der User ihm wertlos erscheinende Seiten verlassen, so dass diese über kurz oder lang selbst wieder verschwinden. Dies scheint ein demokratischerer Mechanismus zu sein als das Erheben eines Qualitätsfaktors, dessen endgültige Einflussfaktoren wie immer nicht genannt werden.

Für uns muss letztendlich entscheidend sein, wie gut eine Landingpage bezüglich ihrer Aufgabe, der von uns definierten Conversion, funktioniert. Liegt dies auch im Interesse von Google – umso besser.

8.1.2 Prüfung der Landingpage

Ein Robot (auch Bot, Crawler oder Spider) ist ein Computerprogramm, das zum Analysieren von Webseiten eingesetzt wird. Insbesondere Suchmaschinen verwenden diese Methode, um Seiten zu indizieren, auszuwerten und abzuspeichern. Dabei hangelt sich das Programm über Hyperlinks von einer Webseite zur anderen und sammelt auf diese Weise immer mehr Daten. Bei einer Suchanfrage werden diese abgerufen, gemäß Ranking-Algorithmus der jeweiligen Suchmaschine sortiert und entsprechend als organische Suchergebnisse ausgegeben.

Genau solch einen Robot, den so genannten AdsBot, schickt Google über die Ziel-URLs Ihrer Anzeigen und die individuellen URLs Ihrer Keywords auf Ihre Landingpage. Daher macht es durchaus Sinn, bei der Konzeption und Umsetzung einige Punkte zu beachten, die Sie aus dem Bereich der Suchmaschinen-Optimierung kennen.

Lernen aus der Suchmaschinen-Optimierung

Suchmaschinen-Optimierung im Suchmaschinen-Marketing – jetzt also doch? Dabei wollten Sie sich mit AdWords doch Luft verschaffen, bis Ihre Webseite tatsächlich auch für organische Treffer tauglich ist. Keine Sorge: Sicherlich müssen Sie keine perfekt optimierte Seite an den Start bringen, die Kriterien wie Keyword-Dichte oder externe Verlinkung berücksichtigt. Doch einige Punkte können Sie für Ihre Landingpage sicherlich übernehmen:

- Achten Sie darauf, dass das Keyword, über das Sie den User für Ihre Seite gewonnen haben, auch tatsächlich auf der Landingpage wiederholt wird – am besten in der Überschrift und im Text. Zwar kommuniziert Google, dass es auf der Landingpage nicht primär darum geht, Keywords unterzubringen. Vielmehr sei es wichtig, den User nicht unter falschen Verlockungen auf die Zielseite zu lotsen, sondern gemachte Versprechen dort auch tatsächlich einzulösen. Doch sprechen genügend Gründe dafür, Keywords eben doch prominent zu verwenden. Wir gehen darauf gleich noch ausführlich ein.

- Erstellen Sie auch Ihre Landingpage in korrektem HTML. Kennzeichnen Sie beispielsweise Überschriften korrekt mit <h1>, <h2> etc. und hinterlegen Sie bei Bildern einen ALT- und Titel-Text. Je sauberer Ihr Code ist, umso besser.
- Content ist auch auf Zielseiten wichtig. Stellen Sie sicher, dass dieser auch von Robots gelesen werden kann.
- Wählen Sie auch für Ihre Landingpage eine selbsterklärende URL, die die Conversion oder den Nutzen ausdrückt. `www.ein-beispiel.de/gratis-prospekt` lässt Sinn und Zweck Ihrer Zielseite sicherlich besser erahnen als `www.ein-beispiel.de/page381`. Muss dies nicht zwangsläufig in Ihren Qualitätsfaktor einfließen, hilft es dem User auf jeden Fall, sich Ihre Seite besser zu merken.

Tipp

Ein kostenloses Tool zum Validieren Ihrer Seiten finden Sie beispielsweise unter `http://validator.w3.org/`.

Ausschließen des Robots

Wie jeder »gutartige« Robot lässt sich auch der Zugriff des Google-Robots verhindern. Möchten Sie ihn von der gesamten Website ausschließen, so fügen Sie Ihrer robots.txt-Datei folgende Informationen hinzu:

```
User-agent: AdsBot-Google
Disallow: /
```

Soll der Google-Robot nur auf bestimmte Teile der Website nicht zugreifen können, so ergänzen Sie Ihre robots.txt-Datei wie folgt. `exclude` steht dabei für das ausgeschlossene Verzeichnis:

```
User-agent: AdsBot-Google
Disallow: /exclude/
```

Schließen Sie den Robot aus, so ist es Google nicht möglich, die Qualität der Zielseite zu ermitteln. Dadurch verschlechtert sich Ihr Qualitätsfaktor, es kommt also zu einer Erhöhung des Gebotes für die erste Seite und in Folge zu einer Erhöhung des Klickpreises. Die Zugriffsverweigerung macht also nur Sinn, wenn Sie ohnehin mit einer Abwertung rechnen – beispielsweise als Betreiber von Affiliate-Seiten. Grundsätzlich sollten Sie den Zugriff jedoch erlauben.

8.2 Conversion festlegen

Typische Conversions für Landingpages sind beispielsweise Verkäufe, Downloads, Anmeldungen oder Klicks zu Folgeseiten. Je häufiger die Conversion pro Besucher getätigt wird, desto erfolgreicher ist die Seite.

Jede Landingpage sollte ein eindeutiges Ziel haben – und zwar nur eins. Die gesamte Seite muss darauf ausgerichtet sein, dass der User die von Ihnen vorher festgelegte Conversion auch ausübt. Jede Landingpage ist eine Verkaufsseite, auf der dem User die gewünschte Handlung verkauft werden muss. Umfasst der Conversion-Prozess mehrere Seiten, so gilt dies für jede einzelne dieser Seiten.

Dabei müssen Sie je nach gewünschter Handlung andere Strategien verfolgen. Es ist unschwer einzusehen, dass Sie einen User, der seinen Sommerurlaub in Ihrem Hotel buchen will, anders behandeln müssen als einen, der sich lediglich einen Prospekt zusenden lassen möchte.

Vor dem Konzipieren und Erstellen der Landingpage müssen wir eindeutig festlegen, was der User auf der Zielseite tun soll. Dabei gilt es, zweierlei zu berücksichtigen:

- Welches ist die von uns gewünschte Handlung, also die »Most Wanted Response«, zu der wir den User bringen wollen?
- Welche User wollen wir ansprechen? Sind diese schon zur gewünschten Handlung bereit oder müssen sie durch weitere Informationen erst »überredet« werden?

Wunsch erkennen – Conversion definieren

Auskunft darüber gibt uns zum einen die Suchanfrage des Users. So können uns eindeutige Zusätze bereits Aufschluss geben, welche Motivation ihn antreibt: Für die Suchanfrage »staubsauger tests« benötigen wir eine andere Landingpage als für »staubsauger kaufen«. Ebenso wissen wir aus Abschnitt 6.1.3, *Suchanfragen im Kaufzyklus*, wie die Suchbegriffe innerhalb des Kaufzyklus eingeordnet werden können. So lässt die Produkteingabe »kobold 135« auf eine stärkere Kaufabsicht als »staubsauger« schließen. Diese deutet eher auf einen User in der Informationsphase hin.

Zum anderen müssen wir aber auch die Botschaft berücksichtigen, die wir in der Anzeige selbst ausgesendet haben – zum Beispiel durch die Handlungsanweisung (vgl. Abschnitt 7.1.3, *Textzeilen*). Werben wir mit »einfach und schnell bestellen«, so muss das Ziel unserer Landingpage der Verkauf sein. Reagiert der User auf »kostenlose Anmeldung«, so müssen wir ihm genau diese bieten.

Unsere »Most Wanted Response« schlägt sich in dem Angebot nieder, das wir dem Kunden präsentieren. Doch auch die gelieferten Zusatzinformationen, die

Ansprache des Kunden, die Länge der Seite, die Logos, die Bilder oder die Farben müssen diesem Ziel entsprechen. Erst dann ist die gesamte Landingpage tatsächlich auf die Conversion ausgerichtet.

Die richtige Conversion definiert?

Gründlich gilt es zu prüfen, ob tatsächlich das richtige Ziel festgelegt wird. Werden User zu einer Conversion gedrängt, zu der sie noch nicht bereit sind, so steigen ihre Zweifel und Bedenken und sie verlassen die Seite, ohne auch nur irgendeine Handlung ausgeübt zu haben.

Bedenken Sie, dass Ihre über AdWords gewonnenen Besucher Neulinge auf Ihrer Seite sind – und dass Sie deshalb eventuell erst Vertrauen aufbauen müssen. Werden diese User beim Erstbesuch verprellt, so sind sie zumeist für immer verloren. Auf vielen Landingpages wird beispielsweise bereits der Verkauf von Produkten und Dienstleistungen als Conversion festgelegt. Dabei bleibt unberücksichtigt, dass ein User dies beim Erstkontakt häufig nicht umgehend will – insbesondere bei langfristigen Bindungen oder hochpreisigen Artikeln.

Über Webanalyse-Tools können Sie Ihre Käuferstruktur herausfinden und analysieren, nach wie vielen Besuchen User typischerweise einen Abschluss tätigen (vgl. Kap. 12.5.2 Google Analytics, Neue und wiederkehrende Besucher). Liegen diese vornehmlich im Bereich der Wiederkehrer, so kann es durchaus sinnvoll sein, als Ziel Ihrer AdWords-Landingpage nicht den Verkauf, sondern beispielsweise das Anfordern von Detailinformationen zu definieren. So vermeiden Sie nicht nur den Abbruch, sondern können über die Kontaktdaten eines potenziellen Kunden weitere Schritte hin zu einem tatsächlichen Kauf unternehmen.

8.3 User auf der Landingpage halten

Der erste kritische Punkt für unsere Zielseite ergibt sich, sobald der User auf diese kommt. Untersuchungen haben ergeben, dass Besucher zunächst emotional auf die Seite reagieren, diese nur grob scannen und innerhalb von weniger als sieben Sekunden entscheiden, ob sie bleiben möchten oder nicht. Wir müssen ihnen also eine möglichst »weiche Landung« bieten, die sie auf der Seite hält.

Der Nutzen des Users

Ein User tätigt nur dann eine Conversion, wenn er sich davon einen Nutzen verspricht. Damit er dies bei uns tut, muss er sich von unserem Angebot also mehr versprechen als von dem der Konkurrenz.

Dabei können ihm ganz unterschiedliche Dinge besonders wichtig sein: mehr Service, bessere Preise, schnellere Lieferzeiten oder auch mehr Zutrauen in Ihr

Unternehmen. Wir können dabei in allen Punkten gleich gut wie unser Konkurrent sein – in einem Punkt, unserem USP (Unique Selling Point), jedoch müssen wir in den Augen des Users besser sein.

Daraus ergeben sich zwei Aufgaben:

- Wir müssen den besonderen Nutzen erkennen, den wir dem User bieten.

  Bei AdWords haben wir den Vorteil, dass der Besucher über seine Suchanfrage bereits seinen Wunsch geäußert und über das Anklicken unserer Anzeige positiv auf deren Botschaft reagiert hat. Er verspricht sich bislang also einen Nutzen – was für uns bedeutet, die Durchgängigkeit unserer AdWords-Kampagne auch auf der Landingpage beizuhalten.

- Wir müssen dem User diesen besonderen Nutzen mit unserem Angebot entsprechend präsentieren.

  In den wenigsten Fällen ist der erhoffte Nutzen des Users so groß, dass er die Conversion »von ganz allein« ausübt. Vielmehr muss er zumeist erst überzeugt werden. Dies gelingt uns zum einen durch eine entsprechende Präsentation des Angebotes und des Unternehmens. Ebenso wichtig ist es aber auch, dass wir sein Verlangen und seinen Wunsch zusätzlich steigern sowie ganz bewusste weitere Anreize setzen.

Sehen wir uns an, wie wir das erreichen.

8.3.1 Den Nutzen erkennen

Durchgängigkeit der Kampagne

Nicht nur im Sinne von Google ist die Durchgängigkeit der gesamten AdWords-Kampagne wichtig. Bereits in unserer Anzeige hatten wir dem User durch das Aufgreifen seines Anliegens zu verstehen gegeben, dass wir genau auf seine Anfrage eingehen – dies sollten wir deshalb verständlicherweise auch auf der Landingpage tun. Inhalt und Aufbau müssen dem User somit vermitteln, dass wir seinen Wunsch erfüllen oder sein Problem lösen können. Hierfür muss er lediglich die Conversion tätigen ...

> **Wichtig**
>
> Der wichtigste Hebel zur Überwindung dieses kritischen Punktes ist es, dem User das Gefühl zu geben, dass er auf Ihrer Landingpage genau richtig ist. Dies muss auf der emotionalen, aber auch auf der rationalen Ebene geschehen. Welchen Aspekt Sie mehr betonen, hängt von Ihrer Zielgruppe ab.

Erstellen Sie eine völlig unabhängige, von der regulären Website losgelöste Landingpage, so haben Sie grundsätzlich alle Möglichkeiten, den User emotional zu binden. Da sich das Design von Landingpages in der Praxis jedoch zumeist am bestehenden Webauftritt orientiert, haben Sie oftmals weit weniger Handlungsspielraum. Sie können jedoch Einfluss über den Content-Bereich nehmen und mit Texten, Farben und emotionalen Elementen wie Bildern arbeiten.

Die rationale Ebene wird durch das Angebot, die Eigenschaften des Produktes oder die Vorteile des Services angesprochen. Hierbei ist die Aufbereitung, wie wir sie im Unterpunkt »Aus Kundensicht formulieren« in Abschnitt 8.3.2, *Das Angebot richtig präsentieren*, besprechen werden, von ganz entscheidender Bedeutung.

Headline formulieren

Die Headline, also die Überschrift zu Beginn der Landingpage, ist eine unserer wichtigsten Botschaften und eines unserer stärksten Elemente. Sie kann dazu beitragen, den User zum Verbleib auf der Zielseite zu bewegen und sogar bereits in Richtung der gewünschten Handlung zu führen. Wie in der Anzeige, so ist es auch hier sinnvoll, die Suchanfrage des Users möglichst genau aufzugreifen. Ist dies mit dem exakten Keyword nicht möglich, so sollte dieses zumindest prominent im Text auftauchen.

Erinnern wir uns deshalb an die drei unterschiedlichen Methoden, die wir beim Generieren von Keywords kennen gelernt haben. Je nach Typus kommt der User mit unterschiedlichen Erwartungen auf unsere Landingpage – und muss entsprechend bedient werden. Schauen wir uns deshalb genauer an, was dies insbesondere für unsere Headline bedeutet.

Angebot bestimmter Produkte/Services

Sucht ein User nach Produkten oder Dienstleistungen, so präsentiert ihm unsere Landingpage diese so genau wie möglich – »hundefutter« führt auf eine Übersicht unseres Sortiments an Hundefutter, »hundefutter oscar mit rind« auf eine Seite nur mit ebendiesem Dinner for Dogs.

Erstellen Sie also eine Landingpage auf Basis von Keyword und Anzeige – und werden Sie nicht gierig, indem Sie dem User gleich noch einen Maulkorb anzudrehen versuchen. Geben Sie ihm auf der Zielseite genau das, was er will. Und teilen Sie ihm mit, warum er es bei Ihnen erwerben soll.

Lassen Sie uns genau dazu ein Beispiel ansehen. Ziel war der Verkauf von Intel-Servern. Die Conversion-Rate gibt also an, wie viele der über AdWords gewonnenen User tatsächlich gekauft haben.

Es wurden drei unterschiedliche Headlines getestet, der Rest der Landingpage blieb jeweils gleich. Hier die Ergebnisse:

Variante	Headline	Conv.-Rate
Var.1	Intel Server jetzt - mit Schnell-Lieferung und 24h Service.	2,1%
Var.2	Ihr Spezialist für Intel Server: Über 7.000 zufriedenen Kunden!	1,7%
Control	Intel Server - Top in Preis und Leistung.	0,8%

Abb. 8.2: Headline-Tests »Intel Server«

Die Control-Variante, also die ursprüngliche Headline, zielte auf die Qualität von Intel Servern ab – mithin das, was der User wahrscheinlich schon wusste, da er explizit nach Servern mit Intel-Prozessoren gesucht hatte.

Viel stärker waren die Botschaften der beiden anderen Headlines: Beide griffen wiederum die Suchanfrage des Users auf, ergänzten diese aber um starke Qualitätsmerkmale des Unternehmens. Das Ergebnis waren Steigerungen der Conversion-Rate um mehr als das Doppelte bzw. sogar mehr als das 2,5-Fache. Für das bloße Ändern der Überschrift ein beachtlicher Erfolg.

Präsentation der Leistung des Produktes/des Services

Erinnern wir uns an das Excel-Tool, das Selbstständigen helfen soll, ihre Steuererklärung zu erstellen. Dieses Produkt kennt keiner außer uns, es wird somit auch nicht gesucht. Was haben wir also getan, damit man uns trotzdem findet? Wir haben den User über sein eigentliches Problem abgeholt: »selbstständiger steuererklärung hilfe«. In der Anzeige haben wir dann das Keyword aufgegriffen und eine Lösung in Aussicht gestellt. Sehen wir uns wiederum einige Ergebnisse von unterschiedlichen Headline-Botschaften an:

Variante	Headline	Conv.-Rate
Var.1	Ihre Hilfe bei Steuererklärungen: In halber Zeit, garantiert vollständig.	10,31%
Var.2	Sie haben Besseres zu tun: Steuererklärungen einfach und vollständig.	9,89%
Control	Excel-Tool - hier downloaden und testen.	3,10%

Abb. 8.3: Headline-Test »Excel-Tool«

Wir erkennen mehr als deutlich, dass es auch auf der Landingpage wenig Sinn macht, den User mit der Aussicht auf ein Excel-Tool locken zu wollen – nicht einmal mit der Aussicht auf eine vermutlich kostenfreie Testversion. Viel wertvoller ist für ihn die Botschaft, dass er das Ausfüllen der Steuererklärung nun einfacher schafft. Beide Headlines, die dieses vermitteln, erreichten eine mehr als dreifache Conversion-Rate. Analog zum Text in unserer Anzeige richten wir in diesem Fall also auch die Landingpage nicht auf unser Produkt, sondern auf den Nutzen aus, den der User damit erfährt.

Wäre das Excel-Tool nicht nur bei Steuererklärungen, sondern auch bei Rechnungen und Mahnungen behilflich, so müssten wir logischerweise für jedes dieser User-Probleme eine eigene, genau darauf abgestimmte Landingpage erstellen.

Indirekte Keywords

Als Anbieter von Weiterbildungskursen haben wir in Abschnitt 6.3.2, *Keywords sammeln*, versucht, User über Keywords zum Thema Jobsuche zu gewinnen. Wir haben damit geworben, dass Weiterbildungsmaßnahmen einen beruflichen Vorsprung verschaffen. Damit haben wir Klicks von Usern generiert, die zwar eine andere Suchanfrage beantwortet haben wollten, in unserer Botschaft aber einen so großen Nutzen für sich sahen, dass sie auf unsere Seite kamen.

Hier gilt es nun natürlich ganz verstärkt, die Notwendigkeit unseres Angebotes nochmals zu unterstreichen. Konnten wir ihn also beispielsweise gewinnen mit »Auf Jobsuche? Sichern Sie sich Wissensvorsprung durch Weiterbildung«, so greifen wir genau diesen Gedanken auf der Landingpage wieder auf. Sehen wir uns auch hierzu Testergebnisse an:

Variante	Headline	Conv.-Rate
Var.2	Beruflich vor dem nächsten Schritt? Neue Chancen durch Weiterbildung genau für Sie!	4,4%
Var.1	Jetzt durchstarten - Vorsprung durch Weiterbildung.	3,0%
Control	Unser Angebot: Wählen Sie Ihren Kurs.	0,2%

Abb. 8.4: Headline-Test »Weiterbildung«

Die ursprüngliche Überschrift verlangt ein großes Engagement, um sich mit dem Lehrprogramm beschäftigen zu wollen. Dies haben vielleicht User, die aus freien Stücken die Seite besucht haben – unsere AdWords-Besucher wurden aus ihrem eigentlichen Suchprozess aber von uns herausgerissen. Tatsächlich suchten sie nach Jobs, nicht nach Weiterbildungsprogrammen. Die geringe Conversion-Rate zeigt auf, dass sie dies nach dieser unmotivierten Begrüßung auch schnell wieder taten.

Besser performten die beiden anderen Varianten. Der Gewinner, Variante 2, griff durch eine rhetorische Frage zunächst die Situation auf, in der sich der User bei seiner Suchanfrage sah. Dann erfolgte gleich die Antwort: eine konkrete Maßnahme (Weiterbildung), eine positive Aussicht (neue Chancen) sowie die Versicherung, dass für den User das individuell Passende dabei ist (genau für Sie). Die Headline erfüllte das Versprechen, das in der Anzeige gegeben wurde.

Bounce-Rate und Besuchszeit

Eine niedrige Bounce-Rate (Absprungrate) und eine entsprechend lange Besuchszeit auf der Zielseite zeigen uns, wenn unsere Landingpage genau dies schafft.

- Die Bounce-Rate sagt, wie viele Besucher die Seite verlassen haben, ohne eine weitere Seite des Webauftritts aufgerufen zu haben – er kommt und geht ohne weiteren Klick.
- Die Verweildauer gibt an, wie lange sich der User auf der Landingpage aufgehalten hat. Je nach Länge und Content der Seite muss dieser Wert natürlich unterschiedlich bewertet werden. Dabei muss eine lange Verweildauer nicht per se etwas Gutes sein – beispielsweise wenn sie darin begründet liegt, dass sich die User auf Ihrer Seite nicht auskennen.

Die regelmäßige Kontrolle beider Werte ist für die Beurteilung unserer Landingpage ganz entscheidend – insbesondere, wenn wir neue Varianten testen. Wir erhalten diese Zahlen beispielsweise über Webanalyse-Tools, wie wir sie anhand von Google Analytics in Abschnitt 12.5.4, *Top-Webseiten*, besprechen werden.

8.3.2 Das Angebot richtig präsentieren

Haben wir den Nutzen erkannt, den ein User von uns und unserem Angebot erwartet, so müssen wir diesen nun entsprechend präsentieren. Dafür müssen wir ein überzeugendes Angebot formulieren. Erstellen wir beispielsweise eine separate Landingpage für ein bestimmtes Produkt, so wiederholen wir dort nicht einfach die Produktbeschreibung, die der Kunde auch auf der Detailseite finden würde. Vielmehr gestalten Sie den gesamten Inhalt so, dass er dem Sinn dieser Seite – dem Verkauf der Conversion – gerecht wird.

Aus Kundensicht formulieren

Was wir bereits für unsere Anzeigen festgestellt haben, gilt auch für die Landingpage: Auch hier sollte der Text aus Sicht des Kunden geschrieben werden. Dieser möchte sein Anliegen verstanden wissen sowie Antworten auf sein Problem oder seinen Wunsch bekommen. Auch die bereits besprochene Wiederholung des Keywords und das erneute Aufgreifen der Anzeigenbotschaft tragen erheblich dazu bei.

Zu berücksichtigen sind inhaltliche wie auch darstellerische Aspekte:

- Die interessantesten Informationen kommen zuerst. Wir schreiben keinen Aufsatz und müssen keinen Spannungsbogen aufbauen. Mit wenigen Sätzen und insbesondere ohne scrollen zu müssen, sollte der User alles für ihn Wichtige sehen. Details und Hintergrundinformationen kommen, wenn überhaupt, nach hinten bzw. nach unten.

- Der User muss die Inhalte als Nutzen für sich verstehen. Entsprechend müssen wir sie aufbereiten. Bieten wir beispielsweise die Übernahme von Projektabwicklungen an, so formulieren wir nicht die Erfolge unseres Teams, sondern nennen die Vorteile für den User. »Unser Team hat über 100 Projekte erfolgreich abgewickelt« mag uns selbst zwar erfreuen. »Profitieren Sie aus der Erfahrung und dem Know-how von über 100 erfolgreich durchgeführten Projekten« spricht jedoch den User sicherlich deutlich mehr an.
- Im Internet wird nicht gelesen, es wird gescannt. Deshalb ist es unabdingbar für uns, unser Angebot internetkonform aufzubereiten:
  - Schreiben Sie kurze Sätze. Diese sollten maximal sieben Worte umfassen.
  - Kürzen Sie! Die meisten Texte können um 50% abgespeckt werden, ohne dass Informationen verloren gehen.
  - Setzen Sie Absätze und Zwischenüberschriften, um die Seite gut lesbar zu machen.
  - Verwenden Sie Auflistungen, um dem User übersichtlich und einprägsam beispielsweise die Vorteile zu präsentieren.
  - Steuern Sie den Blickverlauf des Users durch eine gute Struktur und führen Sie ihn so zur Conversion.
  - Formulieren Sie auch die Call-to-action mit dem Auge des Users. »Klicken Sie hier« sagt dem User auch, was er machen soll. »Hier bestellen und profitieren« formuliert aber bereits, was ihn erwartet – und was er davon hat.

Stimulatoren setzen

Auf der Landingpage muss das Interesse, aufgrund dessen der User gesucht, geklickt und endlich bei uns gelandet ist, noch gesteigert werden. Denn nicht immer reicht die Motivation aus, sich durch Informationen, Anmeldungen, Sicherheitsabfragen oder sonstige Unannehmlichkeiten zu kämpfen, selbst wenn diese auf ein Minimum reduziert sind. Für den User bedeutet ein Kauf, eine Anmeldung und jede andere Art der Conversion immer Aufwand.

Erfolgreiche Seiten setzen deshalb zusätzliche Anreize, auch Stimulatoren genannt, und versetzen den User in einen positiven Handlungszwang. Der User soll die verlangte Handlung nicht als unangenehm oder erzwungen, sondern als Chance empfinden.

Dabei können wir beispielsweise mit den Mitteln der Verknappung arbeiten, wie wir sie auch schon im Zusammenhang mit unseren Anzeigen (Abschnitt 7.1.3, *Textzeilen*, kennen gelernt haben. Dies kann mengenmäßig (»nur noch 100 Stück«) oder auch zeitlich (»nur noch gültig bis ...«) geschehen. Durch das Kommunizieren von Erfolgen (»schon 1.500 Verkäufe«) steigern wir zudem das Verlangen des Users, auch zu diesem Kreis gehören zu wollen.

Gerne kombiniert wird dies mit Zusatzleistungen: Preis- und Mengenangebote, Rabatte bei höheren Stückzahlen, Wegfall der Lieferkosten, Boni, kostenlose Zusatzartikel. Diese Anreize können selbstverständlich auch allein die Handlungsbereitschaft eines Users steigern.

Entscheidend ist dabei, wie diese Zusatzleistungen und Vergünstigungen bei unserer Zielgruppe ankommen. Es geht nicht um den tatsächlichen Wert, sondern um den Wert, den ihnen unsere Kunden beimessen.

8.4 Handlungsbereitschaft des Users nutzen

Betrachten wir die besondere Situation des Users, den wir über AdWords gewonnen haben. Er ging auf die Google-Site mit einer wie auch immer gearteten Motivation und drückte diese durch seine Suchanfrage aus – ein Problem, ein Interesse, ein Wunsch. Er sah unsere Anzeige und fühlte sich von dem Text angesprochen, so dass er darauf klickte. Lediglich aufgrund dieses Versprechens landet er auf unserer Zielseite – auf einer ihm neuen Umgebung sowie bei einem ihm möglicherweise unbekannten Unternehmen.

Diese Situation stellt den User vor eine besondere Herausforderung – und damit auch uns und unsere Landingpage. Wir müssen den User daher direkt und überzeugend zur Conversion führen. Dabei hilft uns zum einen das Formulieren klarer Botschaften wie beispielsweise Call-to-actions (Handlungsaufforderungen), zum anderen aber auch das Eliminieren sämtlicher Elemente auf der Seite, die den User ablenken könnten.

Ablenkungen vermeiden

Als Paradebeispiel für das Vermeiden von Ablenkungen können Sie sich beispielsweise den Checkout-Prozess von Amazon ansehen. Sobald Sie den Button »Zur Kasse gehen« geklickt haben, werden Sie direkt zum Abschluss der Bestellung geführt: Die Navigation wird ausgeblendet, Verlinkungen zu anderen Produkten entfallen, die Möglichkeit, überhaupt wieder zurück in den Shop zu gelangen, wird nur an entlegenen Stellen der Seiten geboten.

Dies macht Amazon natürlich nicht, weil Sie grundsätzlich keine weiteren Produkte zum Warenkorb hinzufügen sollen. Allerdings birgt jede mögliche Abzweigung, die Gefahr, dass Sie am Ende gar nicht bestellen – weshalb Sie stringent bis zum Ziel, dem Tätigen der Bestellung, geführt werden. Der Spatz in der Hand ...

Ob Sie dies mit gleicher Konsequenz auch für Ihre Landingpages übernehmen, hängt von der definierten Conversion und vom vermuteten Handlungswillen des Users ab. Bedenken Sie, dass der User bei Amazon erst seine Produkte ausgewählt und nun bereits seine Kaufbereitschaft ausgedrückt hat. Diese Situation finden Sie bei neu über AdWords gewonnenen Besuchern nicht vor.

Trotzdem sollten Sie durch gezieltes Vereinfachen sichergehen, dass der Besucher bis zum Ziel Ihrer Seite dabei bleibt und die Conversion ausübt:

- Reduzieren Sie Ihre Navigation.
- Entfernen Sie alle überflüssigen und ablenkenden Inhalte.
- Blenden Sie Werbung aus.
- Verzichten Sie auf Links zu anderen Produkten.

Zumeist empfiehlt es sich jedoch, die Corporate Identity als unterstützende Maßnahme der Vertrauensbildung beizubehalten.

Vorsicht

Sollten Sie das Gefühl haben, auf keines dieser Elemente verzichten zu wollen oder zu können, so überdenken Sie, ob Sie tatsächlich die richtige Conversion für Ihre Landingpage festgelegt haben.

Klare Struktur

Geben Sie Ihrer Landingpage eine klare Struktur. Unterscheiden Sie zwischen Elementen und Informationen, die für die Conversion benötigt werden und direkt dorthin führen, und solchen, die lediglich unterstützend helfen.

- Im Contentbereich stehen die Kernbotschaften, die den User von der Conversion überzeugen sollen. Dort befindet sich auch das Element, mit dem er letztlich die Handlung ausüben kann: Formularfelder, Bestellbutton, Download-Möglichkeiten.
- Führen Sie den Besucher beim Lesen nicht kreuz und quer über die gesamte Seite, sondern ermöglichen Sie einen klaren Lesefluss von oben nach unten. Der User soll sich seine benötigten Informationen nicht zusammensuchen müssen.
- Hinterfragen Sie, ob Sie links und rechts vom Contentbereich überhaupt weitere Spalten benötigen. Wenn ja, so positionieren Sie dort keinerlei Elemente, die für den Fortgang entscheidend sind. Dieser wird vom Leser häufig als weniger wichtig eingestuft oder sogar ignoriert. Nutzen Sie diesen Platz vielmehr für unterstützende Maßnahmen, die dem User auf dem Weg zur Conversion helfen: vertrauensbildende Elemente wie Testimonials oder Garantie-Logos, Kontaktdaten unserer Hotline, Bilder, Testergebnisse oder Fotos von Ansprechpartnern. Für die Conversion wichtige Informationen präsentieren Sie jedoch ausschließlich im Contentbereich.

Call-to-action

Nichts frustriert den Besucher einer Seite mehr, als wenn er nicht weiß, was er hier eigentlich soll. »Don't make me think« lautet eine der wichtigsten Grundsätze. Entsprechend erwartet er auf der Landingpage und auf jeder weiteren Seite des Conversion-Prozesses klare Anweisungen, was er zu tun hat: »Lesen Sie hier weiter«, »Melden Sie sich jetzt zum Newsletter an«, »Bestellen Sie hier Ihr After Shave«.

Dabei ist die Call-to-action, die Handlungsaufforderung, eines Ihrer wichtigsten Elemente auf der Landingpage. Mit welcher Handlungsaufforderung schaffen Sie es, die meisten User zur Ausübung der Handlung zu bewegen: »Hier bestellen«, »Jetzt bestellen« oder »Bestellen Sie jetzt«? Funktioniert die Call-to-action besser als Textlink oder als farbiger Button? Jede Conversion erfordert eine andere Umsetzung, jede Zielgruppe reagiert anders, jedes Element bringt im Zusammenspiel mit den anderen Elementen der Landingpage andere Erfolge. Testen Sie es für Ihre Seite aus.

Sehen wir uns wiederum die Ergebnisse eines Ein-Element-Tests an, wie wir ihn auch schon bei den Headlines besprochen hatten. Ziel war es herauszufinden, welches Call-to-action-Element die User zu den meisten Klicks motiviert.

Der ursprüngliche Standard-Button »Weiter« erreichte eine Klickrate von 2,9%. Gegen diesen wurden zwei deutlich prominentere Buttons ins Rennen geschickt, deren Gestaltung sich aus dem Design der Webseite ergab: einer mit der gleichen »Weiter«-Aufforderung, der andere mit »Jetzt konfigurieren und bestellen«. Die gleiche Aufforderung wurde auch über einen Textlink formuliert.

Varianten	Call-to-action	Klickrate
Var.3	Jetzt konfigurieren und bestellen	4,3%
Var.2	Jetzt konfigurieren und bestellen	3,7%
Control	Weiter	2,9%
Var.1	Weiter	2,7%

Abb. 8.5: Test Call-To-Action

Das Resultat war eindeutig: Die User reagierten am besten auf eine eindeutige Handlungsaufforderung, die ihnen gleichzeitig mitteilte, was sie nach dem Klick erwartet: konfigurieren und bestellen. Diese Botschaft wirkte als einfacher Textlink sogar besser als die Botschaft »Weiter« im opulenten Button-Design. Alles in allem konnte durch diesen einfachen Test die Conversion-Rate von 2,9% auf 4,3% erhöht werden – ein Anstieg um fast 50%.

Tipp

Bieten Sie dem User mehrmals an unterschiedlichen Stellen auf der Landingpage Call-to-action-Elemente an. Er soll genau dann die Conversion vornehmen können, wenn er dazu bereit ist. Beachten Sie dabei, dass nicht überall das gleiche Element am besten funktionieren muss.

Wichtig

Erstellen Sie tatsächlich auch nur Seiten, die wirklich benötigt werden. Inhalte, die ohne zusätzlichen Klick präsentiert werden können, stellen Sie auch so dar. Denn jeder unnötige Klick ist ein Klick zu viel – und birgt die Gefahr, dass der Kunde abspringt.

Umfassende Informationen bereitstellen

Welche Erwartungen hat der User? Welche Fragen möchte er beantwortet wissen, bevor er zur gewünschten Conversion bereit ist?

Bei aller Verknappung und Zielausrichtung gilt: Informieren Sie den User ausreichend. Lassen Sie keine Fragen offen, die zu Zweifeln, Verunsicherung und zu Abbrüchen führen.

Steuern Sie vielmehr, wie sich der User diese Informationen beschaffen soll. So präsentieren Sie beispielsweise zusätzliche Produktinformationen oder -bilder in Pop-ups, nennen Lieferzeiten direkt beim Produkt, Garantie- und Rückgabebedingungen links und rechts vom Contentbereich. Entlassen Sie den User nicht freiwillig aus dem Conversion-Prozess.

Bedenken Sie: Je komplizierter, umfassender und teurer Ihr Angebot ist, desto höher ist die Hemmschwelle des Kunden. Und desto mehr Informationen benötigt er, um diese abzubauen.

8.5 Vertrauen aufbauen, Zweifel abbauen

In einer bestehenden Kundenbeziehung können wir durch unser Produkt, unsere Leistung, unseren Service und vieles mehr überzeugen. Dies war uns bei Besuchern, die neu auf unsere Seite kommen, bislang nicht möglich: Wir hatten bisher keine Gelegenheit, Vertrauen zu ihnen aufzubauen. Wir konnten ihnen lediglich

Versprechungen machen, denen entweder geglaubt wurde oder nicht. Der User betritt die Landingpage, ist sich seiner Sache aber noch nicht wirklich sicher.

Damit wir den User erfolgreich bis zur gewünschten Handlung führen, müssen wir also seine vorhandenen Zweifel und Ängste abbauen. Gelingt uns dies, so erreichen wir damit zumeist einen überproportionalen Anstieg der Conversions und oftmals einen deutlich höheren Erfolg als durch stimulierende Elemente.

Kritische Stellen, die der User als besonders unangenehm oder unnötig empfindet, und die deshalb vermehrt zu Abbrüchen führen, nennen wir Hindernisse. Wir unterscheiden zwischen tatsächlich vorhandenen und vom User empfundenen.

8.5.1 Längen & Schwierigkeiten vermeiden

Tatsächlich vorhandene Hindernisse gibt es auf jeder Landingpage: ein Eingabeformular, ein Kaufprozess, ja sogar die Conversion selbst. Diese Hindernisse können wir nicht beseitigen, wir können sie lediglich reduzieren. Würden wir alle tatsächlichen Hindernisse weglassen, so hätten wir keine Conversion mehr.

Elemente auf der Landingpage werden dann zu Hindernissen, wenn sie entweder zu lang oder zu schwierig gestaltet sind.

Hindernis: Länge

Zunächst müssen wir bei der Landingpage die richtige Länge finden, die unserem Angebot und der vom User gewünschten Handlung gerecht wird: So werden wir für die Buchung eines Verwöhn-Wochenendes sicherlich eine längere Seite erstellen müssen als für den Download oder die Zusendung des Prospektes. Noch immer gilt: alle erforderlichen Informationen bereitstellen, gleichzeitig die Inhalte aber auch auf das Wesentliche reduzieren.

Bei einem anderen Punkt wird jedoch viel häufiger die Länge als Hindernis für den User übersehen: bei Formularen. Diese enthalten fast regelmäßig zu viele Eingabefelder. Dabei werden Auskünfte und persönliche Daten abgefragt, die der User weder als notwendig empfindet und noch möchte er diese im ersten Schritt nennen. Um an dieser Stelle Abbrüche zu vermeiden, ist es sinnvoll, die geforderten Informationen auf das Minimum zu reduzieren, das tatsächlich für den weiteren Prozess oder für die Conversion nötig ist.

In den USA wurde in einem Versuch getestet, wie sich die Anzahl der Felder in Bezug auf Conversion-Rate und damit auf die Kosten pro weitere Abfrage auswirkt. Im Vergleich zum Control-Formular mit fünf Feldern brachte jede zusätzliche Information Einbußen in Höhe von 1,85 US$, die Frage nach der Telefonnummer gar in Höhe von 5 US$ (siehe hierzu `http://searchengineland.com`).

Sogar bei einem Verkaufsprozess, für den eine Vielzahl von Angaben wegen Abwicklung und Lieferung erforderlich ist, kann die Anzahl der Eingabefelder auf der Landingpage verringert werden.

So können wir für unsere Zielseite definieren, dass sich der neue Besucher hier nur als Kunde registrieren soll – eine Conversion, die nicht mehr als drei Eingaben erfordert: etwa die E-Mail-Adresse als Benutzername sowie die Wahl und Bestätigung eines Passwortes. Ist dieses Hindernis genommen, so können wir über die Registrierungs-E-Mail einen ersten Kontakt mit dem User herstellen. Bereits danach fallen ihm weitere Eingaben wie persönliche und Zahldaten auf späteren Seiten leichter.

Wichtig

Dieses Verhalten ist nicht nur im Falle eines Kaufs zu beobachten. User tätigen sogar freiwillige Angaben auf Folgeseiten deutlich häufiger, während sie als optionale Felder auf der Landingpage noch zu Abbrüchen geführt hätten.

Ein Beispiel: Das österreichische Online-Marketing-Forum `www.omf.at` bietet einen Newsletter an, den Sie mit folgendem Formular und nur drei Pflichtfeldern anfordern können:

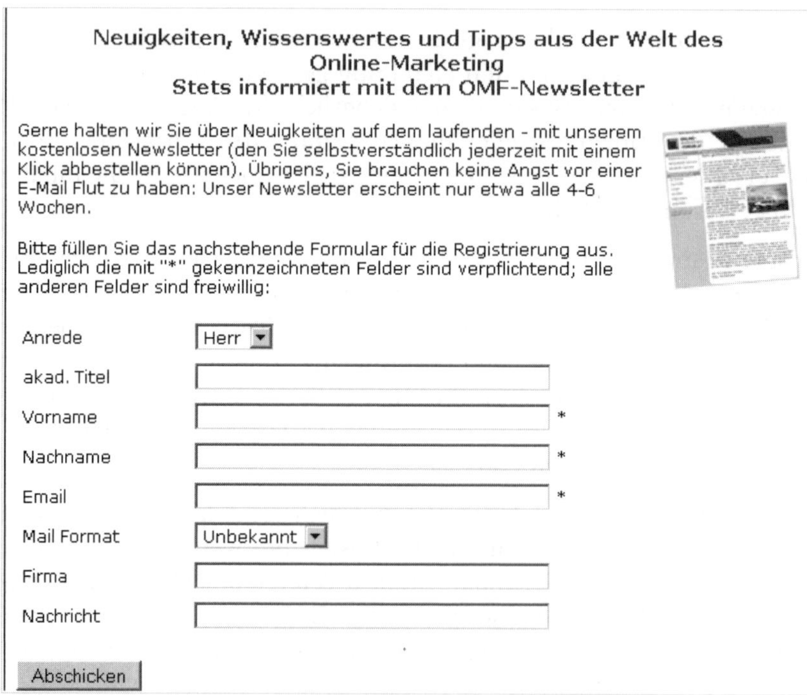

Neuigkeiten, Wissenswertes und Tipps aus der Welt des Online-Marketing
Stets informiert mit dem OMF-Newsletter

Gerne halten wir Sie über Neuigkeiten auf dem laufenden - mit unserem kostenlosen Newsletter (den Sie selbstverständlich jederzeit mit einem Klick abbestellen können). Übrigens, Sie brauchen keine Angst vor einer E-Mail Flut zu haben: Unser Newsletter erscheint nur etwa alle 4-6 Wochen.

Bitte füllen Sie das nachstehende Formular für die Registrierung aus. Lediglich die mit "*" gekennzeichneten Felder sind verpflichtend; alle anderen Felder sind freiwillig:

Anrede: Herr
akad. Titel
Vorname *
Nachname *
Email *
Mail Format: Unbekannt
Firma
Nachricht

Abschicken

Abb. 8.6: Newsletter-Anmeldung `www.omf.at`

Auf der Folgeseite erhalten Sie folgende Anmeldebestätigung mit der Bitte, weitere, selbstverständlich freiwillige, Angaben zu tätigen:

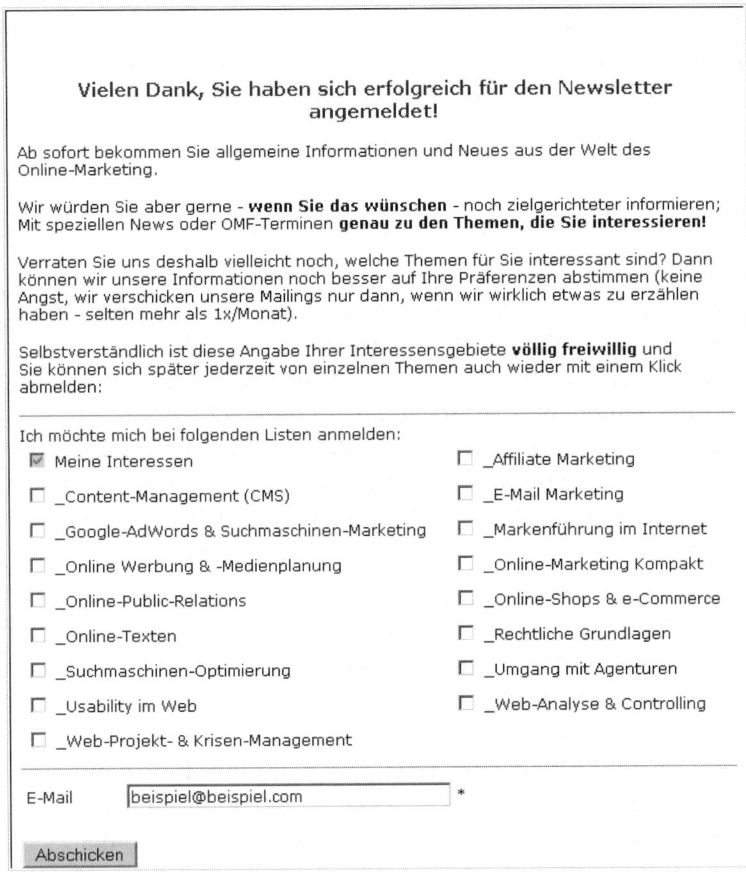

Vielen Dank, Sie haben sich erfolgreich für den Newsletter angemeldet!

Ab sofort bekommen Sie allgemeine Informationen und Neues aus der Welt des Online-Marketing.

Wir würden Sie aber gerne - **wenn Sie das wünschen** - noch zielgerichteter informieren; Mit speziellen News oder OMF-Terminen **genau zu den Themen, die Sie interessieren!**

Verraten Sie uns deshalb vielleicht noch, welche Themen für Sie interessant sind? Dann können wir unsere Informationen noch besser auf Ihre Präferenzen abstimmen (keine Angst, wir verschicken unsere Mailings nur dann, wenn wir wirklich etwas zu erzählen haben - selten mehr als 1x/Monat).

Selbstverständlich ist diese Angabe Ihrer Interessensgebiete **völlig freiwillig** und Sie können sich später jederzeit von einzelnen Themen auch wieder mit einem Klick abmelden:

Ich möchte mich bei folgenden Listen anmelden:

- [x] Meine Interessen
- [ ] _Content-Management (CMS)
- [ ] _Google-AdWords & Suchmaschinen-Marketing
- [ ] _Online Werbung & -Medienplanung
- [ ] _Online-Public-Relations
- [ ] _Online-Texten
- [ ] _Suchmaschinen-Optimierung
- [ ] _Usability im Web
- [ ] _Web-Projekt- & Krisen-Management
- [ ] _Affiliate Marketing
- [ ] _E-Mail Marketing
- [ ] _Markenführung im Internet
- [ ] _Online-Marketing Kompakt
- [ ] _Online-Shops & e-Commerce
- [ ] _Rechtliche Grundlagen
- [ ] _Umgang mit Agenturen
- [ ] _Web-Analyse & Controlling

E-Mail beispiel@beispiel.com *

Abschicken

Abb. 8.7: Newsletter-Anmeldung `www.omf.at` – Folgeseite

Selbst optionale Felder werden bei der Anmeldung häufig als störend empfunden, bleiben unausgefüllt oder führen gar zu Abbrüchen. Bereits auf der Folgeseite kann sich die Situation schon ganz anders darstellen. So melden sich in obigem Beispiel rund 90% aller User zu weiteren Listen an.

Hindernis: Schwierigkeit

Manchmal ist es eine wahre Freude festzustellen, wie einfache Schritte und Handlungsaufforderungen auch verkompliziert werden können. Doch gibt es kaum einen Grund, der zu mehr Abbrüchen führt als die Frage des Users, was er denn jetzt machen soll. Beherzigen wir deshalb die Aufforderung: Machen wir es ihm und uns so einfach wie möglich.

Dies beginnt damit, dass wir die typischen Gewohnheiten und Muster im Internet berücksichtigen, die die User mittlerweile automatisch übernommen haben. Hier einige Beispiele:

- Geben Sie den Usern leicht zu erkennen, wo sie klicken können: Links werden noch immer am deutlichsten durch Unterstreichung und mit der Schriftfarbe blau kenntlich gemacht. Vermeiden Sie es, den User unnötig suchen zu lassen.
- Setzen Sie im Umkehrschluss keine Unterstreichungen ein, wenn das unterstrichene Wort kein Link ist.
- Lassen Sie einen Button einen Button sein und »verkleiden« sie ihn nicht als Link oder Bild.

Ebenso versuchen wir dafür zu sorgen, dass sich der User intuitiv auf der Seite zurechtfindet und in eindeutiger Richtung – üblicherweise von oben nach unten im Contentbereich – zur Conversion geführt wird. Darunter fällt auch, dass für die Conversion wichtige Informationen nicht in den linken und rechten Spalten, sondern logisch aufeinanderfolgend im Contentbereich bereitgestellt werden. Der User muss »in einem Rutsch« und ohne Überlegungen zur Conversion geführt werden. Er hat genügend mit seiner Entscheidung zu tun – quälen wir ihn nicht noch mit weiteren Unannehmlichkeiten, bis er unsere Seite verlässt.

Wir machen es dem User am einfachsten, wenn wir ihm immer nur eine Handlungs- und damit eine Entscheidungsmöglichkeit vorgeben – und ihn nicht mit verschiedenen Optionen überfordern. Oftmals können Conversion-Raten sogar gesteigert werden, wenn Auswahlmöglichkeiten reduziert werden. Eine Seite, an deren Ende lediglich die Aufforderung »jetzt downloaden« steht, bringt oftmals mehr Erfolg als das Entscheidungsportfolio »jetzt kaufen«, »mehr Informationen« und »Gratis-Version«. Schaffen wir dem User also eine Situation, in der er eine Entscheidung bezüglich des Conversion-Ziels treffen muss – aber nur eine!

8.5.2 Vertrauensverstärker

Tatsächlich vorhandene Hindernisse können von uns reduziert werden. Auch können wir Anreize setzen, dass sie der User als größer empfindet als die Hindernisse.

Empfundene Hindernisse

Schwieriger sind für uns Hindernisse, die lediglich vom User als solche empfunden werden. Denn sie sind subjektiv und liegen im User selbst begründet – in seinem Naturell, in den Erfahrungen, die er bislang im Internet gemacht hat, und vielem mehr. Diese Bedenken und Ängste stehen zumeist in keinem Verhältnis zum tatsächlichen Hindernis oder Risiko. Doch sind sie in Bezug auf die Conversion umso entscheidender und unberechenbarer.

Typische Hindernisse dieser Art können hinsichtlich Qualität des Produktes, Zuverlässigkeit des Services oder vertraulicher Umgang mit Zahlungs- und Personendaten bestehen. Auch bezüglich des Preises können Zweifel erwachsen: Ist das Produkt tatsächlich so viel wert? Bietet es jemand günstiger an?

Diese möglichen Bedenken des Users müssen wir abbauen, indem wir unseren Webauftritt und unser Angebot für den User glaubwürdig machen. Dies kann bereits durch den Gesamteindruck der Seite entstehen: Design, Layout, Content und Sprache. Einer der wichtigsten Gründe, warum User einer Webseite misstrauen, sind Rechtschreib- und Tippfehler.

Vertrauensbildende Elemente

Aus diesen Gründen sollten wir den positiven Gesamteindruck unserer Landingpage und damit das Vertrauen des neuen Besuchers ganz bewusst durch zusätzliche Elemente steigern:

- Eine »Über uns«-Seite gibt unserem Unternehmen ein Gesicht und personalisiert den Webauftritt.
- Garantiert eine wichtige Person des Unternehmens persönlich für die Qualität des Angebots und für das Unternehmen, so können weitere Bedenken beim User abgebaut werden. Wir können dies beispielsweise durch ein Foto des Geschäftsführers, ein Zitat sowie seine Unterschrift zum Ausdruck bringen.
- Offen kommunizierte Kontaktdaten zur Serviceline oder gar Callback-Buttons steigern das Vertrauen in das Unternehmen. Der User möchte sich über das Unternehmen bzw. das Angebot rückversichern können und mit einem Mitarbeiter sprechen.
- Sicherheitsgarantien und Datenschutzerklärungen erhöhen das Zutrauen, dass es der User tatsächlich mit einem seriösen Unternehmen zu tun hat. Wir können deshalb beispielsweise kommunizieren, dass wir mit sensiblen Daten vertrauensvoll umgehen, diese nicht an Dritte weitergeben und eine entsprechende Verschlüsselung bei der Übertragung von Zahldaten verwenden.

Weitere wichtige Vertrauensverstärker sind Auszeichnungen und Stellungnahmen Dritter. Hier einige Beispiele:

- Dem User bekannte Logos, Gütesiegel und Referenzen schaffen Vertrauen. Zwar befindet er sich auf der Seite eines ihm unbekannten Unternehmens, doch findet er Bezugspunkte, zu denen er bereits eine Bindung und Zutrauen hat.
- Testimonials bestärken die Qualität von Produkten und Leistungen. Dabei sollten keine undifferenzierten Lobeshymnen selbst gedichtet werden. Holen Sie tatsächliche Kundenrückmeldungen ein, kürzen Sie diese auf das Wesentliche, platzieren Sie sie genau dort, wo sie inhaltlich auch tatsächlich Sinn machen.

- Werden Produkte oder Services durch Fachzeitschriften, Verbraucherschutzorganisationen oder Testplattformen bestätigt, so sollten diese Testurteile und Vergleichsstudien ebenfalls an geeigneter Stelle eingespielt werden. Nichts schafft mehr Vertrauen beim User als die Bestätigung unserer Angaben und Leistungen durch unabhängige Dritte.

Wichtig

Vertrauensbildende Elemente entfalten ihre Wirkung am besten, wenn sie direkt an der Stelle positioniert sind, an der potenzielle Hindernisse auszumachen sind. Genau dort kann den Bedenken des Users direkt gegengesteuert werden, sobald sie entstehen.

Befindet sich ein User zum Beispiel auf einer sicheren Seite und überträgt er seine Daten verschlüsselt, so sollten wir nicht darauf hoffen, dass er dies selbst erkennt. Vielmehr kommunizieren wir dies aktiv oder visualisieren es gar noch zusätzlich durch ein Symbol wie beispielsweise ein zugeschnapptes Schloss.

8.6 Form und Gestalt der Landingpage

Das Thema Landingpages oder gar Checkout-Prozesse füllt ganze Bücher und Seminare. Zu Recht: Denn genau an diesem Punkt ist die Hebelwirkung für die meisten Unternehmen noch am größten.

Dabei hilft es zumeist wenig, funktionierende Seiten zu kopieren oder Ergebnisse anderer Optimierungen übertragen zu wollen. Jede Landingpage bedient eine andere Usergruppe, jede Landingpage vermittelt eine andere Botschaft mit anderen Schwerpunkten und Stimulatoren. Und vor allem harmonisieren auf jeder Landingpage andere Elemente miteinander: Eine Headline funktioniert mit diesem Bild besser als mit jenem, ein bunter Call-to-action-Button ist bei diesem Text erfolgreicher, während bei jenem Text ein einfacher Bestell-Link besser ankommt.

Wie wir zu immer besseren Varianten für unsere Zielseite kommen, erfahren wir in Abschnitt 11.5, *Landingpage und Conversion-Daten*. Jetzt wollen wir uns vielmehr grundsätzliche Fragen zur Wahl und zur Länge sowie ein exemplarisches Storyboard ansehen, das diejenigen Anforderungen umsetzt, die wir oben an eine Landingpage gestellt haben.

8.6.1 Bestehendes vs. neues Layout

Wie bereits häufig erwähnt: Nutzen Sie die Informationen, die Ihnen der User mit seiner Suchanfrage gibt, und linken Sie ihn auf die am besten passende Seite Ihres Webauftritts – »staubsauer vorwerk« auf die Übersichtsseite, »kobold 135« auf die Produktdetailseite. Es besteht kein Grund, an einer gezielten Suchanfrage zu zweifeln oder den User in Ihrem Shop nochmals suchen zu lassen. Machen Sie es ihm so einfach wie möglich.

Führen Sie einen AdWords-Kunden auf eine bestehende Seite, so haben Sie zwar seine Suchanfrage berücksichtigt, nicht jedoch den Umstand, dass er Neukunde ist. Dies sollten Sie für die wichtigsten Keywords jedoch tun.

Bleiben wir beim Beispiel Staubsauger. Ist der Suchbegriff »kobold 135« tatsächlich einer Ihrer Haupt-Keywords, so sollten Sie den User nicht nur auf die entsprechende Produktseite schicken. Bedenken Sie – der User kennt Sie nicht. Er sieht lediglich Beschreibungen des Staubsaugers und muss für Unternehmensinformationen oder Lieferbedingungen erst mal Ihren Shop durchwandern – und somit den Verkaufsprozess verlassen. Viel geschickter wäre es daher, diese notwendigen Informationen bereits auf der Landingpage bereitzustellen.

Gleiches gilt für Seiten, auf denen eine Anmeldung erfolgen soll. Kunden, die vorher bereits durch Ihren Webauftritt navigiert sind, haben noch zahlreiche weitere Informationen zu Ihrem Unternehmen gesammelt und einen ersten Eindruck gewonnen. Hier kann ein knapp gehaltenes Anmeldeformular durchaus sinnvoll sein. Nicht so bei Usern, die neu auf Ihrer Seite sind und nichts über Sie wissen. Würden Sie einfach persönliche Daten angeben, ohne vorher etwas über das Unternehmen wissen zu wollen?

Es ist daher sinnvoller, diese Inhalte nochmals separat als eigene Landingpages anzubieten. AdWords-Kunden sind zumeist nicht nur aufgrund ihres Erstbesuchs eine andere Kundengruppe als User, die Sie aus anderen Quellen gewonnen haben.

8.6.2 Kurze vs. lange Seite

Zur Frage nach der optimalen Länge einer Landingpage gibt es keine allgemeingültige Antwort – es gibt lange Seiten, die sehr erfolgreich sind, ebenso wie es erfolgreiche kurze Seiten gibt. Ihnen allen sollte gemein sein, dass sie die Ladezeit im Sinne des Qualitätsfaktors berücksichtigen.

In jedem Fall muss Ihre Landingpage die für die User wichtigen Fragen beantworten. Gleichzeitig sollte sie aber keine überflüssigen Informationen behalten. Grundsätzlich lässt sich daher sagen, dass die optimale Länge primär abhängig ist von Ihrer angestrebten Conversion sowie vom angebotenen Produkt.

Soll der User auf Ihrer Seite einen Kauf tätigen, so benötigt es wahrscheinlich mehr Anstrengungen Ihrerseits, als wenn Sie den Gratis-Download eines Prospektes als Conversion anbieten. Je mehr sensible Daten ein User preisgeben muss, desto verstärkter müssen Sie sich um sein Vertrauen bemühen. Verkaufen Sie hochpreisige oder technisch komplizierte Produkte, so wird der User mehr Informationen als bei einem standardisierten, niedrigpreisigen Artikel verlangen – desto länger wird zwangsläufig aber auch Ihre Landingpage.

8.6.3 Design-Template Landingpage

Die meisten Landingpages orientieren sich am Aufbau des gesamten Webauftritts. So könnte sich beispielsweise eine Aufteilung wie folgt ergeben:

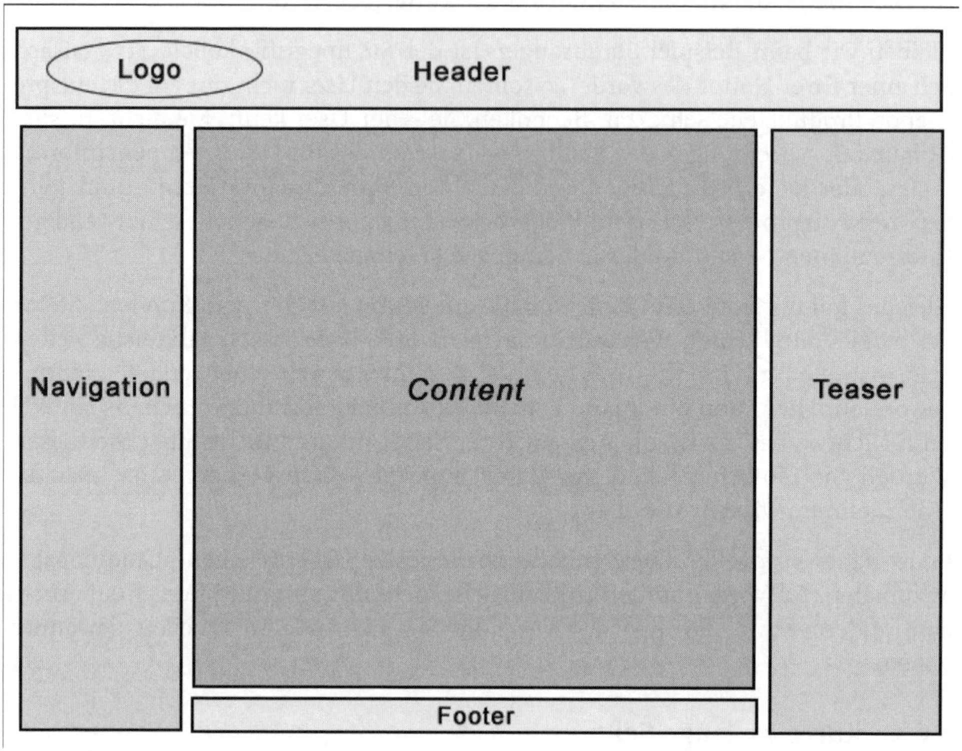

Abb. 8.8: Template Landingpage

Ob unsere Navigation nun oberhalb des Contentbereichs verläuft, ob wir ganz darauf verzichten, oder ob den Contentbereich nur eine rechte Spalte flankiert, ist für dieses Beispiel nachrangig. Wichtiger ist zu erkennen, dass jedes Element der Seite darauf auszurichten ist:

- Der Header samt Firmenlogo stellt das Unternehmen vor.
- In der linken und rechten Spalte, so vorhanden, positionieren wir vertrauensbildende Elemente, die das Zutrauen in Firma und Produkt weiter stärken.
- Der Contentbereich führt den User direkt zur Conversion, indem er das Angebot beschreibt und dessen Nutzen für den User hervorhebt.

Sehen wir uns einen möglichen Aufbau des Content-Bereichs deshalb genauer an.

Abb. 8.9: Contentbereich Landingpage

Headline

Die Headline ist zumeist eine starke Botschaft, ein Aufreißer. Sie signalisiert dem User zum einen, dass er sich auf der richtigen Seite befindet (Stichwort: weiche Landung) – indem sie beispielsweise seine Suchanfrage aufnimmt. Zum anderen muss sie seinen Nutzen so formulieren, dass sie ihn zum Weiterlesen motiviert.

Unterbrecher

Im Unterbrecher konfrontieren wir nun den User mit einer Situation, mit der er sich identifizieren kann, und die ihn beschäftigen soll. So können wir ihm beispielsweise hypothetische Fragen stellen oder das Problem aus seiner Suchanfrage aufgreifen – um ihm dann unsere Lösung hinzuweisen:

> Sie wollen Ihre Auftragsspitzen durch externes Projektpersonal abdecken? Sie wollen die Rolle des Projektleiters in Händen von Experten wissen?
> **Sie suchen einen Projektleiter auf Zeit?** Wir helfen Ihnen.

Abb. 8.10: Beispiel Unterbrecher

Wir müssen den User dabei so beschäftigen, dass ihm der Nutzen unseres Angebotes noch deutlicher wird.

Foto und Zitat/Testimonial

Wir fördern das Zutrauen des Users beispielsweise durch Personalisierung. Das Foto einer realen Person schafft Vertrauen und Identifikation, die durch das Zitat oder Statement noch gestärkt werden. Bieten wir Produkte oder Dienstleistungen für Endkunden an, so können wir hier Fotos zufriedener Kunden einbauen. Auch Vorher/Nachher-Bilder sind möglich. Durch die Aussage einer dritten Person steigt zusätzlich unsere Glaubwürdigkeit.

Selbstverständlich können wir auch Personen aus unserem eigenen Unternehmen zu Wort kommen lassen – wir hatten bereits den Geschäftsführer als Beispiel erwähnt. So personalisieren wir unser Angebot und schaffen eine wichtige Verbindung zum User. Gleichzeitig erhöhen wir das Vertrauen, wenn eine höhergestellte Person aus dem Unternehmen »persönlich« für die Qualität einsteht oder Erfolgszahlen wie »mehr als 5000 zufriedene Kunden« oder »einen Pool von über 100 hochqualifizierten Mitarbeitern« erwähnt.

Beschreibung

Die letzten beiden Elemente zielen auf den Wert ab, den unser Angebot für den User hat. In wenigen Zeilen beschreiben wir nun, um was es bei unserem Produkt oder unserer Dienstleistung geht. Unterstützen können wir dies beispielsweise durch Links auf Bilder, damit der User einen zusätzlichen visuellen Eindruck gewinnt. Dabei gilt es, den User nicht aus dem Conversion-Prozess zu führen. So bieten wir diese Bilder zum Beispiel als Pop-ups an, so dass er die Landingpage nicht verlassen muss.

Dringlichkeit und Nutzen

Wir müssen den User darauf hinweisen, dass unser Angebot wichtig für ihn ist, und dass er es dringend braucht. Bei der Formulierung der Gründe nehmen wir seine Sicht ein: So führen wir nicht die Eigenschaften des Produktes auf, sondern formulieren, welchen Nutzen er daraus hat. Es geht nicht um »unsere Leistungen«, sondern um »Ihren Nutzen«, nicht um »wir bieten«, sondern um »Sie erhalten«.

Zur Motivation können wir hier auch bewusst einen zusätzlichen Nutzen schaffen: Preisrabatte, Zusatzartikel, schnelle Lieferzeiten, attraktive Produkteigenschaften. »Zahlen Sie anstelle des vollen Preises in Höhe von 999 Euro jetzt nur noch 666 Euro« oder »Keine üblichen Wartezeiten von über einer Woche! Wir liefern per Express innerhalb von drei Werktagen«.

Zusammenfassung

In einem letzten Punkt fassen wir für den User kurz und knapp zusammen, was er bekommt. Wir bringen unser Angebot so auf den Punkt, dass wir daraus unmittelbar das Ziel unserer Bemühungen ansteuern können: die Call-to-action und damit die Conversion des Users.

Call-to-action

Im Beispiel haben wir diese aufgrund der Kürze der Seite ausschließlich am Ende der Landingpage positioniert. Selbstverständlich können und sollten Sie diese je nach Länge Ihrer Landingpage auch mehrfach zwischen den unterschiedlichen Elementen einbauen. Dabei empfiehlt es sich, durchaus auch mit verschiedenen Aufforderungen oder auch Darstellungsweisen zu experimentieren.

Teil III

Auswertung und Optimierung Ihrer Kampagnen

In diesem Teil:

Kampagnen-Statistik: Leistungsdaten & Optimierungen

Regelmäßige Kontrollen, laufende Performancebewertungen sowie daraus abgeleitete Optimierungsmaßnahmen sind unsere wichtigsten Aufgaben für erfolgreiche AdWords-Kampagnen. In unserem Konto haben wir mehrere Möglichkeiten, die Ergebnisse und Leistungen unseren Kampagnen abzufragen:

- die Kampagnen-Statistik mit den Leistungsdaten in Tabelle und Grafik
- das Berichtcenter
- ein Webanalyse-Tool wie Google Analytics.

In diesem Kapitel besprechen wir nun die Kampagnen-Statistik. Wir sehen uns zunächst an, wie die Leistungsdaten auf den verschiedenen Ebenen unseres AdWords-Kontos zu lesen sind und wo wir mit unseren Optimierungen ansetzen können. Dabei lernen wir Methoden zur systematischen Qualitätsverbesserung für Keywords und Anzeigen kennen. Dies machen wir insbesondere anhand der Zahlen aus der Tabelle.

Abschließend greifen wir typische, in der Praxis oftmals durchgeführte Maßnahmen auf und diskutieren über ihren sinnvollen Einsatz sowie ihre Auswirkungen auf die anderen Leistungsdaten. Dafür sehen wir uns insbesondere die Grafik an.

9.1 Optimierungspotentiale

9.1.1 Abfrage der Leistungsdaten

Die Kampagnen-Statistik kennen wir bereits aus Abschnitt 3.4, *Kampagnen*. Dort hatten wir besprochen, wo wir die Leistungsdaten für unsere Kampagnen, Anzeigengruppen, Keywords und Anzeigen erhalten: Wir klicken in unserer Konto-Navigation auf den Reiter KAMPAGNEN und gelangen auf die Kampagnen-Übersichtsseite. Dies entspricht, wie wir wissen, der Ebene ALLE ONLINE-KAMPAGNEN in der Baum-Navigation sowie dem Tab KAMPAGNEN in der Kampagnen-Navigation.

In dieser Ansicht wird unsere Leistungsstatistik für alle angelegten Kampagnen ausgegeben.

Grafik und Tabelle

Die Ergebnisse unserer Abfrage erhalten wir als Grafik bzw. Tabelle angezeigt. Sollten Sie die Grafik noch ausgeblendet haben, so blenden Sie sie über das Dropdown FILTER UND ANSICHTEN und den entsprechenden Link wieder ein.

Grafik

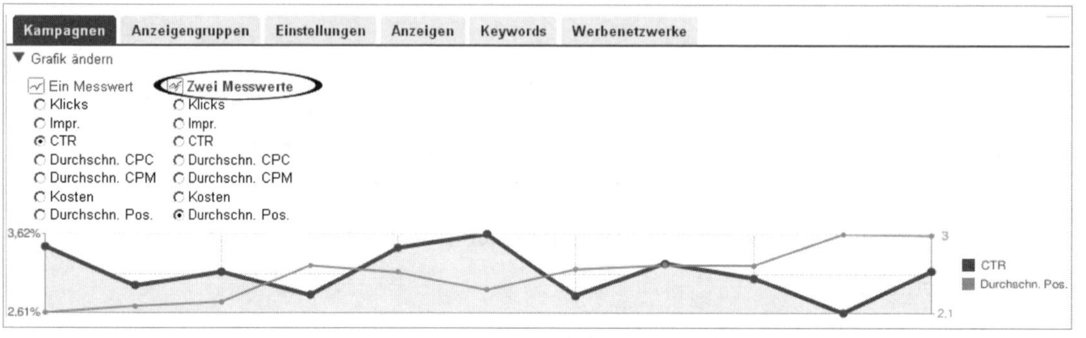

Abb. 9.1: Grafik: »alle Online-Kampagnen« – zwei Messwerte

Die Grafik zeigt uns den Verlauf eines bestimmten Wertes für den abgefragten Zeitraum des gewählten Elements der gewählten Ebene. Auf der x-Achse erkennen Sie den Zeitrahmen, auf der y-Achse die Leitungsdaten.

Über den Link GRAFIK ÄNDERN können Sie den Wert bestimmen, dessen Verlauf Sie sich ansehen möchten. Die Auswahl umfasst natürlich nur die derzeitigen Leistungsdaten in Ihrem Konto. Aktivieren Sie beispielsweise das Conversion-Tracking, so können Sie diese Daten ebenfalls auswählen.

Über ZWEI MESSWERTE stellen Sie dem zuerst gewählten Wert einen zweiten gegenüber. Hierdurch lassen sich sehr schnell Abhängigkeiten und Wechselwirkungen erkennen. Wir sehen uns dies im Abschnitt 9.4, *Direkte Eingriffe*, noch genauer an.

Einige Anmerkungen, damit es erst gar nicht zu Verwirrungen kommt:

Die y-Achse fängt nicht bei null an, sondern bildet immer den niedrigsten und den höchsten Wert im abgefragten Zeitraum ab. Sie erkennen die Spanne direkt links neben der y-Achse.

Wählen Sie einen zweiten Messwert, so wird bei diesem ebenso verfahren – die Spanne sehen Sie dann rechts. Vergleichen Sie also beispielsweise Klicks und Impressions, so kann der Klick-Graph durchaus auch oberhalb der Impression-Linie laufen.

Die Zeiteinheit wird automatisch vorgegeben. Fragen Sie beispielsweise die Klickzahlen eines Monats ab, so erhalten Sie in der Konto-Grafik die Ausschläge für jeden einzelnen Tag angezeigt, bei längeren Zeiträumen wird dann auf Wochen bzw. Monate umgestellt.

Dies macht das Erkennen von Trends nicht einfacher. Möchten Sie beispielsweise den durchschnittlichen Monats-Klickpreis der letzten sechs Monate verfolgen, so können Sie eine Grafik erhalten, wie sie in Abbildung 9.2 gezeigt wird.

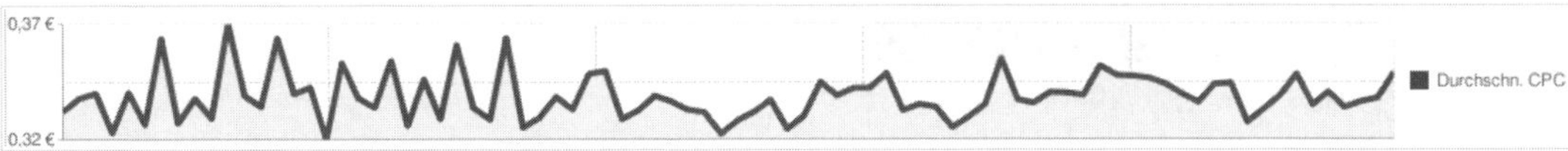

Abb. 9.2: Konstanter durchschnittlicher Monats-CPC

Gemäß den Leistungsdaten aus der Tabelle blieb der monatliche Durchschnitts-Klickpreis konstant – was aus obigem Verlauf nicht wirklich abzulesen ist. Um die Zeiteinheit selbst einstellen zu können, müssen Sie die Daten über die Berichtsfunktion anfordern (Kapitel 10, *Berichte: Alles auf einen Blick*).

Und abschließend: Nicht immer bedeutet höher auch besser. Freuen Sie sich bei Klicks und Klickraten über steigende Werte, so sind Ihnen bei Kosten, durchschnittlichen Klickpreisen und Positionen fallende Kurven wahrscheinlich lieber. Beachten Sie deshalb, welche Werte Sie sich anzeigen lassen. Die Grafik in Abbildung 9.1 zeigt also eine Verschlechterung der Klickrate sowie eine Verschlechterung der Positionierung (was sicherlich in Zusammenhang steht).

Tabelle

Kampagnen | Anzeigengruppen | Einstellungen | Anzeigen | Keywords | Werbenetzwerke | Filter und Ansichten

+ Neue Kampagne | Status ändern... | Weitere Aktionen... | Suchen | Zeigen : Alle | **Alle aktivierten** | Alle außer die gelöschten

Kampagne	Budget	Status	Klicks	Impr.	CTR	Durchschn. CPC	Kosten	Durchschn. Pos.
PM&Co	50,00 €/Tag	Aktiv	3.071	96.872	3,17 %	0,32 €	974,39 €	2,6
Tools	25,00 €/Tag	Aktiv	1.855	72.918	2,54 %	0,29 €	530,23 €	2,7
Publikationen	10,00 €/Tag	Aktiv	511	17.280	2,95 %	0,22 €	112,91 €	2,5
Gesamt - Suche			5.437	187.070	2,91 %	0,30 €	1.617,53 €	2,6
Gesamt - Content			0	0	0,00 %	0,00 €	0,00 €	0
Gesamt - Alle Kampagnen	**85,00 €/Tag**		**5.437**	**187.070**	**2,91 %**	**0,30 €**	**1.617,53 €**	**2,6**

Abb. 9.3: Tabelle: »alle Online-Kampagnen« – Kampagnen

Die Tabelle hingegen zeigt uns alle Gesamt- und Durchschnittswerte des abgefragten Zeitraums an, wie wir sie bereits ausführlich in Abschnitt 3.4, *Kampagnen*, vorgestellt haben. Über das Drop-down FILTER UND ANSICHTEN und den Link SPALTEN ANPASSEN können wir die einzelnen Daten ein- und ausblenden.

Da wir aufgrund konkreter Zahlen optimieren wollen, gehen wir zunächst anhand der Tabelle weiter.

Aktuelle Daten lesen

Um die Werte für bestimmte Zeiträume zu erheben, nutzen wir die Einstellungsmöglichkeit im rechten oberen Bereich. Wie wir bereits wissen, haben wir im Drop-Down die Möglichkeit, individuelle sowie vorgegebene Zeit-Intervalle auszuwählen.

Abb. 9.4: Zeitraum einstellen

Unsere Daten werden im AdWords-Konto nicht in Echtzeit angezeigt. Werte zu Klicks und Impressions für den Zeitraum HEUTE sind somit nur eingeschränkt aussagekräftig, da sie nicht vollständig angezeigt werden. Wollen wir also die aktuellsten Ergebnisse eines kompletten Tages abfragen, so müssen wir die Einstellung GESTERN wählen.

Ein Beispiel: Wir möchten die aktuelle Auslastung unseres Tagesbudgets prüfen und fragen daher die Kosten des gestrigen Tages ab. Erreichten wir bei einem Budget von 30 Euro pro Tag lediglich Kosten in Höhe von 20 Euro, so konnten wir nicht genügend Suchende auf unsere Website bringen. Ob dies daran lag, dass unsere Anzeige zu selten geschaltet wurde, erkennen wir an den Impressions. Konnte die Anzeige zu wenig User überzeugen, so sehen wir dies an einer niedrigen Klickrate. Wurde unsere Anzeige an einer zu wenig prominenten Platzierung geschaltet, so erfahren wir dies über die durchschnittliche Position.

Leistungsdaten sollten deshalb nie isoliert betrachtet werden. Einzelne Werte können irreführend sein und zu unwirksamen oder gar kontraproduktiven Maßnahmen führen. Die Leistungsstatistik ermöglicht es uns deshalb, die tatsächlichen Gründe für ein bestimmtes Ergebnis aus den anderen Werten des gleichen Zeitraums zu lesen.

Valide Ergebnisse erhalten

Auch Optimierungen auf Grundlage der Ergebnisse nur eines einzelnen Tages können ein falsches Bild abgeben. Nicht nur an Wochenenden oder Feiertagen kann eine Ein-Tages-Abfrage untypische Leistungen ausweisen. Eventuell schaltet unser Hauptkonkurrent just an diesem Tag keine Anzeigen und verhilft uns so zu

Traumergebnissen, die wir unter normalen Umständen nicht erreicht hätten. Oder Anzeigen, Pressemitteilungen und Nachrichten sorgen für erhöhtes Suchaufkommen nach einem bestimmten Keyword. Wir sollten unsere Bemühungen und Strategien daher nicht nach einem solchen Tag ausrichten.

Es empfiehlt sich, die erhaltenen Werte immer durch die Abfrage eines längeren Zeitraums, mindestens jedoch einer Woche, abzusichern. Bedenken Sie, dass sich das Verhalten von Usern nicht nur bezüglich der Tageszeiten unterscheidet, sondern auch bezüglich der Wochentage. Ebenso spielen saisonale Schwankungen eine Rolle. Stellen Sie deshalb sicher, dass Sie dies bei der Interpretation Ihrer Ergebnisse berücksichtigen.

Welches für Sie der richtige Abfragezeitraum ist, gibt die Anzahl Ihrer Impressions, Ihrer Klicks oder auch Ihrer Conversions vor. Optimierungen auf Grundlage von noch nicht validen Zahlen können Sie in eine völlig falsche Richtung führen. Ebenso ist es allerdings nachteilig, wenn Sie Optimierungen zu spät vornehmen und schlechte Einstellungen dadurch zu lange laufen lassen. Kontrollieren Sie deshalb in regelmäßigen Abständen.

Wichtig ist dabei, dass Sie Ziele definieren, die Sie auf Grundlage Ihrer aktuellen Leistungsdaten im nächsten Schritt erreichen möchten: beispielsweise mehr Klicks, geringere Klickpreise oder bessere Positionen. Beobachten Sie, ob sich die Ergebnisse bezüglich der von Ihnen vorgenommenen Maßnahmen verbessern und welche Auswirkungen sie auf die anderen Leistungsdaten haben. In einem Satz: testen und optimieren Sie.

Benutzerdefinierte Benachrichtigungen

Die »benutzerdefinierten Benachrichtigungen« geben uns die Möglichkeit, bei bestimmten Änderungen unserer Leistungsdaten automatisch informiert zu werden – entweder als Meldung im Konto oder per E-Mail. Wir machen dies mit dem Drop-down WEITERE AKTIONEN, das wir oberhalb der Kontotabelle finden.

Abb. 9.5: Drop-down `Weitere Aktionen`

Diese Funktion finden Sie unter allen Reitern der Kampagnen-Navigation außer den »Einstellungen«. Sie können sich also über Veränderungen von Kampagnen, Anzeigengruppen, Anzeigen, Keywords und Placements (unter dem Reiter »Werbenetzwerke«) informieren lassen. Je nach Element und Ebene erhalten Sie wiederum unterschiedliche Optionen vorgegeben, wie Sie es bereits von den Filtern her kennen.

Bleiben wir in obigem Beispiel und damit auf dem Reiter KAMPAGNEN. Wir öffnen WEITERE AKTIONEN, klicken den Link BENUTZERDEFINIERTE BENACHRICHTIGUNGEN ERSTELLEN und können nun festlegen, bei welchen Kampagnenleistungen wir benachrichtigt werden wollen:

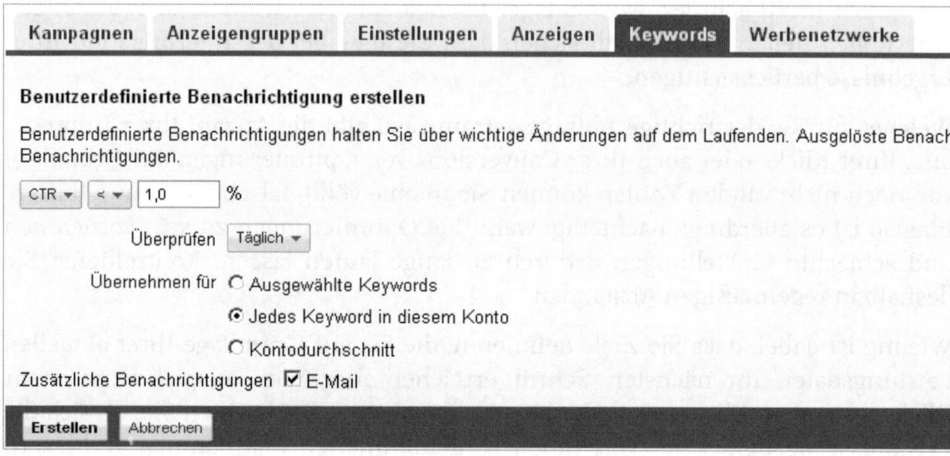

Abb. 9.6: Benutzerdefinierte Benachrichtigungen erstellen

Wir legen zunächst fest, welches Leistungsdatum welchen Wert erreichen muss, um eine Mitteilung auszulösen. Im Beispiel erhalten wir eine Mitteilung, sobald eine Kampagne unseres Kontos eine niedrigere Klickrate als 2,5% aufweist. Mit »Überprüfen« bestimmen wir den Abfragerhythmus, mit »Übernehmen« die abzufragenden Elemente.

Der Link BENUTZERDEFINIERTE BENACHRICHTIGUNGEN VERWALTEN, ebenfalls im Drop-down WEITERE FILTER, führt uns zu unseren abgespeicherten Vorlagen. Diese können wir pausieren, löschen oder ändern. Wir nehmen die Bearbeitungen per Inline-Editing vor – in Abbildung 9.7 wird die Klickrate, unterhalb derer wir benachrichtigt werden, also auf 1,0% gesenkt.

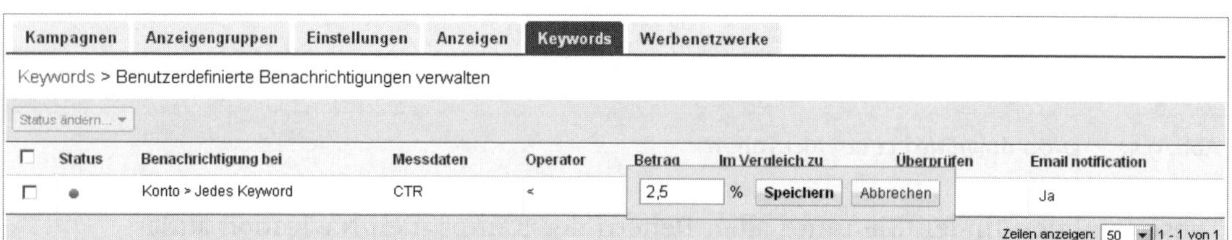

Abb. 9.7: Benutzerdefinierte Benachrichtigungen verwalten

9.1.2 Handlungsbedarf erkennen

Sortieren nach Impressions

Wir hatten in den vorherigen Kapiteln gesehen, dass es immer notwendig ist, alle Leistungsdaten im Zusammenhang zu sehen. Nur so können wir sichergehen, dass die Verbesserung eines Leistungsfaktors nicht durch die Verschlechterung eines anderen eliminiert wird.

Oftmals empfiehlt es sich jedoch, unsere Kampagnen zunächst nach den Impressions zu sortieren. Diese zeigen die Anzahl der User an, die wir mit den gewählten Keywords auf jeden Fall erreichen könnten – also unseren potenziellen Markt. So stellen wir sicher, dass wir unsere Mühen und unsere Zeit tatsächlich in diejenigen Kampagnen und Anzeigengruppen investieren, mit denen wir die größte Wirkung erzielen können: Eine Verdopplung der Klickrate von ein auf zwei Prozent bewirkt bei 10.000 Impressions einen Anstieg von 100 zusätzlichen Klicks, während sie bei 1.000 Impressions eben nur zehn Klicks mehr bringt. Im Umkehrschluss müssen wir unbedingt darauf achten, dass sich die Klickrate bei diesen Impression-starken Keywords nicht verringert, da dies einen hohen Rückgang an Klicks bedeuten würde.

Sehr häufig ist in der Praxis jedoch genau das Gegenteil festzustellen. Optimierungen werden auf Nebenschauplätzen durchgeführt, während die wichtigsten Teile des AdWords-Kontos »irgendwie vor sich hinlaufen«.

Doch macht es keinen Sinn, die tausendste Keyword-Kombination für ein nebensächliches und selten gesuchtes Kampagnenthema zu kreieren, während in der Hauptkampagne Qualitätssteigerungen und Klickpreissenkungen verschlafen werden. Sorgen Sie deshalb dafür, dass auch Ihre Kosten in Form von Arbeitszeit sinnvoll investiert sind. Und setzen Sie dort an, wo sich die größten Verbesserungen erzielen lassen.

Es versteht sich von selbst, dass wir auch unsere Keywords selbst verbessern sollten – womit wir dann direkten Einfluss auf die Impressions nehmen. Denn zu weit gefasste und unpassende Keywords täuschen Potenziale vor, die eigentlich gar nicht da sind; zu spezifische und fehlende Keywords setzen Limits, die an diesem Punkt noch gar nicht gegeben sind. Doch auch diese Optimierungspotenziale erkennen wir mithilfe dieses Vorgehens.

Kampagnenqualität steigern

Betrachtet man die Leistungsdaten, so erscheint die Klickrate vielleicht nicht als der auffälligste Wert. Eigentlich ist es ja auch egal, wie häufig eine Anzeige geschaltet wird, bis jemand darauf klickt – Hauptsache, die Anzahl der Klicks und damit der Besucher stimmt am Ende des Tages. Und sowieso: Je öfter die Anzeige auf Google steht, desto besser. Denn wo kriegt man einen Werbeplatz noch umsonst?

Ganz falsch gedacht. Und wir wissen es besser, seit wir uns in Kapitel 4, *Qualitätsfaktor: Relevanz als oberstes Ziel,* mit dem Qualitätsfaktor beschäftigt haben: Die Klickrate ist eine der entscheidenden Leistungsdaten, wenn wir die Qualität unserer Kampagne steigern wollen.

Doch warum ist dies überhaupt notwendig? Die Qualitätssteigerung ist die einzige Möglichkeit, Leistungsdaten zu verbessern, ohne dass dies zu Lasten der anderen Werte geht. Verringern wir den Bietpreis, so können wir zwar mehr Klicks gewinnen, verschlechtern in der Regel aber die Positionierung unserer Anzeigen. Nur über die Steigerung unseres Qualitätsfaktors und damit der Klickrate können wir eine Klickpreissenkung erreichen, bei der unsere Anzeigenposition gehalten wird.

Sehen wir uns an, was wir über eine bessere Klickrate erreichen können:

- niedrigerer Klickpreis bei gleicher oder gar besserer Position
- höhere Positionierung der Anzeige bei gleichem oder gar niedrigerem Klickpreis
- mehr Klicks bei gleichem Budget

Wichtig

Um unsere Klickrate zu erhöhen, nehmen wir Auswertungen auf der Keyword- sowie auf der Anzeigen-Ebene vor. Hier können wir so gezielt arbeiten, wie es für eine sinnvolle Optimierung nötig ist.

Wir besprechen in Folge also zunächst, wie wir die Kampagnen-Qualität durch die Optimierung von Keywords und Anzeigen steigern. Im Anschluss sehen wir uns mögliche »direkte Eingriffe« und deren Auswirkungen an (Abschnitt 9.4, *Direkte Eingriffe*).

Elemente und Anzeigengruppen bestimmen

Wo fangen wir konkret an? Die Tabelle in Abbildung 9.3 zeigt uns zwar die Leistungsdaten unserer Kampagnen – die beiden Hebel, mit denen wir die Qualität und damit auch die Ergebnisse steigern können, sind jedoch Keywords und Anzeigen. Diese sind auf Anzeigengruppenebene angesiedelt.

Es gibt daher zwei sinnvolle Vorgehensweisen.

Leistungsdaten der Elemente

Wir klicken ALLE ONLINE-KAMPAGNEN in der Baum-Navigation an und öffnen beispielsweise die KEYWORDS in der Kampagnen-Navigation. Umgehend können wir nach Impressions ordnen und erhalten so die nachfragestärksten Keywords unseres gesamten Kontos, die wir anhand der Klickrate beurteilen können.

Abb. 9.8: »alle Online-Kampagnen« – Keywords

Eleganter wird unsere Abfrage, wenn wir mit den Filtermöglichkeiten arbeiten. Wollen wir Schwachstellen mit großer Hebelfunktion aufdecken, dann filtern wir beispielsweise nach Impression-starken Keywords mit niedriger Klickrate – im Beispiel etwa mehr als 8.000 Impressions und Klickraten von weniger als den durchschnittlichen 2,91%.

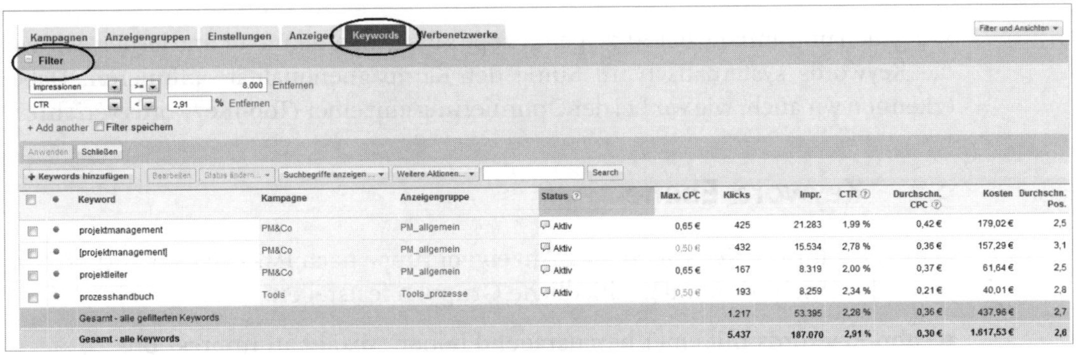

Abb. 9.9: »alle Online-Kampagnen« – Keywords mit Filter

Auf diese Weise werden uns direkt nur diejenigen Keywords angezeigt, die großes Optimierungspotenzial versprechen. Für die Maßnahmen zur Steigerung der Kampagnenqualität, wie wir sie besprochen haben, müssen wir jedoch wieder auf die Ebene der jeweiligen Anzeigengruppen gehen. Erkennen wir also in dem Keyword »projektmanagement« den dringendsten Handlungsbedarf, so müssen wir in die Anzeigengruppe »PM_allgemein« wechseln.

Leistungsdaten der Anzeigengruppen

Deshalb kann es ebenso sinnvoll sein, gleich die Impression-stärkste Anzeigengruppe und deren Elemente zu optimieren. Die Reihung der Anzeigengruppen erhalten wir, indem wir sie über den gleichnamigen Reiter in der Kampagnen-Navigation aufrufen und nach Impressions sortieren (siehe Abbildung 9.10).

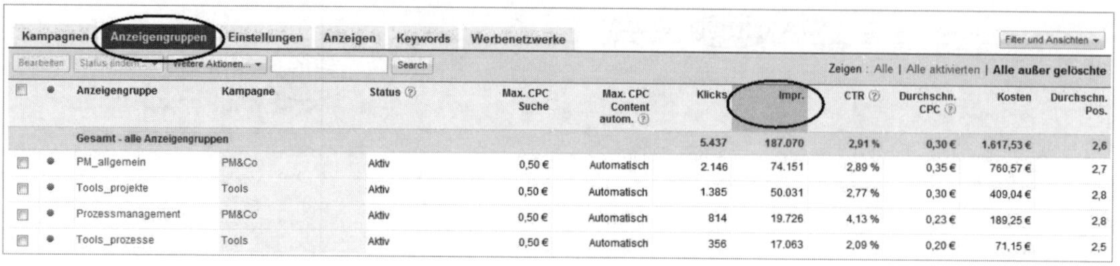

Anzeigengruppe	Kampagne	Status	Max. CPC Suche	Max. CPC Content autom.	Klicks	Impr.	CTR	Durchschn. CPC	Kosten	Durchschn. Pos.
Gesamt - alle Anzeigengruppen					5.437	187.070	2,91 %	0,30 €	1.617,53 €	2,6
PM_allgemein	PM&Co	Aktiv	0,50 €	Automatisch	2.146	74.151	2,89 %	0,35 €	760,57 €	2,7
Tools_projekte	Tools	Aktiv	0,50 €	Automatisch	1.385	50.031	2,77 %	0,30 €	409,04 €	2,8
Prozessmanagement	PM&Co	Aktiv	0,50 €	Automatisch	814	19.726	4,13 %	0,23 €	189,25 €	2,8
Tools_prozesse	Tools	Aktiv	0,50 €	Automatisch	356	17.063	2,09 %	0,20 €	71,15 €	2,5

Abb. 9.10: »alle Online-Kampagnen« – Anzeigengruppen

Natürlich muss die Impression-stärkste Anzeigengruppe nicht zwangsläufig auch alle Impression-starken Keywords enthalten. Es ist somit immer sinnvoll, beide Abfragen zu starten und die nächsten Schritte anhand der aktuellen Ergebnisse sowie der zur Verfügung stehenden Ressourcen festzulegen.

Sehr häufig werden Sie sich in der Praxis daher für eine Kombination entscheiden. Für obiges Beispiel könnten Sie sich etwa für den Anfang die Anzeigengruppen »PM_allgemein« und »Tools_projekte« sowie das Keyword »prozessmanagement« vornehmen.

Wir gehen nun anhand der Anzeigengruppe »PM_allgemein« vor und lernen, wie wir die Keywords systematisch im Sinne der Kampagnenqualität optimieren. Dabei erkennen wir auch, wie wir bei der Optimierung einzelner (Top-)Keywords verfahren.

9.2 Keyword-Ebene

Haben wir unsere Keywords einer Anzeigengruppe nach IMPRESSIONS sortiert, lassen sich zumeist drei unterschiedliche Gruppen feststellen:

- Top-Keywords mit einer herausragend hohen Anzahl an Impressions
- Bestandsbringer mit zahlreichen Impressions
- die restlichen Keywords mit nur wenigen Impressions

Schauen wir uns hierzu die Keyword-Auswertung zur Anzeigengruppe »PM_allgemein« an, der Impression-stärksten Anzeigengruppe aus obigem Beispiel.

Die Keyword-Liste umfasst aufgrund zahlreicher Kombinationen stattliche 990 Keywords. Keyword-Optionen wurden, wenn auch nicht konsequent, bereits eingesetzt.

Es ist anhand der Statistik unschwer zu erkennen, dass der nächste, bereits überfällige Optimierungsschritt bisher unterlassen wurde:

- Die ersten beiden Keywords, unsere Top-Keywords, allein ergeben fast die Hälfte der Gesamt-Impressions (36.817 von 74.151) und weit über ein Drittel der Gesamt-Klicks (857 von 2.146).

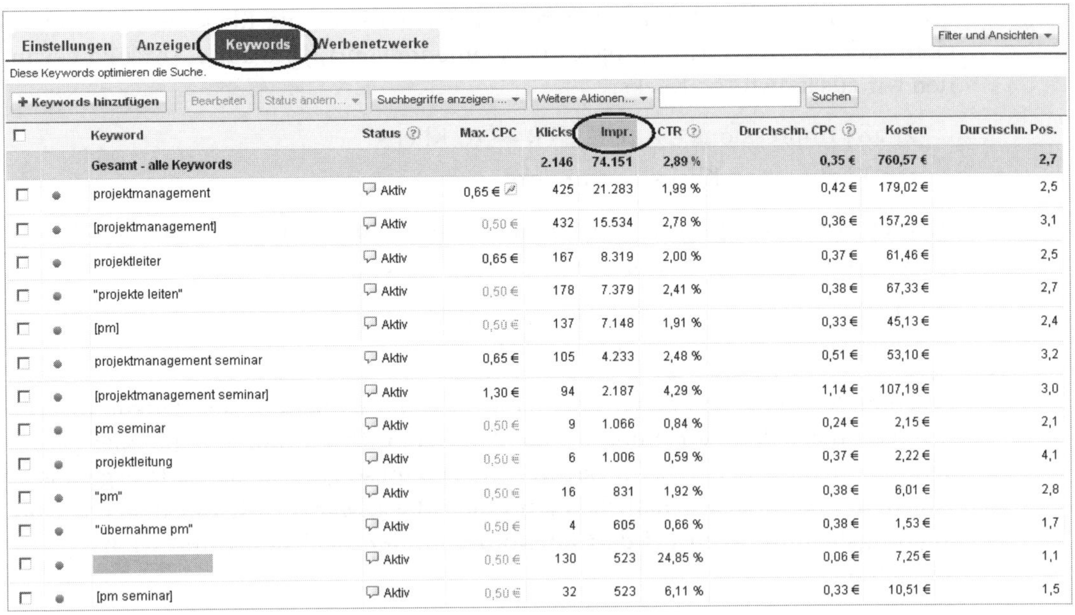

Keyword	Status	Max. CPC	Klicks	Impr.	CTR	Durchschn. CPC	Kosten	Durchschn. Pos.
Gesamt - alle Keywords			2.146	74.151	2,89 %	0,35 €	760,57 €	2,7
projektmanagement	Aktiv	0,65 €	425	21.283	1,99 %	0,42 €	179,02 €	2,5
[projektmanagement]	Aktiv	0,50 €	432	15.534	2,78 %	0,36 €	157,29 €	3,1
projektleiter	Aktiv	0,65 €	167	8.319	2,00 %	0,37 €	61,46 €	2,5
"projekte leiten"	Aktiv	0,50 €	178	7.379	2,41 %	0,38 €	67,33 €	2,7
[pm]	Aktiv	0,50 €	137	7.148	1,91 %	0,33 €	45,13 €	2,4
projektmanagement seminar	Aktiv	0,65 €	105	4.233	2,48 %	0,51 €	53,10 €	3,2
[projektmanagement seminar]	Aktiv	1,30 €	94	2.187	4,29 %	1,14 €	107,19 €	3,0
pm seminar	Aktiv	0,50 €	9	1.066	0,84 %	0,24 €	2,15 €	2,1
projektleitung	Aktiv	0,50 €	6	1.006	0,59 %	0,37 €	2,22 €	4,1
"pm"	Aktiv	0,50 €	16	831	1,92 %	0,38 €	6,01 €	2,8
"übernahme pm"	Aktiv	0,50 €	4	605	0,66 %	0,38 €	1,53 €	1,7
	Aktiv	0,50 €	130	523	24,85 %	0,06 €	7,25 €	1,1
[pm seminar]	Aktiv	0,50 €	32	523	6,11 %	0,33 €	10,51 €	1,5

Abb. 9.11: Statistik Keyword-Ebene

- Die stärksten sieben der insgesamt 990 Keywords erreichen fast 75% (1.538) der gesamten 2.146 Klicks und fast 90% aller Impressions. Platz 3 bis 7 wären unsere Bestandsbringer.

> **Hinweis**
>
> Auch wenn es Ihnen vielleicht jetzt beim Lesen so erscheinen mag – dieses Ergebnis ist bei weitem kein Einzelbeispiel. Die meisten Kampagnen beziehen ihren Haupttraffic aus nur wenigen Keywords. Vielfach wird in diesem Zusammenhang die 80/20-Regel genannt, nach der 20% aller Keywords 80% der Klicks generieren. Tatsächlich lässt sich feststellen, dass dies in der Praxis sogar noch extremer ausfällt. Wundern Sie sich also nicht, wenn die Ergebnisse für Ihre Anzeigengruppe ähnlich aussehen.

9.2.1 1. Gruppe: Top-Keywords

Wie gehen wir nun aber vor, wenn wir die Klickrate der Kampagne zu dieser Anzeigengruppe steigern wollen. Wir haben bereits erkannt, dass die ersten beiden Keywords unsere Top-Keywords sind und für die meisten Anzeigenschaltungen sorgen. Hier sollten wir uns also als Erstes darum kümmern, noch mehr User zum Klick zu bewegen.

Ein einfaches Beispiel untermauert dies: Steigern wir die Klickrate des Impression-stärksten Keywords »projektmanagement« von 1,99% auf 2,49%, so gewinnen wir zusätzlich 105 Klicks:

21.283 Impressions * 2,49% CTR = 530 Klicks

530 Klicks – 425 Klicks = 105 Klicks

Würden wir diese Steigerung bei dem an Rang Zehn stehenden Keyword »"pm"« erreichen, so hätten wir lediglich vier Klicks mehr:

831 Impressions * 2,42% CTR = 20 Klicks

20 Klicks – 16 Klicks = 4 Klicks

Beachten Sie in diesem Zusammenhang, dass die Werte in Ihrer Statistik mit den Nachkommastellen berechnet, für die Anzeige in Ihrem Konto dann aber gerundet werden. Sie erhalten beim Nachrechnen somit so gut wie nie glatte Ergebnisse. Trotzdem erkennen wir natürlich auf einen Blick, warum wir mit unseren Optimierungsbemühungen bei den Keywords mit den höchsten Impressions anfangen sollten.

Optimieren

Um die Klickrate nun zu steigern, verschieben wir unsere Haupt-Begriffe in jeweils eigene Anzeigengruppen. Dies bietet uns zahlreiche Vorteile. Wir können nun

- Anzeigen schreiben, die sehr genau zum jeweiligen Keyword passen.
- das Keyword häufiger im Text verwenden, als es bei Anzeigen, die ein großes Spektrum abdecken müssen, möglich ist.
- den User mit noch genaueren Botschaften ansprechen.
- für unsere Top-Keywords genau passende Landingpages erstellen.

Beachten Sie dabei jedoch Folgendes:

- Unterschiedliche Optionen sind unterschiedliche Keywords sind unterschiedliche Märkte. Die Keywords »projektmanagement« und »[projektmanagement]« müssen daher auch unterschiedlich behandelt werden.
- Arbeiten Sie in der Anzeigengruppe für das Keyword »projektmanagement« stark mit ausschließenden Keywords. Bei der Broad Option kann es, wie auch bei der Phrase Option, zu zahlreichen Impressions aufgrund von Suchanfragen kommen, die Sie gar nicht im Visier hatten. Schließen Sie diese aus, bringt Ihnen dies neben den genaueren Anzeigen nochmals eine starke Verbesserung der Klickrate.

- »[projektmanagement]« benötigt als Exact Option keine ausschließenden Keywords, da es tatsächlich nur geschaltet wird, wenn haargenau dieser Begriff gesucht wird. Dies bedeutet für Ihre Anzeigen, dass Sie so präzise wie möglich formulieren können – denn näher kommen Sie an die Suchanfrage eines Users nicht heran. Dies ist auch der Grund, warum Sie hierbei auf die Funktion des Dynamic Keyword Insertion völlig verzichten können.

Absichern

Keywords können in einer anderen Umgebung plötzlich ganz anders performen – wir hoffen, dass sie es nach unserem Auslagern besser tun. Sichern Sie sich trotzdem ab, dass durch Ihre Änderung nicht plötzlich das Gegenteil passiert und Ihre Klickrate einbricht. Übernehmen Sie beim Anlegen der neuen Anzeigengruppen deshalb unbedingt auch die erfolgreichste oder erfolgreichsten Anzeigen der alten Gruppe. Ziel soll es zwar sein, durch andere und genauere Formulierungen bessere Ergebnisse zu erzielen – doch werfen Sie Erreichtes nicht einfach über Bord. Sichern Sie vielmehr bisherige Erfolge und steigern Sie diese durch ein systematisches Vorgehen.

Eine weitere Möglichkeit zur Absicherung besteht darin, dass Sie das ausgelagerte Keyword für eine Übergangszeit noch in der alten Anzeigengruppe aktiv lassen. Halten Sie den Bietpreis dort niedriger als in der neuen Anzeigengruppe. Sobald die Anzeigenschaltungen aus der alten Gruppe heraus niedriger werden oder aufhören, pausieren oder löschen Sie das Keyword dort.

Hinterfragen

Beurteilen Sie immer auch die Güte Ihrer erfolgreichsten Keywords. Stellen Sie sicher, dass die Erfolge bei den Impressions nicht aufgrund viel zu allgemeiner Keywords entstehen. Ein Keyword wie »projekt« würde im obigen Fall sicherlich ungleich mehr Impressions als »projektmanagement« generieren, jedoch auch bei weit weniger passenden Suchanfragen für Anzeigenschaltungen sorgen. Schon ein Begriff wie »projektmanagement« sollte durch ausschließende Keywords entsprechend seiner tatsächlichen Leistungen geschärft werden.

Sie erkennen die Güte des Keywords, wenn es auch in optimierter Umgebung nur eine sehr geringe Klickrate aufweist. Sollten sich trotz aller Bemühungen keine Verbesserungen einstellen, so löschen sie es.

Vorsicht

Erhöhen Sie Ihre Klickrate auf keinen Fall durch falsche Botschaften in Ihren Anzeigen. Allgemein gehaltene Texte, übertriebene Versprechungen oder falsche Verlockungen erhöhen zwar die Klickrate, bringen jedoch überproportional qualitativ schlechte Besucher. Dies ist nicht Ihr Ziel. Auch dann nicht, wenn Sie auf die Klickrate hin optimieren.

Den tatsächlichen Nachweis, welches Ihrer Keywords gute Besucher bringt, erhalten Sie über die Conversion-Rate, wie wir sie in Kapitel 11, *Conversion-Tracking: Das Ziel im Visier*, kennen lernen.

9.2.2 2. Gruppe: Bestandsbringer

Den dritt- bis siebtplatzierten Keywords haben wir in obigem Beispiel eine gute Anzahl an Impressions attestiert. Zwar führen sie bei weitem nicht zu so vielen Schaltungen wie unsere beiden Top-Keywords, doch haben sie noch immer deutlich mehr Potenzial als der Rest. Wir wollen sie also bevorzugt behandeln, ohne Ihnen gleich die Arbeit und damit Kosten zukommen zu lassen, die wir für unsere Top-Keywords aufbringen.

Auffallend bei diesen Keywords ist, dass sie bereits ein breiteres Spektrum an Variationen aufweisen – Projektleiter, Seminare oder PM, die Abkürzung für Projektmanagement. Entsprechend fassen wir sie zusammen und eröffnen zu jedem Thema eine eigene Anzeigengruppe.

Was sind die Vorteile dieser Gruppierungen:

- Wir müssen nicht den gleichen Aufwand wie bei unseren Haupt-Keywords betreiben. Dieser ist aufgrund der im Vergleich dazu niedrigeren Impressions nicht gerechtfertigt.
- Wir fassen thematisch passende Keywords zusammen und können hierzu wiederum relevantere Anzeigen schreiben als in einer thematisch breiter gefächerten ursprünglichen Gruppe.

Nehmen Sie in diese Anzeigengruppen auch thematisch passende Keywords auf, die weniger Impressions generieren. Die Vorteile, die sich durch genauere Anzeigen ergeben, sollen auch diesen zugutekommen. Ergänzen Sie zudem neue relevante Keyword-Kombinationen oder auch Falschschreibungen. Optimieren Sie diese neuen Gruppen wiederum durch Hinzunahme ausschließender Keywords.

9.2.3 3. Gruppe: Die restlichen Keywords

Der größte Teil unserer Keyword-Liste sind Keywords, die wenige Impressions und wenige Klicks aufweisen. In unserem Beispiel ist ein deutlicher Rückgang zwischen dem siebt- und achtbesten Keyword zu erkennen.

Einige dieser Keywords konnten wir bereits in den neuen Themen-Anzeigengruppen der zweiten Gruppe platzieren. Mit den übrigen versuchen wir, einen so genannten Long Tail aufzubauen.

Long Tail in der Theorie

Grundgedanke beim Long Tail ist es, über selten gesuchte Keywords Klicks zu generieren. Zwar bringt jedes einzelne Keyword nur wenige Klicks – doch über eine entsprechend große Anzahl werden in Summe mehr erzielt als über die Haupt-Keywords, auf die sich in der Regel alle Mitbewerber stürzen.

Die Theorie des Long Tail wurde 2004 von Chris Anderson vorgestellt, der damit erklärte, wie durch eine große Menge an Nischenprodukten Gewinne erzielt werden: Relativ wenige Top-Seller verzeichnen pro Produkt starke Verkäufe; der Rest des Sortiments, selten gefragte Artikel, generiert pro Artikel zwar ungleich weniger Verkäufe, verzeichnet aber aufgrund seiner Anzahl an Artikeln in Summe mehr Verkäufe.

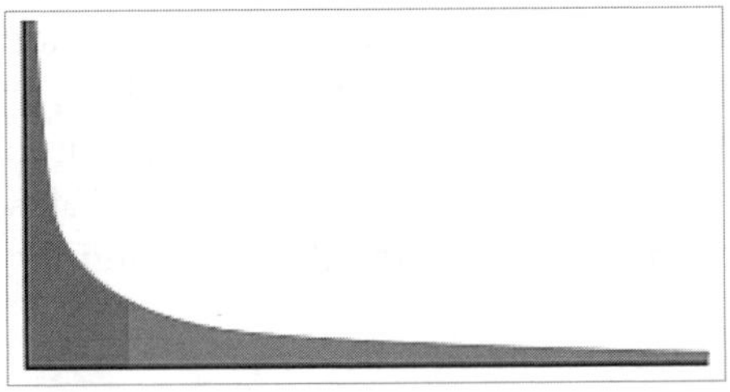

Abb. 9.12: Long Tail (y: Verkäufe/Klicks; x: Produkte/Keywords)

Die Grafik in Abbildung 9.12 lässt sich auch auf unsere Keywords übertragen: Der dunklere Bereich umfasst diejenigen Keywords, die wir als Top-Keywords und Bestandsbringer bezeichnet haben. Der hellere Bereich umfasst diejenigen Keywords, die aufgrund geringer Suchanfragen nur wenige Klicks erzielen.

Wird bei AdWords vom Long Tail gesprochen, so werden insbesondere zwei Vorteile im Vergleich zu den Top-Keywords genannt: eine höhere Klickrate sowie ein niedrigerer Klickpreis. Beides wird damit begründet, dass bei diesen Keywords weniger oder kaum Konkurrenz herrscht.

Dies muss jedoch keineswegs so sein. Mit der Einführung des Qualitätsfaktors und damit verbunden des »Gebots für die erste Seite« (Abschnitt 4.3.3, *Qualitätsfaktor für das »Gebot für die erste Seite« (First Page Bid)*) sind bei seltenen Keywords sogar Klickpreise möglich, die höher als diejenigen Ihrer Haupt-Keywords sind. Entscheidend ist nicht die Konkurrenz, sondern die Erfüllung derjenigen Komponenten, die auf den Qualitätsfaktor einwirken.

Long Tail in der Praxis

Gerade im Long Tail wird Ihnen öfters ein Ärgernis der besonderen Art begegnen: die Meldung GERINGES SUCHVOLUMEN in der Spalte »Status«. Als Folge werden die betroffenen Keywords ausgesetzt, weil sie zu selten gesucht werden. Selbst bei einer Suchanfrage führen sie also zu keiner Anzeigenschaltung. Gründe laut Google können Unklarheit, zu hohe Spezialisierung oder falsche Schreibweise sein.

Dies läuft häufig genug gegen den Versuch, seltene Suchbegriffe zu platzieren oder gar einen Long Tail aufzubauen. Selbst ein hoher Qualitätsfaktor schützt Sie nicht davor, wie Sie in Abbildung 9.13 sehen können.

Google verweist darauf, dass dieser Status nur temporär sei und bereits bei geringem Suchvolumen geändert wird. Allerdings erhalten Sie keine weiterführende Information, wann dies genau der Fall sein soll.

Je nach persönlicher Einstellung können Sie diese Vorgehensweise entweder als Behinderung Ihres Keyword-Managements oder als Hinweis zur Relevanz dieses Keywords sehen. Auf jeden Fall ist es immer sinnvoll, bei der Erstellung des Long Tails den zeitlichen Aufwand zu berücksichtigen. Stecken Sie Stunde um Stunde in das Generieren unzähliger Keyword-Kombinationen, so fallen Ihnen hierfür selbstverständlich auch Kosten an – und lassen den Preis für die wenigen dadurch gewonnenen Klicks stark ansteigen. Deshalb gilt auch bezüglich des Long Tails: Engagieren Sie sich hier nur, wenn es sich tatsächlich unter Berücksichtigung aller Kosten lohnt.

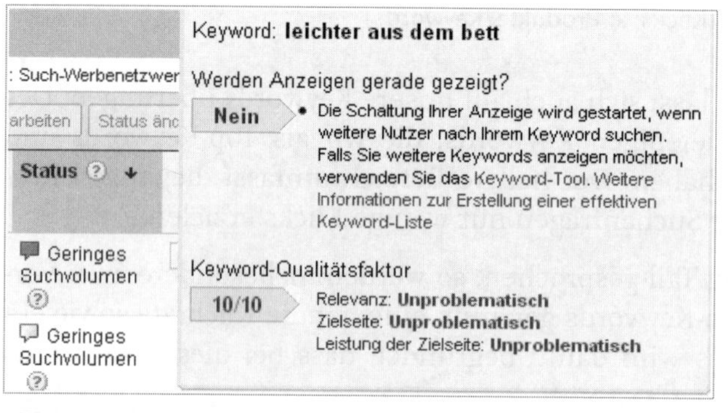

Abb. 9.13: Status »Geringes Suchvolumen«

Unsere übriggebliebenen Keywords aus dem Beispiel fassen wir deshalb höchstens in thematisch sehr weit gefasste Anzeigengruppen zusammen. Idealerweise haben wir dies bereits beim Aufbau unserer Kampagne berücksichtigt (vgl. Abschnitt 5.1.2, *Mögliche Strukturen Ihrer Kampagnen*). In obiger Anzeigengruppe wäre dies nicht oder nicht genügend der Fall, wenn sich beispielsweise noch Keywords zu den Themen Projektassistenz oder Projektportfoliomanagement im Long Tail verstecken würden. Dann würden wir diese derart gruppieren, dass wir noch immer ein vernünftiges Verhältnis zum erwartenden Erfolg wahren.

9.2.4 Individuelle Maßnahmen

Der große Vorteil bei der Auswertung auf Keyword-Ebene besteht darin, dass wir zu jedem einzelnen Element alle Leistungsdaten angezeigt bekommen. Wir haben die grundsätzliche Vorgehensweise kennen gelernt, die als Sortierkriterium die Anzahl der Impressions und als Erfolgsmaßstab die Klickrate, die es zu verbessern gilt, heranzieht.

Oftmals macht es jedoch Sinn, unseren Keywords noch mehr individuelle Pflege zukommen zu lassen. Wir kennen bereits die Möglichkeiten, die uns gezielt in AdWords zur Verfügung stehen: die Vergabe eines individuellen Bietpreises sowie die Hinterlegung einer individuellen Ziel-URL.

Sehen wir uns deshalb einige Fälle an, in denen Sie weitere Maßnahmen prüfen und unternehmen sollten. Mit der Filterfunktion (Abschnitt 3.4.4, *Such- und Filtermöglichkeiten*) stehen zahlreiche Abfragemöglichkeiten zur Verfügung, die Sie direkt zu den entsprechenden Keywords führen. Die »benutzerdefinierten Benachrichtigungen« (Abschnitt 9.1.1, *Abfrage der Leistungsdaten*) informieren Sie automatisch.

- Achten Sie auf die durchschnittliche Position des Keywords. Werden Ihre Anzeigen außerhalb des Wahrnehmungskreises der User geschaltet, so helfen Ihnen die besten Texte nichts. Erhöhen Sie in diesem Fall Ihren Bietpreis, um wieder »sichtbar« und damit »klickbar« zu werden.
- Wird ein Keyword gar nicht erst gesucht, so kann es keine Klicks generieren. Das Suchvolumen hat jedoch keine Auswirkung auf Ihren Qualitätsfaktor. Für diesen sind Keywords mit niedrigen Klickraten somit schlechter als Keywords ohne Impressions. Allerdings kann es Ihnen passieren, dass das Keyword die Statusmeldung »geringes Suchvolumen« erhält und somit – zumindest temporär – inaktiv ist.
- Haben Sie Ihren Firmennamen als Keyword hinterlegt, so weist dieses eine hohe Relevanz, eine hohe Klickrate und einen niedrigen Klickpreis aus – in Abbildung 9.11 an der Stelle des geschwärzten Keywords zu sehen. Prüfen Sie, ob Sie dieses Keyword tatsächlich benötigen, und achten Sie dabei darauf, dass Sie nicht Klicks einkaufen, die Sie über die organische Suche umsonst bekommen hätten.
- Wollen Sie ein Keyword loswerden, so löschen Sie es. Würden Sie es lediglich pausieren, so fließt die historische Leistung des Keywords weiterhin in den Qualitätsfaktor mit ein. Genau dies wollten Sie aber vermeiden.
- Ihr AdWords-Konto zeigt Ihnen gelöschte Keywords im Gegensatz zu pausierten nicht mehr an. Möchten Sie darüber Aufzeichnungen führen, so müssen Sie diese separat anlegen. Soll ein gelöschtes Keyword wieder geschaltet werden, so können Sie dieses selbstverständlich wieder neu hinzufügen.
- Haben Sie einen allgemeinen Begriff in der Broad-Match-Option als Keyword hinterlegt und weist dieses eine geringe Klickrate auf, so überlegen Sie sich zweimal, ob sich der Optimierungsaufwand bezahlt macht. Manche Keywords lohnen sich einfach nicht. Prüfen Sie deshalb, ob Sie die gleiche Anzahl an

Klicks auch durch Keywords erhalten, die einfacher und weniger kostenintensiv zu haben sind.

Sie haben in Ihrem Konto zwei praktische Möglichkeiten, um Ihre Keywords gemäß der Optionen auszuwerten.

Keyword-Optionen filtern

Sie können sich alle Keywords der gleichen Option anzeigen lassen – unter ALLE ONLINE-KAMPAGNEN für alle Keywords des gesamten Kontos, auf einer bestimmten Kampagnenebene für die Keywords aller darunterliegenden Anzeigengruppen, auf einer bestimmten Anzeigengruppe für die darin befindlichen Keywords.

Von welcher Ebene auch immer: Sie öffnen den Tab KEYWORDS in der Kampagnen-Navigation, öffnen das Drop-down FILTER UND ANSICHTEN und klicken auf den Link KEYWORDS FILTERN.

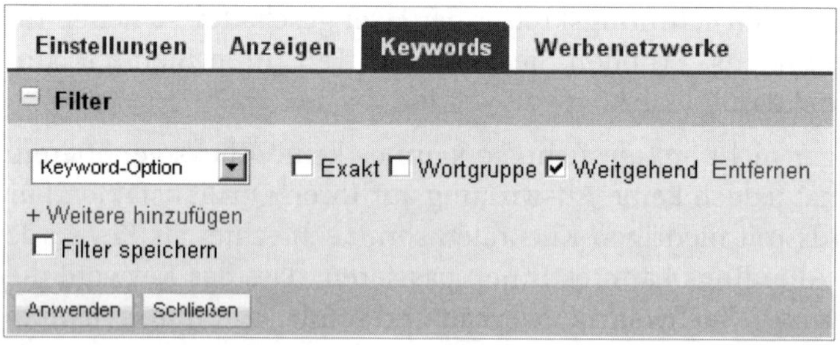

Abb. 9.14: Nach Keyword-Option filtern

Haben Sie beispielsweise Ihre Keywords mit der Option BROAD MATCH (weitgehend passend) im Verdacht, besonders schlechte Klickraten zu generieren, so können Sie sich die Leistungsdaten gesammelt und – nur hier – als Summe ansehen. Oder Sie erkennen über Ihr gesamtes Konto hinweg, welcher Teil tatsächlich nur auf die Option EXACT MATCH und damit auf qualitativ sehr hochwertige Besucher fällt.

Als Faustregel kann gelten: Je eingeschränkter Sie im Budget sind, umso eher sollten Sie auf weitgehend passende Keywords verzichten. Je genauer Sie die Option wählen, umso wahrscheinlicher gewinnen Sie tatsächlich diejenigen Besucher, die Sie wollen.

Nach Keyword-Optionen gliedern

Besonders behilflich ist Ihnen beim Vergleich der Keyword-Optionen die Funktion NACH KEYWORD-OPTIONEN DER SUCHBEGRIFFE GLIEDERN. Auch diese finden Sie – wieder unter dem Tab KEYWORDS – im Drop-down FILTER UND ANSICHTEN. Die Ergebnisse stellen sich dar, wie in Abbildung 9.15 gezeigt.

		Keyword	Status	Max. CPC	Klicks	Impr.	CTR	Durchschn. CPC	Kosten	Durchschn. Pos.
		Gesamt - alle Keywords			3.488	266.145	1,31 %	0,11 €	395,00 €	2,8
☐	●	euro kurs	Aktiv	0,15 €	807	27.900	2,89 %	0,11 €	90,86 €	3,3
		Weitgehend passend			740	26.522	2,79 %	0,11 €	83,92 €	3,3
		Passende Wortgruppe			47	1.223	3,84 %	0,12 €	5,47 €	2,8
		Genau passend			20	155	12,90 %	0,07 €	1,47 €	2,6

Abb. 9.15: Nach Keyword-Option der Suchbegriffe gliedern

Angezeigt werden die gesamten Leistungsdaten des jeweiligen Suchbegriffs. Diese Werte erhalten Sie sonst nirgendwo.

Zudem sehen Sie direkt im Vergleich, wie sich die einzelnen Optionen auf den Begriff auswirken. In der Abbildung erkennen Sie die wahrscheinlichste Entwicklung:

»Broad Match« (WEITGEHEND PASSEND) erhält die meisten Impressions, dabei die schlechteste Klickrate und die niedrigste Position. Je genauer Sie mit den Optionen dann werden, umso seltener wird eine Anzeigenschaltung ausgelöst, umso besser sind jedoch Klickraten und Anzeigenposition.

Wichtig

Keywords mit schlechter Klickrate müssen nicht zwangsläufig auch ein Verlustgeschäft für Sie sein. Ebenso wenig wie Keywords, die Ihnen die meisten Klicks generieren, dies verhindern können. Um das feststellen zu können, müssen Sie den Return on Investment (ROI) oder den Conversion-Wert berücksichtigen. Wir besprechen dies ausführlich in Kapitel 11, *Conversion-Tracking: Das Ziel im Visier*.

9.3 Anzeigen

Das Texten von Anzeigen ist eine Plage. Nicht wegen des Schreibens. Auch nicht wegen der limitierten Zeichenzahl oder der Richtlinien von Google. Eigentlich sind es nicht einmal die Texte selbst – es sind die User und deren Reaktionen darauf.

Stellen Sie sich schon jetzt darauf ein, dass Ihr vermeintliches Meisterwerk, bei dem Sie nicht nur alle Best Practices beachtet haben, sondern in das Sie auch noch all Ihren Wortwitz einfließen ließen, schlechter performt als ein in zehn Sekunden gedankenlos geschriebener Text.

Dies ist keine Aufforderung zum schlechten Texten. Auch sollen Sie sehr wohl beherzigen, was Sie in Kapitel 7, *Anzeigen: Die Kunst der Überzeugung*, gelesen haben – dortige Vorschläge und Beispiele haben sich in unzähligen Anzeigen als

Best Practices bewährt. Und doch ist und bleibt der User ein launisches Wesen, der oftmals ganz anders reagiert, als er soll.

Deshalb gilt für Anzeigen als oberste Regel: testen, testen, testen. Und optimieren, optimieren, optimieren.

9.3.1 A/B-Tests

Für A/B-Tests (oder auch Split-Tests) lassen wir pro Anzeigengruppe zwei Anzeigen gegeneinander laufen. Sobald wir valide Ergebnisse vorliegen haben, erklären wir die Anzeige mit der besseren Klickrate (bzw. der besseren Conversion-Rate) zum Sieger. Die schlechtere Variante löschen oder ändern wir, so dass wir den Sieger gegen einen neuen Herausforderer antreten lassen können. Verfahren wir auf diese Weise Runde für Runde, so schalten wir immer bessere Anzeigen.

Dies ist eine sehr effiziente Vorgehensweise, mit der Sie auf jeden Fall arbeiten sollten. Gerade bei Anzeigen wird oft »gefaulenzt«. Ein oder zwei Texte bleiben oftmals über lange Zeit unverändert stehen. Und dabei wäre es mit den Auswertungsdaten mehr als eindeutig, in welche Richtung optimiert werden kann.

Voraussetzung für gültige Ergebnisse ist die Einstellung LEISTUNGSUNABHÄNGIGE ANZEIGENAUSLIEFERUNG. Nur so werden beide Anzeigen unter gleichen Bedingungen ins Rennen geschickt und können unabhängig von Googles Optimierungskriterien um die Wette laufen.

Stellen Sie ebenfalls sicher, dass die Schaltung Ihrer Kampagne im Content-Netzwerk deaktiviert ist. Da wir in **Kapitel 13**, *Das Content-Werbenetzwerk: Nicht gesucht und doch gefunden*, sehen werden, warum wir Such- und Contentschaltungen immer aus getrennten Kampagnen heraus vornehmen wollen, sei dies an dieser Stelle nur der Vollständigkeit halber erwähnt.

Vorgehen

Üblicherweise hangelt man sich beim Testen von allgemein gehaltenen Anzeigen zu spezielleren durch. Dies hat den Vorteil, dass Sie aufgrund Ihrer Ergebnisse Schritt für Schritt merken, auf welche Botschaften und Themen Ihre User reagieren, und wie Sie diese verfeinern können. Falls Sie sich zunächst nur auf ein bestimmtes Teilgebiet konzentrieren, lassen Sie möglicherweise von Anfang an die erfolgreichen Texte außen vor.

Dabei können Sie in der ersten Runde durchaus vom Standardschema abweichen und mehr als zwei Anzeigen ins Rennen schicken. Loten Sie erst aus, in welche grundsätzliche Richtung Sie überhaupt optimieren wollen – und optimieren Sie dann mit A/B-Tests im eigentlichen Sinne.

Variante	Anzeigentext	Klickrate
Var.1/1	Büromaterial online Lieferung innerhalb 2 Werktage. Einfach hier online bestellen.	2,32%
Var.1/2	Büromaterial online Ab 50€ versandkostenfrei: Einfach hier online bestellen.	1,76%
Var.1/3	Büromaterial online Über 20.000 Artikel verfügbar: Einfach hier online bestellen.	1,34%
Var.1/4	Büromaterial online Marken- und Eigenartikel: Einfach hier online bestellen.	0,44%

Abb. 9.16: A/B-Test Anzeigen (1)

Ein Beispiel: Ein Onlinehändler für Büroartikel sah seine wichtigsten Vorteile in schneller Lieferzeit, seiner Versandkostengrenze sowie seinem großen Sortiment aus Eigen- und Markenartikeln. Diese wurden zunächst gegeneinander getestet:

Die vier Textanzeigen waren gleichlautend bis auf die zu testende Aussage. Ganz eindeutig wurde die kurze Lieferzeit von den Usern am meisten honoriert – die Klickrate lag deutlich höher als die der anderen Anzeigen.

Ausgehend von diesem Ergebnis wurde versucht, Variante 1/1 zu verbessern:

Anzeigentext	Klickrate	Anzeigentext	Klickrate
Büromaterial online Lieferung innerhalb 2 Werktage. Einfach hier online bestellen.	2,28%	{KeyWord:Büromaterial online} 2 Tage Lieferzeit, Versandkosten- freiheit ab 50€: Online bestellen.	1,99%
Büromaterial online Lieferung innerhalb 2 Werktage. Einfach hier online bestellen.	2,26%	Büroartikel in 2 Tagen Heute bestellt - übermorgen da: Bestellen Sie jetzt einfach online!	2,69%
Büroartikel in 2 Tagen Heute bestellt - übermorgen da: Bestellen Sie jetzt einfach online!	2,76%	Büroartikel in 2 Tagen Heute bestellt - übermorgen da: ab 50€ ohne Versandkosten bestellen	3,01%
Büroartikel in 2 Tagen Heute bestellt - übermorgen da: ab 50€ ohne Versandkosten bestellen	3,16%	Büromaterial in 2 Tagen Heute bestellt - übermorgen da: Hier Büroartikel ab 50€ portofrei!	3,56%
Büromaterial in 2 Tagen Heute bestellt - übermorgen da: Hier Büroartikel ab 50€ portofrei!	3,36%	Büromaterial in 2 Tagen {KeyWord:Heute bestellt - übermorgen da}: Hier Büroartikel ab 50€ portofrei!	4,11%

Abb. 9.17: A/B-Test Anzeigen (2)

Innerhalb von nur fünf A/B-Testrunden konnte die anfängliche Klickrate von 2,32% auf 4,11% gesteigert werden. Dass Sie dabei möglicherweise mehrmals neue Anzeigen ins Rennen schicken, die sich weniger erfolgreich als die bisherige

Anzeige erweisen, ist durchaus üblich. Doch ziehen Sie diese Methode konsequent durch, so verbessern Sie Ihre Performance im Laufe der Zeit automatisch.

Dabei ist es völlig egal, ob Sie tatsächlich verstehen, warum eine Variante zu mehr Klicks führt als eine andere. Der User allein entscheidet, Sie richten sich nur nach dem Ergebnis.

Genieren Sie sich dabei nicht, vermeintliche Kleinigkeiten auszutesten. Tatsächlich können bereits winzige Unterschiede in der Anzeige große Auswirkungen haben. Oder verstehen Sie, warum die linke Variante besser funktioniert als die rechte?

Anzeigentext	Klickrate	Anzeigentext	Klickrate
Ihr Server-Spezialist {KeyWord: Individuell konfigurieren:} Kaufen oder mieten Sie hier online.	3,87%	Ihr Server-Spezialist {KeyWord: Individuell konfigurieren}: Kaufen oder mieten Sie hier online.	2,30%

Abb. 9.18: A/B-Test Anzeigen (3)

Tatsächlich war die Variante links ein Versehen – der Doppelpunkt sollte außerhalb der Dynamic Keyword Insertion-Funktion gesetzt werden. Für eine Suchanfrage wie »server kaufen« wäre dadurch eine Textzeile wie folgt in Googles Top-Positionen und auch in zahlreichen anderen Suchmaschinen des Netzwerkes verhindert worden:

Ihr **Server**-Spezialist
www.thomas-krenn.com/**ServerKaufen** **Server Kaufen Kaufen** oder mieten Sie hier online.

Abb. 9.19: Misslungene, aber erfolgreiche Anzeige

Ein Satzzeichen zwischen »Kaufen Kaufen«, wie es der Doppelpunkt außerhalb der geschwungenen Klammer garantiert hätte, sollte zu besserer Lesbarkeit und damit zu einem besseren Erfolg führen. Tatsächlich erreichte die Zufallsvariante bislang bessere Klickraten als alle perfekt getexteten Herausforderer.

Denken Sie daher an alles, was wir in Kapitel 7, *Anzeigen: Die Kunst der Überzeugung*, besprochen haben – von den Varianten der Headline, des Textes und der Anzeigen-URL bis hin zu den Varianten der Darstellung wie Satzzeichen oder Groß-/Kleinschreibung. Und wenn Sie alles bedacht haben, dann testen Sie es am User selbst.

Möchten Sie Ihre Anzeigen optimieren, bevor Ihre Konkurrenten es mitbekommen, starten Sie auf einem geografisch begrenzten Markt. Wählen Sie eine Zielregion, auf die Ihre Mitbewerber keinen Zugriff haben, und optimieren Sie Ihre Anzeigen bereits, bevor Sie damit auf den überregionalen Markt treten.

Monitoring und neue Runde

Monitoring ist für erfolgreiches Testen unabdingbar. Je schneller Sie mit validen Werten einen Gewinner küren können, desto schneller können Sie die weniger erfolgreiche Anzeige löschen und die nächste Optimierungsrunde einläuten.

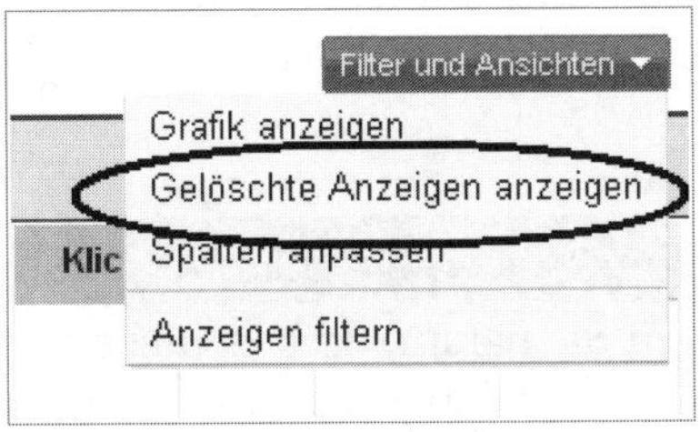

Abb. 9.20: Gelöschte Anzeigen wieder anzeigen

Als Faustregel können Sie davon ausgehen, dass bereits 15 bis 25 Klicks bei starken Leistungsunterschieden für eine Entscheidung ausreichen. Liegen die Werte der Anzeigen näher beieinander, so sollten Sie 40 bis 50 Klicks abwarten. Rennen zwei Konkurrenten darüber hinaus noch immer Kopf an Kopf, löschen Sie die neuere Anzeige und behalten die ältere.

Verlieren Sie nicht den Überblick beim Testen. Wie schon erwähnt, werden Ihnen gelöschte Anzeigen nicht mehr automatisch im Konto angezeigt. Sie können diese jedoch über FILTER UND ANSICHTEN wieder einblenden.

9.3.2 Schlechte neue Variante

Mit jeder neuen Text-Variante gehen Sie auch das Risiko ein, dass diese deutlich schlechter als die bisherigen performt. Bilden Sie einen reinen A/B-Test ab, so spielen Sie also immer zu 50% auf Risiko. Zwar beobachten Sie ständig und greifen gegebenenfalls frühzeitig ein – doch bei hohen Impression- und Klickzahlen können die Folgen trotzdem enorm sein.

Gehen Sie in diesem Fall vor wie folgt:

- Belassen Sie den Gewinner-Text der vorherigen Runde. Dieser sichert Ihnen nicht nur die bislang besten Werte, sondern auch die aufgebaute gute Historie.
- Legen Sie genau die gleiche Variante mehrmals als neue Anzeige an. So sichern Sie Ihre hohen Klickraten.
- Die neue Anzeige stellen Sie hingegen nur einmal ein. So erfahren Sie, wie diese funktioniert.

Was bringt das Ganze?

Die »leistungsunabhängige Anzeigenschaltung« sichert uns, dass alle Anzeigen im gleichen Verhältnis ausgespielt werden. Haben wir den Gewinner-Text beispielsweise dreimal hinterlegt (einmal das Original, zweimal eine Dublette), so wird dieser zu 75% ausgeliefert und verspricht damit auch zu 75% die guten Leistungen der Vorrunde. Die neue, nur einmal hinterlegte Variante, wird hingegen nur zu 25% geschaltet. Sollte diese also tatsächlich deutlich schlechtere Klickraten erzielen, so sind nur 25% der Anzeigenschaltungen betroffen – nicht mehr 50% wie beim reinen A/B-Test.

Vorsicht

Arbeiten Sie mit einem geringen Budget, so achten Sie darauf, dass es nicht zu lange dauert, bis Sie zu validen Daten gelangen. Auch zu lange Testläufe verfälschen die Ergebnisse und führen zu statistisch ungültigen Aussagen. Ist der Traffic bei Ihnen kein Problem, so können und sollten Sie hingegen Ihre Tests durch obige Methode weiter verfeinern.

Ein weiterer Vorteil: A/B-Tests in der klassischen Form sind immer ein wenig unsauber. Die Gewinneranzeige der Vorrunde hat bereits eine Historie aufgebaut. Diese wollen wir auch nicht verlieren. Eine neue Variante hingegen startet bei null, so dass die Ausgangslage der zu vergleichenden Anzeigen nie ganz gleich ist. Nun aber können wir die neue Anzeigenvariante mit den ebenfalls neu hinterlegten Anzeigendubletten des Gewinners vergleichen und so die Unschärfe des Testverfahrens eliminieren.

9.4 Direkte Eingriffe

Unser bisheriges Ziel war es, die Qualität von Kampagnen und Anzeigengruppen zu erhöhen – sowohl für die User, die wir so als Kunden gewinnen wollen, aber auch für Google. Denn so erreichen wir niedrigere Preise und bessere Anzeigenpositionierungen. Tatsächlich erzielen wir darüber auch die smartesten Verbesserungen.

In der Praxis läuft es jedoch oftmals anders ab. Selten wird das Ziel »bessere Qualität« formuliert. Entweder dümpelt eine Kampagne unbeaufsichtigt vor sich hin oder es werden Vorgaben wie »mehr Besucher«, »niedrigere Kosten« oder »Position Eins« formuliert.

Wir wollen uns an dieser Stelle deshalb einige dieser Vorgaben und typische Reaktionen darauf ansehen, die nicht den eben beschriebenen Optimierungen an Keywords und Anzeigen entsprechen. Diese »direkten Eingriffe« müssen nicht per se schlecht sein – man kann sie jedoch schlecht oder aus falschen Gründen vornehmen.

Wichtig

Für viele dieser Maßnahmen können Sie die Änderungen gleich über alle Kampagnen und Anzeigengruppen hinweg vornehmen. Gerade durch die benutzerdefinierten Benachrichtigungen und die Filtermöglichkeiten lassen sich nur die betroffenen Elemente anzeigen; wahlweise über das Inline-Editing oder die Bulk-Bearbeitung können Bearbeitungen bequem vorgenommen werden.

Beachten Sie trotzdem, dass gleich gute oder gleich schlechte Leistungen unterschiedliche Gründe haben können. Prüfen Sie deshalb die Ursachen für jede Entwicklung und treffen Sie individuelle Gegenmaßnahmen.

Alle Entwicklungen und Gründe können Sie aus den Leistungsdaten der Tabelle lesen. Doch auch mit der Grafik können wir – unter Berücksichtigung der bereits beschriebenen Einschränkungen – die Wechselwirkungen gut und schnell erkennen, da uns ein zweiter Messwert zum direkten Vergleich zur Verfügung steht. Dies wollen wir mit entsprechenden Hinweisen in diesem Zusammenhang deshalb auch tun.

Abschließend gehen wir auf den sogenannten »Gebotssimulator« ein – ein Feature in unserem Konto, das uns eine Prognose für unterschiedliche maximale Klickpreise bietet.

9.4.1 Mögliche Ziele

Mehr Anzeigenschaltungen

Eine niedrige Anzahl an Impressions zeigt Ihnen an, dass die von Ihnen hinterlegten Keywords nicht häufig gesucht werden. Arbeiten Sie nicht gerade in einem Nischenmarkt, in dem Sie von Haus aus nur wenig Nachfrage generieren können, sollten Sie unbedingt Ihre Keyword-Liste überprüfen.

Gehen Sie hierfür nochmals alle Möglichkeiten durch, die wir in Kapitel 6, *Keywords: Sich gezielt finden lassen*, besprochen haben. Möglicherweise haben Sie einfach zu wenig und zu wenig relevante Keywords gewählt.

Oder Sie haben Ihre Keywords bereits zu spezifisch angelegt. Allgemeinere Begriffe sorgen für mehr Anzeigenschaltungen und greifen auch User ab, die ihre Suchanfrage nicht eindeutig formuliert haben, trotzdem aber nach Ihrem Produkt suchen. Seien Sie sich jedoch folgender Gefahr bewusst:

Je allgemeiner Ihre Keywords sind, desto häufiger werden Ihre Anzeigen auch bei unpassenden Suchanfragen geschaltet.

Schauen wir uns hierzu den Verlauf einer Grafik an (siehe Abbildung 9.21). Mit der Hinzunahme von allgemeineren Keywords konnte eine vermehrte Anzeigenschaltung herbeigeführt werden. Daraus resultierte auch ein Anstieg der Klicks.

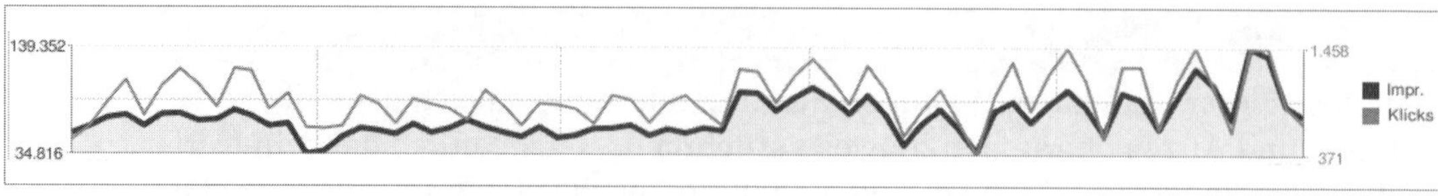

Abb. 9.21: Mehr Anzeigenschaltungen – mehr Klicks

Was durch die Darstellung verzerrt wird: Der Anstieg der Klicks ist deutlich geringer als der Anstieg der Impressions. Sie erkennen dies an den Beschriftungen der y-Achsen – oder am Verlauf der Klickrate:

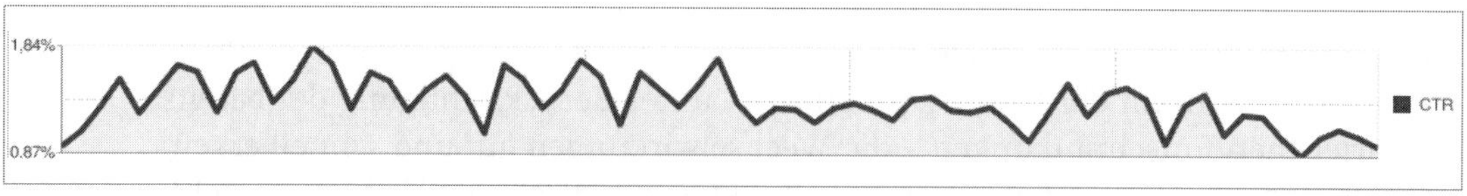

Abb. 9.22: Rückgang der Klickrate

Resultieren aus mehr Impressions nicht oder nur unterproportional mehr Klicks, so verschlechtert sich Ihre Klickrate. Dies hat negative Auswirkungen auf den Qualitätsfaktor und in Folge auf Ihre Klickpreise und Ihre Anzeigenpositionen. Auch gilt es zu beachten, ob sich die Qualität der Klicks selbst nicht verschlechtert. Je häufiger Ihre Anzeigen bei unpassenden Suchanfragen geschaltet werden, desto häufiger werden sie auch von qualitativ schlechten Usern geklickt. Hierfür müssten Sie die Entwicklung der Conversion-Rate (Kapitel 11, *Conversion-Tracking: Das Ziel im Visier*) beobachten.

Arbeiten Sie bei allgemeinen Keywords deshalb mit sehr eindeutigen und passenden Anzeigen, die unerwünschte Klicks vermeiden. Und hinterlegen Sie eine umfassende Liste an ausschließenden Keywords, die unnötige Anzeigenschaltungen und damit Impressions verhindern.

Wo laut Google noch Potenziale für unsere Impressions zu finden sind, erfahren wir in Abschnitt 10.2, *Niedriger Share of Voice*.

Erhöhen des Klickpreises

Dies ist ein heikler Punkt: Ohne nach den wirklichen Gründen zu suchen, wird nämlich zu häufig einfach der maximale Klickpreis erhöht, wenn eine Kampagne nicht den gewünschten Erfolg bringt. Insofern sind die nächsten Zeilen eher als erhobener Zeigefinger denn als Aufforderung zu lesen.

Eine Bietpreiserhöhung kann sinnvoll sein, wenn

- Sie die Wirkung unterschiedlicher maximaler Klickpreise und damit den Markt, auf dem Sie schalten, austesten wollen. Mit dem Gebotssimulator (Abschnitt 9.4.2) stellt Ihnen Google hierfür allerdings auch ein Schätz-Instrument zur Verfügung.

- die Position, an der Ihre Anzeigen geschaltet werden, so niedrig ist, dass sie aus dem Aufmerksamkeitsbereich der Suchenden fallen
- Ihr Bietpreis unterhalb des »Gebots für die erste Seite« liegt und zu keinen Impressions führt

Erinnern Sie sich an dieser Stelle insbesondere daran, dass Sie Klickpreise auch individuell für einzelne Keywords vergeben können. Es besteht oftmals kein Grund, für alle Keywords gleichzeitig und in gleichem Maße Preisänderungen vorzunehmen.

Die Verbesserung des »Gebots für die erste Seite« und der Anzeigenposition über eine Steigerung des jeweiligen Qualitätsfaktors bleibt natürlich weiterhin nicht nur die wünschenswertere, sondern auch die langfristig bessere, da kostengünstigere Lösung. Dennoch ist die Erhöhung des Bietpreises eine legitime Möglichkeit, wenn sie darüber kurzfristig mehr Besucher auf Ihre Webseite holen können. Sie sollten nur darauf achten, dass Sie Ihre Optimierungsmaßnahmen nach der Erhöhung entsprechend konsequent umsetzen – dadurch Ihren Qualitätsfaktor erhöhen, Ihr »Gebot für die erste Seite« senken und letztendlich Bietpreis und tatsächlichen Klickpreis wieder senken können.

Wie sieht es bei einer neuen Kampagne aus? Früher galt: Kampagnen, die mit höheren Klickpreisen, besseren Anzeigenpositionen und damit zumeist auch besserer Klickrate starten, nehmen auf lange Sicht einen erfolgreicheren Verlauf als diejenigen von preislich vorsichtigen Einsteigern. Erfolgt zu einem späteren Zeitpunkt eine Senkung des Bietpreises, schlägt sich dies aufgrund des guten Qualitätsfaktors in günstigeren tatsächlichen Klickpreisen oder besseren Platzierungen nieder.

Gegen diese These stehen mittlerweile zwei gute Einwände: Zum einen werden die Klickraten normalisiert, wie wir es in Kapitel 4, *Qualitätsfaktor: Relevanz als oberstes Ziel*, bereits kennen gelernt haben. Es wird also berücksichtigt, dass eine Anzeige an Position 5 seltener geklickt wird als an Position 1. Zum anderen fließen in die Berechnung des Qualitätsfaktors insbesondere die Klickraten der jüngsten Impressions ein, wodurch die historischen Leistungen relativ an Bedeutung verlieren. Die Hoffnung, sich durch hohe Klickpreise und gute Klickraten zu Beginn einen Qualitätsfaktor aufzubauen und lange von ihm zu zehren, sollte damit zunichtegemacht sein.

In der Praxis ist dies allerdings nicht so eindeutig zu beobachten. So deuten manche Kampagnenentwicklungen darauf hin, dass Top-Klickraten auf Top-Positionen noch immer positiver auf den Qualitätsfaktor wirken als die Normalisierung. Auch scheinen aktuelle Leistungen Keywords mit guter Historie weniger anzuhaben als Keywords ohne oder mit schlechter Vergangenheit.

Bei anderen Punkten können Sie sich sicherer sein. Denn gar keinen Sinn macht die Erhöhung des Bietpreises, wenn

- Sie damit lediglich die Auslastung Ihres Budgets sicherstellen wollen
- Sie mehr Klicks bei sowieso schon top-positionierten Anzeigen erhalten wollen
- Sie damit Ihre Klickrate steigern wollen

Im schlechtesten Fall erhalten Sie durch den höheren Bietpreis weniger Klicks bei höheren Klickkosten (siehe Abbildung 9.23).

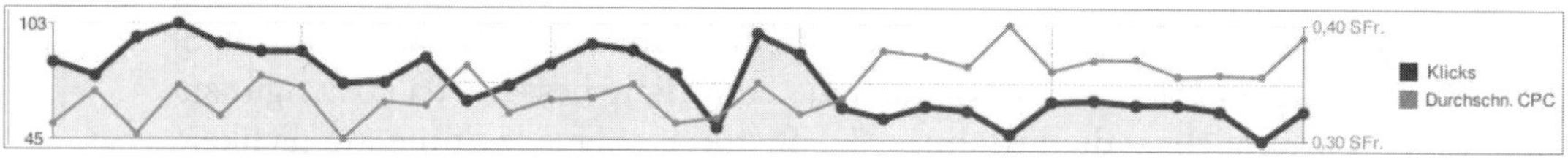

Abb. 9.23: Klicks bei höherem Klickpreis

Ein höherer Bietpreis ist nicht die Allzweckwaffe für alle Leiden Ihrer AdWords-Kampagne. Verbessern Sie Anzeigen sowie Keyword-Liste und stimmen Sie diese besser aufeinander ab. Auch der höchste Klickpreis und die beste Position helfen Ihnen nichts, wenn sich der User von Ihrer Botschaft auf seine Suche nicht angesprochen fühlt. Ein besseres Angebot steht gleich neben Ihrem.

Senken des Klickpreises

Muss es immer die Position eins sein? Natürlich nicht.

Sehen wir die Grafik in Abbildung 9.24 an.

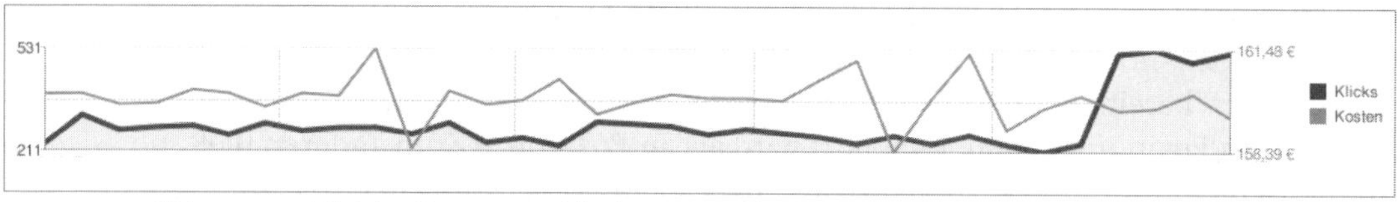

Abb. 9.24: Gleiche Kosten – schlechtere Positionierung

Abgesehen von den zyklischen Sprüngen fielen im Abfragezeitraum konstante Kosten bei konstanten – und geringen – Klickzahlen an. Durch das Verlassen der Spitzenposition und der daraus resultierenden Senkung des Klickpreises konnte mit einem Schlag ein Vielfaches an Klicks generiert werden, ohne dass die Kosten zunahmen.

Ein einfach zu rechnendes Beispiel: Für eine Anzeigenschaltung an Position 1 unterstellen wir 1.000 klickende User und einen Klickpreis von einem Euro. Mit

10 Euro Tagesbudget gewinnen Sie trotz der 1.000 möglichen nur 10 tatsächliche Besucher, da Ihre Anzeigen nach Ausschöpfung des Tagesbudgets nicht mehr geschaltet werden.

Auf Position 3 sind nur 250 Klicks möglich, dafür kostet dort ein Klick auch nur noch 0,50 Euro. Mit Ihrem Tagesbudget erhalten Sie also 20 Klicks – somit doppelt so viele Besucher wie auf Position 1.

Auch in Hinblick auf Conversions sind die Spitzenpositionen nicht immer die besten. Ein User, der einen Kauf tätigen will, wählt die Anzeige, auf die er klicken will, sorgfältiger aus als ein Informationssuchender. Der potenzielle Käufer liest meist mehrere Anzeigen, bevor er sich entscheidet – und klickt dadurch häufig erst auf eine der niedriger gelisteten. Die obersten Plätze hingegen sind anfällig für schnelle, unüberlegte oder auch zufällige Klicks und generieren somit nicht immer den besten Traffic.

Als beste Positionen in Bezug auf Conversions bieten sich die mittleren Platzierungen an – nicht auf den untersten Rängen in der rechten Werbespalte, aber auch nicht auf den Spitzenpositionen. Suchen Sie sich ein Plätzchen irgendwo zwischen Position 3 und 6. Achten Sie jedoch darauf, nicht komplett von der ersten Suchergebnisseite zu verschwinden. Denn dann verschwinden Sie auch aus dem Wahrnehmungskreis der User.

Hinweis

Über Webanalyse-Tools können Sie herausfinden, welche Position für Ihre Produkte und Ihre Zielgruppe am erfolgreichsten ist. Dies lernen wir in Kapitel 12, *Google Analytics: Von AdWords zur Webanalyse*, kennen, nachdem wir uns in Kapitel 11, *Conversion-Tracking: Das Ziel im Visier*, eingehend mit Conversions beschäftigt haben.

Budgeterhöhung

Ein vermeintlich einfacher Fall: Sie legen 10% mehr Tagesbudget fest und erhalten 10% mehr Besucher. Anhaltspunkt für eine Erhöhung kann hier beispielsweise die Budgetempfehlung von Google sein, wie wir sie in Abschnitt 5.4.5, *Gebote und Budget*, kennen gelernt haben. Noch sinnvoller ist eine Überprüfung, zu welchem Zeitpunkt Ihr Tagesbudget regelmäßig aufgebraucht ist – beispielsweise über Kampagnenberichte (Abschnitt 10.3, *Vom Kampagnenbericht zur Anzeigenplanung*).

Achten Sie bei einer Budgeterhöhung unbedingt darauf, dass sich die Qualität Ihrer Kampagne dabei zumindest nicht verschlechtert. Eine schlechtere Beurteilung durch Google führt zu einem höheren Klickpreis, wodurch sich die Budgeterhöhung nicht mehr in gleichem Maße auf die Besucherzahl durchschlägt.

Je höher Ihr Budget ausfällt, desto häufiger können Ihre Anzeigen geklickt werden, desto häufiger müssen sie aber auch eingeblendet werden. Dies kann ungewünschte Folgen auf die Klickrate haben. Sehen wir uns das Beispiel in Abbildung 9.25 an, in dem das Tagesbudget um fast 30% angehoben wurde.

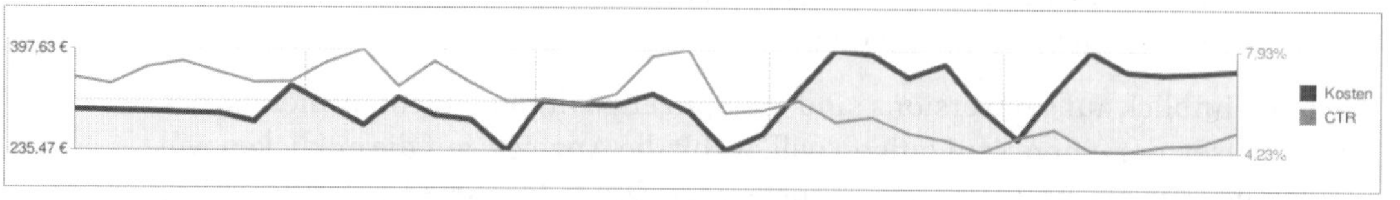

Abb. 9.25: Tagesbudget hoch – Klickrate runter

Mit der Erhöhung des Tagesbudgets erfolgte ein Einbruch der Klickrate. Stellen Sie deshalb sicher, dass Ihre Anzeigen weiterhin nur bei relevanten Suchanfragen der Nutzer geschaltet werden:

- Arbeiten Sie noch stärker mit ausschließenden Keywords.
- Reduzieren Sie oder verzichten Sie auf Keywords mit der Broad-Match-Funktion, da diese möglicherweise häufiger bei unpassenden Suchanfragen geschaltet werden.
- Hinterlegen Sie Varianten Ihrer Keywords selbstständig und setzen Sie unbedingt die Keyword-Optionen ein.

Die größere Herausforderung ist es sicherlich, mehr Klicks bei gleich bleibendem Budget zu generieren. Hier sind über die Anpassung der Anzeigenposition sowie über die Erhöhung des Qualitätsfaktors tatsächlich Verbesserungen möglich. Diese Sprünge fallen natürlich umso kleiner aus, je besser Ihre Kampagne bereits ist. Ein signifikanter Besucheranstieg lässt sich ab solch einem Zeitpunkt dann tatsächlich nur durch eine Budgeterhöhung erreichen.

Erzielen Sie aus AdWords einen positiven ROI – und das sollten Sie –, so ist gar das Ausreizen der gesamten Nachfrage erstrebenswert. Ihr Budget stellt dann eine Investition mit positiven Rückflüssen dar, so dass Ihnen durch eine Limitierung – unter der Voraussetzung, dass das Niveau der Kampagne beibehalten werden kann – Gewinne durch die Lappen gehen.

Prestige-Keywords

Sie wissen, dass bei allgemeinen Suchbegriffen tendenziell sowohl Konkurrenz als auch Klickpreis hoch sind. Sie wissen, dass Sie im Sinne des Qualitätsfaktors relevante Anzeigen schalten sollen, was bei allgemeinen Keywords schwer möglich ist. Und Sie wissen, dass allgemeine Suchbegriffe und allgemein getextete Anzeigen nur selten User auf Ihre Seite führen, die dort auch tatsächlich zu Kunden werden.

Nun kennen Sie in Ihrem Unternehmen vielleicht aber auch einen Ranghöheren, der genau dies alles nicht weiß. Und der sicherlich zahlreiche Prestigebegriffe parat hat, mit denen er »ganz oben dabei sein muss«: Last Minute, Geschenke, Urlaub, Hotel – setzen Sie einen beliebigen, stark umkämpften Begriff ein. Da interessiert es auch wenig, dass zehn genauere Keywords zu Klickpreisen von 0,05 € genauso viel Traffic bringen wie ein einzelnes Keyword für über einen Euro. Oder dass Top-Positionen eher schlechteren Traffic bringen können als tiefer positionierte Anzeigen.

Gehen Sie in drei Schritten vor:

- Lagern Sie diese allgemeinen Keywords in eine eigene Kampagne aus.

  Diese Prestige-Keywords sorgen nicht nur für zahlreiche Anzeigenschaltungen, sondern bringen trotz niedriger Klickrate absolut gesehen viele Besucher – und nehmen denjenigen Keywords, die Ihnen wirklich qualitativ hochwertige Besucher bringen sollen, überproportional viel Budget weg. Mit der Auslagerung geben Sie genaueren Keywords nicht nur die Möglichkeit, auch zum Zug zu kommen. Sie können das Budget für allgemeine Begriffe zudem steuern und vor allem beschränken.
- Hinterlegen Sie zahlreiche ausschließende Keywords, um Anzeigenschaltungen bei unpassenden Suchanfragen zu vermeiden.

  Geben Sie diesen Teil Ihrer Marketinggelder nicht einfach kampflos auf. Versuchen Sie auch hier, allgemeine Keywords durch die Hinzunahme von ausschließenden Keywords so zu »schärfen«, dass sie ebenfalls nur bei gewünschten Suchanfragen geschaltet werden.
- Schreiben Sie eine Anzeige, die endgültig alle Unklarheiten beseitigt.

  Anfragen, die Ihnen durchs Netz der ausschließenden Keywords gerutscht sind, fangen Sie endgültig mit einer eindeutigen Textanzeige ab.

Dies alles benötigt viel Aufwand und Zeit. Doch können Sie mit dieser Vorgehensweise aus einer Not doch noch eine Tugend machen. In Kapitel 11, *Conversion-Tracking: Das Ziel im Visier*, sehen wir an einem Beispiel, wie sich diese Vorgehensweise positiv auf die Leistung Ihrer Kampagne auswirken kann.

9.4.2 Gebotssimulator

In Abschnitt 3.5, *Tools*, hatten wir bereits den »Traffic Estimator« kennengelernt. Mit ihm rufen wir auf Grundlage von vorgegebenen Keywords und sonstigen Einstellungen Schätzungen zu Suchvolumen, Anzeigenpositionen sowie Klickpreise, Klickzahlen und Kosten ab.

Mit dem »Gebotssimulator« steht uns ein zweites Schätz-Instrument zur Verfügung. Mit ihm können wir einige der eben besprochenen Szenarien simulieren: Wir testen verschiedene Bietpreise und erhalten die erwarteten Klicks, Kosten und Impressions.

Die Gebote, die wir testen, verhalten sich wie individuelle Bietpreise. Deshalb muss der Gebotssimulator für jedes Keyword einzeln aufgerufen werden.

Wir öffnen also den Tab KEYWORDS und klicken bei dem entsprechenden Keyword auf das Lupen-Symbol in der Spalte »Maximaler CPC«.

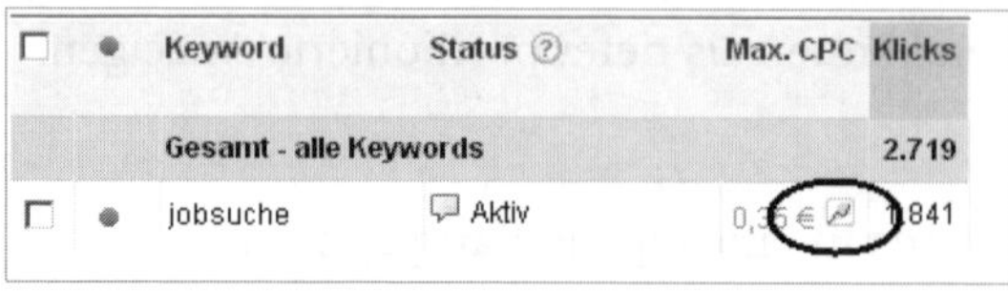

Abb. 9.26: »Gebotssimulator« aufrufen

Im Layer erhalten wir exemplarische Bietpreise mit geschätzten Klicks, Kosten und Impressions. Über das Feld »eigenes Gebot verwenden« können wir selbst einen maximalen Bietpreis mit seinen Auswirkungen testen.

Basis dieser Schätzungen sind die letzten sieben Tage. Weist ein Keyword in diesem Zeitraum nicht genügend Daten auf, so steht die Funktion möglicherweise nicht zur Verfügung. Auch ist es durchaus möglich, dass Sie nur Werte zu den geschätzten Impressions erhalten.

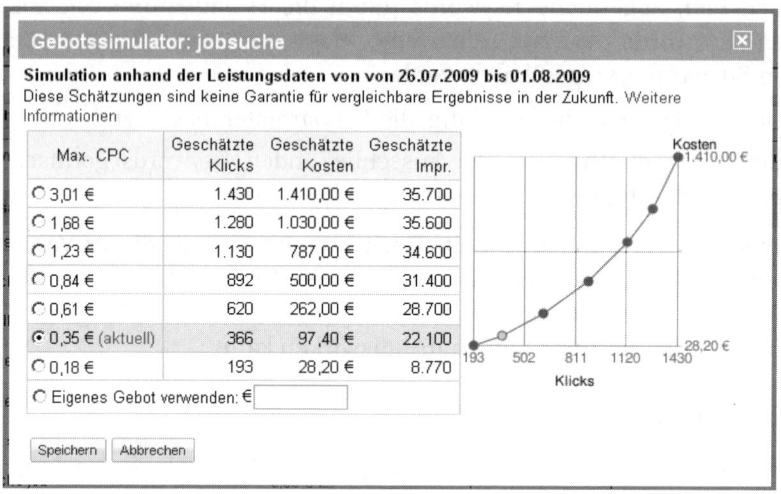

Max. CPC	Geschätzte Klicks	Geschätzte Kosten	Geschätzte Impr.
3,01 €	1.430	1.410,00 €	35.700
1,68 €	1.280	1.030,00 €	35.600
1,23 €	1.130	787,00 €	34.600
0,84 €	892	500,00 €	31.400
0,61 €	620	262,00 €	28.700
0,35 € (aktuell)	366	97,40 €	22.100
0,18 €	193	28,20 €	8.770

Abb. 9.27: Simulierte Leistungsdaten

Wie immer weist Google eindringlich darauf hin, dass für diese Daten keine Garantie übernommen werden kann. Und wie immer wissen wir, dass Impressions und Klicks zwar wichtige Leistungsdaten darstellen, unser Ziel jedoch die Conversions sind. Wie wir die Angaben des Gebotssimulators deshalb zu bewerten haben, haben wir eben in Abschnitt 9.4.1, *Mögliche Ziele,* ausführlich besprochen.

Kapitel 10

Berichte: Alles auf einen Blick

In diesem Kapitel wollen wir uns dem anderen großen Auswertungsbereich zuwenden, den Ihnen AdWords neben der Kampagnen-Statistik automatisch an die Hand gibt: dem Berichtcenter. Zu allen wichtigen Komponenten unseres Kontos können wir hier nach individuellen Kriterien für uns wichtige Ergebnisse abrufen.

Je nach Stand Ihrer Kampagne sind für Sie unterschiedliche Auswertungen interessant. Wir besprechen deshalb zunächst die grundsätzliche Vorgehensweise anhand eines Berichts, der uns die Entwicklung einer Anzeigengruppe aufzeigt. Daran können Sie erkennen, ob Sie mit Ihrer Optimierung in den letzten Wochen grundsätzlich auf einem guten Weg waren.

Danach fragen wir noch einige Berichte ab, die offene Fragen aus den vorherigen Kapiteln beantworten. Zudem erfahren wir, wie einige dieser Berichte mittlerweile auch deutlich bequemer direkt aus dem Konto heraus aufgerufen werden können.

10.1 Das Berichtcenter

Über den Reiter BERICHTERSTELLUNG und den Link BERICHTE gelangen wir ins Berichtcenter. Dort werden uns zunächst die zuletzt erstellten Berichte sowie bereits erstellte Berichtsvorlagen angezeigt.

Derzeit werden maximal die letzten 15 Berichte angezeigt. Auf diese können wir jederzeit durch Anklicken des Berichtnamens zugreifen. Zusätzlich können wir uns alle Berichte zusenden lassen. Dadurch haben wir wichtige Statistiken auch außerhalb unseres AdWords-Kontos verfügbar, können damit weiterarbeiten und stellen sicher, dass wir darüber auch noch verfügen können, wenn sie nicht mehr im Berichtcenter angezeigt werden.

Da das Definieren eines individuellen Berichtes ein wenig Zeit in Anspruch nehmen kann, können wir einmal vorgenommene Einstellungen abspeichern. Diese Vorlagen finden wir unter »Meine Berichtsvorlagen« wieder.

Wir gehen weiter über den Link NEUEN BERICHT ERSTELLEN.

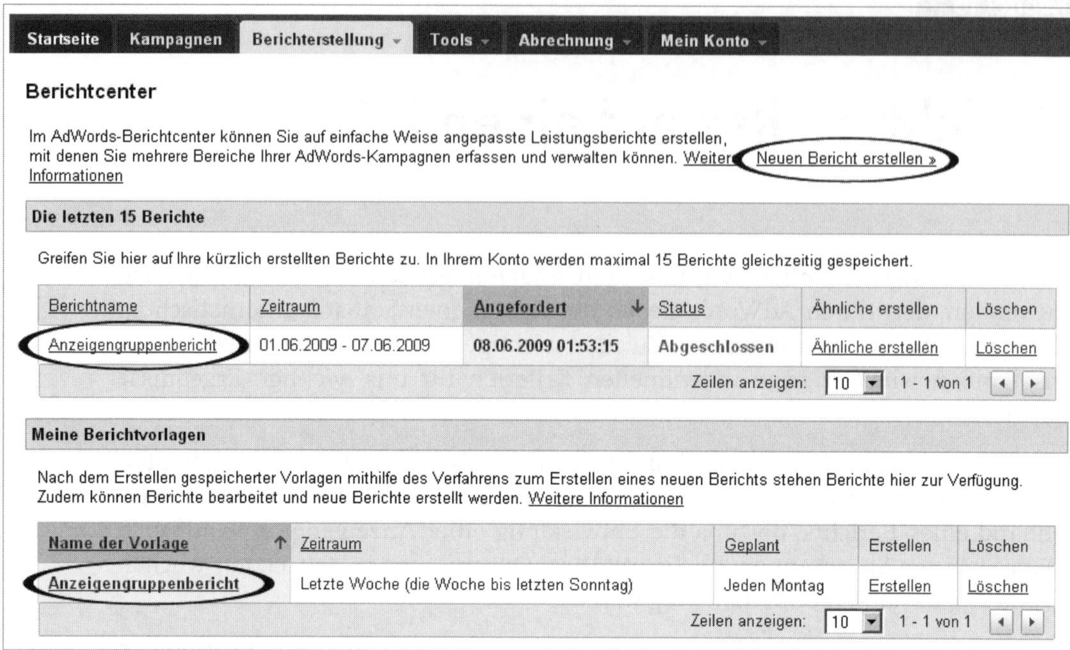

Abb. 10.1: Berichtcenter

10.1.1 Berichte erstellen

Auf der Seite BERICHT ERSTELLEN fordern wir unsere Berichte an. Diese können wir individualisieren, so dass wir nur die Werte erhalten, die uns auch tatsächlich interessieren. Dieser Vorgang gliedert sich in vier Bereiche:

- Wählen der Berichtsart
- Festlegen des Auswertungszeitraums sowie der auszuwertenden Kampagnen oder Anzeigengruppen
- Definieren der gewünschten Leistungsdaten
- Anfordern des Berichts bzw. Erstellen der Berichtsvorlage.

Berichtart

Mit der Berichtart legen Sie den grundsätzlichen Typus Ihres Berichts fest.

Lassen Sie uns die Berichtarten mit ihren wichtigsten Abfragemöglichkeiten thematisch geordnet durchgehen:

Kontoleistung, Kampagnenleistung, Anzeigengruppenleistung

Diese Berichte sind insbesondere dann sinnvoll, wenn wir uns die Entwicklungen der jeweiligen Ebene unseres Kontos ansehen möchten – so wie wir es gleich auf

Anzeigengruppenebene tun werden. Dabei stehen uns, im Gegensatz zu unserer Konto-Grafik, zahlreiche Zeiteinheiten zur Auswahl, für die Daten zusammengefasst werden können. Um den Trend unserer Anzeigengruppe über einen längeren Zeitraum hinweg aufzeigen zu können, empfiehlt es sich beispielsweise, »wöchentliche« Daten anzufordern.

Denken Sie vor der Abfrage von Kampagnenleistungen auch an das »kleine Berichtcenter« auf der »Startseite«, das Sie bereits in Abschnitt 3.3, *Startseite*, kennen gelernt haben.

Interessant für unsere Kampagneneinstellungen ist die »stündliche« Abfrage, die wir uns im Anschluss ansehen.

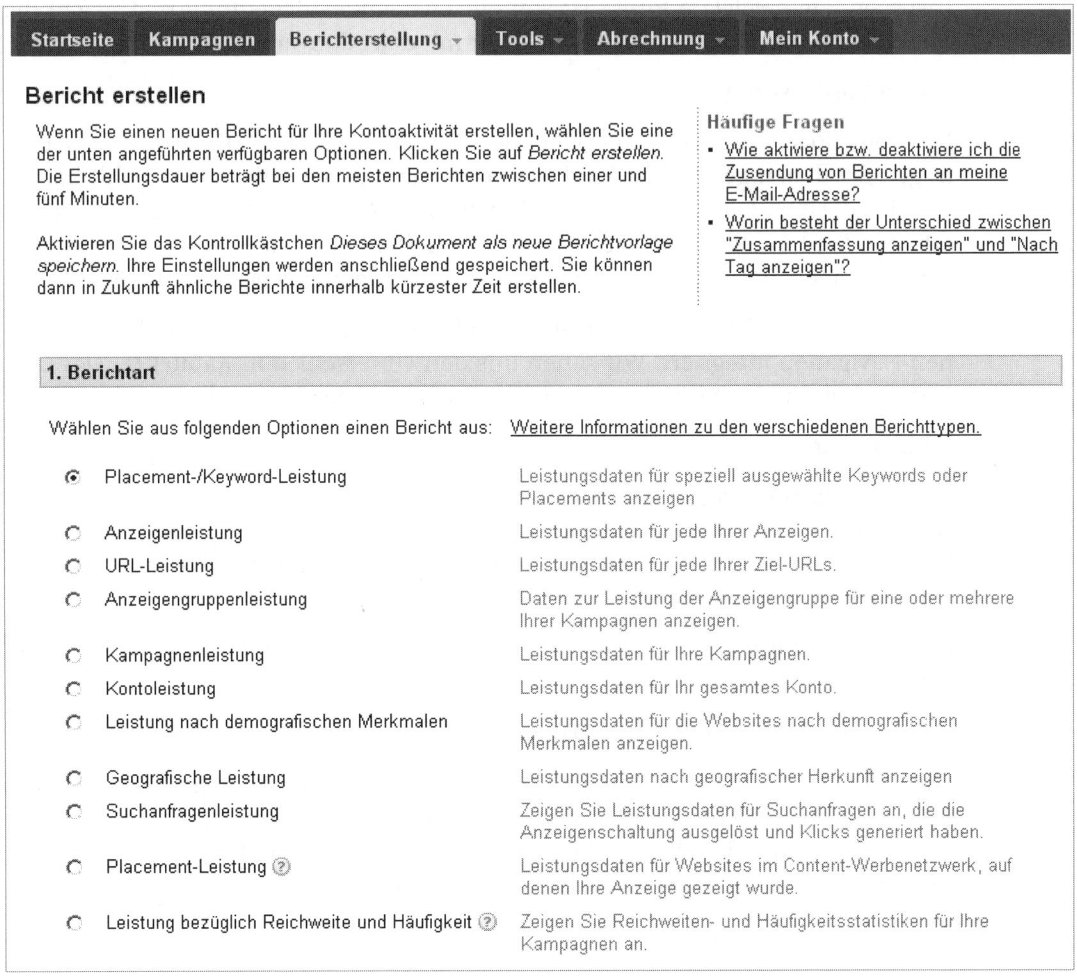

Abb. 10.2: Berichtart

Placement-/Keyword-Leistung, Anzeigenleistung

Die Berichte Keyword- und Anzeigenleistung geben uns Auskunft, welche Leistung unsere einzelnen (ausgewählten) Placements, Keywords und Anzeigen bringen. Zwar liegen uns diese Daten auch im Bereich der Konto-Statistik vor, doch erhalten wir hier zusätzliche Auswertungen und Werte:

- Wir können den Verlauf und die Entwicklung analog zur Konto-, Kampagnen- und Anzeigengruppenleistung in einem Diagramm sichtbar machen. Im Gegensatz zur Grafik im Konto können wir die Zeiteinheiten selbst vorgeben.
- Wir erhalten weitere wichtige Leistungsdaten in Bezug auf Conversions und Visitor Value.

Insbesondere der letzte Punkt ist von entscheidender Bedeutung und macht die Berichtabfrage zu einem Muss, sobald wir mit dem Conversion-Tracking arbeiten.

Placement-Leistung

Noch eine Placement-Leistung? Über den Bericht PLACEMENT/KEYWORD-LEISTUNG fragen Sie diejenigen Seiten (und Keywords) ab, die Sie selbst ausgewählt haben. Mit PLACEMENT-LEISTUNG, auch »Bericht zur Anzeigenplatzierung« genannt, erhalten Sie hingegen eine Auflistung aller Seiten, auf denen das Google-System Ihre Anzeigen auf Grundlage Ihrer Keywords automatisch geschaltet hat.

Beide Placement-Berichte sind unter dem Reiter WERBENETZWERK in der Kampagnen-Navigation integriert. Wir sehen uns den Unterschied in Kapitel 13, *Das Content-Werbenetzwerk: Nicht gesucht und doch gefunden*, detailliert an.

URL-Leistung

Mit der URL-Leistung ist die Leistung der Ziel-URL gemeint. Hiermit können beispielsweise so genannte A/B-Tests zum Optimieren von Landingpages durchgeführt werden. Dass es dafür aber bessere Möglichkeiten gibt, zeigt Abschnitt 11.5, *Landingpage und Conversion-Daten*.

Die URL-Leistung lässt sich mithilfe der Filtermöglichkeiten auch direkt im Konto abfragen.

Leistung nach demografischen Daten

Hier erhalten Sie Leistungsdaten nach unterschiedlichen demografischen Daten wie Alter oder Geschlecht angezeigt. Diese Daten sind nur für das Content-Netzwerk erhältlich. Wir besprechen Möglichkeiten und Einschränkungen dort (Abschnitt 13.5.3, *Demografische Daten*) ausführlich.

Geografische Leistung

Der Bericht GEOGRAFISCHE LEISTUNG zeigt Ihnen an, wo Ihre Anzeigen geschaltet werden und woher somit auch die Besucher Ihrer Website kommen. Wir sehen uns eine Auswertung dazu noch in diesem Kapitel an.

Suchanfragenleistung

Hiermit können wir erkennen, aufgrund welcher Suchanfragen unsere Anzeigen geklickt wurden. Wir wollen diesen Bericht insbesondere für unsere Keywords-Recherche einsetzen. Selbstverständlich schauen wir uns dabei auch die ins Konto integrierte Variante an.

Leistung bezüglich Reichweite und Häufigkeit

Dieser Bericht steht für Placement-bezogene Kampagnen im Content-Netzwerk mit der Gebotsoption CPM (TKP) zur Verfügung. Wir erfahren, wie vielen unterschiedlichen Personen unsere Anzeigen eingeblendet wurden und wie häufig sie diese gesehen haben (Kapitel 13, *Das Content-Werbenetzwerk: Nicht gesucht und doch gefunden*).

Einstellungen

Je nach Wahl der Berichtsart ändern sich die Voreinstellungen und Auswahlmöglichkeiten der folgenden Selektionen. Für den zu erstellenden »Anzeigengruppen-Bericht« ergibt sich beispielsweise ein Bild wie in Abbildung 10.3.

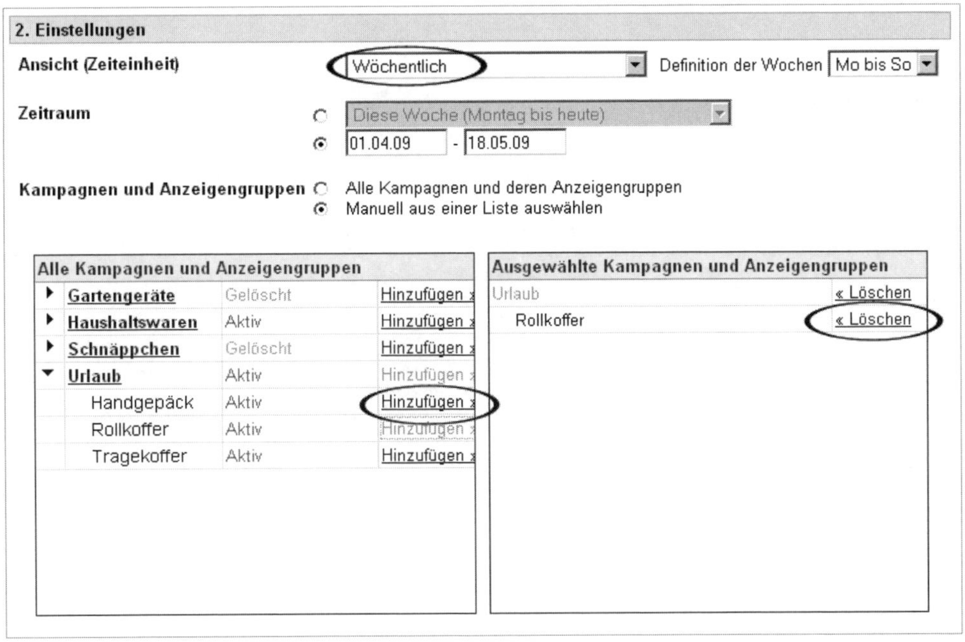

Abb. 10.3: Bericht – Einstellungen

Wählen Sie im Drop-down unter ANSICHT (ZEITEINHEIT), wie Ihre Daten ausgegeben werden sollen: Die ZUSAMMENFASSUNG gibt Durchschnitts- oder Gesamtwerte aus, so dass Sie einen Überblick für den ausgewählten Zeitraum erhalten. Bei der

Einstellung TAG DER WOCHE werden Ihre Leistungsdaten nach Wochentagen sortiert ausgegeben. Die weiteren Optionen liefern Ihnen verschiedene Statistiken für unterschiedliche Zeiteinheiten – von Stunden- bis zu Jahresstatistiken.

In obigem Beispiel haben wir die WOCHENSTATISTIK gewählt – wir erhalten unsere Daten also für jede Woche (definiert von Montag bis Sonntag) des vorgegebenen Auswertungszeitraums vom 01.04.2009 bis 18.05.2009. Die Eingabe des ZEITRAUMS erfolgt auf die gleiche Art und Weise, wie Sie es vom Keyword-Tool (Abschnitt 6.3.3, *Keyword-Tool*) her kennen.

Behalten Sie die Einstellung ALLE KAMPAGNEN UND DEREN ANZEIGENGRUPPEN, wird Ihr Bericht über das gesamte Konto hinweg erstellt. Möchten Sie nur Teilauswertungen vornehmen, können Sie über MANUELL AUS EINER LISTE AUSWÄHLEN Ihre wichtigste oder auch Ihre kritischste Anzeigengruppe selektieren. Klicken Sie hierfür auf die entsprechende Kampagne und wählen Sie über den Link HINZUFÜGEN diejenigen Anzeigengruppen aus, die in Ihren Bericht einfließen sollen.

Haben Sie eine andere Berichtsart gewählt, so stehen Ihnen hier natürlich teilweise unterschiedliche Selektionsmöglichkeiten zur Verfügung.

Erweiterte Einstellungen

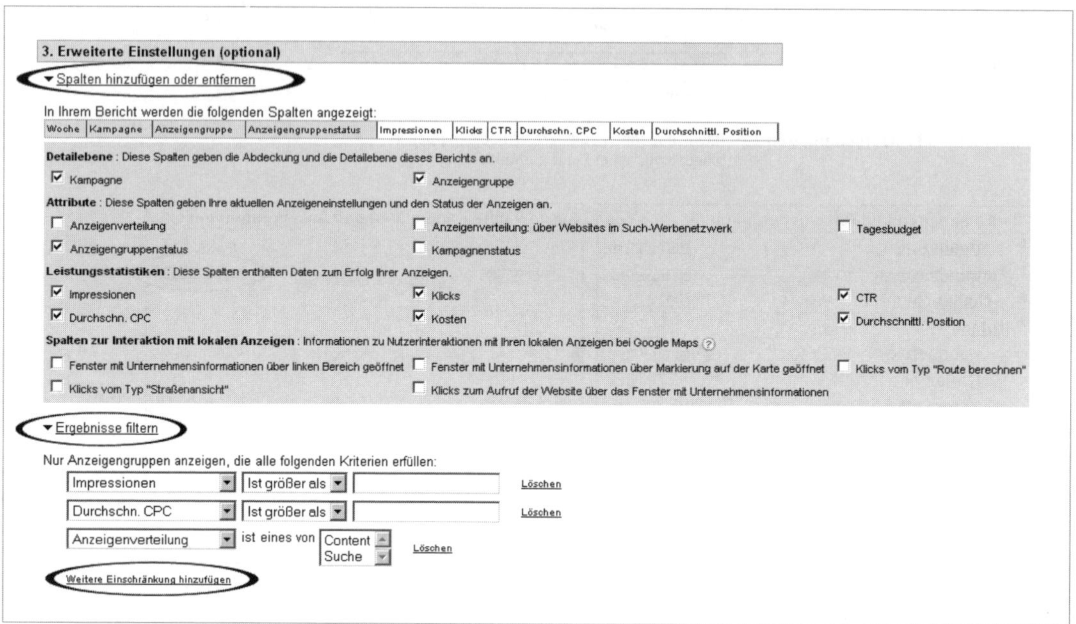

Abb. 10.4: Bericht – Erweiterte Einstellungen

Unter dem Punkt »Erweiterte Einstellungen« können Sie genau diejenigen Leistungsdaten auswählen, die tatsächlich für Sie interessant sind. Unter SPALTEN hinzufügen und entfernen bekommen Sie zunächst die Standard-Einstellungen angezeigt. Dort können Sie dann weitere Daten hinzufügen oder für Sie uninteressante entfernen. Zwingend erforderliche Spalten oder »Basis-Werte« können nicht gelöscht werden – bei einem Anzeigengruppen-Bericht beispielsweise die Detailebene Anzeigengruppe.

Beachten Sie, dass auch diese Auswahl je nach Berichtsart unterschiedlich ausfällt. Ebenso erhalten Sie weitere Selektionsmöglichkeiten, wenn Sie beispielsweise das Conversion-Tracking aktiviert haben oder andere Anzeigenformate wie Videos schalten.

Es gibt eine zweite Option, um Ihre Berichte noch genauer zu definieren – diese finden Sie unter Ergebnisse filtern. Hiermit können Sie noch weitere Einschränkungen vornehmen – beispielsweise nur aktive, pausierte oder gelöschte Kampagnen, nur Kampagnen, die eine bestimmte Anzahl an Klicks überschreiten, nur Kampagnen, deren Klickrate nicht höher ist als der von uns vorgegebene Wert und vieles mehr. Mit Weitere Einschränkung hinzufügen ergänzen Sie die aktuelle Liste um jeweils eine weitere Filtermöglichkeit.

Vorlagen, Planung und E-Mail

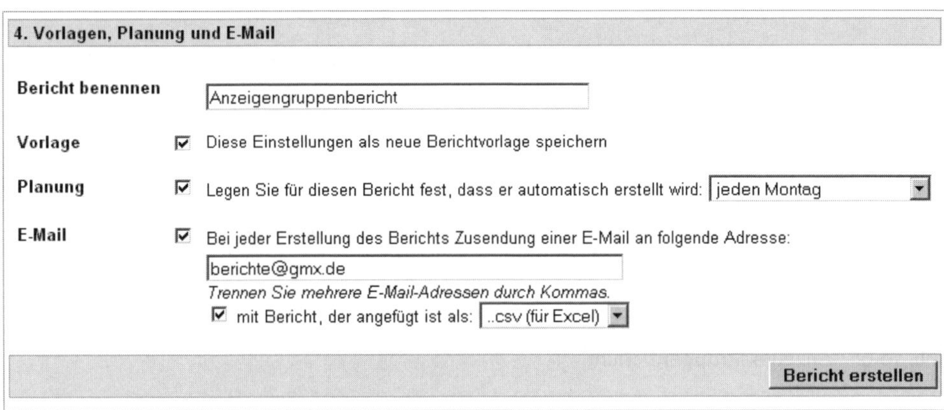

Abb. 10.5: Bericht – Vorlagen, Planung und E-Mail

Wie Sie gesehen haben, kann es einige Zeit dauern, einen genau auf Ihre Bedürfnisse abgestimmten Bericht zu definieren. Nutzen Sie deshalb die Möglichkeit, Ihre gewählten Einstellungen als Vorlage durch Anklicken der Checkbox abzuspeichern.

Über Planung können Sie sich diesen Bericht in regelmäßigen Abständen automatisch erstellen lassen. Geben Sie dort auch Ihre E-Mail-Adresse an, werden Sie informiert, sobald ein neuer Bericht erstellt ist. Entweder erhalten Sie eine Mail, dass der Bericht nun im Berichtcenter abgespeichert wurde, oder Sie finden ihn direkt als Mailanhang – in unserem Fall also als csv für Excel.

Mit BERICHT ERSTELLEN fordern Sie den Bericht letztendlich an. Ob Sie darauf etwas länger warten müssen, hängt von der auszuwertenden Datenmenge ab. In der Regel haben Sie Ihren Bericht jedoch innerhalb von wenigen Minuten vorliegen. Nach Fertigstellung finden Sie ihn im »Berichtcenter« bzw. in Ihrer Inbox.

10.1.2 Berichte lesen

Sehen wir uns den eben erstellten Bericht nun genauer an. Dafür müssen wir im Berichtcenter auf den Berichtnamen klicken und erhalten die Daten wie in Abbildung 10.6 angezeigt.

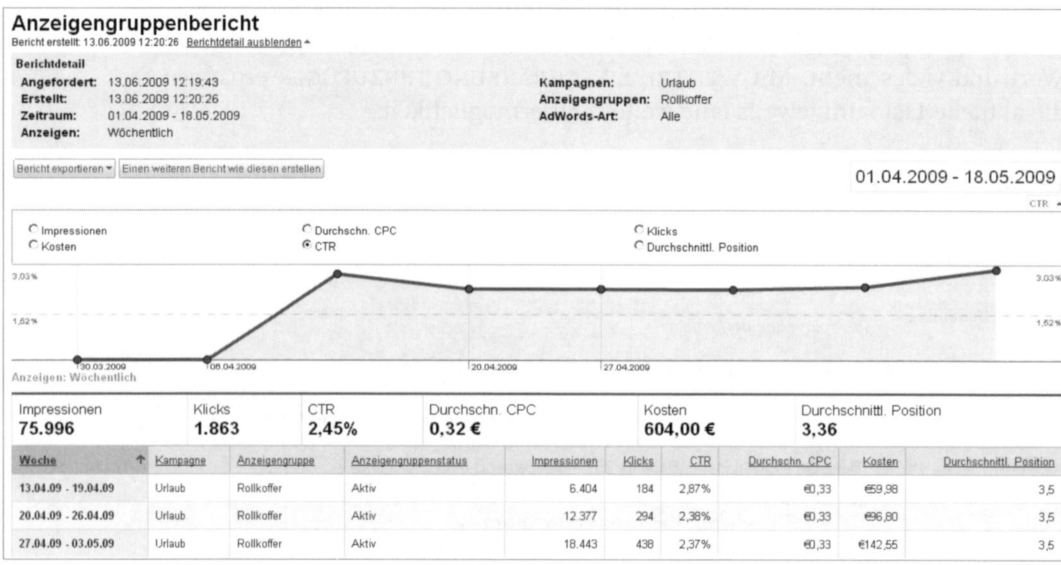

Abb. 10.6: Anzeigengruppenbericht

Kopfzeile

Oben links sehen Sie den Berichtnamen, das Erstellungsdatum sowie den Link BERICHTDETAIL ANZEIGEN, über den Sie sich Ihre Auswahlkriterien nochmals zusammenfassend anzeigen lassen können. Zudem haben Sie dort die Möglichkeit, den Bericht in diversen Formaten zu exportieren.

Zusammenfassung

Die Auswertung selbst beginnt mit einer grafischen und numerischen Zusammenfassung der Gesamt- und Durchschnittswerte für die von Ihnen ausgewählte Anzeigengruppe – hier also für »Rollkoffer« aus der Kampagne »Urlaub«. Da wir bei der Berichterstellung keine »Spalten hinzugefügt oder entfernt« haben, bekommen wir in diesem Beispiel alle standardmäßig eingestellten Leistungsdaten angezeigt.

Die Grafik wird Ihnen zunächst nur für einen standardmäßig eingestellten Wert angezeigt, der rechts unterhalb des Auswertungszeitraums angegeben ist. Klicken Sie auf das kleine Dreieck daneben, bekommen Sie auch die weiteren Leistungsdaten zur Auswahl geboten – in Abbildung 10.6 haben wir die Entwicklung der Klickrate gewählt. Die eingeblendeten Punkte markieren die von uns gewählte »Zeiteinheit« – in diesem Fall handelt es sich also um wöchentliche Intervalle.

Einzelne Leistungsdaten

In der Tabelle unterhalb der Zusammenfassungen stehen die von uns für diesen Bericht angeforderten Werte: alle verfügbaren Leistungsdaten zu unserer Anzeigengruppe für jede einzelne Woche des Auswertungszeitraums. Sie erkennen, dass Ihnen dies ein schnelleres Arbeiten und eine bessere Übersicht erlaubt, als wenn Sie in der Konto-Statistik jede Woche einzeln abfragen müssten.

Tipp

Am einfachsten lässt es sich arbeiten, wenn Sie Ihre Berichte herunterladen und als Excel-Datei öffnen. Mit den dort verfügbaren Sortier- und Filterfunktionen können Sie den Bericht dann so anpassen, wie Sie es für Ihre Auswertung benötigen.

10.2 Niedriger Share of Voice

Erinnern wir uns an eine Meldung bei den Keywords: »niedriger share of voice«. Diese hatten wir bereits im Zusammenhang mit der Erhöhung unserer Impressions (Abschnitt 9.4, *Direkte Eingriffe*) kurz erwähnt.

Der »Share Of Voice« ist eine Kennzahl aus dem Marketing. Er bezeichnet den Anteil an Kontakten, den eine Werbekampagne auf einem definierten Markt innerhalb einer bestimmten Zeitspanne erreicht.

Die Meldung NIEDRIGER SHARE OF VOICE in der Status-Spalte teilt Ihnen also mit, dass Sie mit diesem Keyword deutlich mehr Impressions erhalten könnten. Die Sprechblase gibt Ihnen weitere Informationen – ob der geringe Anteil beispielsweise in einem zu niedrigen Bietpreis oder in einem zu schlechten Qualitätsfaktor begründet liegt.

Auch Ihre Berichte geben Ihnen Auskunft. Für Konto- und Kampagnenberichte können Sie unter ERWEITERTE EINSTELLUNGEN die Spalten einblenden, die Sie in Abbildung 10.7 sehen. Die Daten beziehen sich nur auf das Such-Netzwerk.

Woche ↑	Kampagne	Anzeigenverteilung	Kampagnenstatus	Impressionen	Klicks	CTR	Durchschn. CPC	Anteil an möglichen Impressionen	Verlorener Anteil an möglichen Impressionen (Rang)	Verlorener Anteil an möglichen Impressionen (Budget)	Anteil an möglichen Impressionen für genau passendes Keyword
01.05.09 - 02.05.09	kühlschränke	Nur Suche	Aktiv	3.991	62	1,55%	€0,13	30%	56%	14%	58%
01.05.09 - 02.05.09	geschirrspüler	Nur Suche	Aktiv	830	34	4,10%	€0,11	56%	44%	0%	99%
01.05.09 - 02.05.09	waschmaschinen	Nur Suche	Aktiv	2.896	91	3,14%	€0,10	23%	40%	37%	34%
01.05.09 - 02.05.09	geschirr	Nur Suche	Aktiv	9.422	248	2,63%	0,11	17%	33%	50%	20%

Abb. 10.7: Kampagnenbericht inkl. Anteil Impressions

Der ANTEIL AN MÖGLICHEN IMPRESSIONS zeigt Ihnen, wie häufig Ihre Anzeigen in Relation zu allen Einblendungen, die innerhalb Ihres Zielmarktes möglich sind, geschaltet wurden. Der ANTEIL AN MÖGLICHEN IMPRESSIONS FÜR GENAU PASSENDES KEYWORD gibt hingegen den Anteil Ihrer Keywords als genau passende Keywords an.

Nehmen wir als Beispiel die Kampagne »geschirrspüler«: Wird Ihr ANTEIL AN MÖGLICHEN IMPRESSIONS FÜR GENAU PASSENDE KEYWORDS mit 99% angegeben, so liegt der ANTEIL BEI ALLEN MÖGLICHEN IMPRESSIONS nur noch bei 56%. Möchten Sie auch diesen Anteil erhöhen, so können Sie insbesondere an Variationen Ihrer bereits vorhandenen Keywords arbeiten oder auch dafür sorgen, dass sie verstärkt bei weitgehend passenden Keywords geschaltet werden.

In den beiden mittleren Spalten erfahren Sie, wie viele Impressions Ihnen aufgrund des »Rangs« bzw. des »Budgets« verloren gehen. In unserer Kampagne »geschirrspüler« stimmt also das Tagesbudget. Bei der Kampagne »geschirr« wäre hingegen eine Steigerung um 100% möglich.

Der verlorene Anteil aufgrund des Rangs liegt bei »geschirrspüler« hingegen bei 44%. Wir erinnern uns, dass sich der Rang aus dem Bietpreis und dem Qualitätsfaktor ergibt. Wollen wir also unseren niedrigen Rang erhöhen, um mehr Impressions zu erhalten, so müssen wir diese beiden Komponenten verbessern.

Bevor Sie sich für Maßnahmen entscheiden, sollten Sie alle zur Verfügung stehenden Leistungsdaten berücksichtigen: zum einen derzeitige Bietpreise und Klickraten, insbesondere natürlich auch die absolute Anzahl an Impressions.

Beachten Sie zudem, dass die Daten in Ihrem Bericht aufgrund Ihrer hinterlegten Keywordliste ermittelt werden. Haben Sie also Zweifel an der Schärfe und Zielgenauigkeit Ihrer Keywords, so berücksichtigen Sie diese auch bei der Interpretation der Impression-Zahlen.

Hinweis

Gerade im Such-Netzwerk muss die Erhöhung der Impressions keineswegs mit einer Steigerung Ihres Erfolges Hand in Hand gehen – wir hatten dies an mehreren Stellen bereits ausführlich erläutert. Daher soll uns hier ein Verweis auf Abschnitt 9.4.1, *Mögliche Ziele*, und auf Kapitel Abschnitt 9.4.2, *Gebotssimulator* genügen.

10.3 Vom Kampagnenbericht zur Anzeigenplanung

Wir sehen uns nun einige Kampagnenberichte an, mit deren Hilfe wir unsere Anzeigenschaltungen sowie auch unseren Bietpreis noch genauer ausrichten können.

Kampagneneinstellungen für Anzeigen

Die Seite für die (Kampagnen-)Einstellungen kennen wir bereits aus Abschnitt 5.4, *Grundlegende Einstellungen auf Kampagnenebene*. Dort hatten wir uns bereits die Einstellung SCHALTMETHODE genauer angesehen, bei der wir zwischen zwei Möglichkeiten wählen konnten: der kontinuierlichen Auslieferung (STANDARD), die unsere Anzeigen über den ganzen Tag gleichmäßig verteilt, sowie der ANFRAGEABHÄNGIGEN, die Schaltungen bis zum Erreichen unseres Tagesbudgets vornimmt.

Keine der beiden Optionen ist wirklich optimal, da sie lediglich auf unser Budget Bezug nehmen. Für uns wäre es viel wichtiger, unsere Anzeigen so steuern zu können, dass sie online sind, wenn es auch unsere Zielgruppe ist. Dies wollen wir nun angehen.

Hinweis

Beachten Sie, dass die »Anzeigenschaltung« (leistungsabhängig oder leistungsunabhängig) damit nichts zu tun hat. Diese hatten wir im Zusammenhang mit unseren Anzeigen kennen gelernt. Wir steuern damit, wie unsere hinterlegten Varianten ausgeliefert werden – in gleichem Verhältnis oder leistungsabhängig von der Klickrate. Nun wollen wir hingegen festlegen, wann unsere Anzeigen geschaltet werden.

Kampagnenberichte zur Anzeigenplanung

Stündlich (nicht nach Datum)

Lassen Sie uns zwei Berichte vergleichen, die wir über die Zeiteinheit STÜNDLICH (UNABHÄNGIG VOM DATUM) gewonnen haben. Ein Versandhändler bewirbt sein Sortiment mit zwei AdWords-Kampagnen – mit einer werden Angebote beworben, mit der anderen das reguläre Sortiment.

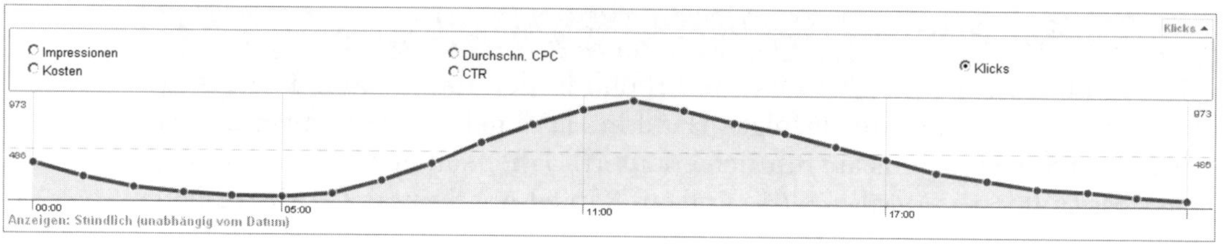

Abb. 10.8: Kampagnenbericht stündlich: Angebot

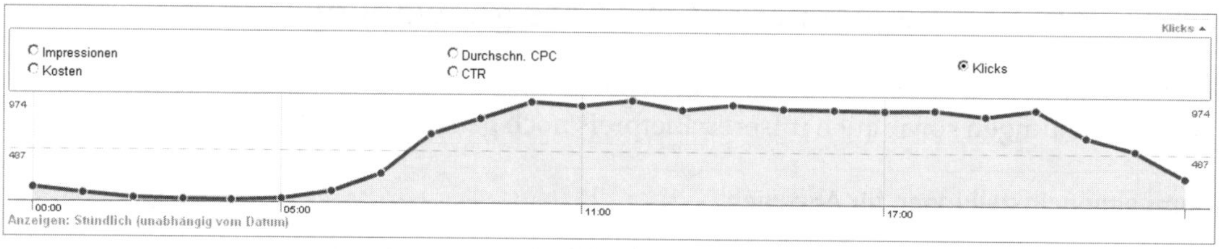

Abb. 10.9: Kampagnenbericht stündlich: Reguläres Sortiment

Die Einstellung STÜNDLICH (UNABHÄNGIG VOM DATUM) zeigt uns in diesem Fall alle Klicks, die im festgelegten Zeitraum pro Tagesstunde angefallen sind. Wir erkennen durch diese Anfrage eindeutige Trends:

- Die Angebots-Kampagne erfährt ihren eindeutigen Höhepunkt um die Mittagszeit. Um 12 Uhr sind also sehr viele User unterwegs, die ihre Suchanfragen um »Angebote«, »Schnäppchen« oder »billig« ergänzen. Dabei fällt der Großteil der Klicks in einem recht engen Zeitkorridor an: Drei Stunden vor bzw. vier Stunden nach der Spitze klicken nur noch halb so viele User, in den restlichen Stunden sind es nochmals deutlich weniger.
- Ganz anders verläuft hingegen die Kurve für die reguläre Kampagne, die bei den Keywords auf Angebots-Ergänzungen verzichtet: Ein steiler Anstieg der Klicks erreicht bereits um 10 Uhr das hohe Niveau, das bis in die Abendstunden gehalten wird.

Daraus können wir Folgendes ableiten: Für die Kampagne »Angebot« ist es sinnvoll, besonders um die Mittagszeit präsent zu sein, während »Sortiment« kontinuierlich von Vormittag bis Abend geschaltet werden sollte.

Tage der Woche

Sehen wir uns nun an, ob sich auch bezüglich der Wochentage ein unterschiedlicher Verlauf ergibt. Hierfür erstellen wir Kampagnen-Berichte für die Zeiteinheit TAGE DER WOCHE.

Auch hier ist die Klickverteilung eine völlig andere: Während die Klicks für das reguläre Sortiment insbesondere zu Wochenbeginn anfallen und am Wochenende stark zurückgehen, so sind die Schnäppchenjäger die gesamte Woche nahezu gleich aktiv. Bezüglich der Klicks ist an keinem Wochentag ein merklicher Einbruch zu verzeichnen.

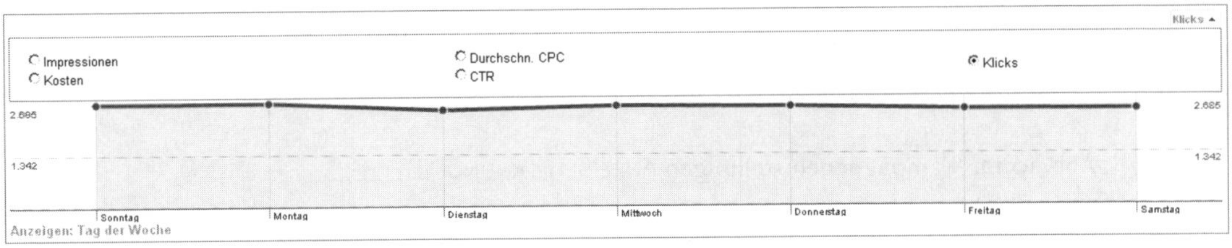

Abb. 10.10: Kampagnenbericht pro Tag: Angebot

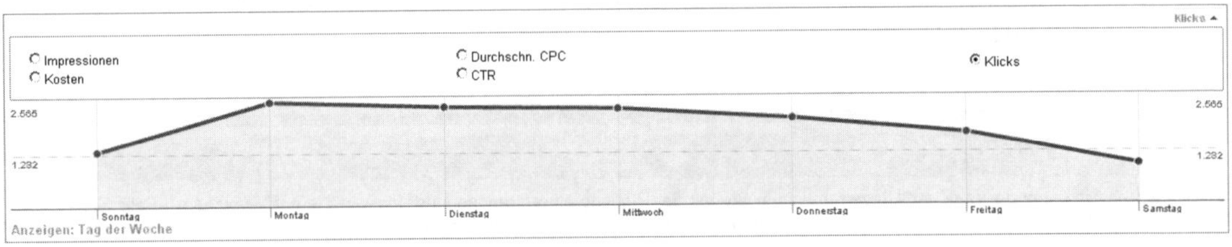

Abb. 10.11: Kampagnenbericht pro Tag: Reguläres Sortiment

(Kampagen-)Einstellung »Anzeigenplanung«

Wir wollen uns nun anschauen, wie wir unsere Erkenntnisse auch tatsächlich umsetzen können. Dabei soll unsere Schlussfolgerung aus den beiden Graphen für die »reguläre Sortiment«-Kampagne folgende sein:

- Wir stellen unsere Anzeigenschaltungen von 22 bis 8 Uhr ein, da dann nur mit wenig Suchanfragen gerechnet wird.
- Sonntag bis Freitag erhöhen wir unseren Bietpreis von 1,- Euro auf 1,20 Euro, um unsere derzeitige Position kurzfristig zu erhöhen.
- Am Samstag senken wir den maximalen Klickpreis dafür auf 0,70 Euro.

Wir navigieren in unserem AdWords-Konto also auf die Seite KAMPAGNENEINSTELLUNGEN: Entweder wählen wir zuerst die betreffende Kampagne in der Baum-Navigation und klicken dann den Reiter EINSTELLUNGEN an oder wir rufen zuerst den Reiter EINSTELLUNGEN für alle Kampagnen auf und klicken dann in die entsprechende Kampagnenzeile. Die zweite Variante hat den Vorteil, dass wir über die Spalte ANZEIGENPLANUNG direkt in den WERBEZEITPLANER springen.

Wir gehen den längeren Weg über die Seite KAMPAGNENEINSTELLUNGEN, scrollen bis zum Bereich ERWEITERTE EINSTELLUNGEN und klappen den Link WERBEZEITPLAN: STARTDATUM, ENDDATUM, ANZEIGENPLANUNG auf.

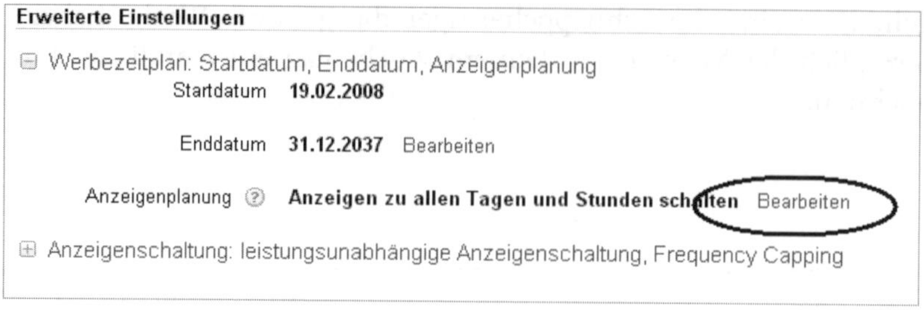

Abb. 10.12: Kampagneneinstellungen ANZEIGENPLANUNG

Mit dem Link BEARBEITEN beim Punkt ANZEIGENPLANUNG gelangen nun auch wir in den Werbezeitplaner. Dort wechseln wir direkt in den Modus GEBOTSANPASSUNG und wählen, um Missverständnisse zu vermeiden, auch gleich das 24-STUNDEN-UHRZEITSYSTEM.

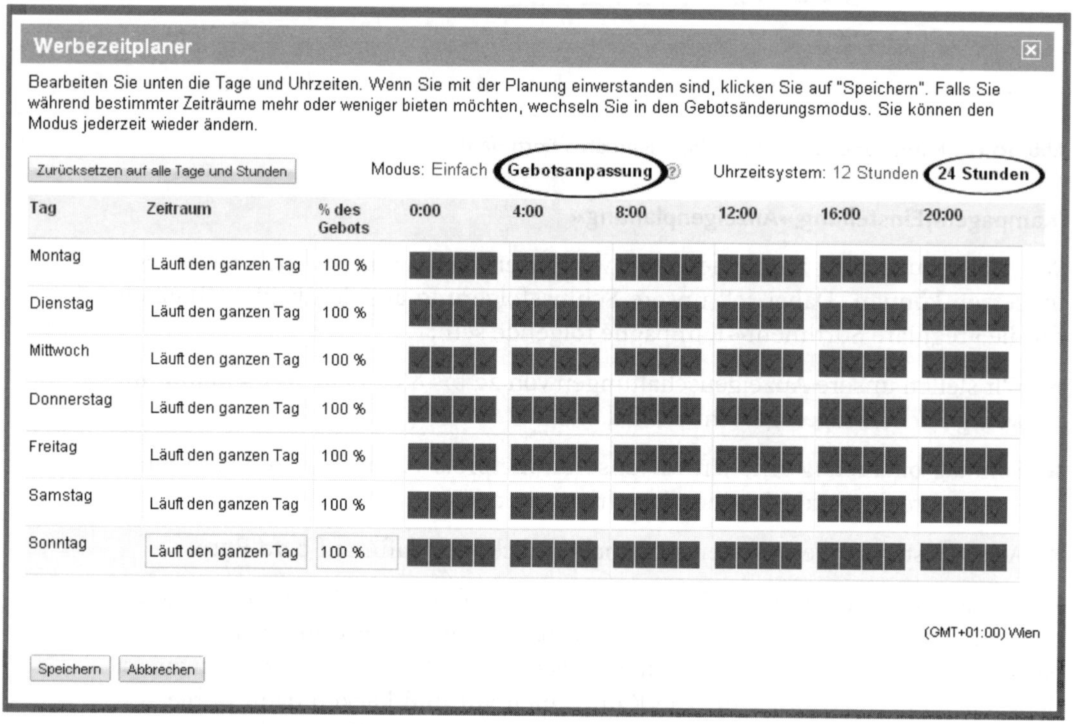

Abb. 10.13: Anzeigenplanung ERWEITERTER MODUS

Wählen wir nunmehr den Montag für unsere Änderungen aus. Die Felder LÄUFT DEN GANZEN TAG und 100% führen uns beide zum gleichen Layer, in dem wir unsere Anpassungen vornehmen:

- Über die Drop-downs stellen wir die Zeitspanne ein, innerhalb derer unsere Anzeigen nur noch geschaltet werden sollen.
- Die Erhöhung unseres Bietpreises entspricht 20%, so dass wir dies im Textfeld mit 120 eingeben.

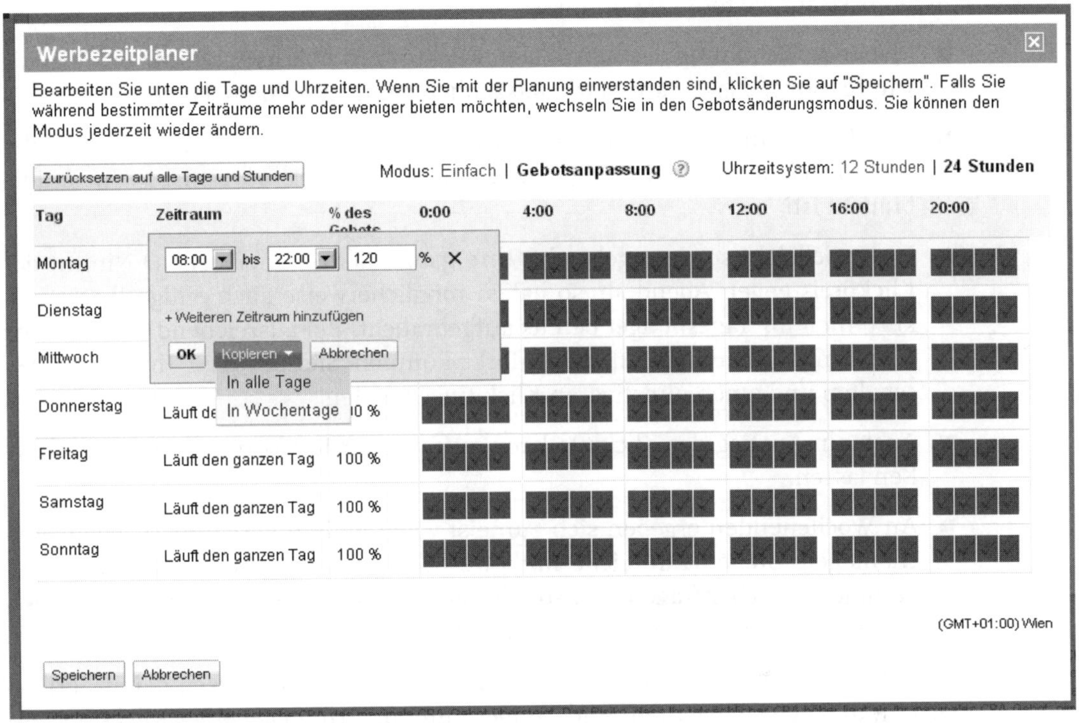

Abb. 10.14: Einstellen der Anzeigenplanung

Da diese Einstellungen auch für alle anderen Tage gelten, übernehmen wir sie direkt mit der Funktion KOPIEREN: IN ALLE TAGE bedeutet für Montag bis Sonntag, IN WOCHENTAGE für Montag bis Freitag. Öffnen Sie den Layer in der Samstag- oder Sonntag-Zeile, so erhalten Sie anstelle der Wochentage die Kopierfunktion IN WOCHENENDE.

Möchten Sie die Schaltung eines gesamten Tages unterbinden, so klicken Sie auf das X hinter der Prozenteingabe.

Mit dem Button OK übernehmen wir die getroffene Werbeplanung. Gemäß unserer Auswertung müssen wir auf gleiche Weise nun noch das gesonderte Gebot von 70% für den Samstag hinterlegen. Mit SPEICHERN aktivieren wir schließlich alle Änderungen.

Alle Leistungsdaten berücksichtigen

Schon in diesem einfachen Beispiel haben wir gesehen, dass wir bei Schlussfolgerungen aus den Besucherströmen immer alle Leistungsdaten berücksichtigen müssen. Haben Sie also derartige Berichte für Ihre Kampagne erstellt, so sehen Sie sich selbstverständlich auch die anderen Leistungsdaten an und prüfen deren Ergebnisse auf weitere Erkenntnisse:

- Macht die Erhöhung des maximalen Klickpreises überhaupt Sinn? Belegen die Impressions, dass es am Markt tatsächlich genügend Potenzial gibt?
- Erzielen Sie am Abend weniger Klicks, weil es weniger Suchanfragen gibt, oder weil vielleicht Ihr Tagesbudget regelmäßig zwischen 20 und 22 Uhr aufgebraucht ist?
- Ist es vielleicht sogar angebracht, Ihre ganze Taktik umzustellen? Nimmt der Klickpreis gegen Abend ab, so haben möglicherweise auch einige Ihrer Konkurrenten ihr Tagesbudget bereits aufgebraucht. Bei ausreichend Impressions und damit Nachfrage auf dem Markt könnten Sie erst jetzt Ihre Anzeigen schalten und einen günstigeren Klickpreis erzielen.
- Auch ein Anstieg der Klickrate kann auf weniger Konkurrenzanzeigen schließen lassen.
- An Wochenenden ergeben sich zumeist völlig andere Verhältnisse als an Wochentagen. Stellen zahlreiche Mitbewerber ihre Anzeigenschaltungen wegen geringerer Suchanfragen ein, so können Sie die verbleibende Nachfrage vielleicht billiger und mit höheren Klickraten auf vorderen Platzierungen abgreifen.

Sie sehen – zahlreiche Konstellationen sind möglich und müssen daher berücksichtigt und getestet werden. Änderungen nur auf Grundlage einer Klick-Auswertung sollten Sie daher nicht vornehmen.

Auf Grundlage valider Daten ist der Einsatz der Anzeigenplanung hingegen sehr zu empfehlen. Sie können damit Ihre Gelder viel genauer steuern und deutliche Verbesserungen erzielen.

Hinweis

Im Gegensatz zur Grafik in der Konto-Statistik (Abschnitt 9.1, *Optimierungspotentiale*) ist es in den Berichten nicht möglich, einen zweiten Messwert zu definieren. Wechselwirkungen, wie auch schon in Abschnitt 9.4, *Direkte Eingriffe* vorgestellt, sind also etwas schwieriger auszumachen: Sie wechseln zwischen den wählbaren Leistungsdaten und merken sich die Verläufe. Sie halten sich an die Tabelle. Sie öffnen mehrere Berichte gleichzeitig. Oder Sie rufen die Grafik in der Konto-Statistik bzw. auf der Startseite auf.

Beziehen Sie in Ihre Auswertungen immer auch die Ergebnisse aus dem Conversion-Tracking mit ein, das wir im folgenden Kapitel 11, *Conversion-Tracking: Das Ziel im Visier*, kennen lernen werden. Diese können allerdings nur für die Abfrage TAG DER WOCHE, nicht für die Zeiteinheit STÜNDLICH erstellt werden.

10.4 Vom Suchanfragenbericht zur Keywordliste

Mit unseren Keyword-Optionen konnten wir bestimmen, wie genau die Suchanfrage eines Users mit unseren Keywords übereinstimmen muss, damit es zu einer Anzeigenschaltung kommt.

Bei der »Exact Option« ist es klar: Der User darf nur genau unser hinterlegtes Keyword eingeben. Bei der »Broad« und »Phrase Option« hingegen darf die Suchanfrage in unterschiedlichem Maße auch abweichen. Wie diese genau lautet, können wir bislang nicht wissen.

Dies ändert sich nun, indem wir den Bericht SUCHANFRAGEN abrufen. Hierbei gab es in letzter Zeit einige Erleichterungen:

- Der Bericht wurde ins Konto integriert. Dies erspart nicht nur den üblichen Weg über das Berichtcenter – Suchanfragen können auch direkt als Keyword in die jeweilige Anzeigengruppe übernommen werden.
- Die Auskunft »so-und-so-viele weitere eindeutige Suchanfragen« gibt es nicht mehr. Dieser Sammelposten umfasste zumeist Keywords, die nur einmal oder wenige Male gesucht wurden. Nunmehr werden tatsächlich alle Suchanfragen angezeigt.

Wir lernen zunächst den Weg über das Berichtcenter kennen, rufen den Bericht dann auch über unser Konto auf und besprechen die Vor- und Nachteile.

Über das Berichtcenter

Über das Berichtcenter erstellen wir den Suchanfragen-Bericht auf bekannte Weise: Wir rufen die Berichtart SUCHANFRAGENLEISTUNG auf, stellen die Zeiteinheit ZUSAMMENFASSUNG ein und wählen sinnvollerweise eine einzelne Anzeigengruppe aus – denn genau dort hinterlegen wir ja unsere Keyword-Listen.

Ein Onlineshop enthält für seine Anzeigengruppe »Mountainbike« beispielsweise die Ergebnisse wie in Abbildung 10.15.

Interessant sind für uns lediglich diejenigen Keywords, die mit der Keyword-Übereinstimmung WEITGEHEND und WORTGRUPPE gekennzeichnet sind.

Ergänzend gibt es die Meldung WEITGEHEND PASSEND (SITZUNGSBASIERT). Hier liefert Google Anzeigen unter Berücksichtigung von Suchanfragen aus, die der Nutzer während seiner aktuellen Sitzung bereits getätigt hat. Entsprechend weit können diese Suchbegriffe vom eigentlichen Keyword entfernt sein und sollten von uns noch eingehender auf Sinnhaftigkeit geprüft werden.

Impressionen	Klicks	CTR	Durchschn. CPC	Kosten	Durchschnittl. Position
555	219	39,46%	0,27 €	58,87 €	2,10

Kampagne	Anzeigengruppe	Suchanfrage	Keyword-Übereinstimmung	Kampagnenstatus	Impressionen ↓	Klicks	CTR	Durchschn. CPC	Kosten	Durchschnittl. Position
Mountainbike - DE	Mountainbike - Mountainbike	mountainbike	Exakt	Aktiv	359	49	13,65%	€0,27	€13,13	2,3
Mountainbike - DE	Mountainbike - Mountainbike	mtb	Weitgehend	Aktiv	17	8	47,06%	€0,16	€1,29	1,4
Mountainbike - DE	Mountainbike - Mountainbike	atb	Weitgehend	Aktiv	9	1	11,11%	€0,16	€0,16	1,0
Mountainbike - DE	Mountainbike - Mountainbike	mountenbike	Weitgehend	Aktiv	6	6	100,00%	€0,36	€2,17	1,5
Mountainbike - DE	Mountainbike - Mountainbike	chaser mtb spider	Weitgehend	Aktiv	5	2	40,00%	€0,31	€0,62	1,2
Mountainbike - DE	Mountainbike - Mountainbike	crossbike	Weitgehend	Aktiv	4	2	50,00%	€0,26	€0,52	1,8
Mountainbike - DE	Mountainbike - Mountainbike	univega	Weitgehend	Aktiv	4	3	75,00%	€0,19	€0,58	1,8
Mountainbike - DE	Mountainbike - Mountainbike	cube mountainbike	Wortgruppe	Aktiv	3	3	100,00%	€0,41	€1,24	1,7
Mountainbike - DE	Mountainbike - Mountainbike	mountainbike 28 zoll	Wortgruppe	Aktiv	3	2	66,67%	€0,34	€0,68	1,7

Abb. 10.15: Suchanfragebericht

Um die Keywords leichter bearbeiten zu können, laden wir uns den Bericht beispielsweise als CSV FÜR EXCEL herunter. Dies machen wir über die Funktion BERICHT EXPORTIEREN, links oben unter der Berichtsüberschrift (siehe Abbildung 10.16).

Abb. 10.16: Suchanfragebericht exportieren

Abgespeichert und mit Excel geöffnet, können wir uns den Bericht so anzeigen lassen, wie wir ihn für unsere Zwecke benötigen. So filtern wir beispielsweise nur die »weitgehenden« Keywords und reihen sie entsprechend der Impressionanzahl, wie in Abbildung 10.17 zu sehen.

In der Spalte SUCHANFRAGE erkennen wir nun, welche Suchanfragen der User tatsächlich zu Anzeigenschaltungen geführt haben. Wozu können wir diese Informationen nutzen?

- Passende Suchanfragen, die von uns noch nicht in der Kombination hinterlegt wurden, können wir neu in unsere Keyword-Liste aufnehmen.

- Unpassende Suchanfragen können wir als ausschließende Keywords hinzufügen. So vermeiden wir weitere ungewollte Klicks.

Anzeigengruppe	Suchanfrage	Keyword-Übereinstimmung	Impressionen	Klicks	CTR	Durchschn. CPC	Kosten	Position
Mountainbike - Mountainbike	mtb	Weitgehend	17	8	47,06%	0,16	1,29	1,4
Mountainbike - Mountainbike	atb	Weitgehend	9	1	11,11%	0,16	0,16	1
Mountainbike - Mountainbike	mountenbike	Weitgehend	6	6	100,00%	0,36	2,17	1,5
Mountainbike - Mountainbike	chaser mtb spider	Weitgehend	5	2	40,00%	0,31	0,62	1,2
Mountainbike - Mountainbike	univega	Weitgehend	4	3	75,00%	0,19	0,58	1,8
Mountainbike - Mountainbike	crossbike	Weitgehend	4	2	50,00%	0,26	0,52	1,8
Mountainbike - Mountainbike	mountenbaik 26zoll	Weitgehend	3	1	33,33%	0,15	0,15	3
Mountainbike - Mountainbike	bikeshop	Weitgehend	2	2	100,00%	0,31	0,61	2
Mountainbike - Mountainbike	mtb parts	Weitgehend	2	2	100,00%	0,19	0,38	2
Mountainbike - Mountainbike	federgabeln	Weitgehend	2	1	50,00%	0,3	0,3	2
Mountainbike - Mountainbike	xtrail bike	Weitgehend	2	1	50,00%	0,29	0,29	1,5

Abb. 10.17: Suchanfrage Excel-Export

Konzentrieren Sie sich dabei zuerst auf die Anfragen mit den meisten Impressions, also mit dem größten Suchvolumen. Die seltenen Suchanfragen können Sie für Ihren Long Tail (vgl. Abschnitt 9.2.3, *3. Gruppe: Die restlichen Keywords*) verwenden.

Führen Sie diese Sortierung auch für die Keyword-Übereinstimmung »Wortgruppe« durch. Auch hiermit können Sie weitere Begriffe finden, die Ihre Keyword-Liste optimieren.

Sie können sich diesen Bericht bis auf einzelne Anzeigen heruntergebrochen ausgeben lassen. Dies ermöglicht Ihnen die Auswertung, wie ein spezielles Keyword mit den unterschiedlichen Varianten Ihrer Anzeigen performt. Diesen Zusammenhang können Sie in Ihrer Konto-Statistik nicht herstellen (siehe Abbildung 10.18).

Kampagne	Anzeigengruppe	Suchanfrage	Keyword-Übereinstimmung	Anzeigenvorschau	Anzeigen-ID hinzufügen	Impressionen	Klicks ↓	CTR	Durchschn. CPC	Kosten	Durchschnittl. Position
Mountainbike - DE	Mountainbike - Mountainbike	mountainbike	Exakt	Mountainbike bestellen Jetzt hier im Shop: Mountainbike in vielen Modellen & Farben! www.bikemore.eu/mountainbike	2968760985	126	**14**	11,11%	€0,27	€3,83	2,3
Mountainbike - DE	Mountainbike - Mountainbike	mountainbike	Exakt	Mountainbike kaufen Jetzt hier bequem im Online-Shop: Mountainbike online kaufen! www.bikemore.eu/mountainbike	2968761255	96	**13**	13,54%	€0,27	€3,57	1,7
Mountainbike - DE	Mountainbike - Mountainbike	mountainbike	Exakt	Mountainbike Shop Fully oder Hardtail Mountainbike jetzt gleich online bestellen! www.bikemore.eu/mountainbike	2968761165	47	**11**	23,40%	€0,25	€2,72	2,9
Mountainbike - DE	Mountainbike - Mountainbike	mountainbike	Exakt	Mountainbike Mountainbike: Jetzt gleich online auswählen & bestellen! www.bikemore.eu/mountainbike	2968761075	65	**8**	12,31%	€0,29	€2,31	2,5

Abb. 10.18: Detailebene »Anzeige«

> **Hinweis**
>
> Übernehmen Sie auch inhaltlich passende Keywords nicht blindlings in Ihre Keywordliste. Ziehen Sie immer weitere Leistungsraten wie die Klickrate, Klickpreis oder durchschnittliche Position in Ihre Entscheidungen mit ein. So können Sie weitere Optimierungen Ihrer Anzeigengruppe vornehmen.

Integration in die Konto-Statistik

Die Integration des Suchanfragenberichts in die Kampagnenverwaltung ändert natürlich nichts an der grundsätzlichen Art und Weise, wie Sie mit den herausgefundenen Suchanfragen umgehen sollen. Es geht nur wesentlich schneller und komfortabler.

Spielen wir obige Abfrage nach, so wählen wir die Anzeigengruppe MOUNTAINBIKE in der Baum-Navigation, öffnen den Reiter KEYWORDS und wählen unseren gewünschten Anfragezeitraum.

Mit dem Drop-down SUCHBEGRIFFE ANZEIGEN definieren wir, ob wir Suchanfragen zu allen oder nur zu ausgewählten Keywords abrufen wollen. Diese müssen wir, wie gewohnt, durch Anklicken der vorgestellten Checkbox markieren.

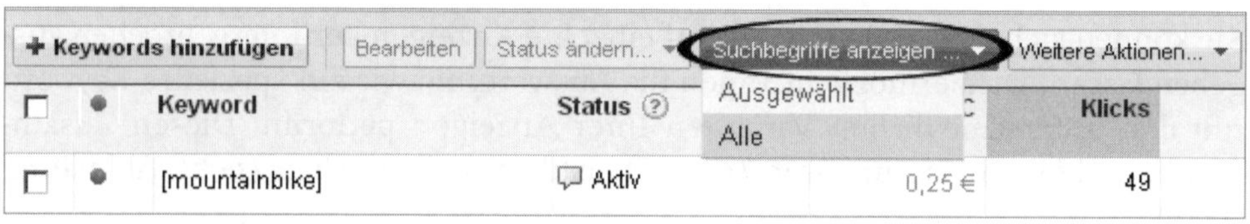

Abb. 10.19: Drop-down SUCHBEGRIFFE ANZEIGEN

Es öffnet sich ein Layer mit den Ergebnissen (siehe Abbildung 10.20).

Wenig erstaunlich erhalten wir die gleichen Ergebnisse wie über das Berichtcenter. Mit dem Hinweis HINZUGEFÜGT wird Ihnen angezeigt, dass dieses Keyword bereits in der Anzeigengruppe hinterlegt ist.

Die Zeile GESAMT nennt die Leistungsdaten der Anzeigengruppe. Berichte aus dem Berichtcenter geben hingegen die Summen und Durchschnittswerte der im Bericht aufgeführten Suchanfragen wieder.

Die größten Vorteile der integrierten Variante sind sicherlich, dass Sie den Bericht nunmehr sehr einfach und auch für einzelne Keywords erstellen können. Ebenso praktisch ist die direkte Weiterverarbeitung der gefundenen Suchbegriffe. Markieren Sie diejenigen Keywords, die Sie übernehmen wollen, und klicken Sie auf den Button ALS KEYWORD HINZUFÜGEN (siehe Abbildung 10.21).

Als Keyword hinzufügen | Als ausschließendes Keyword hinzufügen | Herunterladen

	Suchbegriff	Keyword-Option	Klicks	Impr.	CTR	Durchschn. CPC	Kosten	Durchschn. Pos.
	Gesamt		219	14.723	1,49 %	0,27 €	58,87 €	2,3
☐	mountainbike Hinzugefügt	Genau passend	49	359	13,65 %	0,27 €	13,13 €	2,3
☐	mtb	Weitgehend passend	8	17	47,06 %	0,16 €	1,29 €	1,4
☐	atb	Weitgehend passend	1	9	11,11 %	0,16 €	0,16 €	1
☐	mountenbike	Weitgehend passend	6	6	100,00 %	0,36 €	2,17 €	1,5
☐	chaser mtb spider	Weitgehend passend	2	5	40,00 %	0,31 €	0,62 €	1,2
☐	crossbike	Weitgehend passend	2	4	50,00 %	0,26 €	0,52 €	1,8
☐	univega	Weitgehend passend	3	4	75,00 %	0,19 €	0,58 €	1,8
☐	mountenbaik 26zoll	Weitgehend passend	1	3	33,33 %	0,15 €	0,15 €	3

Abb. 10.20: Suchanfragebericht

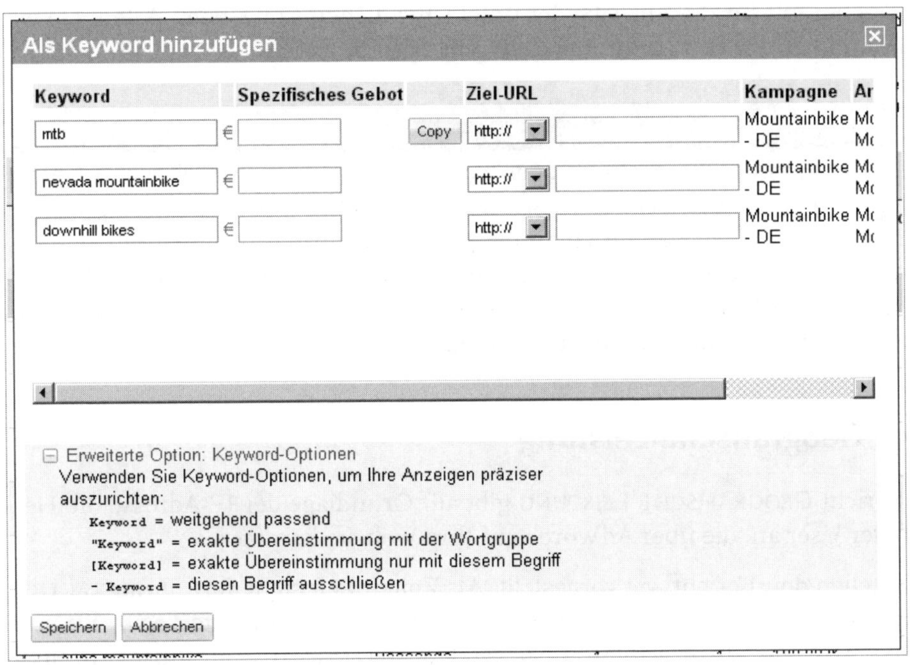

Abb. 10.21: Suchanfragen hinzufügen

- Im Layer können Sie das Keyword selbst sowie die Keyword-Option ändern. Klicken Sie dafür in das Feld Keyword und führen Sie Ihre Änderungen durch.

- Sie können für jedes Keyword direkt einen individuellen CPC sowie eine individuelle Ziel-URL vergeben (»spezifisches Gebot«). Über COPY übernehmen Sie diese Eingabe für alle Keywords. Lassen Sie die Felder leer, gelten die Vorgaben auf Anzeigengruppenebene.
- Jedes Keyword ist eindeutig derjenigen Anzeigengruppe zugeordnet, in der es eine Anzeigenschaltung ausgelöst hat. Es kann über diese Funktion also nicht in einer anderen Anzeigengruppe oder Kampagne hinzugefügt werden.

Letzter Punkt ist sicherlich nicht der Weisheit letzter Schluss. Man denke nicht nur an vermeintlich besser passende, sondern gar an neue Anzeigengruppen, die man aufgrund des Berichtes eröffnet.

Noch ärgerlicher ist die eindeutige Zuweisung, wenn Sie manche Suchbegriffe als negative Keywords hinterlegen möchten. Sie hatten bereits gesehen, dass eine Zuordnung auf Kampagnenebene sehr sinnvoll sein kann und auch von Google angeboten wird (Abschnitt 6.4.4, *Ausschließende Keywords auf Kampagnenebene*). Dies ist hier nicht möglich. Auch über den Button ALS AUSSCHLIESSENDES KEYWORD HINZUFÜGEN können Sie Keywords nur der vorgegebenen Anzeigengruppe zuordnen.

Beachten Sie, dass die Detailebene ANZEIGE nur über das Berichtcenter möglich ist. Gleiches gilt für die Ausgabe der unterschiedlichen Conversion-Arten, die wir in Abschnitt 11.1.2, *Den Conversion-Code generieren* besprechen.

Hinweis

Natürlich können Sie Suchanfragen-Berichte nicht nur für eine Anzeigengruppe, sondern auch über mehrere Gruppen und Kampagnen hinweg anfordern. Mag die Gefahr bei Berichten über das Berichtcenter noch bestehen, dass Keywords falsch zugeordnet werden. Bei der Abfrage aus dem Konto heraus bleibt die Zuordnung zur Anzeigengruppe auch dann bestehen, wenn Sie beispielsweise eine gesamte Kampagne abfragen.

10.5 Geografische Leistung

Der Bericht GEOGRAFISCHE LEISTUNG gibt auf Grundlage der IP-Adresse die Herkunft der User an, die über AdWords auf Ihre Website kommen.

Sie erstellen den Bericht wie vorgestellt. Als Zeiteinheit steht derzeit nur TÄGLICH zur Verfügung, als geografische Daten können Sie die Attribute LAND, REGION, GROSSSTADT und STADT wählen. Insbesondere GROẞSTADT ist für unsere Breitengrade eher zu vernachlässigen, da die in den USA definierten DMAs (Designated Market Areas) als Grundlage herangezogen werden.

Sehen wir uns einen Bericht in Abbildung 10.22 an. Die Kampagne ist auf ganz Deutschland ausgerichtet:

Datum ↓	Kampagne	Land/Gebiet	Region	Kampagnenstatus	Impressionen	Klicks	Durchschn. CPC	Tägliche Klickrate	Kosten
31.05.09	Waschmaschinen	Deutschland	(Alle anderen Regionen)	Aktiv	17	2	€0,56	11,76%	€1,12
31.05.09	Waschmaschinen	Deutschland	Berlin	Aktiv	88	12	€0,53	13,64%	€6,31
31.05.09	Waschmaschinen	Deutschland	Brandenburg	Aktiv	18	4	€0,51	22,22%	€2,04
31.05.09	Waschmaschinen	Deutschland	Baden-Württemberg	Aktiv	221	18	€0,53	8,14%	€9,61
31.05.09	Waschmaschinen	Deutschland	Bayern	Aktiv	170	14	€0,53	8,24%	€7,48
31.05.09	Waschmaschinen	Deutschland	Bremen	Aktiv	3	1	€0,57	33,33%	€0,57
31.05.09	Waschmaschinen	Deutschland	Hessen	Aktiv	137	14	€0,57	10,22%	€8,02
31.05.09	Waschmaschinen	Deutschland	Hamburg	Aktiv	14	3	€0,56	21,43%	€1,67
31.05.09	Waschmaschinen	Deutschland	Niedersachsen	Aktiv	90	4	€0,47	4,44%	€1,89
31.05.09	Waschmaschinen	Deutschland	Nordrhein-Westfalen	Aktiv	635	1	€0,78	0,16%	€0,78
31.05.09	Waschmaschinen	Deutschland	Rheinland-Pfalz	Aktiv	33	2	€0,52	6,06%	€1,05
31.05.09	Waschmaschinen	Deutschland	Schleswig-Holstein	Aktiv	5	3	€0,57	60,00%	€1,70
31.05.09	Waschmaschinen	Deutschland	Saarland	Aktiv	2	1	€0,55	50,00%	€0,55
31.05.09	Waschmaschinen	Deutschland	Sachsen	Aktiv	6	1	€0,58	16,67%	€0,58

Abb. 10.22: Geografische Leistungen

Der Sammelposten (ALLE ANDEREN REGIONEN) umfasst alle Besucher, die nicht eindeutig geografisch zugeordnet werden konnten.

Besonders auffallend ist Nordrhein-Westfalen, das eine hohe Anzahl an Impressions, jedoch eine deprimierend schlechte Klickrate aufweist. Hier ist es mehr als angeraten, zumindest dieses Bundesland in eine eigene Kampagne auszulagern (STANDORT = KAMPAGNENEINSTELLUNG) und zu optimieren.

Sehen wir uns Baden-Württemberg an. Wir wollen dabei unterstellen, dass dort zwar häufig geklickt, nicht aber gekauft wird (aktivieren Sie im nächsten Kapitel das Conversion-Tracking, so wissen Sie, ob es wirklich so ist). Lagern Sie die Klickfreudigen User aus Baden-Württemberg daher in eine eigene Kampagne mit eigenem Budget aus und stellen Sie sicher, dass den Conversion-freudigeren Bundesländern nicht das gesamte Budget »weg-geklickt« wird.

Ebenso können Sie aufgrund der jeweiligen regionalen Ergebnisse beispielsweise unterschiedliche Klickpreise einstellen, anderslautende Anzeigen wählen oder Keywords hinzufügen bzw. weglassen.

Zudem erinnern Sie sich, dass in den Qualitätsfaktor auch Kontoleistungen auf regionaler Ebene einfließen (Abschnitt 4.3.1, *Die Komponenten der Qualitätsfaktoren*). Insofern ist es mehr als ratsam, hier entsprechend zu differenzieren.

> **Hinweis**
>
> Für Sites, die Web-Analyse-Tools verwenden, bietet der Bericht nichts wirklich Neues. Die geografische Herkunft der Besucher gehört sicherlich zu den Standard-Auswertungen. Es ist daher zu überlegen, ob tatsächlich ein Extra-Bericht nur für AdWords-Besucher erstellt werden muss – der zudem bislang nur die Ergebnisse eines einzigen Tages ausgibt.

10.6 Konto- und Kampagnenberichte: Googles ungültige Klicks

»Ungültige Klicks« sind bei Google alle Klicks, die auf unzulässige Weise zustande gekommen sind. Dies können zum einen Doppelklicks auf Ihre Anzeige sein, zum anderen aber auch Klicks mit betrügerischem Hintergrund. Diese können manuell oder mithilfe automatischer Tools getätigt werden, um die Kosten des Advertisers zu erhöhen.

Ungültige Klicks laut Bericht

Wie hoch der Anteil Ihrer ungültigen Klicks ist, erfahren Sie, indem Sie in Ihren Kampagnen- oder Kontoberichten die Einstellungen UNZULÄSSIGE KLICKS und RATE UNZULÄSSIGER KLICKS aktivieren.

Klicks	Ungültige Klicks	Rate ungültiger Klicks ↑
829	40	**4,60%**
69	3	**4,17%**
354	10	**2,75%**
123	2	**1,60%**

Abb. 10.23: Ausschnitt Kampagnenbericht: Ungültige Klicks

Angezeigt werden natürlich nur diejenigen Klicks, die Google als ungültig deklariert hat. Die Kosten dafür werden Ihrem Konto wieder gutgeschrieben (Abschnitt 3.6, *Abrechnung*).

Der tatsächliche Anteil der ungültigen Klicks liegt sehr wahrscheinlich höher – Suchmaschinenbetreiber wiegeln verständlicherweise ab, Skeptiker nennen Werte von über 30% und mehr.

Google ist sich des Problems durchaus bewusst. Schließlich geht es um die Glaubwürdigkeit von CPC-Werbung – und diese bringt einiges an Gewinnen ein. Inwieweit tatsächlich Gegenmaßnahmen ergriffen werden und werden können, ist als Außenstehender schwer zu sagen – und wird deshalb auch entsprechend der jeweiligen Haltung Google gegenüber eingeschätzt.

Maßnahmen gegen Klickbetrug

Sie als Advertiser haben nur wenige Möglichkeiten, Klickbetrug auf die Schliche zu kommen.

Haben Sie es mit Wettbewerbern zu tun, die tatsächlich am frühen Morgen Ihre Anzeigen anklicken, um Sie zu schröpfen, so können Sie in AdWords bei einem entsprechenden Verdacht die IP-Adresse Ihres Mitbewerbers eingeben. Ihm werden Ihre Anzeigen dann nicht mehr angezeigt.

Dies funktioniert wie folgt: Gehen Sie zur »Tools«-Übersichtsseite (Reiter TOOLS in der Konto-Navigation, dann WEITERE TOOLS). Dort klicken Sie den Link AUSSCHLUSS VON IP-ADRESSEN an. Nach Auswahl der zu schützenden Kampagne können Sie einzelne IP-Adressen oder ganze Adressblöcke sperren:

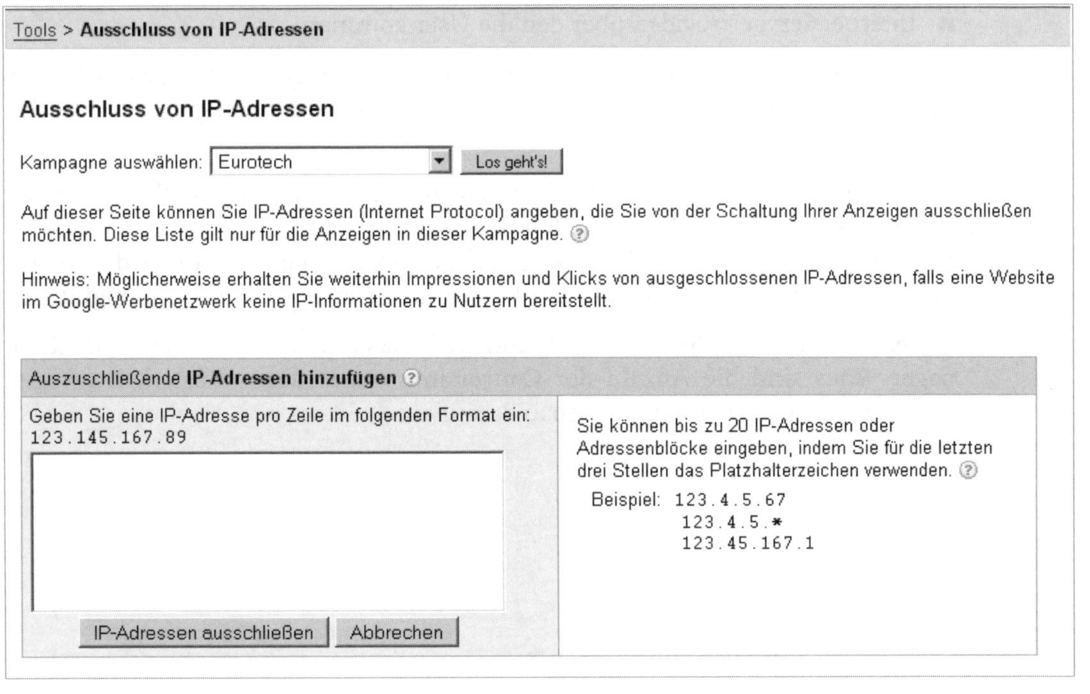

Abb. 10.24: Ausschluss von IP-Adressen

Es empfiehlt sich aber, mit dieser Funktion sehr vorsichtig umzugehen. Denn schließen Sie versehentlich alle Telekom-Kunden im Großraum Berlin aus, so können Ihnen mit einem Schlag zahlreiche Kunden verloren gehen. Haben Sie konkrete Anhaltspunkte auf Klickbetrug, so können Sie dies auch Google melden und eine Sperrung veranlassen.

Mit professionellem Klickbetrug hat das alles natürlich nichts zu tun. Denn dabei werden nicht nur verschleierte IP-Adressen eingesetzt, es werden auch Klicks aus

Ausland oder durch automatische Tools generiert. Diesbezüglich sind Sie dann ziemlich machtlos.

Um entsprechende Hinweise zu erhalten, können Sie auf Webanalyse-Tools oder auf Ihre Logfile-Auswertung zurückgreifen. Sehen Sie sich dort beispielsweise das Verhaltensmuster der Nutzer an, die aus kostenlosen Quellen auf Ihre Site gelangten – über die organische Suche, durch Direkteingabe Ihrer URL in den Browser etc. Indizien können folgende Daten liefern:

- Tages- und monatszeitliches Besucheraufkommen
- Verweildauer, Exitraten, Klickpfade
- Technische Ausstattung wie Browser oder Betriebssystem
- Geografische Herkunft der Besuche
- Internet Server Provider, über den die User kommen

Diese Daten erheben Sie auch für Ihren kostenpflichtigen Traffic aus AdWords. Ergeben sich gravierende Unterschiede, können Sie eventuell Opfer von Klickbetrug sein.

Mittlerweile gibt es spezielle Software-Lösungen zu kaufen, die Ihnen bei der Bekämpfung dieses Problems helfen. Doch sehen Sie trotz allem keine Gespenster. Kampagnen, die nach Klicks abgerechnet werden, bergen immer die Gefahr des Klickbetrugs. Auch ist nicht jeder Klick aus Indien automatisch ein ungültiger.

Die entscheidende Größe für Sie ist und bleibt das Ergebnis Ihrer AdWords-Kampagne. Dies sind die Anzahl der Conversions sowie deren Kosten. Deswegen gehen wir im nächsten Kapitel genau darauf ein.

Conversion-Tracking: Das Ziel im Visier

Unter Conversion verstehen wir eine Handlung, die ein User auf unserer Website ausüben soll. Das können ein Kauf, eine Anmeldung, ein Download und vieles mehr sein.

Indem wir die Conversions erfassen, halten wir fest, wie viele unserer mit AdWords gewonnenen User tatsächlich die von uns gewünschte Aktion ausüben. Dies gibt uns Antworten auf wichtige Fragen:

- Sprechen wir über Keyword und Anzeigen die richtigen User an?
- Ist unsere Landingpage erfolgreich?
- Wie teuer kommt uns eine Conversion?
- Und damit letztendlich: Lohnt sich unsere AdWords-Kampagne überhaupt?

Wir sehen uns zunächst an, wie das Conversion-Tracking funktioniert, und wie wir es für unser AdWords-Konto aktivieren. Danach lesen wir die neu gewonnenen Leistungsdaten in unserer Konto-Statistik ein, interpretieren sie und besprechen, was wir verbessern können.

11.1 Zwei Schritte zum Conversion-Tracking

Um Conversions im AdWords-Konto mittracken zu können, sind zwei Schritte notwendig:

- Zunächst generieren wir einen Tracking-Code.
- Danach bauen wir diesen auf unserer Website ein.

Hinweis

Der Einbau des Codes geht im Grunde völlig problemlos. Trotzdem können Sie diese Aufgabe natürlich Ihrem Webmaster übergeben – sei es, weil Sie eher im Marketing zu Hause sind und mit allem, was Quellcodes und Eingriffe auf Ihrer Site betrifft, nichts zu tun haben wollen. Oder weil Sie selbst tatsächlich keinen eigenen Zugriff auf Ihre Webseite haben.

Trotzdem sollten Sie den restlichen Teil dieses Kapitels mit uns gehen.

- Wir besprechen die grundsätzliche Funktionsweise des Conversion-Trackings. Nur mit diesem Wissen können Sie die Werte, die Ihnen AdWords liefert, richtig interpretieren.
- Wir gehen die drei Schritte durch, mit denen Sie den Conversion-Code generieren. Stellen Sie so sicher, dass Sie auch tatsächlich diejenigen Werte geliefert bekommen, die Sie wollen. Den fertigen Code übersenden Sie Ihrem Webmaster zum Einbau.

11.1.1 Conversion-Tracking in AdWords

Sehen wir uns also an, was es mit dem Conversion-Tracking auf sich hat – wie eine Conversion getrackt wird, welche Werte Sie an welcher Stelle erhalten und was es deshalb zu beachten gilt.

Wie wird eine Conversion gezählt?

Machen wir uns zum Verständnis das grundsätzliche Prinzip klar, nach dem eine Conversion gezählt wird. Zur Veranschaulichung starten wir mit einem Beispiel:

- Ein User klickt auf Ihre AdWords-Anzeige. Dabei wird ihm eine kleine Datei, ein so genanntes Cookie, auf seiner Festplatte abgespeichert.
- Der User landet auf Ihrer Landingpage, auf der er sich beispielsweise für einen Newsletter anmelden kann. Er gibt seine Daten ein und klickt auf den Button JETZT ANMELDEN.
- Mit der erfolgreichen Anmeldung wird er auf eine Seite mit der Meldung »Danke für Ihre Anmeldung« geführt. Der dort eingebaute Tracking-Code, ein JavaScript-Code, erkennt das Cookie und weiß nun, dass dieser User über AdWords kam, und zählt die Conversion.

Sie benötigen für das Conversion-Tracking also mindestens zwei Seiten:

- eine, auf der die Conversion ausgeführt wird – im Beispiel die Landingpage,
- eine zweite, auf die der User unmittelbar nach Tätigen der Conversion geführt wird – im Beispiel die »Danke«-Seite. Diese nennt man die Conversion-Seite, dort wird der Tracking-Code eingebaut.

Mit jedem Aufruf dieser Conversion-Seite wird eine Conversion gezählt, wenn der User in den letzten 30 Tagen mindestens einmal über Ihre AdWords-Anzeige auf Ihre Site geführt wurde.

Der Vorteil dieser Messung: Ein User entdeckt heute Ihren Webauftritt über AdWords und speichert Ihre URL als Bookmark ab. Kommt er morgen über das Bookmark wieder und tätigt dann die Conversion, so wird sie trotzdem noch dem erfolgreichen Keyword und der Anzeige zugerechnet.

Wichtig

Für vernünftige Ergebnisse muss die Conversion-Seite »eindeutig« sein, das heißt, sie darf wirklich nur nach Durchführung dieser Conversion erreichbar sein.

Was kostet eine Conversion?

Was uns eine Conversion kostet, ist leicht zu errechnen: Erfolgt nach durchschnittlich 100 Klicks eine Conversion, so kostet uns diese hundert mal den durchschnittlichen Klickpreis.

Gewöhnlich errechnet man die Kosten einer Conversion von den Gesamtkosten aus:

Kosten pro Conversion = Gesamtkosten / Anzahl der Conversions

Kostet Sie Ihre AdWords-Kampagne im Auswertungszeitraum 1.000 Euro, so zahlten Sie für jede Ihrer 20 Conversions 50 Euro.

Was ist eine Conversion wert?

Ob sich die Conversion-Kosten gelohnt haben, erkennen wir am Conversion-Wert. Ist uns eine Conversion 70 Euro wert, so bleiben uns nach Abzug der 50 Euro aus obigem Beispiel 20 Euro pro Conversion als Gewinn übrig. Wir würden hingegen einen Verlust erleiden, wenn wir einen Conversion-Wert von nur 30 Euro hätten.

Hinweis

Der Conversion-Wert wird in der AdWords-Praxis oftmals zugunsten von Zielvorgaben wie Conversions, Klicks oder gar Impressions vernachlässigt. Dabei ist er eine entscheidende Größe, anhand der wir beurteilen können, ob wir mit AdWords Gewinne oder Verluste machen.

Wie bestimmen wir nun unseren Conversion-Wert? Wir haben zwei Möglichkeiten:

- Wir geben den »Rohgewinn pro Conversion« an, somit den Umsatz pro Conversion abzüglich aller direkt zurechenbaren (variablen) Kosten aus Produktion, Einkauf, Vertrieb, Handling, Porto etc. – also noch vor Abzug der AdWords-Kosten.
- Üblicherweise wird der »Umsatz pro Conversion«, bei Verkäufen also der Bestellwert, als Conversion-Wert definiert.

Die erste Variante hat einen Vorteil: Sie können, wie wir es im Beispiel gemacht haben, unmittelbar Rohgewinn und AdWords-Kosten vergleichen. Liegt Ihr Rohgewinn höher, so haben Sie einen Gewinn gemacht; liegt er niedriger, so haben Sie mehr ausgegeben als eingenommen.

Die Wahl der zweiten Variante hat einen praktischen Hintergrund. Dieser ergibt sich aus dem Tracken von Verkäufen: Zwar könnten Sie auch hier einen fixen Conversion-Wert hinterlegen – wahlweise den durchschnittlichen Rohgewinn oder den durchschnittlichen Bestellwert. Doch ist es möglich, sich für jeden Verkauf dynamisch einen viel genaueren Wert aus dem Shopsystem auslesen zu lassen – den tatsächlichen Bestellwert. Dies ist für den Rohgewinn nicht möglich.

Bei Conversions wie Newsletter-Anmeldungen oder Anfragen haben Sie keinen Bestellwert. Hier bleibt Ihnen also nichts anderes übrig, als auf fixe Werte zurückzugreifen. Geht aus 100 Anfragen ein Kauf in Höhe von 200 Euro hervor, so liegt Ihr Conversion-Wert für eine Anfrage bei 2 Euro.

Es ist natürlich nicht zwingend, den Conversion-Wert auch tatsächlich in Ihrem AdWords-Konto zu hinterlegen. Sie müssen ihn bei der Beurteilung Ihrer AdWords-Leistungen jedoch kennen. Wir besprechen dies im Zusammenhang mit der Keyword-Optimierung noch ausführlich.

Auch der Conversion-Wert erscheint nur in den Berichten, nicht in den Leistungsdaten.

11.1.2 Den Conversion-Code generieren

Gehen wir die einzelnen Schritte durch, um den Conversion-Code zu generieren.

Klicken Sie in Ihrem AdWords-Konto auf den Reiter TOOLS und betätigen Sie den Link CONVERSION-TRACKING. Über EINE AKTION ERSTELLEN starten Sie mit dem Generieren des Conversion-Codes.

Google spricht auf diesen Seiten von »Aktion«, nicht von »Conversion«. Dies verhindert eine Doppelbelegung des Wortes, wie wir im Laufe des Kapitels noch sehen werden.

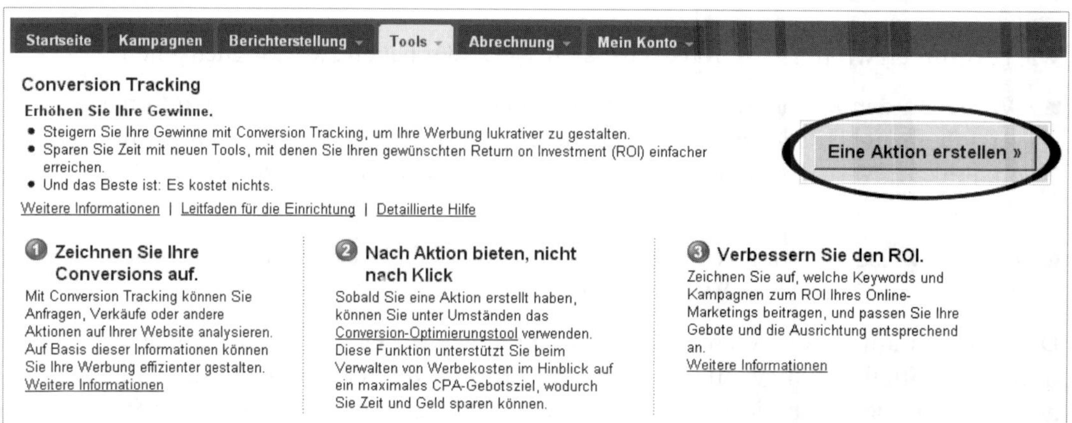

Abb. 11.1: Conversion Tracking starten

Aktion definieren

Zunächst legen Sie fest, welche Aktion des Users aufgezeichnet werden soll.

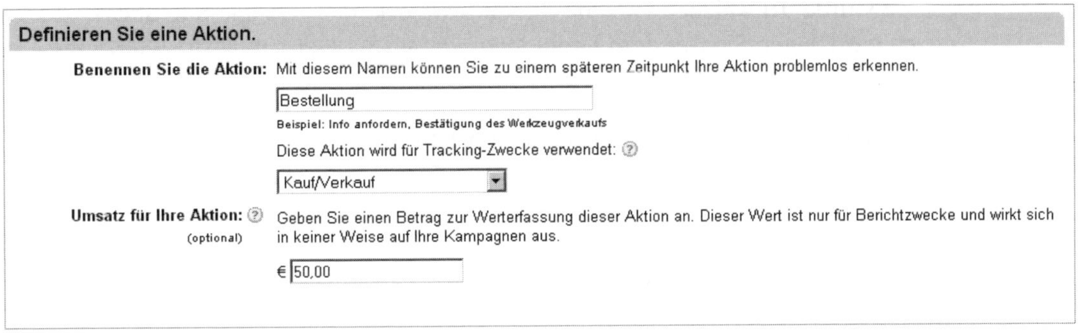

Abb. 11.2: Aktion definieren

Geben Sie der Aktion einen frei zu wählenden Namen. Machen Sie es sich einfach und vergeben Sie eine wirklich genaue und eindeutige Bezeichnung. Dies hilft Ihnen natürlich, wenn Sie mehrere Aktionen mittracken möchten. Es sind bis zu 30 benutzerdefinierte Namen für Ihre Aktionen möglich.

Danach legen Sie den Tracking-Zweck, früher als Conversion-Art bezeichnet, fest. Sehen Sie es als Kategorien, denen Sie Ihre Aktion zuordnen. Sie können wählen zwischen

- Kauf/Verkauf für Käufe bzw. Bestellungen
- Anfrage für Useranfragen nach Prospekten, Informationen etc.
- Anmeldung für Anmeldungen zu Newslettern, Abonnements etc.
- Ansicht einer Schlüsselseite für den Aufruf einer bestimmten Seite Ihres Webauftritts, beispielsweise der Warenkorb-Seite
- Sonstiges für alle Handlungen, die mit obigen Conversion-Arten nicht abgedeckt sind, beispielsweise der Download einer Demoversion.

Entsprechend des ausgewählten Tracking-Zweckes generieren Sie einen speziellen Code. Der »Kauf«-Code ist somit geringfügig anders als der »Anfrage«-Code.

Sinn der Unterscheidung ist es, dass Sie in Ihren Auswertungen unter »Käufe« tatsächlich auch die Anzahl und den Wert Ihrer Verkäufe finden und unter Anfragen Ihre Anfragen. Das Tracken selbst läuft bei allen Conversion-Arten auf die gleiche Weise ab, wie wir sie oben kennen gelernt haben.

Optional können Sie zudem Ihren Conversion-Wert eingeben, wie wir ihn ebenfalls bereits besprochen haben. Geben Sie keinen Conversion-Wert an, so wird standardmäßig der Wert von einem Euro hinterlegt.

Conversion-Seite beschreiben

Ein User, der über Ihre AdWords-Kampagnen auf Ihre Conversion-Seite gelangt, bekommt defaultmäßig in einem kleinen Feld mitgeteilt, dass seine Handlung eben erfasst wurde. In welcher Sprache dieser Textblock, der »Google Site Stats«, ausgegeben wird, legen Sie mit dem Drop-down SPRACHE DER CONVERSION-SEITE fest.

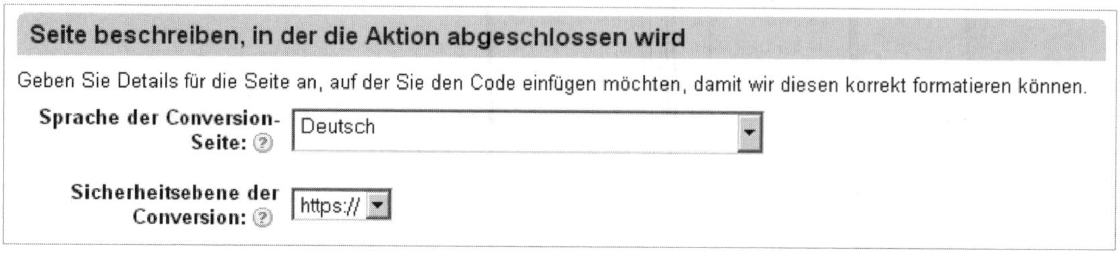

Abb. 11.3: Conversion-Seite beschreiben

Geben Sie zudem an, mit welcher Sicherheitsebene Ihre Conversion-Seite aufgerufen wird. Ist dies eine `https://`-Seite, die an dieser Stelle nur als `http://`-Seite definiert wurde, so erhält der User gegebenenfalls eine Sicherheitswarnung eingeblendet. Dies sollten Sie gerade im Conversion-Prozess tunlichst vermeiden.

Google Site Stats anpassen

Für die Ausgabe des »Google Site Stats« (oder der »Google-Website-Statistik«) werden Ihnen zwei Formate angeboten. Änderungen am Hinweis selbst sind nicht erlaubt. Je nach gewählter Hintergrundfarbe wird eine möglichst gut lesbare Schriftfarbe vorgegeben.

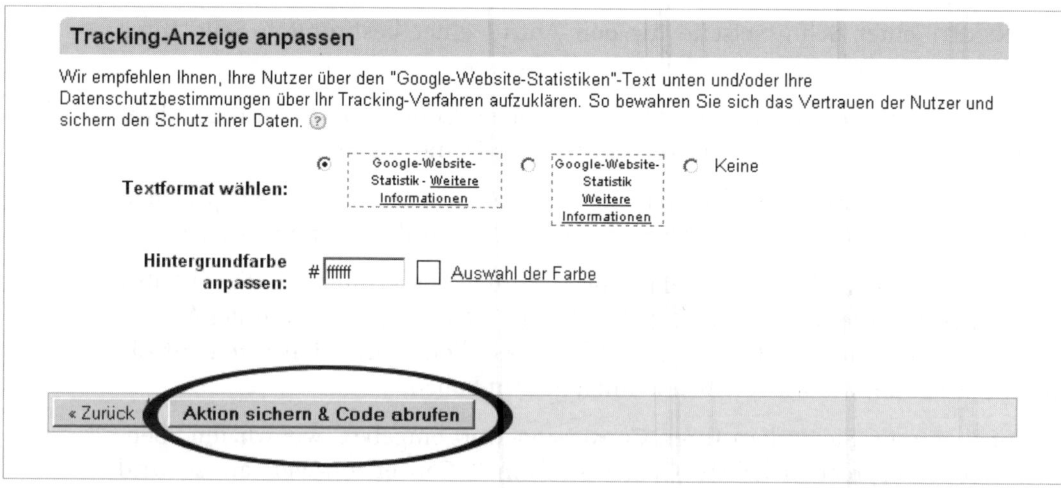

Abb. 11.4: Google Site Stats anpassen

Über die Festlegung von Format und Farbe haben Sie die Möglichkeit, diesen Hinweis möglichst unauffällig zu gestalten. Mit der Option KEINE ist es mittlerweile sogar möglich, dass der Site Stats gar nicht mehr angezeigt wird. Beachten Sie jedoch die datenschutzrechtlichen Vorgaben, die Sie zu einer Aufklärung des Users verpflichten.

Conversion-Code abrufen

Über den Button AKTION SICHERN & CODE ABRUFEN gelangen Sie auf die Folgeseite. Hier finden Sie nun den generierten Conversion-Code, wie Sie in Abbildung 11.5 sehen.

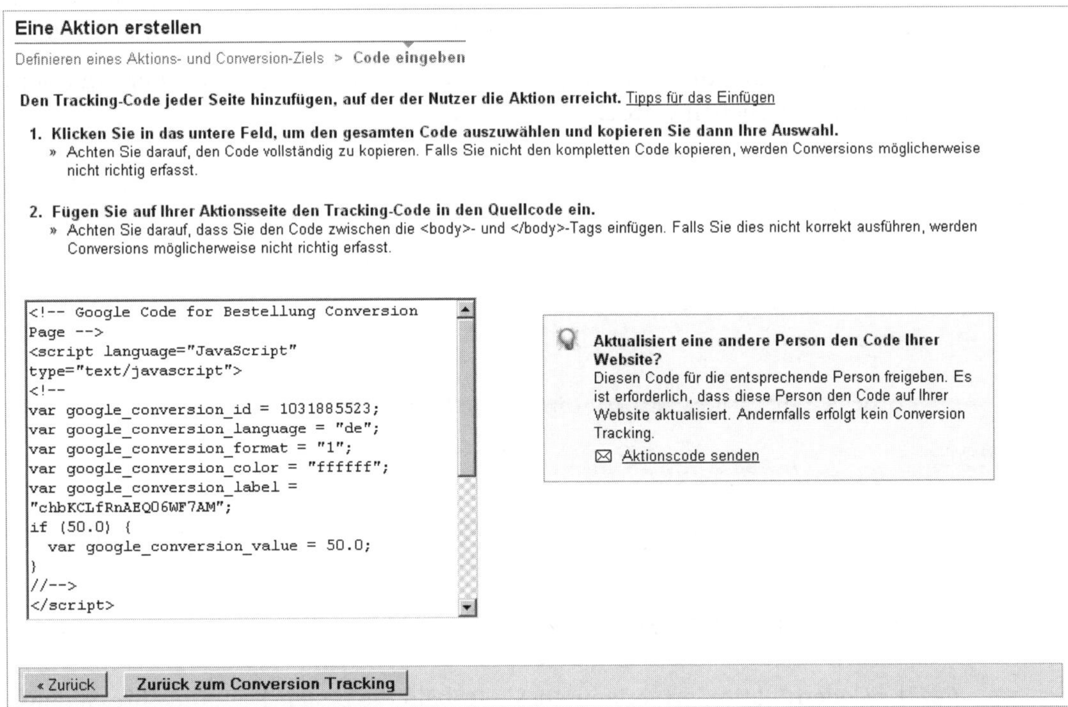

Abb. 11.5: Conversion-Code abrufen

Setzen Sie den Cursor in das linke Textfeld, so ist automatisch der gesamte Code markiert. Achten Sie darauf, dass der Code unverändert bleibt, wenn Sie ihn weiter verwenden. Müssen Sie ihn beispielsweise an Ihren Webmaster schicken, so nutzen Sie die Funktion AKTIONSCODE SENDEN.

Ein separates Abspeichern des Codes ist im Gegensatz zu früher nicht mehr nötig. Sie können ihn jederzeit erneut abrufen.

Sobald Sie den Code generiert haben, erhalten Sie auf der Eröffnungsseite des Prozesses die »Conversion-Statistik« angezeigt (siehe Abschnitt 11.1.3, *Die neue Conversion-Tracking-Seite*). Auch Ihre Kampagnen-Statistik zeigt Ihnen bereits die Spalten zu den neuen Leistungsdaten an (siehe Abschnitt 11.2, *Kampagnen-Statistik mit Conversion-Tracking*).

In beiden Fällen bleiben Ihre Daten selbstverständlich auf null, solange der Code nicht oder nicht korrekt eingebaut wird.

Conversion-Code einbauen

Der Conversion-Code kann überall zwischen den beiden <body>-Tags platziert werden; angeraten wird näher am schließenden </body>-Tag. Um die Messungen nicht zu verfälschen, sollten Sie ihn nicht in die Kopf- oder Fußzeile einfügen.

Im Beispiel in Abbildung 11.6 sehen Sie einen Code mit echtem Wert, der vom Shopsystem übergeben wurde.

```
<!-- Google Code for Registration Conversion Page -->
<script type="text/javascript">
<!--
var google_conversion_id = 1070000199;
var google_conversion_language = "de";
var google_conversion_format = "1";
var google_conversion_color = "ffffff";
var google_conversion_label = "TjmICPuUiQEQx9Cb_gM";
if (20.0) {
  var google_conversion_value = 20.0;
}
//-->
</script>
<script type="text/javascript" src="http://www.googleadservices.com/pagead/conversion.js">
</script>
<noscript>
<div style="display:inline;">
<img height="1" width="1" style="border-style:none;" alt="" src="http://www.googleadservices.com/pagead/conversion/1070000199/
?value=100.0&amp;label=TjmICPuUiQEQx9Cb_gM&amp;guid=ON&amp;script=0"/>
</div>
</noscript>

</body>
```

Abb. 11.6: Quelltext mit Conversion-Code

Ob Ihr Code funktioniert, erkennen Sie, sobald die ersten Daten in Ihre Statistik einfließen. Tätigen Sie dafür entweder selbst eine Conversion (denken Sie daran, dass Sie hierfür über eine Ihrer AdWords-Anzeigen auf Ihre Seite gelangen müssen) oder warten Sie, bis hoffentlich bald ein echter Kunde zu Ihnen kommt.

11.1.3 Die neue Conversion-Tracking-Seite

Über den Button ZURÜCK ZUM CONVERSION-TRACKING gelangen Sie auf die nun geänderte Einstiegsseite des Bereichs CONVERSION-TRACKING. Diese erreichen Sie natürlich jederzeit über den Reiter TOOLS. Ein Blick in die Zukunft zeigt uns sogar schon Conversions, wie Sie in Abbildung 11.7 sehen können.

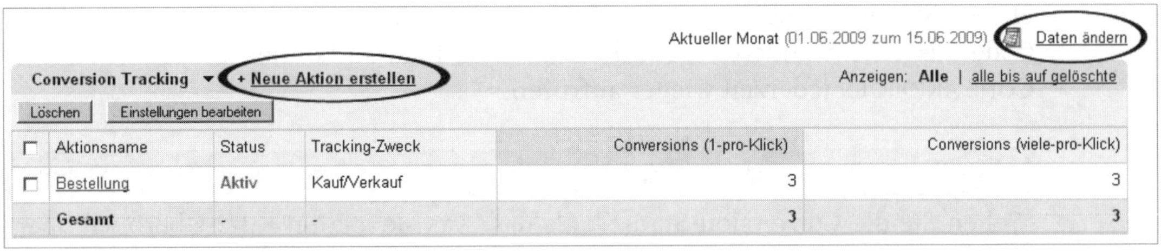

Aktueller Monat (01.06.2009 zum 15.06.2009) Daten ändern

Conversion Tracking + Neue Aktion erstellen — Anzeigen: Alle | alle bis auf gelöschte

Löschen | Einstellungen bearbeiten

	Aktionsname	Status	Tracking-Zweck	Conversions (1-pro-Klick)	Conversions (viele-pro-Klick)
☐	Bestellung	Aktiv	Kauf/Verkauf	3	3
	Gesamt	-	-	3	3

Abb. 11.7: Conversion-Statistik (1)

In der Tabelle sehen wir die Conversion-Statistik: den von uns (eindeutig) vergebenen Aktionsnamen, den aktuellen Status, den gewählten Tracking-Zweck sowie die beiden Conversion-Werte »1-pro-Klick« und »viele-pro-Klick«. Wir erfahren gleich, was es mit dieser Unterscheidung auf sich hat.

Wir definieren den Abfragezeitraum über DATEN ÄNDERN und wählen mit den Links hinter ANZEIGEN, ob wir alle Aktionen angezeigt bekommen wollen oder auf die gelöschten verzichten möchten.

Vorsicht

Möchten Sie einen Code ändern, beispielsweise einen bislang fehlenden Conversion-Wert hinterlegen, so können Sie dies über den Button EINSTELLUNGEN BEARBEITEN tun. Beachten Sie: Mit der Änderung wird ein neuer Code generiert, den Sie wiederum auf Ihrer Conversion-Seite einbauen müssen. Vergessen Sie dies, so wird der alte weitergezählt.

Wir klicken auf den Aktionsnamen BESTELLUNG (siehe Abbildung 11.8).

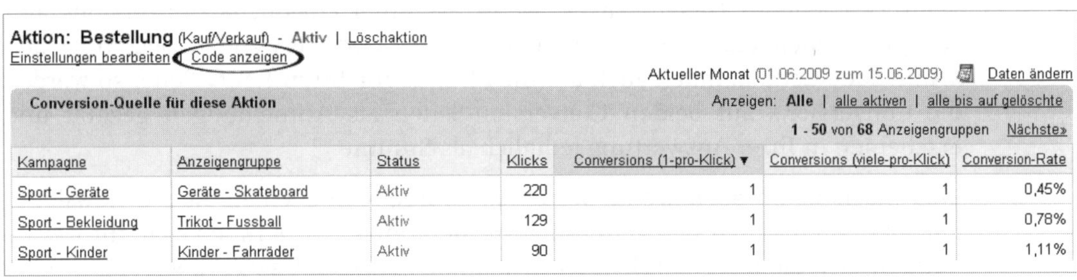

Aktion: Bestellung (Kauf/Verkauf) - Aktiv | Löschaktion
Einstellungen bearbeiten | Code anzeigen

Aktueller Monat (01.06.2009 zum 15.06.2009) Daten ändern

Conversion-Quelle für diese Aktion — Anzeigen: Alle | alle aktiven | alle bis auf gelöschte

1 - 50 von 68 Anzeigengruppen Nächste»

Kampagne	Anzeigengruppe	Status	Klicks	Conversions (1-pro-Klick) ▾	Conversions (viele-pro-Klick)	Conversion-Rate
Sport - Geräte	Geräte - Skateboard	Aktiv	220	1	1	0,45%
Sport - Bekleidung	Trikot - Fussball	Aktiv	129	1	1	0,78%
Sport - Kinder	Kinder - Fahrräder	Aktiv	90	1	1	1,11%

Abb. 11.8: Conversion-Statistik (2)

Wir erkennen, über welche Kampagne und Anzeigengruppe die Conversion kam. Die Anzahl der Klicks und Conversions bezieht sich, ebenso wie die daraus resultierende Conversion-Rate, auf die gesamte Anzeigengruppe. Nicht angezeigt wird uns die Verbindung zum jeweiligen Keyword.

Haben Sie eine neue Conversion-Seite erstellt oder benötigen Sie den Tracking-Code aus einem anderen Grund ein zweites Mal, so können Sie ihn hier über CODE ANZEIGEN jederzeit wieder aufrufen.

Hinweis

Sehen Sie die Conversion-Statistik als das, was sie ist: ein Kurz-Überblick über die Leistung Ihrer Aktionen, den Sie so in Ihrem Konto sonst nirgendwo erhalten – und ein kleiner Ausschnitt dessen, was Sie über das Berichtcenter (Kapitel 10, *Berichte: Alles auf einen Blick*) abrufen können. Wählen Sie dort den Placement-/Keyword-Bericht, so erfahren Sie beispielsweise umgehend, welches Keyword die Conversion ausgelöst hat.

Für die Verwaltung Ihrer Conversion-Aktivitäten ist dieser Bereich allerdings unersetzlich.

11.1.4 Unterschiedliche Conversions

Möchten Sie unterschiedliche Aktionen zählen, so können Sie mehrere Conversion-Codes gleichzeitig einbauen – jeden natürlich auf seiner entsprechenden Conversion-Seite.

Nehmen wir an, Sie möchten Käufe und Newsletter-Anmeldungen mittracken. Sie verwenden also den »Kauf«-Code für die »Vielen Dank für Ihren Kauf«-Seite, den »Anmelde«-Code für die »Vielen Dank für Ihre Anmeldung«-Seite.

Setzen Sie die Codes genau falsch herum ein, so werden Ihre Conversions weiterhin richtig gezählt, nur in Ihren Auswertungen unter der falschen Spalte ausgewiesen – die Anmeldungen unter »Verkäufe«, die Käufe unter »Anmeldungen«.

Schwerwiegendere Folgen hat es, wenn Sie unterschiedliche Conversions aufzeichnen wollen, dafür aber immer den gleichen Code verwenden. Setzen Sie den »Anmelde«-Code nämlich auch auf die »Danke für Ihren Kauf«-Seite, so werden die Conversions auf beiden Conversion-Seiten als Anmeldungen gezählt und erscheinen in Ihrer Auswertung lediglich als Summe.

Was machen Sie aber, wenn Sie einen Morgen- und einen Abend-Newsletter anbieten, für die man sich getrennt anmelden muss? Ist es Ihnen egal, für welche Variante sich die User entscheiden, so können Sie beide Usergruppen auf die gleiche Conversion-Seite führen und dort einen Code einbauen. Sie erhalten die Anmeldungen zu beiden Newslettern als Summe ausgewiesen.

Möchten Sie die Daten getrennt erheben, benötigen Sie zwei unterschiedliche Conversion-Seiten, auf denen jeweils ein anderer Code eingebaut ist – beispielsweise der »Anmelde«-Code für die Morgenmail und der »Sonstiges«-Code für die Abendmail.

Bedenken Sie, bei allen unterschiedlichen Conversions die gleiche Grundlage für den Conversion-Wert zu wählen. Legen Sie für Verkäufe den Bestellwert fest, so rechnen Sie auch bei Anmeldungen mit dem Wert vor Abzug der variablen Kosten. Es macht keinen Sinn, von verschiedenen Grundlagen auszugehen.

Tipp

Verkaufen Sie nur zwei Produkte, können Sie sich die Auswertungen in AdWords erleichtern: Erstellen Sie für jedes Produkt eine eigene Conversion-Seite, auf der Sie jeweils unterschiedliche Codes einbauen. Dort können Sie nun den jeweiligen Conversion-Wert hinterlegen – auch als Rohgewinn.

11.1.5 Conversion-Tracking mittels Google Analytics

Seit Juni 2009 können Sie die in einem verknüpften Google Analytics Account eingestellten Ziele gleich als Conversions in das AdWords-Konto übernehmen und in der AdWords-Auswertung nutzen. Dies erspart den Einbau des zusätzlichen AdWords-Tracking-Codes und kann bei mehreren Zielen eine deutliche Arbeitserleichterung sein.

Zuweisung der Conversion

Beachten Sie dabei den deutlich unterschiedlichen Zuweisungs-Algorithmus in Analytics. Bei diesem werden die Conversions nur dann dem AdWords-Klick zugeordnet, wenn zwischen Klick und Conversion keine andere Verweis-Quelle lag.

Was bedeutet das? Ein User kommt über AdWords auf Ihre Site und verlässt diese wieder. Kommt er das nächste Mal über eine andere Quelle, wie etwa nach einem Klick auf einem organischen Suchtreffer oder einer Banner-Kampagne, und tätigt dann die Conversion, so wird sie nicht mehr Ihrer AdWords-Kampagne zugeordnet. Nur wenn der User also unmittelbar nach dem AdWords-Klick – oder maximal nach einem weiteren Bookmark- oder direkten Aufruf – die Conversion ausführt, wird er auch dem richtigen Keyword zugeordnet.

Dies ist beim AdWords-Tracking egal, solange die Conversion innerhalb von 30 Tagen stattfindet. Wird also die Google-Analytics-Tracking-Methode verwendet, müssen Sie mit weniger Conversions/Klicks rechnen, was zu einer verfälschten Bewertung Ihrer Kampagnen führen wird.

Über die Definition von Zielen in Google Analytics erfahren Sie mehr in Kapitel 12, *Google Analytics: Von AdWords zur Webanalyse*.

Tipp

Auch in Analytics erfasste E-Commerce-Transaktionen können samt genauem Wert in AdWords übernommen werden.

Einrichtung

Die Konfiguration von Google-Analytics-Zielen als AdWords-Conversions ist denkbar einfach. Sofern Ihr AdWords- und Ihr Analytics-Konto ordnungsgemäß verknüpft sind, finden Sie in der Conversion-Tracking-Übersicht zusätzlich den Link GOOGLE ANALYTICS-ZIELE UND -TRANSAKTIONEN VERKNÜPFEN.

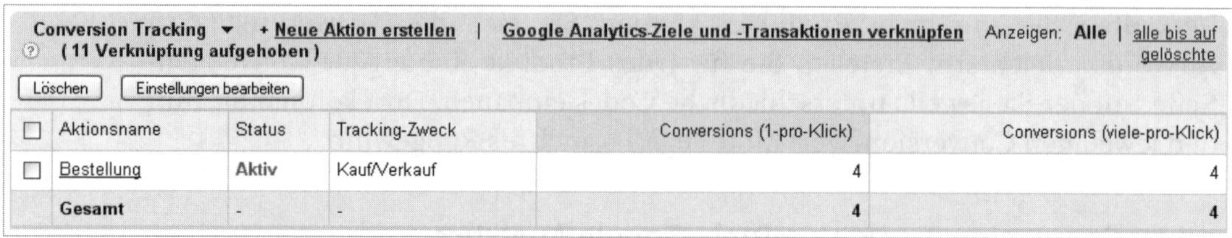

Abb. 11.9: Analytics-Ziele in AdWords übernehmen (1)

Bei einem Klick auf den Link werden alle im verknüpften Analytics Account definierten Ziele zur Verknüpfung angeboten. Wenn Ihr Analytics-Konto mehrere Profile mit mehreren Zielen enthält, kann die Liste also sehr lang werden.

Für jedes aufgelistete Ziel können Sie mittels der Checkbox entscheiden, ob es aufgenommen werden soll. Zudem können Sie einen individuellen Namen sowie eine der schon bekannten Conversion-Arten (Abschnitt 11.2, *Kampagnen-Statistik mit Conversion-Tracking*) zuweisen.

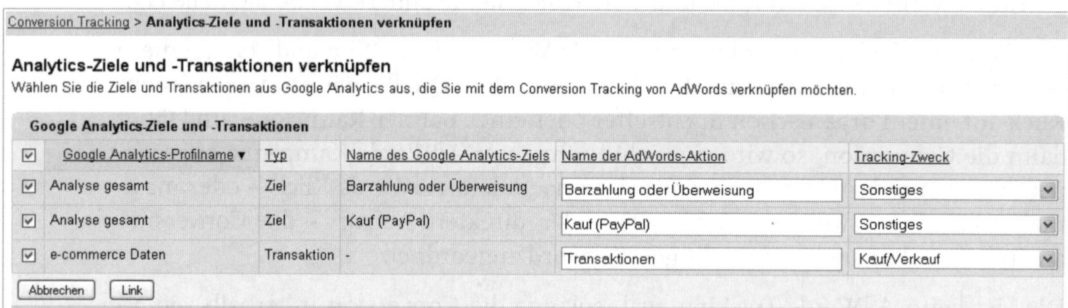

Abb. 11.10: Analytics-Ziele in AdWords übernehmen (2)

11.1.6 Grenzen des Conversion-Trackings

Mit dem Conversion-Tracking erhalten wir Zahlen, die für Optimierungen sehr hilfreich sind. Trotzdem sind natürlich auch hier Grenzen gesetzt:

- Sie definieren als Conversion ein Ziel, das nur telefonisch, per Fax oder persönlich einlösbar ist – beispielsweise einen Gutschein, der ausgedruckt und für die Ermäßigung an der Abendkasse vorgelegt werden muss. Zwar können Sie die Conversion messen, doch wird von zehn Gutscheinen nur einer eingelöst, so erhalten Sie vollkommen falsche Zahlen, was den Erfolg angeht.

- Ihre Conversions weisen eine schwankende Storno-Rate auf. Tracken Sie zum Beispiel zehn Verkäufe, von denen jedoch fünf storniert werden, so könnte die vermeintlich erfolgreiche Kampagne in Verluste kippen. Eventuell leiten Sie sogar falsche Optimierungen aus den Conversion-Zahlen ab. Abhilfe können Webanalyse-Tools schaffen, die auch dies berücksichtigen.
- Ergeben sich aus wenigen Verkäufen Kundenbeziehungen, die zu weiteren Sales führen, so können diese wertvoller sein als zahlreiche Einmal-Verkäufe. Dieser Lifetime Value findet ebenfalls keine Berücksichtigung.
- Es werden nicht alle Conversions beim Tracking gezählt. User, die etwa Cookies nicht zulassen oder regelmäßig löschen, oder User, die JavaScript deaktiviert haben – sie alle können mit dieser Methode nicht erfasst werden. Tracking-Zahlen sind somit immer nur ungefähre Trends und niemals exakt für Abrechnungen.

11.2 Kampagnen-Statistik mit Conversion-Tracking

Sehen wir uns nun an, wie sich unsere Leistungsdaten durch das Conversion-Tracking erweitern. Da diese auf der Ebene der Kampagnenzusammenfassung lediglich als Summen angezeigt werden, steigen wir gleich mit einem Beispiel auf der Kampagnenebene ein.

11.2.1 Die neuen Leistungsdaten

Eine Hotelkette generiert Buchungen über ihren Webauftritt. Die Standorte für Deutschland sind in einer Kampagne zusammengefasst und liefern die Ergebnisse, die Sie in Abbildung 11.11 sehen können.

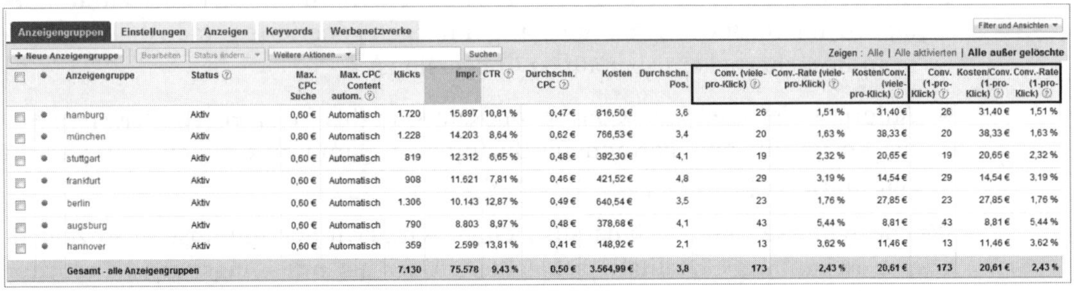

Anzeigengruppe	Status	Max. CPC Suche	Max. CPC Content autom.	Klicks	Impr.	CTR	Durchschn. CPC	Kosten	Durchschn. Pos.	Conv. (viele-pro-Klick)	Conv.-Rate (viele-pro-Klick)	Kosten/Conv. (viele-pro-Klick)	Conv. (1-pro-Klick)	Kosten/Conv. (1-pro-Klick)	Conv.-Rate (1-pro-Klick)
hamburg	Aktiv	0,60 €	Automatisch	1.720	15.897	10,81 %	0,47 €	816,50 €	3,6	26	1,51 %	31,40 €	26	31,40 €	1,51 %
münchen	Aktiv	0,80 €	Automatisch	1.228	14.203	8,64 %	0,62 €	766,53 €	3,4	20	1,63 %	38,33 €	20	38,33 €	1,63 %
stuttgart	Aktiv	0,60 €	Automatisch	819	12.312	6,65 %	0,48 €	392,30 €	4,1	19	2,32 %	20,65 €	19	20,65 €	2,32 %
frankfurt	Aktiv	0,60 €	Automatisch	908	11.621	7,81 %	0,46 €	421,52 €	4,8	29	3,19 %	14,54 €	29	14,54 €	3,19 %
berlin	Aktiv	0,60 €	Automatisch	1.306	10.143	12,87 %	0,49 €	640,54 €	3,5	23	1,76 %	27,85 €	23	27,85 €	1,76 %
augsburg	Aktiv	0,60 €	Automatisch	790	8.803	8,97 %	0,48 €	378,68 €	4,1	43	5,44 %	8,81 €	43	8,81 €	5,44 %
hannover	Aktiv	0,60 €	Automatisch	359	2.599	13,81 %	0,41 €	148,92 €	2,1	13	3,62 %	11,46 €	13	11,46 €	3,62 %
Gesamt - alle Anzeigengruppen				**7.130**	**75.578**	**9,43 %**	**0,50 €**	**3.564,99 €**	**3,8**	**173**	**2,43 %**	**20,61 €**	**173**	**20,61 €**	**2,43 %**

Abb. 11.11: Leistungsdaten Conversion-Tracking

Wir erkennen in unserer Statistik zweimal drei zusätzliche Spalten mit folgenden Werten:

- Die Conversion-Rate gibt an, wie viele User, die über eine AdWords-Anzeige auf unsere Seite gekommen sind, auch tatsächlich die definierte Handlung ausgeübt haben. Man spricht hier auch vom Umwandlungsverhältnis, da User in Kunden umgewandelt werden:

(Anzahl der Conversions / Anzahl der Klicks) * 100.

- Die Kosten pro Conversion zeigen, wie viel wir für die gewünschte Handlung des Users gezahlt haben. Wir kennen die beiden Formeln bereits:

  (Anzahl der Klicks / Anzahl der Conversions) * tatsächlicher Klickpreis

  oder einfacher

  Gesamtkosten / Anzahl der Conversions
- Die Spalte Conversion nennt letztendlich die tatsächlich erreichte Anzahl an Conversions.

Die neuen Leistungsdaten richtig lesen

Lassen Sie uns obiges Beispiel zunächst ohne unsere neuen Werte interpretieren:

- Hamburg konnte mit 1.720 Klicks die meisten User für Ihre Webseite gewinnen.
- Hannover hat mit 13,81% die beste Klickrate und mit 0,41 Euro den niedrigsten Klickpreis.

Ziehen wir nun die Daten aus dem Conversion-Tracking hinzu, so zeigt sich ein komplett anderes Bild: Augsburg weist die besten Werte auf – die höchsten absoluten Buchungen mit den absolut niedrigsten Kosten pro erfolgter Buchung. Zudem konnte noch die beste Conversion-Rate gemessen werden.

- Hannover hatte den niedrigsten Klickpreis, 0,07 Euro niedriger als Augsburg. Die Kosten pro Buchung waren jedoch um 2,65 Euro teurer.
- Die klickstärkste Anzeigengruppe Hamburg kam im Auswertungszeitraum lediglich auf 26 Buchungen. Augsburg hingegen generierte gerade mal die Hälfte an Besuchern, kam aber auf 43 Conversions.
- Aufgrund der niedrigen Conversion-Rate sind (bei fast gleichen Klickpreisen) die Kosten für eine gewonnene Buchung in Hamburg deutlich teurer als in Augsburg: 31,40 Euro gegenüber 8,81 Euro.

Welche Schlüsse lassen sich daraus ziehen: Wir gewinnen mit unserer Anzeigengruppe »Hamburg« qualitativ schlechtere User als mit »Augsburg«. Indikator dafür ist die Conversion-Rate, die für »Augsburg« mehr als dreieinhalb Mal so hoch liegt: 5,44% gegenüber 1,51%. Oder anders formuliert: Für eine Buchung in Augsburg benötigen wir knapp über 18 Klicks, während wir für Hamburg im Schnitt rund 66 neue User über unsere Anzeigen gewinnen müssen.

Auch unsere Conversion-Werte erhalten wir bis auf einzelne Keywords und Anzeigen angezeigt. Für unsere Optimierungen setzen wir in den Abschnitten 11.3,

Keywords und Conversion-Daten und 11.4, *Anzeigen und Conversion-Daten*, genau dort an.

11.2.2 Conversions (1-pro-Klick) und Conversions (viele-pro-Klick)

Was Ihnen im Screenshot in Abbildung 11.11 längst aufgefallen ist, haben wir bei der Besprechung und beim Rechnen des Beispiels einfach außer Acht gelassen – die unterschiedlichen Zählarten von Conversions:

- Conversions (1-pro-Klick): Dies ist die Conversion-Zahl, die im alten Interface angezeigt wurde. Es werden die User gezählt, die über AdWords gekommen sind und mindestens eine Conversion getätigt haben. Wie viele Conversions ein User letztendlich ausführt, spielt keine Rolle.
- Conversions (viele-pro-Klick): Hier werden hingegen die Conversions selbst gezählt. Dabei ist es wiederum egal, von wie vielen Usern diese ausgeführt werden. Diese Zahlweise war früher nur über die Berichte abrufbar und wurde Transaktionen genannt.

In obigem Beispiel sind die Zahlen identisch: Pro AdWords-User erfolgte genau eine Buchung innerhalb von 30 Tagen nach dem Klick auf die Anzeige.

In vielen Fällen laufen die Zahlen hingegen nicht im Gleichschritt. So ist es durchaus denkbar, dass das Hotel auch von Geschäftsreisenden gebucht wird. Welche Conversion-Zahlen würden wir erhalten, wenn einer nun innerhalb von 30 Tagen zwei Buchungen tätigen würde:

- eine Conversion (1-pro-Klick), da der User gezählt wird
- zwei Conversions (viele-pro-Click), da die Conversions gezählt werden

Somit ist auch klar, auf welche Conversion-Zahl Sie Ihr Hauptaugenmerk legen sollten:

- Wollen Sie neue User und Kunden gewinnen, also insbesondere Leads generieren, so interessieren Sie die Conversions (1-pro-Klick). Ob sich dieser User neben der Registrierung beispielsweise noch zum Newsletter angemeldet hat, ist Ihnen erstmal egal: Es ist ein neuer Lead.
- Möchten Sie hingegen Buchungen, Produkte oder Dienstleistungen verkaufen, so sind die Conversions (viele-pro-Click) wichtiger. Primär interessiert Sie die Anzahl der tatsächlichen Verkäufe. Von wie vielen Usern diese getätigt wurden, ist hierbei zunächst sekundär.

Da wir im Folgenden einen Online-Shop als Beispiel wählen, orientieren wir uns an den Conversions (viele-pro-Klick). Berechnungen für Conversions (1-pro-Klick) erfolgen selbstverständlich analog.

> **Hinweis**
>
> Natürlich ist dies nur eine grobe Interessen-Unterteilung. Gerade bei Verkäufen wäre es Ihnen sicherlich nicht egal, wenn diese nur von einem User kommen würden und die Neukunden ausblieben. Der Blick auf beide Werte ist somit unbedingt anzuraten.

Eine und mehrere Aktionen

> **Hinweis**
>
> Die Leistungsdaten in Ihrer Kampagnen-Statistik sind Summen und Durchschnittswerte über alle Conversion-Arten hinweg. Zählen Sie mehrere unterschiedliche Conversions mit, so erkennen Sie die tatsächliche Verteilung erst in den Berichten.

Würde das Hotel neben den Buchungen also noch die Conversion ANFRAGEN mittracken, so erkennen Sie in der Kampagnen-Statistik lediglich, dass beispielsweise 20 Conversions getätigt wurden – nicht, wie viele davon Anfragen und wie viele Buchungen sind.

Lassen Sie sich nicht verwirren: Auch die Unterscheidung 1-pro-Klick/viele-pro-Klick sagt Ihnen dies nicht.

- 20 Conversions (1-pro-Klick) wären 20 User, die entweder eine Buchung, eine Anfrage oder beides und alles beliebig häufig getätigt hätten.
- 20 Conversions (viele-pro-Klick) wären 20 Buchungen, Anfragen oder eine beliebige Aufteilung davon. Egal von wie vielen Usern.

Die Werte für die einzelnen Conversion-Arten erhalten Sie nur in den Berichten (Kapitel 10, *Berichte: Alles auf einen Blick*). Dort wird Ihnen mitgeteilt, dass es sich zum Beispiel um 16 Anfragen und vier Verkäufe gehandelt hat.

Leistungsdaten von »Null«

Neben hohen Kosten gibt es einen weiteren Wert, den Ihre Conversion-Kosten nicht annehmen sollten – und das ist der Wert »Null«. Denn keine Conversion-Kosten bedeuten, dass auch keine Conversions stattfanden. Sie haben also Verluste in Höhe der gesamten Klickkosten.

In Ihrer Kampagnenstatistik wird dies natürlich berücksichtigt. Die Gesamtkosten pro Conversions für eine Kampagne ergeben sich daher aus der Anzahl der Conversions aller Anzeigengruppen sowie der Summe der Kosten aller Anzeigengruppen – auch derjenigen, die keine Conversion generiert haben.

11.2.3 Klickrate und Conversion-Rate

Bislang beurteilten wir Ergebnisse anhand der Klickrate. Nunmehr sind wir einen bedeutenden Schritt weiter. Wir müssen uns nicht mehr mit der vermuteten Qualität der von uns gewonnenen Klicks begnügen, sondern können tatsächlich ermittelte Werte benutzen. Diese lassen sich an der Conversion-Rate ablesen – also an der Umwandlung von User in Kunden.

Sehen wir uns an, wie es sich auf die übrigen Leistungsdaten auswirkt, wenn die Anzeigengruppe »Hamburg« eine so hohe Conversion-Rate wie »Augsburg« aufweist:

Die Anzahl der Buchungen steigt von derzeit 26 auf 94:

1.720 Klicks * 5,44% = 93,57 Conversion

Die Kosten pro Buchung verringern sich von aktuell 31,40 Euro um 22,71 Euro auf 8,69 Euro:

816,50 Euro Kosten / 94 Conversions = 8,69 Euro pro Conversion

Wir können die Verbesserung auch auf eine andere Art erkennen: Hätten wir beispielsweise nur Kapazitäten für 26 Buchungen, so würden sich unsere Kosten um 587,61 Euro verringern, da wir 1.242 Klicks weniger benötigen würden:

Benötigte Klicks
= Anzahl an Conversions / Conversion-Rate
= 26 / 5,44%
= 477,94 = 478 Klicks
Kosten
= 487 Klicks * 0,47 durchschnittlicher CPC
= 228,89 Euro Kosten

Was sind also die Folgen einer höheren Conversion-Rate:

- Sie zeigt, dass wir die für uns wichtigen User besser angesprochen haben.
- Sie bringt uns mehr Käufe, Leads, Downloads etc. pro Klick.
- Sie verringert damit entweder die Kosten pro Conversion ...
- ... oder die Gesamtkosten bei gleichbleibender Anzahl an Conversions.

Wir gehen auf dieses Problem noch ausführlich ein. Zunächst sehen wir uns nun aber die Optimierungsmöglichkeiten der Conversion-Rate in Bezug auf Keywords und Anzeigen an. Denn genau hier erkennen wir die Potenziale, die wir nutzen wollen.

Hinweis

Die Klickrate wird als Leistungsgröße dadurch nicht obsolet, sondern bleibt weiterhin ein wichtiger Wert:

Zum einen ist sie noch immer die entscheidende Komponente für die Bestimmung des Qualitätsfaktors im AdWords-Konto – mit allen positiven Auswirkungen wie Senkung des Klickpreises, bessere Anzeigenposition und allem, was wir bereits ausführlich besprochen haben.

Zum anderen ist sie der Brückenschlag von der Conversion hin zum potenziellen Markt, den wir über die Impressions definiert haben. Oder salopp gesagt: Wandeln Sie keine User in Besucher um, können Sie auch niemanden zur Conversion bringen.

11.2.4 Vorgehen beim Optimieren

Wie wir bereits in Abschnitt 9.1.2, *Handlungsbedarf erkennen*, gesehen haben, können wir für unsere Optimierungen auf zwei Arten vorgehen:

- Wir erkennen die Schwachstellen des gesamten Kontos und optimieren einzelne Elemente.
- Wir optimieren anhand unserer Impression-stärksten Anzeigengruppe, denn genau dort sind die Elemente angesiedelt.

Häufig werden Sie in der Praxis beide Methoden kombinieren. Zum besseren Verständnis führen wir unser Beispiel wiederum direkt auf Anzeigengruppenebene durch.

11.3 Keywords und Conversion-Daten

Wir besprechen zunächst ein praktisches Beispiel einer Optimierung. Danach gehen wir auf die grundsätzliche Vorgehensweise ein und lernen abschließend, wann wir Keywords behalten oder löschen sollen.

11.3.1 Ein Beispiel auf Keyword-Ebene

Sehen wir uns also eine Kampagne für DVD-Player an. Uns liegen die Werte einer Monatsstatistik vor, auf deren Grundlage wir überlegen wollen, welche Schritte als Nächstes zu unternehmen sind.

Keywords ohne Conversions

Gemäß der Vorgehensweise, die wir für die Optimierung der Klickrate kennen gelernt haben, sortieren wir hier nach Impressions, um den potenziellen Markt zu berücksichtigen.

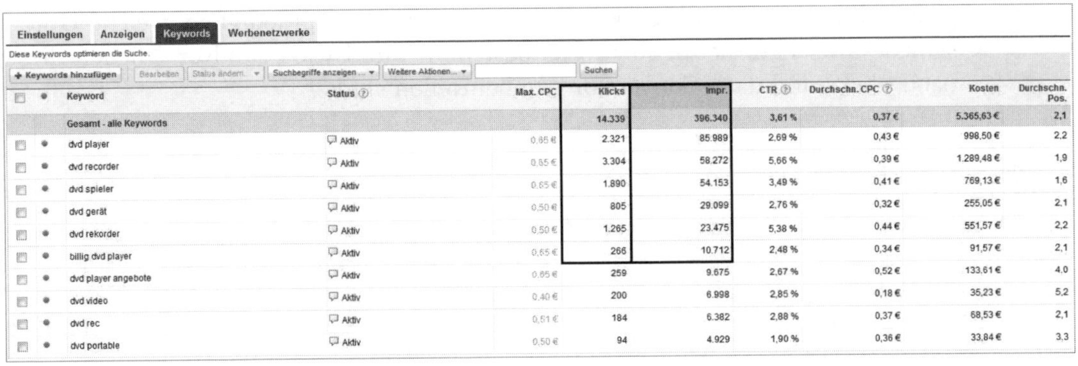

Einstellungen | Anzeigen | Keywords | Werbenetzwerke

Diese Keywords optimieren die Suche.

Keyword	Status	Max. CPC	Klicks	Impr.	CTR	Durchschn. CPC	Kosten	Durchschn. Pos.
Gesamt - alle Keywords			14.339	396.340	3,61 %	0,37 €	5.365,63 €	2,1
dvd player	Aktiv	0,65 €	2.321	85.989	2,69 %	0,43 €	998,50 €	2,2
dvd recorder	Aktiv	0,65 €	3.304	58.272	5,66 %	0,39 €	1.289,48 €	1,9
dvd spieler	Aktiv	0,65 €	1.890	54.153	3,49 %	0,41 €	769,13 €	1,6
dvd gerät	Aktiv	0,50 €	805	29.099	2,76 %	0,32 €	255,05 €	2,1
dvd rekorder	Aktiv	0,50 €	1.265	23.475	5,38 %	0,44 €	551,57 €	2,2
billig dvd player	Aktiv	0,65 €	266	10.712	2,48 %	0,34 €	91,57 €	2,1
dvd player angebote	Aktiv	0,65 €	259	9.675	2,67 %	0,52 €	133,61 €	4,0
dvd video	Aktiv	0,40 €	200	6.998	2,85 %	0,18 €	35,23 €	5,2
dvd rec	Aktiv	0,51 €	184	6.382	2,88 %	0,37 €	68,53 €	2,1
dvd portable	Aktiv	0,50 €	94	4.929	1,90 %	0,36 €	33,84 €	3,3

Abb. 11.12: Anzeigengruppe DVD-Player

Wir erkennen schnell, dass fünf Keywords unsere Haupttraffic-Bringer sind – »dvd player«, »dvd recorder«, »dvd spieler«, »dvd gerät« sowie »dvd rekorder«. Sie decken immerhin über 63% der gesamten Suchanfragen ab und bringen 9.585 der insgesamt 14.339 Klicks, also mehr als zwei Drittel.

Ob diese Keywords aber tatsächlich zu den meisten Conversions führen, wissen wir bisher nicht. Um das in Erfahrung zu bringen, müssen wird das Conversion-Tracking aktivieren. Bei einem Handelsunternehmen, das sich wie in unserem Beispiel auf den Vertrieb von DVD-Playern spezialisiert hat, tracken wir die Sales mit, weil hier der Verkauf im Vordergrund steht.

Gleichzeitig können wir prüfen, wie gut die von uns generierten Klicks wirklich sind. Zwar weist unser AdWords-Konto insgesamt sehr gute Werte für diesen Markt auf – hohe Klickraten, niedrige Klickpreise, prominente Positionierungen. Doch arbeiten wir auch mit sehr allgemeinen Keywords, die möglicherweise gut für Klicks, nicht aber für Verkäufe sind.

Keywords und Conversions

Kurze Zeit nach Einbau des Conversion-Tackings erhalten wir eine Auswertung, wie sie in Abbildung 11.13 gezeigt wird.

Die durchschnittlichen Kosten pro Conversion für die gesamte Anzeigengruppe belaufen sich auf 36,96 Euro. Schauen wir uns nun unsere Top-5-Keywords an, stellen wir fest, dass fast alle teurer sind als der Durchschnitt: »dvd spieler« kostet mit 37,92 Euro etwas mehr, »dvd recorder« mit 52,26 Euro schon fast das 1,5-fache, »dvd player« und »dvd rekorder« mit 221,10 bzw. 235,94 Euro fast über das Sechsfache. Nur das Keyword »dvd gerät« ist mit 26,68 Euro billiger.

Der Vergleich der Conversion-Kosten eines einzelnen Keywords zu den durchschnittlichen Conversion-Kosten der Anzeigengruppe ist nicht der Wert, anhand dessen entschieden wird, ob ein Keyword weiterhin geschaltet werden soll. Dies ist vielmehr der Return on Investment (ROI) oder der Conversion-Wert, den wir gleich näher kennen lernen werden. Der Vergleich zeigt lediglich, welche Unterschiede zwischen diesen Keywords bestehen – und wie grundverschieden diese nach Klicks und nach Conversions zu beurteilen sind.

Einstellungen | Anzeigen | Keywords | Werbenetzwerke

Diese Keywords optimieren die Suche.

+ Keywords hinzufügen | Bearbeiten | Status ändern … | Suchbegriffe anzeigen … | Weitere Aktionen … | Suchen

Keyword	Status	Max. CPC	Klicks	Impr.	CTR	Durchschn. CPC	Kosten	Durchschn. Pos.	Conv. (viele-pro-Klick)	Kosten/Conv. (viele-pro-Klick)	Conv.-Rate (viele-pro-Klick)
Gesamt - alle Keywords			6.066	223.402	2,72 %	0,39 €	2.365,71 €	2,0	64	36,96 €	1,06 %
dvd player	Aktiv	0,65 €	988	47.403	2,08 %	0,44 €	442,20 €	1,9	2	221,10 €	0,20 %
dvd spieler	Aktiv	0,65 €	472	23.408	2,01 %	0,48 €	227,51 €	2,2	6	37,92 €	1,27 %
dvd recorder	Aktiv	0,65 €	927	22.063	4,20 %	0,39 €	365,82 €	2,2	7	52,26 €	0,76 %
dvd gerät	Aktiv	0,50 €	418	19.509	2,14 %	0,38 €	160,10 €	3,1	6	26,68 €	1,44 %
dvd rekorder	Aktiv	0,50 €	532	8.739	6,09 %	0,44 €	235,94 €	1,6	1	235,94 €	0,19 %
billig dvd player	Aktiv	0,65 €	136	7.229	1,88 %	0,35 €	47,18 €	2,5	2	23,59 €	1,47 %
dvd video	Aktiv	0,70 €	116	6.520	1,77 %	0,42 €	48,36 €	2,7	2	24,18 €	1,72 %
dvd rec	Aktiv	0,51 €	110	6.230	1,76 %	0,39 €	42,53 €	2,0	1	42,53 €	0,91 %
dvd portable	Aktiv	0,50 €	185	6.021	3,07 %	0,35 €	64,85 €	2,3	5	12,97 €	2,70 %
dvd player angebote	Aktiv	0,65 €	106	4.694	2,25 %	0,54 €	56,81 €	4,2	4	14,20 €	3,77 %

Abb. 11.13: Anzeigengruppe DVD-Player mit Conversion-Tracking

Für obiges Beispiel hat dies enorme Folgen, denn alle Keywords sind innerhalb einer Kampagne, dort sogar innerhalb einer einzigen Anzeigengruppe hinterlegt. Somit teilen sich alle Keywords auch ein Budget, die Verteilung erfolgt aufgrund der Nachfrage.

Ausgerechnet diejenigen Keywords mit den höchsten Conversion-Kosten nehmen jedoch das meiste Budget in Anspruch. In Summe kosteten die fünf Keywords mit den meisten Klicks 1.433,94 Euro – und damit mehr als 60% des Budgets im Auswertungszeitraum. An Conversions brachten sie jedoch nur etwas über 34% – 22 von insgesamt 64 Conversions.

Ein Blick auf die Conversion-Kosten

Wir wollen an dieser Stelle einen ungewöhnlichen ersten Schritt gehen: Gemäß der Impressions wäre es sinnvoll, die gesamten Top-5-Keywords in eigene Kampagnen auszulagern. Wir nehmen zunächst jedoch nur die drei Keywords mit den höchsten Kosten pro Conversion heraus: Das sind »dvd player«, »dvd recorder« sowie »dvd rekorder«. Wir wollen sehen, was diese Maßnahme allein für die ursprüngliche Anzeigengruppe bringt. Denn dort haben nun die anderen, günstigeren Keywords die Möglichkeit, mehr Klicks zu erhalten.

In Abbildung 11.14 sehen wir deutlich, dass die anderen Keywords »mehr Luft« bekommen. Dies ist insbesondere deshalb von Vorteil, da sie deutlich niedrigere Kosten pro Conversion als die ausgelagerten Keywords aufweisen. Wir können diese positive Entwicklung eindeutig an den Leistungsdaten festmachen:

- Die durchschnittlichen Conversion-Kosten für die gesamte Anzeigengruppe fielen von 36,96 Euro auf 15,57 Euro, was einem Kostenrückgang um über 50% entspricht.
- Die Conversion-Rate stieg um 1,06% auf 2,50%.

Einstellungen | Anzeigen | Keywords | Werbenetzwerke

Diese Keywords optimieren die Suche.

+ Keywords hinzufügen | Bearbeiten | Status ändern... | Suchbegriffe anzeigen ... | Weitere Aktionen... | Suchen

Keyword	Status	Max. CPC	Klicks	Impr.	CTR	Durchschn. CPC	Kosten	Durchschn. Pos.	Conv. (viele-pro-Klick)	Kosten/Conv. (viele-pro-Klick)	Conv.-Rate (viele-pro-Klick)
Gesamt - alle Keywords			8.503	424.092	2,00 %	0,39 €	3.317,27 €	2,2	213	15,57 €	2,50 %
dvd spieler	Aktiv	0,65 €	1.379	61.880	2,22 %	0,49 €	670,40 €	2,3	20	33,52 €	1,45 %
dvd gerät	Aktiv	0,50 €	1.307	60.730	2,15 %	0,38 €	490,19 €	3,1	32	15,32 €	2,45 %
billig dvd player	Aktiv	0,65 €	210	42.881	0,48 %	0,32 €	66,40 €	2,7	4	16,60 €	1,90 %
dvd rec	Aktiv	0,51 €	547	20.637	2,65 %	0,35 €	189,27 €	2,3	14	13,52 €	2,56 %
dvd video	Aktiv	0,70 €	423	19.919	2,12 %	0,44 €	186,09 €	2,5	4	46,52 €	0,95 %
dvd player angebote	Aktiv	0,65 €	393	16.061	2,44 %	0,52 €	202,61 €	3,9	31	6,54 €	7,89 %
dvd portable	Aktiv	0,50 €	285	13.927	2,04 %	0,34 €	96,76 €	2,6	7	13,82 €	2,46 %
dvd angebote	Aktiv	0,65 €	144	11.461	1,25 %	0,52 €	74,86 €	3,4	1	74,86 €	0,69 %
dvd recorder angebote	Aktiv	0,50 €	35	9.382	0,37 %	0,39 €	13,72 €	3,9	1	13,72 €	2,86 %
billige dvd player	Aktiv	0,80 €	207	7.433	2,78 %	0,76 €	158,34 €	2,6	6	26,39 €	2,90 %

Abb. 11.14: Anzeigengruppe DVD-Player ohne klickstärkste Keywords

Oder um es ganz konkret auszudrücken: Für 1.000 Euro, die Sie in AdWords steckten, erhielten Sie bislang 27 Bestellungen. Nun gehen bei Ihnen für den gleichen Betrag 64 DVD-Player über den Ladentisch! Und dies nur, weil wir die drei teueren Keywords herausgenommen haben!

11.3.2 Keyword-Optimierungen mit Conversions

Im Beispiel haben wir bereits einen ersten Optimierungsschritt gesetzt, indem wir die Keywords »dvd player«, »dvd recorder« und »dvd rekorder« ausgelagert haben. Dabei haben wir sie natürlich nicht mit gleichen Anzeigen einfach nur in eine andere Kampagne gesteckt und die Kosten damit lediglich an eine andere Stelle unseres AdWords-Kontos verschoben. Vielmehr wurden für jedes einzelne Keyword eine separate Kampagne sowie eine spezielle Landingpage angelegt. Für dieses aufwendige Unterfangen gibt es gute Gründe:

- Die überragende Bedeutung der Keywords in Bezug auf Klicks und damit sowohl auf neue Besucher als auch auf unsere Kosten.
- Die Vermutung, dass die Conversion-Rate durch spezielle Anzeigen in Verbindung mit einer passenden Landingpage deutlich gesteigert werden kann.
- Die relativ leichte und unproblematische Adaption der Landingpage für alle drei Begriffe.

- Die Möglichkeit, jedem Keyword durch eine eigene Kampagne ein individuelles Budget zuordnen zu können. Dadurch konnten die Kosten den jeweiligen Optimierungsfortschritten entsprechend sehr flexibel angepasst werden.

Ohne diese teuren Keywords konnten die übrigen Keywords nun ihre Potenziale zeigen, ohne dass ihnen ein Großteil des Budgets von den ausgelagerten Begriffen »weggenommen« wird. Das Ergebnis sehen wir in Abbildung 11.14. Auf Grundlage dieser Daten optimieren wir nun die verbleibenden Keywords bezüglich der Conversion-Rate. Dabei orientieren wir uns an der Vorgehensweise, die wir bei der Optimierung anhand der Klickrate kennen gelernt haben, und teilen die Keywords gemäß ihrer potenziellen Leistungsstärke in die drei Gruppen ein: Top-Keywords, Bestandsbringer und übrige Keywords.

- Wir optimieren die ersten beiden Gruppen durch individuelle, Keyword- oder themengenaue Anzeigengruppen und Kampagnen.
- Mit den selten gesuchten und geklickten Keywords versuchen wir wiederum, einen Long Tail aufzubauen.

Werfen wir deshalb noch einen kurzen Blick auf das Konto bei fortgeschrittener Optimierung. Die Kosten pro Conversion sind für das gesamte Konto auf 7,95 Euro gesunken, die Conversion-Rate ist auf hervorragende 4,24% gestiegen:

Kampagnen | Anzeigengruppen | Einstellungen | Anzeigen | Keywords | Werbenetzwerke

+ Neue Kampagne | Status ändern... | Weitere Aktionen... | Suchen

Kampagne	Budget	Status	Klicks	Impr.	CTR	Durchschn. CPC	Kosten	Kosten/Conv. (viele-pro-Klick)	Conv.-Rate (viele-pro-Klick)	Conv. (viele-pro-Klick)
dvd player	125,00 €/Tag	Aktiv	7.721	262.995	2,93 %	0,36 €	2.761,13 €	8,17 €	4,38 %	338
dvd angebote	35,00 €/Tag	Aktiv	2.132	157.600	1,35 %	0,35 €	742,81 €	6,94 €	5,02 %	107
dvd recorder	30,00 €/Tag	Aktiv	1.631	73.184	2,22 %	0,38 €	625,04 €	10,08 €	3,80 %	62
videorecorder	15,00 €/Tag	Aktiv	1.074	55.698	1,92 %	0,34 €	365,98 €	7,62 €	4,47 %	48
dvd heimkino	10,00 €/Tag	Aktiv	791	54.450	1,45 %	0,36 €	281,80 €	7,42 €	4,80 %	38
ursprungsgruppe	20,00 €/Tag	Aktiv	2.180	41.261	5,28 %	0,22 €	475,06 €	6,33 €	3,44 %	75
dvd portable	5,00 €/Tag	Aktiv	416	15.535	2,67 %	0,30 €	125,12 €	15,64 €	1,92 %	8
Gesamt - Alle Kampagnen	**240,00 €/Tag**		**15.945**	**660.723**	**2,41 %**	**0,34 €**	**5.376,94 €**	**7,95 €**	**4,24 %**	**676**

Abb. 11.15: DVD-Player: Optimiertes Konto

Für die wichtigsten Keyword-Themen sind eigene Kampagnen angelegt, die bis zu 20 Anzeigengruppen für Kombinationen und Spezifizierungen beinhalten, beispielsweise Ergänzungen um Herstellernamen wie »dvd player sony« oder »dvd player philips«, Phasen des Kaufzyklus wie »dvd player vergleich« oder »dvd player kaufen« sowie genaue Produkttypen und -bezeichnungen. Die Ursprungsgruppe stellt einen erfolgreichen Long Tail dar, der über zahlreiche Keywords in Summe nicht nur viele und günstige Klicks, sondern insbesondere zahlreiche und günstige Conversions generiert – in obigem Auswertungszeitraum die drittmeisten Conversions bei gleichzeitig niedrigsten Conversion-Kosten.

Vergessen Sie nicht, Ihre Keywords auch bezüglich der Basics zu optimieren, die wir in Kapitel 6, *Keywords: Sich gezielt finden lassen*, besprochen haben. So gab es im Beispiel keine Keyword-Kombinationen und -Varianten. Auch Keyword-Optionen inklusive ausschließender Keywords waren nicht eingesetzt. Die Aufteilung in themenverwandte Anzeigengruppen oder Kampagnen ist immer ein guter Zeitpunkt, dies nachzuholen.

Denken Sie bei Ihren Optimierungen auch daran, Auswirkungen von Bietpreis- und damit Positionsänderungen zu testen. Können Sie den Bietpreis senken, ohne dass die Anzahl der Conversions zurückgeht, so vermindern sich die Kosten, und die Conversion kann lohnend werden. Aufgrund des Zusammenhangs von Anzeigenposition und Conversion, wie in Kapitel 9, *Kampagnen-Statistik: Leistungsdaten & Optimierungen*, erläutert, kann es dabei sogar zu einem Anstieg kommen.

Hilft alles nichts, so löschen Sie das Keyword. Kurz und schmerzlos: besser keine Conversion als eine mit Verlusten. Dies ist Gegenstand unseres nächsten Kapitels.

11.3.3 Keywords behalten oder löschen

Wir haben uns bisher ausführlich damit beschäftigt, wie Sie Ihr Geld ausgeben können. Erhielten Sie dafür anfangs lediglich Klicks, so bekommen Sie mittlerweile bereits Conversions. Doch verdienen Sie damit eigentlich auch Geld?

Dies wollen wir nun auf Keyword-Ebene besprechen. Denn so können Sie für jedes Keyword einzeln feststellen, ob es Gewinne bringt oder Verluste macht. Auf dieser Grundlage können Sie dann entscheiden, ob Sie das Keyword behalten, löschen oder optimieren wollen.

Return on Investment (ROI)

Der Wert, anhand dessen Sie über ein Keyword entscheiden, ist der Return on Investment (ROI). Eine Möglichkeit der Berechnung haben wir bereits in Abschnitt 1.4.3, *Return on Investment (ROI)*, kennen gelernt:

ROI = (Gewinnanteil / durchschnittlichen Kapitaleinsatz) * 100

Wird der ROI üblicherweise im Finanzwesen angewandt, so rechnet man im Marketing zumeist mit dem ROAS, dem Return on Ad Spendings. Dieser beruht auf dem gleichen Prinzip und drückt die Kampagneneffizienz aus:

ROAS = ((Umsatz – Gesamtkosten) / Kampagnenkosten) * 100

Gehen wir einen konkreten Fall durch und nehmen dafür beispielsweise die ersten fünf Impression-stärksten Keywords aus Abbildung 11.14.

Einstellungen | Anzeigen | Keywords | Werbenetzwerke

Diese Keywords optimieren die Suche.

+ Keywords hinzufügen | Bearbeiten | Status ändern ... | Suchbegriffe anzeigen ... | Weitere Aktionen ... | Suchen

Keyword	Status	Max. CPC	Klicks	Impr.	CTR	Durchschn. CPC	Kosten	Durchschn. Pos.	Conv. (viele-pro-Klick)	Kosten/Conv. (viele-pro-Klick)	Conv.-Rate (viele-pro-Klick)
Gesamt - alle Keywords			8.503	424.092	2,00 %	0,39 €	3.317,27 €	2,2	213	15,57 €	2,50 %
dvd spieler	Aktiv	0,65 €	1.379	61.880	2,22 %	0,49 €	670,40 €	2,3	20	33,52 €	1,45 %
dvd gerät	Aktiv	0,50 €	1.307	60.730	2,15 %	0,38 €	490,19 €	3,1	32	15,32 €	2,45 %
billig dvd player	Aktiv	0,65 €	210	42.881	0,48 %	0,32 €	66,40 €	2,7	4	16,60 €	1,90 %
dvd rec	Aktiv	0,51 €	547	20.637	2,65 %	0,35 €	189,27 €	2,3	14	13,52 €	2,56 %
dvd video	Aktiv	0,70 €	423	19.919	2,12 %	0,44 €	186,09 €	2,5	4	46,52 €	0,95 %

Abb. 11.16: Leistungsdaten Keywords

Hinweis

Beachten Sie, dass es sich bei den im AdWords-Konto ausgewiesenen Zahlen bereits um gerundete Werte handelt. Da wir mit diesen weiterrechnen, verlieren wir natürlich die weiteren Nachkommastellen. Dabei kann es zu Ergebnissen wie 3,87 User, 7,29 Klicks oder 11,51 Buchungen kommen – was in der Praxis natürlich äußerst selten ist.

Zunächst benötigen wir die Kosten, die in Zusammenhang mit der Conversion aufgetreten sind. Dies sind nicht nur die AdWords-Kosten, die wir aus unserer Leistungsstatistik ablesen können. Wie in Abschnitt 11.1.1, *Conversion-Tracking in AdWords* ausgeführt, müssen wir alle variablen Kosten berücksichtigen. Diese erfahren Sie selbstverständlich nicht aus Ihrem AdWords-Konto. In unserem Fall sollen hierfür 60 Euro pro Conversion anfallen.

Die AdWords-Kosten sowie den tatsächlichen Bestellwert können wir jedoch aus unseren Berichten auslesen. Erstellen wir dafür also einen Bericht KEYWORDLEISTUNG. Diesen exportieren wir in eine Excel-Datei, um mit den Zahlen direkt weiterarbeiten zu können. So ergänzen wir hier drei Spalten, die uns direkt zur Berechnung des ROAS führen. Zudem blenden wir alle Spalten außer den Conversion- und Umsatzwerten aus, die uns derzeit nicht interessieren (siehe Abbildung 11.17).

Keyword	Kosten	Conversions (viele-pro-Klick)	Kosten/Conv. (viele-pro-Klick)	Conv. Umsatz (viele-pro-Klick)	Conv.-Wert Umsatz (viele-pro-Klick)	Rohgewinn	Reingewinn	ROAS
Summen und Gesamtdurchschnittswerte	€ 3.317,27	213	€ 15,57	213	€ 21.297,87	€ 8.517,87	€ 5.200,60	156,77%
dvd spieler	€ 670,40	20	€ 33,52	20	€ 1.999,80	€ 799,80	€ 129,40	19,30%
dvd gerät	€ 490,19	32	€ 15,32	32	€ 3.519,68	€ 1.599,68	€ 1.109,49	226,34%
billig dvd player	€ 66,40	4	€ 16,60	4	€ 379,96	€ 139,96	€ 73,56	110,78%
dvd rec	€ 189,27	14	€ 13,52	14	€ 1.357,86	€ 517,86	€ 328,59	173,61%
dvd video	€ 186,09	4	€ 46,52	4	€ 389,96	€ 149,96	-€ 36,13	-19,42%

Abb. 11.17: ROAS auf Keywordebene

Sehen wir uns das erste Keyword »dvd spieler« an:

- Dieses generierte 20 Conversions, was 20 Verkäufen (im Bericht unter der Spalte CONVERSIONS UMSATZ) entsprach. Für diese fielen 1.200 Euro an variablen Kosten an (20 Stück mal 60 Euro).
- Der Rohgewinn, also Gesamtwert der Verkäufe abzüglich der variablen Kosten, beträgt somit 799,80 Euro.
- Von diesem Rohgewinn müssen wir noch die AdWords-Kosten in Höhe von 670,40 Euro abziehen, womit wir bei einem Reingewinn von 129,40 Euro sind.
- Das Verhältnis von Reingewinn zu AdWords-Kosten ergibt den ROAS. In diesem Fall also 129,40 / 670,40 = 0,193 bzw. 19,3%.

Als Formel ergibt sich für den ROAS somit:

$ROAS_{dvd\ spieler}$
= ((Umsatz – Gesamtkosten) / AdWords-Kosten) * 100
= (Reingewinn / AdWords-Kosten) * 100
= ((1.999,80 Euro – (60 Euro * 20) – 670,40 Euro) / 670,40) * 100
= 19,30%.

Für Ihr eingesetztes Kapital erhalten Sie einen positiven Return on Ad Spending von 19,3%. Auch mit dem Keyword »dvd spieler«, das wir im Vergleich zu den anderen Keywords als ziemlich teuer pro Conversion eingeschätzt hatten, machten Sie also Gewinn. Es gibt also keinen Grund mehr, es löschen zu wollen.

Tipp

Yahoo Search Marketing, vormals Overture, stellt einen ROI-Rechner online zur Verfügung. Sie erreichen ihn unter `http://searchmarketing.yahoo.com/de_DE/rc/srch/tools/roic.php` (für Werbemaßnahmen, die nach Sichtkontakten abgerechnet werden, finden Sie ihn unter `http://searchmarketing.yahoo.com/de_DE/rc/srch/tools/roasc.php`).

Beachten Sie, dass Sie zur Berechnung hierbei einen durchschnittlichen Gewinn pro Conversion vorgeben müssen. Dieser entspricht in unserem Beispiel dem Rohgewinn, den Sie dann auf eine Conversion herunterrechnen müssen.

Conversion-Wert und Conversion-Kosten

Über den Conversion-Wert als Bestellwert haben wir eine zweite, zumeist praktischere Möglichkeit, ein gewinn- oder verlustbringendes Keyword zu erkennen: Wir ziehen von ihm die variablen Kosten ab und gelangen zum Rohgewinn, den wir einfach mit den in der Keyword-Statistik ausgewiesenen AdWords-Kosten vergleichen können.

Hinweis

Der Rohgewinn ist die Grenze, bis zu der AdWords-Kosten anfallen dürfen. Liegen sie darüber, so machen Sie einen Verlust. Liegen sie darunter, so machen Sie einen Gewinn.

In obigem Beispiel lagen die variablen Kosten pro Conversion bei 60 Euro. Für das Keyword »dvd spieler« ergaben sich bei 20 Conversions also variable Kosten in Höhe von 1.200 Euro. Ziehen wir diese vom Wert der Verkäufe ab, so bleiben 799,80 Euro übrig, die wir maximal für AdWords ausgeben dürfen. Da die tatsächlichen Kosten nur bei 670,40 Euro lagen, ergab sich ein Gewinn.

Unterstellen wir Conversion-Wert und variable Kosten als gegeben, so müssen wir für eine Erhöhung unseres Gewinns (oder auch für das Verlassen einer Verlustzone) die Kosten pro Conversion senken. Dazu haben Sie mehrere Möglichkeiten:

- das Senken des Klickpreises
- das Senken der Kosten pro Conversions, damit das Erhöhen der Conversion-Rate
- eine Mischung dieser beiden Leistungssteigerungen.

Nehmen wir uns hierfür das Keyword »dvd video« vor, das in unserem Beispiel mit einem negativen ROAS von 19,42% Verluste machte. Hierfür wollen wir sowohl den maximalen Klickpreis als auch die minimale Conversion-Rate errechnen, die das Keyword erreichen müsste, um Gewinn zu machen.

Senken des Klickpreises

Günstigere Klickpreise wirken sich unmittelbar auf die AdWords-Kosten aus. Um diese auf bzw. unter die Höhe des Rohgewinns zu senken, müsste sich der durchschnittliche Klickpreis auf 0,35 Euro verringern:

Maximaler durchschnittlicher Klickpreis
= Rohgewinn / Anzahl der Klicks
= 149,96 Euro / 423 Klicks
= 0,3545 Euro

Wird der durchschnittliche Klickpreis also von 0,44 Euro auf 0,35 Euro gesenkt, so erhalten wir einen positiven ROAS wie folgt:

AdWords-Kosten
= Anzahl der Klicks * durchschnittlicher Klickpreis
= 423 * 0,35 Euro
= 148,05 Euro

ROAS
= Reingewinn / AdWords-Kosten
= (Rohgewinn – AdWords-Kosten) / AdWords-Kosten
= ((149,96 – 148,05) / 148,05) * 100
= 1,29%

Bei einem durchschnittlichen Klickpreis von 0,35 Euro erzielt das Keyword »dvd video« somit einen ROAS von 1,29%.

Erhöhen der Conversion-Rate

Jede Conversion brachte uns beim Keyword »dvd video« einen durchschnittlichen Wert von 97,49 Euro:

durchschnittlicher Wert pro Conversion
= Wert der Verkäufe / Anzahl der Verkäufe
= 389,96 Euro / 4
= 97,49 Euro

Mit jeder zusätzlichen Sales-Conversion steigt der Wert der Verkäufe. Damit sinken bei gleichbleibender Klickzahl aber auch die Kosten pro Conversion.

Der Rohgewinn pro Conversion beträgt bei diesem Keyword 37,49 Euro:

Rohgewinn pro Conversion
= Wert pro Conversion – variable Kosten pro Conversion
= 97,49 Euro – 60 Euro
= 37,49 Euro

Wiederum versuchen wir, die AdWords-Kosten geringer als den Gesamt-Rohgewinn zu halten. Dies gelingt uns ab fünf Conversions:

Mindestanzahl Conversions
= 186,09 Euro / 37,49 Euro
= 4,963

Fünf Conversions bedeuten einen Anstieg der Conversion-Rate auf 1,18% (= 5 Conversions / 423 Klicks) und ein Reduzieren der Conversion-Kosten auf 37,22 Euro (= 186,09 Kosten / 5 Conversions).

Hinweis

Über das Steigern unserer Leistungsdaten schaffen wir es, Keywords aus der Verlust- in die Gewinnzone zu hieven. Anhaltspunkt muss für uns dabei der ROI bzw. ROAS sein. Nur dieser darf entscheiden, ob wir ein Keyword behalten oder trotz Optimierungsbemühungen bei anhaltenden Verlusten verwerfen müssen.

Kosten oder Investitionen

Neben den tatsächlichen Berechnungen sind insbesondere zwei grundsätzliche Erkenntnisse entscheidend:

- Wir dürfen in der Leistungsbeurteilung nicht nur die in Ihrem AdWords-Konto ausgewiesenen Kosten pro Conversion berücksichtigen, sondern müssen auch alle sonstigen anfallenden Kosten miteinbeziehen. Dies machen wir beispielsweise mit dem Conversion-Wert, wie wir ihn definiert haben.
- Die Rückflüsse, die wir aus einer AdWords-Kampagne ziehen, müssen größer als die getätigten Investitionen sein.

Der zweite Punkt birgt insbesondere die Erkenntnis, dass eine ausschließliche Optimierung in Bezug auf Klickpreis und Kosten pro Conversion nicht immer in Ihrem Interesse sein muss.

Begreifen wir unsere Marketinggelder nämlich nicht als Ausgaben, die es zu reduzieren gilt, sondern als Investitionen, die anhand ihrer Rückflüsse zu beurteilen sind, so wird uns schnell bewusst, warum niedrigste Klickpreise und Conversion-Kosten nicht immer zu unserem Besten sein müssen:

- Mit dem Ziel, einzig den Klickpreis zu senken, verzichten wir eventuell auf Besucher, die uns über eine gute Conversion-Rate mehr Umsatz bringen. Ein gutes Beispiel hierfür ist die bereits erwähnte Kampagne »Angebote« in Abbildung 11.15. Der tatsächliche Klickpreis liegt hier mit 0,35 Euro nur drei Cent unterhalb der weitaus lukrativeren Kampagne »Recorder«. Durch die hohe Conversion-Rate von über 5% lohnt es sich jedoch, sich in diesem stark umkämpften Umfeld auch über einen relativ hohen Bietpreis zu behaupten – da dadurch die Kosten pro Conversion wieder auf lohnende 6,94 Euro gesenkt werden.
- Eine Optimierung ausschließlich anhand der Kosten pro Conversion führt zum niedrigsten CPO, lässt die Anzahl der Conversions aber gegebenenfalls auf einen Bruchteil einbrechen. Was nützt es uns, wenn wir pro verkauftem DVD-Player nur noch Kosten von zwei Euro haben – dafür aber nur noch einen pro Monat verkaufen.
- Möglicherweise gehen uns aus dem gleichen Grund auch Besucher verloren, die zwar pro Transaktion höhere Kosten verursachen, im Laufe der gesamten Kundenbeziehung aber viele Transaktionen ausüben. Oft ist festzustellen, dass gerade teuer erkaufte Kundenbeziehungen sehr lange halten und durch eine hohe Treue zum Unternehmen geprägt sind.

Hinweis

Möglichst niedrige Klickpreise und Conversion-Kosten dürfen nicht die einzigen Ziele sein, die wir verfolgen. Wir müssen vielmehr versuchen, immer effizientere Kampagnen zu schalten, die unseren Return on Investment bzw. die Differenz von Conversion-Wert und Conversion-Kosten maximieren.

Das erfolgreichste Keyword

Ihr erfolgreichstes Keyword erkennen Sie daran, dass es Ihnen pro Klick den größten Conversion-Wert bringt. Dieser Wert wird Ihnen als CONV.-WERT/KLICK, also Wert pro Klick, ebenfalls im Bericht KEYWORDLEISTUNG angezeigt.

Für unsere fünf Keywords aus dem Beispiel ergibt sich:

Keyword	Klicks	Kosten	Conversions (viele-pro-Klick)	Kosten/Conv. (viele-pro-Klick)	Conv.-Wert/Klick	Conv. Umsatz (viele-pro-Klick)	Conv.-Wert Umsatz (viele-pro-Klick)
Summen und Gesamtdurchschnittswerte	8503	€ 3.317,27	213	€ 15,57	€ 2,50	213	€ 21.297,87
dvd gerät	1307	€ 490,19	32	€ 15,32	€ 2,69	32	€ 3.519,68
dvd rec	547	€ 189,27	14	€ 13,52	€ 2,48	14	€ 1.357,86
billig dvd player	210	€ 66,40	4	€ 16,60	€ 1,81	4	€ 379,96
dvd spieler	1379	€ 670,40	20	€ 33,52	€ 1,45	20	€ 1.999,80
dvd video	423	€ 186,09	4	€ 46,52	€ 0,92	4	€ 389,96

Abb. 11.18: Keywords nach CONV.-WERT/KLICK

Der Conversion-Wert pro Klick ergibt sich als Wert aller Conversions durch die Anzahl der Klicks – gemäß unserem Bericht also als

Conv.-Wert gesamt / Klicks.

Mit diesem Wert erhalten Sie auch den Visitor Value (Value per Visitor), also den Wert pro Besucher, den Ihnen ein Keyword bringt. Im Beispiel ist das Keyword »dvd spieler« somit nur noch das viertbeste Keyword.

Ihr Ziel ist es, den Wert pro Klick, also pro gewonnenen Besucher, zu steigern. Dabei ergeben sich wiederum die Probleme wie bei der Optimierung nach Klick- und Conversion-Kosten: Eine ausschließliche Optimierung anhand dieses Wertes kann dazu führen, dass Sie zwar sehr hochwertige, allerdings auch nur sehr wenige Besucher generieren.

11.4 Anzeigen und Conversion-Daten

Die effektivste Methode, Anzeigen zu optimieren, haben wir bereits kennen gelernt: der A/B-Test. Wir lassen zwei Texte gegeneinander laufen und schauen uns an, welcher der beiden besser performt. Voraussetzung ist, dass wir in den Kampagneneinstellungen die »leistungsunabhängige Anzeigenauslieferung« gewählt haben.

Hatten wir bislang die Klickrate als Entscheidungshilfe für den Erfolg eines Textes herangezogen, so steht uns hier nun auch die Conversion-Rate zur Verfügung.

Sehen wir uns dies an einem Beispiel an: Über relativ allgemeine Keywords zum Thema Börse wurden interessierte Besucher auf die Gratis-Abonnement-Seite einer Börsenzeitschrift geführt. Da das Ziel die Gewinnung von Leads war, sehen wir uns insbesondere die Conversions (1-pro-Klick) an.

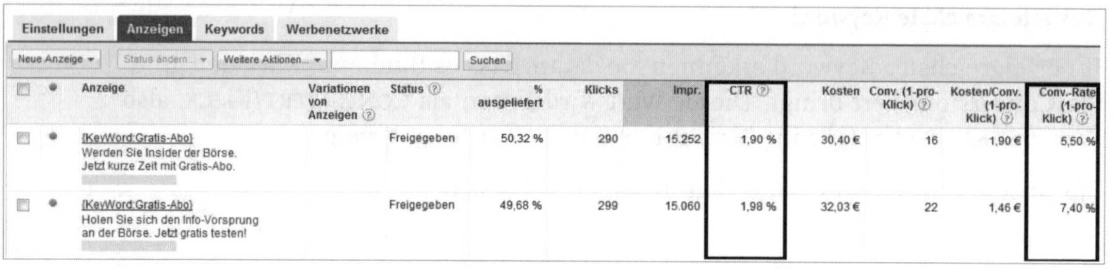

Anzeige	Variationen von Anzeigen	Status	% ausgeliefert	Klicks	Impr.	CTR	Kosten	Conv. (1-pro-Klick)	Kosten/Conv. (1-pro-Klick)	Conv.-Rate (1-pro-Klick)
{KeyWord:Gratis-Abo} Werden Sie Insider der Börse. Jetzt kurze Zeit mit Gratis-Abo.		Freigegeben	50,32 %	290	15.252	1,90 %	30,40 €	16	1,90 €	5,50 %
{KeyWord:Gratis-Abo} Holen Sie sich den Info-Vorsprung an der Börse. Jetzt gratis testen!		Freigegeben	49,68 %	299	15.060	1,98 %	32,03 €	22	1,46 €	7,40 %

Abb. 11.19: A/B-Test Anzeigen Gratis-Abo (1)

Die untere Anzeige ist der oberen überlegen: Sie generiert eine höhere Klickrate, eine höhere Conversion-Rate und fast 40% mehr Conversions bei fast 25% weniger Kosten pro Conversion.

Die nächste Testrunde brachte weit weniger eindeutige Ergebnisse, wie Abbildung 11.20 zeigt.

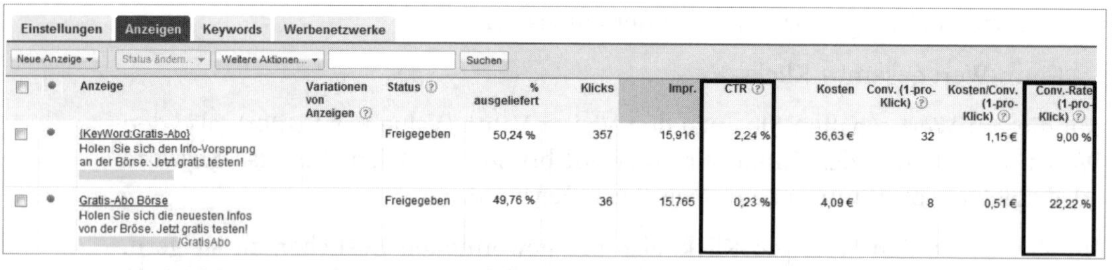

Anzeige	Variationen von Anzeigen	Status	% ausgeliefert	Klicks	Impr.	CTR	Kosten	Conv. (1-pro-Klick)	Kosten/Conv. (1-pro-Klick)	Conv.-Rate (1-pro-Klick)
{KeyWord:Gratis-Abo} Holen Sie sich den Info-Vorsprung an der Börse. Jetzt gratis testen!		Freigegeben	50,24 %	357	15.916	2,24 %	36,63 €	32	1,15 €	9,00 %
Gratis-Abo Börse Holen Sie sich die neuesten Infos von der Bröse. Jetzt gratis testen! /GratisAbo		Freigegeben	49,76 %	36	15.765	0,23 %	4,09 €	8	0,51 €	22,22 %

Abb. 11.20: A/B-Test Anzeigen Gratis-Abo (2)

Orientieren wir uns an der Klickrate sowie an der Anzahl der Conversions, so müssten wir die obere Anzeige beibehalten – das fast Zehnfache beim CTR sowie das Achtfache an Conversions scheinen eine deutliche Sprache zu sprechen.

Entscheiden wir jedoch anhand der Conversion-Rate, so liegt die zweite Textvariante mit 22,22% deutlich über den 9% der ersten. Auch gemäß der Kosten pro Conversion wäre die neue Variante unser Favorit: 0,51 Euro sind nicht einmal die Hälfte, die uns eine Conversion bei Anzeige Eins kostet. Das Problem mit der neuen Anzeige sind die geringe Anzahl an dazugewonnenen Klicks und Conversions.

Weder Klick- noch Conversion-Rate allein geben uns aber letztendlich Aufschluss darüber, wie viel uns eine Anzeige bringt. Obige konträre Situation macht es sehr deutlich, dass wir einen zusätzlichen Wert benötigen, der beide Raten berücksichtigt und uns tatsächlich Aufschluss darüber gibt, mit welcher Variante wir mehr verdienen – denn genau darum geht es.

Wir greifen dafür auf den bereits bekannten Conversion-Wert zurück, den wir beim Generieren des Conversion-Codes angegeben haben.

Da aus Gratis-Abonnements keine direkten Rückflüsse resultieren, wurde dieser über die Umwandlungsquote von Gratis-Lesern in zahlende Zeitschriftenbezieher errechnet und mit 8,50 Euro bestimmt. Aus dem Anzeigenleistungs-Bericht erkennen wir den Wert, den uns beide Anzeigen gebracht haben (siehe Abbildung 11.21).

Überschrift	Impr.	Klicks	CTR	Kosten	Conv.	Conv.-Rate	Kosten / Conv.	Wert / Klick	Anz. Anmeldungen	Wert Anmeldungen	Reingewinn	(Reingewinn / Anz. Impr.) * 1000 Impr.
{KeyWord:Gratis-Abo}	15916	357	2,24%	€ 36,63	32	9,00%	€ 1,15	€ 0,76	32	€ 272,00	€ 235,37	€ 14,79
Gratis-Abo Börse	15765	36	0,23%	€ 4,09	8	22,22%	€ 0,51	€ 1,89	8	€ 68,00	€ 63,91	€ 4,05

Abb. 11.21: Anzeigen – Reingewinn bezogen auf 1000 Impressions

Wir haben die Excel-Tabelle auf die relevanten Daten reduziert und um den entscheidenden Wert bei der Beurteilung von Anzeigen ergänzt: den Reingewinn bezogen auf 1.000 Impressions. In diesen fließen sowohl die Klick- als auch die Conversion-Rate mit ein. Wir errechnen ihn am Beispiel des ersten Textes wie folgt:

Reingewinn
= Wert der Anmeldungen – Kosten
= 272 Euro – 36,63 Euro
= 235,37 Euro
Reingewinn bezogen auf 1000 Impressions
= (Reingewinn / Anzahl der Impressions) * 1.000 Impressions
= (235,37 Euro / 15.916 Impressions) * 1.000 Impressions
= 14,79 Euro

Für Variante Zwei ergibt sich hingegen nur ein Wert von 4,05 Euro. Die erste Variante ist somit fast 2,5 Mal so profitabel wie die zweite.

11.5 Landingpage und Conversion-Daten

Landingpages zu testen ist ein weites Feld, denn jede AdWords-Kampagne und jeder Webauftritt muss die für sich beste Lösung finden. So hilft es zumeist wenig, funktionierende Seiten zu kopieren oder Ergebnisse anderer Optimierungen übertragen zu wollen. Jede Landingpage bedient eine andere Usergruppe und vermittelt eine andere Botschaft mit anderen Schwerpunkten und Stimulatoren. Vor allem harmonisieren auf jeder Landingpage andere Elemente miteinander: Eine Headline funktioniert mit diesem Bild besser als mit jenem, ein bunter Call-to-action-Button ist bei diesem Text erfolgreicher, während bei jenem Text ein einfacher Bestell-Link besser ankommt.

Es gibt zahlreiche Möglichkeiten und Tools, Tests für Landingpages durchzuführen. Sie müssen die für Sie beste Lösung finden – in Abhängigkeit von Traffic, Funktionalität und Ihrem Budget. Daher macht es wenig Sinn, ein spezielles Instrument bis ins kleinste Detail vorzustellen. Vielmehr wollen wir uns anschauen, was und wie wir testen können. Auf das kostenlose Website-Optimierungstool von Google gehen wir dabei natürlich auch noch ein.

11.5.1 A/B-Tests von Landingpages

In A/B-Tests werden zwei Landingpages gegeneinander getestet. Diese unterscheiden sich

- entweder komplett, so dass Sie eine ganz neue Idee gegen die Control-Seite testen. Als Ergebnis können Sie dabei nur sagen, welche der beiden Varianten besser funktioniert – nicht, an welchem Element oder an welcher Änderung es lag.
- oder in genau einer Variablen, beispielsweise der Headline. Mehr ist auch hier nicht drin: Würden wir neben der Headline auch noch eine zweite Variable, beispielsweise ein Bild, tauschen, so wüssten wir bei der Auswertung nicht, aufgrund welchen Elementes die Ergebnisse zustande gekommen sind.

A/B-Tests können Sie über spezielle Tools, behelfsweise aber auch direkt aus Ihrem AdWords-Konto heraus starten:

- Sie legen zwei genau gleiche Anzeigen in einer Anzeigengruppe an, die jeweils auf eine Variante der beiden zu testenden Landingpages führen. Achten Sie auch darauf, dass die Anzeigen-URLs gleich lauten.
- Schalten Sie die anfrageunabhängige Anzeigenauslieferung ein, damit beide Anzeigen in gleichem Verhältnis ausgeliefert werden.
- Die Landingpage, die mehr Conversions generiert, ist der Gewinner.

Dieses Verfahren ist einfach durchzuführen und bietet sich insbesondere für Seiten an, die über keinen allzu starken Traffic verfügen.

11.5.2 Multivariate-Tests

Multivariate-Tests bringen uns schon einen gewaltigen Schritt weiter. Mit ihnen wird berücksichtigt, dass die Variante eines Elements nicht einfach nur gut oder schlecht funktioniert – sondern auch, wie gut und schlecht diese im Zusammenspiel mit den anderen Elementen der Seite funktioniert.

In Multivariate-Tests werden daher mehrere Elemente gleichzeitig getestet. Diese werden von Ihnen definiert und mit Alternativen belegt:

- Sie wählen die zu testenden Elemente aus, beispielsweise Headline, Textblock und Call-to-Action.
- Für alle Elemente erstellen Sie neue Varianten.
- Die Varianten aller Elemente werden untereinander kombiniert und in gleichem Verhältnis ausgespielt.
- Die Variante, die die meisten Besucher zur Conversion führt, ist am erfolgreichsten.

Haben Sie also beispielsweise drei Elemente mit drei Varianten, so werden insgesamt 27 Landingpages getestet: 3 * 3 * 3. Oder ausführlicher: Headline A mit Text A und Bild A, Headline B mit Text A und Bild A, Headline C mit Text A und Bild A, Headline A mit Text B und Bild A usw.

Für 27 Landingpages benötigen Sie schon recht viel Traffic, um zu validen Ergebnissen zu gelangen. Denn jede Kombination muss so häufig geschaltet werden, dass Sie anschließend tatsächlich mit der besten weiterarbeiten können – nicht mit derjenigen, die im Testzeitraum rein zufällig die besten Ergebnisse lieferte. Je näher die Ergebnisse beieinander liegen, desto mehr Conversions benötigen Sie, um eine sichere Entscheidung treffen zu können. Gute Tools zeigen Ihnen automatisch an, wann Sie diese erreicht haben.

11.5.3 Googles Website-Optimierungstool

Google stellt ein kostenloses Optimierungstool für Landingpages zur Verfügung. Dieser Schritt ist nur konsequent, da die Qualität der Landingpage nun auch in den Qualitätsfaktor einfließt. Mit diesem Tool können Sie sowohl A/B- als auch Multivariate-Tests durchführen.

Sie erreichen das Optimierungstool direkt in Ihrem AdWords-Konto: Klicken Sie in der Konto-Navigation auf BERICHTERSTELLUNG und wählen Sie den Punkt WEBSITE OPTIMIERUNGSTOOL. Eine ausführliche Installationsanleitung finden Sie unter `http://adwords.google.com/support/bin/topic.py?topic=10808`. Ohne AdWords können Sie sich unter `www.google.com/websiteoptimizer` anmelden und Informationen über `http://www.google.com/intl/de/websiteoptimizer/articles.html` erhalten.

Bevor Sie sich nun blindlings auf das Optimierungstool stürzen, lassen Sie uns die Vor- und Nachteile besprechen. Entscheiden Sie dann, ob dies die wirklich optimale Lösung für Sie ist.

Als wichtigste Vorteile halten wir fest:

- Das Website-Optimierungstool ist in Ihrem AdWords-Konto integriert und bietet so eine einfache Handhabe der Auswertungen.
- Das Setup sowie die Pflege der Varianten sind relativ einfach, zumeist einfacher als bei anderen Tools.
- Das Tool ist für AdWords-Kunden kostenlos.

Als Nachteile sind zu bedenken:

- Die Voraussetzung für die Nutzung ist ein Analytics-Account. Dieser wird im Einrichtungsprozess für das Optimierungstool mit angelegt.

- Für fundierte Ergebnisse benötigen Sie einen hohen Traffic. Nutzen Sie die maximale Anzahl von drei Elementen in drei Variationen, so müssen Sie 27 unterschiedliche Kombinationsmöglichkeiten testen.
- Sie können nur eine mengenmäßige Optimierung vornehmen, keine nach Wert pro Transaktion. Kaufen bei Ihnen beispielsweise zehn User mit einem Gesamtwert von 10.000 Euro ein, so ist Ihnen dies wahrscheinlich lieber, als wenn 20 User insgesamt nur für 100 Euro bestellen. Diese erfahren Sie hier jedoch nicht.
- Es sind nur einstufige Prozesse messbar – zum Beispiel von der Landingpage direkt auf eine Danke-Seite.
- Sie können auf keinen garantierten Support zurückgreifen.
- Das Optimierungstool befindet sich noch im Beta-Status.
- Wie alle Google-Tools ist auch der Website-Optimierer keine Alternative für Unternehmen, die Leistungsdaten aus Privacy-Gründen nicht von Google erfassen und speichern lassen können.

11.5.4 Multivariate-Tests nach Taguchi

Um auch mit weniger Impressions valide Ergebnisse zu erhalten, werden in letzter Zeit immer häufiger Multivariate-Tests nach der so genannten Taguchi-Methode eingesetzt.

Diese gehen auf den Statistiker Genichi Taguchi zurück, der damit vor über 50 Jahren die Qualität von Produktionszyklen in der Automobilbranche steigern konnte. Seit einiger Zeit wird diese Methode auch auf das Direkt-Marketing und die Optimierung von Seiten im Internet übertragen und angewandt.

Bei der Taguchi-Methode werden nicht alle möglichen Kombinationen von Elementen und Variationen live und online am Kunden getestet. Vielmehr werden nur bestimmte Kombinationen vorgegeben. Aufgrund der Ergebnisse dieser Probanden werden Rückschlüsse auf die Leistungen der anderen Kombinationen extrapoliert, so dass eine genaue Einschätzung über die wichtigsten Variablen und deren Wert vorgenommen werden kann.

Auf diese Weise nehmen sowohl die benötigte Anzahl an Besuchern und Conversions als auch die Länge der Testphase drastisch ab. Es können somit auch Webauftritte mit geringerem Gesamt-Traffic oder einzelne, selten besuchte Seiten durch Multivariate-Tests optimiert werden. Zudem ist es grundsätzlich ratsam, valide Ergebnisse innerhalb eines überschaubaren Testzeitraums zu gewinnen.

Ob diese Art der optimierten Tests tatsächlich gültige Ergebnisse liefert, ist in Fachkreisen allerdings umstritten. So werden Sie immer auf engagierte Fürsprecher als auch Gegner dieses Verfahrens treffen.

Kapitel 12

Google Analytics: Von AdWords zur Webanalyse

Was wissen Sie von Ihrer Website – und was wollen Sie eigentlich wissen? Was messen Sie derzeit – und was ist für Sie tatsächlich interessant?

Willkommen in der wunderbaren Welt der Webanalyse!

12.1 Von Tools und Messungen

Mit Webanalyse-Tools erfahren Sie, was auf Ihrer Website wirklich passiert. Je nach Tool können Sie ganz genau festhalten, wer Ihre Besucher sind, woher sie kommen, wie sie sich innerhalb Ihres Webauftritts bewegen und wo sie ihn verlassen. Sie erfahren, welches Ihre erfolgreichen Seiten sind, wie häufig diese aufgerufen werden, wo Sie Optimierungen vornehmen müssen und auf welche Sie verzichten können. Sie können einzelne Kampagnen auswerten, Conversions und Sales messen und vieles mehr.

Wie leistungsstark Ihre Daten sind, hängt von dem Webanalyse-Tool ab, das Sie einsetzen. Sie haben die gesamte Bandbreite zur Auswahl – auch preislich.

Im Sinne des Buches gehen wir hier natürlich insbesondere auf Google Analytics und die dortigen Auswertungen ein, die unser AdWords-Konto betreffen.

12.1.1 Wer misst, misst Mist

Zahlen, die Sie aus Webanalyse-Tools erhalten, haben einen Nachteil: Sie sind nie genau. Vergleichen Sie beispielsweise den in Ihrem Analyse-Tool ausgewiesenen Umsatz mit Ihren tatsächlichen Bestelleingängen, so werden Sie immer eine Differenz finden. Setzen Sie mehrere Tools ein, so erhalten Sie aufgrund unterschiedlicher Messmethoden in der Regel von jedem andere Zahlen ausgegeben.

Einen sehr interessanten Test zu diesem Thema finden Sie unter `www.stonetemple.com/articles/analytics-report-august-2007.shtml`. In einem »Analytics Shoot Out« wurden dabei mehrere Seiten mit den Analyse-Tools von Google Analytics, Clicktracks, Index Tools, Unica Affinium NetInsight und Visual Sciences' HBX Analytics gemessen. Dabei wurden teils signifikant unterschiedliche Ergebnisse erzielt – allein bei den gemessenen Besucherzahlen von bis zu 30%.

Die Seite liefert Ihnen zudem einen guten Überblick über die Gründe, warum es zu unterschiedlichen Leistungsdaten kommt: die Nutzung anderer Techniken, anderer Cookies oder anderer Filter, die Stelle, an welcher der Tracking-Code eingebaut wird, und vieles mehr. In Kapitel 11, *Conversion-Tracking: Das Ziel im Visier*, hatten wir bereits gesehen, dass es sogar bei Messungen zwischen AdWords und Google Analytics zu unterschiedlichen Ergebnissen kommen kann.

Hat sich das Thema Webanalyse deshalb erledigt? Keineswegs. Sie müssen nur wissen, wie Sie Ihre Daten zu interpretieren haben.

Wichtig

Sehen Sie absolute Werte nicht als absolut richtig an. Erkennen Sie vielmehr Trends und konzentrieren Sie sich auf die relativen Messungen: Seite A führt zu mehr Conversions als Seite B, Keyword C bringt Ihnen mehr Verkäufe als Keyword D, Ihre Kampagnen in Deutschland bringen mehr Besucher, Ihre Kampagnen in Österreich aber mehr Conversions und mehr Umsatz.

12.1.2 Vor- und Nachteile von Google Analytics

Google stellt Ihnen ein Webanalyse-Tool zur Verfügung: Google Analytics. Dabei handelt es sich um die Analyse-Software Urchin, die bis zur Übernahme durch Google von der Firma Urchin Software Corporation vertrieben wurde. Nach einer Übergangszeit, in der ein beschränkter Zugang nur nach Eintrag in Wartelisten möglich war, steht Google Analytics mittlerweile jedem AdWords-Kunden kostenlos zur Verfügung.

Die Vorteile liegen auf der Hand:

- Google Analytics ist umsonst. Mag dies grundsätzlich schon mal gut sein, so wird es sogar noch besser, wenn Sie sich die Preise anderer Anbieter von Webanalyse-Tools ansehen.
- Urchin war bereits vor Google eine bekannte Software. Google Analytics ist daher auch nicht irgendein Tool, sondern extrem leistungsstark. Auch dies werden Sie feststellen, wenn Sie Vergleiche zu anderen Anbietern anstellen.
- Analytics wird von Google ständig weiterentwickelt: Es kommen laufend neue, leistungsfähige Reports und Features hinzu, die teilweise sogar anderen Lösungen überlegen sind.
- Die Verknüpfung von Google Analytics aus Ihrem AdWords-Konto heraus ist äußerst angenehm. Sie können Google Analytics separat, aber auch in Ihrem AdWords-Konto aufrufen.
- Die Auswertung der AdWords-Kampagnen in Analytics ist enorm mächtig; hier werden auch laufend weitere Analysen eingebaut.

- In der Datenvisualisierung ist es sehr flexibel und bietet sogar mehr Möglichkeiten als manche Enterprise-Tools.
- Mittels der »Benutzerdefinierten Segmente« lassen sich spezifische Usergruppen definieren und mit anderen Segmenten hervorragend vergleichen: wie etwa »neue Besucher, die über das Keyword finanzierung gekommen sind und aus München stammen« mit dem gleichen Segment, nur aus Berlin.
- »Benutzerdefinierte Reports« ermöglichen neuerdings die Einrichtung von Reports ganz nach den eigenen Wünschen: Es können selbst definierte Metriken und Dimensionen auf einen Blick dargestellt werden.
- Das User-Interface ist sehr übersichtlich, verständlich, schnell und einfach bedienbar.
- Die Basis-Implementierung in den Seiten ist einfach.

Allerdings birgt Google Analytics auch einige Nachteile. Wir kennen einige bereits aus Abschnitt 11.5.3, *Googles Website-Optimierungstool*:

- Weiß Google sowieso schon viel über Ihre Website – nach dem Einbau von Analytics weiß Google alles. Können Sie aus Gründen der Privacy die Erfassung Ihrer Leistungsdaten nicht durch Dritte erlauben, so müssen Sie sich nach einer anderen Lösung umsehen.
- Sie erhalten Berichte und Daten etwa 6 Stunden zeitverzögert, eine Real-Time-Auswertung ist nicht möglich. Was nicht wie ein großer Nachteil wirkt, verzögert jegliche Optimierungen, da Sie nach einer Änderung immer eine Wartezeit haben, bis Sie die Auswirkungen erkennen können.
- Es liegt kein Service Level Agreement (SLA) vor. Niemand garantiert Ihnen die Verfügbarkeit und Funktionalität von Tracking und Interface – weder für künftige, noch für vergangene Daten.
- Sie haben keine Garantie auf Service und Support. Allerdings gibt es das »Google Analytics Authorized Consultants«-Programm: Darin sind Firmen aufgelistet, die von Google speziell für die Beratung und den Support von Google Analytics zertifiziert sind. Diese Unternehmen haben fundiertes Knowhow über den Einbau, die Konfiguration und Nutzung des Tools auch in komplexeren Umgebungen und haben direkten Zugang zu Ressourcen und Entwicklern von Analytics, so dass über sie neben Beratung auch Service und Support bezogen werden kann. Eine Liste der »GAACs« finden Sie unter `http://www.google.com/analytics/authorized_consultants.html`.

Gegenüber großen Webanalyse-Lösungen hat Google Analytics trotz seiner Leistungsfähigkeit einige Einschränkungen, die Ihnen mit fortgeschrittener Webanalyse-Praxis auffallen werden:

- Das Tracking funktioniert nur bei erlaubtem JavaScript und Cookies.
- Sie können nur maximal vier Conversions festlegen. Trichter sind nicht rückwirkend definierbar.
- Beim Kampagnen-Tracking stehen nur die Kosten für AdWords zur Verfügung. Die ROIs Ihrer anderen Kampagnen müssen Sie außerhalb von Google Analytics verwalten und berechnen.
- Bei einer Conversion erfahren Sie immer nur die letzte Visitor-Quelle. Mit welcher Kampagne Sie den Kunden zuerst auf Ihr Angebot aufmerksam machen konnten, finden Sie nicht heraus.
- Die Segmentierung von Usergruppen nach individuellen Kennzahlen ist nur sehr rudimentär möglich. Unter anderem steht Ihnen nur eine Variable zum Tracken individueller Kennzahlen zur Verfügung.
- Trigger und automatische Benachrichtigungen bei Über- oder Unterschreitungen von Schwellenwerten sind nicht möglich.
- Google Analytics kann nur eingeschränkt an Ihre Bedürfnisse angepasst werden. Von Zugriffsrechten bis hin zu komplexen Tracking-Situationen fehlen Ihnen hier Möglichkeiten.
- Auch im Bereich des E-Commerce-Trackings ergeben sich einige Limits, die wir in Abschnitt 12.4.3, *Navigation*, besprechen werden.

Wichtig

Bedenken Sie bei der Wahl von Google Analytics zudem: Als AdWords-Kunde lassen Sie die Leistungen von Google durch Google kontrollieren. Derjenige, dem Sie Ihr Geld geben, sagt Ihnen also, was es bringt. Dies ist durchaus ein Punkt, über den Sie nachdenken sollten.

12.2 Eröffnen eines Analytics-Kontos

Die Implementierung von Google Analytics muss nicht einfach sein. Oder besser: Sie kann sich so kompliziert gestalten, dass wir an dieser Stelle nicht auf alle Spezialfälle und Besonderheiten eingehen können.

Diejenigen, die den Einbau selbst vornehmen wollen, finden im Anhang einige spezielle Hilfestellungen zum Einbau des Codes sowie zum Einbau des E-Commerce-Trackings. Für alle anderen besprechen wir nun den grundsätzlichen Ablauf und gehen dabei auf einige Punkte ein, die Sie wissen sollten – selbst wenn Sie die Implementierung nicht selbst durchführen.

12.2.1 Von AdWords zu Analytics

Klicken Sie in Ihrem AdWords-Konto in der Hauptnavigation auf ANALYTICS.

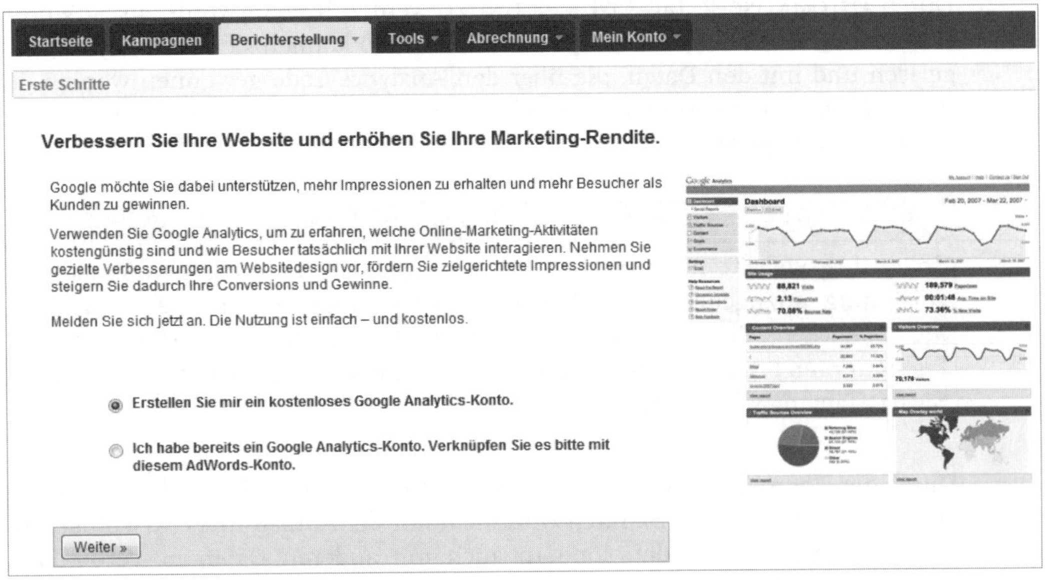

Abb. 12.1: Analytics starten

Wählen Sie die Option ERSTELLEN SIE MIR EIN KOSTENLOSES GOOGLE ANALYTICS-KONTO und klicken Sie auf WEITER.

Geben Sie auf der Folgeseite die URL für diejenige Website ein, für die Sie diesen Account erstellen. Benennen Sie Ihr Konto mit einem eindeutigen Namen.

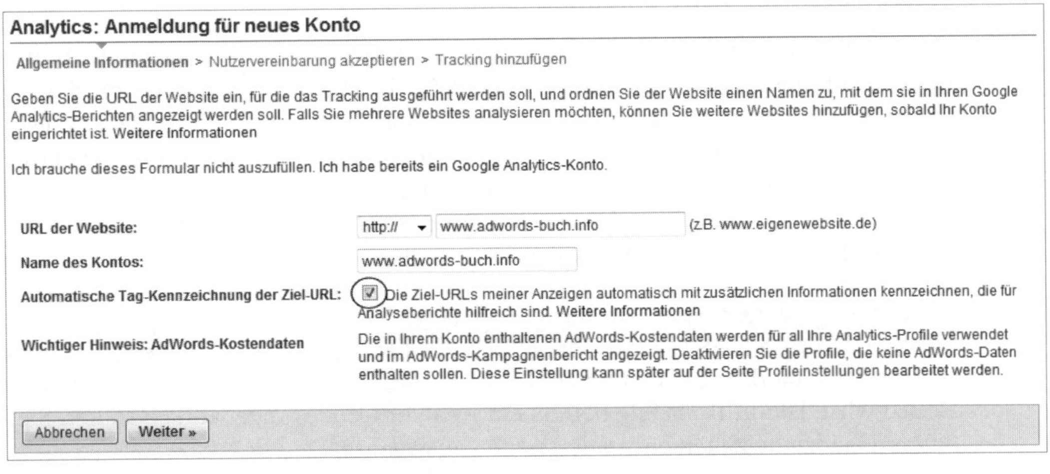

Abb. 12.2: Anmeldung für ein neues Analytics-Konto

Achten Sie darauf, dass die Checkbox wie in Abbildung 12.2 angeklickt ist. So erhalten Sie die Vorteile, die Ihnen durch das Eröffnen des Analytics-Kontos aus dem AdWords-Konto heraus erwachsen:

Durch AUTOMATISCHE TAG-KENNZEICHNUNG werden Ihre Keywords aus AdWords automatisch und anonymisiert gekennzeichnet. So können sie von Analytics ausgelesen und mit den Daten, die über den Analytics-Code gewonnen werden, in Verbindung gebracht werden. Dies erlaubt Ihnen eine Auswertung beispielsweise der Ziele auf Keyword-Ebene.

Vorsicht

Sollte Ihre Website nicht in der Lage sein, mit der automatischen Tag-Kennzeichnung umzugehen, so erhalten Sie Fehlermeldungen, wenn Sie Ihre Anzeigen anklicken. Schalten Sie das automatische Tagging in diesem Fall ab, konfigurieren Sie Ihre Website so, dass sie URL-Parameter erlaubt, und schalten Sie das Tagging wieder auf.

Durch die Übernahme der »AdWords-Kostendaten« werden Ihre AdWords-Daten an Analytics übertragen. Dadurch wird nicht nur der Aufbau Ihres AdWords-Kontos in Analytics abgebildet, sondern auch mit anderen Daten in Verbindung gesetzt. In den PROFILEINSTELLUNGEN können Sie diese Funktion für einzelne Profile deaktivieren.

Klicken Sie auf WEITER, so gelangen Sie zu den AGBs. Lesen Sie diese, erklären Sie sich mit den Bedingungen einverstanden, und gehen Sie über NEUES KONTO ERSTELLEN auf die nächste Seite. Dort erhalten Sie den Code, den Sie auf Ihrer Website einbauen müssen.

12.2.2 Analytics-Code einbauen

Sie erhalten derzeit zwei unterschiedliche Codes zur Auswahl – den alten Urchin-Code »urchin.js« sowie den neuen Google Analytics-Code »ga.js«. Legen Sie ein neues Konto an, so verwenden Sie selbstverständlich den neuen Code. Dieser erlaubt gegenüber der alten Version die automatische SSL-Erkennung. Hierfür war bislang ein zusätzlicher Code notwendig. Auch das Tracking von Events (AJAX, Video ...) ist erst mit dem neuen Code möglich. Künftig soll das automatische Tracking von Downloads und von Exit-Links möglich sein.

Hinweis

Bisher ist von offizieller Seite nicht bekannt, wie lange der alte Code noch unterstützt wird. Ist auf Ihrer Site bereits ein Analytics-Code eingebaut, so sollten Sie diesen jedoch beizeiten gegen den neuen auswechseln.

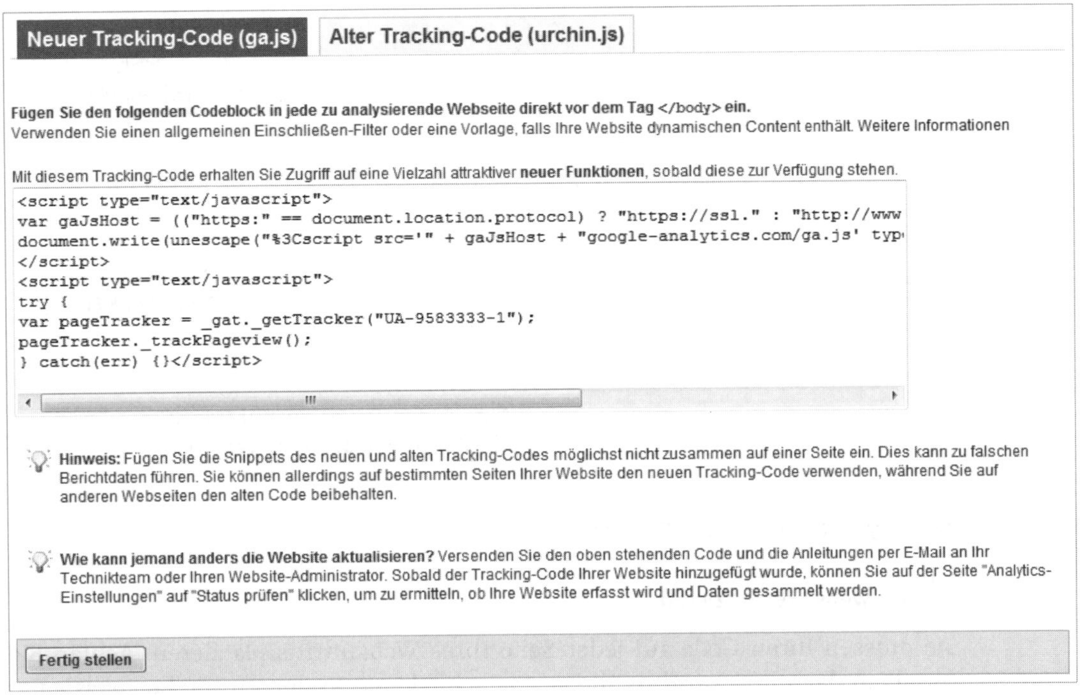

Abb. 12.3: Tracking-Code

Unterschiede alter – neuer Code

Für die technisch Interessierten unter Ihnen hier eine kurze Auflistung der Unterschiede zwischen altem und neuem Code:

Abb. 12.4: Alter Analytics-Code `urchin.js`

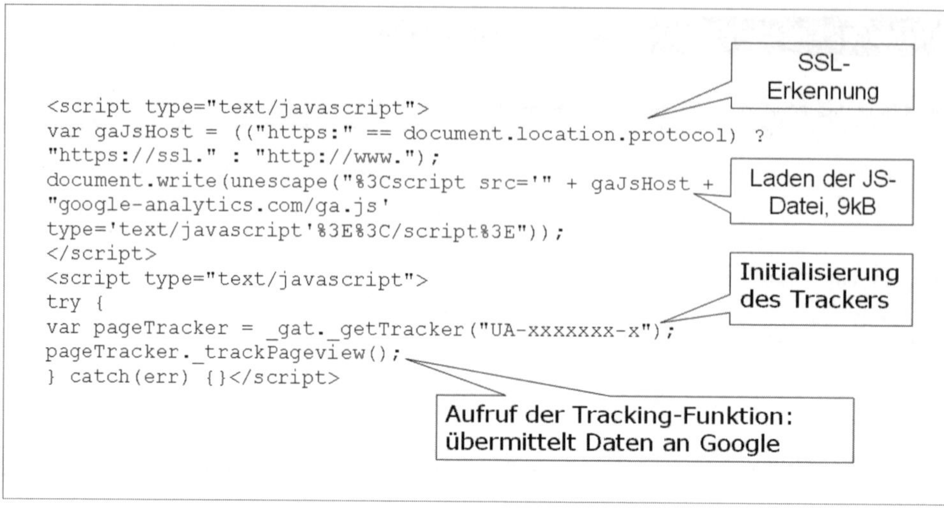

Abb. 12.5: Neuer Analytics-Code `ga.js`

Auf der Webseite platzieren

Sie müssen Ihren Code auf jeder Seite Ihres Webauftritts platzieren. Achten Sie vor allem darauf, wenn Ihre Site aus verschiedenen Systemen wie beispielsweise CMS, Blog oder Shop aufgebaut ist. Verwenden Sie nur ein CMS, so können Sie den Code einmalig im Template einbauen.

> **Tipp**
>
> Setzen Sie ihn direkt am Seitenende vor dem schließenden **</body>**-Tag, so dass der Code zuletzt ausgeführt wird. Dadurch kommt es zu keinen Verzögerungen beim Laden Ihrer Seite.

Einbau unter erschwerten Bedingungen

Oftmals gestaltet sich der Einbau des Tracking-Codes nicht so einfach wie in der eben beschriebenen Standard-Version: Ihre Seiten werden dynamisch mit unterschiedlichen Inhalten erzeugt, während die URL statisch bleibt, Sie möchten mehrere Domains oder Subdomains tracken, Sie verwenden Frames und iFrames, Sie haben eine E-Commerce-Site und vieles mehr.

Sie erhalten im Anhang zu einigen dieser Punkte Anleitungen und Hilfestellungen. Sagen Ihnen diese Begriffe nichts oder wenig, so wenden Sie sich an Ihren Webmaster, besser noch an einen »Google Analytics Authorized Consultant«, der den korrekten Einbau sicherstellt.

Prüfen des korrekten Einbaus

Schließen Sie den Anmeldevorgang durch ein letztmaliges Klicken auf den Button WEITER ab, so werden Sie auf die Analytics-Seite in Ihrem AdWords-Konto geführt.

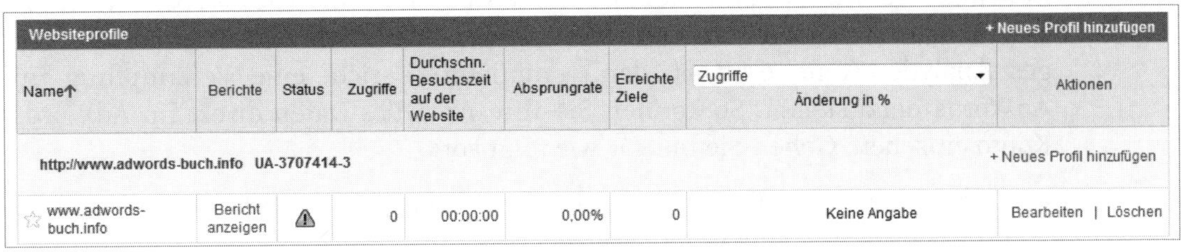

Websiteprofile								+ Neues Profil hinzufügen
Name↑	Berichte	Status	Zugriffe	Durchschn. Besuchszeit auf der Website	Absprungrate	Erreichte Ziele	Zugriffe ▾ Änderung in %	Aktionen
http://www.adwords-buch.info UA-3707414-3								+ Neues Profil hinzufügen
☆ www.adwords-buch.info	Bericht anzeigen	⚠	0	00:00:00	0,00%	0	Keine Angabe	Bearbeiten | Löschen

Abb. 12.6: Im Analytics-Konto

Das Ausrufezeichen im gelben Dreieck unter der Spalte STATUS besagt, dass das Tracking nicht installiert ist. Sobald Sie Ihren Tracking-Code auf Ihrer Website implementiert haben, wird der korrekte Einbau geprüft – ein grüner Haken gibt Ihnen das OK.

> **Tipp**
>
> Sie können den Prüfvorgang beschleunigen, wenn Sie in der betreffenden Zeile auf BEARBEITEN und auf der folgenden Seite PROFILEINSTELLUNGEN rechts oben auf STATUS ÜBERPRÜFEN klicken.

Weitere Analytics-Konten

Sie können jederzeit ein neues Analytics-Konto für eine andere Website anlegen. Klicken Sie hierzu auf den Link WEBSITEPROFIL HINZUFÜGEN und starten Sie den eben beschriebenen Vorgang neu. Von jeder Seite im Analytics-Konto haben Sie über das Drop-down in der grünen Navigationsleiste die Möglichkeit, bequem zwischen den Konten zu wechseln.

Auch ist es möglich, für ein und dieselbe Website mehrere Analyse-Profile anzulegen. Dadurch können Sie einerseits das Limit von vier Zielen pro Website umgehen und andererseits verschiedenste Filter und Segmente direkt herausarbeiten. Beispielsweise könnte ein Profil nur alle Besucher aus der Schweiz enthalten, um Ihre Marketing-Aktionen gezielt nach diesem Gebiet zu analysieren.

> **Vorsicht**
>
> Bauen Sie dafür keinesfalls einen zusätzlichen Tracking-Code ein, sondern nutzen Sie die Option »abgeleitetes Profil« von Ihrem Haupt-Tracking. Die Daten werden daraus übernommen.

12.2.3 Von Analytics zu AdWords

Haben Sie ein AdWords-Konto, so ist die Eröffnung des Analytics-Kontos aus AdWords heraus ratsam. Wir haben den Prozess soeben kennen gelernt.

Möchten Sie Ihr Analytics-Konto direkt über die Analytics-Website `http://www.google.com/analytics/de-DE/` anlegen oder wurde bereits ein unabhängiges Analytics-Konto eröffnet, dann empfiehlt es sich, eine Verknüpfung mit AdWords herzustellen. So können Sie Ihre Analytics-Daten direkt im AdWords-Konto einsehen. Gehen Sie hierfür wie folgt vor:

- Öffnen Sie in der Konto-Navigation den Reiter BERICHTERSTELLUNG und klicken Sie auf den Link GOOGLE ANALYTICS.
- Wählen Sie die Option ICH HABE BEREITS EIN GOOGLE ANALYTICS-KONTO. VERKNÜPFEN SIE ES BITTE MIT DIESEM ADWORDS-KONTO.
- Stellen Sie sicher, dass Sie mit Ihrer E-Mail-Adresse, die Sie für den Login Ihres AdWords-Kontos verwenden, im Analytics-Konto als Administrator eingetragen sind. Ansonsten können Sie keine Verknüpfung herstellen.
- Wählen Sie im Drop-down-Menü das Analytics-Konto aus, das Sie verknüpfen wollen. Lassen Sie die Checkbox für die AUTOMATISCHE TAG-KENNZEICHNUNG angehakt.
- Klicken Sie auf den Button KONTO VERKNÜPFEN.
- Nach dem Verknüpfen erscheint das Dialogfenster BESTÄTIGUNGSSEITE FÜR DEN KONTOLINK. Danach sind Sie im Analytics-Konto.

Mehrere AdWords-Konten mit Analytics verknüpfen

Inzwischen ist es möglich, mehrere AdWords-Konten mit ein und demselben Analytics-Konto zu verknüpfen, so dass die Klick- und Kosteninformationen automatisch in Analytics übernommen werden. Dies kann zum Beispiel nötig sein, wenn unterschiedliche Kampagnen in getrennten Konten verwaltet werden. Um diese Verknüpfung herzustellen, müssen Sie Ihren AdWords-Support kontaktieren.

12.3 Konto-Einstellungen bearbeiten

Auf der Google-Einstiegsseite können Sie mehrere Wege gehen:

In der Spalte BERICHTE haben Sie über BERICHTE ANZEIGEN Zugriff auf alle Auswertungen. Dies ist das Herzstück von Analytics. Wir gehen darauf ab Abschnitt 12.4, *Im Analytics-Konto*, ein.

In der Spalte AKTIONEN gelangen Sie über BEARBEITEN auf eine Seite, auf der Sie die Profileinstellungen Ihres Analytics-Kontos vornehmen können. Hierüber können Sie

- die grundsätzlichen Profilinformationen festlegen
- Conversions und Trichter definieren
- Filter anlegen
- Nutzerrechte vergeben

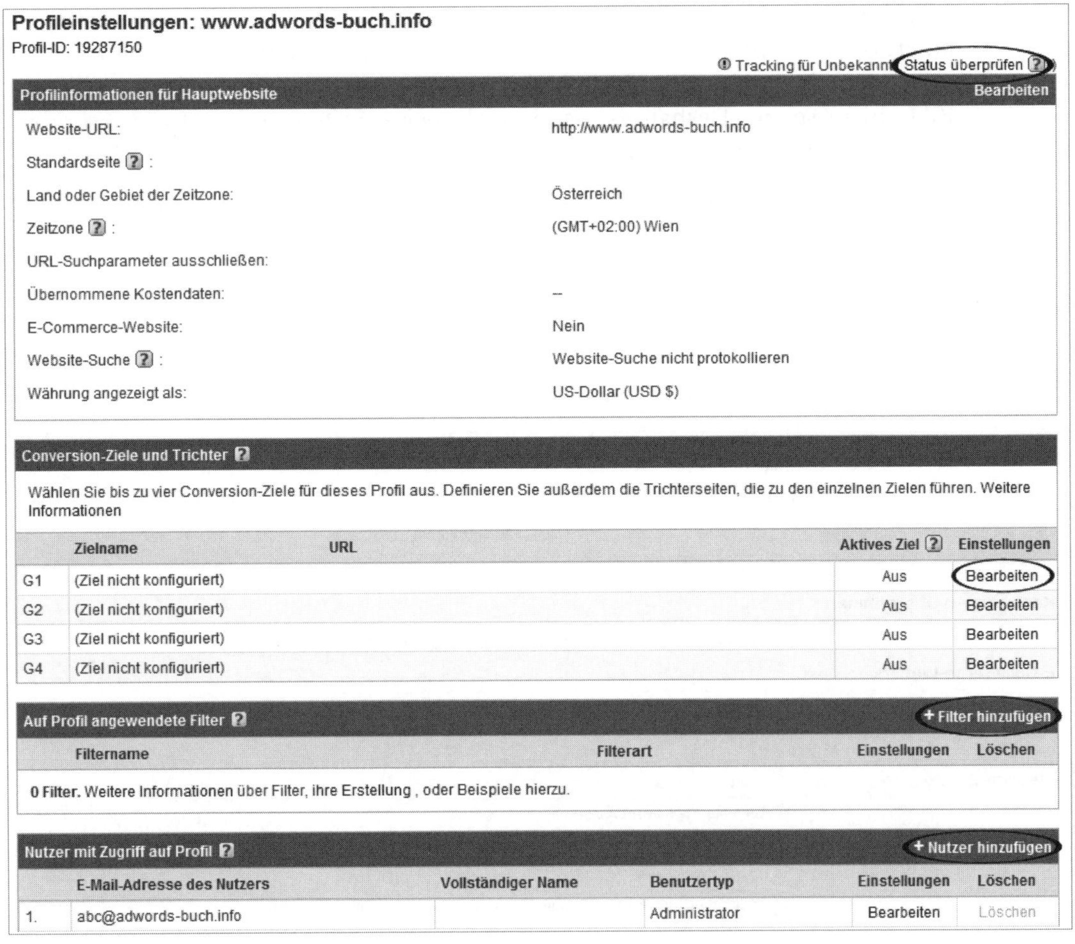

Abb. 12.7: Profileinstellungen

Diese Einstellungen sind wichtig, um korrekte Zahlen zu bekommen sowie spezielle Auswertungen zu erhalten.

Über ZUGRIFFSMANAGER und FILTERMANAGER gelangen Sie auch direkt in die jeweiligen Einstellungsbereiche, über KONTOEINSTELLUNGEN BEARBEITEN können Sie den Namen Ihres Analytics-Kontos direkt ändern.

Wir können in diesem Buch nicht auf alle Einstellungsmöglichkeiten so ausführlich eingehen, wie Sie es für fortgeschrittene Auswertungen tun sollten. Lassen Sie uns jedoch einige wichtige Punkte ansprechen.

12.3.1 Standardseite angeben

Die Standardseite ist diejenige Seite, auf die ein User tatsächlich geführt wird, sobald er Ihre URL aufruft. Geben Sie beispielsweise `http://www.adwords-buch.info` in Ihren Browser ein, so werden Sie automatisch auf `http://www.adwords-buch.info/index.php` geleitet – die Seite, die Sie letztendlich am Bildschirm sehen. Deshalb ist es sinnvoll, beide Seiten nicht getrennt, sondern »als eine« auswerten zu lassen.

Geben Sie Ihre Standardseite deshalb unter PROFILINFORMATIONEN FÜR HAUPTWEBSITE AN:

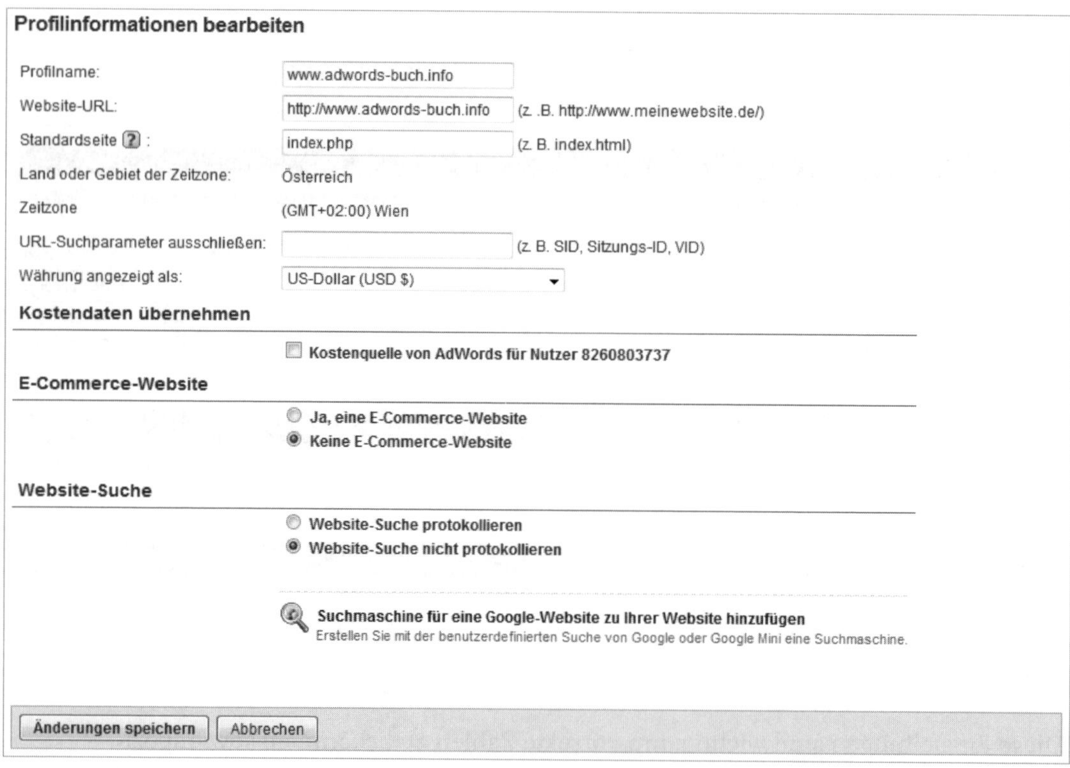

Abb. 12.8: Standardseite angeben

12.3.2 Conversions und Trichter definieren

Wie wir aus Kapitel 11, *Conversion-Tracking: Das Ziel im Visier*, wissen, ist das Ziel unserer AdWords-Bemühungen, den Kunden zur Conversion zu führen. Den Abschluss einer Conversion können wir nicht nur über das AdWords-Conversion-Tracking mitzählen lassen, sondern auch über Analytics.

Conversions: Analytics vs. AdWords

Wir erhalten beim Tracken durch Analytics mehrere Vorteile:

- Wir können alle Schritte, die ein User bis zur Conversion tätigen muss, auswerten. Findet die Conversion nämlich nicht direkt auf der Landingpage statt, so können wir ihn auf jedem dieser Schritte verlieren. Diese so genannten »Ausstiegsraten« auf den einzelnen Seiten kann uns AdWords nicht liefern.
- Wir erfahren über das E-Commerce-Tracking, was bestellt wurde.
- Wir können über die Segment-Analyse und Visualisierung noch mehr über unsere Kampagnen lernen.

Als Nachteil ist festzuhalten, dass eine Conversion unseren AdWords tatsächlich nur dann zugewiesen wird, wenn keine andere Quelle dazwischen war. Wir gehen darauf noch ausführlich in Abschnitt 12.5.1, *Zugriffsquelle AdWords*, ein.

Conversions: Analytics und AdWords

Erinnern Sie sich der Möglichkeit, in Google Analytics definierte Ziele für das Conversion-Tracking in AdWords zu übernehmen. Die Vorteile liegen auf der Hand:

- Wenn auf der Site schon Analytics-Code und die Ziele konfiguriert sind, muss kein zusätzlicher Code mehr eingebaut werden.
- Google-Analytics-Ziele können individueller definiert werden, als dies mit dem AdWords-Conversion-Tracking möglich ist.
- Die Pflege der Conversion-Ziele muss nur einmal erfolgen.

Allerdings gilt es, auch die Einschränkungen und Nachteile zu beachten:

- Die Analytics-Ziele zählen nur, wenn die Conversion unmittelbar stattfindet (das AdWords-Conversion-Tracking erinnert sich bis zu 30 Tage nach dem Klick an den User).
- Schlecht aufgesetzte oder definierte Ziele in Analytics führen zu schlechten Daten.

Es handelt sich hier um ein komplexes Feature, das – sinnvoll eingesetzt – einen guten Nutzen bringen kann. So ist es durchaus auch möglich, beide Tracking-Methoden parallel einzusetzen.

Hinweis

Wie wir Google-Analytics-Ziele als AdWords Conversions konfigurieren, hatten wir uns in Abschnitt 11.1.5, *Conversion-Tracking mittels Google Analytics*, bereits angesehen.

Micro Conversion-Raten

Sehen wir uns in einem Überblick an, welche Zwischenschritte bis zur Conversion erfasst werden können:

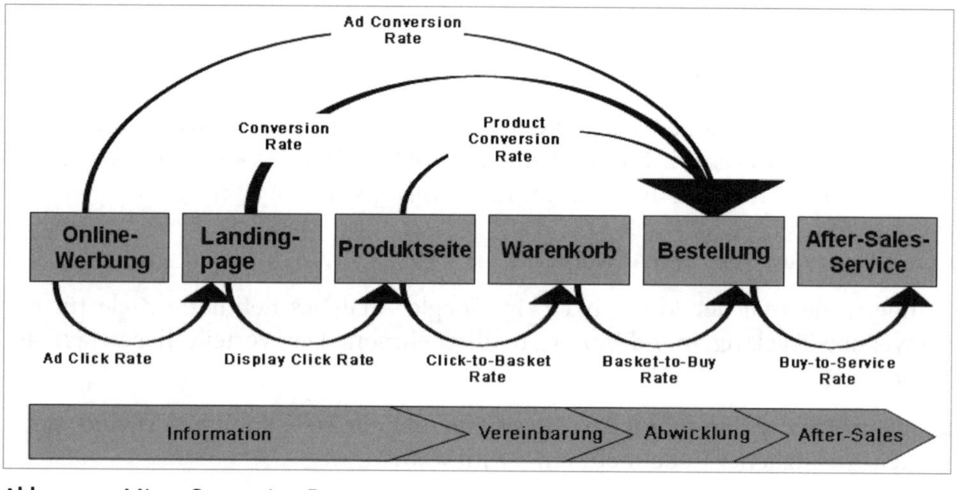

Abb. 12.9: Micro Conversion-Raten

Sie erkennen an dieser Darstellung sehr gut, wie wichtig es ist, den User von Ihrer AdWords-Anzeige aus möglichst nahe an die tatsächliche Conversion, hier die Bestellung, zu führen. Je mehr Schritte notwendig sind, desto mehr User verlieren wir, desto weniger Besucher tätigen tatsächlich die Conversion.

Festlegen der Conversion

Klicken Sie auf der Seite »Profileinstellungen« im Bereich CONVERSION-ZIELE UND TRICHTER auf den Link BEARBEITEN der ersten Zeile G1. Sie können insgesamt bis zu vier Conversions definieren.

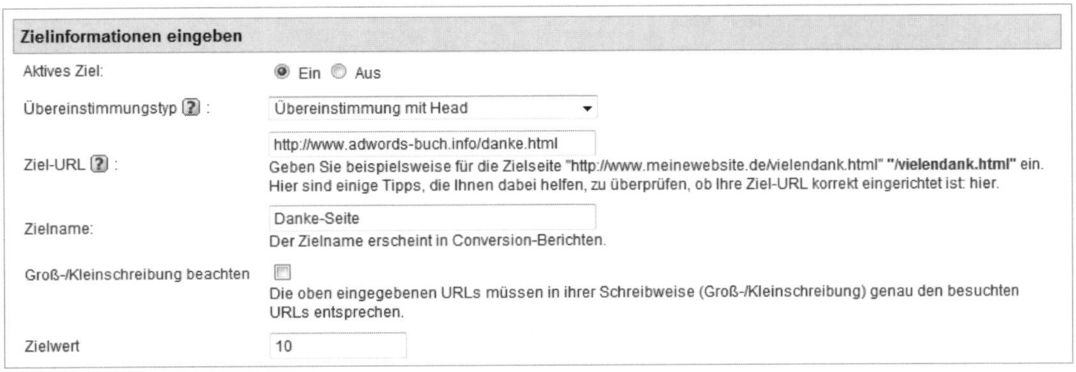

Abb. 12.10: Conversion festlegen

Folgende Schritte sind für das Definieren einer Conversion nötig:

- Legen Sie mit dem Übereinstimmungstyp fest, wie Analytics die Ziel-URL identifizieren soll. Lesen Sie dazu die ausführlichen Informationen, die Sie über das Fragezeichen [?] erreichen.
- Geben Sie die Ziel-URL an. Dies ist die Conversion-Seite, wie Sie sie in Kapitel 11, *Conversion-Tracking: Das Ziel im Visier*, kennen gelernt haben.
- Geben Sie der Conversion einen eindeutigen Namen, so dass Sie in Ihren Auswertungen wissen, was damit gemeint ist.
- Legen Sie unbedingt einen Zielwert fest. Dies ist der uns ebenfalls bereits bekannte Conversion-Wert. Ohne diesen erhalten Sie in Ihren Content-Auswertungen keine Wertangabe zu einzelnen Seiten.
- Speichern Sie die Einstellungen ganz am Ende der Seite mit ÄNDERUNGEN SPEICHERN ab.

Festlegen eines Trichters

Mit dem Trichter, auch »Funnel« genannt, legen Sie nun die Seiten bis zur Conversion fest, die Sie wie oben beschrieben näher auswerten wollen. Wählen Sie hierfür typische Pfade Ihres Webauftritts – beispielsweise den Prozess ab dem Warenkorb bis zum Abschluss der Bestellung.

In manchen Fällen ist es nicht möglich, einen solchen Pfad eindeutig zu definieren: Es können durchaus mehrere Wege zur Conversion existieren. Oder ein User sieht sich vor dem Tätigen der Conversion noch auf weiteren Seiten Ihres Webauftritts um. Unterstellen Sie trotzdem einen idealen Ablauf, so dass Sie dann zumindest auswerten können, an welchen Stellen von diesem abgewichen wird.

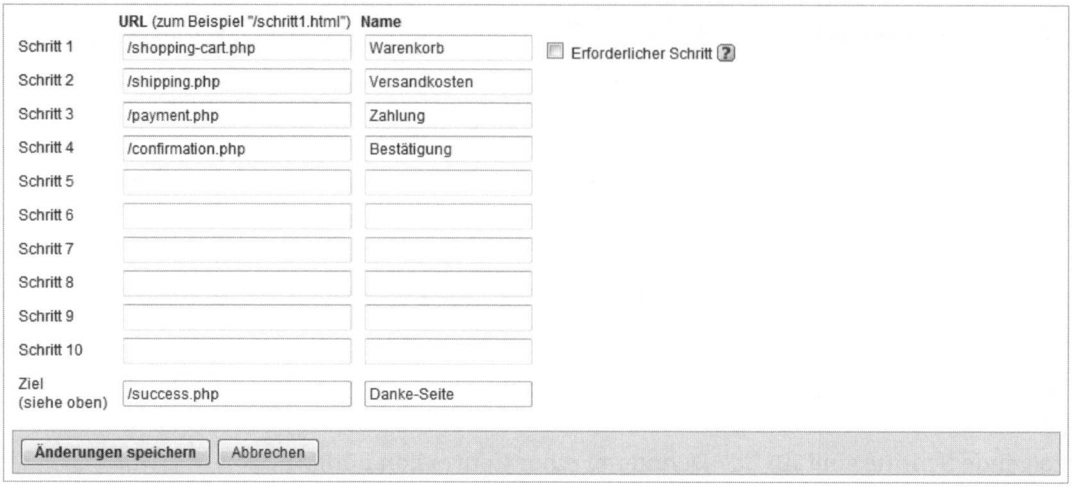

Abb. 12.11: Trichter festlegen

Wichtig

Definierte Trichter zählen erst mit, sobald sie eingerichtet sind. Rückwirkende Auswertungen sind nicht möglich.

Achten Sie beim Festlegen eines Trichters insbesondere auf Folgendes:

- Definieren Sie alle Schritte nacheinander und benennen Sie sie eindeutig.
- Markieren Sie ERFORDERLICHER SCHRITT, so werden nur User gezählt, die den ersten Schritt durchlaufen haben. Möchten Sie Quereinsteiger von anderen Seiten auswerten, so lassen Sie die Checkboxen frei.
- Achten Sie darauf, dass nicht alle Seiten die gleiche URL haben. Ist dies bei Ihnen der Fall, so lesen Sie dazu die speziellen Ausführungen im Anhang.
- Die Auswertung erfolgt auf Session-Basis. Kommt ein User zweimal auf die Seite von Schritt 1 (im Beispiel auf »Cart«), geht aber nur einmal auf Schritt 2 (im Beispiel auf »Shipping«), so wird er für die Seite »Cart« nur einmal als Besteller gezählt – nicht etwa beim ersten Mal als Aussteiger, beim zweiten Mal als Besteller.

12.3.3 Filtermanager

Unter AUF PROFIL ANGEWENDETE FILTER haben Sie mehrere Möglichkeiten festzulegen, welche Besuche auf Ihrer Website in die Auswertungen miteinfließen sollen und welche nicht.

Nehmen wir als Beispiel, dass Sie den eigenen Traffic ausschließen möchten. Dies ist durchaus sinnvoll, da Sie möglicherweise selbst häufig Ihre Seiten besuchen, um Funktionen zu testen oder auch Testbestellungen durchzuführen. Diese Aktionen würden Ihre Zahlen jedoch verfälschen.

Klicken Sie auf FILTER HINZUFÜGEN:

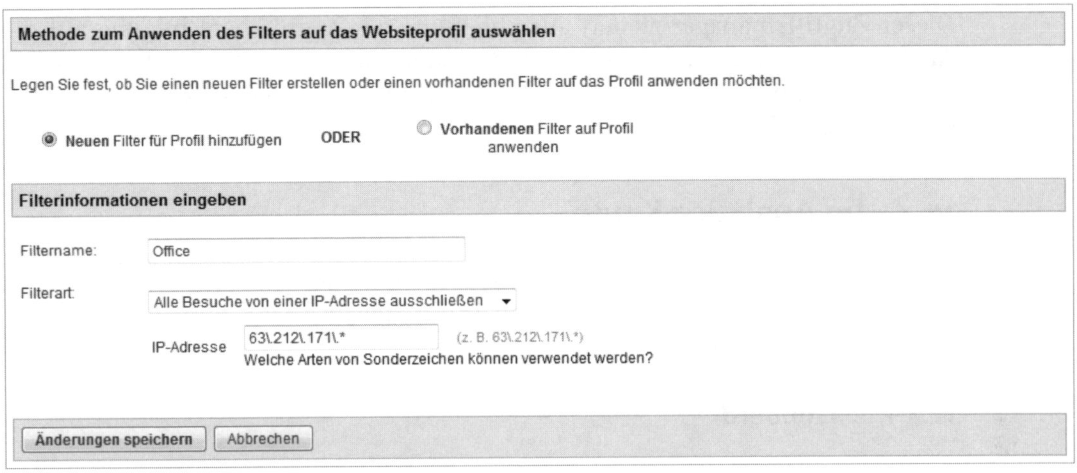

Abb. 12.12: Filter – IP-Adresse ausschließen

Vergeben Sie einen Namen für den Filter und wählen Sie die Filterart ALLE BESUCHE VON EINER IP-ADRESSE AUSSCHLIESSEN. Google zeigt Ihnen die oben eingeblendete IP automatisch an, so dass Sie diese durch Ihre eigene ersetzen müssen. Sie erhalten Ihre eigene IP-Adresse beispielsweise unter `http://www.whatismyip.com`.

Machen Sie sich auch mit den anderen Filterarten vertraut. Nur auf Grundlage richtiger Daten können Sie vernünftig auswerten und optimieren.

Tipp

Sie können einen Filter definieren, mit dessen Hilfe die tatsächlichen Suchanfragen Ihrer AdWords-Besucher ausgegeben werden. Dies ist eine sinnvolle Ergänzung zum Bericht SUCHANFRAGEN, den Sie im Konto oder im Berichtcenter abfragen können (siehe Kapitel 10, *Berichte: Alles auf einen Blick*). Wie Sie dabei vorgehen, erfahren Sie beispielsweise unter `http://www.adwords-buch.info`.

12.3.4 Zugriffsmanager

Unter NUTZER MIT ZUGRIFF AUF PROFIL können Sie anderen Nutzern Rechte zu Ihrem Analytics-Konto erteilen. Klicken Sie hierfür auf NUTZER HINZUFÜGEN, geben Sie auf der folgenden Seite die E-Mail-Adresse sowie Vor- und Nachname an und legen Sie den individuellen Zugriffstyp fest:

- Als KONTO-ADMINISTRATOR hat der User Zugriff auf alle Bereiche, alle Profile und alle Einstellungen Ihres Google-Analytics-Kontos.
- BERICHTE NUR ANZEIGEN erlaubt nur das Lesen der Profile, für die Sie die Freigabe definieren.

Dieser Zugriffsmanager steuert ausschließlich die Zugriffsberechtigung auf die Analytics-Daten und beeinflusst nicht die Zugriffsrechte auf Ihr AdWords-Konto. Der Nutzer muss sich über `http://www.google.com/analytics/` in Ihr Analytics-Konto einloggen.

12.4 Im Analytics-Konto

Klicken Sie auf der Analytics-Einstiegsseite in der Spalte BERICHTE auf BERICHTE ANZEIGEN, so betreten Sie den Bereich Ihres Analytics-Kontos, in dem Sie Ihre Auswertungen vorfinden.

12.4.1 Dashboard

Abb. 12.13: Dashboard Analytics

Wie jedes Dashboard, so liefert Ihnen auch das Analytics-Dashboard einen ersten Überblick über die wichtigsten Auswertungen und Zahlen. Schauen wir uns den Aufbau sowie wichtige Features an.

Der Content-Bereich des Dashboards ist in drei Teile untergliedert:

Grafische Darstellung

In der Grafik erhalten Sie den Verlauf eines von Ihnen ausgewählten Leistungsparameters angezeigt. Sie gelangen zur Auswahl aller zur Verfügung stehenden Daten über den kleinen Pfeil neben der standardmäßig vorgegebenen Größe »Besuche«. Wählen Sie die für Sie interessante Größe durch einfaches Anklicken des Radiobuttons aus. Es werden Ihnen zusätzlich die Seitenzugriffe (Page Views), die Seiten pro Besuch, die durchschnittliche Besuchszeit, die Absprungrate (Bounce Rate) sowie der Prozentsatz an neuen Besuchen angezeigt.

Hinweis

Haben Sie Ziele definiert, ist die grafische Darstellung der Conversion-Daten nur auf der Übersichtsseite des Bereichs »Ziele« verfügbar. Ebenso erfahren Sie Trends zu Transaktionen, Menge oder Umsatz nur im »E-Commerce«-Bereich (so Sie denn ein entsprechendes Tracking installiert haben).

Website-Nutzung

Im Bereich Website-Nutzung erhalten Sie die Leistungsdaten zu den wichtigsten Größen im Überblick. Sie gelangen zu den detaillierten Berichten durch Anklicken der Leistungsparameter.

Berichte

Im unteren Teil werden Ihnen einzelne Berichte angezeigt. Diese Zusammenstellung können Sie bequem individualisieren:

- Löschen Sie uninteressante Berichte aus dem Dashboard durch Anklicken des X im grauen Balken.
- Verschieben Sie die Berichte an eine andere Stelle, indem Sie ihn mit der linken Maustaste einfach an eine andere Stelle des Dashboards ziehen.
- Fügen Sie neue Berichte hinzu, indem Sie auf den jeweiligen Berichtseiten die Funktion ZUM DASHBOARD HINZUFÜGEN oberhalb des Berichtnamens betätigen.

12.4.2 Hilfreiche Funktionen

Das Dashboard hat einige interessante Features und Abfragemöglichkeiten, die Sie kennen sollten. Diese Funktionen finden Sie auf den meisten Berichtseiten wieder.

Zeiträume abfragen und vergleichen

Sie stellen den Abfragezeitraum über den Kalender rechts oben ein. Zudem können Sie sich zwei beliebige Zeiträume im Vergleich ansehen, um Entwicklungen und Trends ablesen zu können:

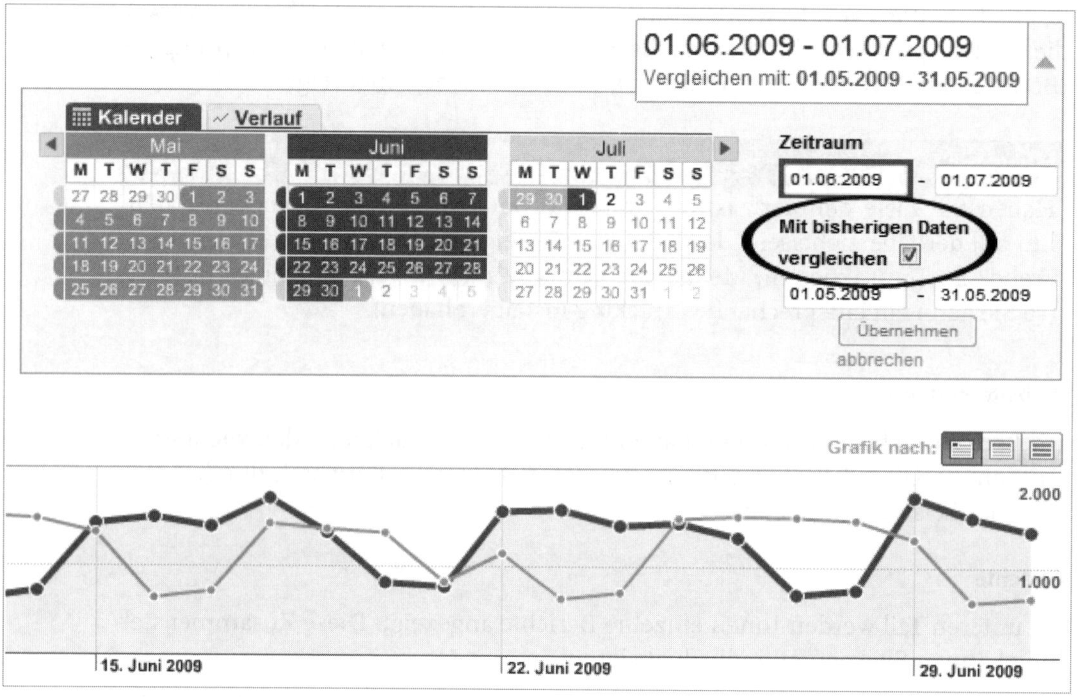

Abb. 12.14: Vergleich zwei Zeiträume

Messdaten abfragen und vergleichen

Neben Zeiträumen können Sie auch verschiedene Messdaten miteinander sowie mit der Website vergleichen. Öffnen Sie hierfür wieder den Auswahlbereich und wählen Sie den entsprechenden Grafikmodus – hier beispielsweise ZWEI MESSDATEN VERGLEICHEN.

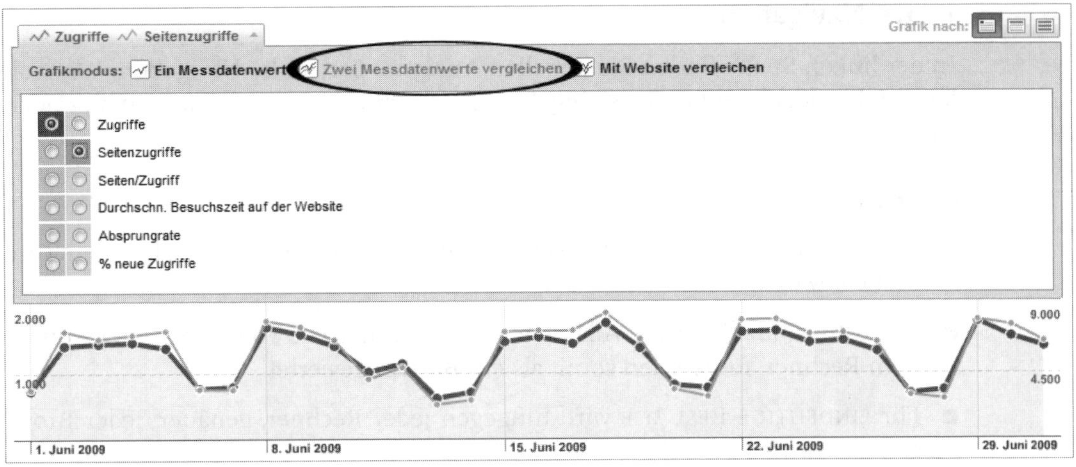

Abb. 12.15: Vergleich zweier Messdaten

Ebenfalls ist es möglich, Berichtsdaten mit der Gesamtleistung der gesamten Website zu vergleichen. Wählen Sie hierfür den Link MIT WEBSITE VERGLEICHEN.

Berichte exportieren und zusenden lassen

Jede Seite in Analytics ist mit dem jeweiligen Berichtnamen betitelt, das Dashboard mit DASHBOARD. Oberhalb dieser Angabe finden Sie regelmäßig die Export- und E-Mail-Funktion.

Abb. 12.16: Export- und E-Mail-Funktion

Für den Export sind die Formate »pdf« und »xml« vorgesehen, als E-Mail können Sie sich die Berichte zusätzlich als »csv« und »tsv« zusenden lassen.

Die E-Mail-Funktion erlaubt es Ihnen, Berichte an mehrere Adressaten zu schicken. Zudem haben Sie die Möglichkeit, regelmäßige Berichtabfragen zu erstellen und diese automatisch per Mail zu erhalten.

Hinweis

Auf den Berichtseiten finden Sie neben der E-Mail-Funktion den oben bereits erwähnten Button ZUM DASHBOARD HINZUFÜGEN sowie bei vielen Berichten die Funktion VISUALISIEREN.

12.4.3 Navigation

In der linken Spalte finden Sie auf allen Analytics-Seiten die Navigation. Wir wollen auf die einzelnen Bereiche eingehen, die Sie außer dem DASHBOARD hier noch vorfinden.

Besucher

Der Bereich BESUCHER lässt Sie sehr genau erkennen, wer sich alles über Ihre Webseite bewegt:

- BESUCHE sind alle Visits. Alle Seitenaufrufe innerhalb von 30 Minuten von einem Rechner aus werden somit als ein Besuch gewertet.
- Für EINDEUTIGE BESUCHE wird hingegen jeder Rechner, genauer: jeder Browser, nur einmal gezählt.

Sie erfahren, woher Ihre Besucher kommen, wie häufig diese Ihre Webseite aufsuchen und wie viele Besuche einer Conversion durchschnittlich vorausgehen. Anhand von Leistungsdaten wie Verweildauer oder Absprungrate können Sie die Qualität Ihrer Besucher beurteilen und nach verschiedenen Merkmalen segmentieren.

Zugriffsquellen

Unter dem Bereich ZUGRIFFSQUELLEN erkennen Sie, woher die Besucher auf Ihre Seite kommen, und welche Quellen die für Sie erfolgreichsten sind. Dabei können Sie Auswertungen auf Besucher-, Conversion- und E-Commerce-Ebene vornehmen und diese beispielsweise auf Kampagnen- oder Keyword-Ebene herunterbrechen.

Der für uns wichtigste Unterpunkt sind in diesem Buch verständlicherweise die »AdWords«, auf die wir separat eingehen werden (Abschnitt 12.5, *Ihre AdWords in Analytics*). Lassen Sie uns zum besseren Verständnis vorher aber einige Begriffe klären. Wir ziehen hierfür die Übersichtsseite der Zugriffsquellen heran (siehe Abbildung 12.17).

Analytics unterscheidet die Zugriffsquellen auf zwei Ebenen – MEDIUM und QUELLE:

- Das Medium sagt, über welchen »Kanal« der User zu uns gekommen ist. Es gibt
  - NONE für URL-Eingaben in den Browser oder Zugriffe über Bookmarks
  - REFERRAL für Verweise von anderen Webseiten
  - ORGANIC für Zugriffe aus organischen Suchtreffern
  - CPC für Cost-per-Click-Kampagnen
  - sowie die Möglichkeit, zusätzliche Kanäle als Medium selbst festzulegen: Banner-, Link-, Affiliate-, E-Mail-, Newsletter- oder auch Print-Kampagnen.

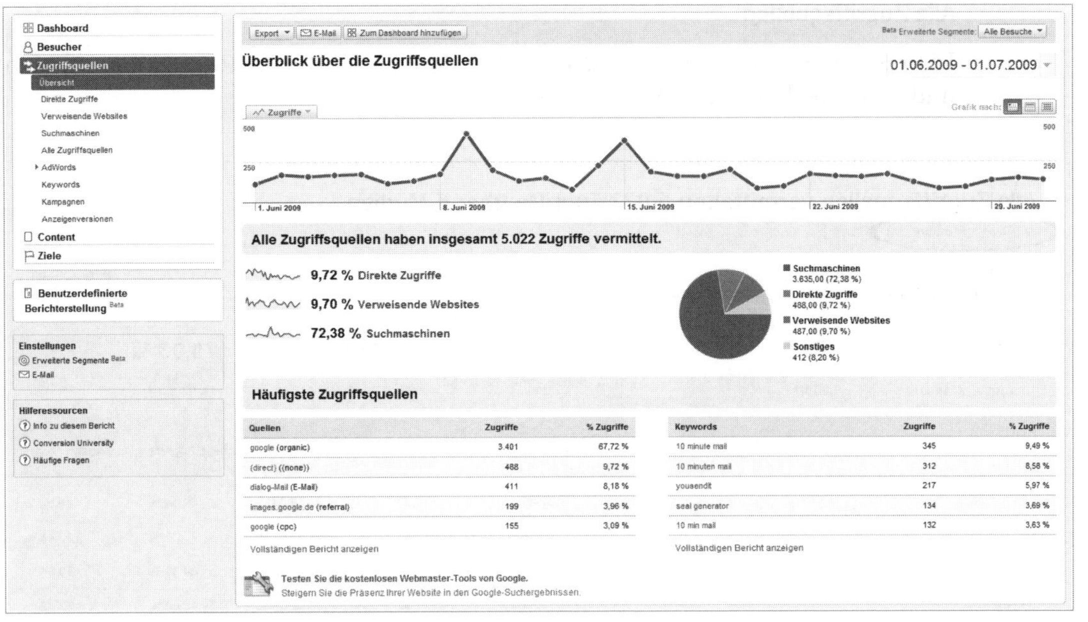

Abb. 12.17: Übersichtsseite ZUGRIFFSQUELLEN

- QUELLEN benennen den eigentlichen Ursprung des Besuchs, zum Beispiel
  - Server oder Werbepartner
  - Directs, eine Website, der Name eines Newsletters etc.

Ein anschauliches Beispiel, bevor Sie sich an dieser Stelle des Buches verabschieden:

Ein User kommt über Google auf unsere Webseite. Der Ursprung, also die Quelle seines Besuches ist Google. Wie er zu uns gekommen ist, verrät uns das Medium: Klickte er unsere AdWords-Anzeige, so wird »cpc« ausgewiesen. Fand er uns hingegen in den organischen Suchtreffern, so erhalten wir »organic« angezeigt.

Um dies in einem Wert auszudrücken, gibt Analytics zudem das »Quellmedium« an. Dieses würde für das Beispiel somit GOOGLE (CPC) bzw. GOOGLE (ORGANIC) lauten.

Diese Unterscheidungen werden nicht vorgenommen, um Sie zu verwirren. Vielmehr sind Ihnen über diese Ebenen Selektionsmöglichkeiten gegeben, die Ihnen – sobald Sie sich ein wenig in Analytics eingearbeitet haben – sehr genaue Auswertungen erlauben. Zudem benötigen Sie diese Parameter, sobald Sie eigene Kampagnen über Analytics korrekt mittracken wollen. Wie dies geht, erfahren Sie unter `http://www.google.com/support/googleanalytics/bin/answer.py?answer=55578`.

Alle Zugriffsquellen

Lassen Sie uns in der Sub-Navigation den Punkt ALLE ZUGRIFFSQUELLEN aufrufen und den Tabellenbereich interpretieren.

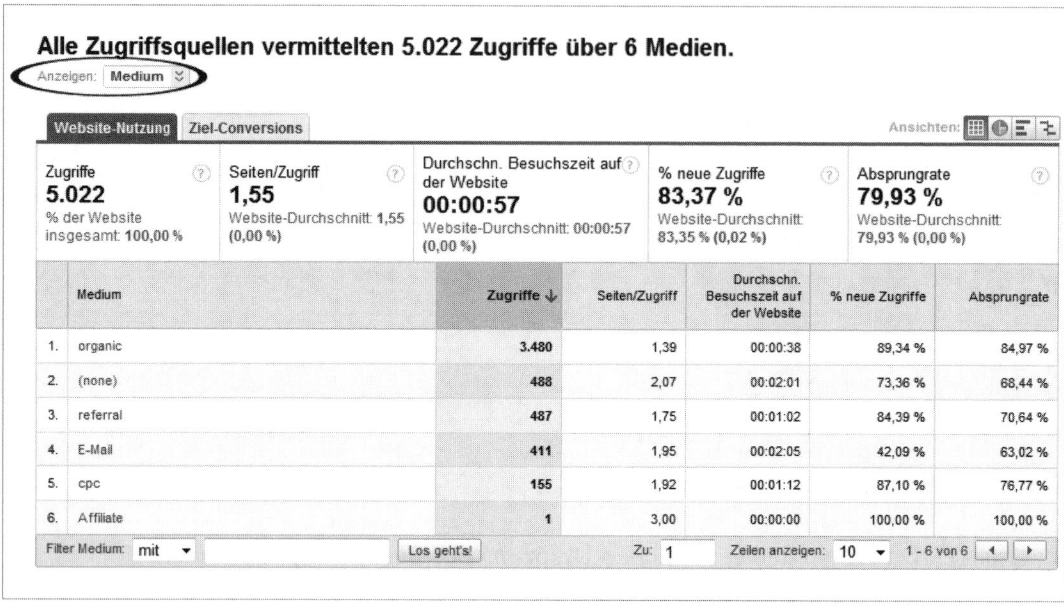

Alle Zugriffsquellen vermittelten 5.022 Zugriffe über 6 Medien.

Anzeigen: Medium

Website-Nutzung | Ziel-Conversions | Ansichten:

Zugriffe	Seiten/Zugriff	Durchschn. Besuchszeit auf der Website	% neue Zugriffe	Absprungrate
5.022	1,55	00:00:57	83,37 %	79,93 %
% der Website insgesamt: 100,00 %	Website-Durchschnitt: 1,55 (0,00 %)	Website-Durchschnitt: 00:00:57 (0,00 %)	Website-Durchschnitt: 83,35 % (0,02 %)	Website-Durchschnitt: 79,93 % (0,00 %)

	Medium	Zugriffe ↓	Seiten/Zugriff	Durchschn. Besuchszeit auf der Website	% neue Zugriffe	Absprungrate
1.	organic	3.480	1,39	00:00:38	89,34 %	84,97 %
2.	(none)	488	2,07	00:02:01	73,36 %	68,44 %
3.	referral	487	1,75	00:01:02	84,39 %	70,64 %
4.	E-Mail	411	1,95	00:02:05	42,09 %	63,02 %
5.	cpc	155	1,92	00:01:12	87,10 %	76,77 %
6.	Affiliate	1	3,00	00:00:00	100,00 %	100,00 %

Filter Medium: mit | Los geht's! | Zu: 1 | Zeilen anzeigen: 10 | 1 - 6 von 6

Abb. 12.18: Bericht ALLE ZUGRIFFSQUELLEN

Insgesamt konnten im Auswertungszeitraum 5.022 Besucher gewonnen werden. Über das Drop-down ANZEIGEN können Sie wählen, wie Sie sich diese im Einzelnen anzeigen lassen. Wir haben MEDIUM gewählt und erkennen daher, wie diese Besucher zu uns gekommen sind: beispielsweise 155 Besucher aus CPC-Kampagnen. Diese müssen natürlich nicht allesamt AdWords-Besucher sein. Je nachdem, welche CPC-Kampagnen noch betrieben werden, könnte ein Teil davon beispielsweise auch von Yahoo Search Marketing stammen.

Sie erkennen in den Folgespalten, wie viele Seiten sich diese Besucher im Schnitt pro Besuch angesehen haben, wie lange sie auf Ihrer Website geblieben sind, wie viel Prozent davon neue Besucher sind, und wie viele direkt wieder die Site verlassen haben.

In der Kopfzeile erkennen Sie die Werte für alle Besucher, rechts oben können Sie zwischen mehreren Darstellungsformen wählen.

Haben Sie in Analytics Conversions definiert, so können Sie sich diese Erfolge pro Medium ansehen, indem Sie einfach den Reiter ZIEL-CONVERSIONS anklicken.

Haben Sie zudem das E-Commerce-Tracking installiert, so können Sie die Leistungsdaten über den Reiter E-COMMERCE abrufen.

Klicken Sie auf die einzelnen Medien, so bekommen Sie die Quellen angezeigt, aus denen diese Besuche stammen. Für »cpc« sieht der Bericht in diesem Fall so aus, dass alle Besucher über Google – mithin über AdWords – gekommen sind:

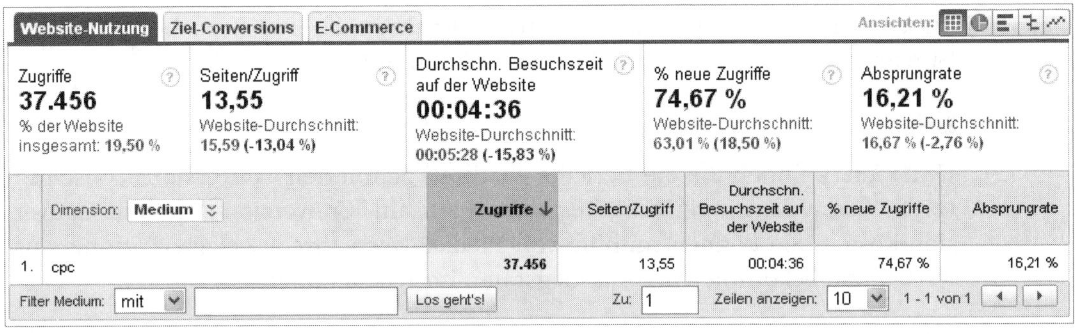

Abb. 12.19: Quelle CPC-Besucher – Website Nutzung

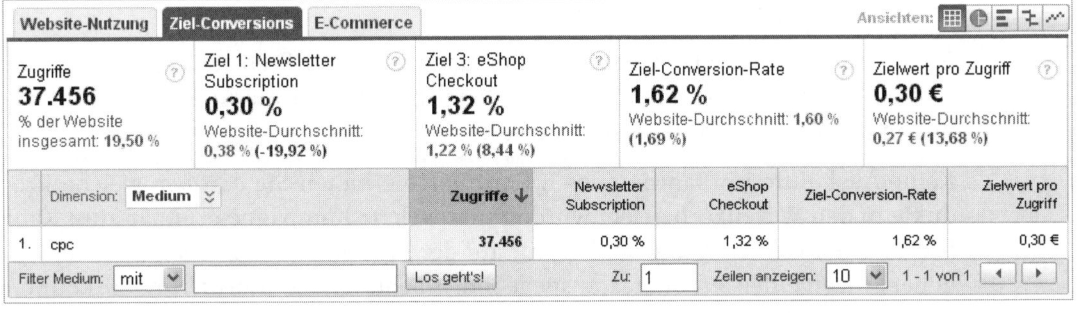

Abb. 12.20: Quelle CPC-Besucher – Ziel-Conversions

Abb. 12.21: Quelle CPC-Besucher – E-Commerce

Content

Der Bereich Content gibt Ihnen Aufschluss darüber, welche Ergebnisse die einzelnen Seiten Ihres Webauftritts liefern: Wie häufig werden diese aufgerufen und wie viel Zeit verbringen Besucher darauf? Wie schneiden sie in Bezug auf Conversions und Umsatz ab? Welche Seiten dienen besonders häufig als Einstiegs- und als Ausstiegspunkte?

Mit einer Erweiterung können Sie zudem erfahren, ob Ihre Besucher eher durch Ihre Site navigieren oder die Site-Suchfunktion nutzen.

Ziele

Unter ZIELE finden Sie die Berichte zu Ihren definierten Conversions (Abschnitt 12.3.2, *Conversions und Trichter definieren*) Anzahl, Conversion-Rate und Conversion-Kosten. Sie können mithilfe von Pfadanalysen Ihre angelegten Funnel auswerten und bekommen die Ausstiegsraten im Trichter angezeigt.

E-Commerce

Den Bereich E-Commerce sehen Sie nur, wenn Sie auch tatsächlich das E-Commerce-Tracking eingebaut haben.

Es werden Ihnen die E-Commerce-Aktivitäten auf Ihrer Website ausgegeben: der Umsatz einzelner bzw. aller Käufe (als Wert der Käufe) sowie Anzahl der Transaktionen und durchschnittliche Bestellwerte.

Keine Auskünfte im Rahmen des E-Commerce erhalten Sie darüber, welche Produkte in den Warenkorb gelegt wurden und welche Kampagne originär zum Kauf führte. Die Produkt-Views werden nur auf der Produktseiten-Ebene, nicht bei jeglicher Anzeige des Produktes ausgegeben. Nachträgliche Stornierungen können ebenso wenig berücksichtigt wie Cross-Selling-Potenziale aufgezeigt werden.

12.5 Ihre AdWords in Analytics

Analytics liefert Ihnen eine Fülle an Daten und Möglichkeiten, Ihren Webauftritt zu analysieren. Wir werden uns in diesem Abschnitt Berichte ansehen, die für Ihr AdWords-Konto und für Ihre Optimierungen von großer Hilfe sind.

Erhalten Sie Ihre ersten AdWords-Daten in Analytics, so werden Sie feststellen, dass diese mit Ihren Ergebnissen im AdWords-Konto zumeist nicht zu 100% genau übereinstimmen. Wir gehen darauf im Anhang (Die 10 häufigsten Fragen) ein.

12.5.1 Zugriffsquelle AdWords

Die AdWords haben im Bereich ZUGRIFFSQUELLEN einen eigenen Sub-Navigationspunkt, der sich wiederum in die Punkte KAMPAGNEN und POSITIONEN aufteilt.

AdWords – Kampagnen

Der Bericht zu den ADWORDS-KAMPAGNEN ist im Prinzip gleich aufgebaut wie der zu ALLEN ZUGRIFFSQUELLEN, den wir bereits kennen gelernt haben:

Über die Reiter wählen wir aus, welche Daten wir einsehen möchten: Daten zur WEBSITE-NUTZUNG, ZIEL-CONVERSION, E-COMMERCE, KLICKS. Unter Letzterem erhalten wir die Daten aus unserem AdWords-Konto angezeigt, erweitert um die Leistungsdaten UMSATZ PRO KLICK (RCP), RETURN ON INVESTMENT (ROI) und MARGE ausgegeben. Haben Sie keine Conversions definiert und das E-Commerce-Tracking nicht eingebaut, so steht Ihnen in Ihrem Analytics-Konto selbstverständlich nur eine verkürzte Auswahl zur Verfügung.

Wir erhalten als erste Segmentierung unsere AdWords-Kampagnen angezeigt und können die Auswertung durch einfaches Anklicken des Kampagnennamens über die Ebene der Anzeigengruppen bis auf einzelne Keywords herunterbrechen:

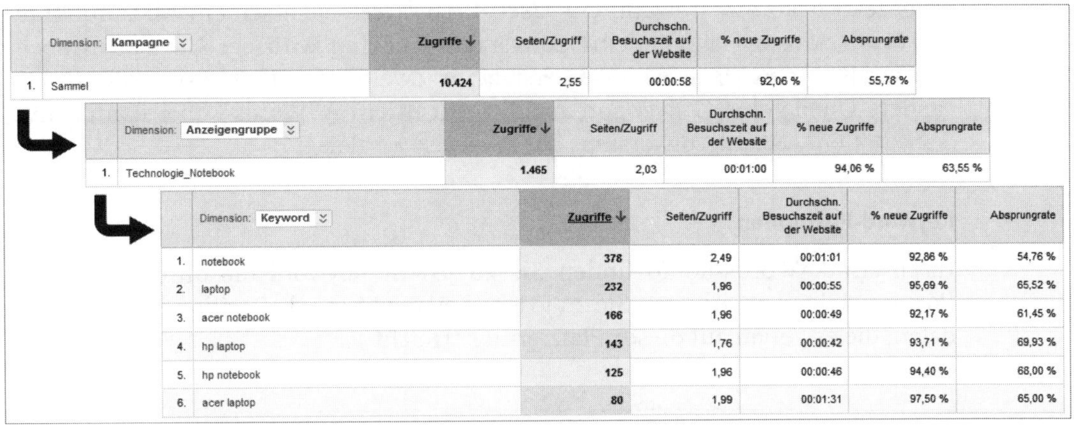

	Dimension: Kampagne	Zugriffe ↓	Seiten/Zugriff	Durchschn. Besuchszeit auf der Website	% neue Zugriffe	Absprungrate
1.	Sammel	10.424	2,55	00:00:58	92,06 %	55,78 %

	Dimension: Anzeigengruppe	Zugriffe ↓	Seiten/Zugriff	Durchschn. Besuchszeit auf der Website	% neue Zugriffe	Absprungrate
1.	Technologie_Notebook	1.465	2,03	00:01:00	94,06 %	63,55 %

	Dimension: Keyword	Zugriffe ↓	Seiten/Zugriff	Durchschn. Besuchszeit auf der Website	% neue Zugriffe	Absprungrate
1.	notebook	378	2,49	00:01:01	92,86 %	54,76 %
2.	laptop	232	1,96	00:00:55	95,69 %	65,52 %
3.	acer notebook	166	1,96	00:00:49	92,17 %	61,45 %
4.	hp laptop	143	1,76	00:00:42	93,71 %	69,93 %
5.	hp notebook	125	1,96	00:00:46	94,40 %	68,00 %
6.	acer laptop	80	1,99	00:01:31	97,50 %	65,00 %

Abb. 12.22: Kampagnenebene

Sie erkennen, wie genau Sie einzelne Berichte gestalten können. Noch interessanter werden die Auswertungen natürlich unter den Reitern ZIEL-CONVERSION und E-COMMERCE. Von beiden wissen wir, dass sie die eigentlichen Ziele unserer AdWords-Kampagnen sind.

Bleiben wir hierfür auf der Keyword-Ebene und sehen wir uns in Abbildung 12.23 unser jeweiliges Top-Keyword an.

Dimension: Keyword	Zugriffe ↓	Seiten/Zugriff	Durchschn. Besuchszeit auf der Website	% neue Zugriffe	Absprungrate
1. notebook	378	2,49	00:01:01	92,86 %	54,76 %

Dimension: Keyword	Zugriffe	Confirmation	User Registration (direct & from cart)	Ziel-Conversion-Rate ↓	Zielwert pro Zugriff
1. laptoptasche	42	2,38 %	2,38 %	4,76 %	0,00 SFr.

Dimension: Keyword	Zugriffe	Umsatz ↓	Transaktionen	Durchschnittlicher Wert	E-Commerce-Conversion-Rate	Wert pro Zugriff
1. laptoptasche	42	139,00 SFr.	1	139,00 SFr.	2,38 %	3,31 SFr.

Dimension: Keyword	Zugriffe	Impressionen	Klicks	Kosten	CTR	CPC	Umsatz-pro-Klick (RPC)	ROI ↓	Marge
1. laptoptasche	42	333	48	35,94 SFr.	14,41 %	0,75 SFr.	2,90 SFr.	286,76 %	74,14 %

Abb. 12.23: Website-Nutzung

Sie erkennen die Analysemöglichkeiten bis auf einzelne Keywords. Die Auflösung der Werte geht weit über das Conversion-Tracking hinaus, das uns AdWords bietet. Alles, was wir in den vorangegangenen Kapiteln erfahren haben, können wir hier auf die entsprechenden Auswertungen anwenden.

> **Hinweis**
>
> Beachten Sie, dass Sie aufgrund des Analytics-Cookies hier nur Conversions angezeigt bekommen, wenn der User diese direkt nach seinem Klick auf Ihre AdWords-Anzeige tätigt. Beim Conversion-Tracking wird der User auch noch AdWords zugewiesen, wenn er erst beim Zweit- oder Drittbesuch über eine andere Quelle eine Conversion ausführt. In Ihrem AdWords-Konto kann somit eine höhere Anzahl Conversions ausgewiesen werden.

Keyword-Positionen

In Ihrem AdWords-Konto finden Sie zu jedem Keyword die durchschnittliche Position. Hier nun erhalten Sie zu jedem Keyword für jede Position die Leistungsdaten, die es genau auf dieser Platzierung erreicht.

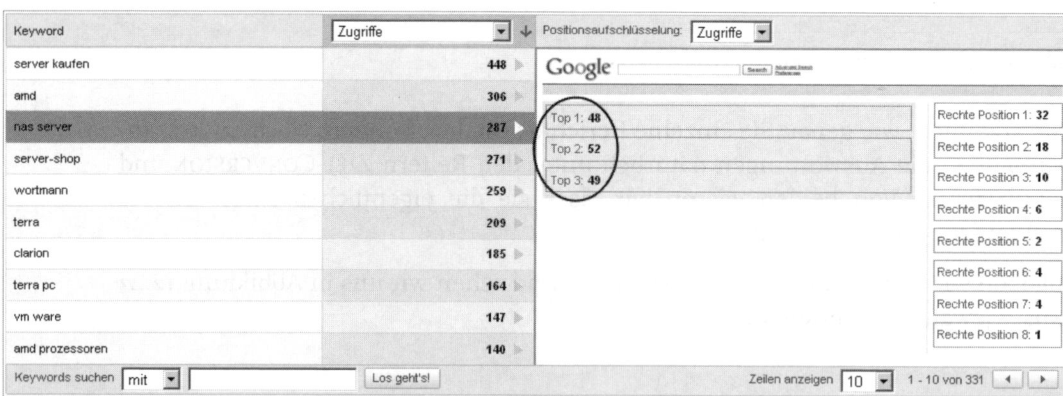

Abb. 12.24: Keyword-Positionen BESUCHE

Im linken Bereich des Berichts finden Sie die Keywords aus ihrem AdWords-Konto. Diese können Sie nach einer Vielzahl von Leistungsdaten sortieren, standardmäßig sind BESUCHE eingestellt.

Im rechten Bereich wird es richtig spannend. Für das links markierte Keyword können Sie nun die Leistungsdaten auswählen, nach denen Ihnen die Positionen aufgeschlüsselt werden.

Lassen Sie sich wie in obigem Beispiel die Besuche anzeigen, so erkennen Sie, von welcher Position genau wie viele Besucher zu Ihnen kamen. Nach dieser Auswertung stehen unsere erfolgreichsten Keywords an den Top-Positionen (oberhalb der organischen Suchergebnisse).

Schauen wir uns hingegen die Conversions an, so erhalten wir ein anderes Bild, wie Sie in Abbildung 12.25 erkennen können.

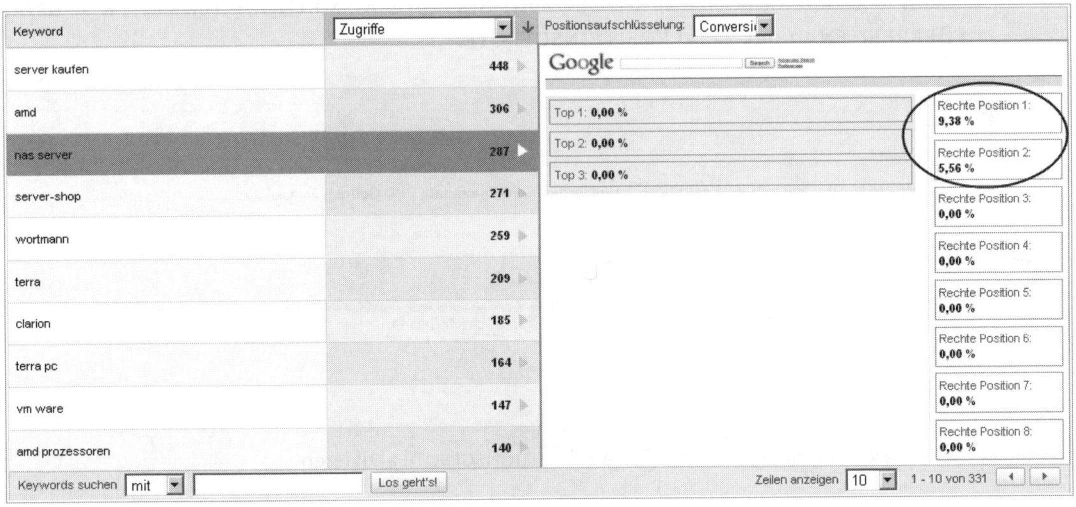

Abb. 12.25: Keyword-Position BESUCHE – CONVERSION-RATE

In Bezug auf Conversions (und auch auf den Umsatz) sind zwei völlig andere Positionen für unsere Keywords besser: Die ersten beiden Positionen in der rechten Spalte.

> **Hinweis**
>
> Mit diesem Bericht können Sie also wunderbar feststellen, welches Keyword Ihnen an welcher Position den größten Erfolg bringt. Für das Keyword »server kaufen« ist es also völlig unnötig, mit hohem Klickpreis um die Top-Positionen zu kämpfen. Die billigeren oberen Positionen in der rechten Spalte sind viel erfolgreicher.

(Kampagnen-)Einstellungen: Positionsgebote

Unter den Kampagneneinstellungen erhalten Sie eine Option, mit der Sie Erkenntnisse aus dem Positionsbericht gezielt umsetzen können: die POSITIONSGEBOTE. Anstatt selbst zu versuchen, über den Bietpreis einzelne Keywords auf die erfolgreichsten Positionen zu bringen, können Sie Google anweisen, diese Aufgabe zu übernehmen.

Hierfür sind zwei Schritte notwendig: Zunächst müssen wir die Einstellung aktivieren. Dies machen wir auf Kampagnenebene. Im zweiten Schritt legen wir die Anzeigenpositionen auf Keyword-Ebene für einzelne Keywords fest.

Positionsgebote aktivieren

Zunächst rufen wir also die Seite EINSTELLUNGEN für die Kampagne auf, innerhalb derer wir mit den Gebotsoptionen arbeiten wollen. Unter GEBOTE UND BUDGET klicken wir den Link WUNSCHPOSITION, SCHALTUNGSMETHODE (ERWEITERT), dann BEARBEITEN in der Zeile POSITIONSGEBOTE.

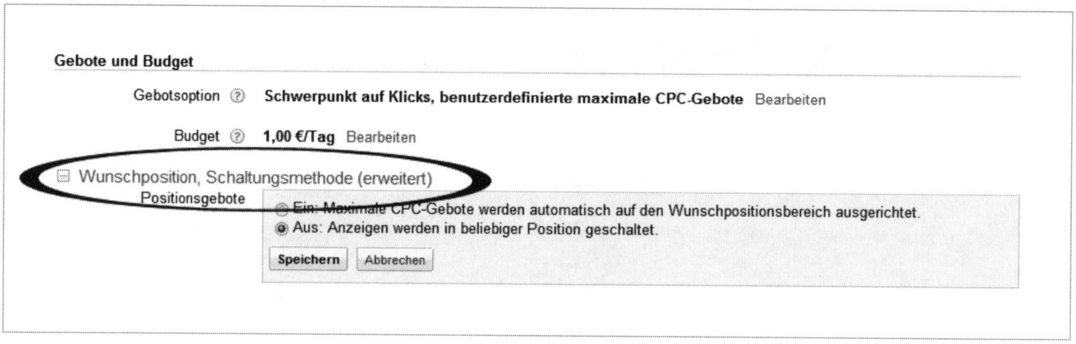

Abb. 12.26: Kampagneneinstellungen POSITIONSGEBOTE aktivieren

Eingestellt ist die AUS-Position – wir schalten die Funktion jetzt natürlich EIN. Mit SPEICHERN übernehmen wir die Einstellung und wechseln danach auf den Reiter KEYWORDS in der Kampagnen-Navigation. Über die Baum-Navigation können Sie einstellen, ob Sie auf Kampagnenebene bleiben wollen oder eine Anzeigengruppe auswählen.

Positionsgebote festlegen

Wir können die Position, an der unsere Anzeige ausgeliefert werden soll, für jedes einzelne Keyword festlegen. Hierfür müssen wir diejenigen Keywords markieren, für die wir Positionsgebote anlegen wollen. Das grundsätzliche Verfahren kennen wir bereits aus Abschnitt 6.4.2, *Keywords bearbeiten*: Wir klicken die Checkboxen vor den jeweiligen Keywords an, tätigen den Button BEARBEITEN und gelangen auf die Seite, auf der wir bereits individuelle Bietpreise und Ziel-URLs festgelegt haben. Nun haben wir zusätzlich noch die gewünschte Position angegeben (siehe Abbildung 12.27).

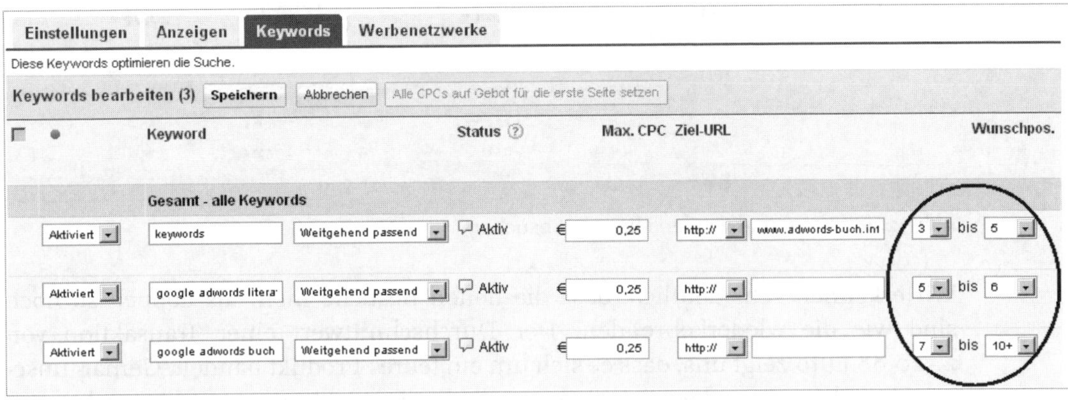

Abb. 12.27: Positionsgebote festlegen

Google übernimmt keine Garantie dafür, dass Ihre Anzeigen tatsächlich immer in dem von Ihnen ausgewählten Positionsintervall erscheinen. Beachten Sie zudem, dass Sie trotz dieses Gebotes natürlich nicht an Positionen gelistet werden, die Sie aufgrund von Qualitätsfaktor und maximalem Klickpreis nicht erreichen können.

> **Tipp**
>
> Sind Sie sich nicht sicher, ob Ihr Bietpreis für die gewünschte Position ausreicht, so verwenden Sie den Traffic Estimator (siehe Abschnitt 3.5, *Tools*) für eine erste Einschätzung. Stellen Sie dann über die obigen Positionsberichte fest, ob Sie gegebenenfalls noch Anpassungen durchführen müssen.

12.5.2 Neue und wiederkehrende Besucher

Lassen Sie uns den Sub-Navigationspunkt NEU UND WIEDERKEHREND unter BESUCHER aufrufen. Dieser ist für uns sehr interessant, da wir über AdWords zumeist neue Besucher generieren, während die wiederkehrenden oftmals über Bookmarks oder über organische Suchtreffer nach dem Firmennamen kommen.

Wir hatten bereits festgehalten, dass es abhängig von der Conversion ist, wie viele Besuche User in der Regel benötigen, bevor sie diese tätigen: Conversions, die keinen Kaufakt, keine Geldflüsse und keine Angabe von persönlichen Daten nach sich ziehen, funktionieren häufig schon beim ersten Besuch. Eine Conversion wie beispielsweise der Kauf eines hochpreisigen Produktes benötigt hingegen mehr Überzeugungskraft.

Sehen wir uns deshalb eine Auswertung zum E-Commerce an:

39.239 Zugriffe über 2 Besuchertypen

Website-Nutzung | Ziel-Conversions | E-Commerce

Zugriffe	Umsatz	Transaktionen	Durchschnittlicher Wert	E-Commerce-Conversion-Rate	Wert pro Zugriff
39.239	798.382,11 €	344	2.320,88 €	0,88 %	20,35 €
% der Website insgesamt: 100,00 %	% der Website insgesamt: 100,00 %	% der Website insgesamt: 100,00 %	Website-Durchschnitt: 2.320,88 € (0,00 %)	Website-Durchschnitt: 0,88 % (0,00 %)	Website-Durchschnitt: 20,35 € (0,00 %)

	Besuchertyp	Zugriffe	Umsatz	Transaktionen	Durchschnittlicher Wert	E-Commerce-Conversion-Rate	Wert pro Zugriff
1.	New Visitor	26.759	226.307,96 €	86	2.631,49 €	0,32 %	8,46 €
2.	Returning Visitor	12.480	572.074,15 €	258	2.217,34 €	2,07 %	45,84 €

Filter Besuchertyp: mit | Los geht's! | Zu: 1 | Zeilen anzeigen: 10 | 1 - 2 von 2

Abb. 12.28: Neue und wiederkehrende Besucher

Wir erkennen sehr deutlich, dass die neuen Besuche mehr als doppelt so hoch sind wie die wiederkehrenden. Der Durchschnittwert einer Transaktion von 2.320,88 Euro zeigt uns, dass es sich um ein teures Produkt handelt. Gemäß unserer Hypothese verteilen sich dann auch die Transaktionen: 258 Transaktionen tätigten die wiederkehrenden Besucher, 86 nur die viel zahlreicheren neuen Besucher.

Den gleichen Trend zeigt natürlich auch die Auswertung auf Basis der Ziel-Conversions.

Die Segmente NEUE BESUCHER bzw. WIEDERKEHRENDE BESUCHER können wir nun auch über unsere Kampagnen-Auswertung legen (siehe Abbildung 12.29).

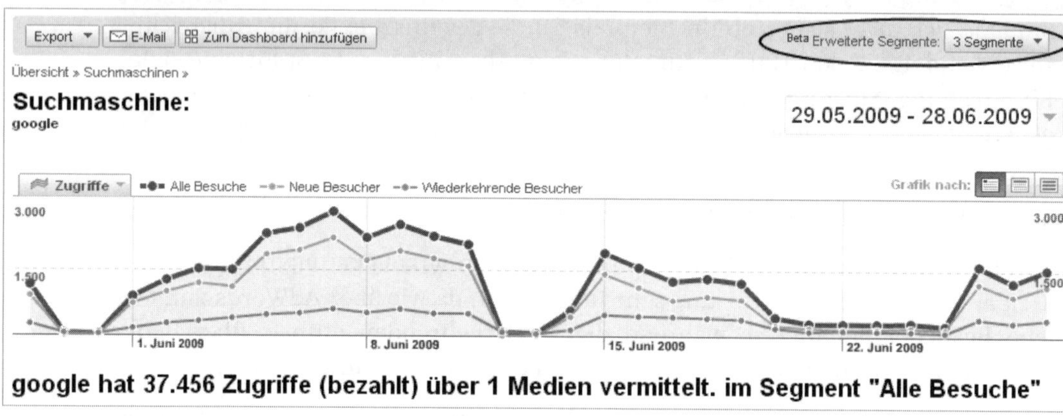

Abb. 12.29: Neue und wiederkehrende Besucher

12.5.3 Besuchertreue

Die »Besuchertreue« sagt Ihnen, wie häufig Ihre Besucher wieder auf Ihre Seite zurückkehren. Auch dieser Wert kann sehr wichtig für Sie sein, wenn wir an obigen Fall denken, bei dem die meisten Transaktionen erst nach mehrfachem Besuch getätigt wurden.

Sie finden den Bericht unter BESUCHER, BESUCHERTREUE, dann TREUE.

Wiederholungshäufigkeit der meisten Zugriffe: 1 Mal

Anzahl der Zugriffe von diesem Besucher einschließlich des aktuellen Zugriffs	Zugriffe, die der x-te Zugriff des Besuchers waren	Prozentualer Anteil aller Zugriffe
1 Mal	26.759,00	68,19 %
2 Mal	3.699,00	9,43 %
3 Mal	1.647,00	4,20 %
4 Mal	1.022,00	2,60 %
5 Mal	721,00	1,84 %
6 Mal	533,00	1,36 %
7 Mal	430,00	1,10 %
8 Mal	349,00	0,89 %
9-14 Mal	1.294,00	3,30 %
15-25 Mal	1.024,00	2,61 %

Abb. 12.30: Besuchertreue

Ganz entscheidend für die Besuchertreue ist es, den User immer wieder zu einem Besuch Ihrer Seite zu motivieren. Konnten Sie über AdWords neue Besucher gewinnen, so muss es Ihr Ziel sein, diese zu wiederkehrenden Besuchern und zu Kunden zu machen. Dies gelingt beispielsweise über Newsletter, Sonderaktionen oder auch neue Seiteninhalte.

Wichtig

Bedenken Sie, dass die Conversion für Besucher über AdWords nicht gleich ein Kauf sein muss. Wir hatten bereits darüber gesprochen, dass für den Erstbesuch beispielsweise eine Anmeldung ausreichen kann. Mit den so gewonnenen Daten können Sie den User dann zu weiteren Besuchen bewegen.

12.5.4 Top-Webseiten

Lesen wir einen für uns entscheidenden Bericht aus dem Bereich CONTENT: die TOP-WEBSEITEN. Auf diesen sind unsere Optimierungspotenziale am größten, da sich Verbesserungen auf die meisten Seitenzugriffe auswirken:

Content-Leistung — Ansichten:

Seitenzugriffe	Eindeutige Seitenzugriffe	Durchschn. Besuchszeit auf der Seite	Absprungrate	% Ausstiege	$Index
149.053	119.916	00:00:57	53,52 %	22,46 %	64,75 €
% der Website insgesamt: 80,31 %	% der Website insgesamt: 80,69 %	Website-Durchschnitt: 00:00:55 (3,59 %)	Website-Durchschnitt: 54,01 % (-0,90 %)	Website-Durchschnitt: 21,14 % (6,25 %)	Website-Durchschnitt: 5,41 € (1.096,33 %)

	Seite	Seitenzugriffe ↓	Eindeutige Seitenzugriffe	Durchschn. Besuchszeit auf der Seite	Absprungrate	% Ausstiege	$Index
1.	/de/index.html	13.563	10.332	00:00:41	20,21 %	19,63 %	48,68 €

Abb. 12.31: Erste Zeile »Top-Webseiten«

Seiten, die wir als Zielseiten für unsere AdWords-Anzeigen definiert haben, sollten wir anhand dieser Leistungsdaten ganz besonders prüfen. Wir sehen uns hier die erste Zeile eines Berichts an. Sie erhalten standardmäßig die Top-10-Seiten aufgelistet, können aber verlängern:

Die BESUCHSZEIT gibt an, wie lange der User auf dieser Seite verweilte. Die Beurteilung ist selbstverständlich davon abhängig, wie kurz oder lang Ihre Seite ist.

Die ABSPRUNGRATE (oder »Bounce-Rate«) gibt den Anteil an Besuchern an, die auf dieser Seite eingestiegen – und sofort wieder ausgestiegen sind. Diese liegt bei AdWords-Zielseiten in der Regel höher als bei anderen Seiten, da es sich bei den Besuchern um neue Besucher handelt. Ihr Ziel muss es sein, die Zahl der Absprünge zu senken:

- Entweder liefert Ihnen Ihre AdWords-Kampagne die falschen Besucher, so dass Sie an Keywords und Anzeigen arbeiten müssen,
- oder Ihre Landingpage ist in den Punkten wenig erfolgreich, die wir unter Abschnitt 8.3, *User auf der Landingpage halten*, besprochen haben.

Die »Ausstiege« hingegen weisen diejenigen User aus, die insgesamt auf diese eine Seite gekommen sind und hier unsere Site verlassen haben. Dieser Wert ist davon abhängig, welche weiteren Möglichkeiten außer der Conversion Sie dem User auf dieser Seite lassen. Ist sie der »logische Endpunkt« eines Conversion-Prozesses, an dem beispielsweise der Download eines Prospektes steht, so verlassen genau nach dem Herunterladen selbstverständlich besonders viele User Ihre Website.

Haben Sie für Ihre Conversions einen Conversion-Wert hinterlegt, so wird Ihnen auf dieser Grundlage für jede einzelne Seite der Wert als $INDEX angezeigt. Gleiches gilt, wenn Sie das E-Commerce-Tracking eingebaut haben. Beide Werte werden addiert.

12.5.5 Trichter-Visualisierung

Haben Sie Trichter definiert, so können Sie die Auswertungen unter TRICHTER-VISUALISIERUNG im Bereich ZIELE abrufen.

Im Beispiel in Abbildung 12.32 sehen Sie die beiden Schritte, die wir in Abschnitt 12.3.2, *Conversions und Trichter definieren*, festlegt haben: 648 User haben den Funnel auf der Seite »Cart« betreten, 126 haben dann tatsächlich den Kauf getätigt. Sie erkennen die Absprungraten auf den einzelnen Schritten und stellen so Schwachstellen in Ihrem Conversion-Prozess fest. Zudem wird Ihnen angezeigt, auf welche Seiten diejenigen User gegangen sind, die den Funnel verlassen haben.

Kritische Seiten mit hohen Exitraten sollten Sie umgehend optimieren. Wir haben in Kapitel 8, *Landingpages: Halten und zur Conversion führen*, ausführlich besprochen, welche Gründe zu einem Abbruch oder Ausstieg auf dem Weg zur Conversion führen und wie wir geeignete Gegenmaßnahmen setzen können.

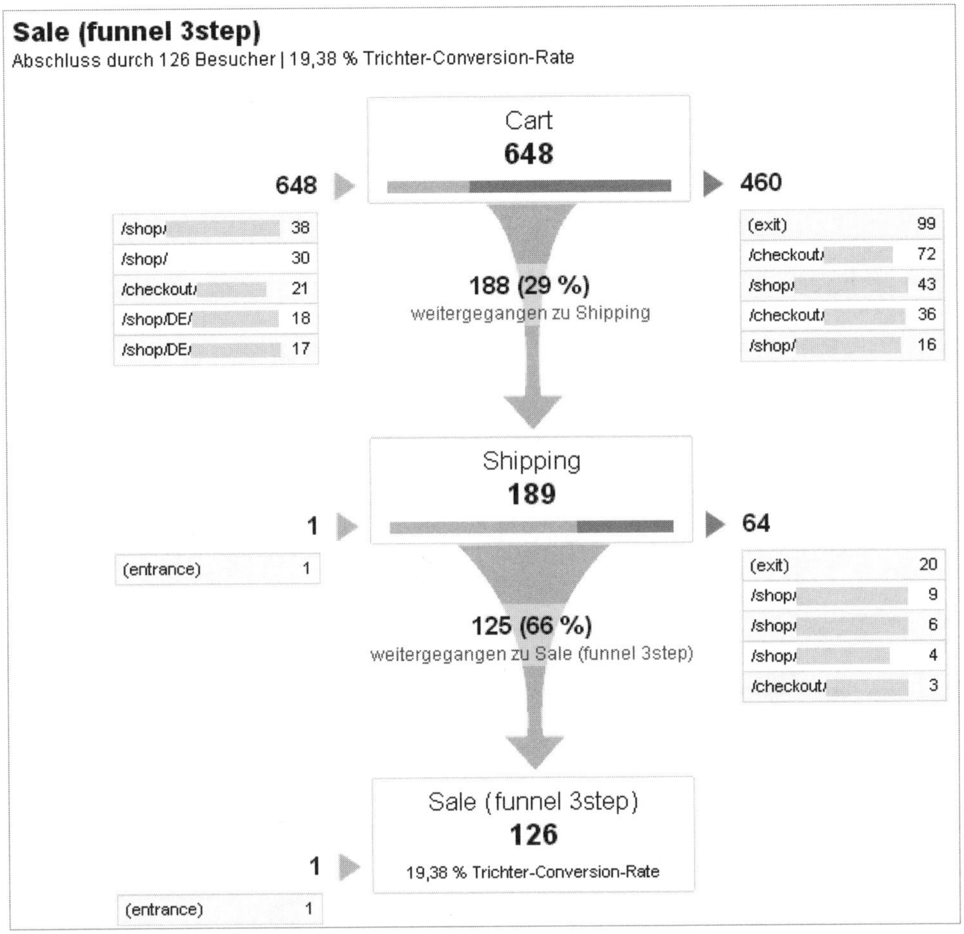

Abb. 12.32: Trichter-Visualisierung

> **Tipp**
>
> Wie Sie hoffentlich gemerkt haben, ist Webanalyse ein wichtiger Erfolgsfaktor – nicht nur für Ihre AdWords, sondern für Ihren gesamten Webauftritt. Beherzigen Sie deshalb den Rat und beschäftigen Sie sich so intensiv mit dem Thema, wie Sie es an dieser Stelle des Buches bereits mit AdWords gemacht haben. Es gibt mehrere sehr gute Bücher zur Webanalyse. Als weiterführende Literatur speziell zu Google Analytics empfiehlt sich »Timo Aden: Google Analytics – Implementieren. Interpretieren. Profitieren«.

Teil IV

Ziele und Möglichkeiten abseits der Suche

In diesem Teil:

Das Content-Werbenetzwerk: Nicht gesucht und doch gefunden

Google unterscheidet zwei Netzwerke, in denen wir werben können: das Such- sowie das Content-Netzwerk. Haben wir uns die meiste Zeit bislang mit dem Such-Netzwerk – den Google- sowie Partner-Sites – beschäftigt, so wenden wir uns nun dem Contentbereich zu.

13.1 Werben im Content-Netzwerk

Wie wir bereits in Abschnitt 5.4.4, *Werbenetzwerke, Geräte und Erweiterungen*, erfahren haben, besteht das Content-Netzwerk aus Tausenden von Websites unterschiedlichster Größe und Ausprägung: große und kleine Sites, private und Firmen-Webauftritte, breit gefächerte oder sehr spezielle Themenseiten, Informationsseiten, Foren oder Shops.

Diese zeichnen sich alle dadurch aus, dass ihre Betreiber am so genannten »AdSense«-Programm (`http://www.google.com/adsense/login/de`) teilnehmen: Sie lassen auf ihren Seiten Werbung von Google zu und sind damit das Gegenstück zu uns, die wir darauf werben wollen. Die Bühne für unsere Anzeigen sind also nicht wie im Such-Netzwerk Suchmaschinen und im Speziellen Google, sondern potenziell alle Websites, die am AdSense-Programm teilnehmen.

Die Werbeplätze, die uns im Content-Netzwerk zur Verfügung stehen, nennt man »Placements«. In Abbildung 13.1 und Abbildung 13.2 sehen Sie zwei Beispiele, wie diese Anzeigen in Seiteninhalt und -layout eingebettet werden können.

Auf welchen Placements unsere Anzeigen geschaltet werden sollen, können wir auf zwei Arten vorgeben: durch Keyword- und durch Placement-bezogene Kampagnen.

- Bei Keyword-bezogenen Kampagnen definieren wir den thematischen Inhalt der Seiten, auf denen unsere Anzeigen erscheinen sollen. Anhand dieser Vorgabe bestimmt das Google-System, wo unsere Anzeige letztendlich erscheint. Die Placements, auf denen unsere Anzeigen erscheinen, erhalten in unserem Konto daher die Bezeichnung AUTOMATISCHE PLACEMENTS.
- Bei einer Placement-bezogenen Kampagne wählen wir die Placements selbst aus. Die Seiten, auf denen wir letztendlich erscheinen, sind also AUSGEWÄHLTE PLACEMENTS.

Wir sehen uns beide Möglichkeiten in Abschnitt 13.2 an.

Abb. 13.1: Beispiel: Textanzeigen »Content-Werbenetzwerk«

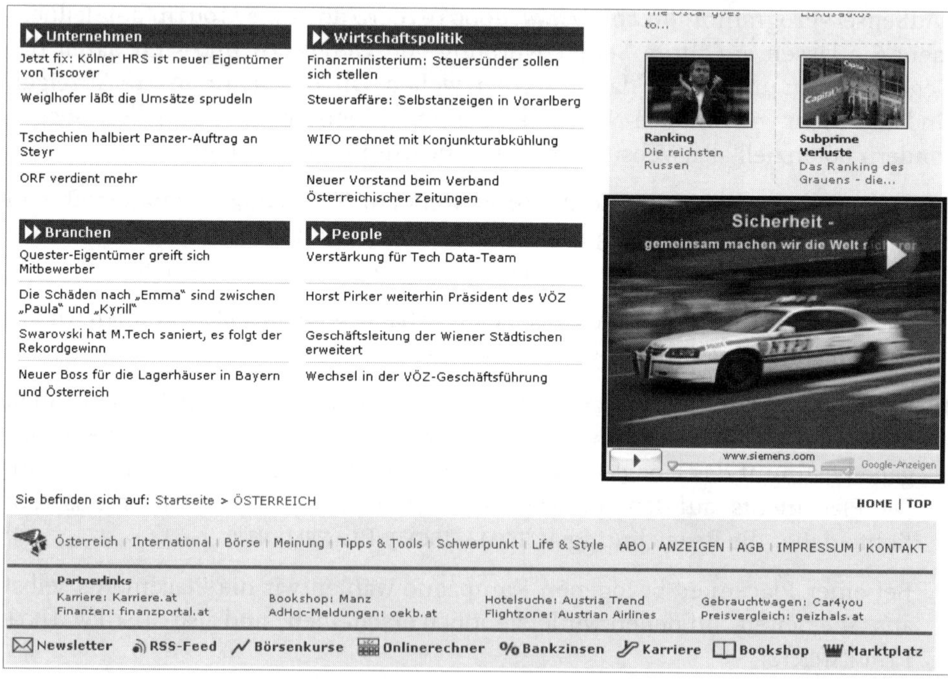

Abb. 13.2: Beispiel: Videoanzeige »Content-Werbenetzwerk«

Hinweis

Mit dem »Interest Based Advertising« unternimmt Google die ersten Schritte in Richtung Behavioral Targeting. Bis Ende 2009 soll die Funktion noch als Beta-Version laufen, dann allen Werbetreibenden zur Verfügung stehen. Aktuelle Entwicklungen und Neuigkeiten erfahren Sie unter `http://www.adwords-buch.info`.

13.1.1 Ziele im Content-Netzwerk

Machen wir uns die unterschiedlichen Ansätze in Such- und Content-Netzwerk deutlich: Im Such-Netzwerk gibt ein User eine Suchanfrage in eine Suchmaschine ein und erhält entsprechende Anzeigen, wenn ein hinterlegtes Keyword zur Suche passt. Im Content-Netzwerk hingegen surft ein User auf für ihn interessante Seiten, liest deren Inhalte und bekommt die Anzeigen als Teil der Seite angezeigt.

User verbringen viel mehr Zeit auf Content- als auf Such-Seiten, die sie bekanntermaßen umgehend wieder verlassen, sobald sie fündig geworden sind. Dies ermöglicht uns, im Content-Netzwerk weitere Ziele als Klicks und Conversions zu verfolgen:

- Bewusstsein schaffen (Awareness)
- Markenbildung betreiben (Branding)
- Reichweite erhöhen (Reach)

Um diese Ziele besser umsetzen zu können, sind im Content-Bereich nicht nur Textanzeigen erlaubt, sondern auch andere Anzeigenformate wie Image, Flash und Video (Abschnitt 13.3.1, *Anzeigenformate*). Beachten Sie, dass nicht alle Sites im Content-Netzwerk alle Anzeigenformate zulassen.

Oftmals werden Anzeigen im Content-Bereich zeitlich vor Anzeigen im Such-Netzwerk geschaltet. Denken Sie beispielsweise an ein neues Produkt: Bevor User danach suchen können, müssen sie um dessen Existenz wissen. Hier bietet sich das Content-Netzwerk zur Steigerung der Bekanntheit an. Ist das Produkt bekannt, können die Suchanfragen danach über das Such-Netzwerk abgefangen werden.

13.1.2 Preisgestaltung im Content-Netzwerk

Aus den zusätzlichen Zielen, die im Content-Bereich verfolgt werden können, ergeben sich Konsequenzen für unseren Bietpreis.

Gebote im Content-Netzwerk

Bei Kampagnen im Content-Netzwerk haben Sie die Möglichkeit, zwischen zwei Abrechnungsmodellen zu wählen:

1. Das uns geläufige »Preis-pro-Klick«-Modell CPC: Sie legen einen maximalen Klickpreis fest und zahlen pro Klick.
2. Das »Preis-pro-1000-Impressions«-Modell CPM (Tausender-Kontaktpreis, TKP): Hier geben Sie an, was Sie maximal für 1.000 Werbeschaltungen zu zahlen bereit sind. Es wird also nur gezählt, wie häufig Ihre Anzeige erscheint – ob und wie häufig diese geklickt wird, spielt keine Rolle.

Beim CPC-Modell ist weiterhin der Klick das Ziel. Der Content-Bereich wird hier oftmals nur zur Erhöhung der Reichweite genutzt. Bei TKP-Modellen hingegen liegt das Ziel des Werbenden insbesondere auf Awareness und Branding. Dies macht vor allem Sinn, wenn Sie Anzeigenformate wie Bilder oder Videos schalten.

Smart Pricing

Wie sind Klicks im Content-Netzwerk zu beurteilen? Erinnern wir uns an den Kaufzyklus, den wir in Abschnitt 6.1.3, *Suchanfragen im Kaufzyklus*, besprochen haben: Sieht ein User beim Surfen Ihre Anzeige, so befindet er sich gerade mal in der Phase der Wahrnehmung – also ganz am Anfang des Kaufzyklus. Von der eigentlichen Conversion ist er somit noch ein gutes Stück enfernt.

Dies spiegeln in der Regel auch Ihre Leistungsdaten wider: Oft sind Conversions aus dem Content teurer als aus dem Such-Netzwerk, oft sind Conversion- und auch Klickrate deutlich niedriger.

Google versucht dies durch das so genannte »Smart Pricing« auszugleichen: Erkennt das System, dass die Anzeigen auf einer bestimmten Seite im Content-Netzwerk nur selten zu Conversions führen, so senkt es für diese Seite automatisch unseren maximalen CPC.

Mag es für uns als Werbende auch von Vorteil sein – die endgültigen Mechanismen und Kriterien des Smart Pricing sind doch wenig transparent und nachprüfbar. Für die Publisher und Teilnehmer am AdSense-Programm kann es gar sehr ärgerlich werden, wenn aufgrund einer einzelnen schlechten Seite der gesamte Account abgestraft wird.

13.1.3 Struktur von Content-Kampagnen

In der Praxis ist häufig zu beobachten, dass Content-Kampagnen »irgendwie mitlaufen«: Im schlimmsten Fall teilen sie sich mit dem Such-Netzwerk eine gemeinsame Kampagne, im zweitschlimmsten Fall werden alle Themen aus einer Anzeigengruppe heraus beworben.

Doch auch das erfolgreiche Werben im Content-Netzwerk benötigt Zeit, Aufwand, laufende Auswertungen und Optimierungen. Denn alles, was wir zum Thema Struktur von Kampagnen im Such-Netzwerk gelernt haben, gilt auch hier:

- Wir gliedern unsere beworbenen Themen nach Kampagnen und Anzeigengruppen.
- So erstellen wir eine enge Verknüpfung vom thematischen Inhalt der Seite zur Anzeige. Verkaufen wir Autozubehör, so müssen wir in einem BMW-Forum mit anderen Inhalten werben als auf einer Tauschbörse für Ersatzteile.
- Auf der Zielseite lösen wir das ein, was wir dem User in der Anzeige versprochen haben.

All diese Punkte wirken sich auf Ihren Qualitätsfaktor aus, damit auf Ihre Anzeigenposition, auf Ihren zu zahlenden Preis und letztendlich auf die Erreichung Ihrer Ziele. Die Durchgängigkeit der Botschaft ist auch im Content-Werbenetzwerk höchstes Gebot.

13.1.4 Such- und Content-Netzwerk gemeinsam

Möchten Sie trotz besseren Wissens das Such- und das Content-Netzwerk aus einer Kampagne heraus bedienen, so können Sie bereits im Eröffnungsprozess für das Content-Netzwerk separate maximale Klickpreise festlegen. Tun Sie dies nicht, so wird der Durchschnitt aller CPC-Gebote Ihrer Anzeigengruppe übernommen. Über die Seite EINSTELLUNGEN oder mit dem Inline-Editing können Sie auch nachträglich bequem ein separates CPC-Gebot eingeben. Die Vergabe von CPM-Geboten ist nicht möglich, da diese für das Such-Netzwerk nicht angeboten werden.

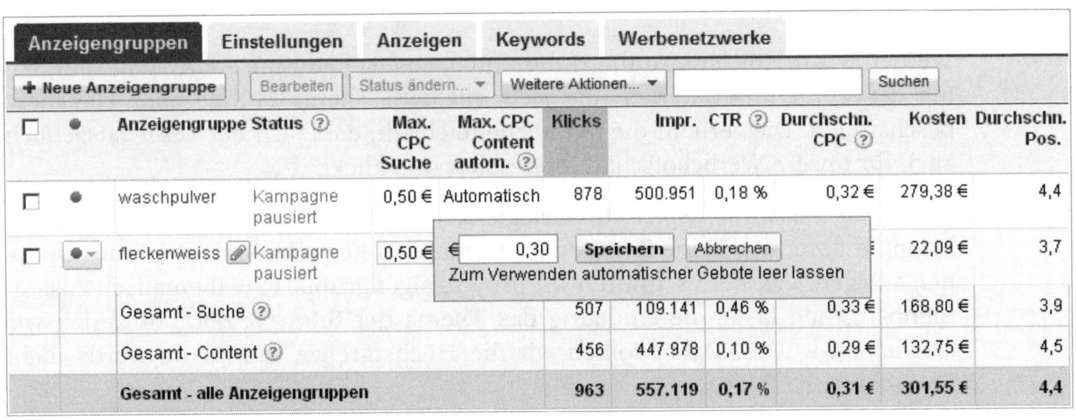

Abb. 13.3: Separate Gebote für Such- und Content-Netzwerk

Erschrecken Sie nicht, wenn Ihre Klickrate deutlich niedriger als im Such-Netzwerk ausfällt. Dies ist im Content-Netzwerk normal und erklärt sich daraus, dass der User nicht aktiv nach etwas Bestimmtem sucht, sondern einfach nur auf interessanten Webseiten surft. Genau aus diesem Umstand leiten sich ja die anderen Ziele und der mögliche Einsatz anderer Anzeigenformate ab – und nicht zuletzt auch die Empfehlung, Content-Kampagnen besser separat anzulegen.

Einen negativen Einfluss der Content-Klickrate auf Ihren Qualitätsfaktor im Suchbereich müssen Sie jedoch nicht befürchten. Diese fließt dort nicht mit ein.

13.2 Keyword- und Placement-bezogene Kampagnen

Im Such-Netzwerk haben wir versucht, unsere Anzeigen nur bei möglichst passenden Suchanfragen zu schalten. Und auch im Content-Netzwerk ist es unser Ziel, unsere Werbungen und die Seiten, auf denen sie erscheinen, inhaltlich gut aufeinander abzustimmen. So wissen wir, dass der User schon mal grundsätzlich an dem Thema interessiert ist – und damit auch empfänglicher für unsere Botschaft und unser Angebot.

Sehen wir uns die beiden Möglichkeiten an, wie wir unsere Anzeigen auf passenden Placements platzieren können.

13.2.1 Keyword-bezogene Kampagnen

Wozu dienen eigentlich unsere Keywords, wenn es keine Suchanfrage gibt? Sie helfen dem Google-System, inhaltlich passende Seiten aus dem Content-Netzwerk zu finden. Unsere Anzeigen sollen nämlich nicht wahllos auf irgendwelchen Seiten platziert werden, sondern nur auf solchen, die vom Thema her zu unseren Keywords passen.

Werben wir beispielsweise für Hundefutter, so erscheint unsere Anzeige auf Seiten des Content-Netzwerkes, die sich mit dem Thema Hunde oder Haustiere beschäftigen. Dies erhöht die Wahrscheinlichkeit, dass sich der Leser tatsächlich auch für unsere Werbebotschaft interessiert und klickt.

Damit das Zusammenspiel »hinterlegte Keywords und Auswahl der Seiten« gut klappt, müssen wir keine Keywordlisten mit allen Keyword-Varianten und -Optionen anlegen. Vielmehr schnüren wir pro Anzeigengruppe eine thematisch zusammenhängende Liste, die eindeutig das Thema der Sites vorgibt, auf denen wir erscheinen wollen. Dabei sollten wir die Höchstgrenze von 50 Keywords nicht überschreiten.

Im Sinne der Relevanz gilt weiterhin, dass unsere Anzeigen direkt zu den Keywords und damit auch zum Webauftritt passen. Dies erhöht wie immer nicht nur den Qualitätsfaktor, sondern auch die Wahrscheinlichkeit, dass ein User klickt.

Auf die Funktion des Dynamic Keyword Insertion sollten wir im Content-Netzwerk verzichten. Da es keine Suchanfragen gibt, die mit unseren Keywords übereinstimmen müssen, gibt es auch nichts, was anstelle des Platzhalters ausgeliefert werden könnte. Es gibt sogar Beobachtungen, dass das relevanteste Keyword der Seite, auf der die Anzeige ausgeliefert wird, eingeblendet wird. Doch auch dies ist ganz sicher nicht in allen Fällen in unserem Interesse.

Anzeigenposition und Qualitätsfaktor

Auch im Content-Bereich wird die Position, an der unsere Anzeige geschaltet wird, über den maximalen Bietpreis und Qualitätsfaktor bestimmt.

Bei CPC-Kampagnen setzt sie sich zusammen aus

- der Relevanz von Anzeige und Keywordliste zur Content-Website
- der bisherigen Leistung der Anzeigen auf dieser oder einer ähnlichen Website (also der Klickrate)
- der Qualität unserer Zielseite, auf die der User nach dem Klick geführt wird

Die Qualität der Landingpage hat im Content-Bereich also Einfluss auf den Anzeigenrang. Dabei kann eine einzelne, schlecht performende Ziel-Seite dazu führen, dass für die gesamte Anzeigengruppe keine Anzeigenschaltungen mehr erfolgen. Dies ist im Such-Netzwerk anders, wo die Landingpage lediglich das »Gebot für die erste Seite« beeinflusst.

Beachten Sie die Auswirkungen der Klickrate als Einflussfaktor. Wählen Sie die CPC-Option, um primär kostenlose Impressions und damit kostenloses Branding zum Preis weniger Klicks zu erzielen, so erhalten Sie einen schlechten Qualitätsfaktor. Dieser kann mittelfristig eine weitere Anzeigenschaltung verhindern.

Wählen wir hingegen das CPM-Modell als Gebotsoption, so nimmt ausschließlich die Qualität unserer Zielseite Einfluss auf den Qualitätsfaktor. Da Klicks nicht unser primäres Ziel sind, wird die Klickrate auch nicht berücksichtigt.

Eröffnen einer Keyword-bezogenen Content-Kampagne

Wollen wir eine Keyword-bezogene Kampagne für den Content-Bereich eröffnen, so stellt dies keine Herausforderung für uns dar: Wir durchlaufen den gleichen Prozess, wie wir ihn bereits von den Keyword-bezogenen Kampagnen aus dem Such-Netzwerk kennen:

Unter dem Kampagnen-Reiter KAMPAGNEN (Baum-Navigation ALLE ONLINE-KAMPAGNEN) klicken wir den Button + NEUE KAMPAGNE und landen auf der Seite, auf der wir unsere Kampagneneinstellungen eingeben. Zunächst vergeben wir wieder einen eindeutigen Kampagnennamen und legen unsere sprachliche und regionale Ausrichtung fest.

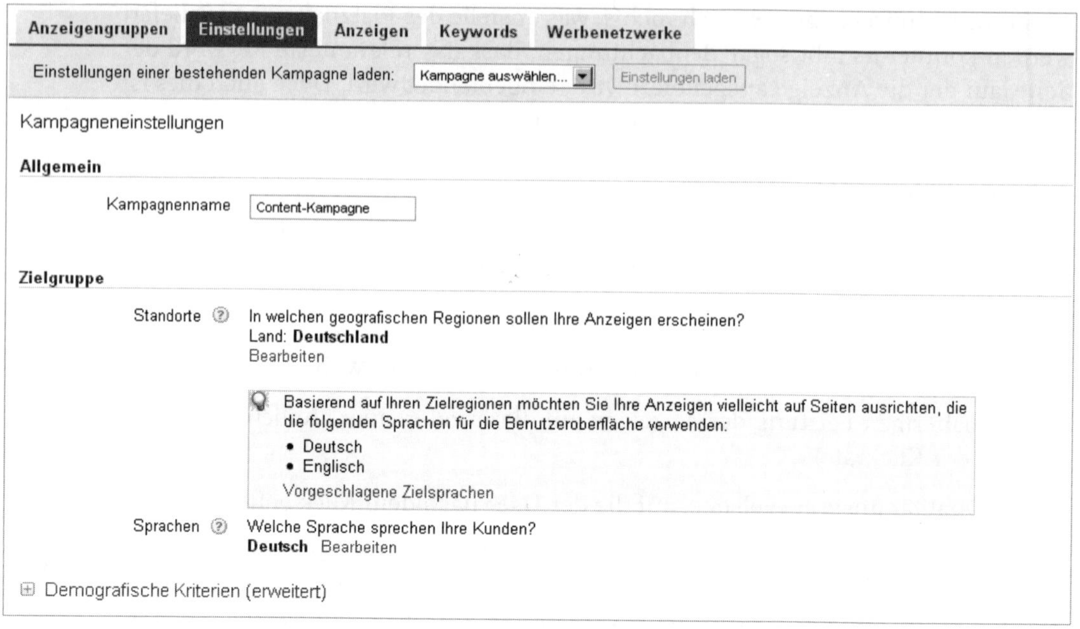

Abb. 13.4: Einstellungen »Kampagnenname« und »Zielgruppe«

Hatten wir in Abschnitt 5.4.4, *Werbenetzwerke, Geräte und Erweiterungen*, das Content-Netzwerk deaktiviert, so deaktivieren wir nun das Such-Netzwerk. Wir belassen den Radiobutton RELEVANTE SEITEN IM GESAMTEN WERBENETZWERK.

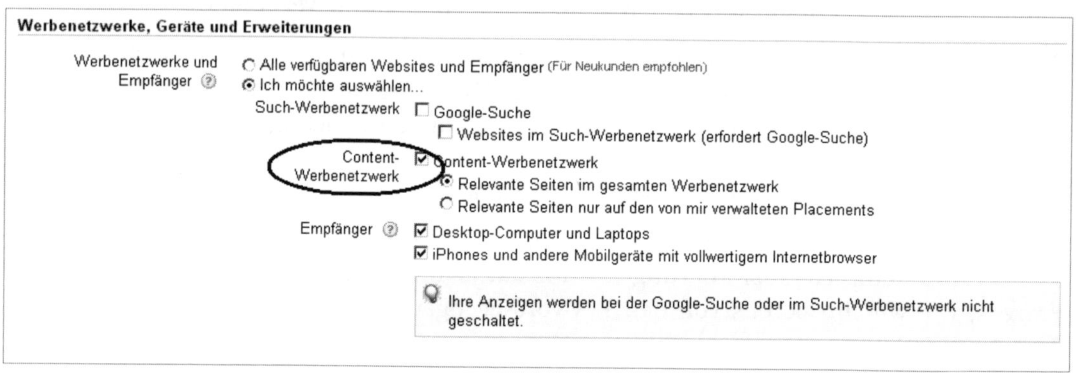

Abb. 13.5: Einstellung CONTENT-WERBENETZWERK

Unter GEBOTE UND BUDGET können wir neben den bekannten Gebotsarten nunmehr auch die CPM-Gebote auswählen (GEBOTE AUTOMATISCH EINSTELLEN, UM IMPRESSIONS ZU MAXIMIEREN). Zudem geben wir unser Tagesbudget ein.

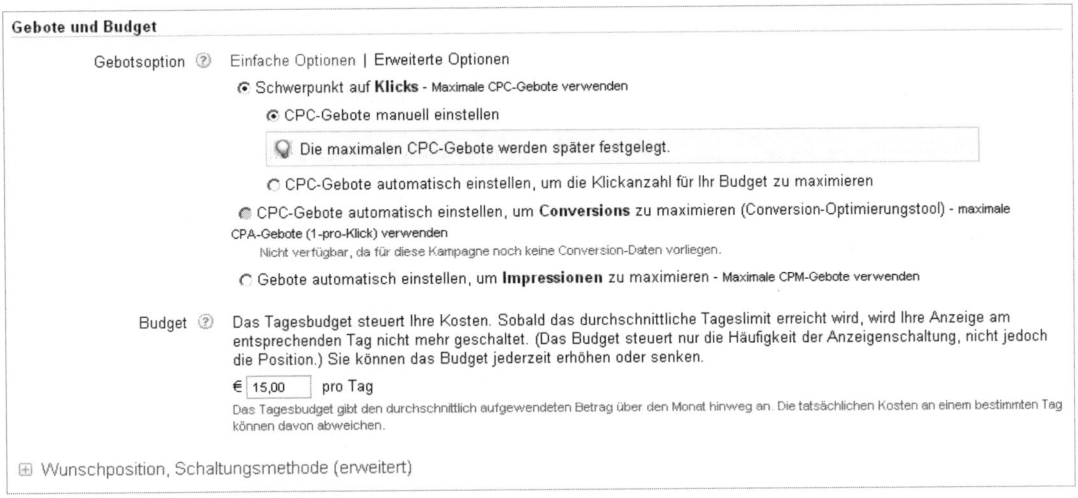

Abb. 13.6: Einstellungen GEBOTE UND BUDGET

Im Bereich ERWEITERTE EINSTELLUNGEN können Sie ein STARTDATUM hinterlegen, wenn Sie die Kampagne nicht sofort starten wollen. Über SPEICHERN UND FORTFAHREN gelangen wir zur Eingabe der Daten für die Anzeigengruppe.

Hier legen wir den Namen für die Anzeigengruppe fest und verfassen unsere Text-Anzeige. Sollten Sie ein anderes Anzeigenformat hinterlegen wollen, so müssen Sie diesen Schritt überspringen, eine unvollständige Anzeigengruppe abspeichern und Ihre Werbemittel nachträglich unter dem Reiter ANZEIGEN hochladen.

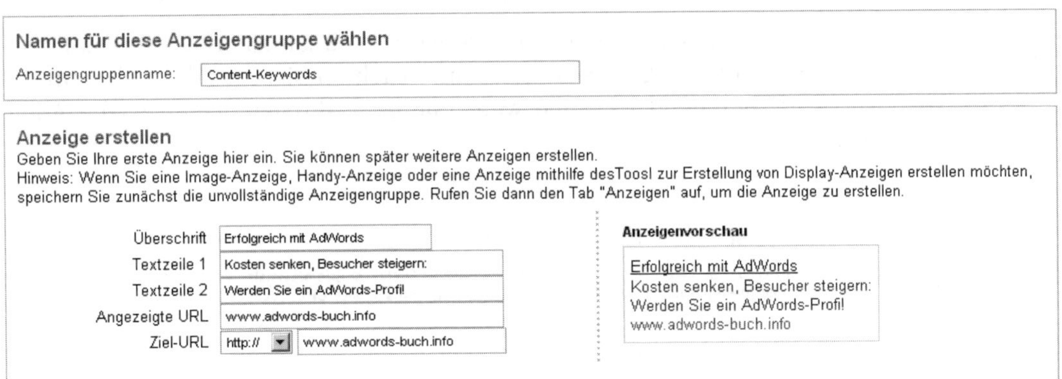

Abb. 13.7: Neue Content-Kampagne – Keyword-bezogene Anzeigengruppe (1)

Als Nächstes hinterlegen Sie Ihre Keywords. Sie erkennen wiederum die Keyword-Vorschläge, die Ihnen Google auf Grundlage Ihrer Website unterbreitet.

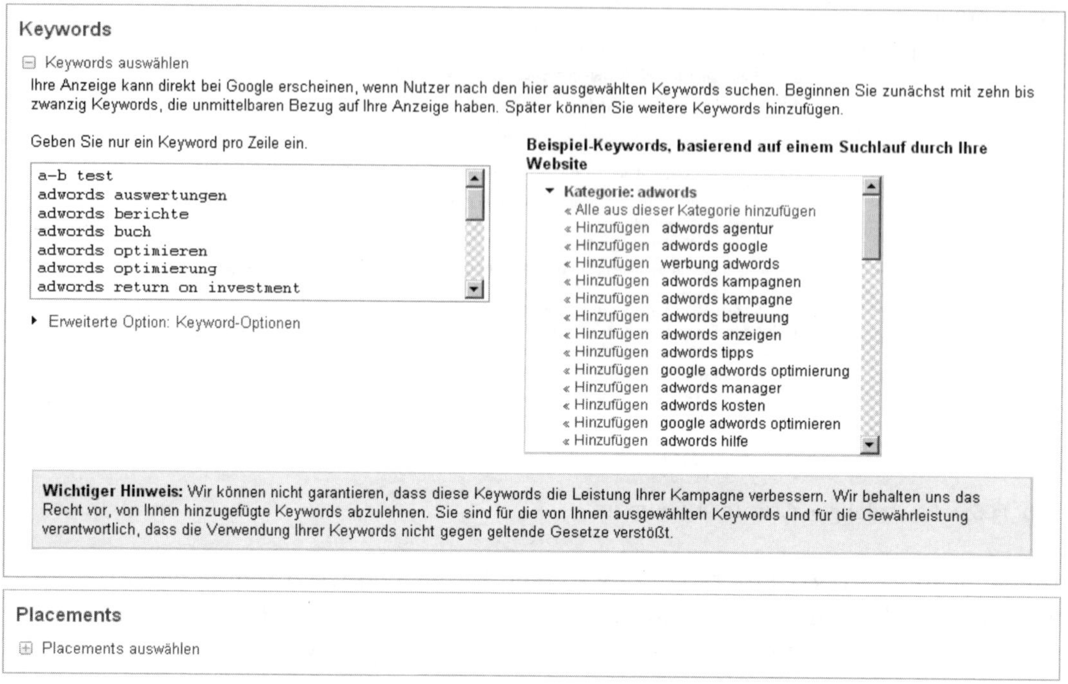

Abb. 13.8: Neue Content-Kampagne – Keyword-bezogene Anzeigengruppe (2)

Nun geben Sie wahlweise Ihren maximalen CPC oder Ihren maximalen CPM an – je nachdem, welche Gebotsoption Sie in den Einstellungen gewählt haben. Wir hatten uns im Beispiel für Abrechnung nach Klickpreisen entschieden.

Für unsere Keyword-bezogene Kampagne ist, wie eingangs erläutert, das Eingabefeld AUTOMATISCHE PLACEMENTS relevant. Beachten Sie, dass das Gebot für das Such-Netzwerk zwingend ist, auch wenn Sie es deaktiviert haben (siehe Abbildung 13.9).

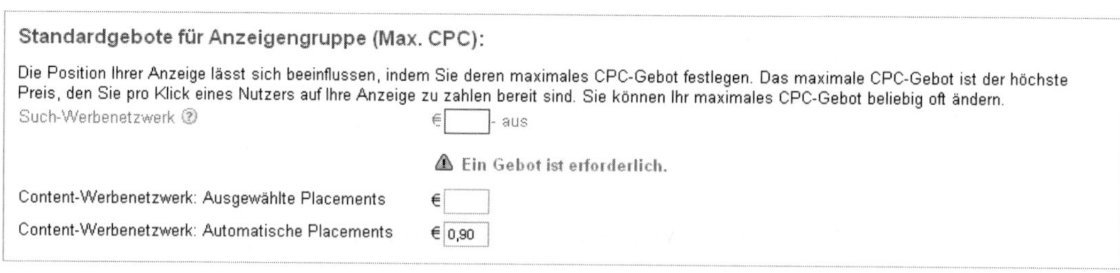

Abb. 13.9: Neue Content-Kampagne – Keyword-bezogene Anzeigengruppe (3)

Mit ANZEIGENGRUPPE SPEICHERN schließen wir unseren Eröffnungsprozess ab.

13.2.2 Placement-bezogene Kampagnen

Mit einer Keyword-bezogenen Kampagne geben Sie lediglich das Thema vor, das Sie bewerben möchten. Auf welchen Seiten Ihre Anzeigen letztendlich erscheinen, wird vom Google-System festgelegt. Bei Placement-bezogenen Kampagnen hingegen legen Sie selbst fest, auf welchen Seiten Ihre Werbung erscheint.

Eine Placement-bezogene Kampagne führt also zu »ausgewählten Placements«.

Anzeigenposition und Qualitätsfaktor

Die Komponenten des Qualitätsfaktors gestalten sich ähnlich wie bei Keyword-bezogenen Kampagnen. Aufgrund des Fehlens einer Keywordliste nehmen beim CPC-Modell lediglich Klickrate und Zielseite Einfluss. Beim CPM-Modell spielt nur die Qualität der Landingpage eine Rolle.

Zur endgültigen Bestimmung der Anzeigenposition wird natürlich in beiden Fällen Ihr Maximalgebot als CPM oder CPC hinzugezogen.

Anlegen einer Placement-bezogenen Kampagne

Das Eröffnen einer Placement-bezogenen Kampagne funktioniert wie das Anlegen einer Keyword-bezogenen Kampagne: Wir starten unseren Eröffnungsprozess über + NEUE KAMPAGNE und hinterlegen Kampagnenname, Sprache und Standort. Bei den Werbe-Netzwerken deaktivieren wir wiederum das Such-Netzwerk, wählen im Content-Netzwerk nun allerdings RELEVANTE SEITEN NUR AUF DEN VON MIR VERWALTETEN PLACEMENTS.

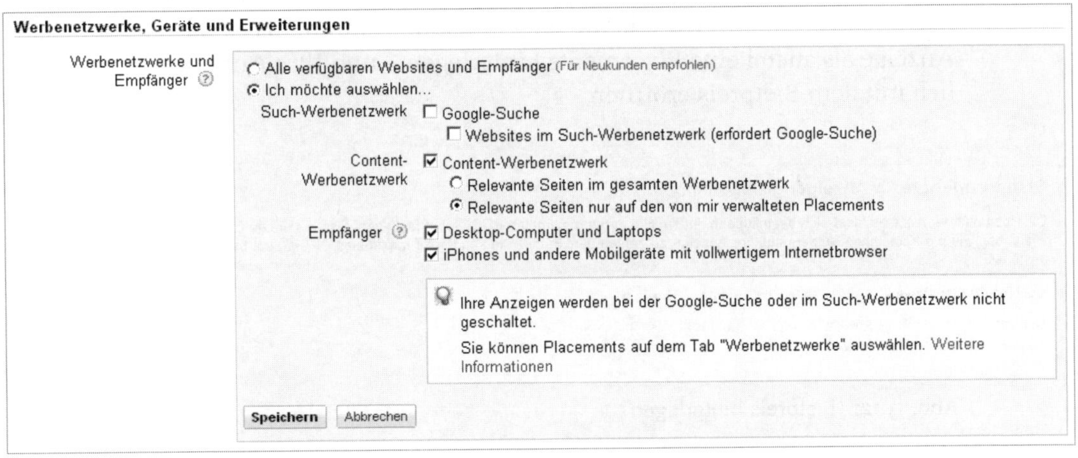

Abb. 13.10: Neue Kampagne – Placement-bezogen

Bei den restlichen Kampagneneinstellungen hinterlegen Sie mindestens noch die gewünschte Gebotsoption sowie das Tagesbudget, bevor Sie zur Eröffnung der Anzeigengruppe wechseln.

Nachdem Sie dort zunächst Ihre Anzeige angelegt haben (oder auch nicht, wenn Sie keine Textanzeige wünschen), gelangen Sie zur Eingabe der Placements. Und hier stehen Sie vor einem Problem: Sie erhalten ein Textfeld, in das Sie die gewählten Seiten, auf denen Ihre Anzeigen erscheinen sollen, eintragen müssen. Dabei wissen Sie im Grunde nicht, welche Placements überhaupt verfügbar sind.

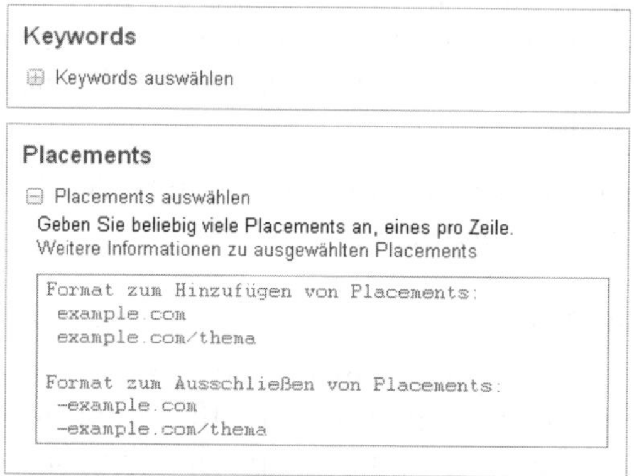

Abb. 13.11: Seiten für Anzeigenplatzierung eingeben

In der Praxis gehen Sie also zumeist direkt zur Eingabe Ihres Gebotspreises, speichern eine unvollständige Anzeigengruppe ab und fügen dann die Placements nachträglich hinzu. Dies kann zur Situation führen, dass Sie sowohl keine Anzeige als auch keine Placements hinterlegen – und Ihre Anzeigengruppe lediglich mit dem Bietpreis eröffnen.

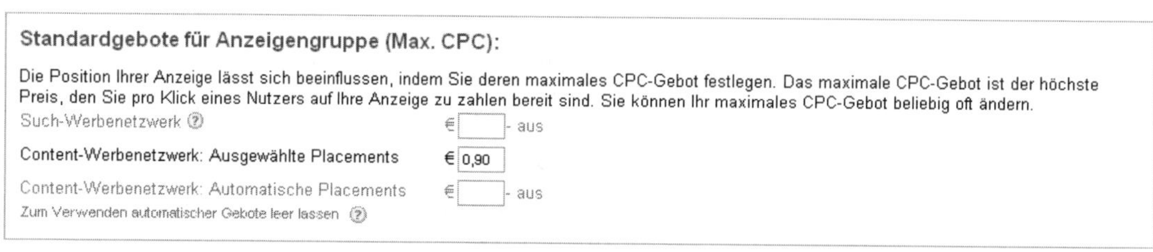

Abb. 13.12: Bietpreis hinterlegen

Beim Bietpreis wählen Sie nunmehr AUSGEWÄHLTE PLACEMENTS. Ein Gebot für das Such-Netzwerk ist aufgrund des Fehlens von Keywords nicht nötig.

Beachten Sie, dass Sie für Ihre Placements auch individuelle Bietpreise vergeben können. Das Grundprinzip ist dabei das Gleiche wie bei den Keywords im Such-Netzwerk. Wir besprechen dies noch in Abschnitt 13.4.1, *Ausgewählte Placements*.

Placements finden

Damit wir unsere Placements tatsächlich bestimmen können, wechseln wir auf den Tab WERBENETZWERKE. Wir wissen bereits, dass wir dort Leistungsdaten zu unterschiedlichen Netzwerken finden. Nun öffnen wir den Link DETAILS ANZEIGEN in der Zeile AUSGEWÄHLTE PLACEMENTS.

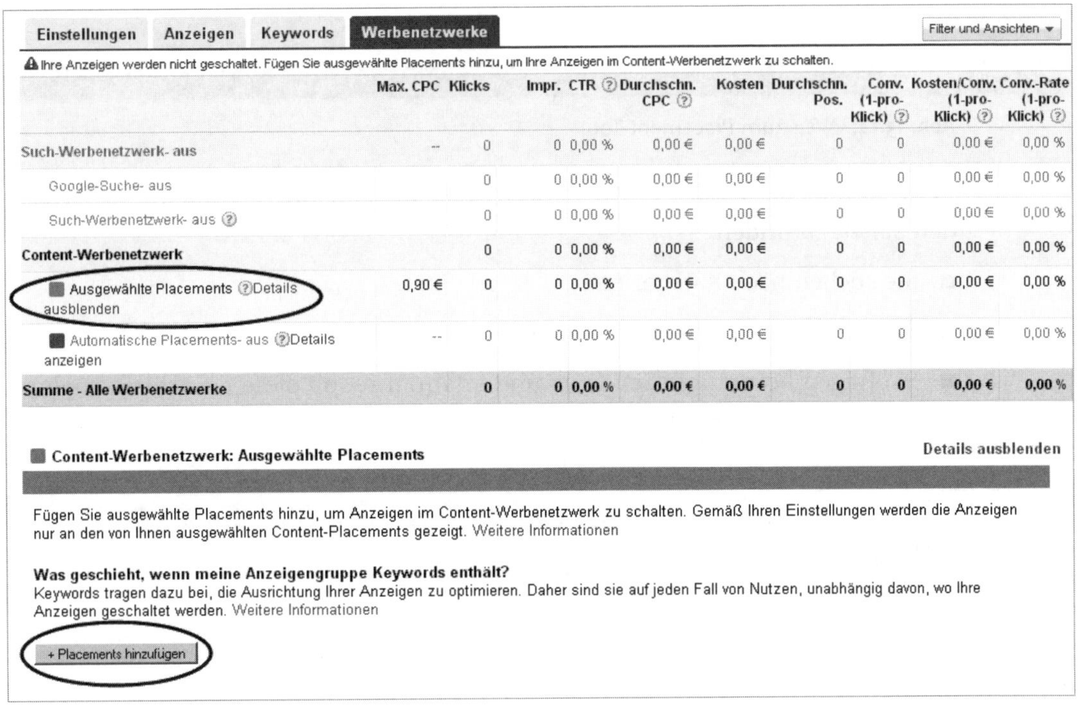

Abb. 13.13: Details zu ausgewählten Placements

Da wir bislang noch keine Placements hinterlegt haben, erhalten wir keine Details – dafür aber die Möglichkeit, passende Seiten auszuwählen. Diese wollen wir ergreifen und klicken den Button PLACEMENTS HINZUFÜGEN an. Wir erhalten das bereits bekannte Textfeld sowie den Link, der uns im Eröffnungsprozess gefehlt hat: TESTEN SIE DAS PLACEMENT-TOOL.

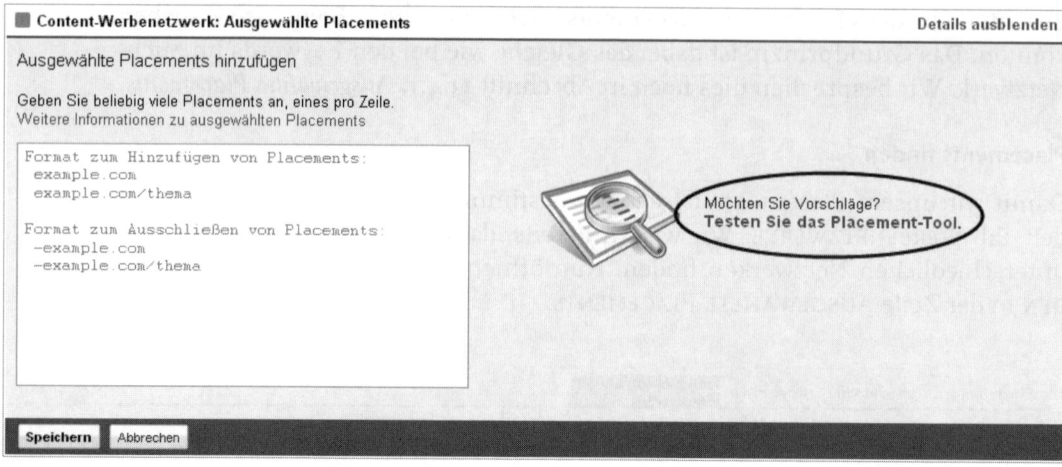

Abb. 13.14: Weg zum Placement-Tool

Es öffnet sich ein Layer, der Ihnen drei Möglichkeiten gibt, um die für Sie passenden Seiten zu finden:

- Sie suchen nach Kategorien.
- Sie geben durch Keywords vor, wofür Sie werben wollen.
- Sie fragen bevorzugte Seiten ab und erfahren so, ob diese tatsächlich auch im Content-Netzwerk vertreten sind.

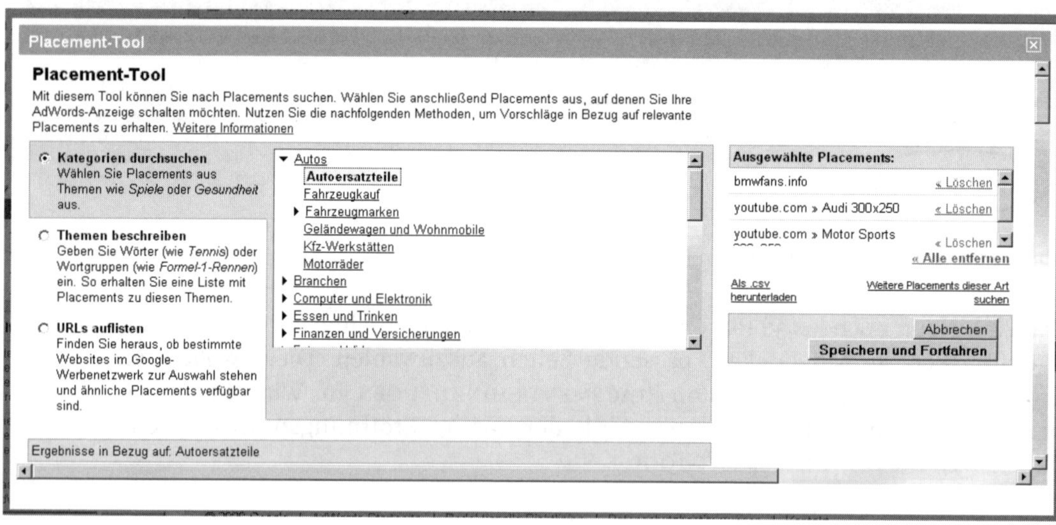

Abb. 13.15: Placement-Tool

Wir kennen diese Vorgehensweise bereits aus dem Keyword-Tool (Abschnitt 6.3.3, *Keyword-Tool*): Unterhalb der Eingabe bekommen Sie die Ergebnisliste angezeigt. Die gewünschten Seiten wählen Sie mit HINZUFÜGEN aus und übernehmen sie in die Liste AUSGEWÄHLTE PLACEMENTS in der rechten Spalte. Mit SPEICHERN UND FORTFAHREN gelangen Sie zurück zum Textfeld, in dem Sie nun die ausgewählten Placements finden und mit SPEICHERN in die Anzeigengruppe übernehmen können.

Beachten Sie die Angabe der zugelassenen Anzeigenformate für jedes Suchergebnis. Möchten Sie Images verwenden, so können Sie dies natürlich nicht auf einer Seite, die nur Textanzeigen erlaubt. Möchten Sie nur mit bestimmten Formaten arbeiten, so können Sie Ihre Ergebnisse über den Link FORMATE AUSWÄHLEN entsprechend filtern.

13.2.3 Keyword- und Placement-bezogene Kampagnen gemeinsam

Was hält uns davon ab, in einer Anzeigengruppe Keywords und Placements gleichzeitig anzugeben? Nichts. Dies ist nicht nur möglich, sondern in vielen Fällen auch durchaus sinnvoll.

Das Anlegen der Anzeigengruppe ist kein Problem: Wir geben unsere Anzeige ein, füllen dann einfach beide Textfelder mit den von uns gewünschten Keywords und Placements aus (Letztere eventuell nachträglich über das Placement-Tool) und hinterlegen die geforderten Bietpreise.

Etwas komplizierter wird es bei den Einstellungen für die Kampagne. Dies schauen wir uns deshalb nun ausführlich an.

Einstellung »Werbe-Netzwerke« auf Kampagnenebene

Bislang hatten wir es bei den Kampagneneinstellungen einfach:

- Bei einer Keyword-bezogenen Kampagne hatten wir die Option RELEVANTE SEITEN IM GESAMTEN WERBENETZWERK gewählt. Ihre Anzeigen können also auf allen Seiten aus dem Content-Netzwerk, die thematisch zu Ihren Keywords passen, erscheinen. Würden wir hingegen die Option RELEVANTE SEITEN NUR AUF DEN VON MIR VERWALTETEN PLACEMENTS wählen, so würden unsere Anzeigen nicht erscheinen. Denn schließlich haben wir ja keine Placements angegeben.
- Für Placement-bezogene Kampagnen galt RELEVANTE SEITEN NUR AUF DEN VON MIR VERWALTETEN PLACEMENTS. Unsere Anzeigen werden nur auf den von uns ausgewählten Seiten geschaltet. Hier führt die Option RELEVANTE SEITEN IM GESAMTEN WERBENETZWERK zum gleichen Ergebnis, da das Content-Targeting aufgrund fehlender Keywords keine weiteren Seiten auswählen kann.

Welche Einstellung wählen wir aber nun, wenn wir sowohl Keywords als auch Placements angeben?

»relevante Seiten im gesamten Werbenetzwerk«

Unsere Anzeigen können auf allen Seiten des Content-Netzwerkes geschaltet werden, die thematisch zu unseren eingegebenen Keywords passen. Die Wahl der Placements ermöglicht es uns, für diese Seiten einen anderen maximalen Klickpreis (bis hin zu individuellen Geboten für jedes Placement) abzugeben.

Sind uns spezielle Seiten also mehr bzw. weniger wert als das restliche Content-Netzwerk (z.B. aufgrund der Conversion-Rate), so können wir dies über höhere bzw. niedrigere Placement-Gebote abbilden.

Welches Angebot gilt? Immer das speziellste:

- zunächst die individuellen Gebote für einzelne Placements; wenn nicht festgelegt:
- das (allgemeine) Placement-Gebot einer Anzeigengruppe; wenn nicht festgelegt:
- das Gebot für das Content-Werbenetzwerk einer Kampagne; wenn nicht festgelegt:
- die Keyword-Standardgebote auf Anzeigengruppenebene.

»relevante Seiten nur auf den von mir verwalteten Placements«

Bei dieser Option erscheinen unsere Anzeigen nur auf den von uns ausgewählten Placements, sofern gleichzeitig der Inhalt der Seiten thematisch zu unseren Keywords passt. Die Keywords dienen somit einer Spezifizierung unserer Auswahl.

Haben wir also beispielsweise Portale gewählt, die eine große Auswahl unterschiedlicher Themen auf Unterseiten abdecken, so werden unsere Anzeigen nur in den Bereichen geschaltet, die thematisch zu unseren Keywords passen.

13.3 Anzeigen

Auch im Content-Netzwerk sind Anzeigen natürlich auf Anzeigengruppenebene angesiedelt. Wir hinterlegen neue Anzeigen wie gewohnt unter dem Reiter ANZEIGEN in der Kampagnen-Navigation und können dort auch Änderungen vornehmen und unsere Leistungsdaten abrufen.

Als Anzeigenformate stehen Ihnen im Content-Netzwerk deutlich mehr Varianten zur Verfügung als im Such-Netzwerk.

13.3.1 Anzeigenformate

Zunächst gibt es die uns vertrauten **Textanzeigen**. Gerade wenn Sie das CPC-Modell verwenden und Klicks und Conversions erzielen wollen, sollten Sie dieses

Format auch im Content nicht unterschätzen. Zudem sind Textanzeigen das am weitesten verbreitete Format auf Placements, so dass Ihnen hier am meisten Werbeplätze zur Verfügung stehen. Hinterlegen Sie also pro Anzeigengruppe immer mindestens eine Textanzeige.

Im Content gibt es zwei Arten von Textanzeigen: Die Standard-Textanzeige teilt das Placement mit anderen Anzeigen, die »erweiterte Textanzeige« füllt den gesamten Anzeigenblock aus.

Image-Anzeigen können statisch oder animiert sein. Statische Images erhalten am unteren Rand die Anzeigen-URL sowie den Verweis »Google-Anzeigen«. Dafür werden sie um einige Pixel gestaucht, sprich: Ihre Anzeige wird leicht verzerrt ausgegeben. Die Maße, um dieser Verzerrung zu entgehen, finden Sie hier: `http://adwords.google.com/support/aw/bin/answer.py?answer=7683`. **Animierte Image**- und auch **Flash-Anzeigen** werden nicht angepasst.

Video-Anzeigen werden mit einem statischen Startbild angezeigt. Erst wenn der User auf PLAY klickt, wird das Video gestartet. Das Abspielen des Videos kostet uns als Werbende nichts. Wir zahlen beim CPM-Modell für die Impressions des Startbildes, beim CPC-Modell für den Klick zu unserer Website.

Auf YouTube werden weitere Formate wie die **InVideo-Anzeige** angeboten. Dabei handelt es sich um animierte Overlay-Flash-Anzeigen innerhalb des Videos – in Abbildung 13.16 als Textanzeige mit Überschrift, Textzeilen und Anzeigen-URL erkennbar.

Abb. 13.16: InVideo-Anzeige

> **Hinweis**
>
> Die Anzeigenformate im Content-Netzwerk sind ein weites und schnell wachsendes Feld: Unterschiedliche Größen, Richtlinien und Vorgaben finden Sie zu jedem einzelnen Format. Genaue und aktuelle Informationen erhalten Sie unter `http://adwords.google.de/support/aw/bin/topic.py?topic=16078`. Speziell für YouTube können Sie folgende Seite aufrufen: `http://adwords.google.com/support/bin/answer.py?hl=de&answer=79090`.

Auch die Gestaltung eines guten und erfolgreichen Images oder Videos ist eine eigene Wissenschaft. Für uns ist es insbesondere wichtig, dass wir uns unserer Erfolgsmethoden und -elemente bewusst sind, wenn wir auf Conversions und ROI optimieren. Dazu gehören A/B-Tests zur Verbesserung unserer Leistung auch über unterschiedliche Formate hinweg. Dazu gehört aber auch der gezielte Einsatz der Elemente, die wir bereits bei den Textanzeigen ausführlich besprochen haben: Aufmerksamkeit erregen, Call-to-action formulieren, passende Landingpage auswählen. All diese Komponenten finden sich im Tool zur Erstellung von Display-Anzeigen wieder, weshalb wir es jetzt kennen lernen.

13.3.2 Tool zur Erstellung von Display-Anzeigen

Wir finden das TOOL ZUR ERSTELLUNG VON DISPLAY-ANZEIGEN unter dem Reiter ANZEIGEN und dem Drop-down NEUE ANZEIGE.

Abb. 13.17: Zum TOOL ZUR ERSTELLUNG VON DISPLAY-ANZEIGEN

Sie wählen im ersten Schritt eine Vorlage aus. Dabei bietet Ihnen Google in der linken Spalte diverse Ober-Themen an, unter anderem auch die Möglichkeit RICH MEDIA UND VIDEOS. »Rich Media« bezeichnet Anzeigen mit Inhalten, über die Sie mit dem User interagieren können. So können beispielsweise mehrere Produkte nacheinander eingeblendet und sogar mit verschiedenen Ziel-URLs versehen werden.

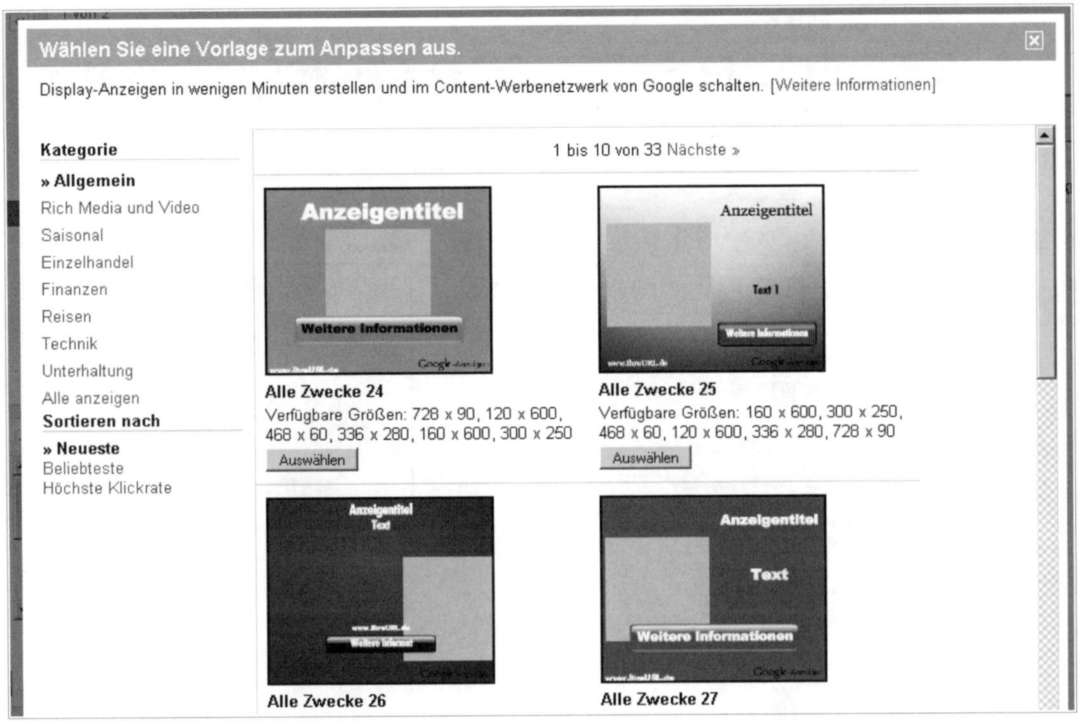

Abb. 13.18: Formatvorlage auswählen

Sie finden hier eine nette Spielwiese. Beachten Sie jedoch, dass es insbesondere bei CPC-Modellen Ihr Ziel ist, User auf die Seite und dann zur Conversion zu führen. Dies kann mit einem statischen Bild (oder gar einem Text) oftmals besser als mit bunten und sich ständig bewegenden Formaten erreicht werden. Auch ist die Anzahl der Sites, die Video-Anzeigen erlauben, deutlich geringer als bei Image- oder Text-Anzeigen. Schauen Sie also zu, dass Ihr Aufwand in einem vernünftigen Verhältnis zum Ertrag steht.

Wir erstellen deshalb in einem einfachen Beispiel eine Image-Anzeige. Je nach gewähltem Anzeigenformat und gewählter Variante müssen Sie unterschiedliche Angaben machen, um den Inhalt der Anzeige zu individualisieren. Auf jeden Fall notwendig sind

- ein eindeutiger Name für das Display, damit Sie es nachher zuordnen können
- die Elemente der gewählten Vorlage wie Überschriften, Text, Call-to-action, Images und Farben

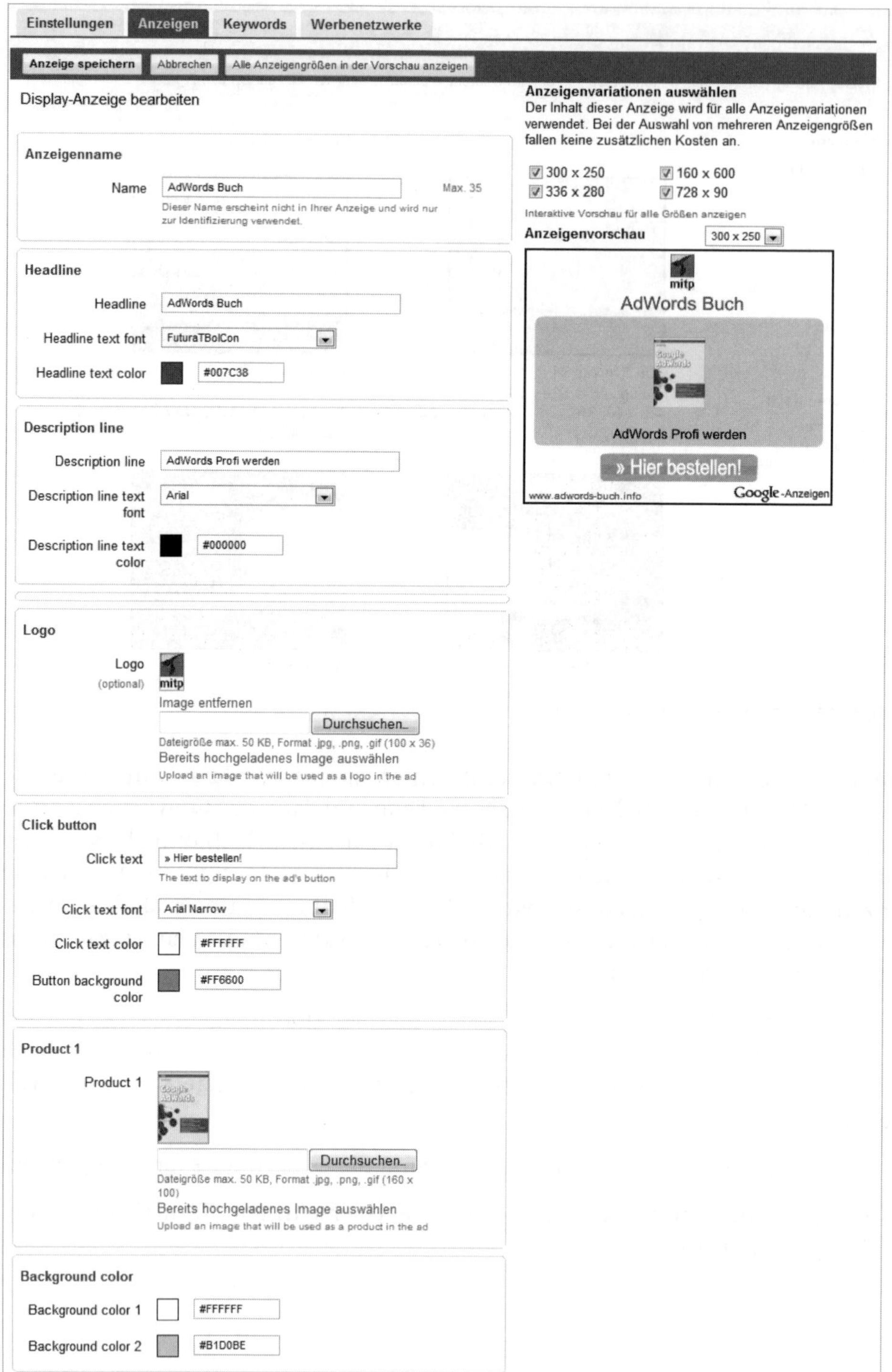

Abb. 13.19: Display-Anzeige erstellen (1)

Hinzu kommen Anzeigen- und Ziel-URL, die Ihnen bereits von den Textanzeigen her bekannt sind.

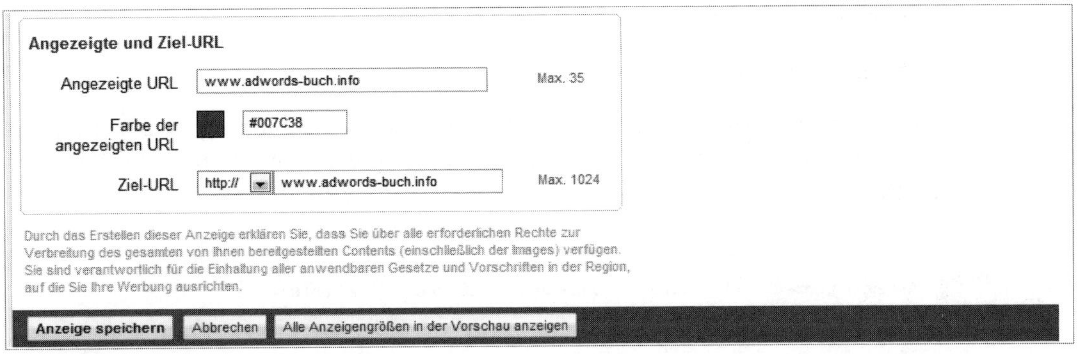

Abb. 13.20: Display-Anzeige erstellen (2)

Über ANZEIGE SPEICHERN hinterlegen Sie die von Ihnen eben gestaltete Display-Anzeige in allen ausgewählten Größen. Sie erhalten diese unter dem Reiter ANZEIGEN in der Kampagnen-Navigation separat aufgeführt, so dass Sie zu jeder Variante die zugehörigen Leistungsdaten erhalten und Auswertungen vornehmen können.

Über den Link 4 GRÖSSEN in der Spalte VARIATIONEN VON ANZEIGEN können Sie Bearbeitungen vornehmen und einzelne Größen löschen. Beachten Sie, dass Image- und Video-Anzeigen erst nach einer Überprüfung freigegeben werden. Diese kann durchaus auch einige Tage dauern.

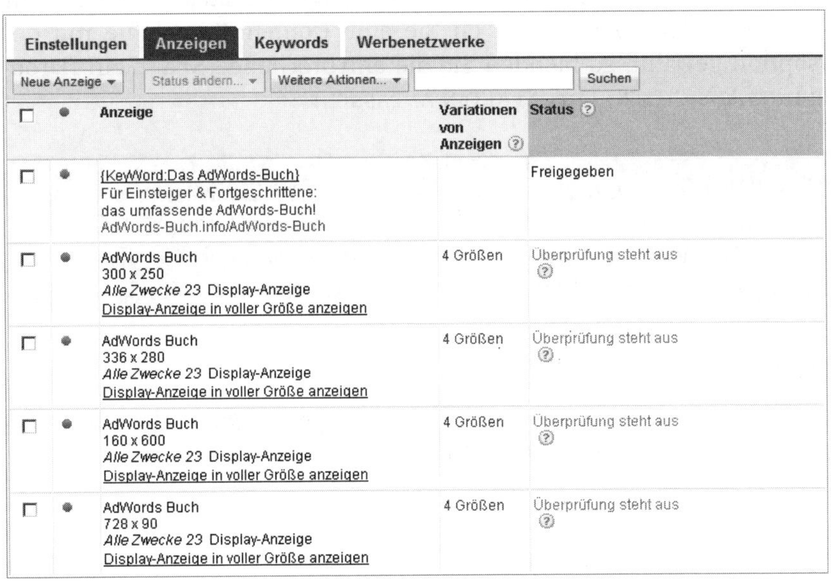

Abb. 13.21: Display-Anzeigen unter dem Reiter ANZEIGEN

13.4 Placements verwalten und optimieren

Schauen wir uns nun an, wo und wie wir unsere Content-Kampagnen in unserem Konto abgebildet finden.

Alle Online-Kampagnen

Sehen wir uns zunächst die Kampagnenübersicht (Abbildung 13.22) an (ALLE ONLINE-KAMPAGNEN in der Baum-Navigation, Reiter KAMPAGNEN in der Kampagnen-Navigation).

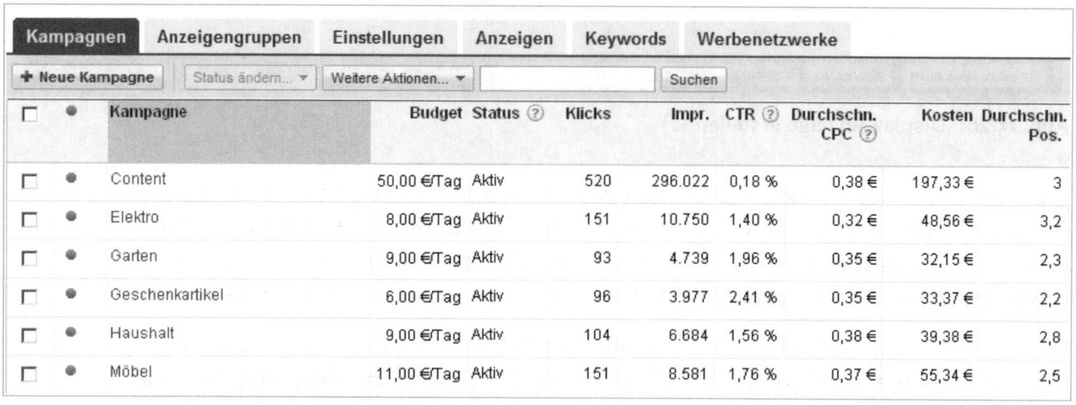

Kampagnen | Anzeigengruppen | Einstellungen | Anzeigen | Keywords | Werbenetzwerke

+ Neue Kampagne | Status ändern... | Weitere Aktionen... | Suchen

Kampagne	Budget	Status	Klicks	Impr.	CTR	Durchschn. CPC	Kosten	Durchschn. Pos.
Content	50,00 €/Tag	Aktiv	520	296.022	0,18 %	0,38 €	197,33 €	3
Elektro	8,00 €/Tag	Aktiv	151	10.750	1,40 %	0,32 €	48,56 €	3,2
Garten	9,00 €/Tag	Aktiv	93	4.739	1,96 %	0,35 €	32,15 €	2,3
Geschenkartikel	6,00 €/Tag	Aktiv	96	3.977	2,41 %	0,35 €	33,37 €	2,2
Haushalt	9,00 €/Tag	Aktiv	104	6.684	1,56 %	0,38 €	39,38 €	2,8
Möbel	11,00 €/Tag	Aktiv	151	8.581	1,76 %	0,37 €	55,34 €	2,5

Abb. 13.22: Alle Online-Kampagnen

Wir lesen die Leistungsdaten bei einer Content-Kampagne genau so, wie wir es für das Such-Netzwerk gelernt haben. Haben Sie eine Content-Kampagne mit der CPM-Gebotsoption gewählt, so blenden Sie die entsprechende Spalte ein (Dropdown FILTER UND ANSICHTEN, Link SPALTEN ANPASSEN).

> **Hinweis**
>
> Befinden Sie sich in der Kampagnenübersicht (Baum-Navigation ALLE ONLINE-KAMPAGNEN), so werden die umgerechneten CPM-Preise auch für Ihre CPC-Kampagnen angezeigt. Sie bezahlen diese natürlich weiterhin per Klick.

Kampagnenebene

Auf Kampagnenebene sehen wir die einzelnen Anzeigengruppen, die wir innerhalb der Content-Kampagne angelegt haben.

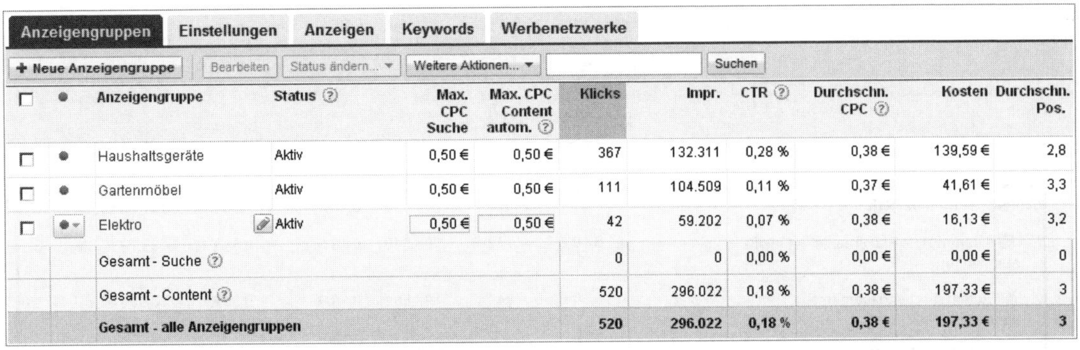

Anzeigengruppe	Status	Max. CPC Suche	Max. CPC Content autom.	Klicks	Impr.	CTR	Durchschn. CPC	Kosten	Durchschn. Pos.
Haushaltsgeräte	Aktiv	0,50 €	0,50 €	367	132.311	0,28 %	0,38 €	139,59 €	2,8
Gartenmöbel	Aktiv	0,50 €	0,50 €	111	104.509	0,11 %	0,37 €	41,61 €	3,3
Elektro	Aktiv	0,50 €	0,50 €	42	59.202	0,07 %	0,38 €	16,13 €	3,2
Gesamt - Suche				0	0	0,00 %	0,00 €	0,00 €	0
Gesamt - Content				520	296.022	0,18 %	0,38 €	197,33 €	3
Gesamt - alle Anzeigengruppen				**520**	**296.022**	**0,18 %**	**0,38 €**	**197,33 €**	**3**

Abb. 13.23: Anzeigengruppen der Content-Kampagne

Gemäß unserer Überlegungen in Kapitel 5, *Kampagnen: Die richtige Struktur*, können wir hier aufgrund unserer Leistungsdaten erkennen, welche Anzeigengruppen und Themen tatsächlich erfolgreich sind – und ob das Auslagern in eigene Kampagnen mit separaten Einstellungen, beispielsweise einer eigenen Budgetvorgabe, sinnvoll ist.

Anzeigengruppenebene

Anzeigen, Keywords und Placements sind natürlich auch im Content-Netzwerk auf Anzeigengruppenebene angesiedelt.

Unter dem Reiter ANZEIGEN finden wir unsere hinterlegten Anzeigen in allen Formaten, wie wir es in Abschnitt 13.3.1, *Anzeigenformate*, besprochen haben.

Entsprechend zeigt der Reiter KEYWORDS bei Keyword-bezogenen Kampagnen unsere eingegebenen Keywords. Da es keine Suchanfragen gibt, erhalten wir lediglich die Auflistung ohne Leistungsdaten. Wie gewohnt können wir neue Keywords hinzufügen und alte löschen. Bei einer Placement-bezogenen Kampagne bleibt dieser Bereich leer.

Auswertungen erhalten wir über den Reiter WERBENETZWERKE. Diesen hatten wir bei unterschiedlichen Gelegenheiten bereits geöffnet – so zum Beispiel bei der Leistungsauswertung unserer Kampagnen im Such-Netzwerk (Abschnitt 5.4.4, *Werbenetzwerke, Geräte und Erweiterungen*).

Auch für das Content-Netzwerk erhalten wir hier unsere Ergebnisse: aufgeteilt nach Keyword-bezogenen und Placement-bezogenen Kampagnen sowie über den gesamten Content hinweg.

	Max. CPC	Klicks	Impr.	CTR	Durchschn. CPC	Kosten	Durchschn. Pos.
Such-Werbenetzwerk- aus	--	0	0	0,00 %	0,00 €	0,00 €	0
Google-Suche- aus		0	0	0,00 %	0,00 €	0,00 €	0
Such-Werbenetzwerk- aus		0	0	0,00 %	0,00 €	0,00 €	0
Content-Werbenetzwerk		520	296.022	0,18 %	0,38 €	197,33 €	3,0
Ausgewählte Placements Details ausblenden	0,50 €	173	98.840	0,18 %	0,54 €	93,28 €	3,0
Automatische Placements Details ausblenden	0,50 €	347	197.682	0,18 %	0,30 €	104,05 €	3,0
Summe - Alle Werbenetzwerke		**520**	**296.022**	**0,18 %**	**0,38 €**	**197,33 €**	**3,0**

Abb. 13.24: Leistungsdaten für das Content-Netzwerk

13.4.1 Ausgewählte Placements

Die Leistungsdaten unserer Placement-bezogenen Kampagnen finden wir unter AUSGEWÄHLTE PLACEMENTS. Um die Daten für die einzelnen Seiten angezeigt zu bekommen, klicken wir auf den Link DETAILS ANZEIGEN.

Content-Werbenetzwerk: Ausgewählte Placements — Details ausblenden

+ Placements hinzufügen | Bearbeiten | Status ändern... | URL-Liste anzeigen... | Weitere Aktionen... | Suchen

Placement	Status	Max. CPC	Klicks	Impr.	CTR	Durchschn. CPC	Kosten	Conv. (1-pro-Klick)	Kosten/Conv. (1-pro-Klick)	Conv.-Rate (1-pro-Klick)
Gesamt - alle ausgewählten Placements			299	297.680	0,10 %	0,83 €	248,17 €	13	19,09 €	4,35 %
careerjet.at	Aktiv	1,20 €	50	104.851	0,05 %	0,86 €	43,25 €	1	43,25 €	2,00 %
backinjob.de	Aktiv	1,00 €	8	22.793	0,04 %	0,90 €	7,18 €	0	0,00 €	0,00 %
bewerbung-forum.de	Aktiv	1,20 €	116	22.177	0,52 %	0,82 €	94,67 €	9	10,52 €	7,76 %
jobwohnen.at	Aktiv	1,00 €	1	20.898	0,00 %	0,98 €	0,98 €	0	0,00 €	0,00 %
sueddeutsche.de::Ressort Karriere,Unten rechts	Aktiv	0,80 €	0	16.970	0,00 %	0,00 €	0,00 €	0	0,00 €	0,00 %
gehaltsvergleich.com	Aktiv	1,00 €	9	16.891	0,05 %	0,68 €	6,11 €	1	6,11 €	11,11 %

Abb. 13.25: Leistungsdaten für die Placements

Die meisten Funktionen innerhalb der Tabelle kennen wir bereits von unseren Keywordlisten (Abschnitt 6.4, *Keywords in Ihrem AdWords-Konto*). Nicht umsonst: Für die grundsätzliche Vorgehensweise beim Lesen der Daten sowie bei den daraus abgeleiteten Bearbeitungs- und Optimierungsschritten können wir vieles von dem, was wir im Such-Netzwerk besprochen haben, übernehmen.

Per Inline-Editing pausieren oder reaktivieren wir ein Placement. Auf die gleiche Weise können wir das Placement selbst ändern – mit der Folge, dass das alte gelöscht, das neue hinzugefügt wird. Ebenso ist es möglich, individuelle maximale CPCs zu vergeben.

Sehen wir uns die Buttons oberhalb der Tabelle der Reihe nach an:

Über + PLACEMENTS HINZUFÜGEN gelangen wir auf die uns bereits bekannte Seite, auf der wir neue Placements ins Textfeld eintragen oder das Placement-Tool aktivieren können. BEARBEITEN gibt uns für markierte Placements die Möglichkeit, Einstellungen wie beispielsweise auch eine individuelle Ziel-URL zu treffen. Mit STATUS ÄNDERN erhalten wir neben den Funktionen AKTIVIEREN und PAUSIEREN auch die LÖSCHEN-Option, WEITERE AKTIONEN sind wiederum KOPIEREN und HERUNTERLADEN der Placements sowie BENUTZERDEFINIERTE BENACHRICHTIGUNGEN ERSTELLEN UND VERWALTEN.

URL-Liste anzeigen

Entsprechend des Suchbegriff-Berichts im Such-Netzwerk können wir eine URL-LISTE ANZEIGEN. Dabei erhalten wir die genauen Seiten angezeigt, auf denen unsere Anzeigen geschaltet wurden. Diese URLs können wir auf bekannte Art und Weise zu unserer Placement-Liste hinzufügen oder bei thematisch unpassenden Seiten ausschließen. Häufig werden wir die besonders erfolgreichen Placements durch Hinzufügen zur Placement-Liste stärken.

Im folgenden Beispiel gehen wir einen etwas anderen Weg. Wir wollen von den klickschwachen Placements diejenigen Unterseiten herausfinden, die uns die Klicks gebracht haben. So können wir diese als eigene Placements zu unserer Liste hinzufügen, die URLs ganz ohne Klicks ausschließen.

Wir markieren die entsprechenden Placements, öffnen URL-LISTE ANZEIGEN und klicken auf den Link AUSGEWÄHLT (siehe Abbildung 13.26).

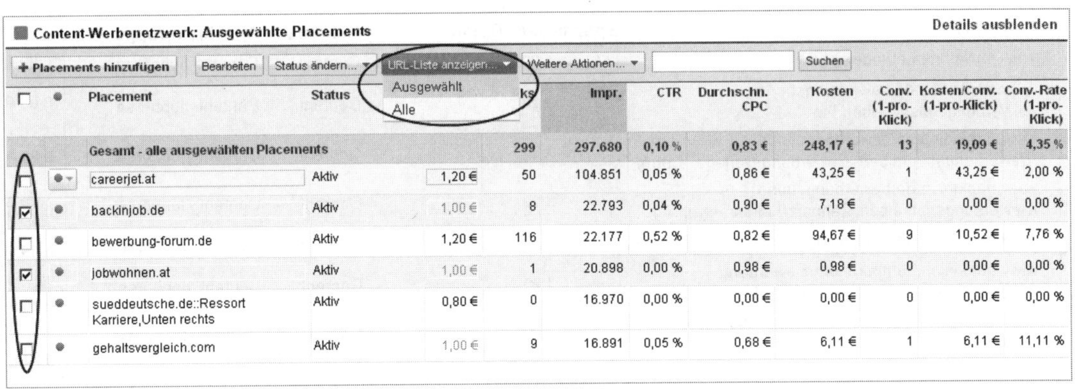

Abb. 13.26: URL-Liste für ausgewählte Placements anzeigen

Es öffnet sich ein Layer, in dem wir die gewünschten URLs auswählen (siehe Abbildung 13.27).

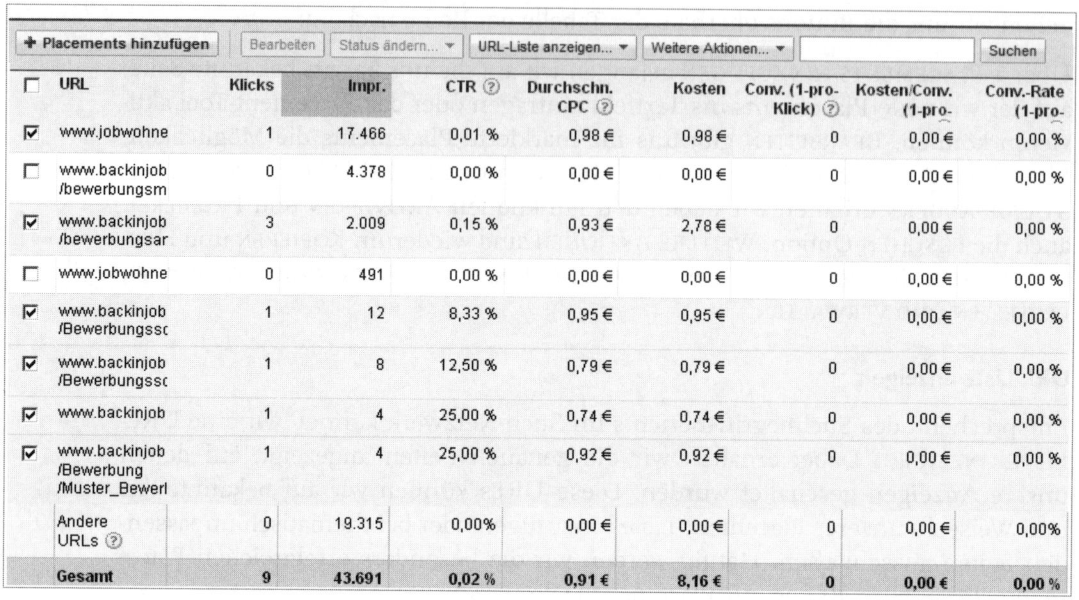

+ Placements hinzufügen | Bearbeiten | Status ändern... | URL-Liste anzeigen... | Weitere Aktionen... | Suchen

	URL	Klicks	Impr.	CTR	Durchschn. CPC	Kosten	Conv. (1-pro-Klick)	Kosten/Conv. (1-pro-	Conv.-Rate (1-pro-
☑	www.jobwohne	1	17.466	0,01 %	0,98 €	0,98 €	0	0,00 €	0,00 %
☐	www.backinjob /bewerbungsm	0	4.378	0,00 %	0,00 €	0,00 €	0	0,00 €	0,00 %
☑	www.backinjob /bewerbungsar	3	2.009	0,15 %	0,93 €	2,78 €	0	0,00 €	0,00 %
☐	www.jobwohne	0	491	0,00 %	0,00 €	0,00 €	0	0,00 €	0,00 %
☑	www.backinjob /Bewerbungssc	1	12	8,33 %	0,95 €	0,95 €	0	0,00 €	0,00 %
☑	www.backinjob /Bewerbungssc	1	8	12,50 %	0,79 €	0,79 €	0	0,00 €	0,00 %
☑	www.backinjob	1	4	25,00 %	0,74 €	0,74 €	0	0,00 €	0,00 %
☑	www.backinjob /Bewerbung /Muster_Bewerl	1	4	25,00 %	0,92 €	0,92 €	0	0,00 €	0,00 %
	Andere URLs	0	19.315	0,00%	0,00 €	0,00 €	0	0,00 €	0,00%
	Gesamt	9	43.691	0,02 %	0,91 €	8,16 €	0	0,00 €	0,00 %

Abb. 13.27: URL-Liste

Über den Button PLACEMENT UND GEBOT VERWALTEN können wir individuelle Gebote bestimmen und die Placements schließlich übernehmen. Zwingend werden sie genau dieser Anzeigengruppe zugeordnet.

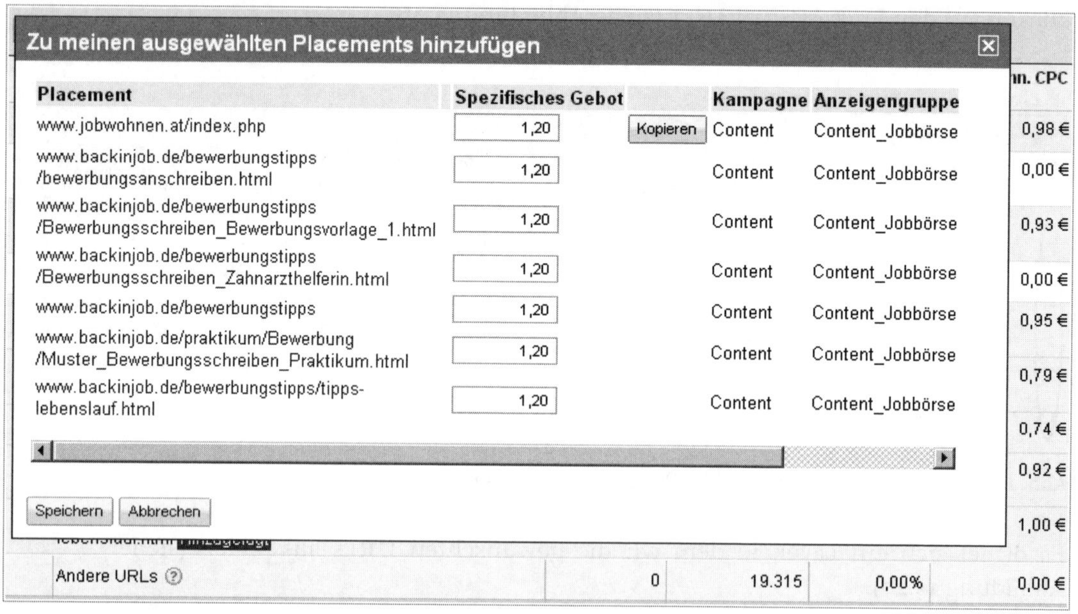

Zu meinen ausgewählten Placements hinzufügen

Placement	Spezifisches Gebot		Kampagne	Anzeigengruppe
www.jobwohnen.at/index.php	1,20	Kopieren	Content	Content_Jobbörse
www.backinjob.de/bewerbungstipps /bewerbungsanschreiben.html	1,20		Content	Content_Jobbörse
www.backinjob.de/bewerbungstipps /Bewerbungsschreiben_Bewerbungsvorlage_1.html	1,20		Content	Content_Jobbörse
www.backinjob.de/bewerbungstipps /Bewerbungsschreiben_Zahnarzthelferin.html	1,20		Content	Content_Jobbörse
www.backinjob.de/bewerbungstipps	1,20		Content	Content_Jobbörse
www.backinjob.de/praktikum/Bewerbung /Muster_Bewerbungsschreiben_Praktikum.html	1,20		Content	Content_Jobbörse
www.backinjob.de/bewerbungstipps/tipps-lebenslauf.html	1,20		Content	Content_Jobbörse

Speichern | Abbrechen

Abb. 13.28: Placements hinzufügen

Auf den Seiten ohne Klicks können wir mit dem Button PLACEMENTS AUSSCHLIESSEN in der URL-Liste weitere Anzeigenschaltungen verhindern. Gegebenenfalls macht es gar Sinn, das gesamte Placement aus unserer Liste zu streichen.

Weitere Optimierungen

Wie wir es für unsere Keywordlisten besprochen haben, so greifen die gleichen Mechanismen auch bei den Placements. Denn auch im Content-Netzwerk müssen unsere Anzeigen eine möglichst optimale Brücke vom Inhalt der Seite, auf der unsere Anzeige erscheint, zu unserem Angebot schlagen.

Lassen Sie uns einige wichtige Punkte nochmals erwähnen:

- Impression-starke und erfolgreiche Placements lagern wir in einzelne Anzeigengruppen oder Kampagnen aus, um genau passende Anzeigen für diese Seiten zu erstellen und so bessere Leistungen zu erzielen.
- Unsere Anzeigen optimieren wir streng nach den tatsächlichen Leistungsdaten und führen auch hier A/B-Tests durch. Eine vermeintlich unspektakuläre, aber erfolgreiche Textanzeige ist uns lieber als ein bunt blinkendes, aber erfolgloses Image.
- Bei hohen Klickraten, jedoch nur ungenügenden Conversions, überarbeiten wir die Ziel-URLs und ihre Landingpage. Anscheinend kann unser Angebot, das dem User nach dem Klick geboten wird, das Versprechen in unserer Anzeige nicht halten.
- Regelmäßig prüfen wir Anzeigenpositionen und kontrollieren unsere Gebote. Wir erinnern uns der wichtigen Rolle der Zielseite bei der Bestimmung des Qualitätsfaktors – bei Kampagnen mit CPM-Modell gar der einzigen Komponente. Es macht durchaus Sinn, dass wir hier verstärkt mit speziell erstellten Landingpages arbeiten.
- Entsprechend unserer Leistungsdaten können wir die individuellen Gebote für bestimmte Placements anheben oder senken.
- Verfolgen wir als Ziel Conversions, nicht Branding und Reichweite, so schließen wir Seiten aus, die sich auf Grundlage des ROI bzw. ROAS als unprofitabel erweisen.

13.4.2 Automatische Placements

»Automatische Placements« sind diejenigen Seiten, auf denen unsere Anzeigen aufgrund unserer Keywordliste ausgespielt wurden. Je besser und je genauer unsere thematische Vorgabe ist, umso sinnvoller sollte die vom Google-System getroffene Auswahl sein.

Damit wir dies selbst überprüfen können, klicken wir auf den Link DETAILS ANZEIGEN in der Zeile AUTOMATISCHE PLACEMENTS und erhalten eine Auflistung aller Seiten, auf denen unsere Anzeigen erschienen sind (siehe Abbildung 13.29).

Content-Werbenetzwerk: Ausgewählte Placements — Details ausblenden

+ Placements hinzufügen | Bearbeiten | Status ändern... | URL-Liste anzeigen... | Weitere Aktionen... | Suchen

Domain	Klicks	Impr.	CTR	Durchschn. CPC	Kosten	Conv. (1-pro-Klick)	Kosten/Conv. (1-pro-Klick)	Conv.-Rate (1-pro-Klick)
Summe - alle automatischen Placements	**14.944**	**5.017.199**	**0,30 %**	**0,32 €**	**4.749,96 €**	**224**	**21,21 €**	**1,50 %**
netlog.com	22	754.230	0,00 %	0,40 €	8,74 €	1	8,74 €	4,55 %
myspace.com	21	751.343	0,00 %	0,20 €	4,20 €	0	0,00 €	0,00 %
parents.at	905	175.149	0,52 %	0,29 €	259,70 €	12	21,67 €	1,32 %
pennergame.de	7	76.095	0,01 %	0,36 €	2,50 €	0	0,00 €	0,00 %
willhaben.at	88	60.388	0,15 %	0,40 €	34,95 €	5	6,99 €	5,68 %

Abb. 13.29: Liste »automatischer Placements«

Da wir die Placements nicht selbst ausgewählt haben, sind die Funktionen leicht unterschiedlich und die Bearbeitungsmöglichkeiten verständlicherweise nur eingeschränkt verfügbar. So können wir keine Placements hinzufügen, pausieren oder löschen. Ebenso wenig ist die Vergabe von individuellen Ziel-URLs oder Geboten möglich.

Optimierungen

An der Liste der Placements erkennen wir, wie gut wir unsere Keywordliste definiert haben.

- Umfassen die Placements zahlreiche Seiten, die nicht zu unserem Angebot passen, so müssen wir unsere Keywords thematisch enger eingrenzen und einige Randbegriffe entfernen. Denken Sie auch an den empfohlenen Umfang von maximal 50 Keywords in Ihrer Keywordliste.
- Gegebenenfalls zeigt sich, dass wir mit zu allgemeinen oder zu weit gefassten Keywords arbeiten. Wir erscheinen dann auf solch unterschiedlichen Seiten, dass sich separate Anzeigengruppen oder Kampagnen zu einzelnen, spezifischeren Unterthemen lohnen. Diese Aufteilung bringt zudem den Vorteil, dass wir mit spezielleren Anzeigeninhalten arbeiten können.
- Eher selten werden wir feststellen, dass wir das Thema zu sehr eingegrenzt haben und daher nicht genügend Werbeplätze im Content-Netzwerk finden. In diesem Fall müssten wir einige weiter gefasste Begriffe in die Keywordliste aufnehmen. Zumeist ist der Grund für eine ungenügende Anzahl an Impressions jedoch ein zu geringes Gebot oder ein sehr niedriger Qualitätsfaktor.

Natürlich lassen sich auch die Placements, die das Google-System für uns ausgesucht hat, weiter verbessern. Die Funktion URL-LISTE ANZEIGEN haben wir bereits bei den »ausgewählten Placements« kennen gelernt. Sie steht uns auch hier zur Verfügung.

Häufig ist es sinnvoll, erfolgreiche »automatische Placements« als »ausgewählte Placements« zu hinterlegen. Warum sollten wir dies tun, wo unsere Anzeigen doch bereits im Rahmen der Keyword-bezogenen Kampagne ausgeliefert werden?

- Zum einen stehen uns dann alle Optimierungsmöglichkeiten zur Verfügung – von den Individualisierungsoptionen bis zum Hinterlegen wichtiger Placements in eigenen Anzeigengruppen.
- Zum anderen können wir unsere Anzeigen viel besser auf den Inhalt des Placements abstimmen: Wir kennen nicht mehr nur das von uns vorgegebene Thema, sondern können ganz gezielt auf die entsprechende Seite und deren Inhalte eingehen.
- Und letztlich können wir die Anzeigenschaltung selbst viel besser steuern. Denn natürlich ist über die Keyword-bezogene Kampagne nicht garantiert, dass unsere Anzeigen auch wirklich auf der gewünschten Seite ausgeliefert werden.

Das Umlagern können Sie auf klassischem Wege durchführen: Sie eröffnen eine entsprechende Anzeigengruppe oder Kampagne und hinterlegen das Placement. Das Ausschließen dieser Seite bei den automatischen Placements kann danach durchaus ein sinnvoller Schritt sein.

Es steht uns aber noch eine zweite Möglichkeit zur Verfügung: Wir markieren das oder die betreffenden Placements und aktivieren den Button PLACEMENT UND GEBOT VERWALTEN.

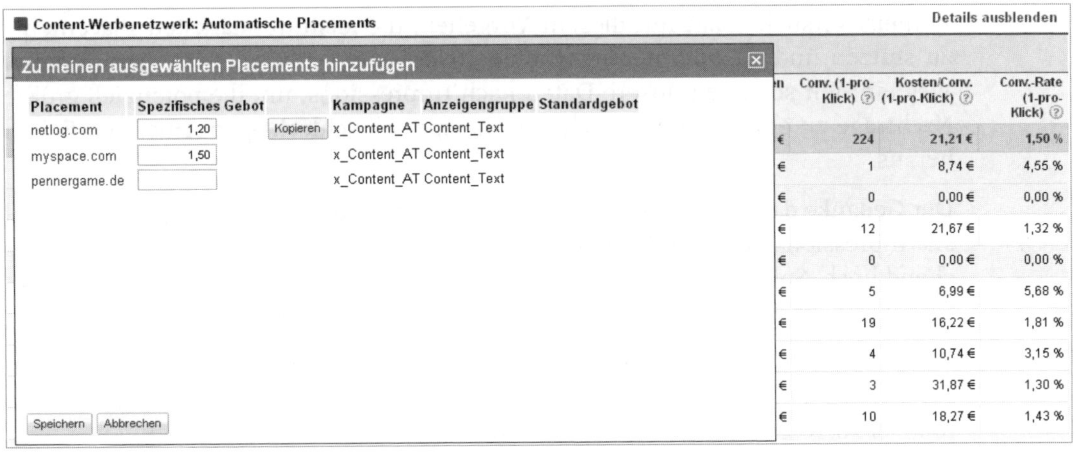

Abb. 13.30: automatische Placements als ausgewählte Placements hinterlegen (1)

Spezifische Gebote sind zwingend, wenn wir bislang eine rein Keyword-bezogene Kampagne hatten. Haben wir schon ausgewählte Placements hinterlegt, so ist die Eingabe optional und wird als individueller Bietpreis übernommen.

Anschließend speichern wir die ehemals automatischen Placements als ausgewählte Placements in der gleichen Anzeigengruppe ab.

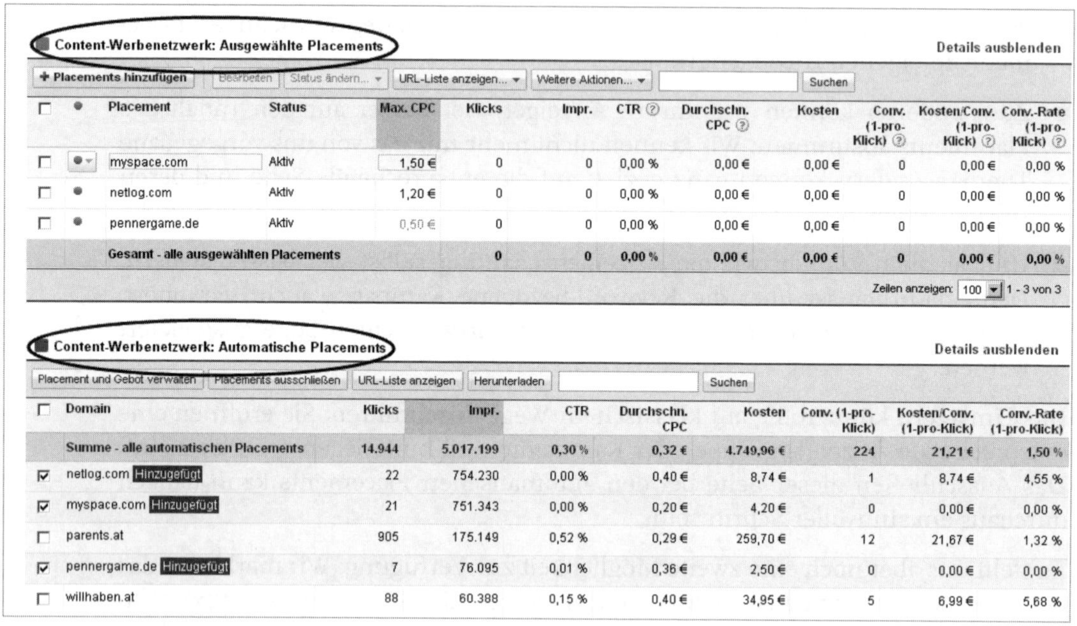

Content-Werbenetzwerk: Ausgewählte Placements — Details ausblenden

+ Placements hinzufügen | Bearbeiten | Status ändern... | URL-Liste anzeigen... | Weitere Aktionen... | Suchen

Placement	Status	Max. CPC	Klicks	Impr.	CTR	Durchschn. CPC	Kosten	Conv. (1-pro-Klick)	Kosten/Conv. (1-pro-Klick)	Conv.-Rate (1-pro-Klick)
myspace.com	Aktiv	1,50 €	0	0	0,00 %	0,00 €	0,00 €	0	0,00 €	0,00 %
netlog.com	Aktiv	1,20 €	0	0	0,00 %	0,00 €	0,00 €	0	0,00 €	0,00 %
pennergame.de	Aktiv	0,50 €	0	0	0,00 %	0,00 €	0,00 €	0	0,00 €	0,00 %
Gesamt - alle ausgewählten Placements			**0**	**0**	**0,00 %**	**0,00 €**	**0,00 €**	**0**	**0,00 €**	**0,00 %**

Zeilen anzeigen: 100 | 1 - 3 von 3

Content-Werbenetzwerk: Automatische Placements — Details ausblenden

Placement und Gebot verwalten | Placements ausschließen | URL-Liste anzeigen | Herunterladen | Suchen

Domain	Klicks	Impr.	CTR	Durchschn. CPC	Kosten	Conv. (1-pro-Klick)	Kosten/Conv. (1-pro-Klick)	Conv.-Rate (1-pro-Klick)
Summe - alle automatischen Placements	**14.944**	**5.017.199**	**0,30 %**	**0,32 €**	**4.749,96 €**	**224**	**21,21 €**	**1,50 %**
netlog.com Hinzugefügt	22	754.230	0,00 %	0,40 €	8,74 €	1	8,74 €	4,55 %
myspace.com Hinzugefügt	21	751.343	0,00 %	0,20 €	4,20 €	0	0,00 €	0,00 %
parents.at	905	175.149	0,52 %	0,29 €	259,70 €	12	21,67 €	1,32 %
pennergame.de Hinzugefügt	7	76.095	0,01 %	0,36 €	2,50 €	0	0,00 €	0,00 %
willhaben.at	88	60.388	0,15 %	0,40 €	34,95 €	5	6,99 €	5,68 %

Abb. 13.31: automatische Placements als ausgewählte Placements hinterlegen (2)

Zumeist versucht man mit diesem Vorgehen, die leistungsstärksten Placements zu stützen und zu optimieren. In obigem Beispiel schlagen wir einen anderen Weg ein: Wir sortieren unsere Daten nach Impressions, um die potenziell größte Nachfrage zu erkennen, und nehmen die speziell schlecht performenden Seiten heraus.

Der Gedanke dahinter: Steigern wir unsere Erfolge bei einer derart großen Anzahl an Impressions, so sind die Auswirkungen bei Klicks und Conversions entsprechend hoch. Sollten die Placements auch nach unseren Optimierungen nicht profitabel sein, so können wir sie dann endgültig ausschließen.

Diese »zweite Chance« gewähren wir natürlich nur Seiten, bei denen wir uns entsprechende Potenziale versprechen. Ansonsten unterbinden wir die Schaltung unserer Anzeigen gleich über den Button PLACEMENTS AUSSCHLIESSEN.

Hinweis

Beachten Sie, dass ausgewählte Placements oftmals höhere Klickpreise als automatische Placements erfordern. Daher macht es oftmals Sinn, Optimierungen der wichtigen Sites zuerst über neue, thematisch sehr enge Keyword-bezogene Kampagnen oder Anzeigengruppen zu testen.

13.4.3 Placements ausschließen

»Ausgewählte Placements« können wir jederzeit pausieren oder löschen, Anzeigenschaltungen auf bestimmten »automatischen Placements« können wir über den Button PLACEMENT AUSSCHLIESSEN verhindern. Dabei können wir unmittelbar wählen, ob dieser Ausschluss nur für die Anzeigengruppe oder für die gesamte Kampagne gelten soll. Denn decken wir mit einer Kampagne ein bestimmtes Thema ab, so kann diese Seite für alle Unterthemen und damit für alle Anzeigengruppen ungeeignet sein (vgl. auch Abschnitt 6.4.4, *Ausschließende Keywords auf Kampagnenebene*).

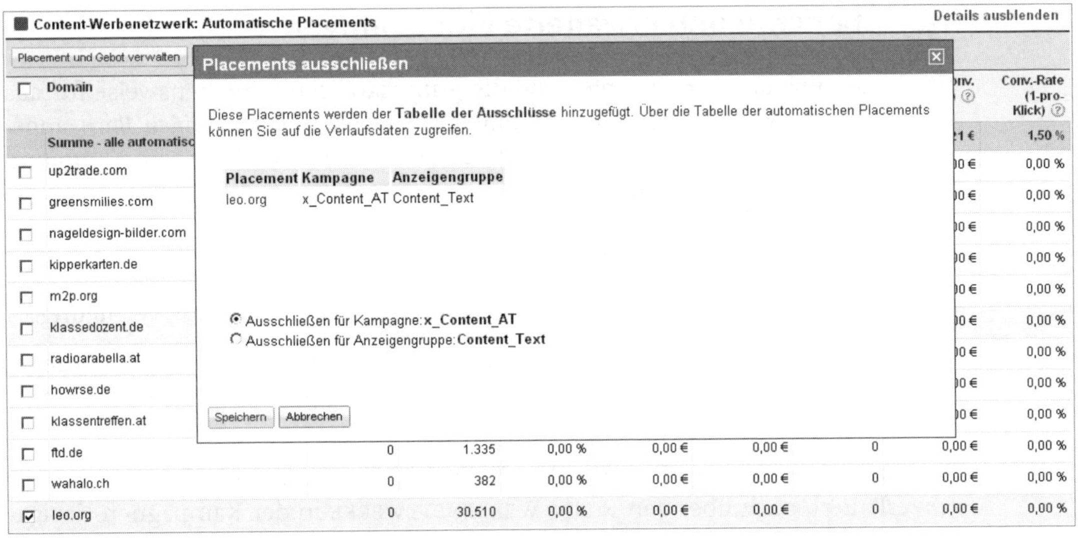

Abb. 13.32: Placements ausschließen (1)

Unterhalb unserer Placement-Listen haben wir, ähnlich den ausschließenden Keywords, eine weitere Möglichkeit, die Schaltung auf bestimmten Placements zu unterbinden. Auch hier können wir Placements auf Anzeigengruppen- oder Kampagnenebene über die Eingabe der Seiten in ein Textfeld ausschließen.

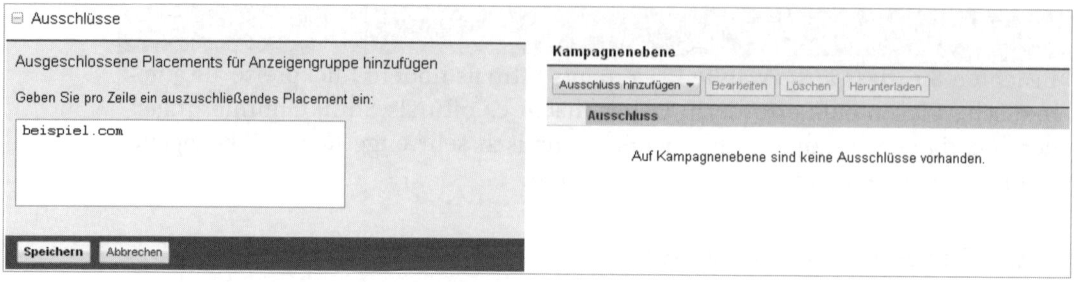

Abb. 13.33: Placements ausschließen (2)

Auf Kampagnenebene haben wir zudem die Möglichkeit, die Schaltung unserer Anzeigen für bestimmte Kategorien zu verhindern – auf Fehlerseiten, in eingebetteten Videos oder auch auf Seiten mit Inhalten zu Militär, Tod, sexuell Anzüglichem und einigem mehr. Um die Erfolge unserer Anzeigen in diesen Kategorien beurteilen zu können, erhalten wir im Layer zusätzlich die entsprechenden Leistungsdaten angezeigt.

13.5 Berichte und erweiterte Einstellungen

Wir hatten uns das Berichtcenter und die grundsätzliche Vorgehensweise für das Erstellen eines Berichtes bereits in Kapitel 10, *Berichte: Alles auf einen Blick*, angesehen. Daher gehen wir nun insbesondere auf die fehlenden Daten im Konto und auf die »erweiterten Einstellungen« ein.

13.5.1 Placement-Leistungen

Für die Abfrage der Placement-Leistungen stehen zwei Berichte zur Verfügung:

PLACEMENT-/KEYWORD-LEISTUNG zeigt die Leistungsdaten der Placement-bezogenen Kampagnen, PLACEMENT-LEISTUNG die Seiten und Werte der Keyword-bezogenen Kampagnen.

Beide Berichte können wir, wie in Abschnitt 13.4, *Placements verwalten und optimieren*, erläutert, auch über den Reiter WERBENETZWERKE in der Kampagnen-Navigation abrufen. Dies ist eindeutig die bequemere und schnellere Art.

Allerdings sollten wir nicht vergessen, dass uns die Berichte immer noch weitere wichtige Daten geben – so auch hier: Wir erinnern uns an die Anzahl der Conversions pro Conversion-Art, die wir für jedes Placement nur im Berichtcenter aufgeschlüsselt erhalten. Oder an den »Conversion-Wert« und den »Wert pro Besucher«, die ebenfalls nur im Bericht ersichtlich sind.

13.5.2 Frequency Capping

Unter den Einstellungen auf Kampagnenebene finden wir die Option FREQUENCY CAPPING im Bereich ERWEITERTE EINSTELLUNGEN.

Mit dieser Funktion können wir festlegen, wie oft alle oder einzelne Anzeigen einer Anzeigengruppe einem einzelnen User pro Tag, Woche oder Monat angezeigt werden sollen. Diese Funktion ist für das gesamte Content-Netzwerk verfügbar, also CPM- wie auch CPC-Kampagnen.

Gerade für Letztere, deren Ziel Conversions und nicht Branding ist, ist das Frequency Capping natürlich besonders hilfreich. So wird in Abbildung 13.34 festgelegt, dass ein User die Anzeige nach vier Einblendungen nicht mehr angezeigt bekommt. Die Vermutung dahinter: Hat er nach vier Mal noch nicht geklickt, tut er es auch bei weiteren Einblendungen nicht mehr. Dies kann die Anzahl der Impressions und damit der Klickrate erheblich reduzieren.

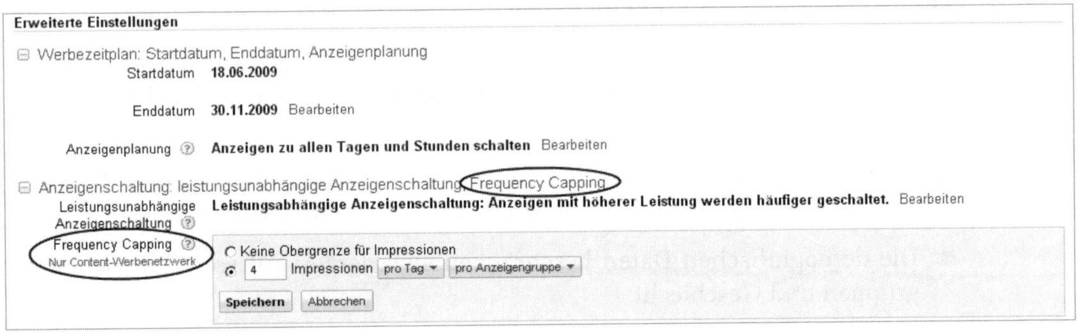

Abb. 13.34: Frequency Capping

Einen Eindruck, wie häufig ein User Ihre Anzeigen angezeigt bekommt, erhalten wir über den Bericht LEISTUNG BEZÜGLICH REICHWEITE UND HÄUFIGKEIT. Damit können wir abfragen,

- wie viele User unsere Anzeigen gesehen haben und
- wie häufig sie diese gesehen haben.

Zu beachten gilt, dass dieser Bericht nur Kampagnen mit der Gebotsoption CPM zur Verfügung steht.

13.5.3 Demografische Daten

Demografische Daten sind Angaben zu Alter, Geschlecht, Nationalität, Familienstand, Ausbildung oder Beruf. Diese sind – noch mehr in Verbindung mit weiterem Wissen bezüglich User-Verhalten, Interessen oder Einstellungen – aus Sicht eines Werbenden für zielgruppengerechte Anzeigen und Anzeigenschaltungen von ganz besonderer Bedeutung.

Obwohl demografische Daten als äußerst sensibel gelten, geben immer mehr User immer mehr Angaben im Internet über sich preis – sei es freiwillig beispielsweise auf Community-Portalen oder auch pflichtgemäß bei Registrierungen oder Anmeldungen. Diesen Umstand macht sich natürlich auch Google zunutze.

Demografische Daten bei AdWords

Derzeit ist die Zahl der Seiten, für die die Funktion GEBOTE NACH DEMOGRAFISCHEN MERKMALEN verfügbar ist, überschaubar. Eine Liste erhalten Sie beispielsweise unter `http://adwords.google.com/support/bin/answer.py?answer=88168&topic=13665`. Es kann bei Abfragen also durchaus passieren, dass Ihnen die Meldung »0,00 % der Gesamtimpressionen stammen von Websites mit demografischen Daten« angezeigt wird.

Es gibt noch weitere Einschränkungen:

- Mit demografischen Daten kann bei AdWords bislang lediglich im Content-Netzwerk gearbeitet werden, sowohl bei Keyword- wie auch bei Placement-bezogenen Kampagnen.
- Statistiken liegen im Konto nur für die letzten sieben Tage, in den Berichten immerhin für die letzten vier Wochen bzw. den letzten Monat vor.
- Die demografischen Daten beschränken sich derzeit auf vorgegebene Altersgruppen und Geschlecht.

Demografische Daten als Einstellung auf Kampagnenebene

Zu den demografischen Daten gelangen wir über den Reiter EINSTELLUNGEN in der Kampagnen-Navigation. Sobald Sie Änderungen vorgenommen haben, gelten diese also für die gesamte Kampagne und alle darunterliegenden Anzeigengruppen.

Im Bereich ZIELGRUPPE finden wir den Link DEMOGRAFISCHE KRITERIEN (ERWEITERT). Sobald wir diesen geklickt haben, öffnen wir über BEARBEITEN einen Layer, der uns als demografische Daten Altersklassen und Geschlecht zur Auswahl gibt.

Abb. 13.35: Einstellung DEMOGRAFISCHE KRITERIEN

Sie erkennen erfolgreiche Segmente (nach Klicks, besser nach Conversions) und können diese durch eine prozentuale Erhöhung Ihres Gebotes stärken – ähnlich, wie Sie es aus der Einstellung ANZEIGENPLANUNG (Abschnitt 10.3, *Vom Kampagnenbericht zur Anzeigenplanung*) kennen. Die maximal mögliche Erhöhung liegt bei 500%.

Traffic-Berichte nach Geschlecht und Alter (für die letzten 7 Tage)

Geschlecht	Ausschließen	Gebotsänderung	Impr.	Klicks	CTR	Kosten
Männlich	☐	Gebot + 0 %	16.075	3	0,02 %	0,58 €
Weiblich	☐	Gebot + 0 %	29.491	14	0,05 %	2,73 €
Keine Angabe			23	0	0,00 %	0,00 €
Gesamt			**45.589**	**17**	**0,04 %**	**3,31 €**

Alter	Ausschließen	Gebotsänderung	Impr.	Klicks	CTR	Kosten
0-17	☐		20.296	9	0,04 %	1,62 €
18-24	☐	Gebot + 500 % OK Abbrechen	32	3	0,02 %	0,59 €
25-34	☐	Gebot + 0 %	4.326	2	0,05 %	0,44 €
35-44	☐	Gebot + 0 %	903	1	0,11 %	0,16 €
45-54	☐	Gebot + 0 %	275	1	0,36 %	0,22 €
55-64	☐	Gebot + 0 %	35	0	0,00 %	0,00 €
65+	☐	Gebot + 0 %	279	0	0,00 %	0,00 €
Keine Angabe			3.843	1	0,03 %	0,28 €
Gesamt			**45.589**	**17**	**0,04 %**	**3,31 €**

Abb. 13.36: Gebote ändern gemäß demografischer Daten

Erhöhen Sie zwei Segmente, die gemeinsam auftreten können, gilt für die Schnittmenge die Summe der Erhöhungen. Leichter verständlich wird dies an einem Beispiel.

Sie heben die Gebote für männliche User um 30% an, ebenso die Gebote für 18- bis 24-Jährige. Sie erhalten eine Erhöhung

- für alle männliche User um 30%
- für weibliche User von 18 bis 24 Jahren um 30%
- für männliche User zwischen 18 und 24 Jahren um 60%

Nicht erfolgreiche Segmente können nicht durch eine prozentuale Senkung optimiert werden. Sie können lediglich komplett ausgeschlossen werden.

Teil V

Anhang und Übersichten

In diesem Teil:

Anhang A

Die 10 häufigsten Fragen

In diesem Kapitel wollen wir auf die 10 häufigsten Fragen eingehen, die regelmäßig zum Thema Google AdWords auftauchen.

Warum sehe ich meine Anzeigen nicht?

Der Klassiker! Ein Advertiser gibt eine Suchanfrage ein, findet seine Anfrage nicht und verzweifelt oder ruft die Agentur seines Vertrauens an.

Die Antwort ist zumeist einfach: Das Tagesbudget ist nicht hoch genug, als dass es bei jeder Anfrage zu einer Anzeigenschaltung kommt. Einen guten Anhaltspunkt bietet hier das empfohlene Tagesbudget, wie wir es in Abschnitt 5.4.5, *Gebote und Budget*, kennen gelernt haben.

Es kann aber auch sein, dass das Tagesbudget bereits aufgebraucht ist. Überprüfen können Sie das, indem Sie in Ihrem Konto für die entsprechende Kampagne den Zeitraum »heute« abfragen.

Ihr Konto kann Ihnen noch weitere Auskünfte geben: Ist das Keyword möglicherweise inaktiv? Wurden die Anzeigen abgelehnt? Oder werden sie auf einem derart schlechten Platz geschaltet, dass Sie so weit hinten gar nicht geschaut haben?

Auch möglich: Sie liegen nicht in der Zielregion Ihrer Kampagne oder haben auf Ihrer Google-Site eine andere Spracheinstellung gewählt.

Nutzen Sie zur Prüfung Ihrer Anzeigen auch die Möglichkeiten, die Ihnen von Google zur Verfügung gestellt werden und die wir in Abschnitt 7.4.2, *Anzeigendiagnose und -vorschau*, kennen gelernt haben: die AdPreview-Seite unter `http://www.google.de/adpreview`, das Anzeigendiagnose-Tool sowie die Sprechblase direkt neben dem jeweiligen Keyword.

Wo setze ich bei den Optimierungen an?

Sie haben bereits eine AdWords-Kampagne angelegt oder eine bestehende übernommen. Nun sitzen Sie davor und wissen nicht, was Sie als Nächstes machen sollen. Die Reihenfolge der Kapitel in diesem Buch gibt Ihnen die nächsten Schritte in einer guten Abfolge vor:

- Prüfen Sie zunächst, wie Ihre Kampagne aufgebaut ist (Kapitel 5). Haben Sie alle wichtigen Keywords in einer einzigen Anzeigengruppe? Können Sie weitere Untergliederungen vornehmen, so dass tatsächlich passende Anzeigen möglich sind?

Machen Sie sich Gedanken, wie Ihre AdWords-Kampagne sinnvoll aufgebaut werden kann. Wir haben zahlreiche Möglichkeiten in Abschnitt 5.1.2, *Mögliche Strukturen Ihrer Kampagnen*, besprochen. Setzen Sie diese Struktur um.

- Wie sieht Ihre Keyword-Liste aus? Was bleibt nach einer möglichen Umstrukturierung davon übrig? Haben Sie tatsächlich alle wichtigen Begriffe in allen Optionen hinterlegt und typische Tipp- und Rechtschreibfehler, Mehr-Wort-Keywords und Variationen beachtet?

  Verwerfen Sie erfolglose Keywords nicht umgehend. Denn diese können in eigenen Anzeigengruppen mit speziellen Texten viel besser funktionieren. In Kapitel 6 haben Sie alles Wichtige kennen gelernt, um eine erfolgreiche Keyword-Liste zu hinterlegen.

- Wie präsentieren Sie sich einem User in Ihrer Anzeige? Gehen Sie tatsächlich auf seine Suchanfrage ein? Ist Ihre Botschaft so motivierend, dass Sie selbst klicken würden?

  Prüfen Sie, was der User von Ihnen zu sehen bekommt: eine prominente Headline, Textzeilen mit Nutzen und Handlungsaufforderung, eine passende Anzeigen-URL? Ist eventuell der Einsatz des Dynamic Keyword Insertion sinnvoll? Verbessern Sie Ihre Anzeigen, wie wir es in Kapitel 7 ausführlich diskutiert haben.

- Auf welche Seite führen Sie Ihre User nach dem Klick? Geben Sie ihm das, was er will? Oder muss er schon wieder suchen, diesmal auf Ihrer Site?

  Wählen Sie bessere Seiten Ihres Webauftritts als Zielseiten aus und ändern Sie die Ziel-URL Ihrer Anzeige entsprechend. Beachten Sie all die Punkte, die Sie in Kapitel 8 zum Erstellen einer erfolgreichen Landingpage kennen gelernt haben.

Haben Sie diese Aufgaben erledigt, so sind Sie bereit für Teil 3 des Buches: Optimierungen und A/B-Tests, Conversion-Tracking und Webanalyse.

Kann ich nicht einfach die Optimierungsvorschläge von Google in meinem Konto annehmen?

Natürlich können Sie das. Sie sollten es aber nicht blindlings tun.

Regelmäßig erhalten Sie in Ihrem Konto Hinweise eingeblendet, wie Sie Ihre Kampagnen verbessern können. Mit dem »Kampagnen-Optimierungstool« können Sie zudem Vorschläge von Google anfordern.

Diese Tipps können Ihnen zweifellos Zeit ersparen und gute Anregungen geben. Trotzdem sollten Sie diese zunächst prüfen, gemäß Ihrer Ziele beurteilen und erst dann akzeptieren oder verwerfen. Dies können Sie jedoch nur, wenn Sie über entsprechendes Wissen um Auswirkungen und Zusammenhänge verfügen.

Bedenken Sie, dass Google insbesondere bezüglich Klicks optimiert, denn dafür zahlen Sie. Ihr Ziel ist jedoch die Conversion, denn damit verdienen Sie.

Sind meine Klickraten und -preise gut?

Ein durchaus nachvollziehbares Verlangen nach eindeutigen Werten: Ab 3% ist die Klickrate hoch, unter 0,50 Euro ist der Klickpreis niedrig. So einfach ist es jedoch nicht.

Ab wann Sie bei Klickrate, Klickpreis und Position von guten Werten reden können, hängt einerseits vom Markt ab, in dem Sie sich bewegen, andererseits vom Optimierungszustand Ihrer Kampagnen. Sie erhalten mit der Zeit und durch die Beschäftigung mit AdWords ein Gespür dafür, was Sie erwarten dürfen und was nicht.

Tatsächlich ist die Frage, wann Sie von erfolgreichen Kampagnen reden können, jedoch nur abhängig vom Return on Investment (Abschnitt 11.3.3, *Keywords behalten oder löschen*)!

Meine Klickrate ist niedrig. Was kann ich machen?

Auf diese Frage nur eine kurze Antwort, da Sie Inhalt des gesamten Buches ist.

Niedrige Klickraten lassen sich zumeist auf einen der folgenden vier vernachlässigten Optimierungsschritte zurückführen. Manchmal gar auf alle vier zusammen:

- eine Keyword-Liste mit zu allgemeinen Keywords
- eine Keyword-Liste ohne Keyword-Optionen, insbesondere ohne ausschließende Keywords
- keine konsequenten A/B-Tests für die Anzeigen
- wenig Zusammenhang zwischen Keyword und Anzeigen = fehlende Struktur.

Bedenken Sie aber auch, dass eine hohe Klickrate nicht Ihr einziges Ziel sein sollte. Weitere Ziele sowie die Zusammenhänge untereinander haben wir in Kapitel 11, *Conversion-Tracking: Das Ziel im Visier*, mit Conversion-Rate und Return on Investment ausführlich vorgestellt.

Mit wie vielen Keywords soll ich starten?

Es gibt keine optimale Anzahl an Keywords für den Start einer Kampagne. Üblicherweise orientiert sich dies an Ihren angebotenen Produkten und Dienstleistungen sowie an der Struktur Ihrer AdWords-Kampagnen, mit denen Sie loslegen wollen:

- Bewerben Sie sehr spezielle Produkte auf einem eng gesteckten Markt, sollten Sie mit sehr genauen Keywords beginnen. Dies sind zumeist eher wenige. Stellen Sie fest, dass Sie damit nicht genügend Traffic generieren, werden Sie unter Beachtung der Qualität der gewonnenen Besucher allgemeiner.

- Haben Sie ein breites Sortiment, werden üblicherweise zu Beginn allgemeine Begriffe eingestellt, die in Abhängigkeit der eintreffenden Ergebnisse dann immer genauer werden.

Der Erfolg oder Misserfolg Ihrer Kampagnen entscheidet sich primär in den Optimierungsrunden: Wie schnell erkennen Sie Fehlentwicklungen und Potenziale, wie schnell und wie gut reagieren Sie darauf. Sie können von vornherein nicht wissen, wie User reagieren. Auch vermeintlich ähnliche Kampagnen führen oftmals bei gleicher Vorgehensweise zu völlig unterschiedlichen Resultaten und letztendlich jeweils in ganz andere Richtungen.

AdWords gibt Ihnen alle Möglichkeiten, von jetzt auf gleich gegenzusteuern. Nutzen Sie dies. Wie Sie es machen können, haben Sie in diesem Buch gelesen.

Wann kann ich meine A/B-Tests für Anzeigen stoppen?

Bei A/B-Tests besteht die Gefahr, dass Tests zu früh abgebrochen werden. Optimierungen werden dann auf Grundlage invalider Daten vorgenommen und führen möglicherweise in eine falsche Richtung. Andererseits sollten Sie Ihre Tests auch nicht zu lange laufen lassen, um sobald wie möglich die nächsten Verbesserungen einleiten zu können. Je schneller Ihre Texte besser werden, desto schneller kommen mehr Besucher auf Ihre Seite.

Einen so genannten »Validity Checker« finden Sie beispielsweise unter `http://www.adwords-buch.info/anzeigen-checker`. Dieser sagt Ihnen nach Eingabe von Klickrate und Anzahl der erreichten Klicks, ob Ihnen bereits valide Ergebnisse vorliegen oder nicht.

Beachten Sie zudem, dass Sie sichere Test-Zeiträume einhalten. Erhalten Sie an einem Abend bereits so viele Klicks, dass Ihnen der Validity Checker Gültigkeit bestätigt, so haben Sie noch nicht das unterschiedliche Suchverhalten von Usern über einen ganzen Tag oder gar eine Woche berücksichtigt. Welche Unterschiede dabei auftreten können, haben wir in Abschnitt 10.3, *Vom Kampagnenbericht zur Anzeigenplanung*, untersucht.

Richten Sie Ihre Optimierungen also nicht nur nach den Suchenden an einem Abend aus, denn User können tagsüber oder an den restlichen Wochentagen ein völlig anderes Suchverhalten aufweisen. Lassen Sie Ihre Tests daher mindestens eine Woche laufen.

Einen Validitäts-Checker für Optimierungen nach Conversions stellt `http://www.e-dialog.at/conversion-checker` zur Verfügung.

Kann ich als Zielregion nicht gleich »alle Länder« wählen, wenn ich weltweit liefere?

Jein. Tatsächlich können Sie mit einer Kampagne alle Länder bedienen, in denen Sie Ihre Leistungen anbieten bzw. in die Sie Ihre Produkte liefern. Über Ihre Keywords haben Sie gar eine sprachliche Selektion, wenn Sie diese beispielsweise für Ihre deutschsprachige Website benötigen: Auch in Indien werden nur Deutschsprachige nach »kochrezepte sauerkraut« suchen.

Beachten Sie jedoch folgende Punkte:

- Nicht alle Keywords sind sprachlich eindeutig. Markennamen oder zumeist englische Fachbegriffe können weltweit gleich lauten. Hierbei entfällt Ihnen die sprachliche Segmentierung über die Keywords.
- Ihre Auswertungen geben Ihnen nur Leistungsdaten zum gesamten Zielgebiet. Klickpreise, Klickraten, Positionen und insbesondere Conversions können jedoch erheblich zwischen den Ländern schwanken. Möglicherweise sind Sie in Ihren wichtigsten Zielmärkten erheblich schlechter unterwegs, als es Ihnen der Durchschnittswert anzeigt.

Erhalten Sie hohen Traffic aus verschiedenen Ländern, so sollten Sie für diese eigene Kampagnen anlegen. In Deutschland, Österreich und der Schweiz können die gleichen Keywords und Anzeigen beispielsweise sehr unterschiedlich performen.

Trennen Sie diese Zielregionen, so können Sie in Ihrem AdWords-Konto die Leistungsdaten getrennt abfragen und länderspezifisch optimieren. Belassen Sie sie in einer Kampagne, so benötigen Sie für diese Auswertung den Bericht »geografische Leistung« (Abschnitt 10.5, *Geografische Leistung*), besser noch ein Webanalyse-Tool wie beispielsweise Google Analytics.

Macht mir eine niedrige Klickrate im Content-Netzwerk den Qualitätsfaktor kaputt?

Nein. Die Klickrate im Content-Netzwerk hat keinen Einfluss auf den Qualitätsfaktor Ihrer Kampagnen im Such-Netzwerk. Für Content-Kampagnen gibt es einen eigenen Qualitätsfaktor.

Trotzdem sollten Sie nicht mit einer Kampagne in beiden Netzwerken werben. Wir sind unter anderem in Kapitel 13 bereits auf die Besonderheiten des Content-Netzwerkes eingegangen.

Warum zeigt mir mein Analytics andere Werte als mein AdWords?

Dies liegt daran, dass bei AdWords der Klick direkt getrackt wird, während Analytics nur mitzählt, wenn die Tracking-Funktion (ein JavaScript-Aufruf) ausgeführt wird. Das heißt: User, die nach dem Klick gleich abbrechen oder etwa JavaScript deaktiviert haben, werden in AdWords zwar als Klick, in Google Analytics aber nicht als Besucher gezählt.

Zudem liegen unterschiedliche Werte bei den Conversions auch an den unterschiedlichen Cookies, die beide Tools einsetzen. Für das Conversion-Tracking von AdWords haben Sie dies bereits in Kapitel 11, *Conversion-Tracking: Das Ziel im*

Visier, kennen gelernt. Dabei wird dem User eine kleine Informationsdatei auf die Festplatte gesetzt, die AdWords hilft, den User zu erkennen.

Auch Analytics platziert ein eigenes Cookie. Wichtig ist die Unterscheidung zum AdWords-Cookie insbesondere bezüglich zweier Punkte:

- Zum einen nutzt Analytics so genannte »1st Party Cookies«. Diese sind mit dem Namen der Site ausgestattet, auf denen der User surft – in diesem Fall also Ihrem. Der Conversion-Tracker hingegen setzt »3rd Party Cookies« ein, die den Namen desjenigen verwenden, der die Daten mittrackt – hier also Google. Diese Art von Cookies gilt deshalb als weniger seriös und wird von Usern häufiger gelöscht. Dadurch kann AdWords einen wiederkehrenden User aber nicht mehr erkennen, während es Analytics noch immer kann.
- Zum anderen kann ein User, der bei seinem Erstbesuch auf Ihrer Site über AdWords, bei seinen nächsten Besuchen aber über ein anderes Medium oder eine andere Quelle kommt, von beiden Cookies unterschiedlich zugewiesen werden.

Im Gegensatz zu Google Analytics weisen Ihnen Webanalyse-Tools wie Yahoo! Web Analytics sowohl die erste als auch die letzte Quelle aus, über die ein User zu Ihnen kommt. Mehr Informationen dazu erhalten Sie beispielsweise auf `http://www.adwords-buch.info`.

AdWords Editor

Den AdWords Editor hatten wir in Abschnitt 3.5, *Tools*, kurz erwähnt. Es handelt sich dabei um ein kostenloses Tool, das Ihnen das Offline-Bearbeiten Ihrer Kampagnen erlaubt.

Editor und (neues) Web-Interface weisen bezüglich Navigation und Bearbeitungsmöglichkeiten viele Gemeinsamkeiten auf. Trotzdem wollen wir an dieser Stelle noch auf einige hilfreiche Features und Funktionen eingehen, die sich in der Praxis als sehr nützlich erwiesen haben, da sie vom Web-Interface abweichen oder dort nicht verfügbar sind.

Editor downloaden

Den Editor erhalten Sie über den Reiter TOOLS in der Konto-Navigation. Sie klicken auf WEITERE TOOLS, landen auf der TOOLS-ÜBERSICHTSSEITE und finden den Link HERUNTERLADEN DES ADWORDS EDITOR in der Auflistung rechts unten (siehe Anhang C oder Abschnitt 3.5, *Tools*).

Auf der Folgeseite geben Sie `Windows` oder `Mac` an und klicken auf den Button ADWORDS EDITOR HERUNTERLADEN. Sobald der Download abgeschlossen ist, starten Sie per Doppelklick den Installationsvorgang. Nach erfolgreicher Installation öffnen Sie den Editor.

Im AdWords Editor

Zunächst müssen Sie sich entscheiden, ob Sie Google erlauben, Nutzungsstatistiken zu erheben. So oder so – Sie gelangen danach in den Editor.

Bei Ihrem ersten Besuch wird Ihnen das Eingabefenster KONTO ÖFFNEN angezeigt. Geben Sie hier Ihre AdWords-Login-Daten ein und klicken Sie auf OK. Nun werden die derzeitigen Daten Ihres Kontos in den Editor geladen. Seit der Version 7.5.1 ist es möglich, zwischen dem gesamten Konto und einzelnen, ausgewählten Kampagnen zu wählen. Bei späteren Besuchen gelangen Sie über DATEI und KONTO ÖFFNEN in den gleichen Prozess.

Die Aufteilung und die grundlegenden Funktionen kennen Sie von Ihrem Web-Interface: Links haben Sie die »Baum-Navigation«, mit der Sie zwischen den Ebenen, sprich den Kampagnen und Anzeigengruppen navigieren können. Mit der »Kampagnen-Navigation« wählen Sie die Elemente, die es zu bearbeiten gilt.

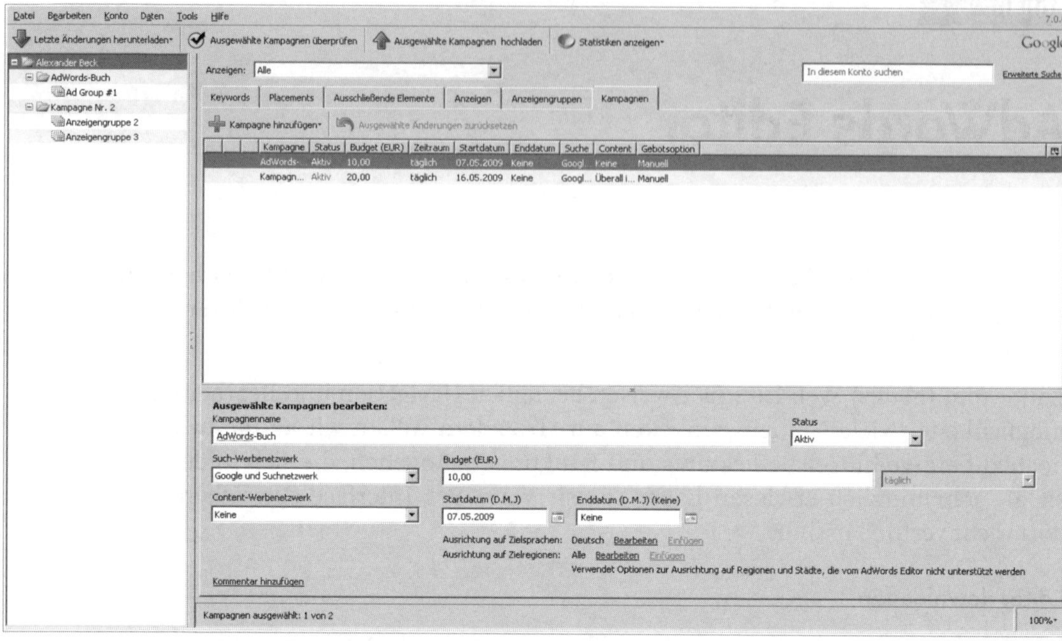

Abb. B.1: Google Editor

Zu beachten sind der Reiter PLACEMENTS, der noch aus dem alten Interface stammt, sowie AUSSCHLIESSENDE ELEMENTE, der unsere Ausschlüsse bei den Keywords und Placements separat anzeigt.

Zwischen Reiter und Tabelle haben Sie die Funktionen zum Hinzufügen, Ändern und Löschen Ihrer Elemente. Unterhalb der Tabelle können Sie die jeweiligen Elemente bearbeiten.

Grundsätzliche Funktionsweise

Der grundsätzliche Ablauf beim Arbeiten mit dem Editor ist recht einfach: Sie laden Ihr AdWords-Konto oder einzelne Kampagnen auf Ihren Desktop herunter (Button LETZTE ÄNDERUNGEN HERUNTERLADEN ganz links oben), nehmen die Bearbeitungen offline vor und laden die Änderungen wieder hoch (Button ÄNDERUNGEN HOCHLADEN).

Doch Vorsicht: Achten Sie darauf, dass Sie immer mit der aktuellen Version Ihres AdWords-Kontos arbeiten. Stimmen AdWords-Konto und Editor nicht überein, so überschreiben Sie beim Upload die zwischenzeitlich online getätigten Bearbeitungen wieder.

Stellen Sie deshalb auch sicher, dass nur Sie derzeit das Konto bearbeiten. Ihnen stehen im Editor mehrere Formate zur Verfügung, um die Daten zu exportieren und Kollegen zuzusenden. Diese können Ihre Änderungen prüfen, freigeben oder ablehnen und sogar kommentieren.

Sie finden die Exportformate unter DATEI. Ebenfalls dort haben Sie die Möglichkeit, exportierte Editor-Dateien wieder zu importieren.

Vor- und Nachteile

Lassen Sie uns einige Funktionen herausgreifen, die den Editor zu einer möglichen Alternative, auf jeden Fall aber zu einer wertvollen Ergänzung zum Web-Interface machen.

Ein großer Vorteil des Editors gegenüber dem Web-Interface ist die Bulk-Bearbeitung. Das Kopieren und Verwalten von ganzen Kampagnen, Anzeigengruppen, Keyword-/Placementlisten und Anzeigen kann einfach mit »Copy&Paste« erfolgen. Prüfen Sie beim Kopieren von Kampagnen jedoch unbedingt, ob tatsächlich alle Einstellungen korrekt übernommen wurden.

Zudem sind manche Einstellungen nicht oder nur eingeschränkt verfügbar – so können Sie bei Keywords keine Positionsgebote hinterlegen, bei CPC-Kampagnen nur die Gebotsoption für den maximalen Klickpreis wählen. Auch ist das Handling von Keywords und Anzeigen, die gegen die Google-Richtlinien verstoßen, deutlich umständlicher als im Konto selbst.

Sehr geschickt ist hingegen das Ändern von Einstellungen über mehrere Elemente hinweg – beispielsweise Status, Keyword-Optionen, Bietpreise oder auch Anzeigen- und Ziel-URLs. Öffnen Sie hierfür den Reiter ANZEIGEN, markieren Sie die zu bearbeitenden Anzeigen und geben Sie die neue URL im entsprechenden Textfeld unterhalb der Tabelle ein. Diese wird für alle markierten Anzeigen übernommen.

Wie Sie wissen, sollten Sie keine doppelten Keywords in Ihrem Konto haben. Im Web-Interface ist eine Prüfung jedoch ziemlich umständlich. Öffnen Sie lieber im Editor TOOLS und klicken Sie auf IDENTISCHE KEYWORDS SUCHEN und starten Sie die Abfrage nach Ihren eingestellten Kriterien.

Wie hoch ist das Gebot für die erste Seite für Ihre Keywords? Im Interface erhalten wir nur spärlich Angaben oder müssen zum Spreadsheet wechseln – hier werden Ihnen zu jedem Keyword der First Page Bid sowie der Qualitätsfaktor angezeigt.

Zum Generieren und Finden neuer Keywords ist der KEYWORD-MANAGER unter dem Reiter KEYWORDS sehr praktisch. Sie haben drei Möglichkeiten:

- Die KEYWORD-ERWEITERUNG gibt Ihnen für ein Keyword Vorschläge für Alternativen und Varianten. Zu jedem Ergebnis erhalten Sie das Suchvolumen des vorherigen Monats in absoluten (ungefähren) Zahlen sowie den Wettbewerb auf einer Skala von 1 bis 5. Nachteil: Die Abfrage ist tatsächlich immer nur für ein (1!) Keyword möglich.

- Der KEYWORD-MULTIPLIKATOR hilft Ihnen beim Kombinieren von maximal drei Begriffen. Nicht berücksichtigt wird die Ausgabe der Kombinationen in unterschiedlichen Keyword-Optionen.
- SUCHBASIERTE KEYWORDS meint das uns bereits bekannte »Keyword-Tool auf Basis von Suchanfragen« (Abschnitt 6.3.4, *Keyword-Tool auf Basis von Suchanfragen*).

Insbesondere das Hinterlegen der gefundenen Keywords ist sehr gut gelöst. Sie erhalten neben den Ergebnissen die Baum-Navigation angezeigt, so dass Sie die Keywords einfach in die gewünschte Anzeigengruppe ziehen können.

Übersichtsseite Tools

Wollen Sie mehr über ein bestimmtes Hilfsmittel der Übersichtsseite TOOLS erfahren, so können Sie direkt über untenstehende Kapitelangaben auf die entsprechende Stelle im Buch zugreifen. Dort erfahren Sie zudem, wie und in welchem Zusammenhang Ihnen das jeweilige Tool gute Dienste erweisen kann.

Die TOOLS-Übersichtsseite finden Sie in Ihrem AdWords-Konto, indem Sie den gleichnamigen Reiter in der Konto-Navigation öffnen und den Link WEITERE TOOLS anklicken.

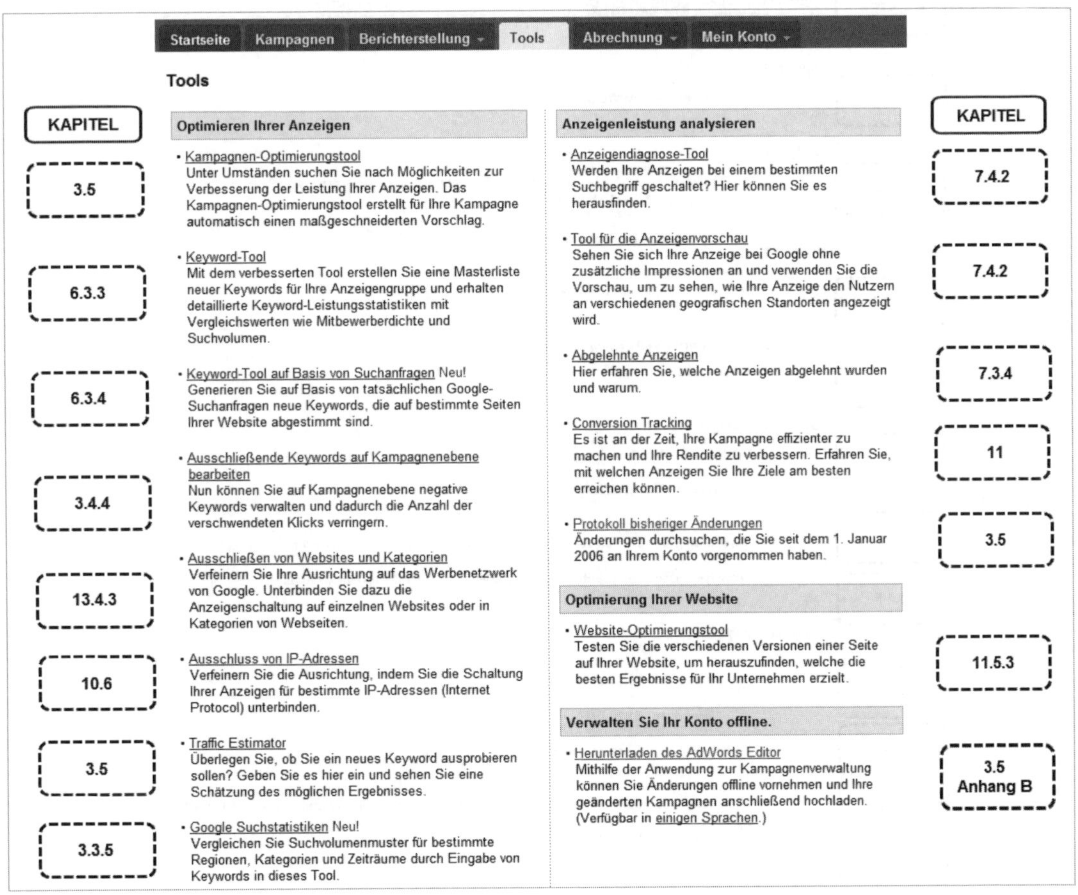

Übersichtsseite Einstellungen

Mit den Kapitel-Verweisen bei den jeweiligen »Einstellungen« finden Sie umgehend die entsprechende Stelle im Buch. Sie erfahren nicht nur, was welche Einstellung bewirkt, sondern erkennen ebenso, welche Option für Sie in welcher Situation die passende ist.

Die (Kampagnen-)Einstellungen erreichen Sie beispielsweise über den Reiter EINSTELLUNGEN in der Kampagnen-Navigation.

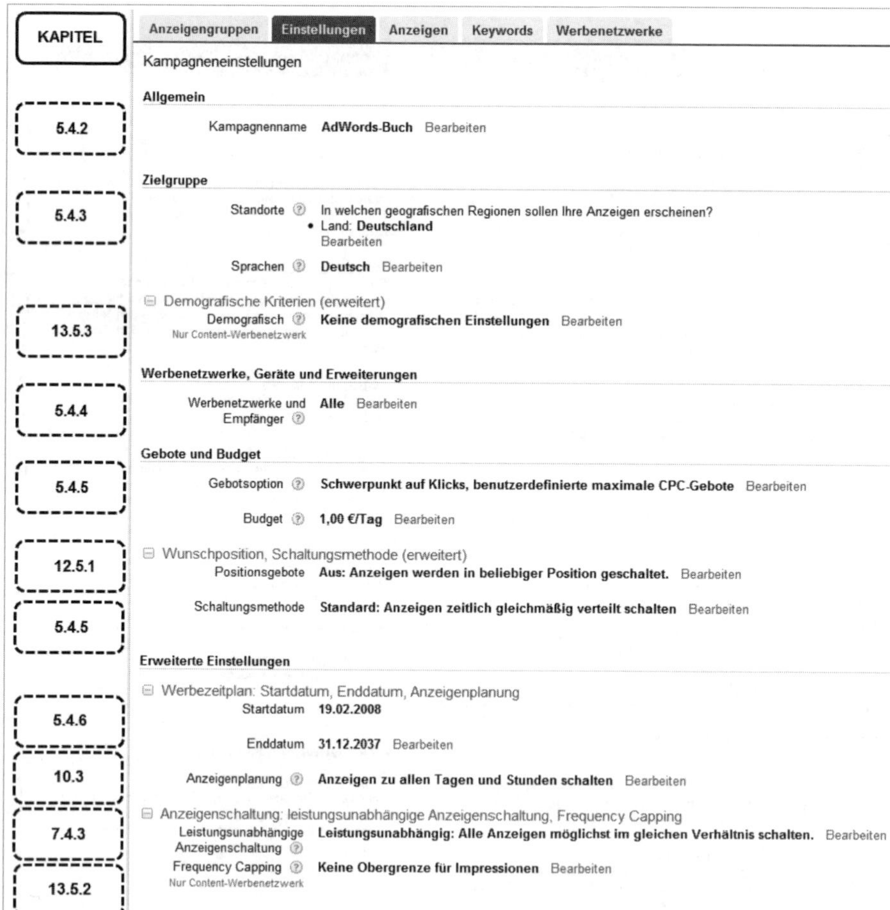

Abb. D.1: Short-Cut: Einstellungen

Hilfe beim Einbau von Google Analytics

An dieser Stelle erhalten Sie noch einige Hilfestellungen für den Einbau des Google-Analytics-Codes. Bei manchen Sites sind einige Besonderheiten zu beachten, da ansonsten das Tracking nicht oder nicht korrekt funktioniert.

Gleiche URLs

Wenn alle Seiten Ihres Webauftritts gleich heißen, so wird die Content- und Conversion-Analyse schwierig bis wertlos. Beispiele:

- alle Seiten `/index.asp?id=xxx`
- alle Warenkorb-Checkout-Schritte `/checkout.php`
- Formulare UND Danke-Seite `/kontakt.jsp`

Übergeben Sie in diesen Fällen beim Tracking-Aufruf einen virtuellen Pfad. Unterscheiden Sie, ob Sie noch den alten oder schon den neuen Code (vgl. Kapitel 12.2.2) eingebaut haben:

- alt: `urchinTracker("/Bereich/Seite.html")`
- neu: `pageTracker._trackPageview("/checkout/Shipping")`

Mehrere Domains

Haben Sie mehrere Services, wie beispielsweise den Warenkorb, über verschiedene Domains verteilt, so erkennt der normale Code die Visitors jeweils als »new«, da unterschiedliche Cookie-Domains gelten. Bei der Conversion wären somit alle Quellen immer die Haupt-Domain und nicht die wirkliche Kampagne.

Sie können für dieses Problem Abhilfe schaffen, indem Sie

- auf beiden Sites einen zusätzlichen Parameter in Tracking-Code eingeben

```
<script type="text/javascript">
try{
var pageTracker = _gat._getTracker("UA-xxxxxx-x");
pageTracker._setDomainName("none");
pageTracker._setAllowLinker(true);
```

```
pageTracker._trackPageview();
} catch(err) {}
</script>
```

- und den User mit speziellen Funktionen übergeben
  - Link: `<a href="http://www.b.com" onclick="pageTracker._link (this.href); return false;">Buy Now</a>`
  - Formular: `<form action="http://www.b.com/page.php" onSubmit= "pageTracker._linkByPost(this)">`

Sollen die Visitors über unterschiedliche Subdomains (beispielsweise `blog.firma.at`, `shop.firma.at`) hinweg getrackt werden, so kann die Cookie-Domain extra gesetzt werden:

```
<script type="text/javascript">
try{
var pageTracker = _gat._getTracker("UA-xxxxxx-x");
pageTracker._setDomainName(".firma.at");
pageTracker._trackPageview();
} catch(err) {}
</script>
```

Frames, iFrames

Bei Frames und iFrames stellt sich die Frage, welche Aufrufe als Page-Impressions getrackt werden sollen. Normalerweise sind dies nur die Content-Frames. Jedoch sind hier die Referrer-Informationen (die Herkunft der Visitors) oftmals nicht mehr vorhanden.

Sie können dieses Problem lösen, indem Sie den Tracking-Code erst im Frameset und danach im Content-Frame aufrufen. Die Page-Impressions des Framesets können anschließend durch einen Filter ausgeblendet werden.

E-Commerce

Wir haben bereits in Kapitel 12.4.3 (*Google Analytics, Navigation*) die Vor- und Nachteile des E-Commerce-Trackings untersucht. Auch haben wir einige Auswertungen gesehen, die mit damit aufrufbar sind.

Der Einbau vollzieht sich in zwei Schritten:

1. die Aktivierung im Profil-Setup sowie
2. die Übergabe von Warenkorb-Details auf der »Danke«-Seite via Code:

```
<script type="text/javascript">
try {
  var pageTracker = _gat._getTracker("UA-xxxxxx-x");
  pageTracker._trackPageview();
  pageTracker._addTrans(
    "178903",                // Order ID
    "Shoppartner",           // Affiliation
    "27.95",                 // Gesamtbetrag
    "4.66",                  // Steuern
    "3.00",                  // Versandkosten
    "Frankfurt",             // Stadt
    "Hessen",                // Bundesland/Region
    "Germany"                // Staat
  );
  pageTracker._addItem(
    "178903",                // Order ID
    "811207",                // Produktnummer (SKU)
    "AdWords-Buch",          // Produktname
    "Fachliteratur",         // Kategorie
    "24.95",                 // Einzelpreis
    "1"                      // Menge
  );
  pageTracker._trackTrans();
} catch(err) {}
</script>
```

Mario Fischer

Website Boosting 2.0

Suchmaschinen-Optimierung, Usability, Online-Marketing

2., aktualisierte und erweiterte Auflage

- **Suchmaschinen: Marketing, Ranking, Keywords, Optimierung, Erfolgskontrolle**
- **Usability: optische Gestaltung, verständliche Navigation, Konversionsoptimierung**
- **Kundenbindung: Social Marketing, Affiliates, Weblogs, RSS-Feeds, Virales Marketing**

Viele Unternehmen präsentieren sich im Internet mit eigenen Webseiten. Doch Hand aufs Herz: Nicht viele Firmen haben so richtig Erfolg damit. Die Zeiten, in denen man mit einfachsten Mitteln im Web Stroh zu Gold spinnen konnte, sind leider vorbei.

Sie möchten mithilfe Ihrer Website erfolgreicher werden? Neue Kunden gewinnen? Mehr Umsatz und Gewinn machen? Dann werden Sie mit diesem Buch sicherlich viele Aha-Erlebnisse haben und Ihrem Ziel näher kommen.

Mario Fischer zeigt Ihnen, wie Sie im Web aktiv Kunden „abholen" und sich für Suchende auffi ndbar machen. E-Commerce klappt jedoch nur, wenn Besucher nach dem Finden auch bleiben. Viele Unternehmen vergraulen ihre Kunden unbewusst durch unverständliche Navigation und kompliziert zu bedienende Webseiten. Dieses Buch zeigt, wie Sie es besser machen: Sie erhalten klare Hinweise, umsetzbare Anleitungen, praxisnahe Erläuterungen, viele Tipps zu Tools und zahlreiche Beispiele, die nicht selten auch zum Schmunzeln anregen.

Der **erste Teil** zeigt Ihnen, wie Sie mit Online-Marketing Kunden „holen" können, sei es durch traditionelles Online-Marketing wie Newsletter und Banner-Werbung oder ganz modern mit Affiliates und insbesondere Kundenbindung durch Social Marketing.

Im **zweiten Teil** geht es um die Herausforderung, vom Kunden über Suchmaschinen gefunden zu werden. Alles, was Sie brauchen und wissen müssen, um Ihre Webseiten für Suchmaschinen zu optimieren, finden Sie detailliert in diesem Teil.

Der **dritte Teil** widmet sich dem Thema Usability. Viele Erstbesucher entscheiden innerhalb einer Sekunde, ob sie auf Ihren Webseiten bleiben. Leicht zu verstehende Webseiten sind daher das Zaubermittel für Ihren Erfolg. Sie erfahren, auf was Sie bei der Gestaltung Ihrer Webseiten besonders achten müssen, wie Ihre Besucher „ticken", was sie von Ihnen erwarten und wie Sie diese Erwartungen optimal erfüllen. Sie lernen ebenfalls, wie Sie die Qualität Ihres Webauftritts abschätzen und mit eigenen Mitteln prüfen können.

Im **vierten Teil** stellt Ihnen der Autor nützliche Tools vor, die Sie bei Ihrer Arbeit im Web unterstützen. Diese umfassend aktualisierte und erweiterte Neuauflage des Bestsellers enthält zahlreiche neue Inhalte wie z.B. zum Affiliate und Social Marketing.

Götz Trillhaas,
Head of Agency, Google Deutschland:
»Mit Website Boosting 2.0 hat Mario Fischer es wieder geschafft, alle Facetten und Trends des E-Marketings zu beleuchten – kurzweilig, gut recherchiert und fundiert. Ein Muss für jeden E-Marketer und hoffentlich auch bald eine Pflichtlektüre für deutsche Marketing-Studenten.«

Probekapitel und Infos erhalten Sie unter:
www.it-fachportal.de/1703

ISBN 978-3-8266-1703-4

Stichwortverzeichnis

C

H

I

K

Q

R

S

W

Z

Dan M. Brown

Konzeption und Dokumentation erfolgreicher Webprojekte

Design und Planung von Websites strukturiert erstellen, dokumentieren und präsentieren

- **Anforderungs-Dokumente: User-Profile, Usability-Testpläne, Usability-Berichte**
- **Strategie-Dokumente: Wettbewerbsanalyse, Konzeptmodelle, Content-Verzeichnisse**
- **Design-Dokumente: Sitemaps, Flowcharts, Wireframes, Screen Designs**

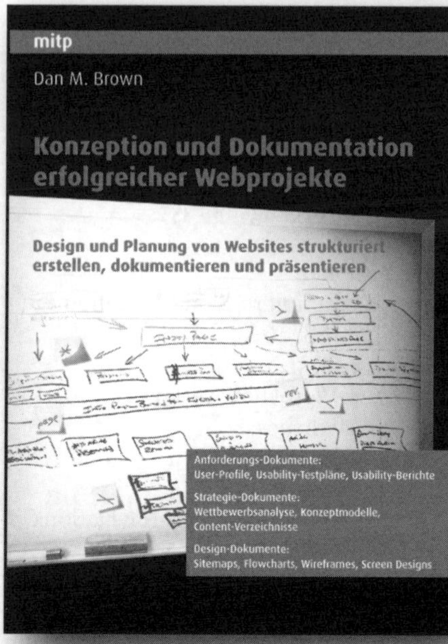

Eine strukturierte Planung und Dokumentation von Webprojekten inklusive der Absprachen mit dem Entwicklungsteam und dem Kunden ist der Schlüssel zu jedem erfolgreichen Webprojekt. Um ein gutes Konzept erfolgreich umzusetzen, müssen alle Aspekte gründlich geplant, dokumentiert, präsentiert und mit allen Beteiligten abgesprochen werden. Hierzu gehören die folgenden Elemente, die im Buch ausführlich besprochen werden:

Teil I behandelt die Anforderungsanalyse und -dokumentation. Die Menschen, die Ihre Website besuchen und mit ihr interagieren, spielen eine wesentliche Rolle für den Erfolg Ihrer Website und können in bestimmte Gruppen klassifiziert werden. Wenn Sie diese mit ihren Motiven, Zielen und Erwartungen verstehen und Ihre Website darauf ausrichten, können Sie ein erfolgreiches Design entwickeln. Teil I zeigt Ihnen, wie Sie Personas erstellen und anhand von Usability-Tests prüfen, wie die Zielgruppe auf Ihr Design reagiert. Hierfür brauchen Sie sowohl Dokumente über die Testplanung als auch über die Ergebnisse.

Teil II erläutert die Dokumente, die Sie für die strategische Planung benötigen: Sie lernen, wie Sie Wettbewerbsanalysen, Konzeptmodelle und Content-Verzeichnisse effizient erstellen, strukturiert dokumentieren und erfolgreich präsentieren.

In **Teil III** geht der Autor detailliert auf die wichtigsten Dokumente ein, mit denen Sie verschiedene Aspekte des Designs verdeutlichen: So können Sie mit Sitemaps die Struktur der Informationen auf der Website aufzeigen, mit Flowcharts die Prozesse visualisieren, mit Wireframes den Content einer Seite darstellen oder mit Screen Designs das Aussehen der fertigen Webseite zeigen. Zu allen Elementen erhalten Sie in diesem Teil ausführliche Informationen, wie Sie diese ansprechend erstellen und dem Team und dem Kunden nahe bringen.

Dan Brown zeigt Ihnen detailliert, wie Sie die einzelnen Dokumente ausarbeiten und bestmöglich präsentieren und im Team besprechen. Zusätzlich werden die Zielsetzungen, die jeweiligen Zielgruppen im Projektteam, Hintergründe und Fallstricke diskutiert. Sie erhalten Ratschläge für unterschiedliche Detaillierungsgrade in der Darstellung sowie wertvolle Tipps für die Präsentation und Diskussion im Team. Zahlreiche Beispiele aus der Praxis veranschaulichen die Arbeitsweisen. So sind Sie für die Umsetzung Ihrer eigenen Projekte bestens gerüstet.

Probekapitel und Infos erhalten Sie unter:
www.it-fachportal.de/5507

ISBN 978-3-8266-5507-4

Marco Hassler

Web Analytics

Metriken auswerten, Besucherverhalten verstehen, Website optimieren

- **Metriken analysieren und interpretieren**
- **Besucherverhalten verstehen und auswerten**
- **Website-Ziele definieren, Webauftritt optimieren und den Erfolg steigern**
- **Google Analytics und Yahoo! Web Analytics nutzen**

Web Analytics bezeichnet die Sammlung, Analyse und Auswertung von Daten der Website-Nutzung mit dem Ziel, diese Informationen zum besseren Verständnis des Besucherverhaltens sowie zur Optimierung der Website zu nutzen. Je nach Ziel der eigenen Website – z.B. die Vermittlung eines Markenwerts, die Kommunikation mit unterschiedlichen Zielgruppen oder eine steigende Anzahl von Kontaktanfragen, Leads oder Bestellungen – können Sie anhand von Web Analytics herausfinden, wo sich Schwachstellen Ihrer Website befinden und wie Sie Ihre eigenen Ziele durch entsprechende Optimierungen besser erreichen.

Marco Hassler gibt Ihnen in seinem Buch sowohl eine schrittweise Einführung als auch einen umfassenden Einblick in die Tiefe der Web-Analytics-Metriken. Mit diesem Buch finden Sie z.B. heraus, welche Traffic-Quelle die wertvollsten Besucher bringt oder welche Bereiche der Website besonders verkaufsfördernd wirken. Auf diese Weise werden Sie Ihre Besucher sowie deren Verhalten und Motivation besser kennen lernen, Ihre Website darauf abstimmen und somit Ihren Online-Erfolg steigern können.

Im letzten Teil des Buches zeigt Ihnen der Autor zusammen mit Siegfried Stepke, wie sich Google Analytics und Yahoo! Web Analytics einfach installieren und sofort nutzen lassen. Nützliche Tipps und eine ganze Reihe von Poweruser-Kniffs führen Sie vom Web-Analytics-Einsteiger zum Profi.

Ziel dieses Buches ist es, konkrete Web-Analytics-Kenntnisse zu vermitteln sowie wertvolle praxisorientierte Tipps zu geben. Dazu schlägt das Buch die Brücke zu tangierenden Themenbereichen wie Usability, User-Centered-Design, Online Branding, Online-Marketing und Suchmaschinenoptimierung. Marco Hassler gibt Ihnen klare Hinweise und Anleitungen, wie Sie Ihre Ziele erreichen.

Probekapitel und Infos erhalten Sie unter:
www.it-fachportal.de/5884

ISBN 978-3-8266-5884-6